THE NECROPSY BOOK

Fifth Edition

King

Roth-Johnson

Newson

컬러판
동물의 부검과 진단

인 쇄 | 2018년 8월 27일
발 행 | 2018년 8월 31일

저 자 | John M. King·Lois Roth-Johnson·Marion E. Newson
공 역 | 박남용·강문일·박영석·조경오
발행인 | 정병석
발행처 | maronie

등록 | 1981. 5. 21. 第53호
주소 | 61186 광주광역시 북구 용봉로 77
전화 | (062) 530-0571~2 마케팅 530-0573
팩스 | (062) 530-0579
홈페이지 | http://www.cnup.co.kr
이메일 | cnup0571@hanmail.net

값 30,000원

ISBN 978-89-6849-547-2 (93520)

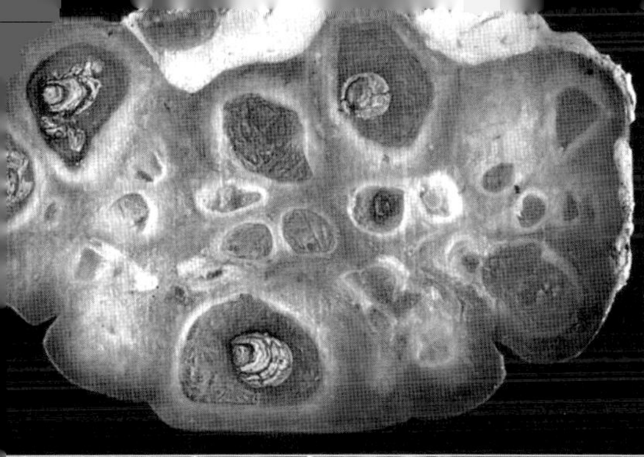

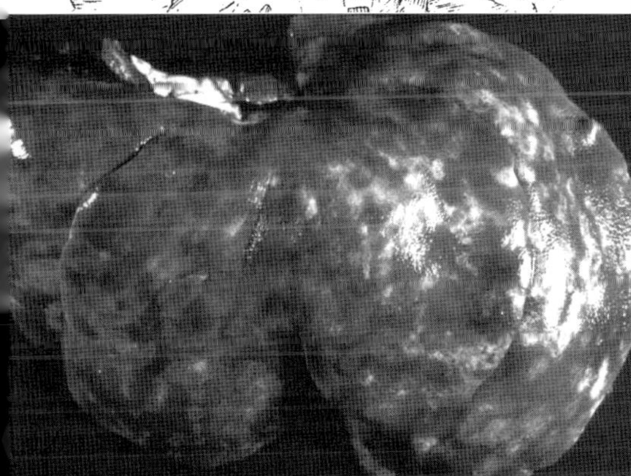
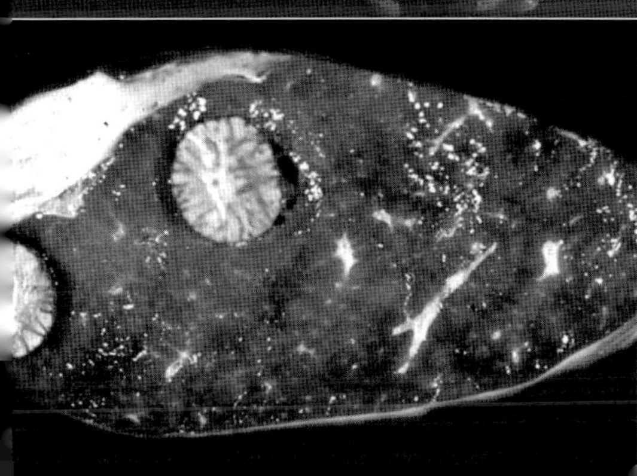

Dr. John M. King's Necropsy Show & Tell Website

THE NECROPSY BOOK

John M. King · Lois Roth-Johnson · Marion E. Newson

컬러판

동물의 부검과 진단

박남용
강문일
박영석
조경오

maronie

헌정 및 사사

Marie Ryan King
Jon David King

이 책은 다음과 같은 위대한
선배 교수들의 가르침이 없었다면
씌여질 수 없었다.

Dr. John Bentinct-Smith
Dr. Lennart Krook
Dr. Wendell Krull
Dr. Kenneth McEntee
Dr. Peter Olafson
Dr. Roger Panciera
Dr. Charles Rickard

병변 소견의 기술 필수항목
Reportable Features of Most Lesions

위치(Location)

색깔(Color)

크기(Size)/무게(Weight)

형태(Shape)

경도(Consistency)

발병두수 혹은 발병률[Number(#) of Percent(%) Involved]

내용물(Content)

냄새(Odor)

정상이라고 오해할 수 있는 수많은 흔한 병변들이 있다

병변의 형태학적 기술과 판독 시 활용되는 중요 용어들
Morphological descriptions and interpretations of lesions may include the following

분포(Distribution)

장기(Organ(s)) – 편측성(unilateral) 혹은 양측성(bilateral)
국소성(focal) – 다발성(산재성)[multifocal(disseminated)]
국소확장성(locally extensive) – 광범위성(diffuse)

전신(Whole Body) – 국소성(localized)
전신성(generalized)

시간(Time)

심급성(peracute) – 급성(acute) – 아급성(subacute) – 만성(chronic) – 만성활동성(chronic active)

정도(Severity)

아주 경미한(minimal) – 경미한(slight) – 중등도의(moderate) – 심한(severe) – 아주 심한(marked)

원인(Cause)

세균성(bacterial) – 화학물질성(chemical) – 바이러스성(viral) – 창상성(traumatic) – 기생충성(verminous) – 원충성(protozoal) – 곰팡이성(mycotic) – 중독성(toxic) 등

형태(Type)

크루프성(croupous) – 출혈성(hemorrhagic) – 화농성(purulent) – 섬유소성(fibrinous) – 섬유화농성(fibrinopurulent) 등

원저자 소개

John M. King

N.Y.S. College of Veterinary Medicine
Cornell University
Ithaca, NY 14853
jmking31@aol.com

Lois Roth-Johnson

2955 Herring Brook Rd
Eastham, MA 02642

Marion E. Newson

304-1234 West 14th Avenue
Vancouver BC V6J 2J4
Canada

원저자 서문

수의학에서 'necropsy[부검(剖檢)]'이란 용어는 인의(人醫)에서 쓰는 'autopsy(사체 부검)'와 같은 뜻이다. 이 책에서는 말(horse)을 모델로 한 부검 방식을 채택하였는데 이는 말이 전 세계 분포하고 있고, 돼지, 개, 고양이 등과 같이 단위동물일 뿐만 아니라, 소와 양처럼 반추동물의 1위(rumen)와 같은 엄청난 발효 능력이 있는 부위인 맹장을 갖고 있기 때문이다.

이 책에 소개된 부검 방식은 이미 실효성이나 적합성이 충분히 검증되어서 많은 수의사들이 실제로 사용하고 있는 방법 중 하나이다. 물론 여기서 제시하는 방법이 다른 실기보다 우수하다고 할 수 없을지 몰라도 저자의 풍부한 경험을 통해 이 방식은 어떤 동물에서서도 충분히 활용될 수 있다고 확신한다.

특히 이 방법은 부검 과정 중에 어떠한 장기나 병변도 쉽게 간과하지 않고 관찰할 수 있는 장점을 갖고 있다. 또한 이 술식은 부검 시 어떤 특별한 장비나 기구가 필요하지 않을 뿐만 아니라 부검 과정의 일부는 부검자의 편의와 목적에 맞게 변형할 수 있다. 그렇지만 무분별하게 부검자의 임의대로 제시된 술식을 바꿀 경우 부검 시간이 더 걸리거나 중요한 병변의 관찰을 놓칠 수가 있는데, 특히 특정 장기가 없거나 위치 변화가 생겼을 경우 즉시 알아차리지 못할 수 있다.

좋은 예로, 이 책에서 제시된 부검 술식대로 하면 복강을 열면 항상 유문부(pylorus)와 십이지장(duodenum)의 첫 부위가 아주 가깝게 노출되어 보이는데 만약 그렇지 않을 경우 부검자는 즉시 염전(torsion)이나 위(stomach)의 위치 이상 여부를 의심할 수 있다.

부검 시 부검자가 볼 때 모든 부검축의 몸체가 오른쪽 위가 보이도록 부검대 위에 놓을 경우 개복 시 우측 신장(kidney)부터 드러나게 될 것이고, 그에 따라 만일 우측 신장의 머리 부위에 경색(infarct)이 있는 경우라면 아주 쉽게 그 병변을 볼 수 있을 것이다. 사체의 오염을 최소화하기 위해 위장관을 제외한 모든 조직과 장기는 적출되는 순서대로 즉시 살펴보아야 한다. 이러한 술식은 인체 부검의 경우 모든 내장을 한꺼번에 적출하여 끄집어 낸 후 관찰하는 점과 매우 다르다.

병리학적 관점에서는 검사 대상 장기가 너무 작거나 크거나 혹은 너무 얇거나 두껍다라고 판단하는 것이 아주 중요하기에 이를 위주로 다루었고 장기의 무게와 같은 세세한 내용은 이 책에서 다루지 않았다. 왜냐면 이들이 평균 무게는 여러 다른 교과서와 참고서에 잘 나타나 있기 때문이다. 그러나 몇몇 중요한 장기는 제시하고 있다. 예컨대 고양이의 심장은 보통 17g을 넘지 않는다는 사실을 부검자가 알고 있다면 특정한 질병을 살펴보는데 큰 도움이 될 것이기 때문이다.

의심할 여지없이 대다수 병변들은 특별한 의미가 있을 수 있기에 시간이 걸릴지라도 그것들 중 하나라도 놓치지 않는 철저한 부검이 필요하다. 부검 후 수의병리전문가는 부검하는 사람이 누구든 간에 모든 중요한 조직과 장기에 대하여 제대로 적절한 부검을 했는지 다시 살펴보아야 한다.

같은 맥락에서, 가장 나쁜 부검의 예를 든다면 가령 부검의가 학생들에게 "너희들이 먼저 가서 부검하고 있어. 그리고 병변이나 이상 부위라고 생각되는 곳이 있으면 내게 연락해라. 내가 바로 가서 도와 줄 테니"라고 말하는 경우이다. 도대체 초심자 학생들이 어떻게 병변과 해석상 문제가 될 수 있는 중요하지 않는 병변, 즉 비병변을 가려낼 수 있단 말인가? 이렇듯 부검 진단 수행의 모든 과정 중 가르치는 사람들이 학생들에게 해주어야 하는 최소한의 준칙은 사체를 망가뜨리거나 버리기 전에 사체를 비롯 모든 조직과 장기를 꼼꼼히 함께 다시 살펴가면서 올바르게 설명해 주는 것이다.

이 책자는 미국 코넬대학교 웹페이지 http://secure.vet.cornell.edu/nst/nst.asp?Fun=Home Dr. John M. King's Necropsy Show & Tell의 병리학적 병변 사진을 더 추가해서 볼 수 있다. 이곳 홈페이지에서 확장검색(advanced search)을 클릭한 후, 책에 소개된 WP(슬라이드 번호)를 Image ID에 입력하면 확인할 수 있다.

역자 서문

2018년 여름은 유난히 무더웠다. 오랜 기간 동안 준비해 왔지만 이 버겁고 힘든 번역을 80세 앞둔 나이에 무사히 마쳤다. 개인적으로 내가 몹시 존경해왔던 존 킹 교수님의 영전에 삼가 바친다.

이 책의 출판은 세계적으로 수의병리학 서적 중 가장 많이 판매된 것으로 알려진 미국 코넬대 John M. King(1927~2016) 교수가 저술한 <THE NECROPSY BOOK>의 번역과 그의 유명한 웹사이트 Dr. John M. King's Necropsy Show & Tell의 컬러 사진 417매를 선정·활용하여 국제간 협약으로 추진하였다. 책의 후반부에는 부록으로 개의 부검 과정을 예술적인 펜화로 박영석 교수가 직접 그린 삽화 69매도 수록하였다.

수의학에서 부검이란 단순히 죽은 동물의 사인만을 규명하는 일은 아니다. 살아있었을 때 질병의 진단과 치료에 대한 병리학적 확인방법이기도 하며 유해환경과 공해물질이 건강에 미치는 영향평가, 새롭게 개발된 의약품이나 화장품 등의 안전성을 판정하기 위한 중요한 검사수단이기도 하다. 부검을 통한 사인규명은 임상수의사들의 잘못된 오진을 줄일 수 있는 유용한 방법이며, 임상진료의 질적 향상은 수의사의 위상을 높이는 지름길이 될 것이다.

부검에 대한 지식이 적은 초심자는 비정상적인 소견이 아닌데도 병변으로 해석하기도 한다. 예를 들어 사후변화인 위장관의 울혈, 폐와 간의 침강성 울혈 소견, 송아지의 조숙한 유방이나 위장관의 큰 림프절을 비정상으로 간주하거나, 돼지 위의 정상적인 유문부 돌기나 개와 말의 십이지장 유두를 종양결절이나 궤양으로 오진하며 결장에 분포되어 있는 림프구 소절이나 파이어 판을 궤양으로 진단하기도 한다.

임상수의사들도 부검의 정확한 기법과 순서를 익혀 직접 부검하거나, 가까운 병성감정기관에 의뢰하여 진단의 평가를 언제나 받아야 한다. 고통으로 죽어간 동물의 보호자들에게 부검을 권하며 잘 설득시켜야 한다. 사람에게 갇혀있다 죽어간 동물원이나 수족관의 수많은 야생동물에 대한 죽음의 원인도 규명해야 한다.

부검실에는 매일같이 다양한 농붙 사체가 의뢰되어, 병리수의사와 일반수의사, 학생들 간의 활발한 토론 학습이 이루어져야 한다. 이런 풍토와 교육환경을 염원해 본다.

마로니에의 모든 분들에게 감사를 드린다. 특히 편집·수정 과정의 모든 힘든 작업을 담당해서 애써 주신 윤화정 선생의 노고를 잊지 않을 것이다.

2018년 8월 말 무더위를 이겨내며

무등산록 우거에서 박 남 용

목차

병력

THE HISTORY(ANAMNESIS)

부검을 실시하는 사람은 부검 전에 마치 임상가가 자신의 환축을 부검하는 것처럼 해당 증례에 대한 완벽한 병력을 파악하는 것이 바람직하다. 그러나 그러지 못할 경우가 흔하다. 어떤 병리수의사들은 오히려 잘못되거나 확실하지 않은 병력 파악보다는 어떤 사전정보도 없이 부검에 임하는 것이 더 좋다고 주장한다. 부검 초심자는 흔히 어떤 장기에 좀 뚜렷한 부검소견이 관찰되면 결정적인 확진 소견이 아님에도 불구하고, 부검을 더 이상 수행하지 않고 그냥 단정 지은 후 끝내 버린다. 예를 들어, 뇌에 있는 병변이 성축의 오연성 폐렴을 유발할 수 있음에도, 폐렴만을 확인하고 뇌를 검사하지 않은 채 부검을 끝내 버릴 수 있다. 모든 부검에서 가장 먼저 할 일은 표준화된 부검의뢰서를 통해 병력을 체크하는 것이다. 많은 특이 사항들을 검토할 수 있겠지만, 진료했던 병원의 모든 진료 차트의 복사본을 살펴보는 일은 실제로 너무 번거롭기 때문에 부검 의뢰서를 표준화시키는 것이 중요하다.

부검 의뢰서
NECROPSY REQUEST FORM

* 접수날짜 :

의뢰인 및 병원명 :				부검 번호 :		사후 부패 정도 :	
동물 이름 :				품종 :	성별 :	연령 :	체중(kg) :
자연사	타살	안락사	불명	안락사 방법 :		폐사일자/시간 :	
축사내 사육수 : 두수/(성축): (육성축): (자축):						질병발생기간(일)	
환축 발생수 : 두수/(성축): (육성축): (폐사수):						수의사검진유무	(예) / (아니오)
수의사 진단명 :							
수의사 이름(연락처) : ☎ (주소) :					보호자(연락처) : ☎ (주소) :		
병력(사료, 사양관리변동, 새로운 동물 입식, 치료제 사용, 처음발병일자 등을 포함한 완벽한 병력을 적고 필요시 이면 활용)							
부검비용 부담자 서명 (의뢰인, 임상수의사 또는 보호자) : * 특별한 상황이 아닌 한 '부검을 비롯 여러 검사 결과와 청구서'는 의뢰자인 임상수의사에게 통보함으로 그들은 보호자에게 통보해주는 의무를 지닌다.							
필요시 부검보고서의 사본 송부처 : ☎							
육안적 소견에 의한 잠정 진단명 :							
* 실험실 검사 : (조직), (세균), (바이러스), (기생충), (독성), (재료냉동/보관여부) (사진자료) 등							
채취 조직 종류(점) :							
부검자 : (사인) ☎ 보조원 : * 부검 후 연락을 취한 자 : (일시)							

*** 이 서식은 사용자의 필요에 따라 적절히 첨삭할 수 있음.**

부검보고서

THE NECROPSY REPORT

부검 보고서에는 다음 항목이 모두 기록되어야 한다. 특히 부검(검사)날짜는 법률적으로도 중요 항목이다. 빠트릴 경우 이로 인해 법정에서 패소할 수도 있기에 반드시 정확히 기록해야 한다.

- 동물이름 : 보통 이름을 기입하되 이표(tag)나 문신의 번호 혹은 식별 마이크로 칩 번호를 쓴다.
- 종(species), 품종(breed), 성별(sex), 나이(age) : 필수적인 정보이므로 정확히 기입한다.
- 부검 동물 상태 : 폐사체인지, 부검 시 죽였는지, 혹은 그 상황이 불명인 지 등.
- 안락사(euthanasia) 방법 : 부검 시 죽였다면 어떤 방법인지, 예컨대 심장 내 barbiturate 주입, halothane 흡입, 총살 등.
- 폐사 일자와 시간 : 실제 죽은 시간과 폐사된 채 발견된 시간을 혼동하지 말고 유의하여 기록한다.
- 총 질병 발생 수 : 한 마리 이상 발생 시 반드시 기입할 것. 집단 사육 동물일 경우 매우 중요하다.
- 질병 발생 기간 : 병력 청취사항 중 가장 중요하다.
- 수의사 진단(antemortem diagnosis) : 폐사 전 진단명을 적는다.
- 체중 : 중요한 필수적인 정보이다.
- 수의사 : 부검 결과를 통보할 수의사에 대한 정보는 절대적으로 필요하며 전화번호를 비롯 핸드폰 번호, 팩스번호, 이메일 주소 등이 꼭 필요하다.
- 보호자(축주) : **반드시** 필요한 사항으로 법적으로 부검에 동의한다는 축주의 서명과 필요한 비용도 적시하여 확인을 해 두어야 한다.
- 병력 : 관련된 모든 병력을 적는다. 가능하다면 의뢰된 병원에서의 병력지 사본을 첨부한다.
- 추가 사본 : 임상가에게 보내야 할 부검 결과서 등 관련된 서류 등을 준비한다.
- 육안적 잠정진단 : 부검 후 육안적 진단 소견과 잠정 진단명을 적는다. 이는 확진을 위한 실험실에서 검사를 진행하는데 도움이 된다.
- 사진과 조직학적 소견 등 : 특정 병변을 촬영할 경우 부검 소견서에 표시하고 조직검사용 검사 재료를 채취한 장기도 표시한다.
- 보조원 : 부검에 참가한 학생 등의 기본적 인적 사항을 기록한다.
- 최초 보고 상황 기록 : 부검을 수행한 수의사는 보통 다음날 아침에 의뢰한 임상의에게 전화를 하고 기록을 남기도록 한다. 혹 누군가 부검 후 바로 의뢰 수의사와 연락을 했다면 그를 두 번씩이나 번거롭게 하지 않기 위해서 메모를 남겨야 한다. 위에서 언급한 모든 사항들은 법적으로 큰 효력을 지니므로 반드시 기록되어 있어야 한다.
- 유의사항 : 통상 부검은 보고서가 작성되기 전 완료된다. 이 책에서는 부검을 실시하기 전, 반드시 살펴보아야 하는 사안들에 대해 부검자가 숙지할 수 있도록 먼저 서술 기법을 기술한다.

부검의 육안적 기술 및 보고서
THE GROSS NECROPSY DESCRIPTION AND REPORT

부검에서 중요한 일은 병변의 기술요령이다. 부검하는 사람, 특히 초심자는 형태학적이나 기능적으로 비정상적 소견이 아닌데도 병변으로 오인할 수 있다. 아래 목록은 실제로 초심자들이 오진하기 쉬운 것들이다.

(1) 생리학적 변화, 위장관의 울혈 혹은 폐와 간의 사후 침강성 울혈.
(2) 돼지의 위에 있는 유문돌기(torus pyloricus), 개와 말의 정상적인 십이지장 유두(duodenal papillae)와 같은 정상 구조들이 흔히 종양 결절이나 궤양으로 오인할 수 있다. 결장내 뚜렷한 림프구 집합부나 특히 파이어판 등을 궤양으로 오진할 수 있다.
(3) 물리적 혹은 화학적으로 사후에 유발된 인공산물(artifacts)은 질병 때문에 생긴 변화가 아니다. 좋은 예로 흉막의 바비츄레이트염(barbiturate salt)의 흑색 침착을 들 수 있는데, 이는 죽은 동물을 먹은 랫드나 다른 야생동물에서는 볼 수 있다.
(4) 모든 동물에서 부패를 수반하는 사후변화는 오진을 할 수 있는 가장 흔한 요인인데, 그 좋은 예로 반추수의 경우 비강에서 흐르는 거품을 비롯 1, 2, 3위의 점막이 벗겨지는 소견 등 다양하다.

흔히 초보자들은 부검 중에 눈으로 보는 모든 것들을 **정상, 인공산물, 사후변화(자가융해), 기생충성 병변,** 그리고 앞에 언급한 것만큼 무언가 중요한 **의미가 있는 병변** 등 나름대로 분류를 시도하려는 경향이 있다. 그러나 초심자가 의미 있는 부검 소견이라고 하고 적은 병변 5개 중 3개는 중요한 병변이 아닌 오진일 확률이 높다.

부검보고서의 첫 문장은 사체와 그 상태에 대해서 정확히 기술되어야 한다. 부검 보고서는 개체마다 사실적인 현재 시제로 적어야 한다. 예를 들면 '사체는 4살(추정 혹은 기록 확인), 체중은 8.5kg, 중성화하지 않은 암컷으로 얼룩무늬의 비글종. 귀에는 N312라는 문신이 있고, 영양상태는 양호'와 같이 사체를 구분하는데 실수가 없도록 기술해야 한다. 부검 보고서의 나머지 기술은 여러 가지 방법으로 작성할 수 있다. 흔히 부검 순서는 관찰된 병변을 쉽게 기억하도록 보고서의 작성 순서에 따르도록 하거나 부검대 옆에서 바로 직접 받아 쓰도록 하는 방법도 사용할 수 있다. **병변은 어떠한 해석 없이 눈에 보이는 그대로 기술해야 한다.**

일단 보고서를 작성한 후, 병변 주위의 장기를 포함한 육안적 소견들에 관한 해석을 하는 것이 바람직하다. 이러한 방식은 병변에 대한 정확한 해석을 할 수 있어서 형태학적 진단이 가능한 경험 많은 병리수의사가 진단을 내릴 때 가장 좋은 방식이다. 이 후 증례에 대한 모든 소견을 종합하여 병리수의사가 '육안적 진단'을 내려야 한다. 임상의가 증례에 대해 더 이해하기 쉽도록 하기 위해 주석(comment)을 다는 것도 좋다.

모든 병변은 **위치(location), 색상(color), 크기(size), 모양(shape), 경도(consistency)와 함께 특정 장기에 발생한 병변의 숫자와 비율** 등을 반드시 포함하여야 한다. 다음에 기술해야 할 상대적인 특징들의 표준화된 기준들도 부검 시 관찰되는 소견을 기술하는데 활용하도록 한다. 특히 사체가 냉동 전후에 조직 분해가 일어나지 않은 상태라면 냉동된 사체에서 중요한 진단적 병변이 소실되지 않도록 주의해야 한다.

각 병변에 기술되어야할 주요 항목

MAIN FEATURES TO INCLUDE FOR EACH LESION

1. 위치(location)

피부의 어느 부위에 위치하는지, 폐의 어떤 부분에 해당하는지를 기록하고, 해부학적 위치 및 다른 장기, 조직과의 관련성(머리 쪽, 꼬리 쪽, 등쪽, 배쪽, 왼쪽, 위, 오른쪽 부신 등)을 기록한다. 단어로 기술하는 것보다 잘 그리지 못하더라도 그림으로 표시하는 것도 좋은 방법이다.

2. 색상(color)

관찰되는 색을 원색으로 기술하되, 필요하다면 명암이나 색상의 정도를 기록한다. 녹색을 사과색이라고 하거나 어떤 사과 색과 같다는 식의 추상적 단어를 사용해서는 안 된다. 모든 오렌지색이 다 똑같지는 않다. 연한 보라색(mauve)과 쪽빛(pastel)색은 구별하기 어렵다. 어두운(dark), 밝은(brilliant, light), 얼룩덜룩한(mottled), 줄무늬의(streaked, stippled), 등의 단어는 사용해도 된다.

3. 크기(size)

미터법을 사용해야 한다. 부검 칼 손잡이에 1/2 cm 마다 표시를 해서 부검 도중 즉시 측정이 가능한 자(scale)로 사용할 수 있도록 한다. 객관적인 크기로 기록을 하되, 과일이나 야채 크기로 표현하는 것은 피해야 한다.

4. 형태(shape)

난원형(ovoid), 둥근(round), 원뿔모양(conical), 편평한(flat), 결절상(nodular), 엽상(lobular), 비틀린(tortuous), 원반모양(discoid), 점상(punctate), 수포상(bulbous), 쐐기모양(wedge-shaped), 방추상(fusiform), 층상(laminated), 밀집된(clustered), 레이스 모양(lace-like), 수직으로 날카로운(straight-edged)등과 같은 용어를 사용한다.

5. 경도와 촉감(consistency and texture)

폐에서는 촉진(palpation)이 가장 중요한 요소이며, 골절의 경우 물리적 촉진(manipulation)이 유용하다. 입술이 부드러운(soft), 코가 단단한(firm), 이마(forehead)가 딱딱한(hard), 파동성의(fluctuant), 가스가 찬(gas-filled), 무른(friable), 점성의(viscous), 점액성의(mucoid), 아교질의(gelatinous), 실 같은(stringy), 종창의(turgid), 건성의(dry), 농축된(inspissated), 치즈상의(caseous), 염발음의(crepitant), 점착성의(adhesive), 모래 같은(gritty), 과립상의(granular), 유연한(pliable), 균질한(homogenous) 등의 용어는 사용될 수 있다.

6. 수와 범위(number and extent, %)

가능한 정확한 숫자를 세는 것이 원칙이다. '거의 없는' 혹은 '여러 개'라는 추정적 단어는 사용하지 말고, 열둘이나 백과 같은 정확한 단위를 사용한다. 폐렴, 간 질환, 혹은 크기가 큰 장기의 일부가 감염된 경우 이환된 부분의 범위(%)는 심각한 정도를 판단하는 중요한 지표가 된다. 대다수의 동물에서 한쪽 폐 전체가(50%) 감염 되어도 여전히 임상적으로 정상인 경우가 많다.

7. 내용물(content)

어떤 장기 내 내용물의 양과 성상에 대한 정상 여부에 대한 판단은 매우 중요하다. 그 양은 부피를 측정하는 용어로 표기해야하고, 그 이외에 색상, 냄새, 경도, 형태 등도 함께 기술한다. 위장관이나 자궁의 내용물에 대해 표현하는 것도 필요하며, 특히 법의학적인 측면에서는 더욱 중요하다. 관강 형태의 장기(hollow organ)가 협착(stricture)되거나 허탈(collapse)되었을 때는 개방된(patent), 확장된(dilated), 부분적으로 폐쇄된(partially obstructed), 흔적이 남은(obliterated), 좁은(narrowed), 분지된(branched), 소통된(communicating), 꼬인(tortuous) 등의 단어를 관강(lumen)을 표현하는 측면에서 사용한다.

위의 기준 외에 필요시에는 각 병변에 대한 부검 보고서에 다음과 같은 내용을 추가한다.

(1) 냄새(odor)

표현하기 어렵지만, 진단 시 필요하기 때문에 부패한 버터냄새(rancid butter), 사과주스 냄새(cider), 양파 냄새(onion)와 같이 잘 알려진 냄새와 비교하여 표현한다.

(2) 분포와 표면 형태(distribution and surface appearance)

국소성(focal), 다발성(multifocal), 국소 확장성(locally extensive), 광범위성(diffuse) 등으로 분포상태를 표현한다. 반면 전체적인(total), 흩어진(scattered), 줄무늬(streaked), 층상(laminated), 궤양성(ulcerated), 털 모양(hairy), 매끈한(smooth), 함몰된(depressed), 불규칙한(irregular), 미란성(eroded), 움푹 패인(pitted), 융기된(elevated), 반짝이는(glistening), 무딘(dull), 비늘모양(scaly), 막 모양(membranous)이라는 단어들을 이용하여 표면의 상태를 형상화한다.

부검보고서 예시
SAMPLE NECROPSY REPORT

P.M. #N88-36

41 kg된 사체로, 1~2살의 암컷이고, 자가용해(autolysis)는 일어나지 않은 영양상태가 불량이고, 체내 지방도 많지 않은 서퍽 양(suffolk sheep)이다. 왼쪽 귀에 달려있는 노란색의 플라스틱 번호표는 #57이다. 구강과 비강 점막은 창백한 회색을 띄며, 결막과 질의 점막은 창백한 흰색이다. 회음부의 털 부분에 소량의 배설물의 흔적이 관찰된다.

중등도의 맑은 아교질(gelatinous) 조직이 배 쪽 목 피하 부분에서 보이며, 약 150 ml 정도의 맑고 밝은 노란색의 복수가 관찰된다. 심낭에서는 약 30 ml 정도의 심낭수와 4개의 섬유소 응괴(fibrin clump)가 있다.

폐는 광범위하게 습윤하며 밝은 붉은색으로 얼룩(mottled)져 있다. 0.2cm의 구상 결절이 7개 있고, 0.2×0.5 cm 크기인 어두운 회색의 결절이 등 쪽 뒤쪽 오른쪽 폐엽에 6개가 흩어져있다.

간은 광범위하게 창백하다. 신장은 1×1 mm 크기의 흰색 결절이 피질 바깥에 약 50개 정도 보인다. 30~50 cm×10×0.2 cm 크기의 촌충이 회장에 4마리가 있다. 1×10 mm 크기의 기생충 2마리가 4위에 있다. 전위(forestomach) 내용물의 성상은 정상이다. 전체적으로 위장관 내용물에서 특별한 소견은 발견되지 않는다. 50~100여개의 회백색으로 국한된, 0.25~0.5 cm 크기의 불규칙하고, 딱딱, 모래같은(gritty) 결절이 맹장벽과 장막에 흩어져있다.

임신되지 않았고 뇌와 척수에서 육안적 병변은 관찰되지 않는다.

육안적 소견(GROSS FINDINGS)

- 전신-쇠약(emaciation), 빈혈(anemia)
- 4위(abomasum)-체내 기생충(endoparasite), *Hemonchus* sp.
- 회장-체내기생충, *Monezia* sp
- 맹장-만성 체내기생충, *Esophagostomum* sp.
- 폐-말단 부종(terminal edema), 만성 다발성 폐렴, *Protostrongylus* sp.로 추정.
- 심낭(pericardial sac)-심낭수종(hydropericardium)
- 복강-복수(ascites)
- 배쪽 목 피하조직-부종

육안적 진단(GROSS DIAGNOSIS)

- 쇠약
- 만성 내부기생충증

◥ 유의사항 : 영양상태나 기생충과 관련 있는 관리상의 문제가 의심된다.

부검기법 총론
GENERAL NECROPSY TECHNIQUE

부검 동물은 왼쪽편이 지면에 닿게 하고 복부 방향이 부검자를 향하도록 한다. 이 방식은 정상개체에서도 시행될 뿐 만 아니라, 병변이 있는 동물이나 임신과 같은 여러 가지 생리적인 상황에서도 실시되므로 익숙해져야한다. 여기에서는 말을 모델로 하였지만, 주요 과정은 모든 동물에 적용할 수 있다. 그러나 필요에 따라 이 과정은 변경할 수 있다.

부검대 표면을 적당히 젖은 상태로 유지하면 부검시 혈액이나 다른 체액이 달라붙는 것을 방지할 수 있다. 특별한 방법이 필요한지를 결정하기 위해 병력을 검토하고, 부검을 하는 동안 주의를 기울인다. 모든 부검에 고무장갑은 꼭 필요하다. 조직 고정을 위해 10%의 중성포르말린 용액을 최소한 조직의 10배 정도 사용한다. 조직을 담는 병이나 용기에는 적절한 표기(label)를 한다.

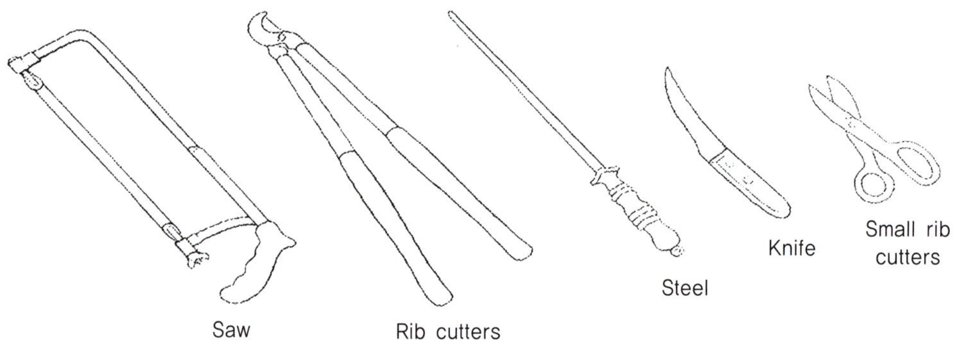

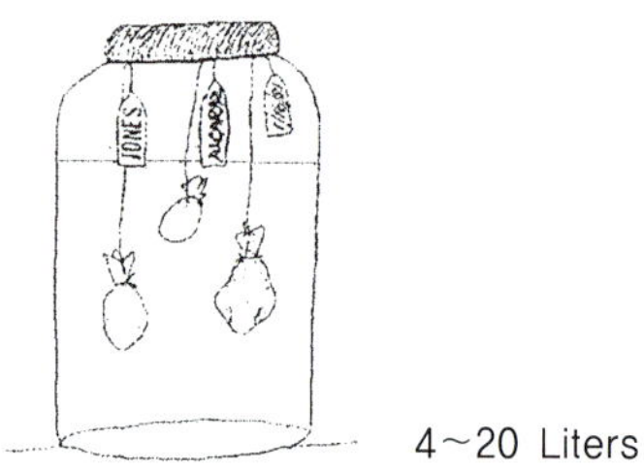

여러 동물에서 얻은 샘플은 동시에 보존액으로 고정한다. 사용된 보존액은 정상적인 결과가 나오는 동안 계속 사용될 수 있다.

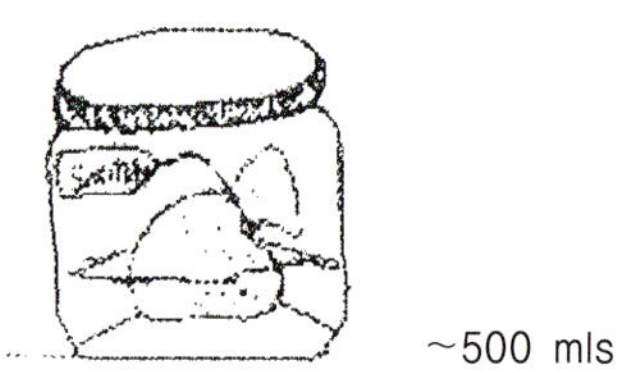

각각 적절하게 표시(이름과 날짜)한 조직 샘플은 빠르고 적절하게 고정을 한 후 실험실로 보낸다. 최근에는 소량의 고정액이나 솜에 약간 젖을 정도의 포르말린을 묻힌 상태로 샘플을 보내기도 한다.

50×30 cm의 흰 바닥을 가진 쟁반(tray)은 장내용물의 비율을 조사하거나 기생충을 관찰하는데 도움이 된다. 적절히 날카롭게 잘 갈아진 부검용 칼은 말이나 다른 소동물을 부검하는데 가장 중요한 기구이다.

관례적으로 간, 신장, 폐와 모든 병변의 샘플을 채취한다. 뇌와 심장부분은 육안적인 부검 소견이 음성인 경우에도 채취한다. 샘플로 보낸 것은 두께가 0.5 cm 이하여야 한다. 쌍으로 존재하는 장기 조직 절편을 채취할 경우, 인식하기 쉽도록 왼쪽에 있는 것을 좀 더 길거나 크게-그렇다고 두텁지 않도록-하여 실험실로 보내 병리수의사가 조직을 처리하거나 기술하는데 더 쉽도록 한다. 이처럼 능숙하게 처리하기 위해서는 경험이 중요하다.

부검 칼이 무뎌지지 않도록 하기 위해 조직을 자를 때 사체위에서 실시한다. 피모를 자르면 부검 칼이 무뎌지는데, 이를 방지하기 위해 겨드랑이 부분에서 부검 칼로 한번만 찌른다. 이때만 피모를 자르도록 한다. 이후 사체 쪽으로 부검 칼(blade)을 넣고 칼 등쪽을 이용하여 피하를 분리해 나가는 방법으로 피부를 제친다.

사체를 부검하는 동안 물기가 있는 조직의 경우 건조하지 않도록 주의함으로써 어느 정도의 색과 유연함을 유지할 수 있다. 물로 씻어내고 조직을 차가운 Klotz 용액과 같은 보관 용액에 담가 두면 1~2주일 정도 원 상태를 유지할 수 있고 거의 원래 상태와 같은 소견을 학생 실습이나 다른 사람들에게 보여줄 수 있다. 단지 포르말린 용액에 담가 두면 조직이 견고해지고 색이 변색된다.

체표검사 및 피부, 배꼽부위 절개

EXTERNAL EXAMINATION AND SUBCUTIS AND UMBILICAL AREA

다음으로 자연공들(orifices), 눈, 사지(limb), 관절 촉진(joint palpation), 림프절, 신경을 비롯 노출된 혈관 등을 살펴보는 외부검사를 꼼꼼히 실시한다.

처음 오른쪽 겨드랑이로 칼을 넣은 후, 정중선에서 오른쪽 선을 따라 바로 앞쪽으로 턱까지 진행시키고 뒤쪽으로는 회음부까지 절개해 가되 바로 생식기위까지 진행한다. 이때 경정맥(jugular vein)을 검사하라!

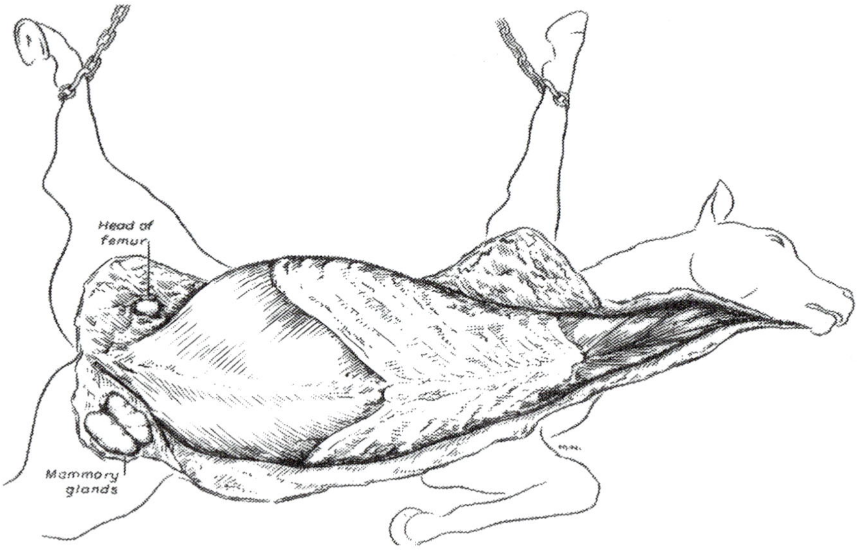

다음, 오른쪽의 피부를 제친 후 견갑골(scapula)과 대퇴골두(femoral head)에 부착되어 있는 근육을 제거하여 오른쪽 다리를 완전히 벌린다. 유방이나 떨어져 있는 각각의 고환을 살펴보고 오른쪽 유방과 고환, 그리고 오른쪽에 쌍을 이루어 있는 장기들 중 기록이 필요할 경우를 대비하여 어느 쪽의 장기에 병변이 있는지 알 수 있도록 **좌측 검사로 넘어가기 전**에 잘 살핀다. 음경포피(sheath)를 열어 절개하라. 정중선에서 왼쪽으로 덥혀 있는 피부를 절개하라.

피부를 절개할 때 피부 쪽은 칼날, 몸 쪽은 칼등이 향하도록 한다.

유방 검사 시 유방은 물론 유두관(teat canal)까지 절개하여 살펴라.

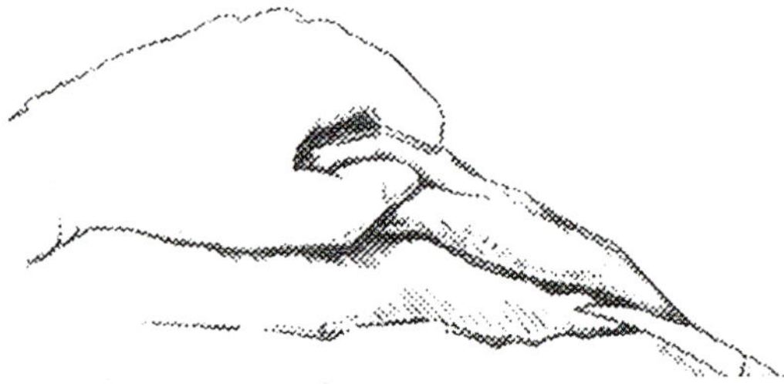

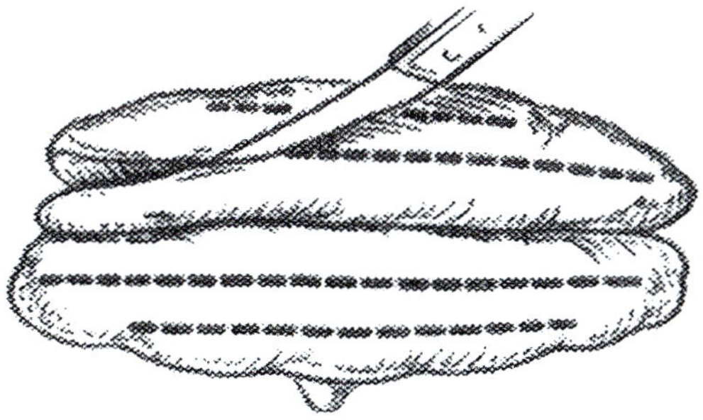

고환 : 첫 번째 절개는 종단(세로방향)면을 따라 하고
두 번째 절개는 횡단으로 한다.

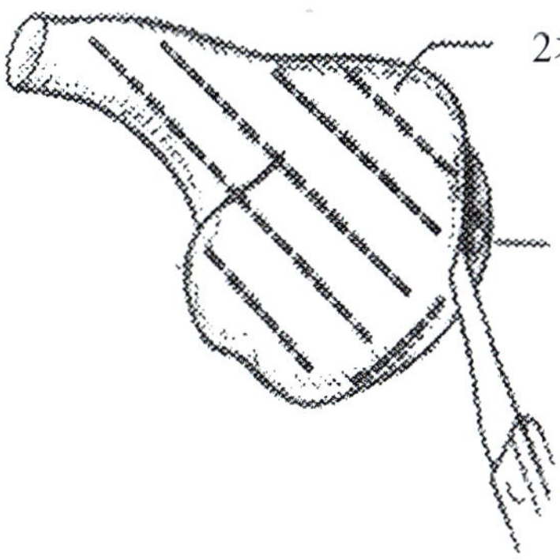

체강의 개복과 검사

BODY CAVITY OPENING AND EVALUATION

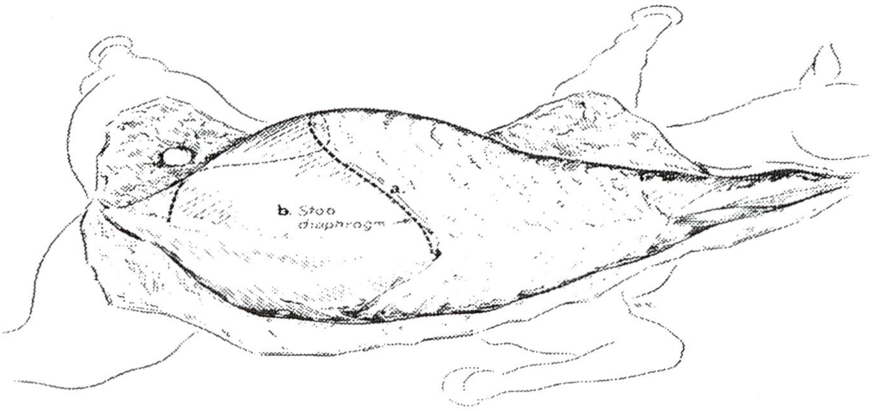

늑골궁(costal arch)과 등쪽 옆구리(dorsal flank) 아래를 따라 골반의 가장자리(pelvic rim)까지 절개한다. 이 잘려진 부분을 제치고 복강과 내장을 검사한다. 개복 시 복수가 있다면 그 양을 재고 유형(type)을 파악함과 아울러 다른 내용물이 있다면 그것들 역시 모두 기록해야 한다.

복부를 절개할 때는 칼날을 사용하되 내장이 잘리는 것을 방지하기 위해 복벽을 위로 끌어 당겨 절개한다. 이때 당겨진 내장이 칼에 의한 손상을 막기 위해 그림처럼 주먹을 이용하여 절개를 해나가도록 한다.

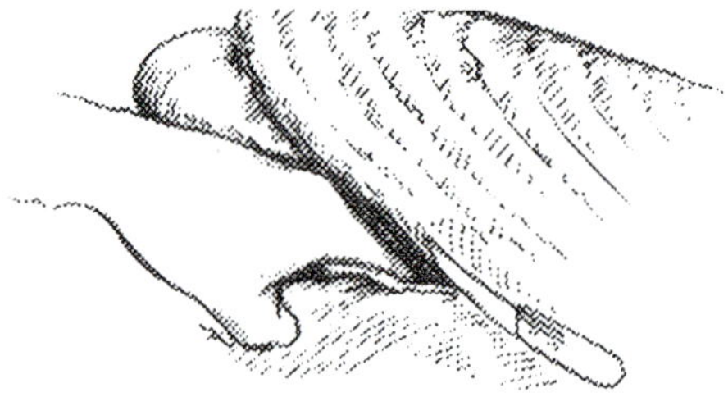

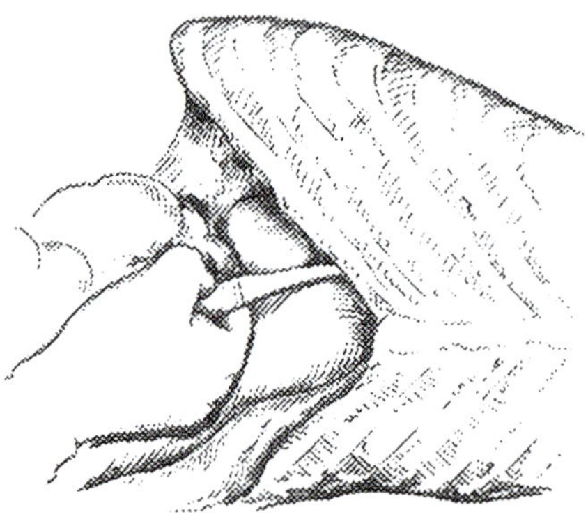

흉골(sternum) 근처의 횡격막을 찔러 공기가 흉강내로 유입되는 소리로 음압을 확인해야 하며, 만일 폐의 허탈과 같은 상태라면 외부 공기의 유입이 안 된다. 늑골궁을 따라 횡격막의 오른쪽 전체를 자르고 흉강 안을 살핀다. 흉강액이 있다면 유형과 양을 확인해야 한다. 흉강과 복강의 내장을 적출할 때 벽에 붙어 있는 좌측 횡격막은 남겨둔다.

천골에서 가까운 척추에서 수 cm 떨어진 곳인 늑연골부위를 따라 늑골 절단기나 톱으로 늑골을 자른다. 그 후 복강 내 모든 장기가 제대로 있는지 위치는 올바른지 등을 확인한다. 내장을 끄집어내기 전, 위장관의 모든 부분이 잘 보이도록 펼쳐 놓는다. 말의 경우, 맹장은 등앞쪽(전배측), 작은 결장(small colon)은 왼쪽 대퇴부쪽, 큰 결장(large colon)은 앞쪽, 그리고 소장은 오른쪽 옆구리 윗쪽에 위치한다. 소와 양에서는 전위와 4위가 제자리에 있을 경우 우측 요추부 위쪽에 소장과 결장이 있다. 십이지장이나 장간막에 붙어 있는 췌장을 살펴보고 떼어낸다. 복강에서 내장 기관들을 제거하기 전에 간이나 장 쪽 특히 후대정맥(caudal vena cava)으로부터 나오는 비정상적인 혈관들(shunts)이 있는지 잘 살펴본다.

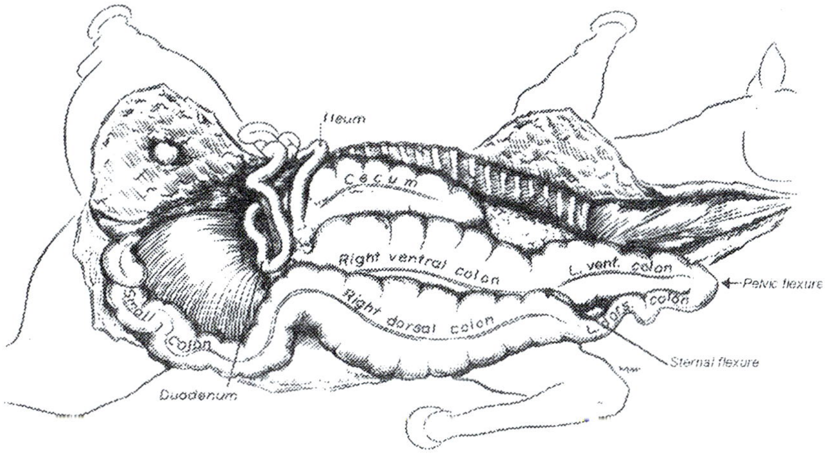

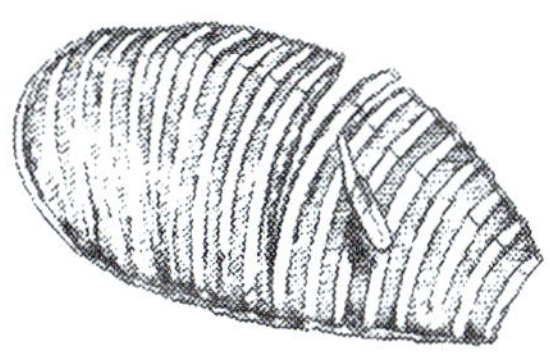

뼈에 부착되어 있는 연부 조직을 제거하여 중앙부 늑골을 분리한다.

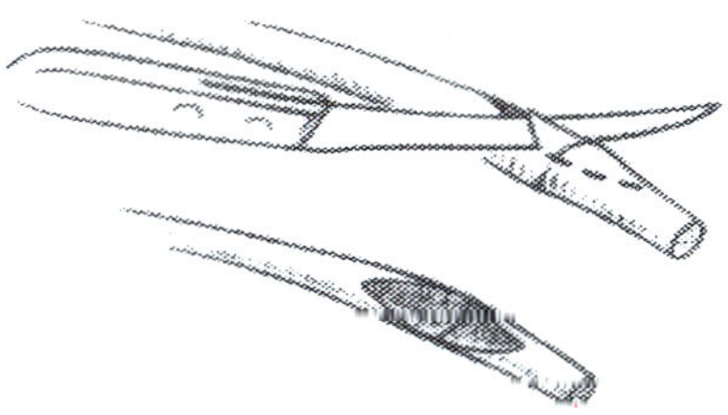

어린 동물의 늑연골 연접부는 앞쪽이나 뒤쪽의 가장자리를 그림처럼 절단하여 확인한다. 이 때 평평한 내측(흉막쪽)이나 외측 표면 부위는 살펴 볼 필요 없다.

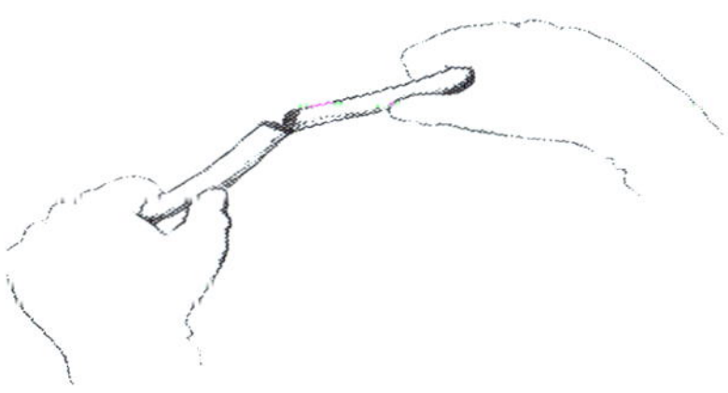

골의 강도를 시험해보기 위해 늑골의 굴곡진 방향과 반대 방향으로 뼈를 부러뜨려 본다.

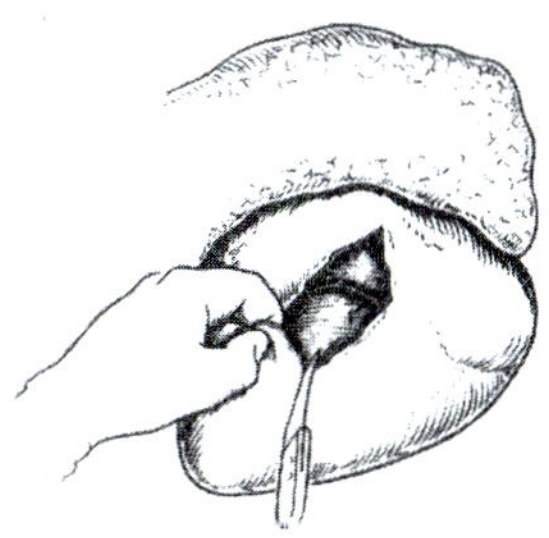

심낭(pericardium)을 열어 있는 그대로의 상태에서 심장 및 심낭 내용물을 검사한다.

심낭액의 양과 성상을 반드시 확인하라!

위장관 적출(GASTROINTESTINAL TRACT REMOVAL)

모든 동물의 부검 시, 소장은 부검자 쪽으로 장의 배쪽을 잡아당기면서 장에 인접한 장간막의 부착점을 잘라가며 장이 자유롭게 되게 한 다음 적절한 검사를 한다. 개, 고양이와 양들의 장은 맹장과 유문(pylorus)의 연접부를 제외한 나머지 부분은 별다른 절개 없이 장을 쉽게 잡아 당길 수 있다. 결장의 내용물이 앞쪽에는 우유 같은 액체가 들어 있고 직장을 잘라내어야 하는데 직장과 항문 전체를 제거하지 않은 경우라면 그 장내 내용물이 복강으로 쏟아질 수 있어서 주의해야 한다. (*참조: 내장을 적출하기 전, 위의 분문부와 십지지장 상부 사이, 소장과 대장의 경계부인 회맹부 사이, 그리고 직장과 항문사이를 미리 끈으로 결찰하는 것도 장내용물이 밖으로 흐르지 않도록 하는 좋은 방법이다.)

말의 대장은 장사이의 등쪽 부착점에서 분리하기 위해 손가락을 이용한 둔성 분리(blunt dissection)를 하면서 이 때 주요한 장간막 혈관도 손가락으로 벗기면서 그 등쪽으로 더 깊숙이 잡아당긴다.

제1위(rumen)는 큰 소의 경우라도 등쪽 맹낭(blind sac) 벽을 단단히 붙잡아서 복강의 앞쪽배(전복측) 부위로 끌어당기거나 회전시켜 놓는다. 종종 1위에 작은 절개를 내어 그곳에 손가락을 넣어 붙잡으면 편리할 수 있다.

처음 복강에서 끄집어 내놓은 위장관은 순서대로 배열하고 내강의 검사도 순서대로 실시한다.

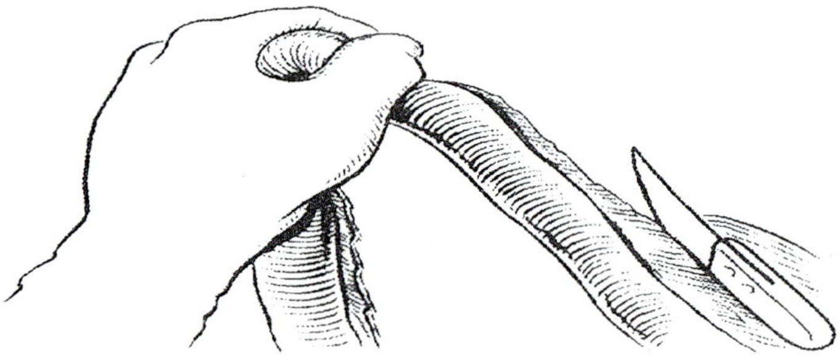

위(stomach)는 대개 장과 함께 떼어 내는데 위 내용물이 쏟아지는 것을 막기 위해 분문(cardia) 부를 반드시 결찰한 다음, 식도를 절개한 후 위를 꺼낸다. 말의 비장(spleen)은 주로 위와 같이 끄집어내지만 반추동물들은 제 1위와 함께 적출한다.

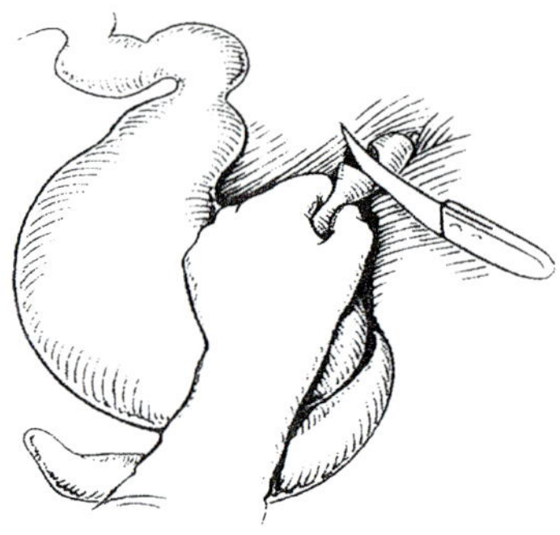

비장은 그림처럼 여러 개의 할단면을 만들어 관찰한다.

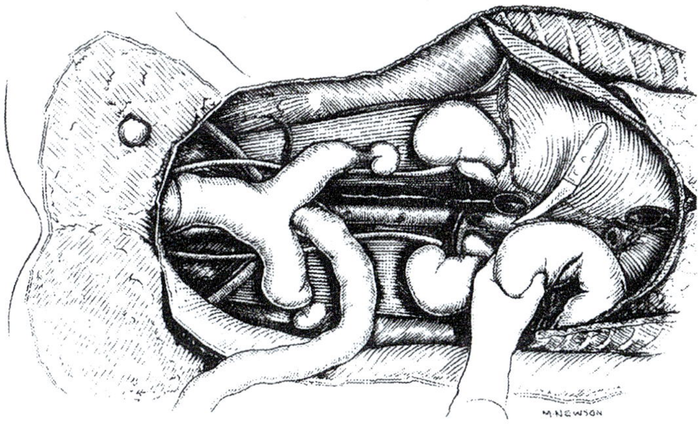

횡격막은 남겨두고 간을 떼어낸다. 담낭(담낭이 있는 동물의 경우)은 칼로 깨끗한 면으로 열어 담낭벽을 비롯, 점막과 담즙을 검사한다. 간은 그림처럼 여러 부위에 할단면을 만들어 검사하고 이때 주요 혈관들도 절개해서 살핀다.

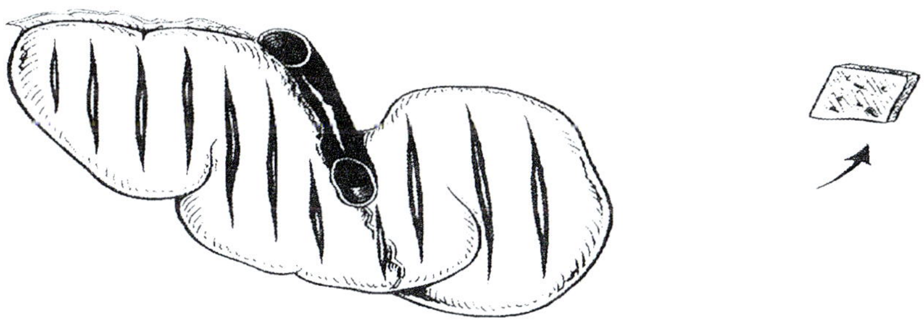

- **주의사항 :** 모든 샘플은 고정액에 넣기 전 각각의 두께가 반드시 0.5cm 이하가 되도록 한다. 조직학적 검사를 위한 샘플들은 인공산물(artifact)를 만들지 않도록 긁거나 쥐어짜지 않아야 한다. 때문에 항상 날카로운 칼을 이용하여 조직을 채취하여야 하며 **가위는 절대 사용해서는 안 된다.**

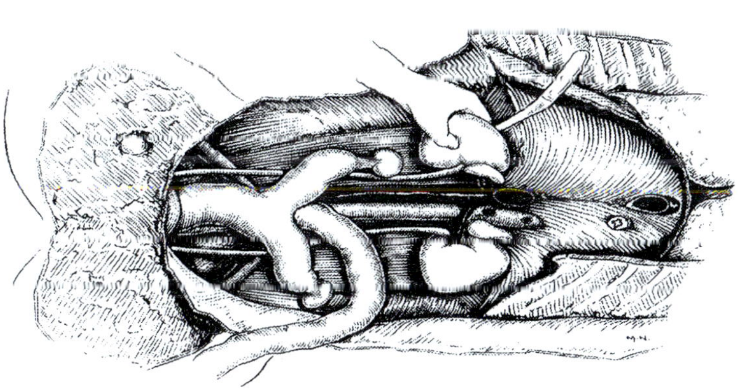

부신(adrenals)을 검사한 후 좌우측 신장(kidney)을 각각 떼어낸다. 이 때 신장과 방광을 연결하는 요관(ureter)은 제거하지 않고 붙여 끄집어낸다. 신장, 요관, 부신, 자궁 등을 적출할 때는 그들 등 쪽에 가까이 위치한 대동맥과 후대정맥이 손상되지 않도록 주의한다. 대부분의 동물에서 부신은 신장 바로 앞이나 신장의 앞쪽 끝 중간쯤에 위치해 있다.

복강 장기의 적출(ABDOMINAL VISCERAL REMOVAL)

부신 자체를 잡지 않고 신장을 쥔 채 부신의 단면을 잘라 본다. 피질-수질-피질(cortex-medullacortex, CMC)의 비율을 확인한다.

그림의 예를 보면 대략 1:2:1 정도이다.

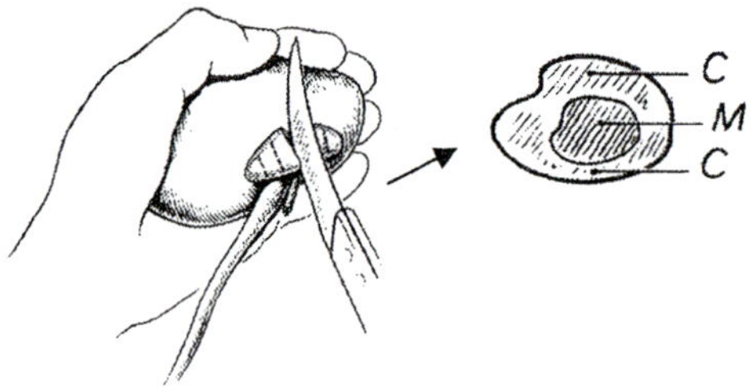

위 그림의 확대 소견. 부신을 직접 잡아서는 안 된다. 할단면을 만들어 CMC 비율을 확인하라!

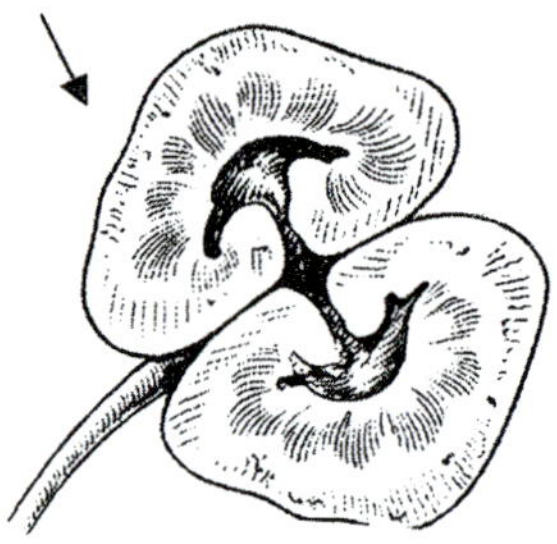

신장은 장축으로 신우(콩팥깔때기) 쪽을 향해 자른다. 각 신장은 적출 시 방광을 붙여 두어 신장처럼 미끄러운 조직을 검사할 때 요관을 제3의 손처럼 붙잡아 신장을 고정시켜 살핀다.

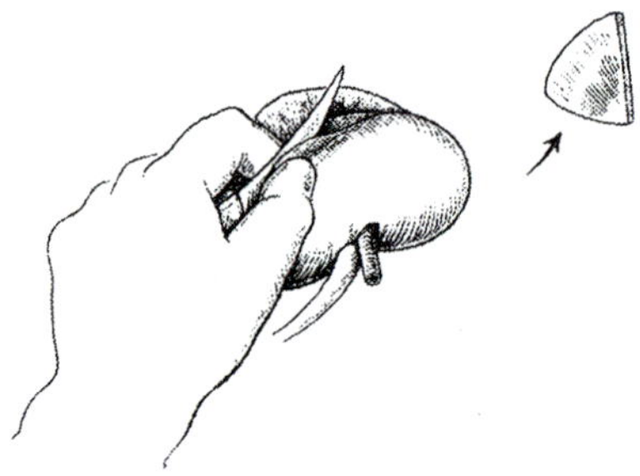

다음, 피막(capsule)을 벗긴 후 피질, 수질, 신우 상피가 모두 볼 수 있도록 할단면을 만든다. 신장을 횡단으로 자른 다음 여러 개의 조직 샘플을 채취한다.

신장쪽으로 약간 잡아 당기면서 칼을 요관의 세로로 자르며 내려가 방광의 입구까지 절개하며 검사한다.

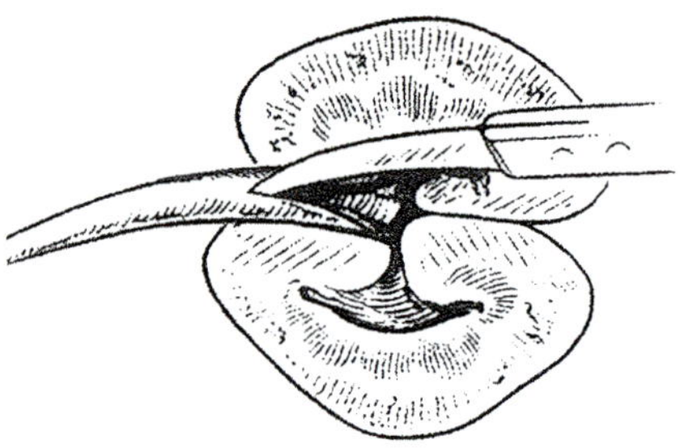

톱이나 늑골 절단기를 이용하여 골반강을 열기 위해 치골(pubis)을 통해 폐쇄구멍(obturator foramen)까지 연 후 좌골(ischium) 양쪽까지 진행한다. 결합선(symphysis)을 제거한다. 필요시 결합선과 장골(엉덩뼈)의 몸통을 한 번에 절개하는 방법도 쓸 수 있다.

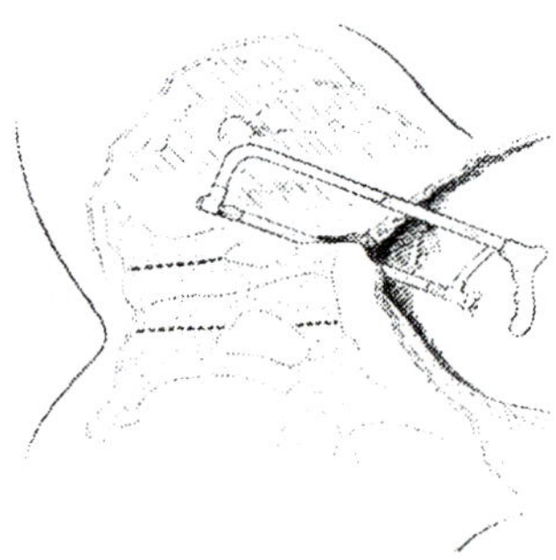

뼈에 가깝게 자르면서 골반내 장기(pelvic viscera), 요관이 붙은 신장, 방광, 생식기(genitalia), 직장(rectum) 등을 꺼낸다. 복강의 대동맥과 대정맥을 절개하고 검사한다.

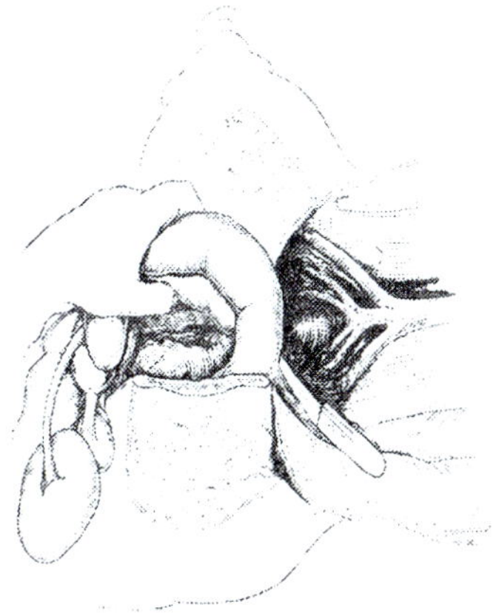

방광과 요도를 연다. 방광을 따라 있는 제대동맥(umbilical arteries)과 갓 태어난 동물일 경우 배꼽에서 간으로 가는 제대 장간막 정맥(omphalomesenteric veins)을 검사한다.

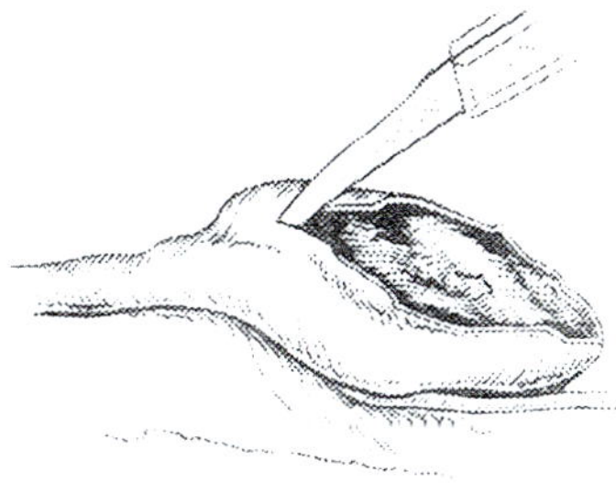

난소를 처음에는 세로로 장축을 따라 자른 다음, 가로의 단축 방향으로도 여러 곳을 잘라 검사한다.

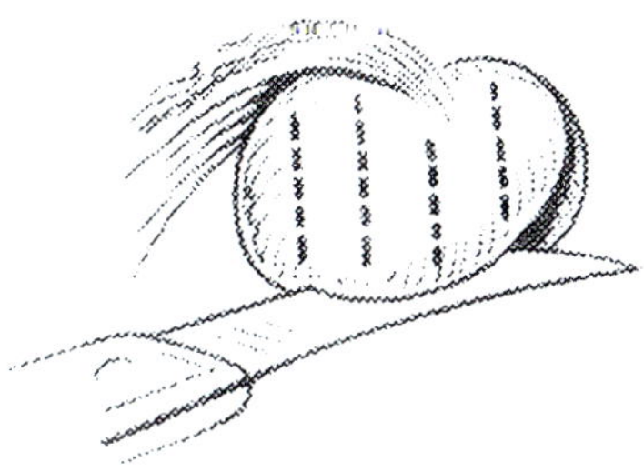

양쪽 자궁각을 연 다음, 등 쪽으로 부터 자궁경과 질을 열어 검사한다.

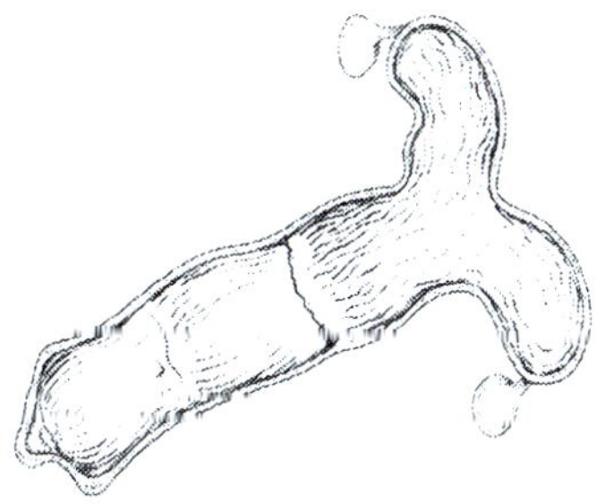

분변에 의해 조직이나 기구가 오염되는 것을 막기 위해 부검 후반부에 전부 열어 검사해야 하는 위장관을 연결된 순서대로 부검대 위에 펼쳐 놓는다.

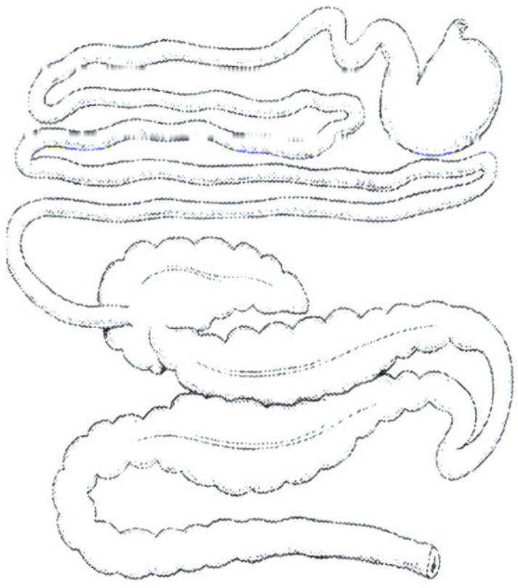

위장관을 검사하기 위해, 위의 대만곡부(greater curvature)와 전위, 그리고 십이지장(duodenum), 공장(jejunum), 회장(ileum) 등의 대표적인 부위를 그림에서 표시한 길이만큼 절개하여 살핀다. 회맹장 구멍과 맹장, 큰 결장, 작은 결장, 직장을 열어 검사한다. 노출된 주요 혈관들을 절개한다. 말에서 회장은 그림에서와 같이 맹장으로 들어간다. 그러나 다른 가축에서는 결장으로 들어간다.

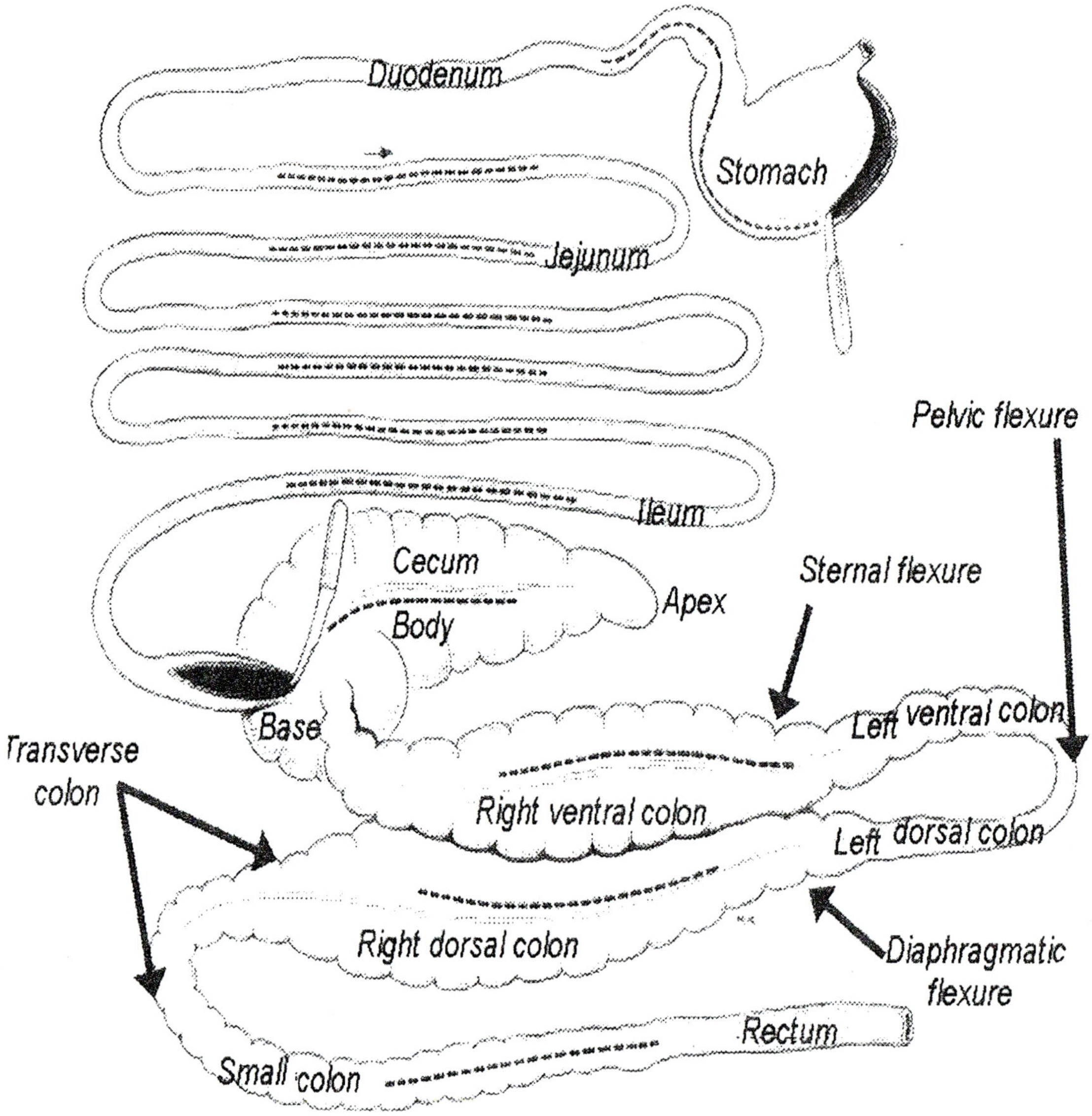

■ **유의사항 :** 소장과 대장 벽의 정상적인 두께는 전체 소장과 대장에 걸쳐 모두 동일하다. 내장의 두께가 두꺼워졌다고 의심이 되면 장의 일정 부분을 떼어 낸 후 무게를 측정하여 정상 내장의 무게와 비교함으로써 이를 확인할 수 있다. 장을 포함하여 부패된 조직은 정상 장에 비해 더 취약하기 때문에 이를 떼어내는데 더욱 세심한 주의를 기울여야 한다. 부종성의 장(특히 말의 결장)은 점막 표면에서 쉽게 손상되어 떨어지기 때문에 견인에 의한 거짓 궤양으로 오인될 수도 있다. 요네병(Johne's disease, paratuberculosis)에 걸린 양과 소에서 현저하게 두꺼워진 장벽을 온전히 떼어내기란 사실상 어려워서 장은 조각을 내어 검사한다. 동물은 많은 종류의 궤양이 발생하는데, 특히 말의 경우 진성 궤양으로 판단하려면 생체 내 섬유소 반응, 괴사 및 병변 주변 육아조직 형성 등이 보여야 한다. 이러한 말에서의 진성 궤양은 NSAIDs에 의해 장에 이미 발생했던 궤양소에서만 볼 수 있다. WP146, 150, 153, 155

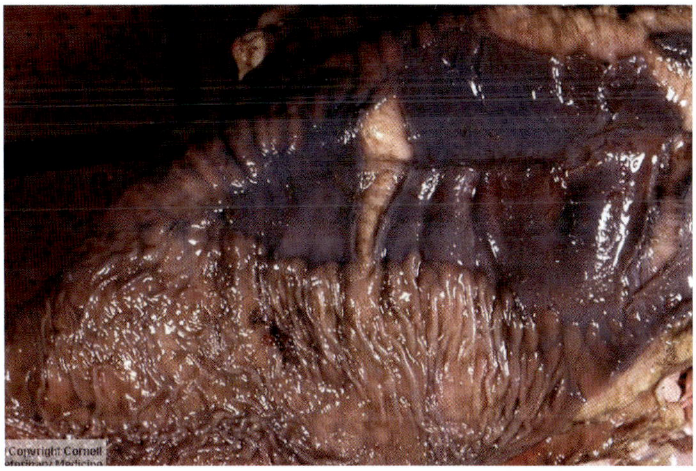
Copyright Cornell

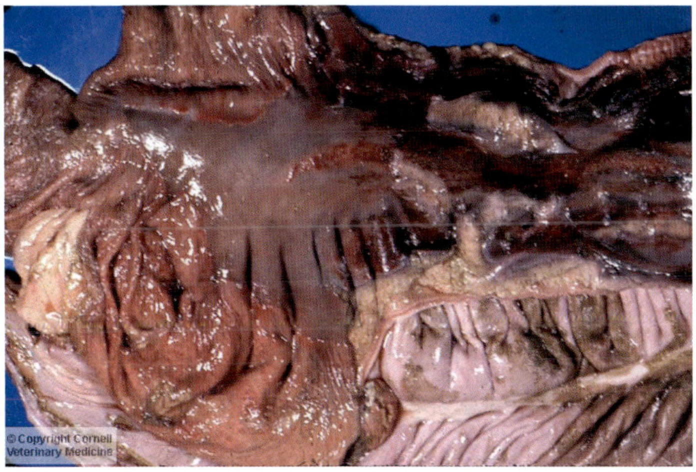
© Copyright Cornell
Veterinary Medicine

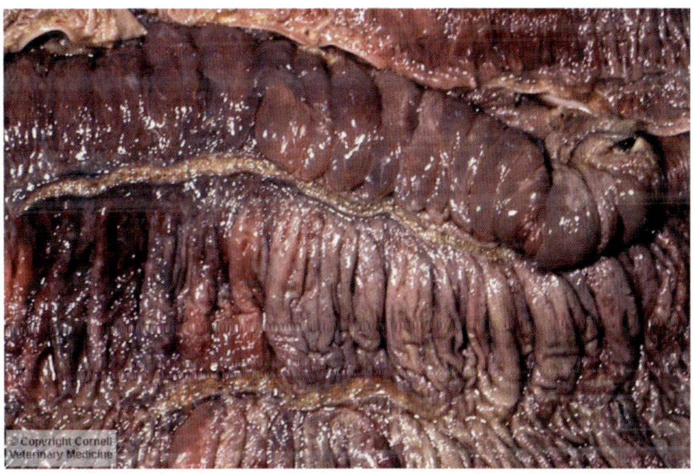
© Copyright Cornell
Veterinary Medicine

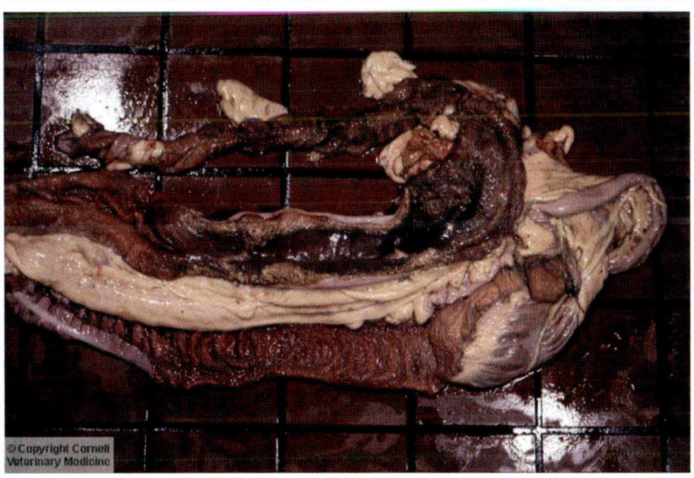
© Copyright Cornell
Veterinary Medicine

혀, 갑상선, 식도, 기관, 폐 및 심장의 적출
(Tongue, Thyroids, Esophagus, Trachea, Lung And Heart Removal)

목과 흉강 쪽 내장 및 혀를 묶음으로 떼어 내기 위해 양쪽 하악의 중앙에서부터 뼈에 가까운 부분을 따라서 하악골까지 절개해 나간다. 특히 말에서는 쉽게 제거하기 위해서 결합부를 분리해도 된다.

혀는 손으로 꺼내고(말의 경우는 어렵다) 아래 방향으로 잡아 당긴다. 양쪽의 설골 결합 부위를 자른 다음 계속 아래쪽으로 당겨서 기관과 식도를 함께 떼어낸다. 그 후 경정맥을 검사한다.

횡격막 부위에서만 대동맥과 대정맥을 횡으로 절단하고 이후 척추뼈 몸통(vertebral body)부분부터는 장기 및 대동맥을 멀리 분리해 놓는다. 척추뼈 몸통 양쪽 모두를 촉진하여 전체적인 길이를 살펴봄으로써 대칭성이 맞는지 확인하여 본다.

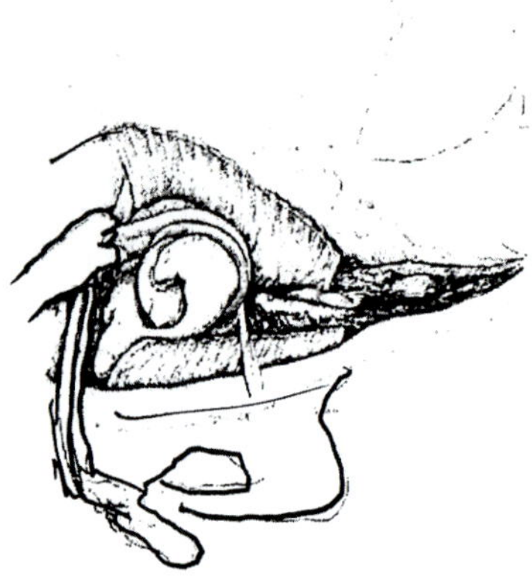

횡으로 잘라 관찰한다. 갑상선을 절개 하여 관찰하는데 돼지에서는 흉곽입구(thoracic inlet) 근처 정중선에 하나의 갑상선이 있다는 것을 기억해야 한다.

부갑상선(parathyroids)을 관찰하는데 일부 동물에서는 찾기가 어렵다. 식도의 전체를 잘라 검사한다.

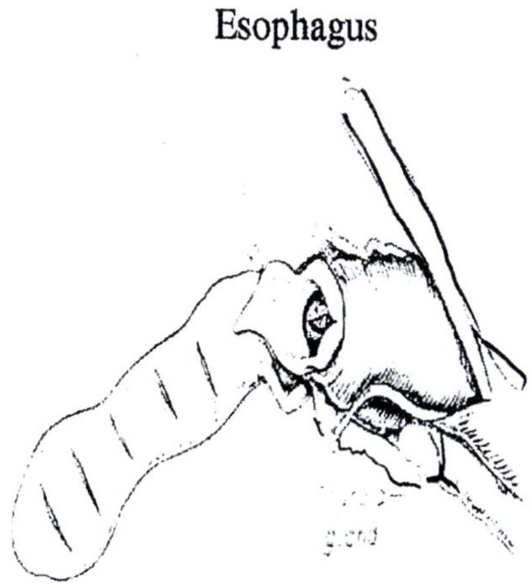

식도와 대동맥은 양쪽 기관지로 접근할 수 있게 하는 등의 뒤쪽 종격에서 떼어낸다. 이 과정은 보통 생략된다. 혈관을 잘 관찰 하려면 폐에 심장이 부착된 상태로 놓아둔다.

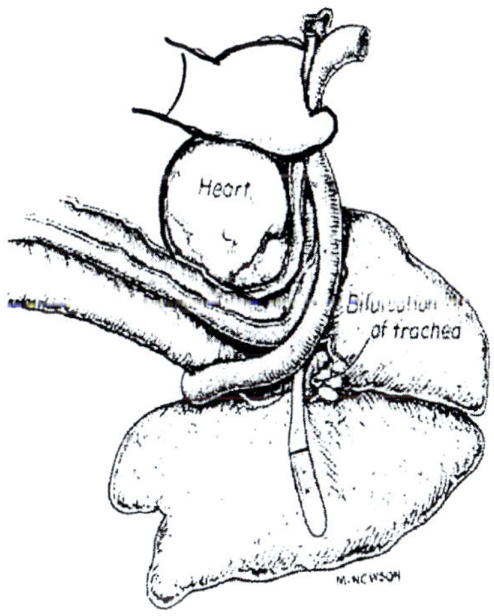

폐를 부드럽게 촉진한다. 기관과 주요 기관간지를 잘라내고 색전(emboli)을 보기 위해 폐동맥 말단의 잘린 곳을 확인한다. 기관-기관지림프절(tracheobronchial lymph node)을 절개한다. 폐동맥을 살펴보기 위해서는 주의 깊게 촉진한 후에 폐를 돌려서 배쪽 표면을 열어보는 것이 가장 좋은 방법이다.

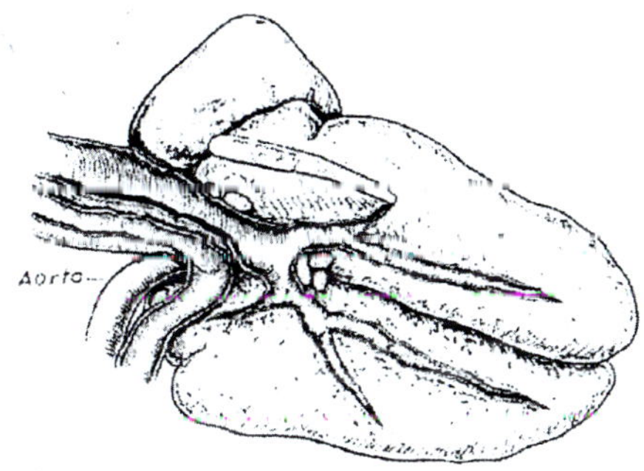

■ **유의 사항** : 그림에서는 설명을 위하여 심장을 제외하였으나 실제 혈관계의 정상 여부를 검사하기 위해서는 심장을 폐에 부착하여 두는 것이 좋다.

심장의 무게측정은 검사를 완료한 이후에 실시해야 한다. 한손으로 심장 기저부를 잡고, 심낭, 주요 혈관, 폐동맥, 대동맥을 절개한다. 무게를 측정하기 전에 심장 내 모든 혈액을 제거해야하고, 정상적으로 고양이, 너구리, 우드척(woodchuck)과 여우의 심장무게는 17g을 넘지 않는다.

심장의 절개 (OPENING THE HEART)

우심실을 열기 위해, 부검자 자신의 왼손으로 심장을 잡되 자신 쪽으로 심장의 좌측이 오도록 잡아라! 폐동맥에서 시작하여 우심실 쪽으로 절개해 가되 심실간(interventricular) 격벽(septum)에 가깝게 절개선을 만든다.

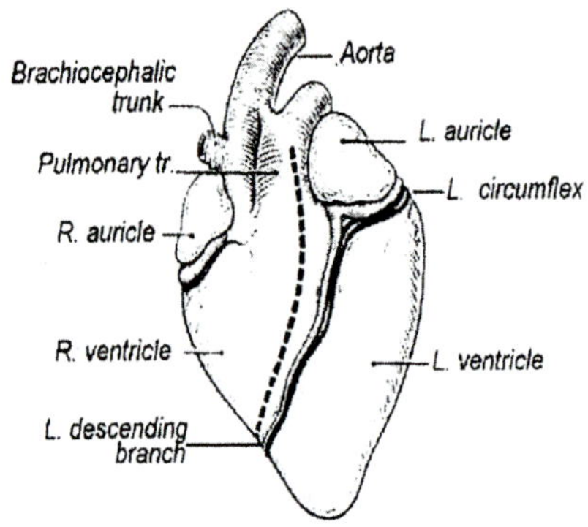

그림처럼 폐동맥판(pulmonary artery trunk) 이전의 분기부(bifurcation)를 열어라! 반월판들(semilunar valves)의 정상 유무를 살핀다.

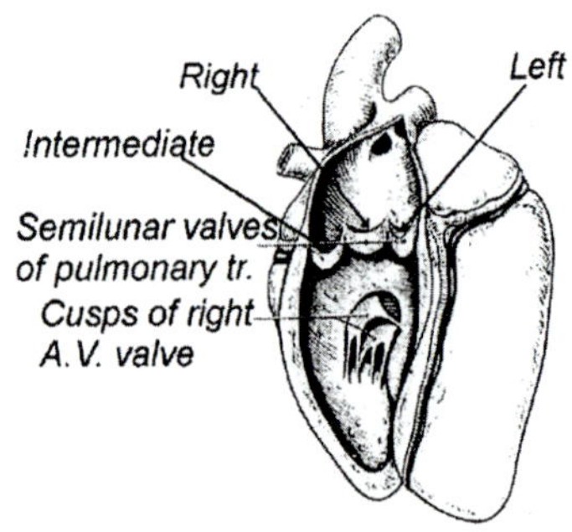

(부검자 쪽에서) 심장의 우측면이 보이도록 심장의 잡는 위치를 바꾸어 그림처럼 심실간 격벽에서부터 우측 심방(atrium) 쪽으로 절개한다.

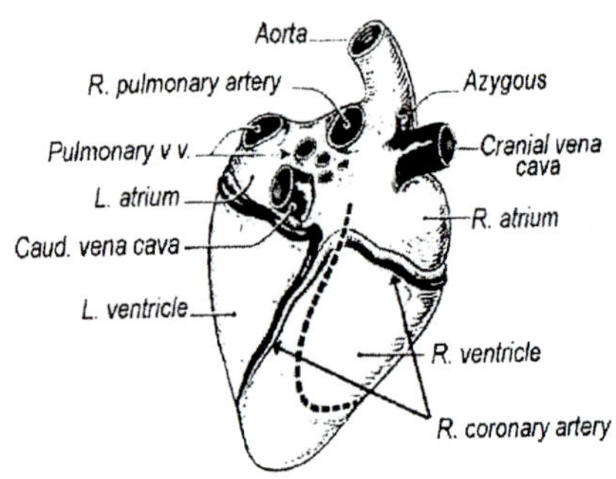

우측 심실과 심방을 열어 우측 방실판(artrioventricular valve)을 비롯 전대정맥(cranial vena cava), 후대정맥, 난원오목(fossa ovalis) 등의 구멍들과 관상동맥동(coronary sinus)을 검사한다.

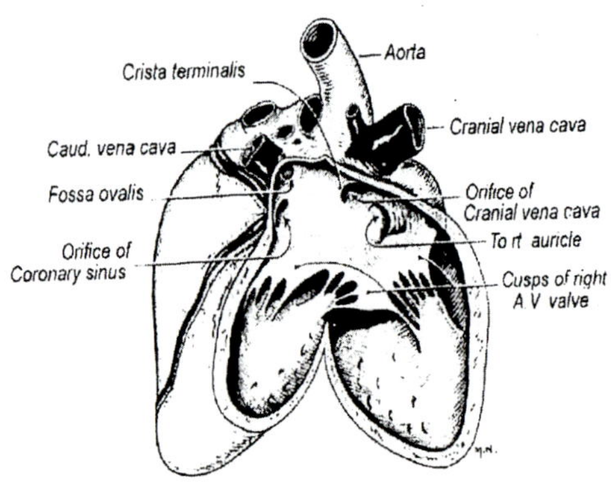

좌심방과 좌심실을 그림처럼 단칼에 절개하라! 좌측 방실판의 융기 첨판(cusp) 사이로 절개한다.

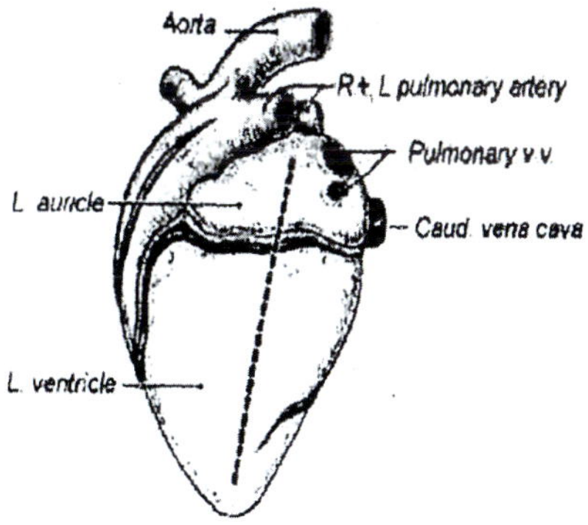

우측 방실판과 폐정맥의 개구공을 검사한다.

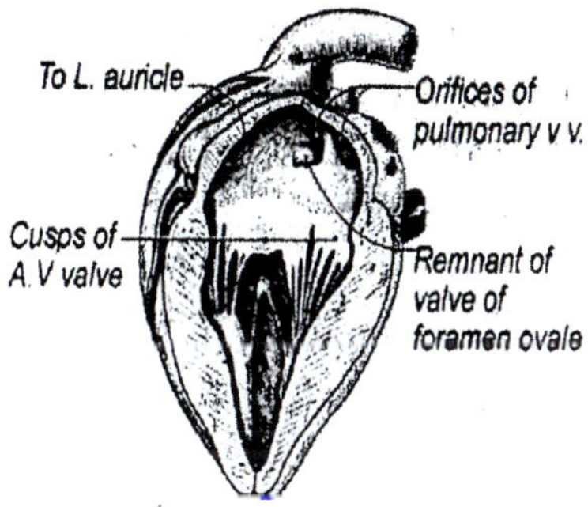

대동맥을 열기 위해 칼을 좌측 방실판의 격벽 첨판아래로 넣는다. 그리고 심방의 벽을 거쳐 대동맥쪽으로 절개한다.

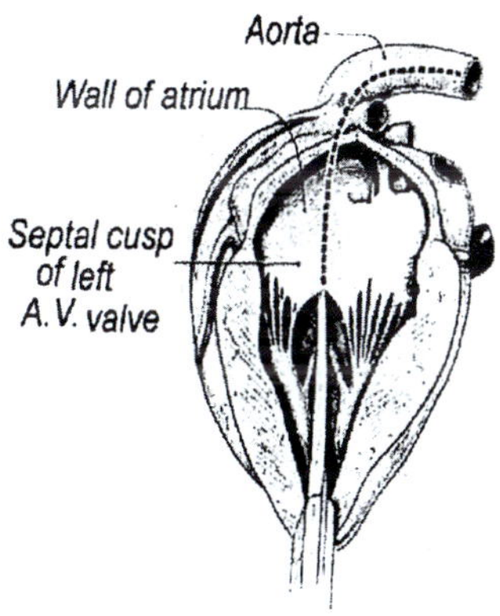

대동맥의 반월판, 개구공들, 좌우측 관상동맥, 완두동맥(腕頭動脈, brachiocephalic trunk) 등을 검사한다. 심장의 할단면을 여러 개 만들어 검사하라! 복부동맥과 그에 따른 주요한 가지들, 예컨대 장간막, 장골 등의 혈관도 열어 살핀다.

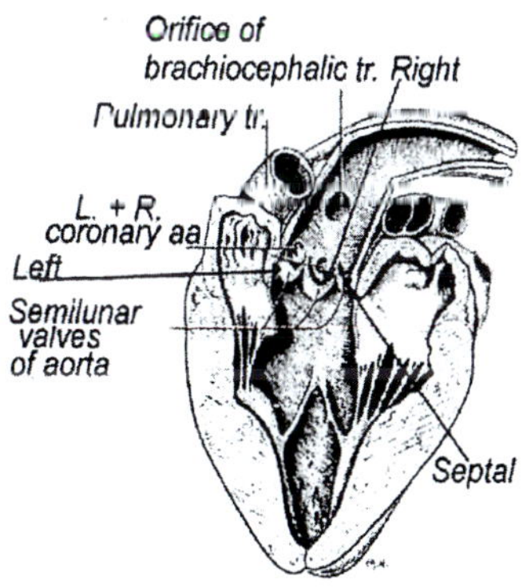

관절 검사(JOINT EXAMINATION)

대부분의 동물의 부검 시, 주어진 순서에 따라 사체의 **다섯 부위의 관절**은 반드시 검사해야 한다. 다만 송아지 등 어린 동물의 경우는 **일곱 부위의 관절**을 열어 검사해야 한다. 대표적인 관절로 부검 시 쉽게 시행할 수 있는 곳으로 1)우측 고관절(hip), 2)좌우측 무릎관절(stifle), 3)우측 어깨관절(shoulder), 4)환추후두 관절(atlanto-occipital), 5)어린 동물의 좌우측 복사뼈관절(踝關節, hock) 등이다.

패혈증으로 죽은 동물의 경우, 섬유소와 잔유물들이 **복사뼈 관절**에서만 볼 수 있으니 주의해서 살펴야 한다. 물론 정상적으로 갓 난 송아지의 복사뼈 관절에서 아주 작은 섬유소 조각들이 나타날 수 있는데 이에 대해서는 해석의 여지가 남아 있으므로 추가 검사가 필요하다.

무릎관절을 노출시키려면 피부를 벗기고 관절을 꺾은 후, 정강뼈 거친면(脛骨粗面, tibial tuberosity)으로부터 1/3 지점의 무릎뼈(膝蓋骨) 인대를 자른다.

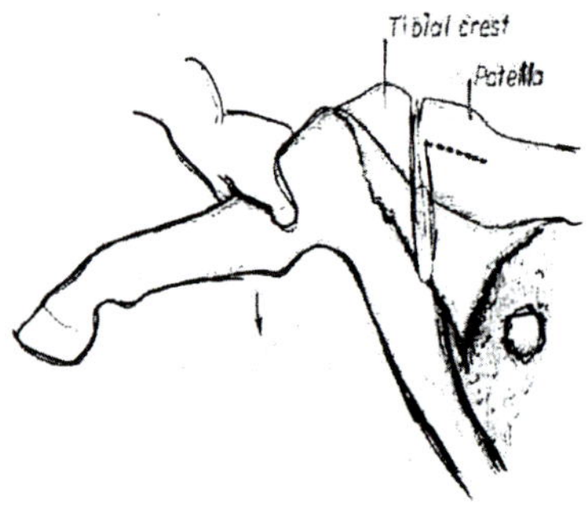

무릎뼈 활차(滑車, trochlea)의 내측 끝까지 절개한 후, 무릎뼈를 조심스레 젖힌 다음, 사지에 붙여 있는 근육 조직을 자른다.

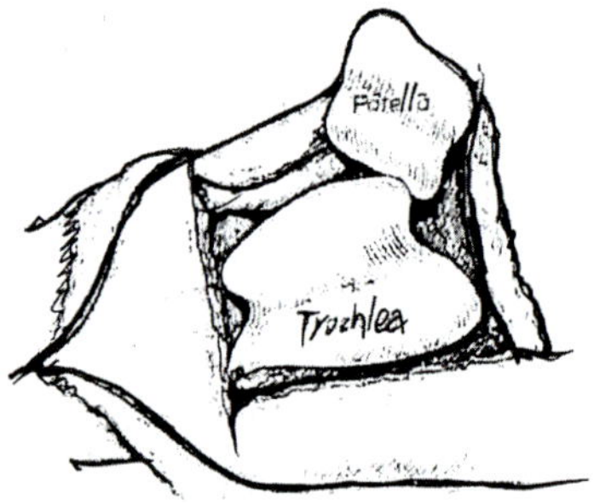

어깨 관절을 보기 위해, 관절을 세우면서 아래쪽으로 앞다리를 구부린 다음, 가장 높은 곳의 중간 부위를 절개한다.

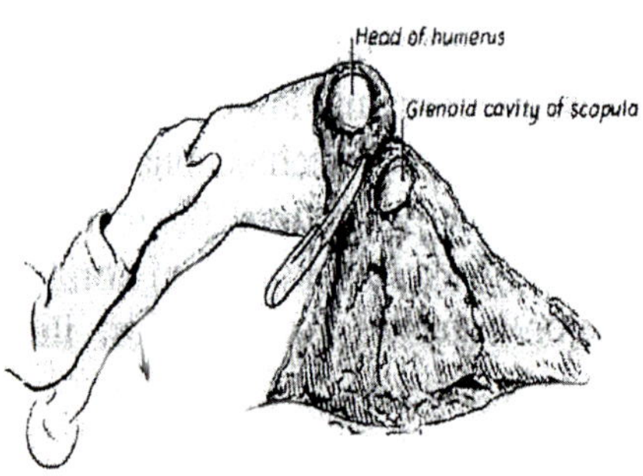

눈과 뇌의 적출(EYE AND BRAIN REMOVAL)

머리의 주요 부위의 피부를 벗겨내고 귀도 제거한다. 이 때 주요한 침샘(salivary gland)을 관찰한다. 귀주변의 피부는 그대로 놓아 둔다.

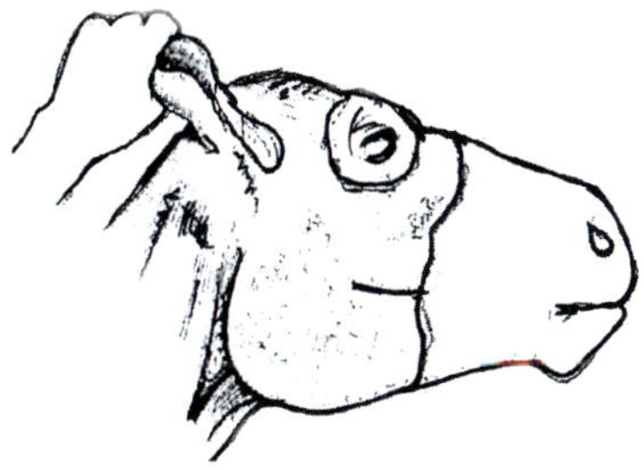

머리를 치켜 올리게 하고서(필요하다면 견인장치 등 보조기 이용) 머리의 아래쪽 좌측 부위의 피부를 잡고 위쪽으로 절개해 간다.

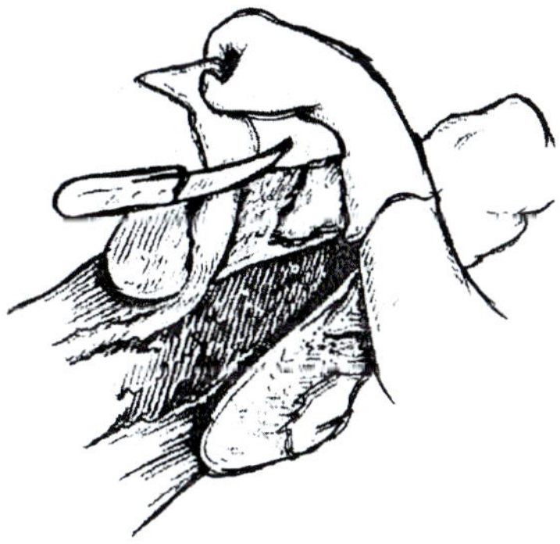

환추후두 관절을 관찰하기 위해 머리를 움직여 본다. 이때 필요하다면 배쪽이나 등쪽으로 부터 뇌척수액(cerebrospinal fluid, CSF)을 채취한다. 관절 주위 모든 연부 조직을 제거한다. 칼을 환추후두 관절 부위에 넣어 등쪽이나 배쪽으로 척수와 관절의 인대를 횡단 절개하되 직접적으로 뇌 안쪽으로 칼을 넣어서는 안 된다. 머리를 제거한다.

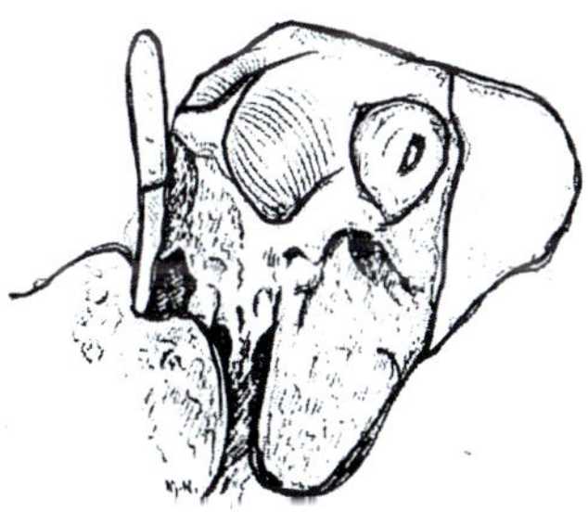

- **주의사항 :** 사후 망막(retina)은 의외로 빠르게 확실히 자가융해가 일어나기 때문에 부검시 안구를 빨리 적출하여 나머지 부검 과정을 시작하기 전 고정액에 신속히 담는 것이 중요하다.

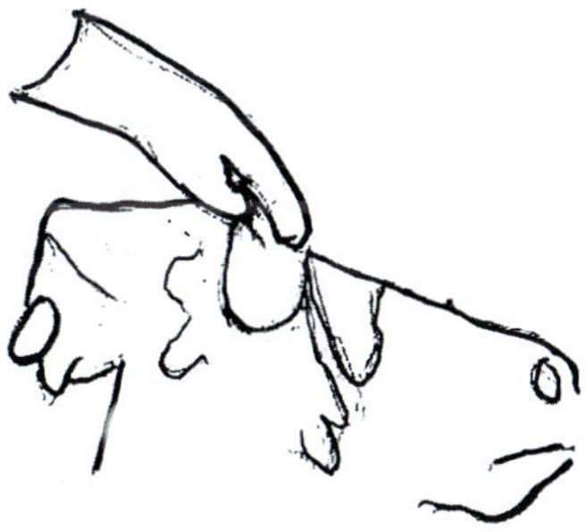

안와골에 가깝게 붙어 있는 주변 조직들을 칼날을 깊숙이 넣어 절개한 다음, 시신경(optic nerve)을 자른다.

안구를 적출하려면 먼저 최소한의 힘으로 눈 주위의 남아 있는 피부들을 잡고서 칼날로 안구 주위의 부드럽거나 단단한 조직들을 자른다.

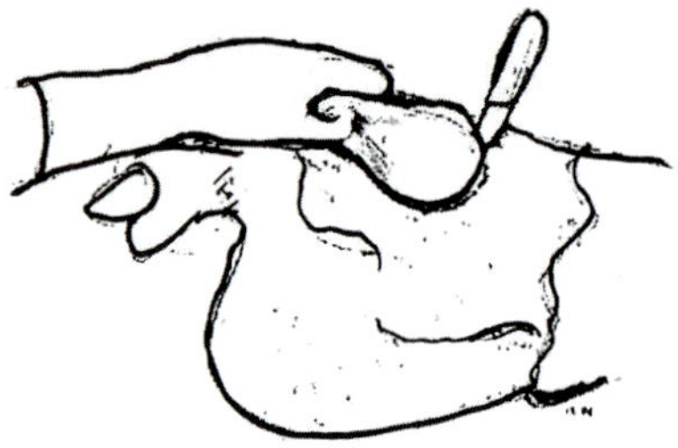

안구를 적출 시 양쪽 눈을 쉽게 구별하기 위해 왼쪽 눈의 안구에는 시신경을 좀 더 길게 붙여서 잘라낸다.

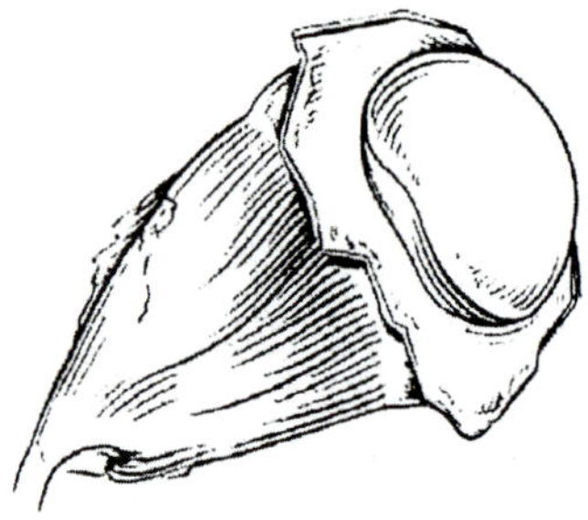

안구가 부착된 연부 조직들을 떼어 내기 위해 이들 조직들을 조심스럽게 칼로 절개해 나가면 되는데, 그 절개된 조직을 손으로 잡고서 앞뒤로 흔들며 가볍게 힘을 주어 잡아당긴다. 마치 사체를 도마로 사용하듯 활용하라!

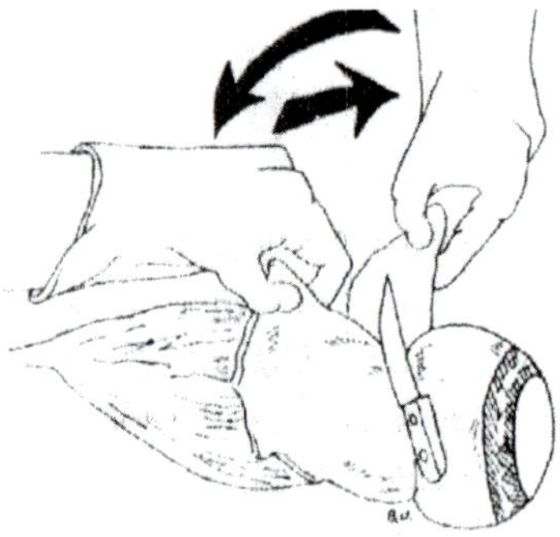

안구를 비롯 전체적으로 안구 주변 조직들까지 샘플을 채취하여 고정해야 한다. 어떤 병리수의사들은 안구고정을 위해 Bouin씨나 Zenker씨 고정액을 추천하지만 중성 포르말린 고정액도 샘플 후 바로 고정하면 만족할 만하다.

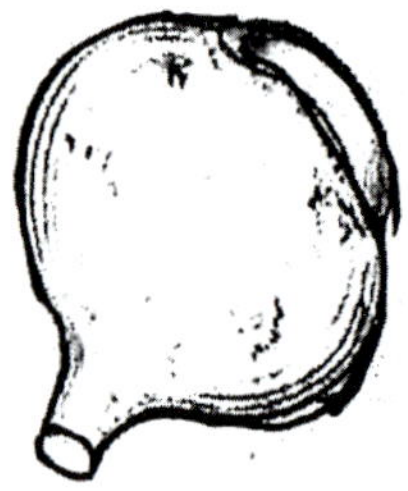

우측의 그림을 보면 두개골(skull)의 등쪽에서 본 뇌의 위치를 나타난 것이다. 이 그림에 점선으로 표시한 것이 바로 절개선이다. 점선을 따라 두개골을 덮고 있는 주요한 근조직들을 칼로 제거한다. 큰구멍(foramen magnum)을 살펴본다. 정상적으로는 소뇌충부, 벌레(cerebellar vermis)가 없어야 하는데 있다면 병변을 의심해 보아야 한다. **WP20412, 20414, 20190**

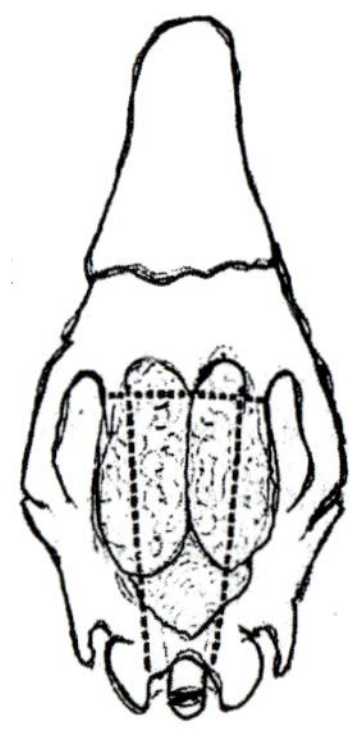

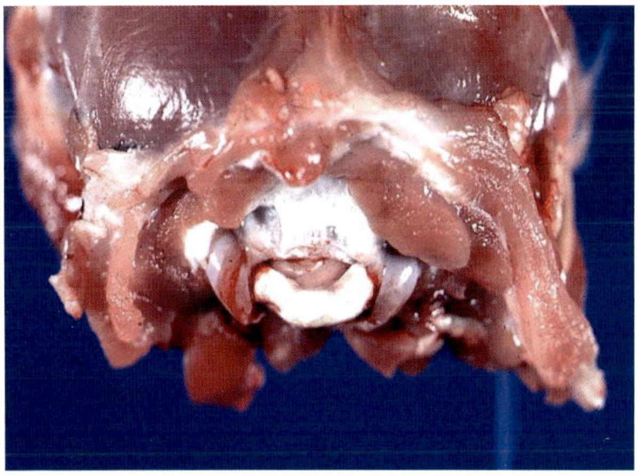
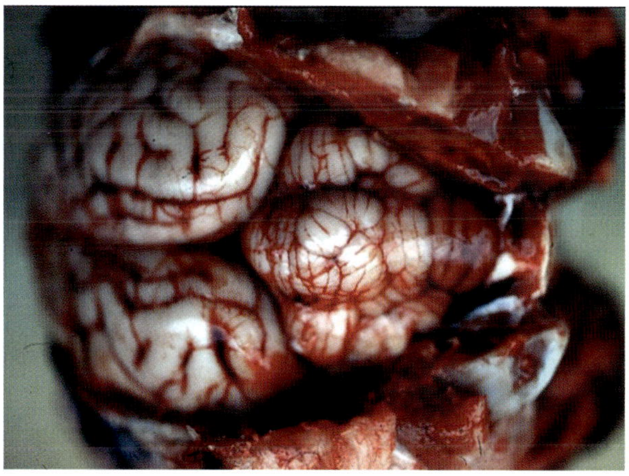

그림처럼 안와(eye socket) 속에 엄지를 넣고, 집게손가락으로 골절도의 칼날 위쪽에 얹고서 머리를 잡는다. 그 다음 전두골(前頭骨, frontal bone)에서 이마뼈의 광대돌기(zygomatic process) 뒤쪽으로 톱질을 한다.

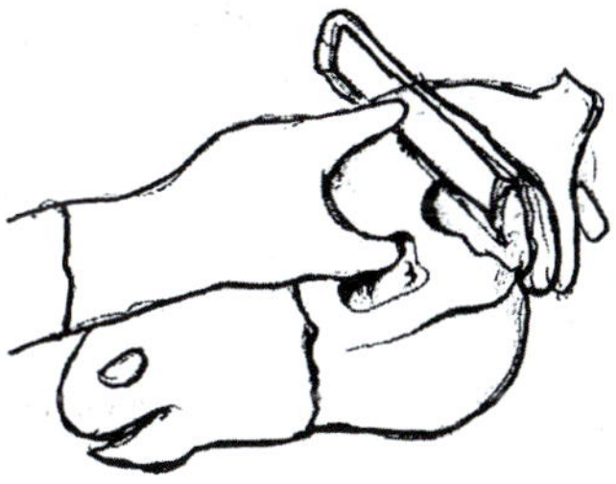

부검자가 보아 머리가 우측에 놓이도록 한다. 다음 절단은 좌측 후두 관절융기(condyle)의 중간을 보고 톱질을 한다.

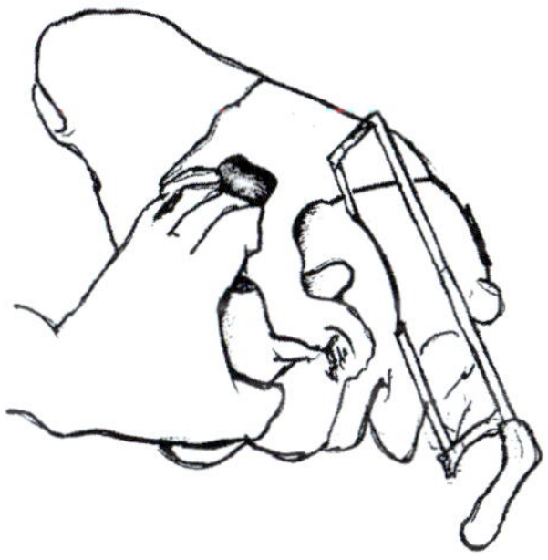

머리를 좌측으로 옮겨 잡는다. 머리의 앞쪽은 부검자 쪽으로 향하게 한다. 부검자의 엄지를 안와에 넣고 그림처럼 하악골 근처를 다른 손가락으로 잡는다.

머리뼈(頭蓋骨, skull cap)을 들어낸다. 만일 톱질이 완전하지 못하여 두개골의 절단이 불충분했을 경우 칼보다는 강력한 골절도 같은 기구를 이용하는 게 좋다. 머리뼈 제거 후 반드시 안와동, 비강과 머리덮개뼈(cranial vault) 등을 검사해야 한다.

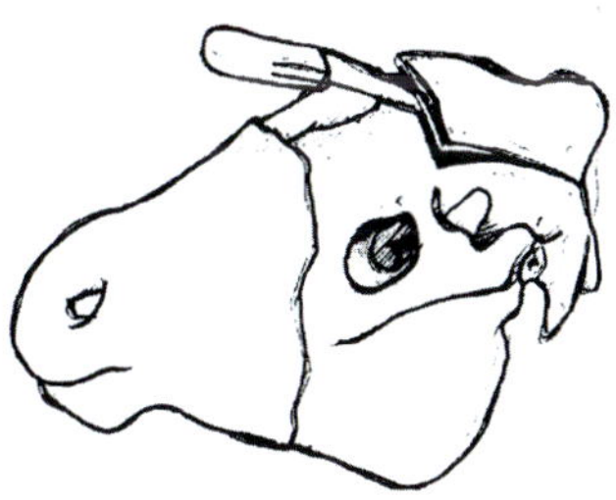

두개골을 연 후, 소뇌텐트(tentorium cerebelli)와 노출된 부위의 경막도 제거한다. 그림의 화살표가 바로 소뇌텐트가 있는 곳이다. 부검대에서 그림처럼 머리를 위로 쳐들고서 가볍게 두드리거나 흔들어 뇌 전체가 부착부와 느슨하게 되도록 한다.

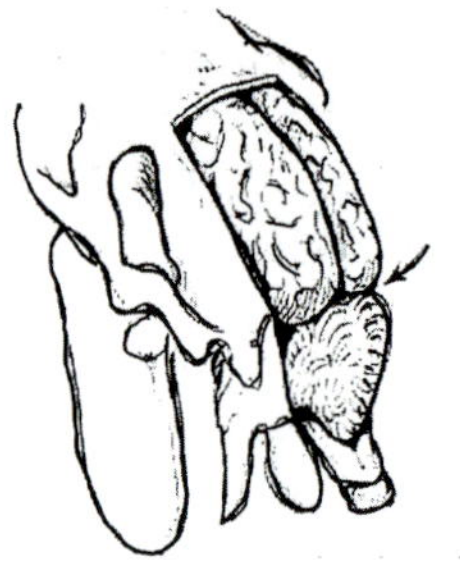

뇌를 적출하기 위해 후각뇌각(olfactory peduncle), 내경동맥(internal carotid artery), 뇌신경 등을 절단한다. 머리를 부검대위에 기울여 놓고 뇌를 조심스럽게 내려놓듯 적출한다.

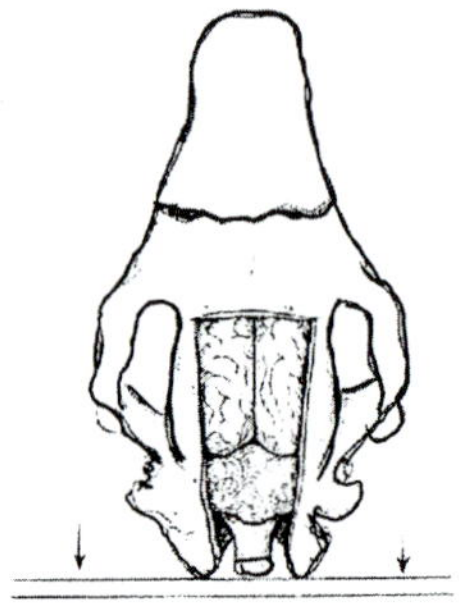

만일 뇌를 온전히 보전하지 않을 경우라면, 검사를 위해 1 cm정도 세로로 할단면을 만들어 검사한다.

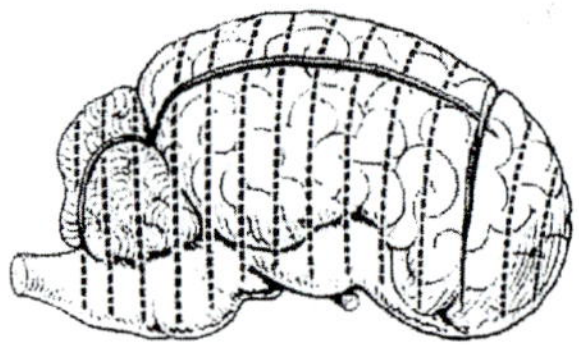

- **주의사항 :** 뇌막(meninges)에 부착되어 있는 머리뼈 중간에 매달려 있는 단 하나의 하얗고 단단한 0.5~1 cm 크기의 가느다란 원뿔모양의 덩어리(mass)가 보이는데 이것이 바로 송과체(松果體, pineal gland)이다. 많은 동물에서 두 개의 빨갛고 부드러운 덩어리를 비슷한 곳이나 약간 그 앞쪽에서 볼 수 있는데 그것은 조심스럽게 살피면 측뇌실(lateral ventricle)에서 나온 삼각형과 비슷한 맥락총(脈絡叢, choroid plexus)이 있다. **WP11086, 20423**

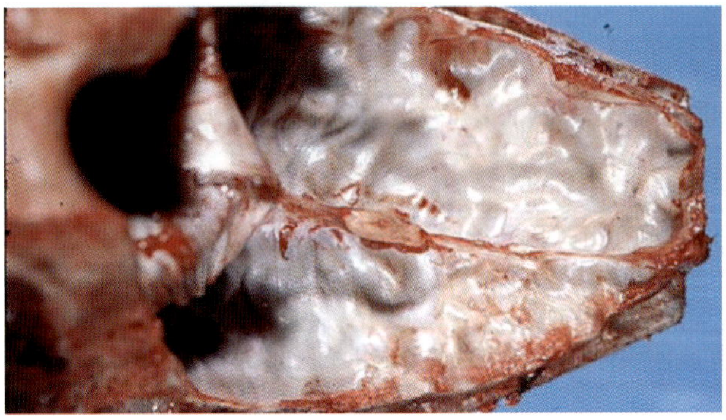

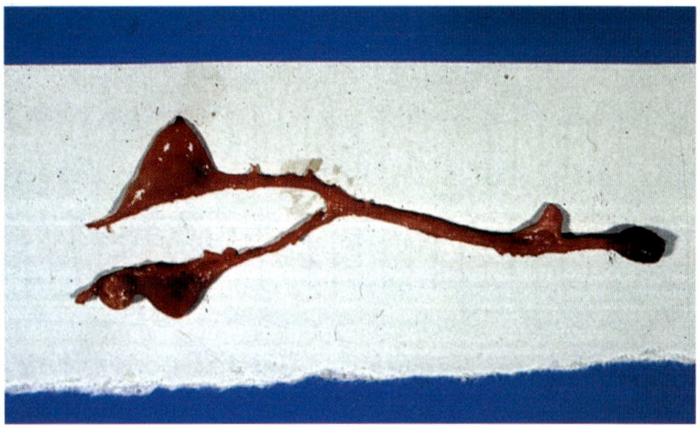

머리뼈를 안구의 중간쯤 되는 곳에서 뼈톱으로 가로로 자르면 벌집갑개(ethmoid turbinate)를 볼 수 있는데 이곳에서 말의 경우 진행성 벌집혈종(ethmoid hematoma)의 발생은 없는지 확인해야 하고, 많은 다른 종에서는 기생충이 없는지 조사해야 한다.

또한 입술의 연결부위의 돼지의 비경 또는 제1~2구치 수준에서 뼈톱으로 가로로 자르면 위축성 비염(atrophic rhinitis)에 의한 비갑개골의 병변 유무를 확인할 수 있다.

뇌하수체 적출 및 골수 검사
(PITUITARY REMOVAL AND BONE MARROW EXAMINATION)

뇌하수체를 빼내려면, 톱으로 자른 융기(condyle) 사이 후두골(後頭骨, occipital bone)의 기저부로부터 경막을 집어 올려 그것을 뇌하수체를 포함시켜 앞쪽으로 당겨 벗긴다.

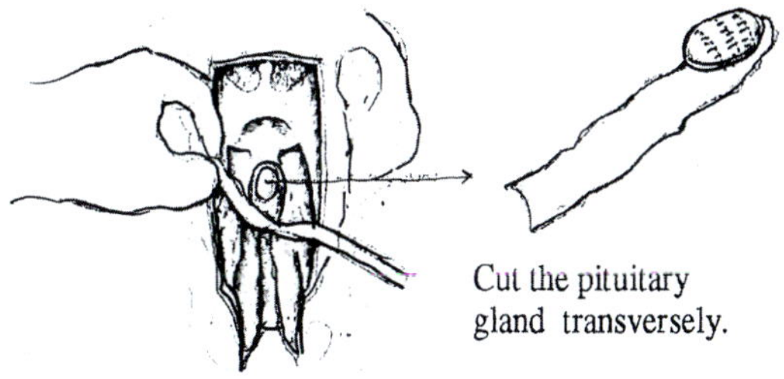

Cut the pituitary gland transversely.

골수의 날인도말표본(壓捺塗抹標本, impresstion smear)을 만들거나 골수 샘플을 얻기 위해서는 늑골도(rib cutter)를 이용하여 대상 **골을 비스듬히 잡고** 힘을 주어 깨뜨리면 되는데 이 방법은 어린 동물들이나 소동물의 대퇴골등 큰 뼈들을 사용하면 된다. 대동물의 경우 골수를 채취하려면 뼈들을 뼈톱으로 잘라야 한다.

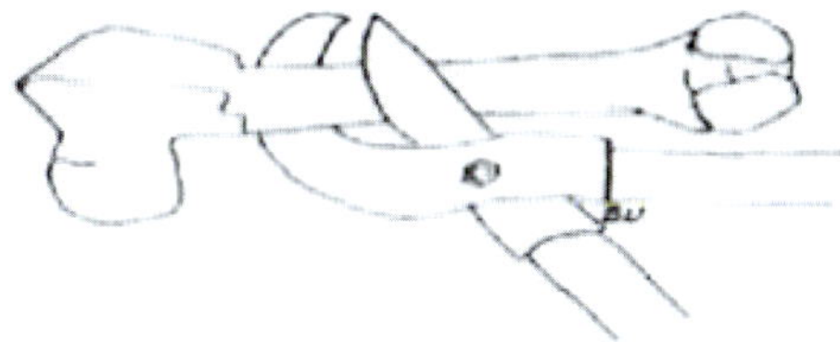

만일 골수부위나 다른 조직들에서 혈액이 많아 표본제작용 유리글라스와 접촉(touch)하기 힘들 경우 골수에 글라스를 접촉 전 종이타월 같은 흡습제등으로 조직부위에 대어 혈액을 제거한 후 도말표본을 만든다. 그리고 남은 골수 조직들은 포르말린 고정액에 넣어 조직 검사에 사용한다.

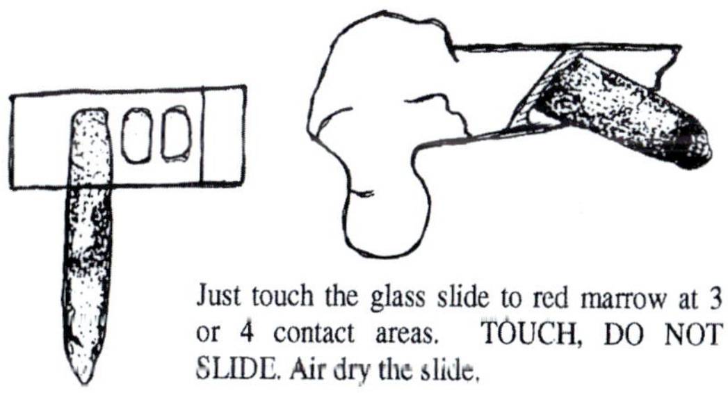

Just touch the glass slide to red marrow at 3 or 4 contact areas. TOUCH, DO NOT SLIDE. Air dry the slide.

인대, 건 및 관절의 특별 증례 검사 (LIGAMENTS, TENDONS, JOINTS EXAMINED IN SPECIAL CASES)

보다 쉽게 이들을 검사하기 위해서는 사체를 다리(제3의 손처럼 활용)에 부착시켜 놓고 부검하는 게 유용하다.

다리의 원위부 관절을 살피기 전에 발굽육관(蹄冠帶, coronary band)의 제거와 함께 사지의 피부를 벗긴다.

뒷다리 무릎관절 중 원위쪽 관절부터 차례로 검사한다. 지렛대 힘(leverage)을 쓰기 위해 발굽관절(足關節, coffin joint)의 원위부 쪽부터 조사하고 그 후에 발목(pastern), 구절(球節, fetlock)과 비절(飛節, hock)의 정강발목(脛足根骨, tibiotarsal) 관절 등을 열어 살핀다.

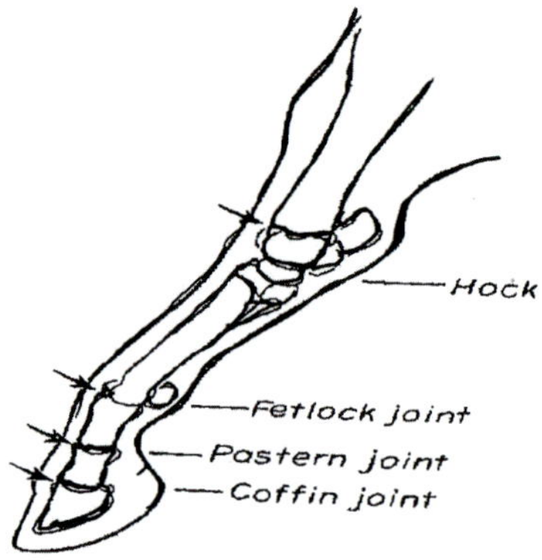

오른쪽 그림은 발굽관절을 절개 시 그 깊이를 보여주는 횡단면이다.

발배뼈(舟狀骨, navicular bone).

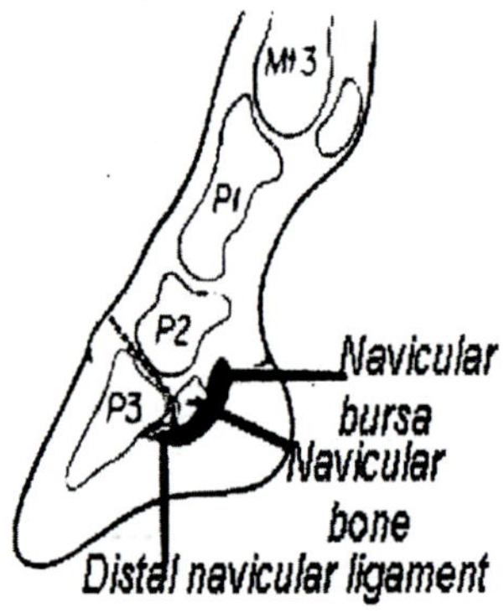

발굽관절을 열어 발배주머니(navicular bursa)를 조사하고 발굽벽(hoof wall)에서 가까운 쪽으로 절개한 후, 발굽의 연골 속까지 처음은 배쪽으로 다음에 내측을 살피고 나중에 외측까지 자세히 살핀다.

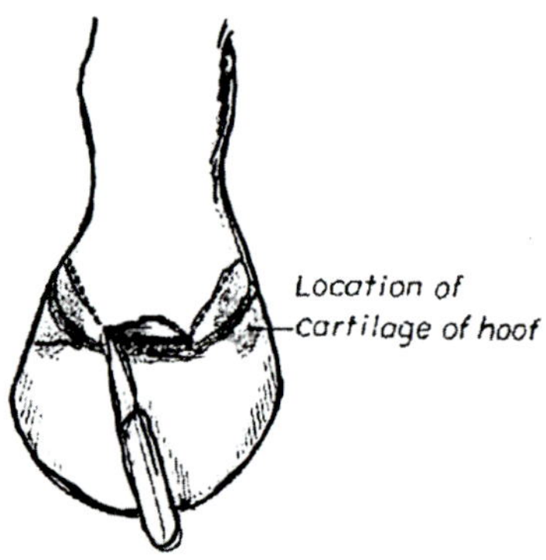

발배뼈를 노출시키기 위해 깊게 절개한 후 원위부 발배인대(navicular ligament)도 잘라 조사한다.

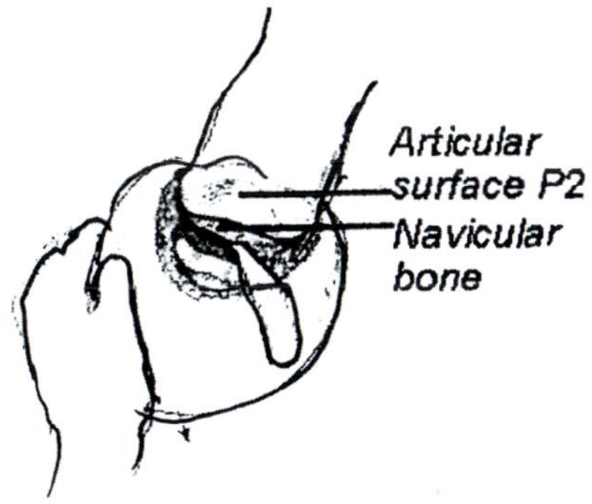

발배주머니(navicular bursa)를 노출시키기 위해 발배뼈를 칼로 들어 올린다.

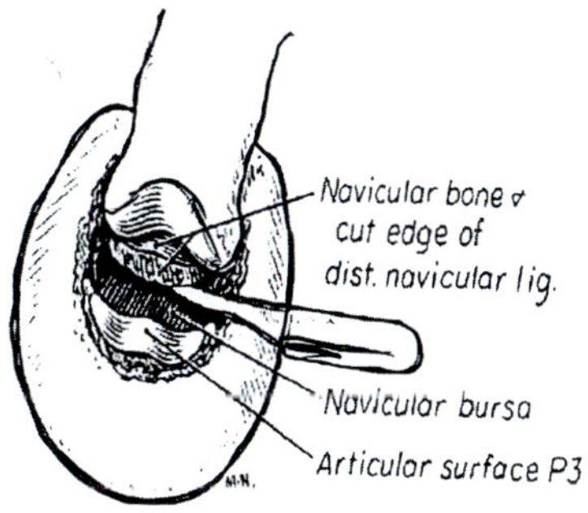

구절(fetlock)을 열기위해 발목 등쪽으로 절개하여 한쪽으로 들어 올려 관절을 연다.

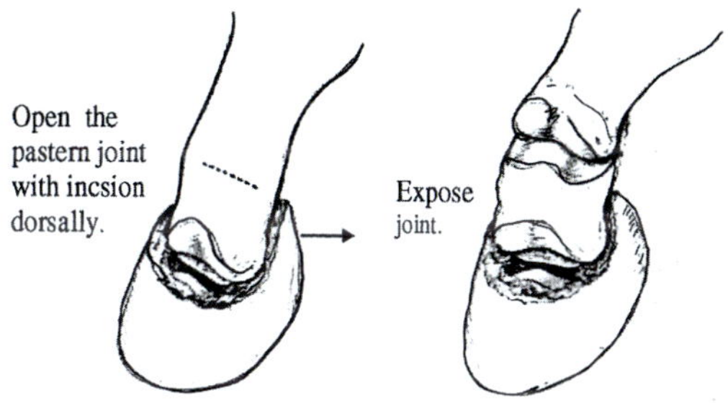

발목관절을 등쪽으로 절개하여 연다.

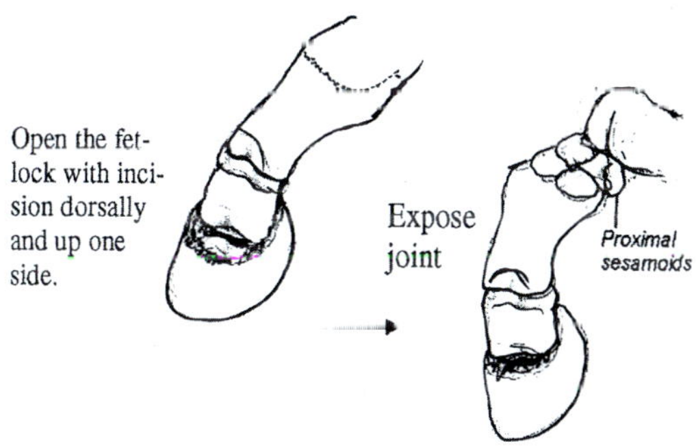

Expose joint.

■ **유의사항 :** 말과 소의 경우, 발굽벽을 쉽게 제거하기 전, 65도의 물에 20분 동안 담아 놓으면 벽이 느슨해져서 벗기기가 좋다.

비절(hock)의 정강발목 관절부를 노출시키기 위해 정강뼈(脛骨, tibia)쪽 관절을 등쪽에서 절개하여 연다.

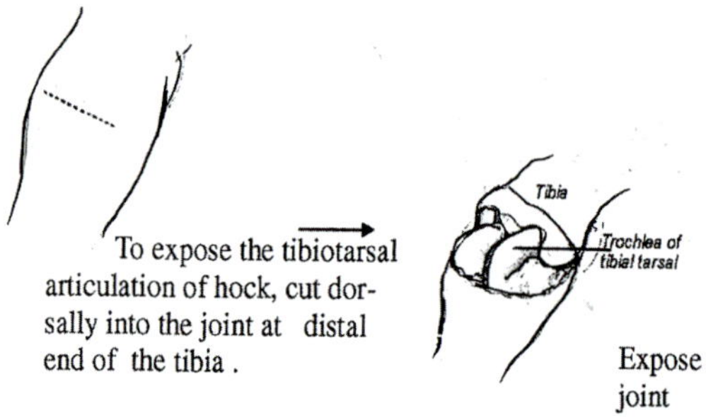

앞다리에서 어깨에 이르는 관절들을 검사하려면, 몸통에서 가장 멀리 떨어진 관절부터 시작하라! 사지의 피부를 벗긴다. **필요한 지렛대 힘을 쓰기 위해 발굽관절부터 검사를 시작한다.** 발굽관절, 발목관절, 구절 등의 절개 과정은 언급한 뒷다리와 같다.

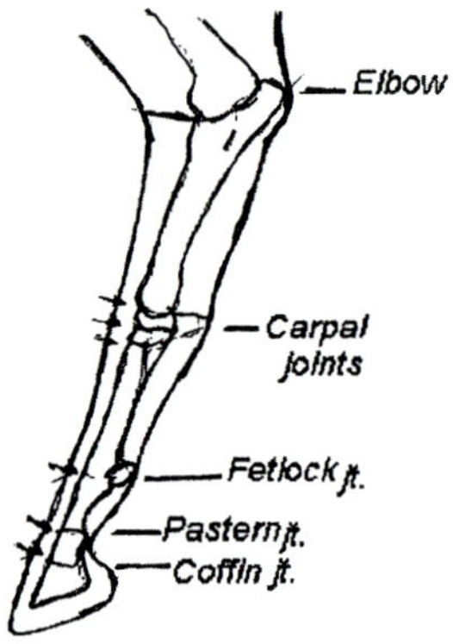

그림에서 보듯이 수근골(手根骨, carpal joint)을 열기 위해 세 번의 절개가 필요하다. 즉 요골(橈骨, radius)의 원위 끝, 손목뼈들사이의 열(row)사이, 그리고 중수골(中手骨, metacarpal bone)의 근위 끝 등이다.

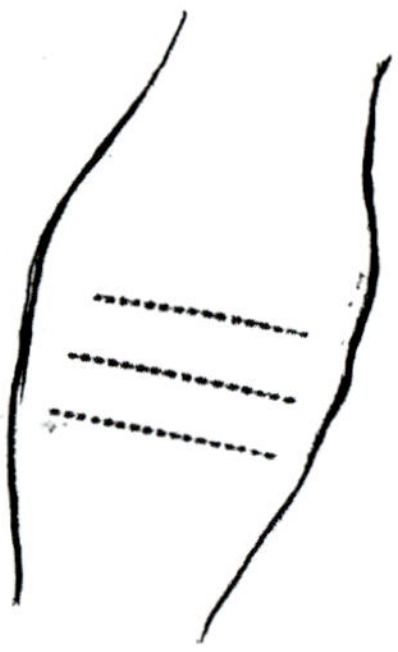

주관절(肘關節, elbow joint)을 열려면 팔의 내측에서 내려가 상완골(上腕骨, humerus)의 원위 끝부분 둘레를 절개한다.

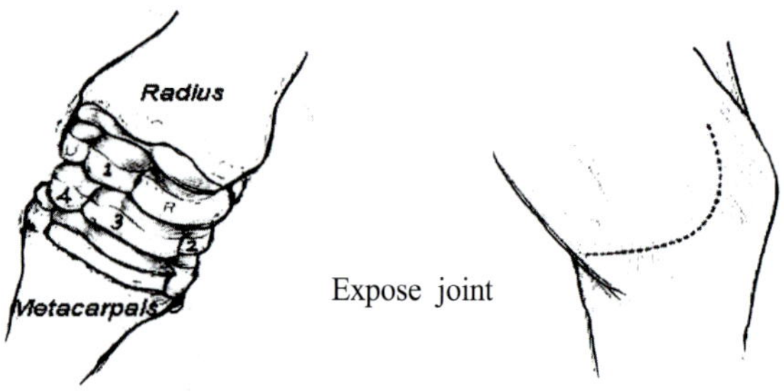

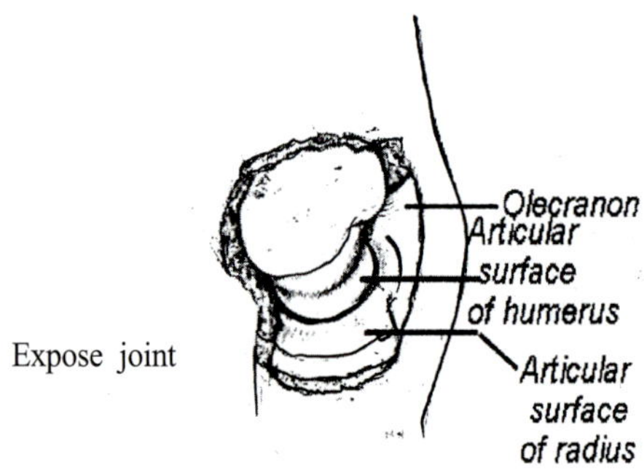

하악의 적출(TO REMOVE MANDIBLE)

부검대에 머리의 등쪽을 고정시키고, 아래턱(下顎, mandible)의 내외측의 모든 근육을 그림에서 보듯이 앞쪽 혹은 뒤쪽에서 절개한다.

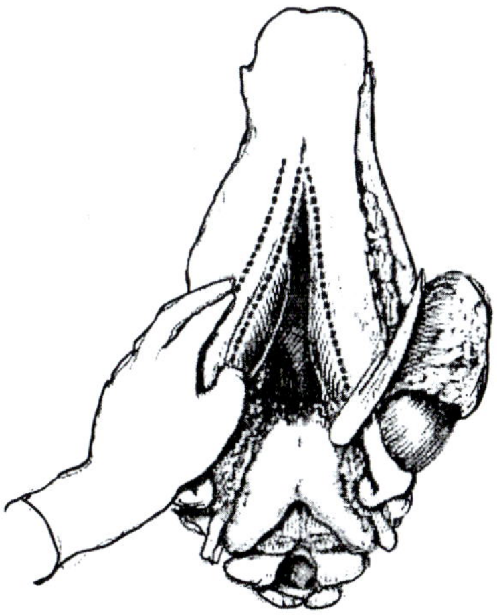

날개아래턱(翼突下顎, pterygomandibular)의 근육성 주름과 치아의 뒷쪽 잇몸(齒齦, gum)을 잡고 가로질러 절개한다.

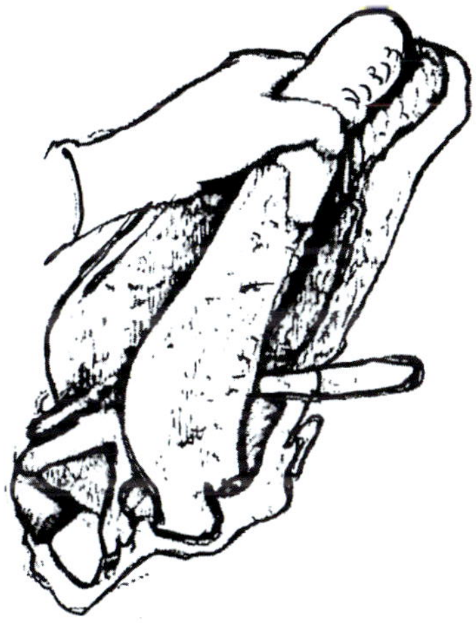

아래턱을 뒤로 잡아 당겨 자유롭게 하면 되는데 대동물의 경우, 아래턱에 붙어 있는 모든 연부 조직을 다 잘라내지 않으면 자유로워 지는 것이 매우 힘들다.

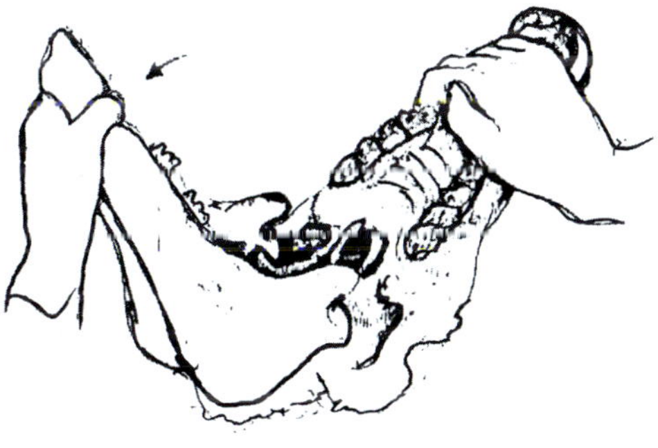

후두낭 검사(GUTTURAL POUCH EXAMINATION)

후두낭을 조사한다. 양쪽 중이(middle ear)가 노출되도록 고실(tympanic bulla)안까지 절개한다.

붓목뿔(莖突舌骨, stylohyoid)

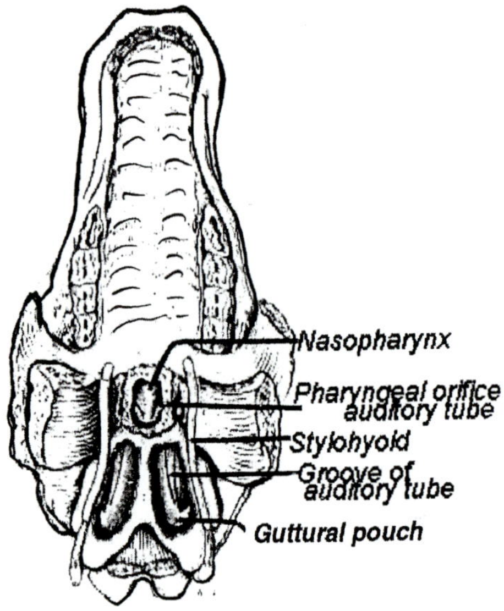

머리는 두 번의 시상(矢狀, sagital) 절단을 위해 뼈톱을 사용해야 하는데 이 때 앞이빨들이 있는 곳은 매우 단단하므로 이를 피해 톱질을 하는게 좋다. 비동(鼻洞, nasal sinus)들을 검사하기 위해 비중격(nasal septum)을 제거한다. 다른 한 번의 횡단면 톱질은 작은 어금니(前臼齒, premolar)가 있는 쪽으로 켜면 되는데 어떤 이빨이라도 잘라져 제거될 것이다. 붓목뿔은 고실목뿔(tympanohyoid) 관절과 등쪽으로 연계되어 있는데 이 부위는 후두낭 진균증(mycosis)과 관련된 관절염(arthritis)의 초기 병변이 발생할 수 있으니 반드시 자세히 검사해야 한다.

입쪽 위턱뼈굴(前上顎骨洞, rostral maxillary sinus). 전두동(前頭洞, frontal sinus). 나비굴(蝶形洞, sphenoidal sinus).

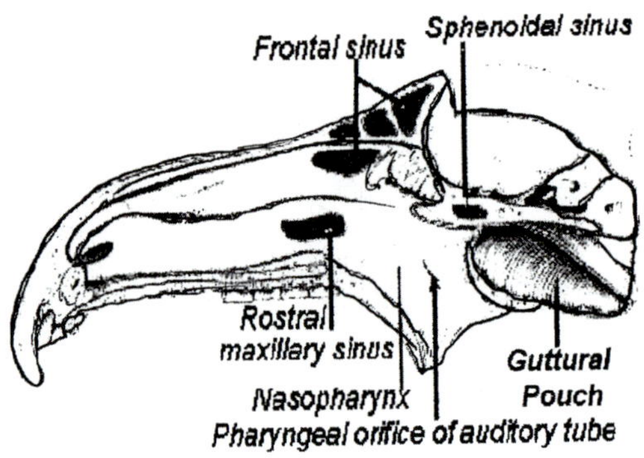

말(THE HORSE)

'백문이불여일견'이란 격언처럼, 부검 보고서 작성 시 언어로 기술하기 보다는 그림을 이용하여 병변의 위치 등을 표기하는 것이 매우 유용하다. 다음 그림은 부검 보고서 작성 시 사용할 수 있는 그림들이다.

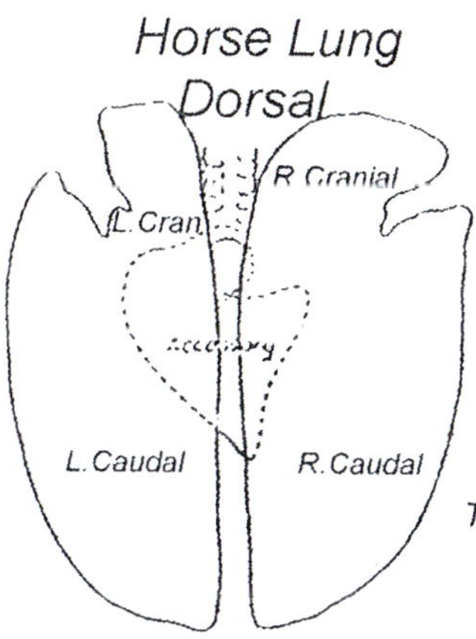

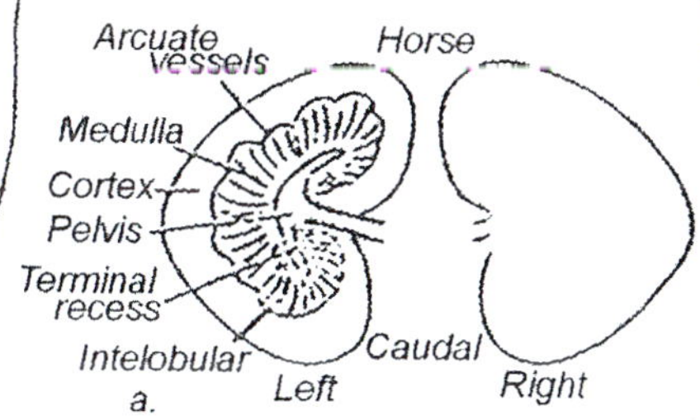

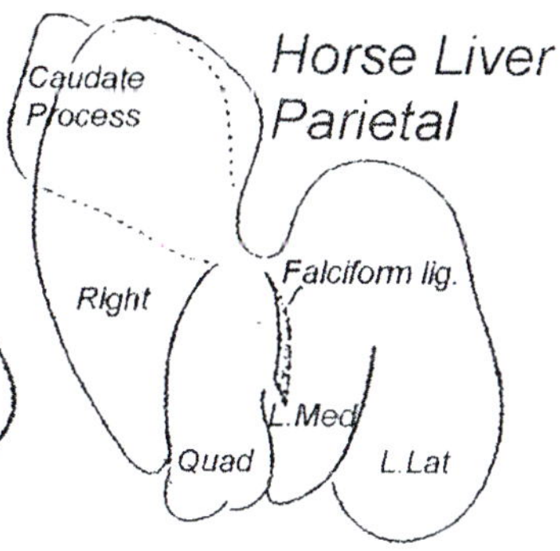

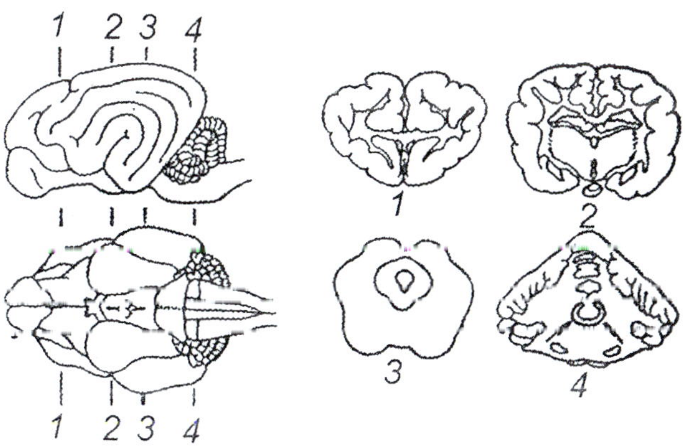

Level of Brain Sections

1 = Rostral Cerebrum
2 = Thalamus
3 = Midbrain
4 = Cerebellum and Medulla

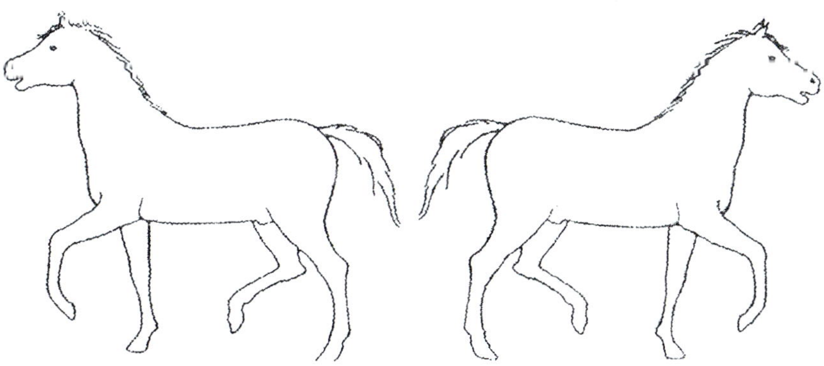

소(THE COW)

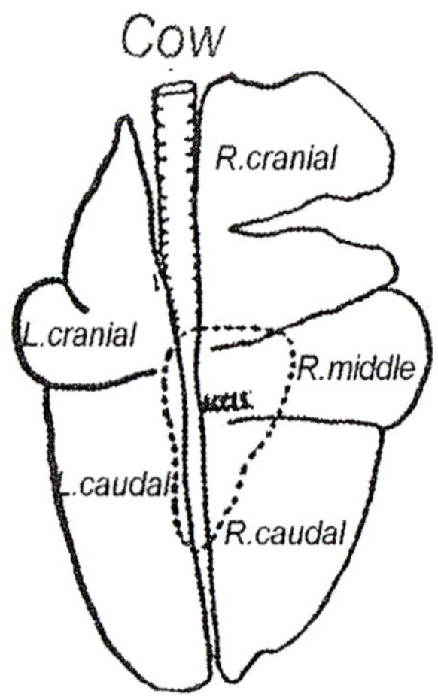

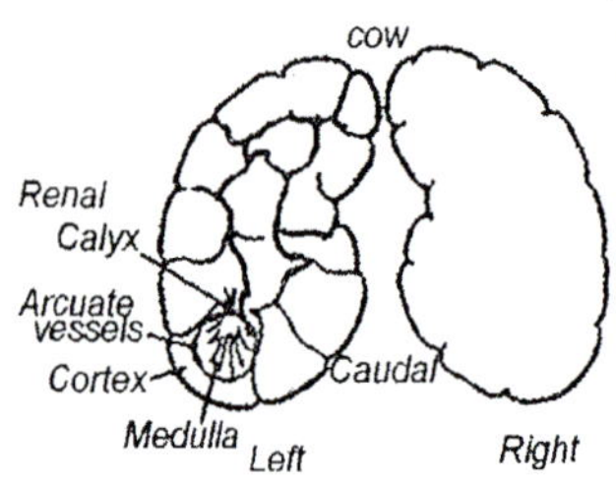

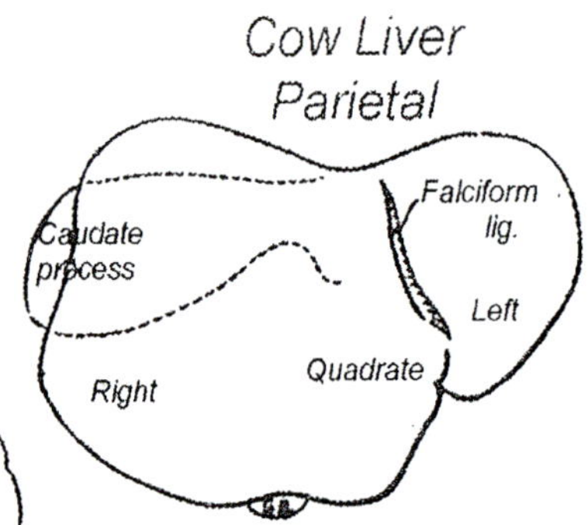

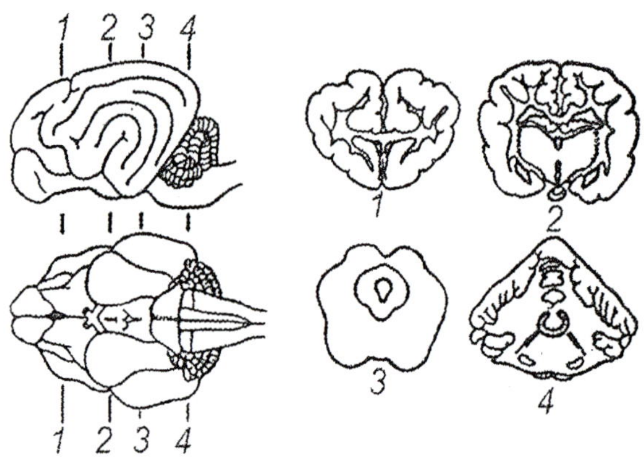

Level of Brain Sections

1 = Rostral Cerebrum

2 = Thalamus

3 = Midbrain

4 = Cerebellum and Medulla

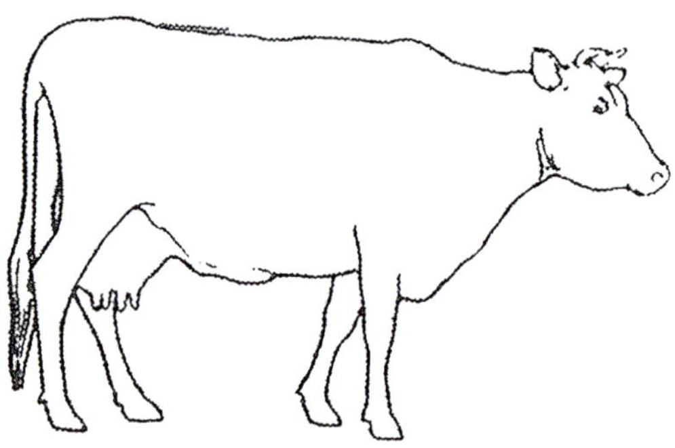

돼지(THE PIG)

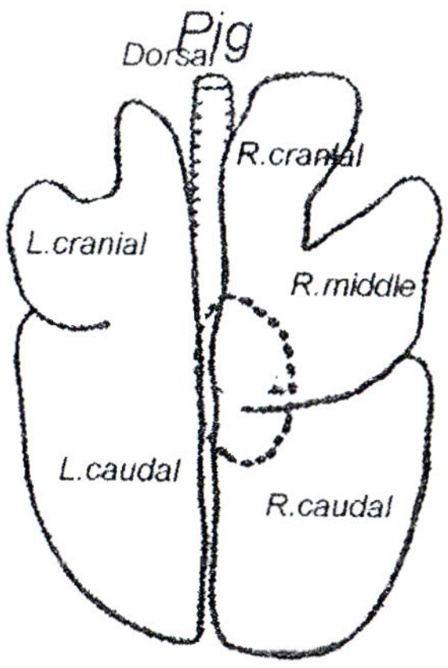

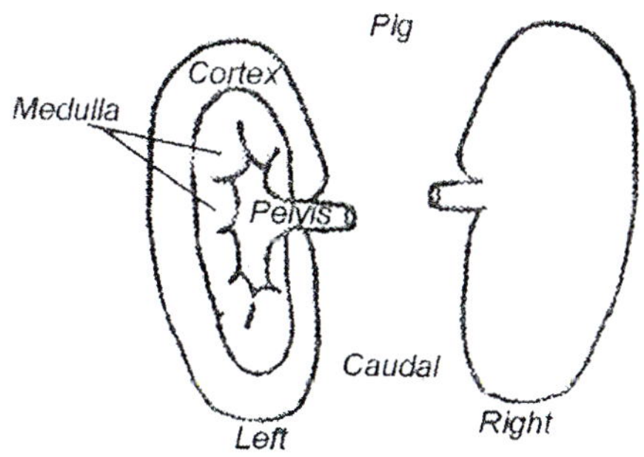

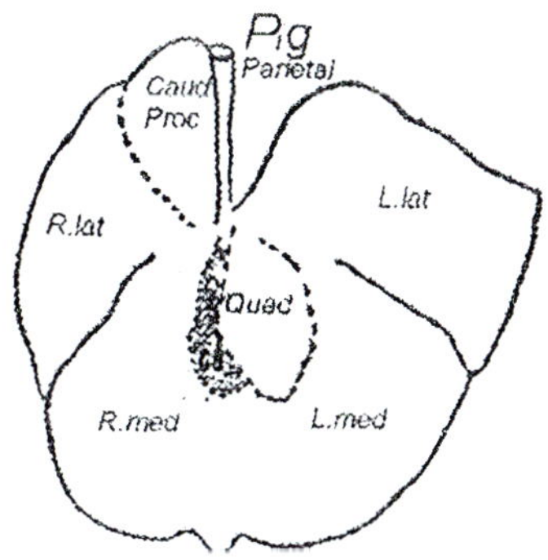

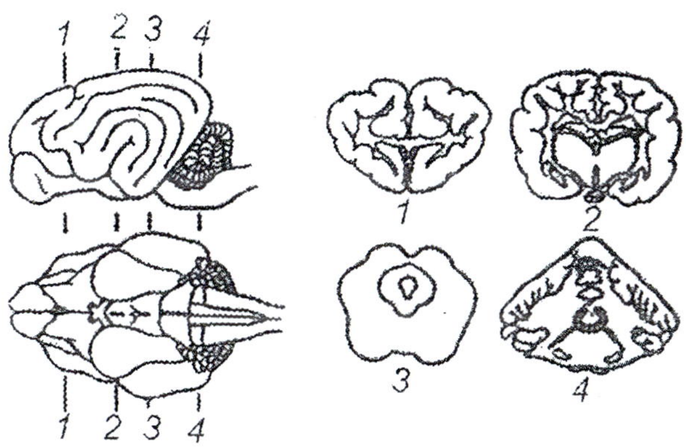

Level of Brain Sections

1 = Rostral Cerebrum
2 = Thalamus
3 = Midbrain
4 = Cerebellum and Medulla

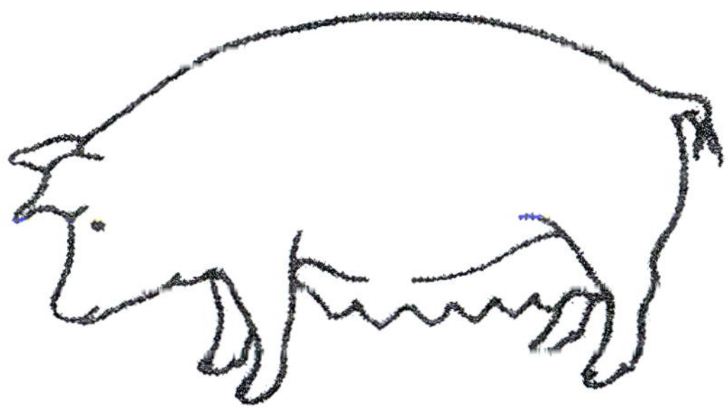
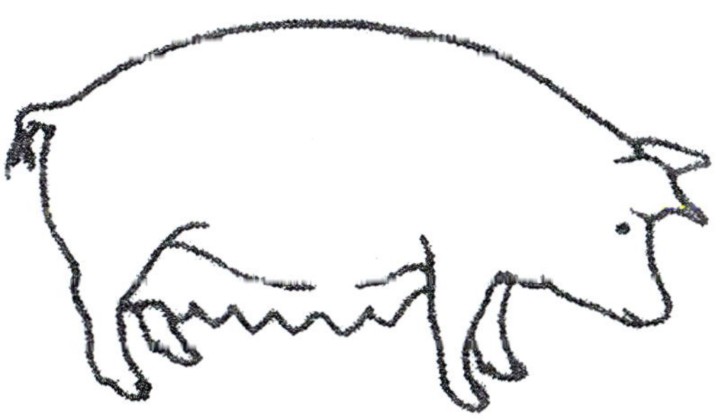

양과 염소(THE SHEEP AND GOAT)

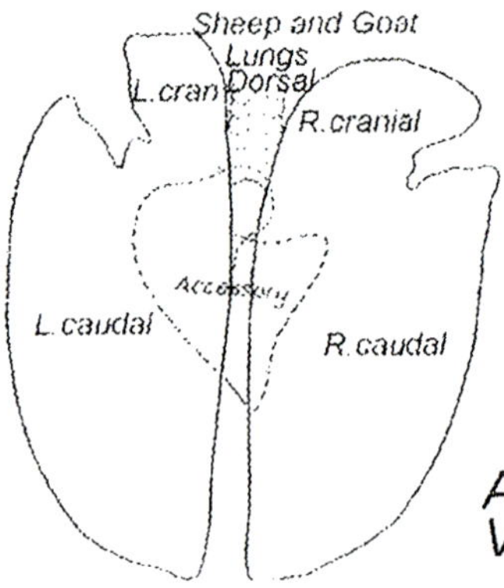

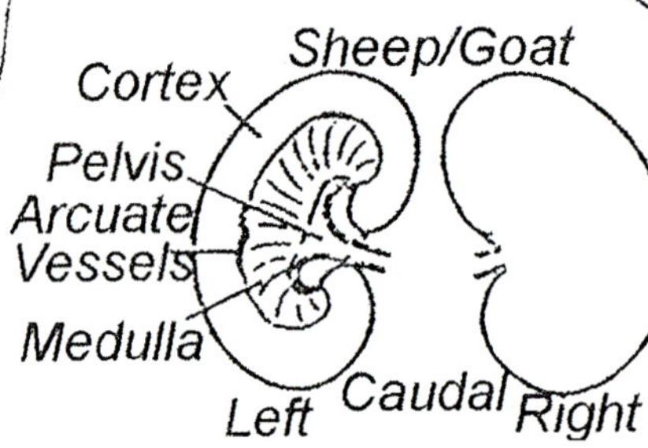

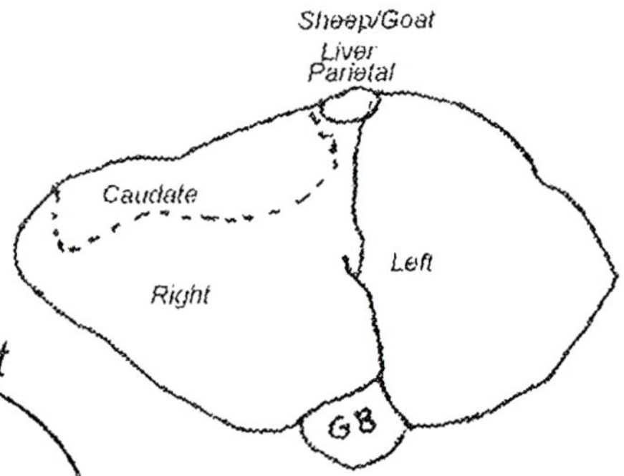

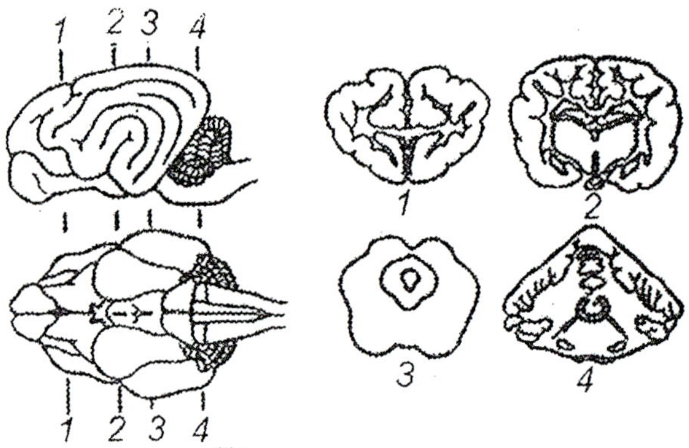

Level of Brain Sections

1 = Rostral Cerebrum
2 = Thalamus
3 = Midbrain
4 = Cerebellum and Medulla

개(THE DOG)

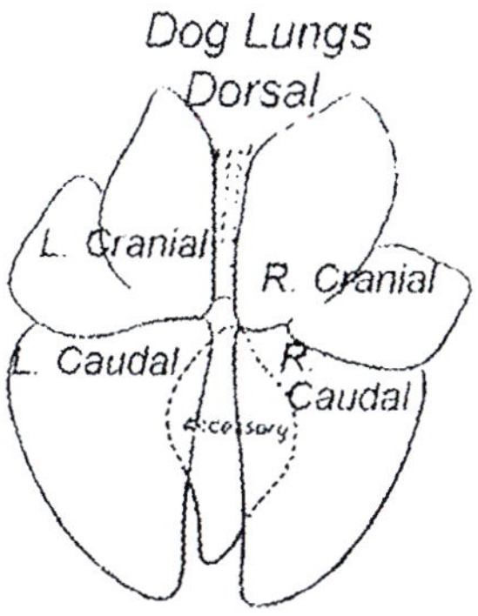

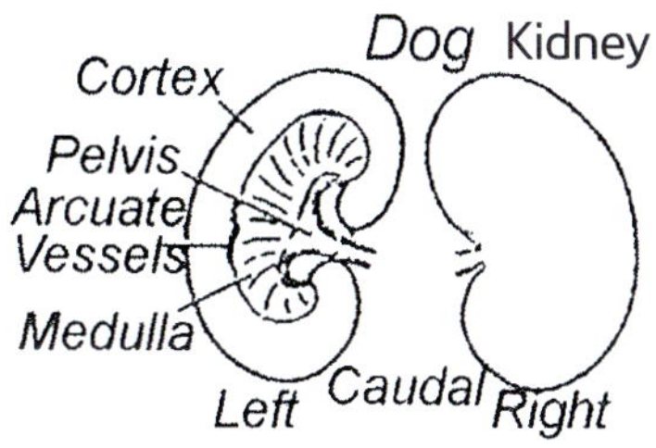

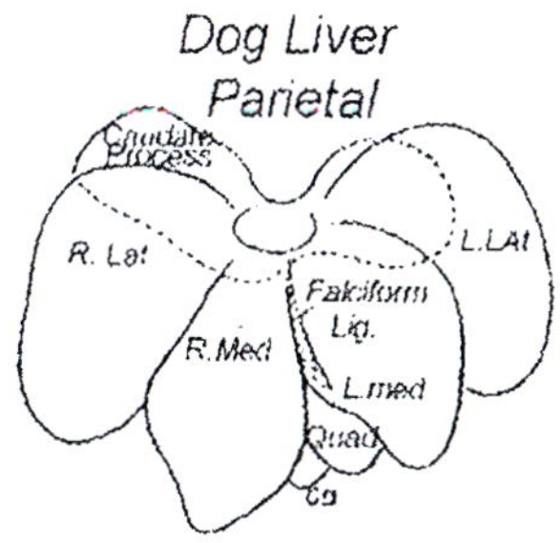

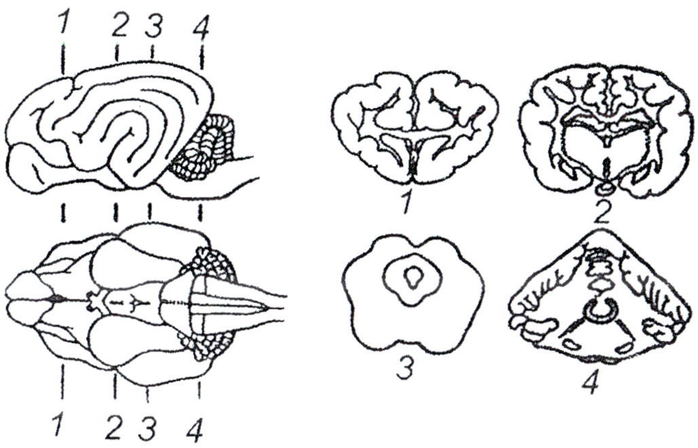

Level of Brain Sections

1 = Rostral Cerebrum
2 = Thalamus
3 = Midbrain
4 = Cerebellum and Medulla

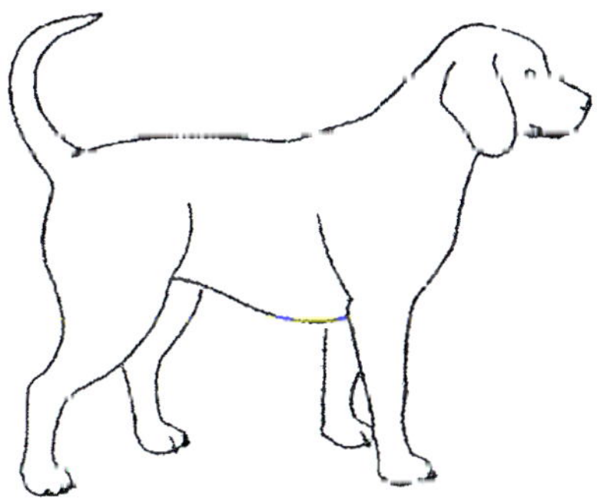

고양이(THE CAT)

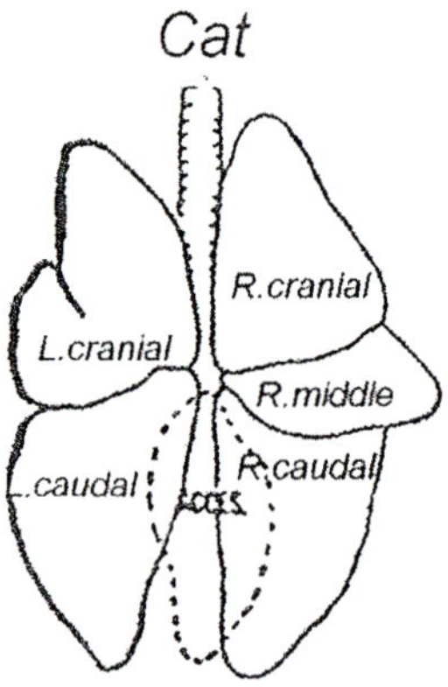

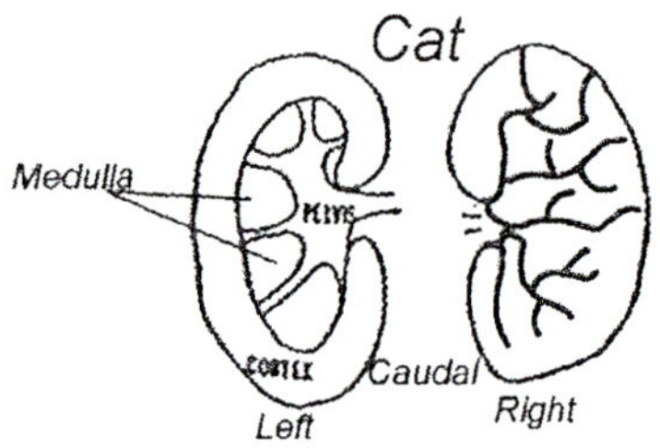

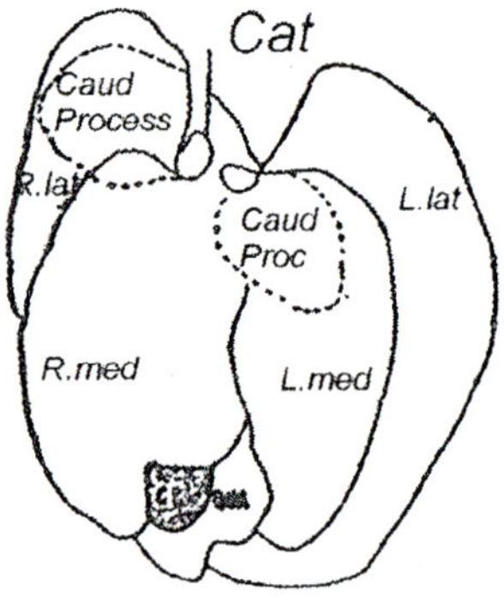

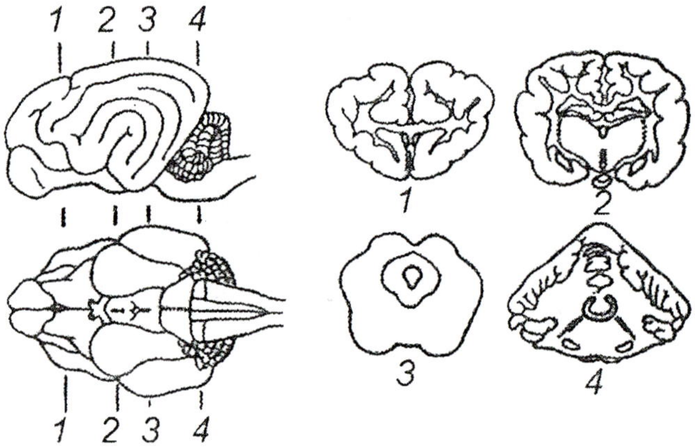

Level of Brain Sections

1 = Rostral Cerebrum
2 = Thalamus
3 = Midbrain
4 = Cerebellum and Medulla

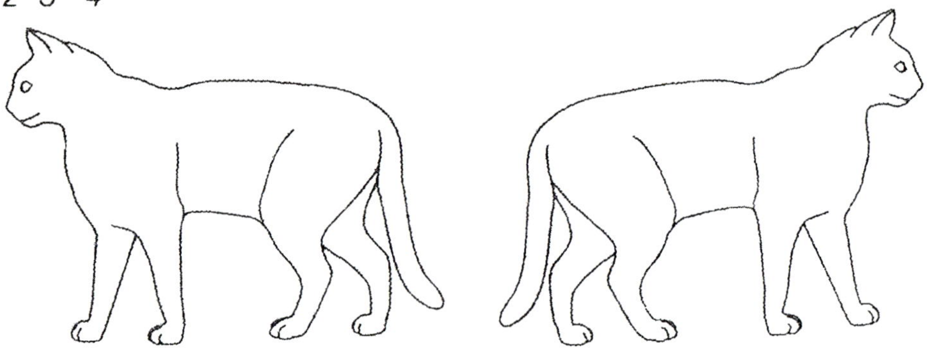

부검 시 흔한 소견들
COMMON FINDINGS AT NECROPSY

이 장은 진단상 중요성이 거의 없거나 적은 여러 소견과 함께 부검 시 흔한 소견들을 다루었기에 매우 중요하다. 특히 이 장이 중요한 이유는 부검을 하기 전 부검자가 반드시 알아야 할 아주 흔한 병변은 물론 자주 오판할 수 있는 소견들에 대하여 기술했기 때문이다.

전신 및 외부 소견(General and External Findings)

혈액성 비강 분비물(bloody nasal discharge)

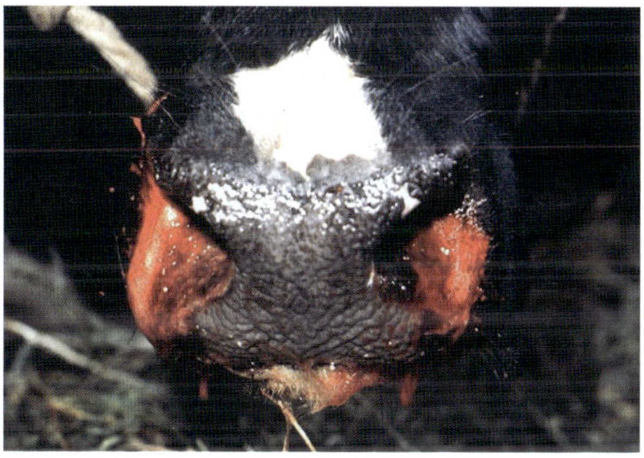

이는 비교적 흔한 사후변화(postmortem change)로서 대부분 폐사 시 비강 울혈이 진행되어 충혈된 혈관이 터져 발생한다. 이러한 비출혈은 종양(tumors) 이나 폐렴에 의한 폐출혈(pulmonary hemorrhage), 혹은 간농양의 파열(rupture)과 관련된 소의 폐동맥 파열 등과 감별해야 한다. 이러한 변화를 보면 반드시 '탄저'도 의심해 보아야 한다. 단위 동물의 경우, 사후 위액의 역류(gastric reflux)로 코의 작은 혈관들이 영향을 받아 출혈을 일으킬 수 있다. WP1578, 2507

비강 및 구강의 투명하거나 포말성의 분비물 (clear nasal and/or oral fluid or troth discharge)

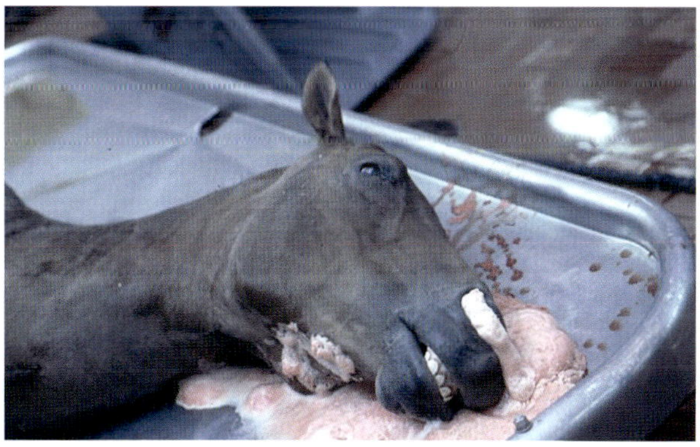

이는 사후 직후에 관찰 되고 하는데, 흔히 죽기 전 보이는 정상적 소견으로 병적 요인에 의한 폐수종과 감별해야 한다. WP16106

직장탈 혹은 질탈출(rectal or vaginal prolapse)

사후에 발생하는 인공산물로써, 대개 복강 내장들의 가스 팽창 때문에 발생한다. 발효성 사료를 먹은 동물에서 사후 초기에 나타나는데 사전 고창증(antemortem bloat)과 흔히 혼동하기 쉽다. 사후에 체외로 탈출된 부위를 쥐, 개, 새, 설치류 등이 먹어버리는 경우 매우 매끈하게 보인다. 미숙한 부검자는 제거 수술에 의한 적출로 오진할 수 있다. WP8078

시체 반점(屍斑, livor mortis)

동물은 살아 있는 동안 혈액이 몸에 골고루 퍼져 있으나 죽은 후에도 아직 액상의 혈액은 중력의 법칙에 의해 시체 내 혈액이 눕혀져 있는 쪽의 체표나 장기로 더 모이게 된다. 특히 좌우측에 쌍으로 되어 있는 장기는 그들의 위치에 따라 적혈구에 의한 붉은색의 차이가 생길 수 있는데 이를 '사후 반점(시반)'이라 한다. 사후 초기에 혈액 응고가 빨리 일어나 버리면 혈액의 재배치가 방해받기 때문에 뚜렷하지 않을 수도 있다. 돼지의 창백한 피부 같은 외부 조직들은 죽은 후 체표면과 비슷한 형태(pattern)를 보인다. 또한 이러한 소견은 간장, 폐장, 심장, 신장 등에서 뚜렷하고 늑골이나 주변 기관들에 눌려서 혈액이 저류되지 못해 주변 부위보다 창백하게 나타날 수 있다. WP16870

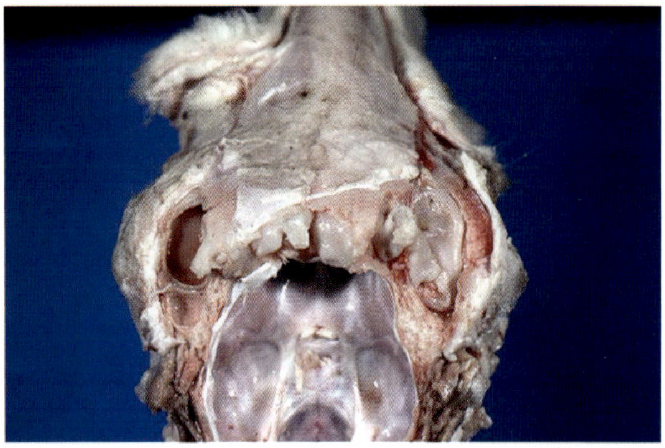

흑색증(melanosis)

멜라닌은 정상적으로 대부분의 동물의 피하, 털, 맥락막(choroid) 등 여러 조직에 침착(pigmentation)되어 있는 암회색 내지 흑갈색의 색소이다. 이 소견은 양의 폐동맥과 대동맥에서, 기타 동물에서는 뇌, 뇌막(meninges), 부신(adrenals), 자궁(uterus), 기관(trachea), 신장, 구강 및 식도 등에서 흔히 볼 수 있다. 이러한 소견이 어떤 조직 내에서 광범위하게 발생하면 흑색종(melanoma)과 혼동할 수 있으니 주의를 해야 한다.
WP2719, 16135

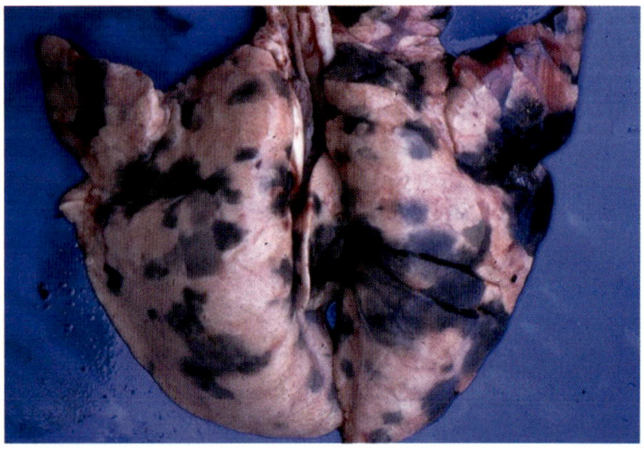

거짓 흑색증(pseudomelanosis)

거짓(假性) 흑색증은 모든 동물에서 조직이 회색이나 검정색으로 변색되는 현상으로 황화철(iron sulfide)을 생산하는 세균에 의해 혈액이 분해(decomposition)되어 일어나는 사후변화이다. 장(gut)과 같은 어떤 조직에서는 사후 직후에 바로 일어날 수 있다. 장과 접촉하고 있는 신장, 간장, 비장 등에 흔히 잘 발생하며 때로 장벽 자체에서도 나타난다. WP11330, 840, 867, 2816, 2902

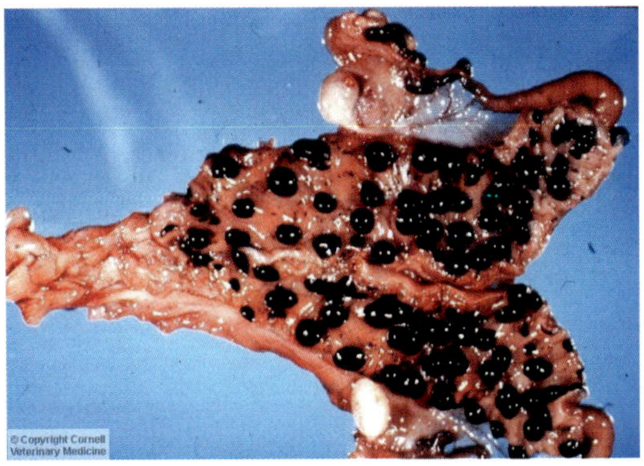

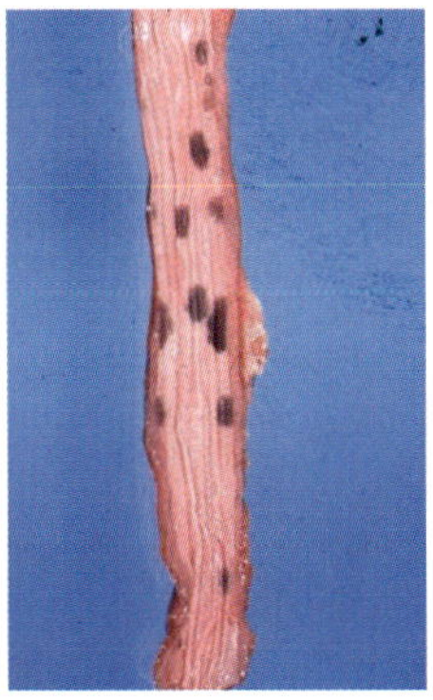

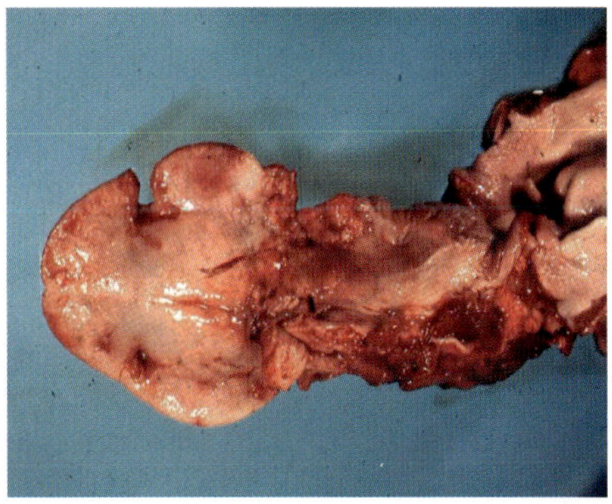

말의 거짓 황달(pseudoicterus)

이 소견은 카로틴(carotene)을 포함한 혈액 내 색소가 정상보다 더 많이 증가한 상태이다. 어린 말이나 탈수가 일어난 대부분의 말들은 정상보다 조금 더 노란색을 띄는 경향이 있다. 이 소견은 진성 황달처럼 피부, 점막, 관절 연골(articular cartilages)은 노랗게 변하지 않는다. 이 용어는 Guernsey와 Jersey종의 소를 비롯하여 대다수의 영장류와 몇몇 다른 동물에서 특정한 조직들이 정상적인 황색보다 더 진하게 보일 때도 사용된다. WP1377

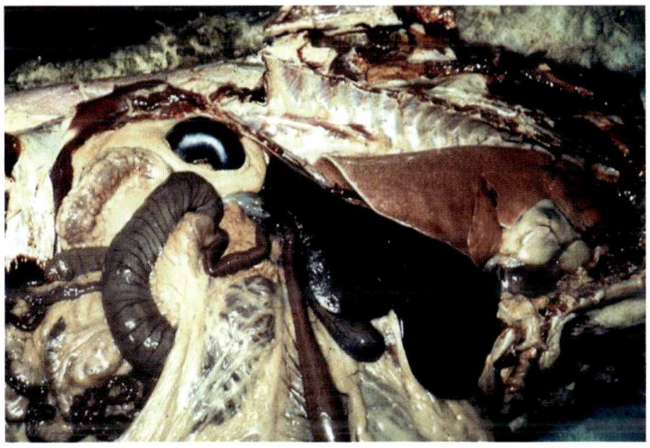

어린 동물의 정상적인 림프절 (normal lymph nodes of young animals)

경험이 적은 부검자는 어린 동물의 정상 림프절을 보고 종대되었다고 오인하기 쉽다. 특히 송아지의 위장관계(G.I.) 림프절은 정상적으로 크다. WP13106

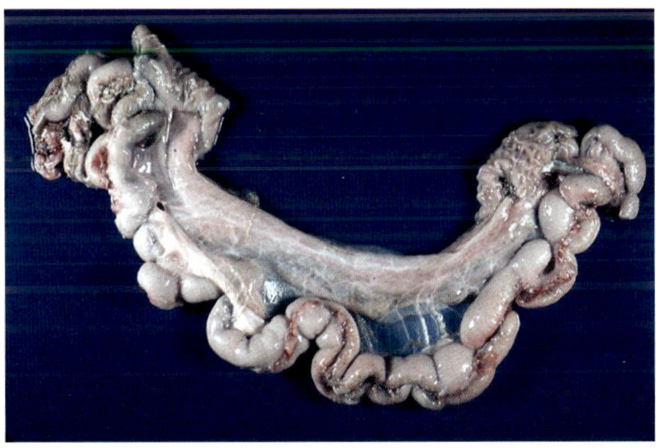

등쪽 복강의 혈 림프절(hemal nodes)

반추동물에서만 볼 수 있는 것으로 림프절과 비슷한 정상 구조를 지녔다. 이것은 혈액으로 채워진 동(sinuses)이 있는 림프 조직으로 외관상 진한 붉은색으로 보이며, 주로 등쪽 종격(mediastinum)과 장간막 지방 부위를 따라 복강과 흉강에 산재되어 있다. WP16105

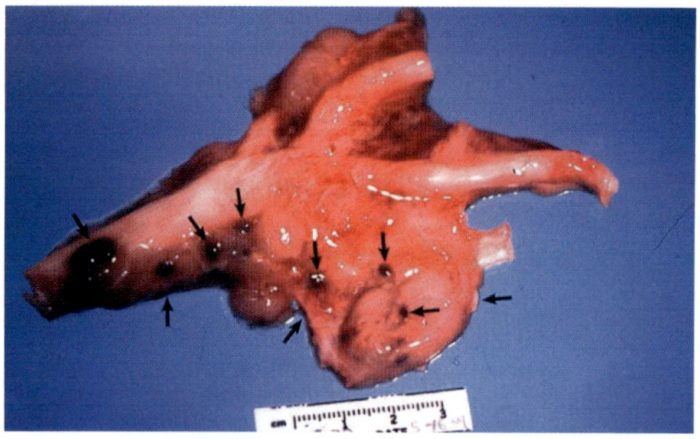

주사 부위(injection sites)

흉강이나 심낭 안에 체액과 섬유소(fibrin), 담갈색의 건조한 물질이 약품냄새(odor)가 난다면 이는 barbiturate를 비롯한 어떤 안락사용 약물에 의한 것이다. 건조하게 보이는 심근에 의해 둘러싸여 있는 녹색 혹은 갈색의 수양성(watery) 병소는 심장 내 주사가 있었다는 것을 의미한다. 강조하건대 이러한 병소들의 냄새가 병변 해석에 도움이 된다. 심장의 혈액 자체는 과립성으로 응고되고 종종 다른 안락사 약품들로 인해 갈색을 띄기도 한다. WP6162

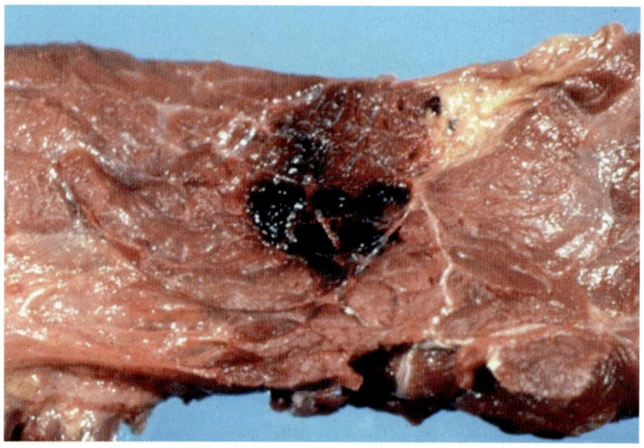

가슴 부위 거짓 악성 부종(thoracic inlet pseudomalignant edema)

소에서는 매우 흔하지만 돼지, 양, 말 등에서는 흔치 않은데 중등도에서 심한 정도의 자가 융해가 일어난 사체에서는 가슴 입구, 목, 머리쪽 어깨 부분에 중등도에서 심한 정도의 부종(edema)과 기종(emphysema)이 나타난다. 이 부위에서 샘플을 채취하여 도말표본을 만들거나 세균배양을 해보면 많은 *Clostridia* sp.가 확인될 수 있고, 그 조직은 기종저(blackleg)나 악성 부종(malignant edema)처럼 약간 달콤한 냄새가 날 수 있다. 그러나 이것은 대부분 언제나 사후변화로 일어난 것이다. 가끔 클로스트리듐 질병중의 하나로 오진되기도 한다.

송아지의 조숙한 유방
(juvenile precocious udder of calves)

가끔 갓 태어나거나 어린 송아지에서 엄밀한 의미로 보면 선(腺, gland)으로 이루어진 유방 부위에 붉은 색으로 얼룩진 모양의 잘 분리된 덩어리가 보일 수 있다. 유두(teats)가 잘 형성되어 있으며 길이는 10 cm 내외이거나 조금 더 길 수 있다. 이렇게 어린 동물에서의 조숙한 유방 발달은 자궁에서 분비되는 호르몬에 의해 유방이 빨리 성숙하였기 때문이다. WP12574

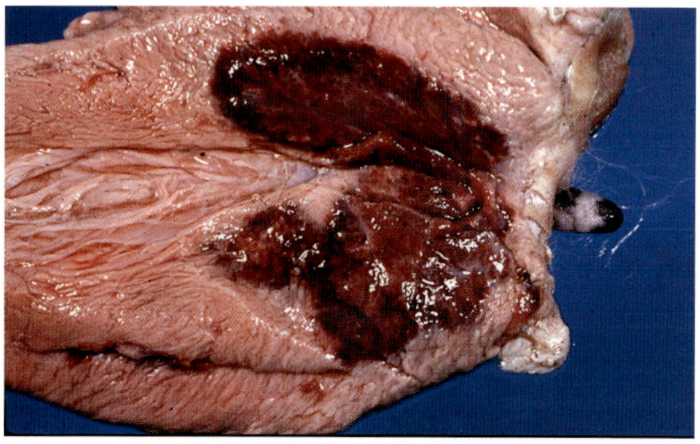

국소성 혹은 다발성의 심낭과 복강의 섬유혈관 조직 (focal or multifocal pericardial or peritoneal loose fibrovascular tissue)

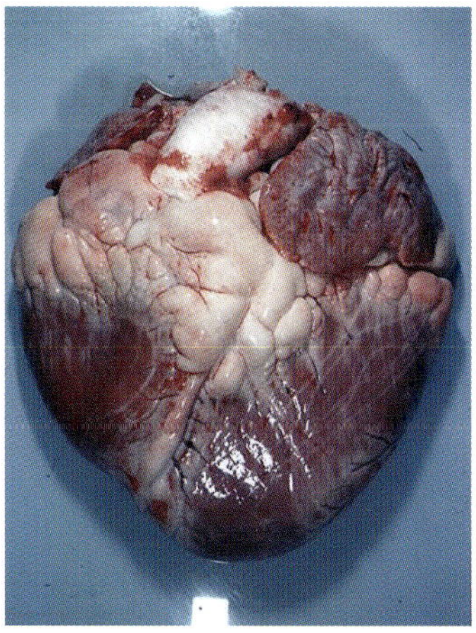

붉은색~황갈색의 둥글거나 부분적으로 선상(linear)의 결합조직성 섬(islands)이 매우 흔하게 관찰되며, 이들 조직은 말과 수소에서 심방의 심외막과 심장 기저부의 심낭에 흩어져 있다. 이와 유사한 병변이 장간막(mesentery)과 대망막(omentum)에서도 흔히 나타난다. 이 병소는 전체적으로 염증세포가 없는 혈관성 결합조직으로 이루어져 있다.

대동물에서는 흔히 발생하나 그 병리기전은 알려져 있지 않다. 어떤 경우는 마찰(friction)이 원인이라 생각되고, 대부분 병리학적 의미는 없는 것으로 알려져 있다. 어떤 동물에서는 섬유맥관성 육아조직을 형성하는데 이는 가끔 심장 압전(cardiac tamponade)을 일으키는 혈액의 원천이 아닌가 의심하고 있다. WP19892

정맥성 중추신경 조직 색전(central nervous tissue venous embolization)

이 색전은 하얀 조각들이나 약 10~30 cm 길이의 혈액과 섞인 길다란 선상(strips)으로 중추 신경 조직(central nervous tissue)이 심장, 폐장, 간장 등의 주요 정맥 안에서 발견된다. 이것은 도살장에서 고압의 공기주입을 이용한 도축용 기구 때문에 발생한다. 반면에 저압의 공기주입 시는 이러한 색전을 일으키지 않는 경향이 있다. 따라서 고압 희생 장치를 쓰는 도축장에서 처리된 식육에 이러한 중추신경계 조직이 포함될 수 있어서 특히 소해면상뇌증(bovine spongioform encephalopathy, BSE)이 발생 중인 나라에서는 이 질병의 전파 가능성에 주의해야 한다. WP3366, 3367, 3420

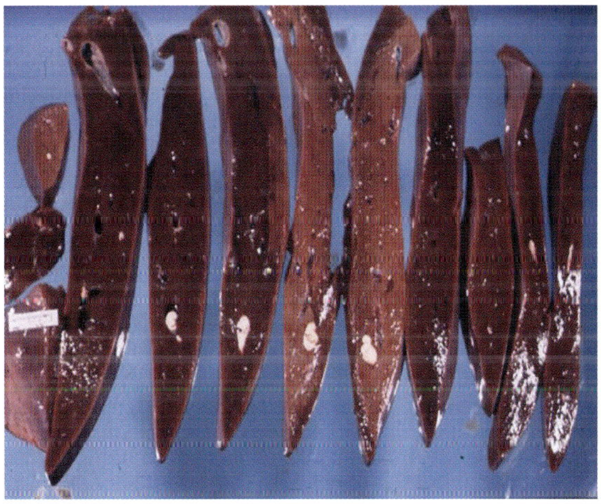

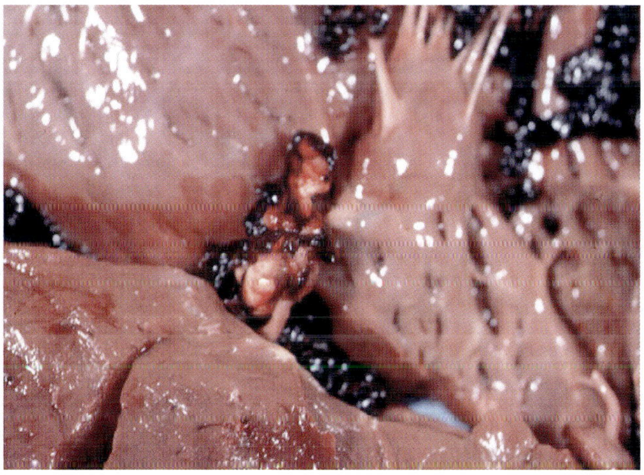

혈액으로 채워진 장기들(blood filled organs)

이런 동물의 폐사체는 많은 기관들에 예상보다 혈액이 많이 차있는 것처럼 보이며 특히 폐와 간에서 더욱 그러하다. 이는 근육과 같은 변연부 말초 조직들로부터 몸의 중심으로 혈액을 밀어내는 근육수축(contraction) 작용 때문이다. 다른 병리학적 또는 생리학적 원인이 없다면 이것은 흔한 일반적인 사후변화 소견이라 할 수 있다.

비장의 피막 결손(splenic capsule defects)

주로 말에서 관찰되며 결손부위는 비장이 깊게 파인 것처럼 보이고, 틈새(slits)나 특히 비장을 3등분 했을 때 비장의 배쪽 중앙부에 생긴 주름들(folds)에서 주로 볼 수 있다. 결손이 발생한 곳의 심부는 나머지 정상적인 비장 표면과 비슷하다. 이들 결손은 돼지와 고양이를 비롯 밍크와 다른 동물에서도 나타날 수 있다. 이러한 비장 주름을 치유된 외상 병변으로 흔히 잘못 해석할 수 있다. WP12905

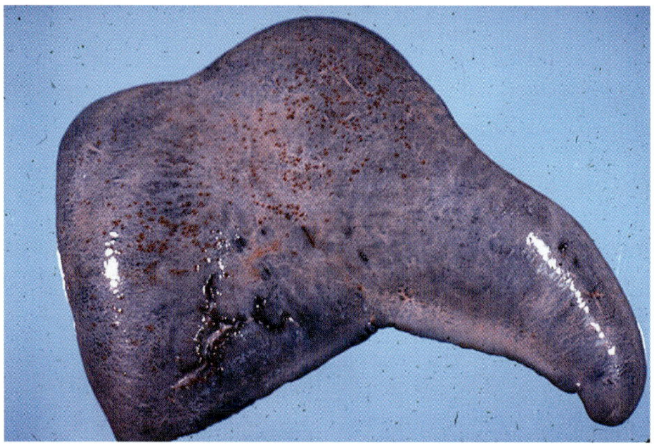

돌출된 적색 수질(extruded red pulp)

몇 개부터 다수의 1~3 mm 정도 되는 적색 수질로 된 돌출성 결절들을 말하는데 망아지와 돼지에서 흔히 발견된다. 비장의 가장자리에 생기기도 하지만 다른 곳은 물론 비장 모든 표면에서도 발생할 수 있다. 심지어 비장정맥 벽에서도 나타난다. 장막이나 내피로 덮여 있으며 대부분 병리학적 의미가 없는 해부학적인 변화일 뿐이다. WP13075

마취에 의한 비장(anesthetic spleen)

중등도부터 심한 비장 종대가 나타나며 경도가 매우 부드러우며 비장 절개 시 혈액이 흥건히 흘러내린다. 특히 마취제 일종인 barbiturates로 안락사 시 이런 현상을 볼 수 있다. 이 변화는 급성 염전(torsion)과 감별하기 힘들지만, 비장을 절단 시 혈액이 흘러나오는 것으로 만성 세균 감염, 원충성 감염, 혈관 장애로 인한 수동적 울혈, 광범위 비장 종양에 의한 비장 종대(splenomegaly) 등과 감별할 수 있다. 마취로 인해 생긴 비장 종대는 chloroform 같은 화학 물질에 의해서도 나타날 수 있다. WP13136

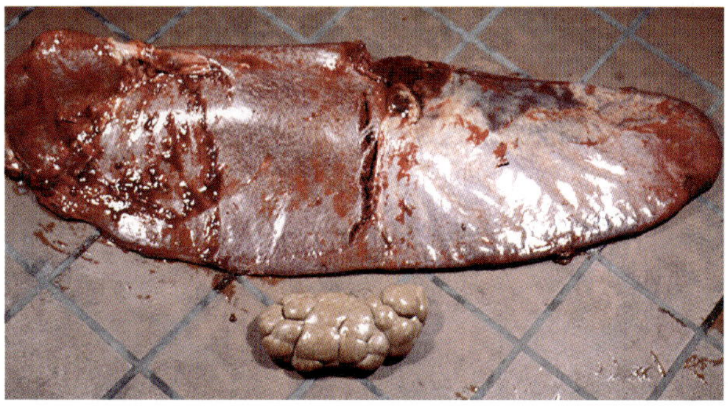

비장의 거짓 경색
(pseudoinfarcts of the spleen = unequal expulsion of blood)

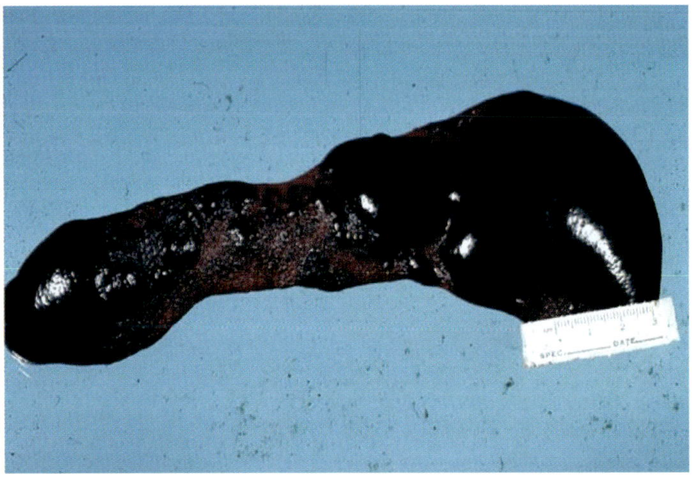

통상 곧은 가장자리를 가진 국소적으로 불규칙하게 부풀어 있는 종대된 비장 부위를 말한다. 보통 비장의 가장자리를 따라서 비장의 복측 중간부까지 생길 수 있다. 적색이나 암적색 혈액으로 차 있어서 만져보면 대부분 부드럽다. 이 병변은 마취제 등과 같은 원인 물질에 의해 비장 수축(contraction)이 일어나 혈액이 한꺼번에 비장 밖으로 빠져 나가려는 동안에 혈액이 발생 부위에 가두어져 발생한다. 비장의 거짓 경색은 여러 동물들에서 나타날 수 있는데 특히 마취제로 안락사 시킨 개에서 볼 수 있다. 그러나 동물이 죽은 다음에 늦게 발견되면 이것이 딱딱한 형태로 되기도 한다. 이들 대부분의 비장의 거짓 경색은 크기가 약 2~10 mm이며, 비장의 거의 절반 부위까지 발생할 수 있다. 거짓 경색이 발생한 개의 비장은 50% 정도의 불규칙한 덩어리로 이루어져 있다. 대다수 나머지 비장 부위는 다소 둥근 가장자리를 가질 수 있으나 이러한 소견은 흔치 않다. 이 소견이 진짜 경색과 혼동될 수도 있어서 그 원인을 찾아내야 한다. WP505

간과 담낭
LIVER AND GALL BLADDER

장력성 지방침착증(tension lipidosis)

보통 결합조직이 부착되어 있는 간의 가장자리 등 실제 어느 부위에서도 볼 수 있는 노랗게 옅은 병소를 말한다. 이 병소는 곧고 한계가 분명한 가장자리를 가지며, 병변 범위만큼 실질 안까지 깊숙이 퍼져 있다. 주로 말에서 흔히 발생하며, 소에서는 말보다는 적은 편이고, 다른 동물에서는 매우 드물다. 이것을 예전엔 거짓 경색(pseudoinfarct)이라 불렀다. 간이 종대되었을 때 어떤 원인들로 인해 혈관이 약화되며 무산소증(anoxia)을 일으켜 결국 지방 변성을 초래하는 관련 혈관들을 포함한 간의 피막(capsule)과 기질(stroma)에 장력이 생길 때 발생한다고 생각했다. 소에서 흔히 발생하는 이 병변의 다른 형태는 다발성으로 노랗거나 창백한 불규칙적인 1~3 cm 정도의 병소로서 대부분 배쪽 표면에 나타나며 각각의 병소는 간에서 병소 쪽으로 얇은 혈관 벽을 가지고 있다. 이런 유형의 병소를 '혈관성 간지방침착증(vascular related hepatic lipidosis)'이라 부르며, 그 원인으로는 표면 결합조직으로 혈액이 역류되어 생기는 것으로 생각된다.

WP296, 300

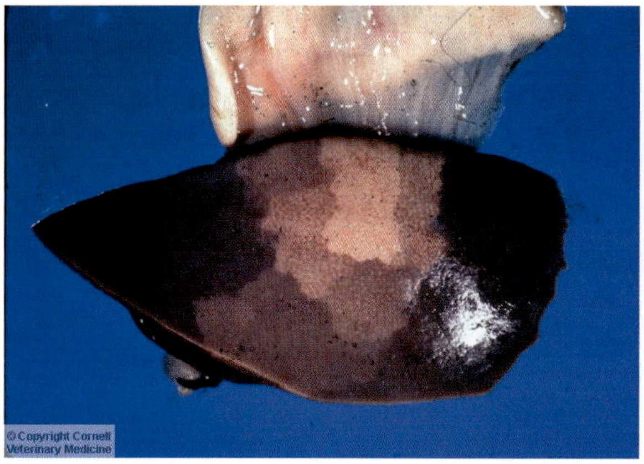

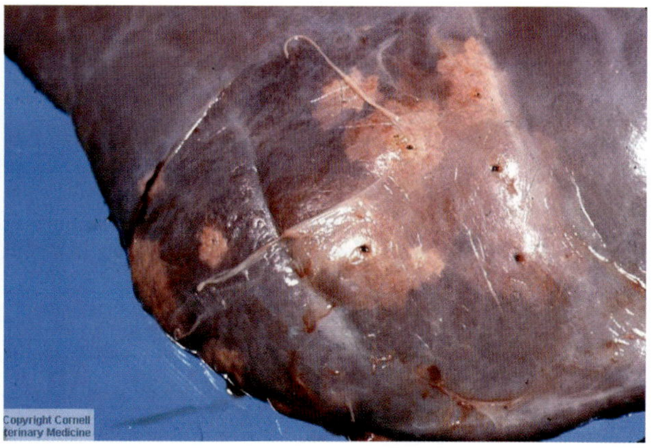

피막성 섬유증
(capsular fibrosis, Perihepatitis filimentosa)

말에서 이 병변은 두 가지 형태로 발생한다. 20 cm나 그 이상 되는 커다란 결합조직의 판(plaque)이 간의 횡격막쪽 표면에 생기거나 약 1×5 mm 되는 여러 개의 결합조직성 꼬리표(tag)가 간의 벽쪽 표면에 붙어 있는 경우이다. 두 가지 형태 모두 다 피막아래까지 병변을 형성하지는 않는다. 커다란 판을 특징으로 하는 피막성 섬유증은 인접한 횡격막 장막에 유사한 병변을 만들기도 하는데 언제나 생기는 것은 아니다. 흔히 다발성의 꼬리표(tag)와 판들로 된 병변이 한 마리의 말에서 모두 발견되기도 하며 신생 망아지에서도 볼 수 있다. 이들 병변들은 strongyle 유충 이행 때문으로 보여지나 검증되어 있지 않고 병변 내 염증의 특성으로 추정할 뿐이다. 가끔 이와 비슷한 병변을 소에서도 볼 수 있다. 또 다른 추정 원인으로는 모세혈관 작용에 의해 생긴 유착과 섬유증(fibrosis)의 융해를 일으킨 만성 복막염 때문이라고 생각된다. WP83

담낭 기형들(gall bladder anomalies)

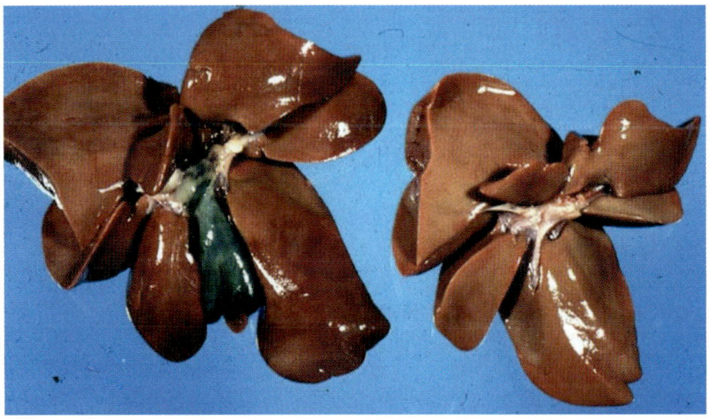

둘이나 세 엽으로 분지된 담낭, 실질에 파묻힌 담낭, 심하게 염전(torsion)된 담낭, 그 밖의 다른 이상 소견을 가진 담낭들의 기형을 볼 수 있는데, 고양이의 경우 이들 모두는 정상적인 범주로 간주한다. WP574

담낭 종대(gall bladder enlargement)

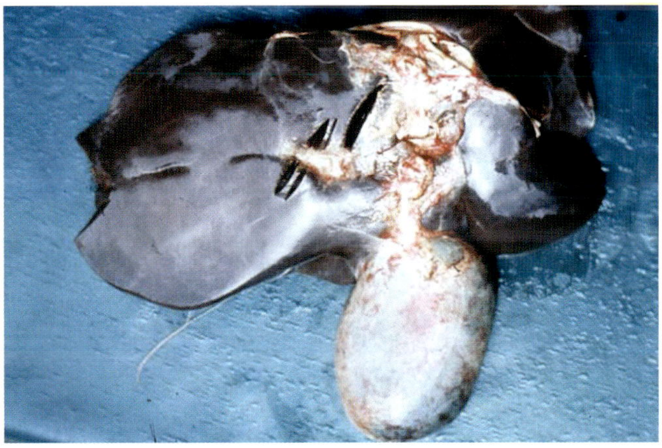

담낭에 들어있는 담즙 양에 따라 담낭의 크기는 다양하지만 대부분의 동물에서 정상으로 간주된다. 그러나 만일 담낭이 간 크기의 절반 정도까지 심하게 종대되거나 그 이상이라면 담관 폐쇄(biliary obstruction) 유무를 살펴보아야 한다. 폐쇄 원인이 없는 생리학적 기능 상실(failure)은 대부분 치아 문제를 비롯 굶주림이나 영양결핍 등에 의한 영양실조와 관련이 있다. WP10101

기아가 더 만성적으로 진행되었을 경우, 담즙의 농도가 정상보다 더 묽어져 점도가 낮다. 송아지 경우 담관 폐쇄 없이도 담낭의 엄청난 종대를 아주 흔히 볼 수 있다.

뚜렷한 간소엽의 구조 패턴 (prominent liver patterns)

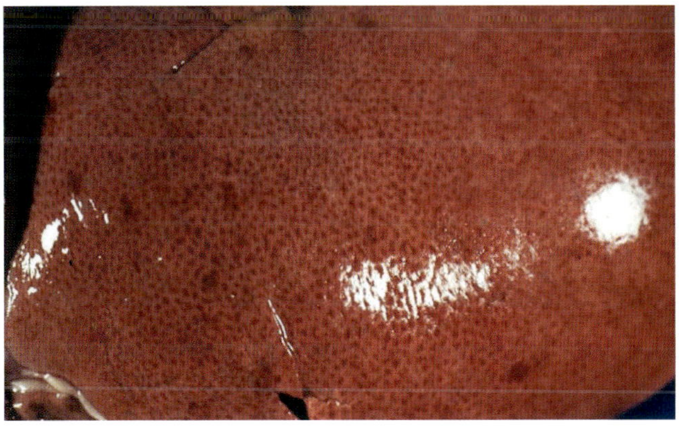

이것은 고양이와 말에서 간 표면의 간소엽 구조 단위가 주변부에 비해 다소 진한 담적색의 중심성 패턴으로 보이는 것은 정상 육안적 소견인데 흔히 만성 수동성 울혈(소위 nutmeg liver로 불림)로 오인될 수 있다. WP1523

부신의 거짓 주머니(囊)(pseudocystic adrenal glands)

부검 시 대다수 동물의 부신은 중심부에 주머니(腔, cavity)가 보이고 때로 그곳에 혈액이 채워져 있기도 하나, 이는 예외 없이 부신을 둘러싸고 있는 부드러운 조직을 거칠게 당겨서 생긴 인공 산물이다.

부신의 출혈과 울혈 (adrenal hemorrhage and congestion)

이 소견은 대부분의 말, 소와 같은 대동물에서 흔히 나타나며, 이들의 어린 동물에서도 자주 볼 수 있다. 대부분 인공산물로 여겨지는데 그 이유는 폐사 전 혈류의 혈관 내 말초저항 증가가 폐사 시 혈압의 증가를 일으켜 나타나는 소견으로 추정하고 있다. 이 소견은 다른 병변도 수반될 경우 패혈증 여부를 면밀히 조사해야 한다.

WP11041

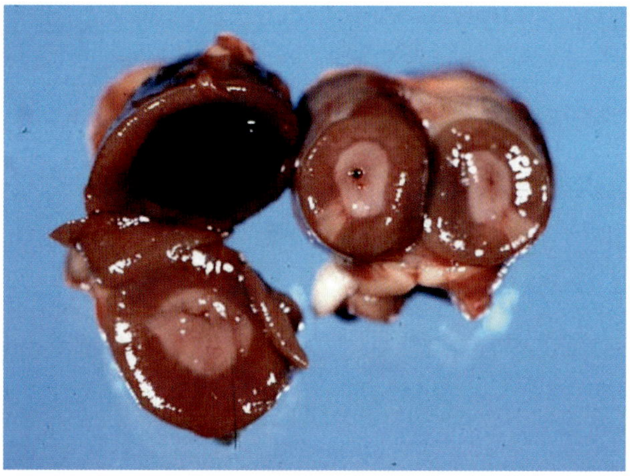

부신의 피낭 결절 (extra-cortical adrenal nodules)

주로 말에서 볼 수 있지만 개 등 다른 동물에서도 나타날 수 있다. 이 결절들은 대다수의 동물에서 한 개나 여러 개로 형성되며 옅은 노란색~황갈색으로 둥글고 1~5 mm의 크기로 피막에 생겨 다소 볼록 올라와 있을 수 있다. 이 결절을 칼로 잘라보면 그 할단면은 부신피질과 비슷하다. 망아지에서도 종종 발견되는데 원인은 알려져 있지 않으나 발육 과정에서 발생하는 것으로 보이며 임상 질병과의 관련성은 없다.

WP1113

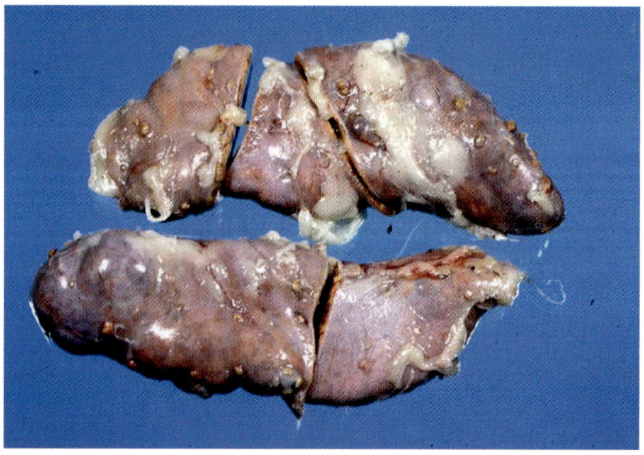

갑상선낭(thyroid cysts)

양과 염소의 좌우측 갑상선의 양쪽 혹은 한쪽의 엽에 생기는데 크게는 5 mm 정도에 이르며 회색~노란색의 기름진 물질이 차 있다. 이는 갑상선관에 생긴 낭(cyst)으로 이들은 편평성 상피나 입방 세포로 이루어져 있다.

WP11047

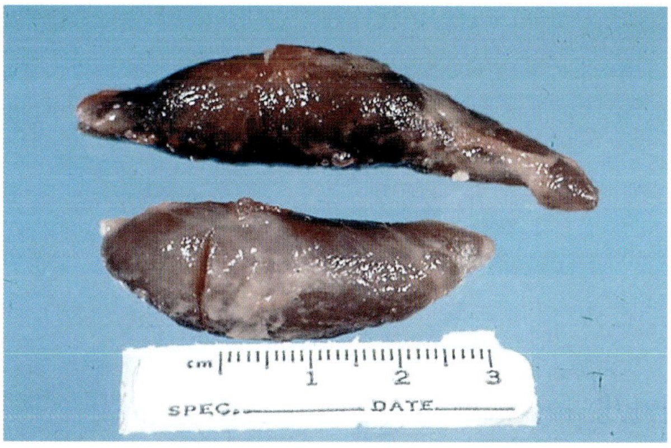

신장과 방광
KIDNEY AND URINARY BLADDER

고양이의 창백한 신장(pale kidney in the cat)

대부분의 동물의 신장은 보통 황갈색이나 적갈색인데 반해 고양이와 토끼의 신장은 밝은 황갈색이거나 다소 밝은 노란색을 띤다. 피질 혈관들이 피막 아래 표면 고랑에서 뚜렷이 보인다. 이런 신장 소견은 모두 정상이다. 특히 하이에나(hyena)의 신장에서도 정상적으로 이와 비슷한 외부 형태를 보인다. **WP560**

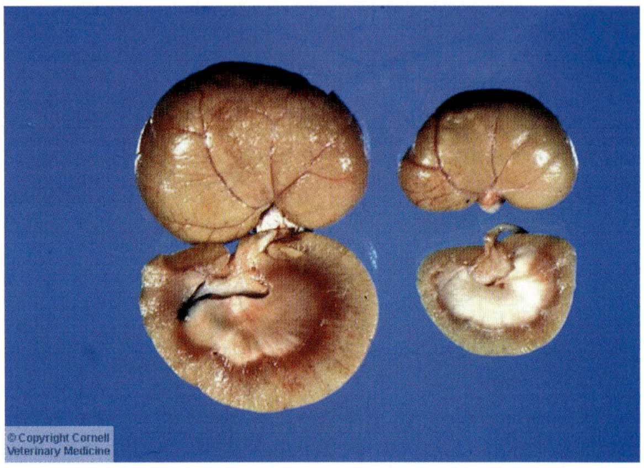

말과 돼지의 '신장 깔때기(腎盂)' 내 점액(renal pelvic mucus in the horse and pig)

말과 돼지는 신장 깔때기에 점액샘(mocous glands)이 있다. 따라서 통상 여기에 끈적거리는 점성의 노란색 점액을 볼 수 있다. **WP11752, 129, 130**

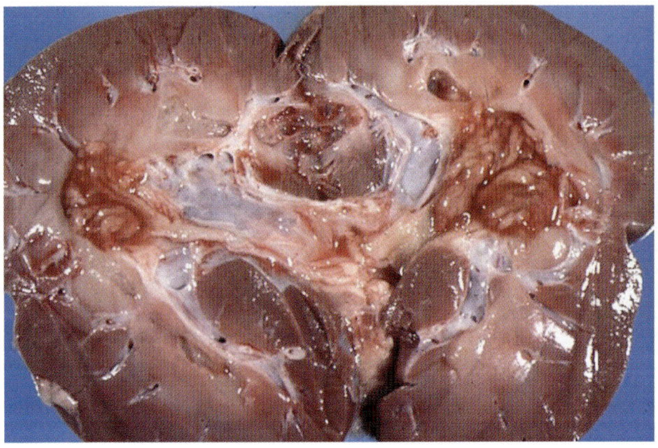

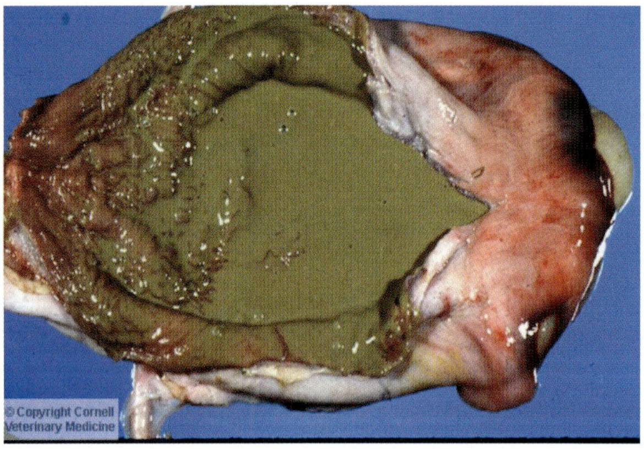

흐물흐물해진 신장(pulpy kidney)

이 자가용해성 변화는 가장 흔히 양의 신장에서 나타나는데 양쪽 신장의 피질이 부드러워 흐물흐물하게 보인다. 반면 수질조직은 피질보다는 덜 영향을 입어 육안적으로 정상으로 보인다. 말이나 포도당(glucose)을 투여한 소에서도 종종 이 같은 소견을 볼 수 있다. 이 소견은 죽기 전 신장의 피질부 세뇨관 내 높은 혈당치와 글리코겐(glycogen) 수치가 높은 것이 요인이 되어 자가용해가 더 심하게 진행된 것으로 추정한다. 흔히 장독혈증(enterotoxemia)이 있는 양의 경우 오줌 내 포도당 검사를 하는 것은 좋은 진단법이라 할 수 있다. **WP971, 11786**

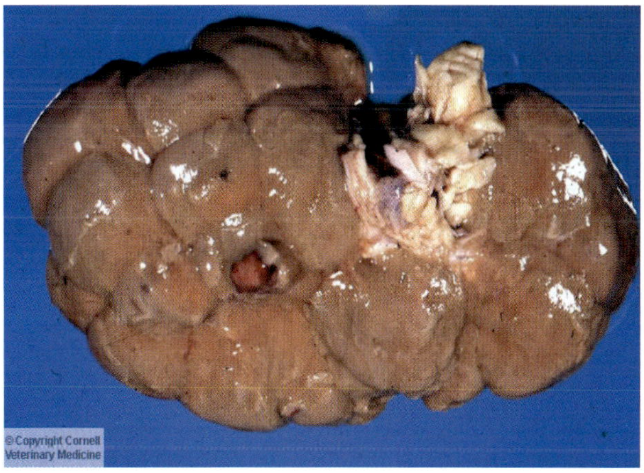

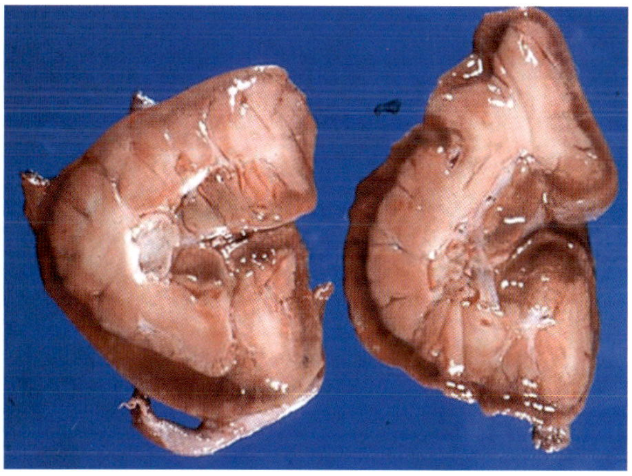

신장 피막의 유착(renal capsule adhesions)

많은 책과 문헌에서 이 소견을 기술하고 있지만, 신장의 피막이 확실히 유착되어 있는 경우는 매우 드물다. 대부분의 경우, 피막이 깨끗하게 제거되지 않는 것은 부검자의 부주의에 의한 잘못일 경우가 많다. 탈수된 동물의 신장은 그 피막을 벗길 때 피질의 얇은 층이 피막에 부착되어 보이는 경우도 있다. 말의 경우, 피질에서 피막까지 이어진 정상적인 혈관들이 있는데 이들로 인해 피막을 벗길 때 힘이 들 수 있는데 특히 말의 신장 피막 제거가 어려울 수 있다. 이 혈관은 태어날 때 수축되어 혈액이 흐르지 않고 곧 응고된다. 초보자는 이러한 정상적인 혈관들을 보고서 기생충으로 오해할 수 있다. WP16256

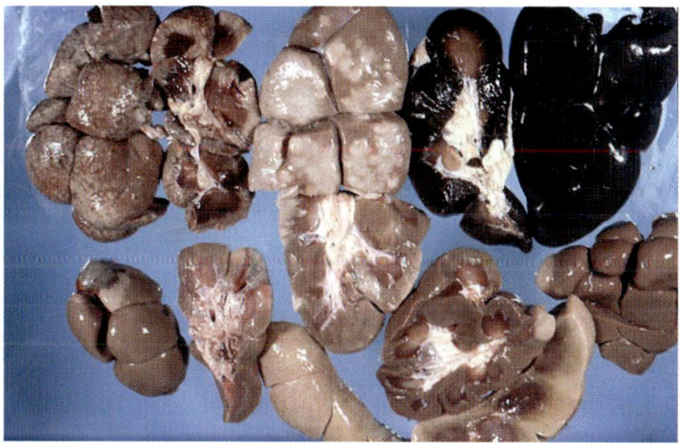

제대 동맥(umbilical arteries)

배꼽(臍帶, umbilicus)은 방광의 곁길을 따라서 복부 대동맥으로부터 나온 두터운 두 개의 혈관에 이어져 있다. 신생 동물의 경우 정상적으로 태어날 때 이들 혈관들이 파열되어 혈관 벽이나 외벽에 다양한 정도의 출혈을 일으킬 수 있다. 분만 시 이들 혈관이 수축되고 나중에 출혈된 혈액들이 응고를 일으킨다. 태어난 후 이들 혈관들은 방광의 원형 인대(round ligaments)가 된다. WP225

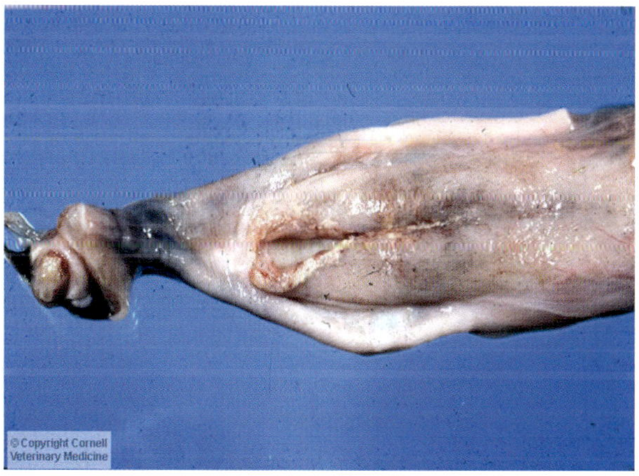

두터운 방광의 벽
(thickened urinary bladder wall)

방광벽의 비후는 정상의 생리학적 변화와 구별하기 힘들다. 정상적인 동물에서 배뇨 후 빈 방광의 벽은 놀랍도록 두꺼워진다. 장기간 요실금(incontinence)이 있는 경우도 생리학적으로 비후된다. 완전히 수축된 방광은 딱딱하고 둥근 하나의 덩어리이기 때문에 종양으로 오인될 수 있는데 이는 오줌이 차 있는 확장된 방광만을 생각하기 때문이다. WP7553

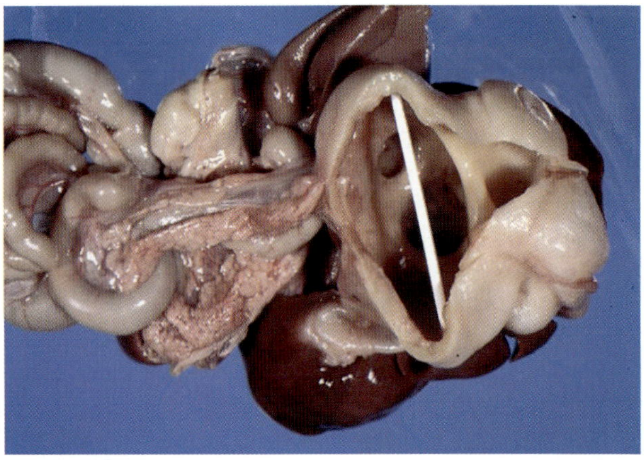

뇨 침전물(urinary sediment)

정상적인 말의 방광에서는 상대적으로 많은 양의 노란~주황색의 건조한 끈적거리는 물질이 나타나는데 이것을 종종 농(pus)으로 오인하기도 한다. 자세히 살펴보면 이것은 염증과는 관계가 없으며, 중력에 의해 이들 물질들이 방광 바닥에서 보일 수 있다. 특히 제한 급수를 받은 말이라면 더더욱 이것들은 정상이다. 이 침전물들은 신장깔때기의 샘(glands)에서 나온 오줌의 노폐물, 염류(salts), 점액 등으로 구성되어 있다. 토끼와 기니픽(guinea pig)에서도 유사한 물질이 흔히 발견되며 성(sex)과는 상관없으나 수컷에서 더 자주 발생한다. WP129

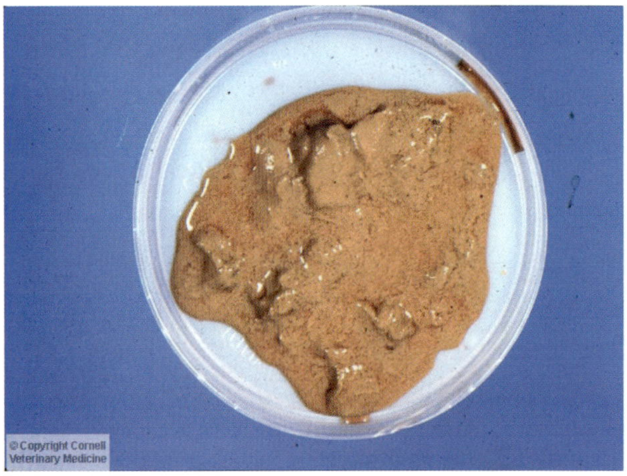

비강 내 위 내용물
(gastric contents in nasal cavity)

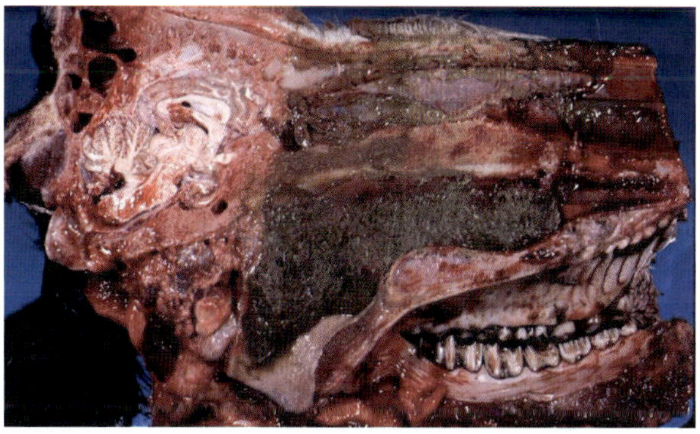

비강, 인두(pharynx), 후두(larynx) 등에서 섭취된 음식물(ingesta)이 발견되면 대부분 말기나 사후 변화를 의미한다. 이것은 동물의 폐사를 곁에서 볼 수 없다면 이 내용물에 대한 평가를 제대로 하기 힘들다. 반추동물은 폐사 시 일부는 음식물들이 토출될 수 있는데 죽은 후 1위에 있던 가스의 압력에 의해 음식물이 비강과 인두까지 올라오기 때문이다. WP2529

인두의 림프성 증식
(pharyngeal lymphoid hyperplasia)

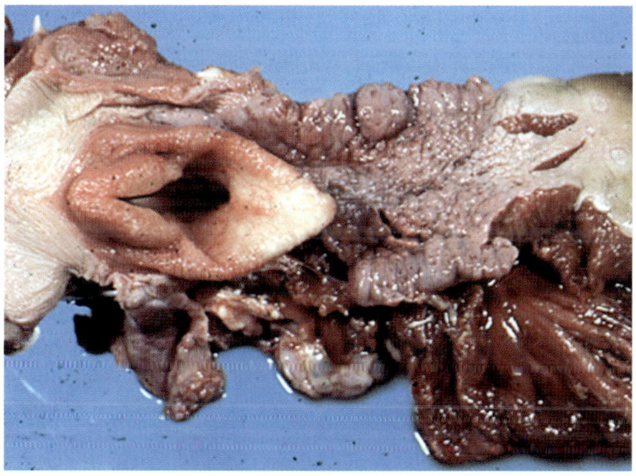

성성숙기를 막 지난 말에서 흔히 발생하며 후두덮개(epiglottis) 주위 혀와 인두의 뒤편 등쪽 표면에 2~3 mm 크기로 부드러운 결절 형태로 인두 점막에 불규칙하게 림프조직이 관찰된다. P12947

기관과 폐 내 위 내용물
(gastric contents in trachea and lungs)

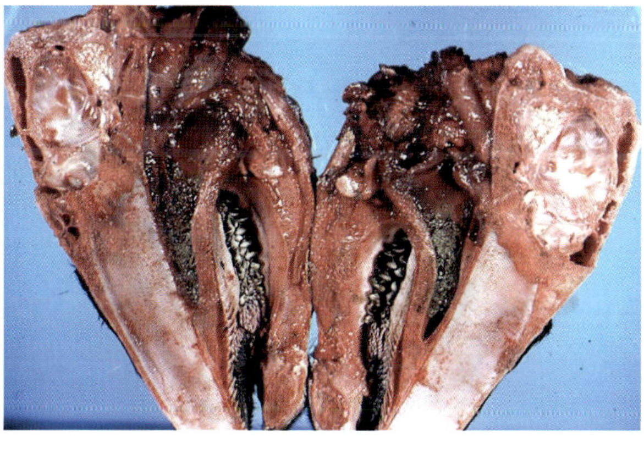

기의 틀림없는 사후 변화로 특히 단위동물에서 잘 발생하며 위 내용물을 식도로 밀어내는 복부의 가스 때문에 일어난다. 어떤 경우에는 사체를 다루는 과정에서 나타나는 사후변화이기도 하다. 이 내용물을 폐사 전(antemortem) 소견으로 진단하려면 조직 반응을 살펴보아야 한다. 만약 폐사 직전 폐로 흡입(aspiration)이 일어났다면 이것을 감별하기는 힘들다. WP11278

기도의 거품(tracheal froth)

이 소견의 몇몇 경우는 병변으로 여길 수 있지만 콧구멍(nostrils)과 기도까지 있는 많은 거품은 호흡곤란(dyspnea)이나 호흡기병 병력이 없는 안락사 시킨 동물에서 볼 수 있다. 이 경우나 거품 형성에 대한 뚜렷한 생리학적 설명을 할 수 없는 경우라면 그렇게 중요하게 생각 되지 않는다. 동물을 전살 시킬 때 수 분간 전기 쇼크를 준다. 전기를 주입하는 동안 동물의 몸은 심호흡계의 움직임이 정지된 채로 신장성 경직(extensor rigidity)이 발생하지만, 혈관의 탄성 반동(elastic recoil)은 계속되어 혈청을 폐의 모세혈관에서 폐포(alveoli)로 밀어내게 된다. 전기 쇼크를 중지하게 되면 사체는 이완되고 부풀었던 폐가 수축되는데 이때 폐포 내 공기와 혈청들이 폐포 밖으로 밀어 나면서 섞여 거품을 만들게 된다. 결국 기관지와 기관에서 차례로 거품이 생기게 되고 이들이 콧구멍으로 밀려 나갈 수도 있다. 따라서 이 소견은 많은 안락사한 동물에서 볼 수 있으며 임상적으로 중요한 폐의 간질성 수종(interstitial edema)과 혼동하지 않아야 한다. WP16106

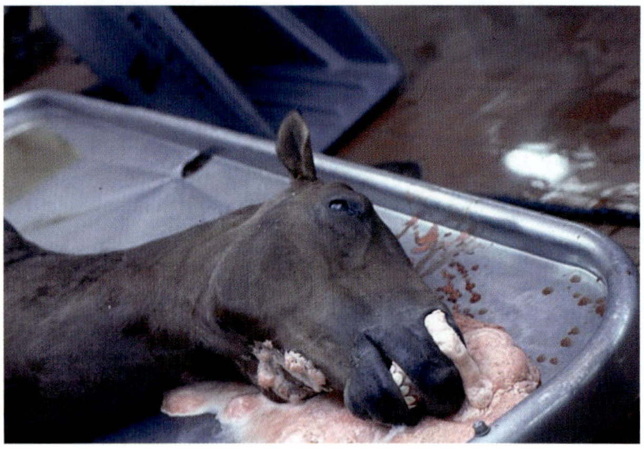

흉막의 섬유증(pleural fibrosis)

이 소견은 대부분의 동물에서 폐의 횡격엽의 등쪽 표면 위 창백한 결합조직으로 넓게 분포한다. 주로 소와 양에서 가장 흔히 발생하는데 특히 이는 공기가 들어가지 않은 태아 폐(fetal lungs)에서 잘 나타나며 이들 동물에서는 정상적인 해부 구조이다. WP20969

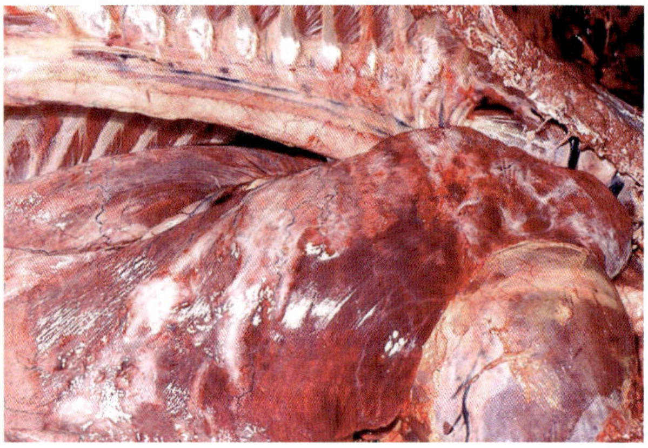

폐기종(pulmonary emphysema)

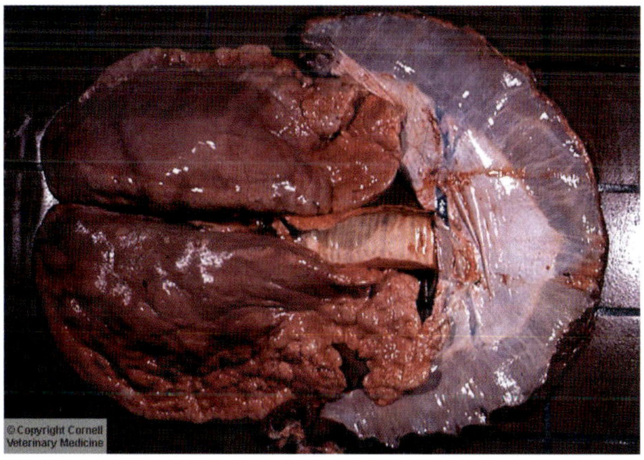

동물에서 가장 흔히 오인하는 소견중 하나가 바로 폐포성 및 간질성 폐기종(interstitial empysema)이다. 이것은 호흡곤란(dyspnea) 등 임상 증상이 없다면 어떤 동물에서도 임상적 중요성은 거의 없다. 어떤 이유로든 죽은 소에서 아주 흔히 발견되는 소견으로 정확한 평가가 중요하다. 이 소견은 고양이에서도 많이 나타나고 말에서는 적게 발생한다. 동물의 병력 중 호흡곤란 증세가 없었다면 그냥 무시하는 것이 좋다. 폐기종은 정상 보다 폐에 공기를 더 많이 가지고 있는 상태로 소는 폐사 말기에 가쁜 호흡(gasping)을 하는 동안 폐간질에 직경 10~15 cm의 커다란 대기포(bullae)를 형성하게 된다. WP72

폐 울혈과 수종 (pulmonary congestion and edema)

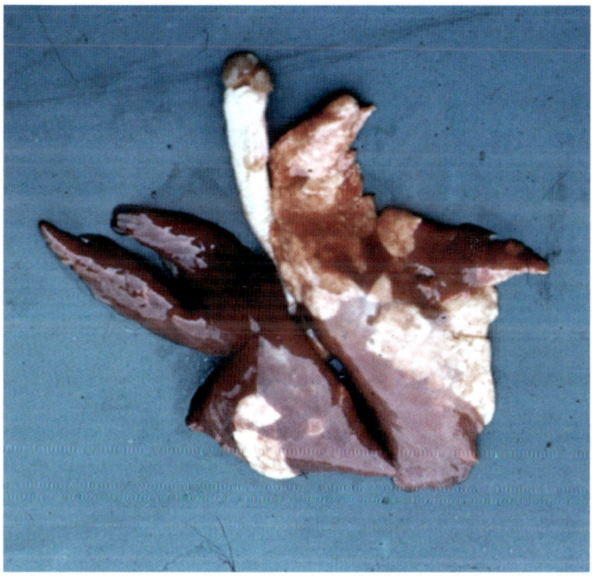

이 폐는 정상보다 무거우며 붉은 색으로 얼룩진 반점 형태를 나타낸다. 폐의 경도가 단단하지 않다면 폐렴이 아니라고 할 수 있다. 이 폐의 절단면에는 많은 혈액이 차 있어 붉게 보이고 이들 혈액들이 공기가 통하는 쪽으로 흘러 들 수 있다. 이 소견은 특별한 원인 없이, 사후강직(rigor mortis)에 의해 근육 밖으로 혈액이 밀려 나오거나 위장관에서의 가스 생성으로 간과 대정맥에서 혈액이 밀려 나와 폐에 혈액이 다량 저류되는 현상으로 예외없이 인공산물로 간주된다. 이것은 부검자가 오인할 수 있는 흔한 비병변 중 하나이다. 방혈하지 않은 동물이라면 혈액이 조직 검사에 나타나는 것을 확인해야 한다. WP3302

심혈관계
CARDIOVASCULAR

염소와 말의 심장은 보통 매우 뾰족한 심장끝(心尖, apex)을 가지고 있다. 양과 염소에서 관상고랑(coronary groove)의 지방은 대부분의 몸의 지방처럼 하얗다.

뚜렷한 사후강직의 부재(lack of apparent rigor mortis)

많은 동물에서 이런 심장의 소견은 사후에 시간이 얼마나 지났는지에 따라 정도가 다양한데 심하게 흐물흐물한 상태를 보인다. 대부분 중요한 소견은 아니다. 보통 이 소견은 좌우 심장 모두에서 나타나지만 가끔 오른쪽보다 왼쪽이 더 빨리 나타날 수 있고 사후강직이 일어나기 전, 죽은 직후 심장을 검사할 때 더 뚜렷이 나타난다. 말과 소의 경우 사후강직이 매우 긴 수 시간 걸린다는 게 놀라울 뿐이다. 탄저(anthrax)에 걸린 동물에서 사후강직을 보지 못하는데 너무 빨리 사후 강직이 일어나 버렸거나 부검자가 알아차릴 정도로 사후 강직이 아직 완성되지 못한 상태인 경우도 추정해 볼 수 있다.

심낭, 심내막, 심근의 출혈
(pericardial, endocardial, and myocardial hemorrhage)

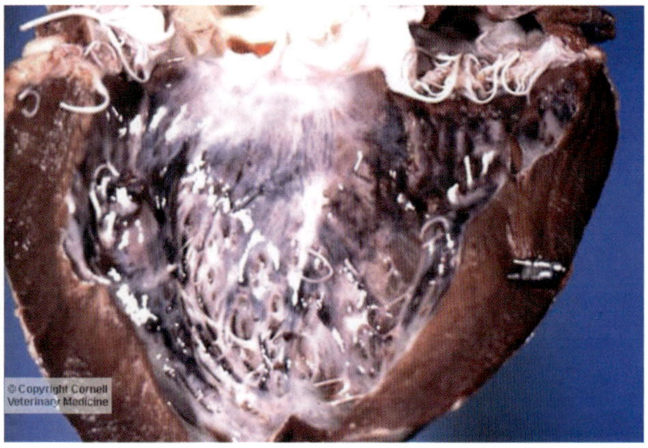

이 소견에서 보이는 점상(petechiae) 혹은 반상출혈(ecchymotic hemorrhages)은 특히 대동물의 경우 어떤 원인에 의해 폐사에 이르게 되면 사지의 말초 혈액 순환에 대한 저항이 증가하여 강력한 심장 수축을 일으킨 결과이다. 이때 심장은 이 증가된 혈액 순환의 저항에 대응하고자 더욱 뛰게 되고 그로 인해 심장 중격(mediastinum)과 늑골 흉막(costal pleura) 등 여러 부위에 출혈을 야기한다. 이 출혈은 횡격막과 부신 및 다른 조직들에서도 나타날 수 있다. 대부분 점상출혈 또는 반상출혈만 나타나지만 이 병변이 더 심하여 출혈부위가 확대되거나 혈종(hematoma)처럼 보인다면 임상적인 중요성이 증가하여 출혈이나 응고의 문제가 아닌 지 살펴보아야 한다. 때로는 이들 소견은 패혈증(septicemias)이나 독혈증(toxemias)인 경우에서 볼 수 있지만, 비감염성이나 비독성인 상태에서도 흔히 발생하기 때문에 신중하게 판단해야 하며 패혈증의 진단을 위한 다른 검사도 수행해야 한다.

WP1631

심장판막의 부종(edema of the heart valves)

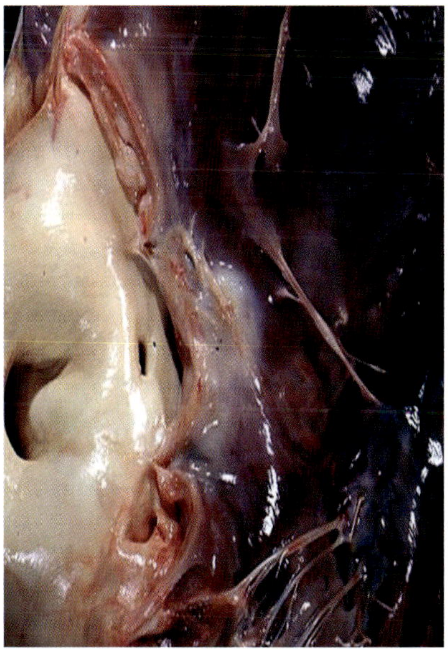

모든 판막 첨판(cusp)을 포함하여 모두 네 개인 주요 판막(valve)은 투명하고 물같은 체액으로 부어있으면서 반짝여 보이는데 심할 경우 5 mm까지 현저히 비후된다. 보통 대부분의 첨판에서 발생하나 몇 개만 나타나거나 첨판의 일부에서만 보이기도 한다. 첨판의 기저부도 비슷하게 부어 있다. 이것은 흔한 소견일 뿐 진단적 가치는 없다. 그러나 일반적으로 늙은 개에서 보이는 방실(A-V) 판막의 유리(遊離, free) 말단에 생긴 단단하고 불규칙적인 결절이나 판막성 심내막증(valvular endocardiosis) 등과는 감별해야 한다. 이 판막 부종의 원인이 노령기에 혈액의 흐름이 둔화되기 때문이라고 주장하는 사람도 있다. WP16122

심내막 지방(endocardial fat)

대부분의 동물에서 좌우 심실의 심내막 아래에 1~2 mm에서 수 cm되는 작은 창백한 지방을 볼 수 있는데 이를 가리킨다. 이 지방이 심내막의 자연적인 틈(cleft)을 따라가지 않는 한 심내막 아래까지 병변을 형성하지는 않으나 종종 조절띠(moderater band)가 부착되어 있는 주변에 더욱 넓게 자리를 잡는다. 이런 정상적인 지방의 침착은 보통 매우 비만인 소나 말에서 흔히 잘 나타난다.

아란티우스 결절(nodules of Arantius)

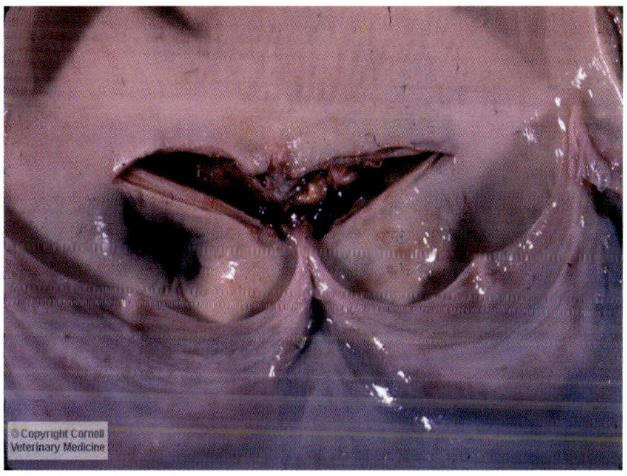

이 정상 구조는 대동맥의 반월판 첨판들의 유리 말단부 중간쯤에 1~2 mm 크기의 단단하며 창백한 모양인데 돼지에서 가장 뚜렷하며 다른 동물에서도 볼 수 있다. 위치와 크기가 불규칙적인 말의 대동맥 첨판에 생기는 Strongylus에 의한 육아종(granuloma)과 감별해야 한다. 성숙한 말의 대동맥 첨판에서 나타나는 일반적인 마찰(friction rub) 병소와도 감별해야 하는데 이 병소는 반대쪽 병소로써 첨판들이 첨판의 유리 말단 근처에서 쌍으로 서로 마찰되어 발생한다. WP42

심장의 뼈(ossa cordis)

소 심장의 기저부에서 볼 수 있는 두 개의 얇고 휘어진 삼각형의 뾰족한 정상적인 골(bone)이다. 이 뼈는 흔히 대부분의 동물들이 나이가 들어감에 따라 생기는 심장 기저부의 섬유소성 고리(fibrous ring)인데 비정상적인 화골현상(ossification)으로 오인될 수 있다.

정맥성 전자(venous emboli)

희고 부드러우며 40 cm에 이르거나 그 이상인 기다란 조각 모양의 뇌조직이 간장, 폐와 신장 및 여러 다른 장기의 주요한 정맥 내에서 볼 수 있는데 이들 전자는 뇌에 고압으로 쏘는 장치로 도살한 소에서 발생한다. **WP3366, 3367, 3376, 21248**

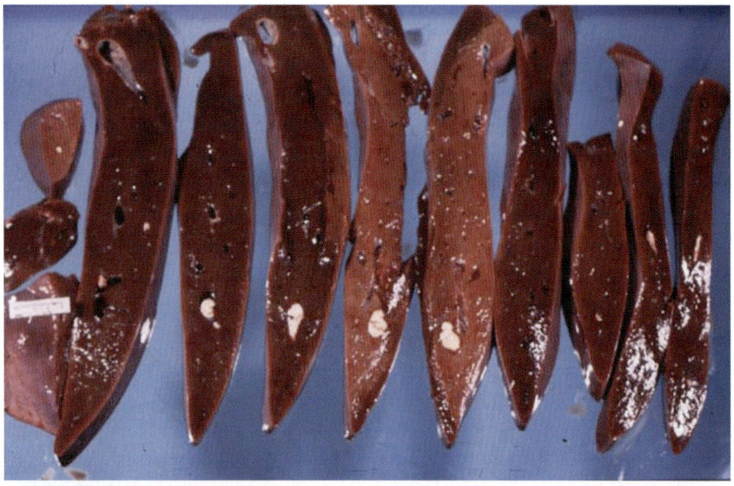

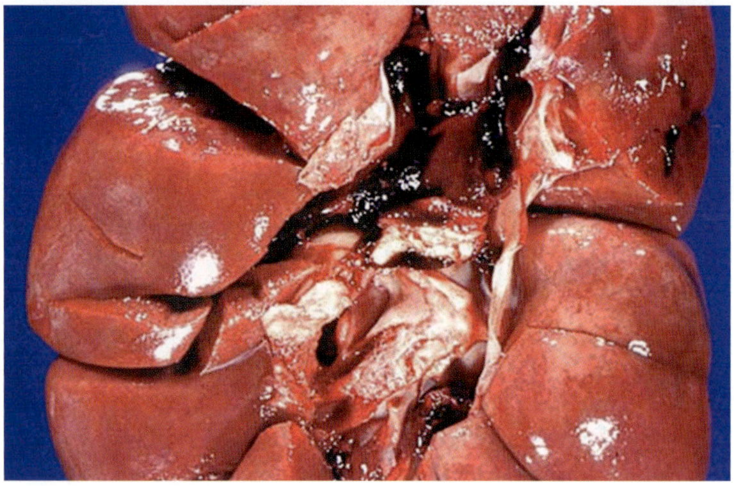

활막 오목(synovial fossae)

이것은 특히 말에서 몇몇 관절의 관절면에 비관절성으로, 정상의 얕거나 상대적으로 깊고 불규칙하게 생기는 오목을 말한다. 이 구조물은 태어날 때는 보이지 않지만 나이가 들어감에 따라 발달한다. 이것은 활막액(synovial fluids)의 분포에 도움을 주는 것으로 생각된다. WP16495

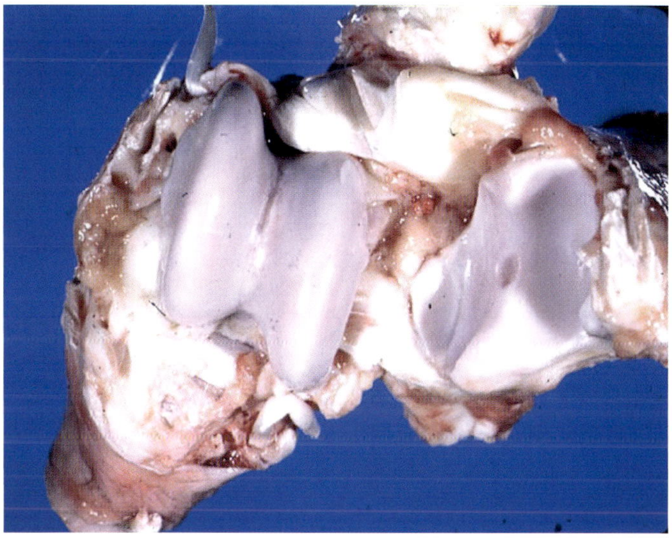

뼈(bones)

돼지 뼈들은 다른 동물들의 뼈보다도 피질부가 훨씬 더 두텁다. WP16763

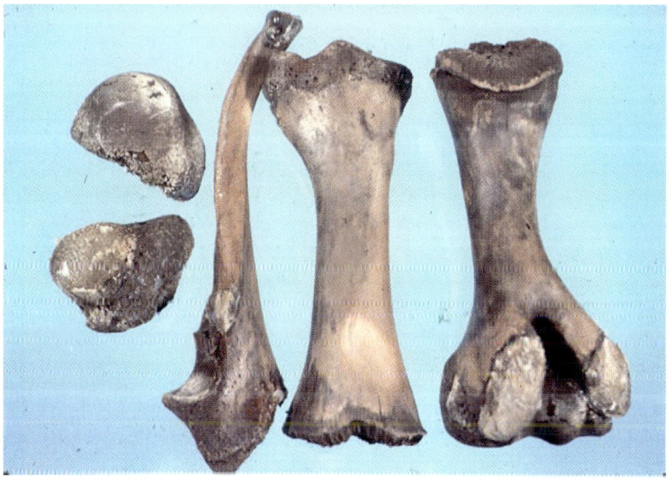

연막-거미막 섬유화(pia-arachnoid fibrosis)

이는 노령 동물들에서 발생하나 특히 개의 뇌막의 섬유성 결합조직으로 불투명하고 하얗게 침착된 모양을 띤다. 이것은 깊은 고랑(sulci)에 많이 생기는데 우선적으로 대뇌 피질과 뇌의 배쪽 면에서 보인다. 말의 소뇌 뇌막에서는 결합조직성 결절들을 볼 수 있다. 이들 원인은 중추신경계의 정상적인 기능부전 탓이라고 생각된다. WP3277

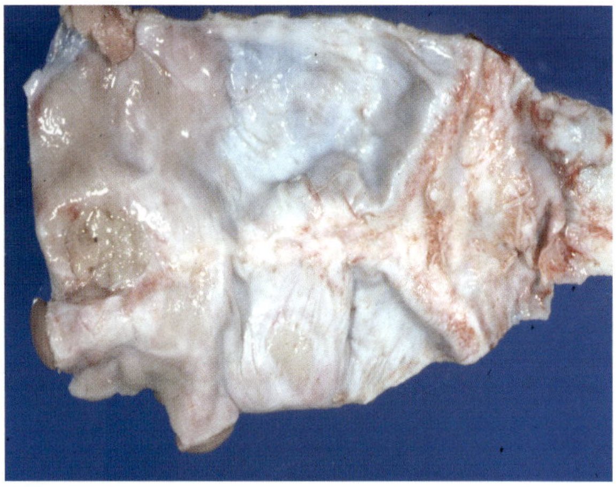

뇌막 울혈(meningeal congestion) : 사후에 사체를 누인 체위나 중력에 의해 발생한 울혈성 뇌수막을 쉽게 볼 수 있다. 아주 뚜렷하게 울혈이 나타나지 않는 한 거의 진단할 수 없다.

태아와 신생동물
FETUS AND NEONATE

탯줄의 꼬임(umbilical cord twisting)

망아지의 경우 정상적인 태반(placenta)의 탯줄은 1~7회 정도의 꼬임이 있다. 탯줄의 심한 부종이나 찢김이나 섬유화, 망아지의 쇠약, 그리고 요막관(urachus)과 방광의 팽창이나 탯줄이 7번 이상 꼬여 혈관성 기능장애(vascular embarrassment)가 보인다면 중요한 소견으로 볼 수 있다. WP6020

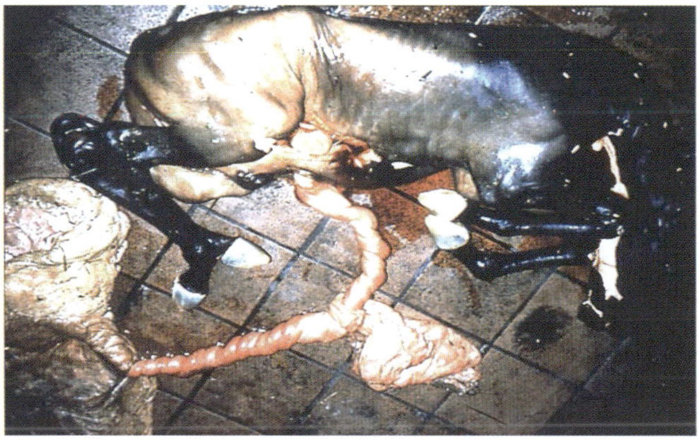

태반 침착물(placental deposits)

지름 1~5 mm 정도의 칼슘 침착물이 소, 양 그리고 돼지 등의 양막(amnion)에 산재되어 보이는데 이것은 생리적인 것으로 생각되며 임신 중 일부 기간에서만 생긴다. 그 외 흔히 발견되는 소견은 말, 양 그리고 소의 양막에 선상으로 정렬된 과각화상피(hyperkeratotic epithelium)로 된 황갈색~백색의 둥근 판(plaque)으로 나타난다. 이 판들은 둥글고 오목한 둥근 링으로 둘러싸인 중심부를 갖는 것이 많다. 흔히 발견되지만 이 판에 대해 알려진 원인이나 효과는 무엇인지 아직 모른다. 침착물은 쉽게 벗겨지고 거친 표면을 남긴다. 직경이 2~10 mm에서 그 이상 되는 갈색~황갈색의 평편한 고무 같은 매스인 부유물질(hippomane)이 말이나 소의 요막액(allantoic fluid)에서 관찰된다. 보통 한 두 개가 발견되고 반으로 잘랐을 때 전체는 아니나 많은 수에서 중심성 층판 형태를 보이는데 그것들이 예전에 구형이었나가 최근 붕괴되었음을 의미한다. 그러나 이들의 원인은 아직 밝혀지지 않고 있다. WP12731

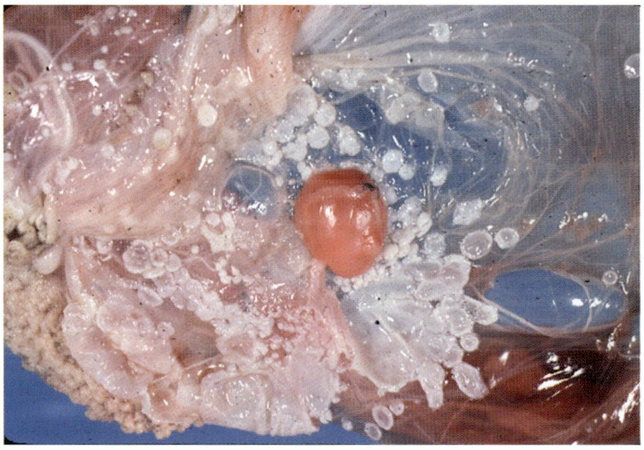

태아 발굽(fetal hooves) : 너덜너덜하게 원시발톱피부(胎生爪皮, eponychium)에 붙어 있는 초기 허물의 탈피를 말하는데, 특히 낙타과(camelids)에서 볼 수 있다.

배꼽(umbilicus) : 배꼽 주위에 가벼운 출혈은 매우 흔한 소견으로 보통 의미가 없다.

혀의 주름모양 돌기(glossal fimbriae)

이것은 정상적으로 갓 태어난 돼지의 혀 가장자리에서 볼 수 있는 살 같은 평편한 유두 모양의 5~10 mm의 상피성 돌출물(projection)이다. 그 원인과 용도는 아직 모르지만 보통 태어난 후 곧 없어진다. 이보다 작은 돌출물들이 강아지의 혀에서도 나타난다. WP2923

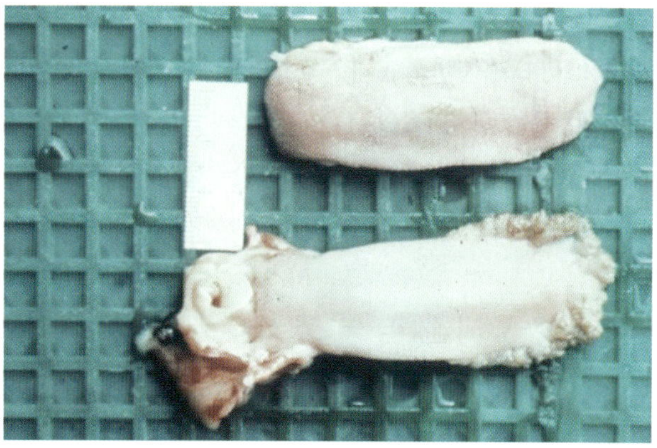

식도 말단부위의 특발성 비대(idiopathic hypertrophy of the distal esophagus)

이것은 주로 말과 돼지의 식도 원위부에서 나타나며 식도 원위부 반쪽 전체나 위로 들어가는 식도 원위부 3분의 1이나 그보다 가까운 쪽의 근육에서 발생하는데 이 부위가 창백하고 비대해 진다. 드물게 이 근육성 비대(肥大, hypertrophy)가 위(胃, stomach)의 근육까지 확장되기도 한다. 임상적으로 문제가 되는 경우는 말의 경우 오직 1~2%에 지나지 않으며, 대부분은 정상으로 간주한다. WP615, 244

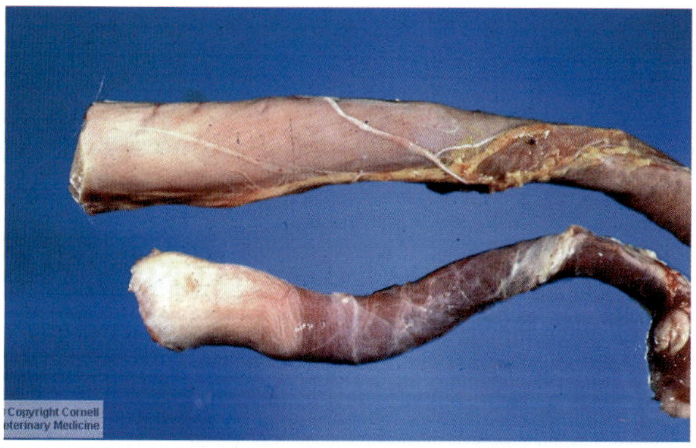

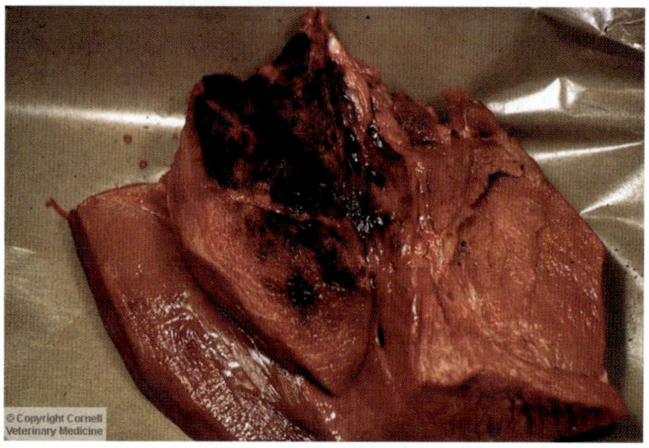

발톱처럼 각질화 된 소화기 점막 유두 (unguiculate papillae)

1~2 mm에서 수 cm의 크기로 단단하며 굽거나 곧은 각질화 된 유두들이 반추동물의 3위(omasum)와 식도 고랑(esophageal groove)의 원위부 말단에서 발견된다. 젖을 먹는 어린 동물에서는 정상적인 구조이지만 노령의 동물에서는 불투명한 백색으로 흔히 나타나는데 이런 유두들은 섭취한 음식물 내 색소로 인해 점점 그 색깔이 어두워진다. '유조류(有爪類, unguiculate)'는 '발톱(claw)과 같은'이라는 뜻이어서 발톱이 있는 동물들을 가리키며, '유제류(有蹄類, ungulate)'는 발굽(hoof)과 관련이 있는 단어로 발굽이 있는 동물을 표시한다. WP707

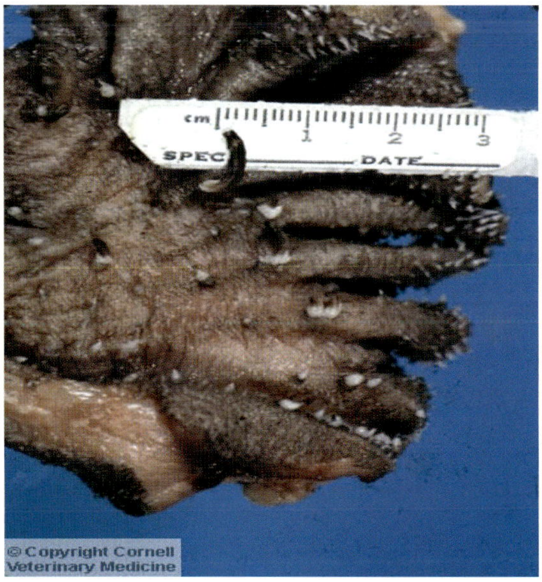

반추위 점막의 탈락(rumen mucosal sloughing)

동물이 죽은 지 20분 정도 지나면 폐사 시 출혈 유무에 관계없이 반추위의 넓은 점막 부위에서 떨어져 나온 조각(patch)을 볼 수 있는데 이 때 탈락된 점막의 점막밑(粘膜下, submucosa)은 창백하거나 매우 붉은 색을 띤다. 그래서 이 소견을 출혈성 염증으로 잘못 오판할 수 있으나 이것은 인공산물이며, 거기에 삼출물은 없으나 부종과 출혈은 병변 내 나타날 수 있다. WP18064

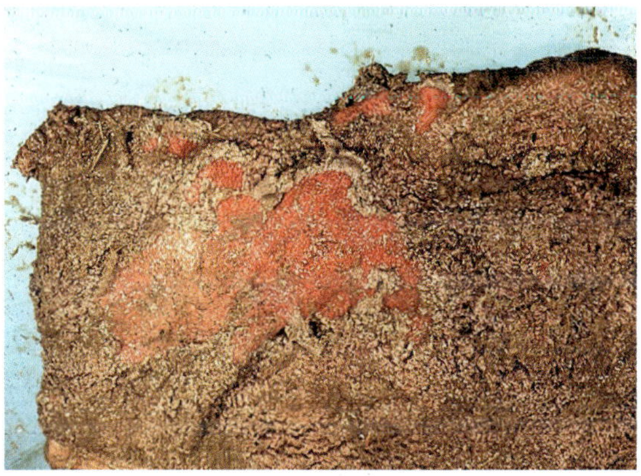

유문부 원형융기(torus pyloricus)

이것은 위와 십이지장 연접부(유문부)쪽 위벽의 지방 결합조직과 평활근(平滑筋, smooth muscle) 등에 나타난 종창(swelling)을 말한다. 돼지의 유문부는 중심 고랑이 약 3~5 cm 정도로 크지만 소의 경우는 매끄러운 혹(lump)으로 나타나고 대다수 다른 동물(species)에서는 분명하지 않다. 이 소견은 동물의 정상적인 해부학적 구조인데 아주 흔히 종양(tumor)으로 오인하는 병변 중 하나이다. WP611

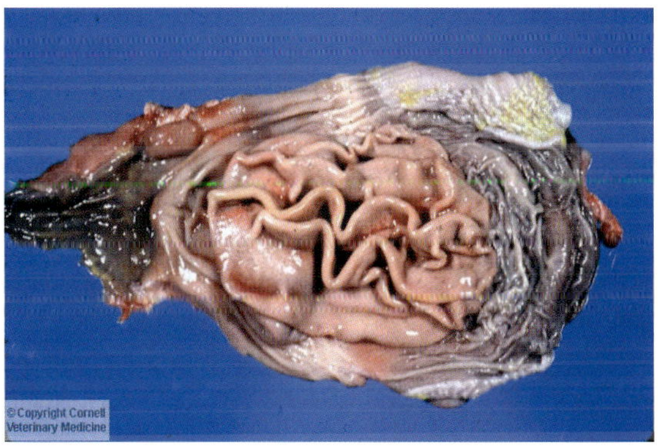

위장관 점액(gastrointestinal mucus)

이것은 보통 황갈색이거나 흐릿한 흰색의 끈끈한 점상 물질인데 위와 소장의 점막에 느슨하게 붙어 있다. 점막 밑에 궤양이나 염증이 없는 경우 쉽게 벗겨지며, 점막표면이 습윤하다면 동일한 많은 점액 물질이 점막 탈락 부위의 점액선에서 만들어져 다량 분비되고 있기 때문이다. 이 정상적인 생리 물질을 종종 카타르성(catarrhal) 삼출물로 오인한다. 이 점액물질은 대부분의 동물에서 볼 수 있지만 특히 말과 돼지의 위에서 뚜렷히 나타나고 다른 동물들은 대장(large intestine)에서 볼 수 있다. 장관 내 탈수가 발생하면 이 점액 물질이 형성되기가 쉬워져 더 뚜렷해져 심지어 끈 같은 모양으로 보일 수 있다.

위 충혈(gastric hyperemia)

위(stomach)의 점막 중 점막에 선(gland)이 있는 부위가 다소 강한 적색을 띠는 것은 대다수 동물에서 정상적인 생리적 현상으로 특히 말과 돼지에서 잘 나타난다. 출혈, 삼출물, 궤양 및 부종이 없다면 위염(gastritis)이 아니다. WP3064

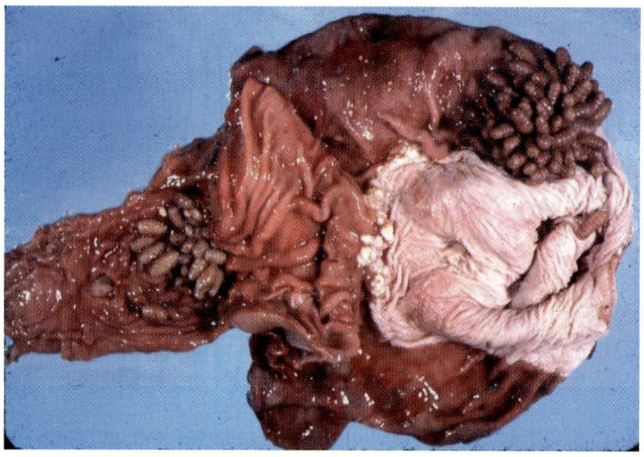

사후 위 파열(postmortem gastric ruptures)

이것은 보통 얇은 위벽 부위가 파열되어 위 내용물이 복강으로 빠져나오게 되는 현상을 말하며 발생 부위는 하나나 여러 개의 구멍(opening)을 볼 수 있는데 이들 구멍의 가장자리는 얇게 널려져 있다. 이 소견의 일반적인 원인으로는 사후 산성의 위액(gastric juice)에 의해 위가 소화(digestion)되기 때문이다. 이것은 개, 송아지, 토끼에서는 매우 흔하게 나타나며 말에서는 덜 나타나고, 사후의 위파열과 진성 궤양(ulcer)은 감별하기 어렵다. WP2944

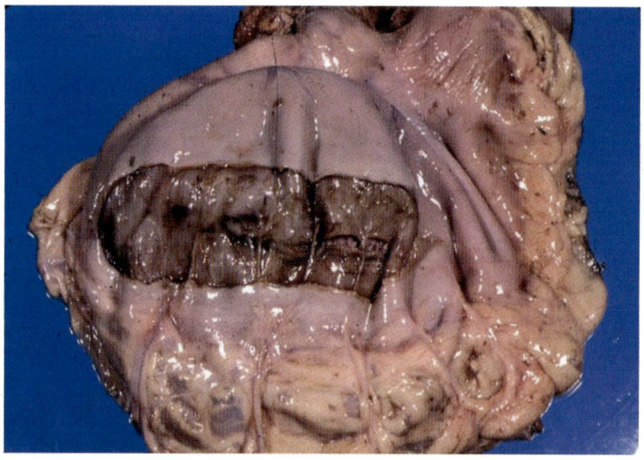

십이지장의 유두(dodenal papillae)

이것은 두 가지 점액성 결절 구조가 있다. 한 쪽이 다른 쪽 보다 조금 더 큰 형태를 보이며 대다수 동물의 십이지장 시작 부위에서 볼 수 있으며 그곳에 개구하고 있는 정상적인 담관(bile duct)과 췌장관(pancreatic ducts)을 볼 수 있다. 이 소견을 폴립(polyps)이나 종양으로 오인할 수 있고 특히 말에서 그러기 쉬우며 그 이유는 주요한 유두가 아주 뚜렷하기 때문이다. 흔히 말에서는 정상적으로 분화구 모양(crateriform)으로 나타난다.
WP17207

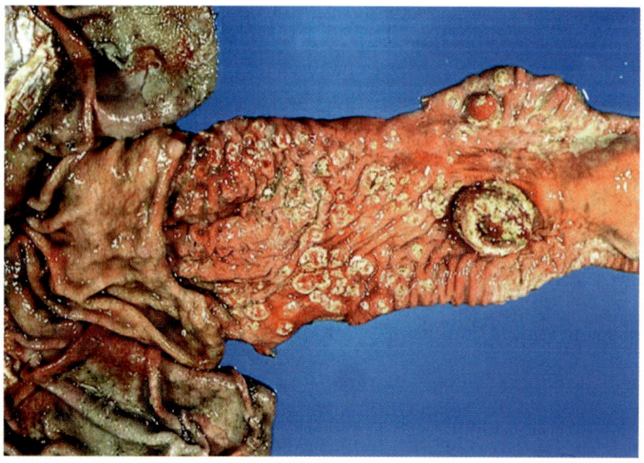

사후 내장에 담즙색소 확산(postmortem bile dilatation of the bowel)

통상 소장의 일부인 십이지장에서 발생하며 다른 장관보다 확장되어 2~3배 얇은 벽을 가지고 장막 아래까지 뚜렷한 청색을 띤다. 이 소견의 가장 확실한 요인은 담즙(bile)이며 죽을 때 담즙이 십이지장으로 내려와 생긴다. 많은 동물에서 사후에도 계속되는 연동운동(peristalsis)으로 이 현상을 일으켜 소형의 소화물질 덩어리(bolus)도 앞으로 내려가게 된다. 이러한 연동운동은 여러 동물에서 발생할 수 있지만 특히 개와 고양이에서 다발한다.

누출 유무에 따른 분절성 장관의 충혈 (segmental intestinal hyperemia with and without diapedesis)

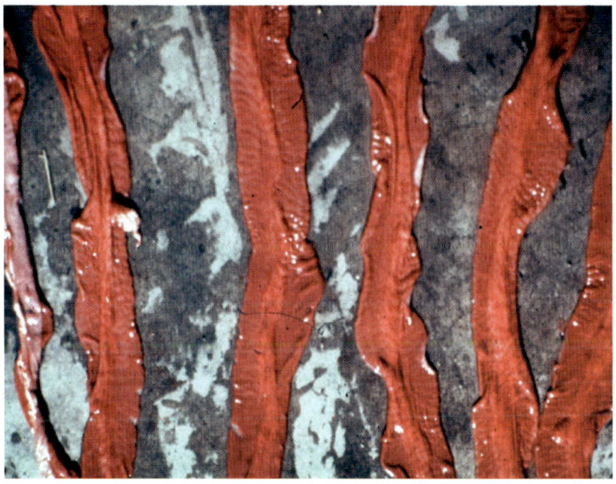

모든 동물에서 소장의 분절에 충혈을 볼 수 있다. 이것은 생리학적인 충혈로 충혈이 발생하지 않은 부분과 섞여 나타난다. 죽은 후 시간이 흐름에 따라 점막 내 혈관이 파괴되어 장관 안에 출혈과 유사한 혈액을 볼 수 있다. 부종을 비롯 괴사, 궤양이나 섬유소가 없다고 해서 출혈성 장염(hemorrhagic enteritis)이라고 해석해서는 안 된다. 때로는 대규모로 생기기나 어떤 경우에는 국소적인 장 부분만이 충혈을 보일 수 있지만 이 모든 경우는 사후 변화로 간주해야 한다. WP6258

사후에 생긴 장중첩(postmortem intussusception)

이 유형의 장중첩은 사후에 발생하며 장의 일부(嵌入部, intussusceptum)가 그 앞이나 뒤쪽에 연결된 장의 일부(嵌頓部, intussuscipiens) 안으로 들어가 발생한다. 발생 부위는 부종, 출혈 혹은 섬유소 축적 등과 같은 염증 반응이 없고, 감입부는 나머지 장 부분보다 약간 더 충혈 되어 보이는데 그것은 모든 동물은 말기나 죽은 뒤에도 여전히 장의 연동운동이 계속되기 때문으로 생각된다. 죽기 전에 발생한 장중첩이려면 분명히 중첩부위에 염증이나 괴사 같은 육안적 병변이 있어야 한다.

장의 림프성 소절(intestinal lymphoid follicles)

이 소견은 맹장과 결장 전체에 산재하는데 검은 중심부와 불투명하며, 둥근 수 mm의 크기로서 매우 흔한 소견이다. 이 소견은 개와 돼지에서 가장 뚜렷이 나타난다. 한편, 림프 조직이 타원형 내지 선형의 판(plaque)이거나 거의 전체 즉, 원위부 회장, 공장과 십이지장 등에 산재해 있는 파이어판(Peyer's patches)이 있다. 소에서 결장성 편도(colonic tonsil)라 부르는 커다란 판(patch)이 회맹부 입구에서 좀 떨어진 곳에서 주로 관찰된다. WP3221

점막의 선형 출혈
(mucosal linear hemorrhage, 호랑이 무늬 = tiger striping)

이 소견은 결장 점막을 비롯 흔히 나타나는 직장 점막과 가끔 발생하는 방광 점막 등에서 선상의 적색 판(patch) 모양으로 보인다. 또한, 이 소견은 동물이 생의 말기에 소변과 배변을 보려고 힘을 줄 때 점막 주름(mucosal folds)의 표면에 있는 혈관 내 혈액이 응고되기 때문에 발생한다. 이 소견을 설사를 일으키는 질환으로 잘못 진단하기도 하나 진단적인 중요성은 거의 없다. WP3214

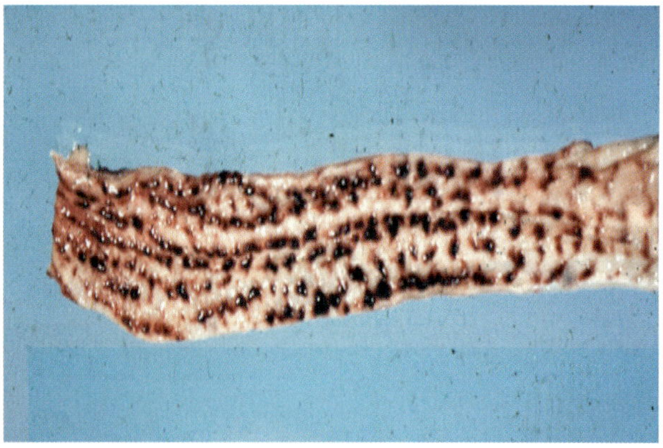

원위 회장의 비후, 특발성 비대
(distal ileum thickening, idiopathic hypertrophy)

어떤 문헌들을 보면, 말의 경우 원위 회장 비후가 정상이라 한다. 이것은 정상 동물의 회장의 원위부는 다른 소장 부위보다 얇지 않기 때문이라지만 이 주장에 모두 동의하고 있지는 않다. 비대에 대한 원인은 알려져 있지 않지만 어떤 기능성 장애가 의심된다. 대부분의 회장 원위부의 특발성 비대는 산통 증상(signs of colic)을 일으키는 원인 중 하나가 될 수 있어 때로 임상적 중요성을 가진다. WP75

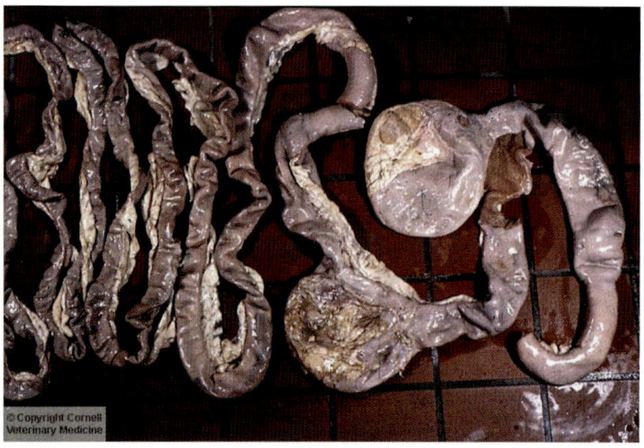

층판 소체(pacinian corpuscles)

이는 고양이의 결장간막(結腸間膜, mesocolon)에서 약 5 cm 크기 흰색의 난원형으로 약간 반짝이는 회색의 편평한 디스크 모양으로 관찰되며, 정상적으로 압력에 민감한 구조물로 조직학적으로 고양이 췌장에서 가장 흔히 볼 수 있다. WP575

단단하거나 딱딱하게 보이는 커진 제3위(suspect firm to hard enlarged omasum)

이것은 반추수의 3위에서 정상적으로 발견되는 소견으로 매우 건조하고 편평한 얇은 조각의 섭취물이 주름 사이에서 관찰된다. WP17882

커지고 단단하며 크게 팽창된 말의 위 (horse stomach enlarged and firm)

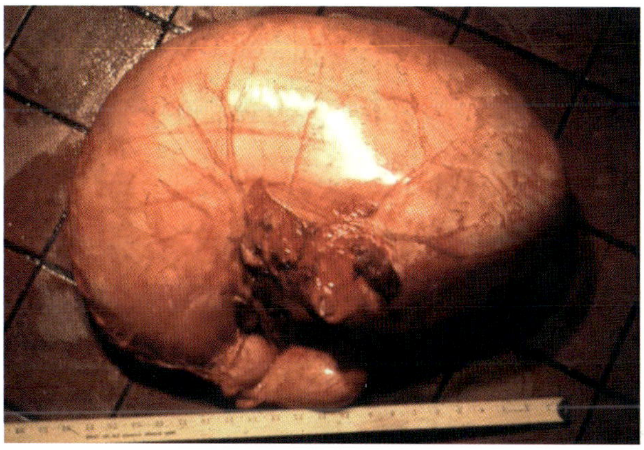

이는 비교적 건조한 사료를 주었을 때 나타나는 정상 소견인데 자주 고창증에 의한 것으로 잘못 해석한다. WP3086

추가 사항
ADDENDA NOTES

부검시 냄새의 종류와 진단

후각은 인간에게 주어진 중요한 감각 중 하나이며 부검 시 사체로부터 냄새를 맡는 것은 매우 중요하다. 따라서 여기서는 부검 시에 맡게 되는 몇 가지 냄새(악취)에 대해 다룰 것이다. 냄새에 대한 사실적인 기술은 때로 어렵거나 불가능하기 때문에 비유를 통해 설명할 것이다. 예컨대 누군가 귤이라는 단어를 쓰지 않고 그냥 그 냄새(smell)를 말로 표현해보라 하면 쉽지 않을 것이다.

산패된 버터 냄새(rancid butter)

Clostridium chauvoei에 의해 발생하는 기종저(blackleg)의 경우 병변이 발생한 부위에서 특유의 염소젖(capric acid)이나 산패된 버터(rancid butter) 냄새가 난다. 이 냄새는 돼지와 말의 *Cl. septicum*의 감염 증례에서도 맡을 수 있다. **WP20290**

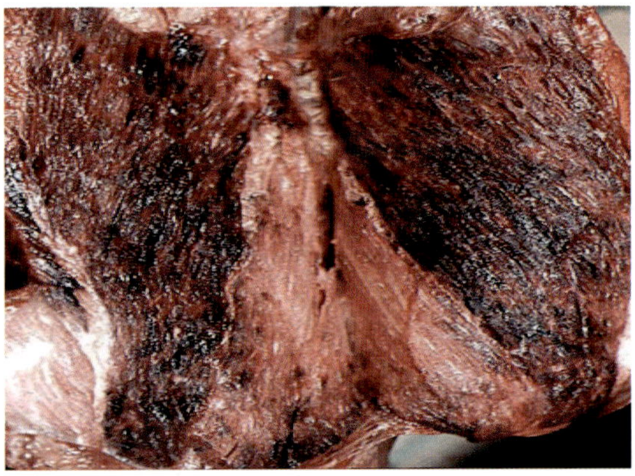

Holstein 성우의 골반 부위 근육의 할단면 소견.
급성 출혈성 기종성 근염(myositis)
병원체 : *Clostridium chauvoei*
질병명 : 기종저(氣腫疽, blackleg)

물탱크 내 썩은 냄새(septic tank odor)

살모넬라증(salmonellosis)에 걸린 모든 동물에게서 장(intestine)애 대한 어떤 치료를 하지 않았으면 이 냄새가 심하게 난다. 이는 부패한 대변의 배설물 냄새와는 다르다. 부패한 물탱크 냄새는 중요한 단서로 진단에도 매우 유용하다. **WP2994**

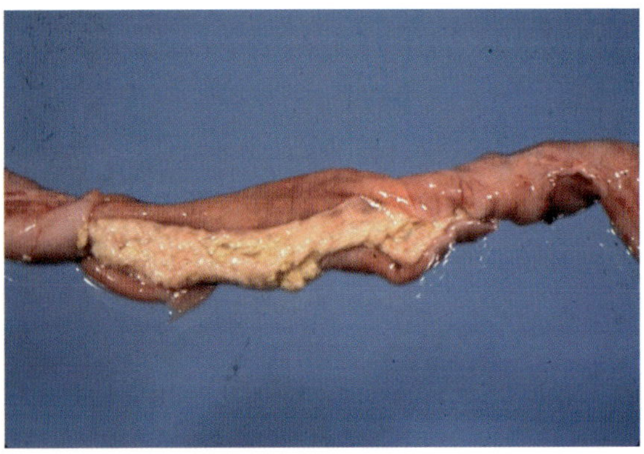

살모넬라증에 감염이 의심되는 송아지의 절개한 장(intestine)에 발생한 급성 섬유소성 장염.
진단명 : 급성 살모넬라증

특이한 단맛 냄새(odd sweet odor)

모든 동물에서 회충(Ascarids) 같은 큰 선충(round worm)들은 야릇한 단맛 냄새를 낸다. 특히 성 성숙된 암컷 회충이 많은 경우에 더 냄새가 상하다. WP3053

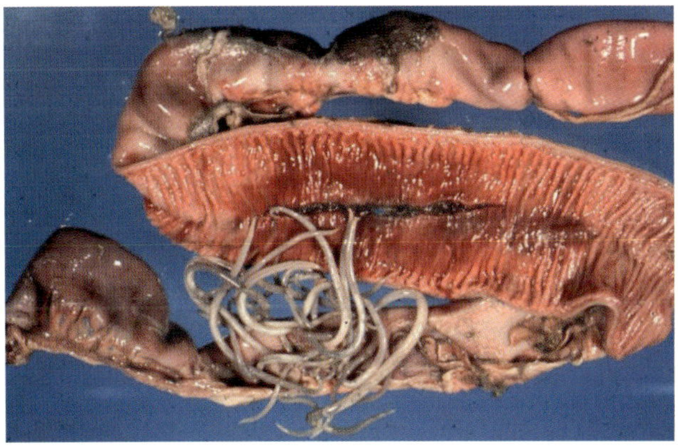

망아지(foal)의 장점막에 말회충(*Paracaris equorum*) 감염으로 생긴 선상의 이물성 천공성 출혈 및 궤양.

발효 냄새(fermentation)

처음에 종종 지나칠 수 있지만, 패혈성 유방염(septic mastitis)에 걸린 유방은 어둡고 단단한 경도를 보이는데 부검 시 냄새를 맡아 보면 확실한 발효 냄새(odor)가 난다. 이 냄새는 공기와 노출이 가까운 곳일수록 뚜렷이 나며 색깔도 진하다. 흔히 감염 초기 유방(udder)은 정상처럼 보인다. 이처럼 외견상 정상으로 보일지라도 파리들이 감염된 분방(quarter)에 모여 피부색은 정상이지만 특유의 냄새로 파리가 모여든다. WP12517

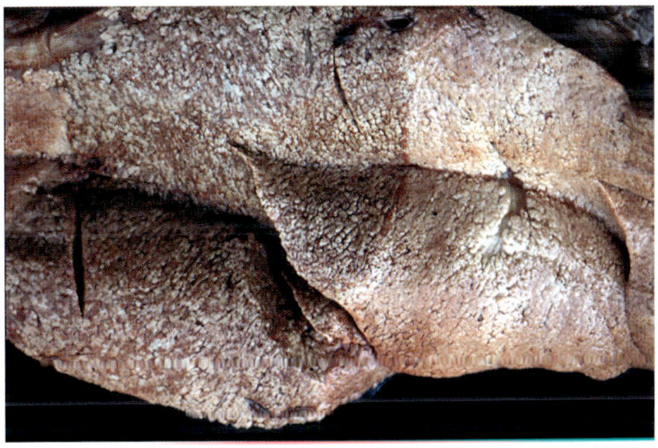

돼지 유방의 할단면.
급성 패혈성 유방염

암모니아(ammonia) 냄새

요소 중독(urea poisoning)인 경우 부검 시 제 1위를 열었을 때 아주 코끝을 찌르는 암모니아 냄새가 난다.

구더기증(myiasis)

양이나 개의 털, 어디에서나 서식할 수 있는 구더기(maggot)는 그 자체가 시큼한 냄새를 풍긴다. WP13577

성숙한 양의 목 피부, 급성 표피성 괴사성 피부염, *Lucilia cuprina*에 의한 중증 구더기증(myiasis), 양털 썩음병(fleece rot).

옴(mange)

여러 속(genera)의 옴들은 동물(species)마다 고유한 냄새가 뚜렷하게 나며, 특히 개와 여우가 개선충(sarcoptic mange)에 이환된 경우에 더 심한 냄새가 난다. WP9326

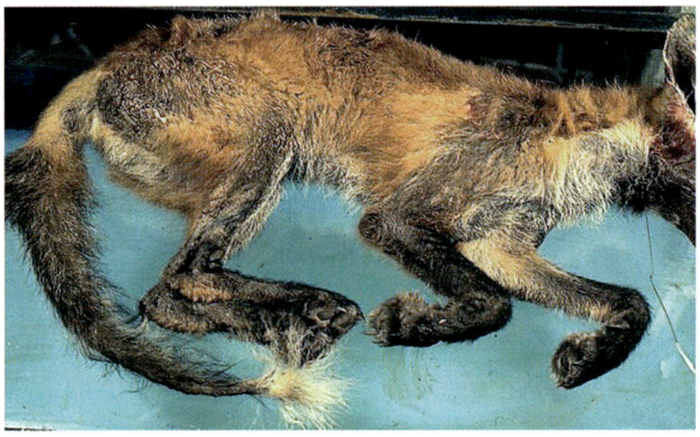

붉은 여우의 체표면 소견.
개선충(sarcoptic mange)에 의한 기생충성 만성 피부염.

양파 냄새

수술 전 약물로 흔히 사용되는 propylene glycol ($C_3H_8O_2$) 이 들어 있는 guaiacolate(guaifenesin, 주로 거담제로 사용)을 사용한 경우 양파와 비슷한 냄새가 난다. 건강한 소와 양의 제 1위 내용물에서도 propylene glycol에 의한 냄새가 난다. 또한 마늘(garlic) 냄새가 유기인제(organic phosphate) 중독 시 날 수 있다. WP3226

어린 양의 항문 주위 체표면과 대변, 설사.

사용한 엔진 오일 냄새(used motor oil)

누구나 매우 익숙한 냄새로 중독 물질인 납 중독과 관련하여 병리학적으로 중요하다. 납은 사용한 엔진 오일 뿐만 아니라 과거에는 휘발유에도 포함되어 있었던 심각한 환경 오염 물질이다.

화학적으로 달콤한 냄새(chemically sweet)

많은 액상 약물들처럼 nembutal(pentobarbital의 상품명)은 알콜 냄새 외에 달콤한 냄새도 나는데, 이들 약물을 쓴 죽은 동물의 폐에서 이 냄새를 쉽게 맡을 수 있다. WP3117, 13615

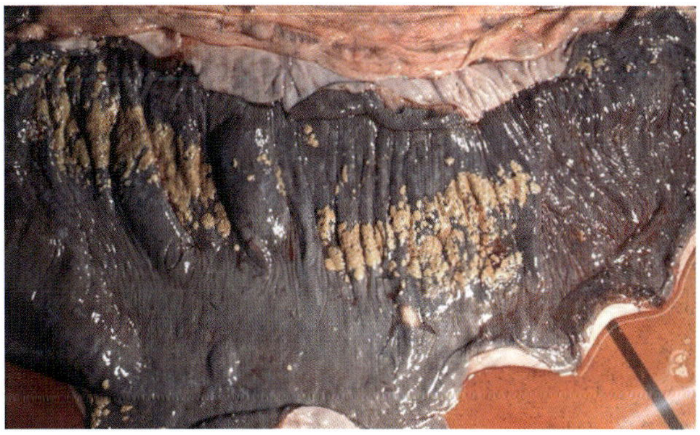

성장한 말의 대장 점막에 salmonellosis에 의해 발생한 아급성 섬유괴사성 장염.

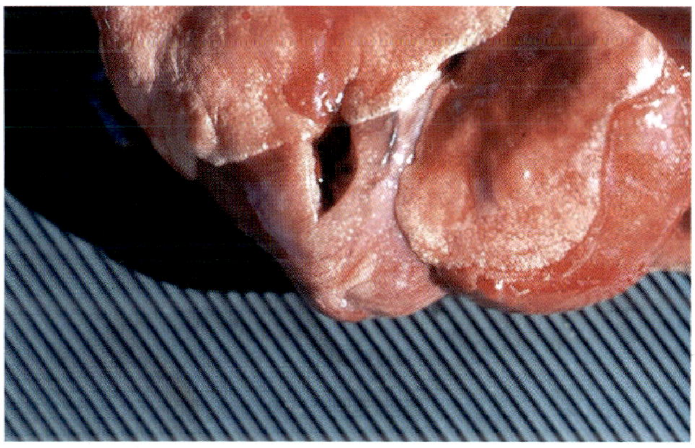

성장한 개의 폐와 간 표면에 부착된 안락사 용액에 들어 있던 barbiturates로 생긴 인공 산물임.

Arcanobacterium pyogenes

매우 특징적인 냄새로, 종종 외상성 심낭염이나 복막염 같이 다량의 농성 체액이 저류하는 경우에 생긴다. WP22132

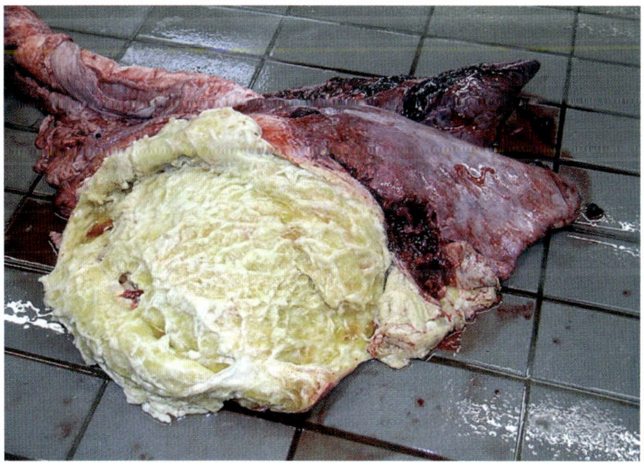

*Arcanobacterium pyogenes*에 의한 급성 광범위성 패혈증성 심낭염.

Fusobacterium necrophorum

이 병원체에 의해 발생한 부제병(foot rot)에 걸린 발굽에서 나는 냄새가 대표적인 예이다.

송진 냄새(pine tars)

테레핀(turpentine), 크레졸(cresol), turcapsol 등과 같은 소나무와 관련된 냄새는 아주 독특한데 이러한 약물을 사용한 치료 때문이다.

사과 쥬스 냄새(apple cider)

돼지 또는 소의 위에서 출혈성 궤양에 의한 대량의 출혈이 있는 경우 열었던 위는 물론 부검 장소까지 약간 발효된 사과 쥬스 냄새가 난다. **WP17073**

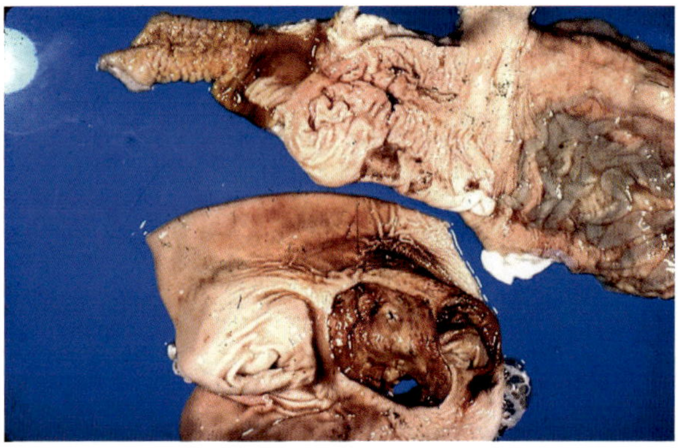

소의 4위(abomasum)와 어린 돼지의 위궤양에 의한 출혈 부위에서 사과 쥬스 냄새가 남.

연어 중독성 질환(salmon poisoning disease) 냄새

개를 비롯 여우나 다른 개과(canids) 동물들에서 연어의 특유한 냄새를 맡을 수 있다.

마늘(garlic) 냄새

유기인제(organic phosphates)에 중독된 경우, 1위 내용물과 살충제 자체에서 마늘 냄새가 나며 이는 양파 냄새와 구분해야 한다. Propylene glycol은 반추수의 제1위 내에서 같은 마늘 냄새를 일으킬 수 있다. **WP623, 624**

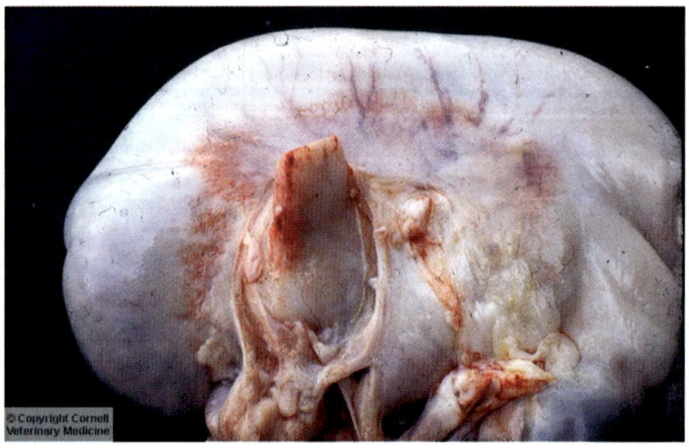

육성돈의 위 장막면에 보이는 위궤양.
중증의 만성 식도와 위에 발생한 궤양으로 유전성 병변으로 추정.

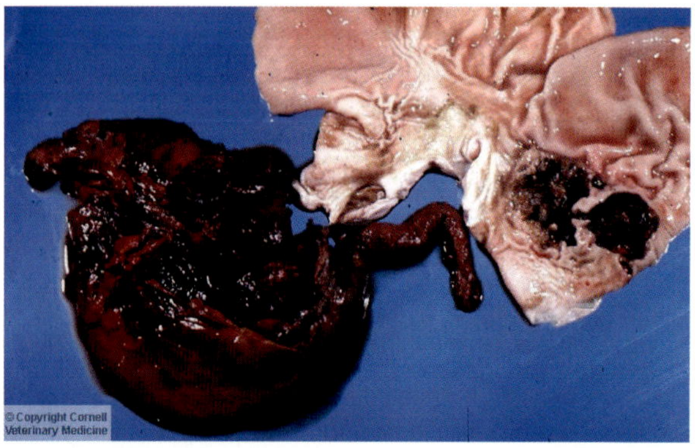

돼지의 위점막에 발생한 위궤양.
많은 출혈(exsaguination)을 보이는 만성 위궤양으로 유전성 병변으로 추정.

생선(fish)

고양이, 말과 돼지 등의 지방에서 영양성 지방조직염(steatitis)이라고 불리는 영양성 지방층염(panniculitis)이 발생한 경우 생선 냄새가 난다. 이 소견은 돼지의 사료 내 어분이나 대구 간유(cod liver oil) 등을 포함한 사료의 섭식 때문이다. WP595

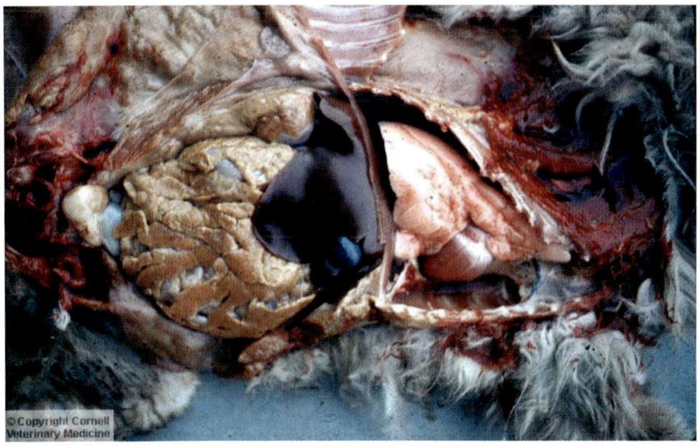

고양이의 열려진 흉강과 복강 및 심낭에서 지방 침착물을 볼 수 있음.
영양성 지방 괴사로 지방층염(panniculitis)이나 황색 지방병으로 불림.

알콜(alcohol)

비경구적으로 알콜 희석액을 사용했을 경우 부검자는 알콜의 냄새를 쉽게 맡을 수 있어야 한다.

종양에 대한 개요(Brief Comments)

종괴(腫塊, mass), 즉 혹 덩어리(lump)는 조직학적 검사나 다른 방법으로 확진되기 전까지는 매스 그 이상도 그 이하도 아니다. 매스의 정확한 진단을 위해 현미경 조직 관찰이 필수적이다.

어떤 종양은 동물의 병력 또는 부검자의 경험에 의해 육안적인 소견만으로 진단될 수 있지만, 종괴(mass) 그 자체는 발생한 여러 병변 중 하나이다.

림프육종(lymphosarcoma)은 대부분 어떤 부위에 발생하더라도 육안적 소견은 비슷비슷하다. 모든 연령의 동물에서 발생할 수 있으며, 유산된 태아에서도 볼 수 있다. 이 종양 발생이 예상되는 림프 조직이 아닌 **심장이나 폐 같은 조직에 발생했을 때 이 종양의 악성 세포들은 보통 정상적인 림프조직에서는 유발하지 않는 섬유화(fibrosis)**를 촉발하는 경향이 있다.

개와 고양이 같은 일부 동물에서는 특정한 종양이 주로 발생하는 연령(개와 고양이의 경우 약 7세 정도)이 있으나 역설적으로 어린 연령에서 나타나는 덩어리라고 해서 종양이 아니라 할 수 없다. 종양은 많은 동물의 품종에 따라 각각 다른 종양들이 다양하게 발생하고 있다.

간이나 갑상선 같은 장기에서 특별한 손상의 증거 없이, 다발성 덩어리들은 대개 보상성 증식(compensatory hyperplasia)이나 재생(regeneration)이 아닌 종양이다. 나이든 개의 간에서 흔히 나타나는 간 조직 같은 덩어리들은 대개 양성 간암(benign hepatoma)이다. 다만 비장은 이러한 경향이 예외인데 보상성 반응을 유발시키는 뚜렷한 비장 손상 없이도 증식성 림프 결절을 형성하기 때문이다. 이런 소견이 개에서 흔하고 소에서는 드물다.

많은 동물들에서, 선천적으로 비정상적 위치(異所性, ectopic)에 있는 조직은 정상적으로 위치한 조직보다 20~40배 정도 종양인 경우가 많다. 예컨대 잠복고환(cryptorchid testicles)에서 발생하는 세르토리세포 종양(Sertoli cell tumor)의 경우나, 대동맥 소체 종양(aortic body tumor) 대신 흔히 갑상선 선암종(thyroid adenocarcinoma)의 형태로 흔히 발생하는 심장기저 종양(heart based tumor) 등이 좋은 예이다.

폐사 시간

우리가 아는 것처럼, 죽음(death)은 죽어감(dying)의 정점이지만, 정확한 시간을 파악하는 것은 어려운 일이다. 폐사 시간을 추정할 수 있는 일반적인 방법은 다음과 같다.

사후강직(死後强直, rigor mortis)

사후의 강직(stiffening)은 체온 및 폐사 당시의 대사활동과 가장 관련이 깊다. 만일 사체가 고열을 동반한 질병에 걸려 죽었을 경우, 예컨대 열사병(heat stroke)이나 돼지 스트레스 증후군(porcine stress syndrome), 탄저(anthrax)와 같이 고열을 동반하는 질병으로 폐사할 경우 사후 강직이 폐사와 거의 동시에 발생할 수 있다. 사후강직은 폐사 전 흥분 상태였거나 심한 스트레스를 받았던 동물에서 빠르게 일어난다. 반대로, 죽어가거나(moribund) 죽기 전에 장기간 영양 불량 상태로 악액질(cachectic)에 빠져 있던 수척한 동물의 경우 사후 강직이 늦게 나타난다. 따라서 악액질 상태의 동물이 죽은 후 사후 강직은 수 시간 지난 후에도 발생하지 않을 수 있고, 실제 발생했다 하더라도 그 시점을 쉽게 알아 낼 수는 없다. 강직 지속 시간은 직접적으로 발생 시점뿐만 아니라 그 후의 강직 이완 시간과도 관계가 있다. 동물이 폐사 후 수분 안에 강직이 발생했다면 짧은 시간 동안만 강직되어 있었을 것이다. WP3311

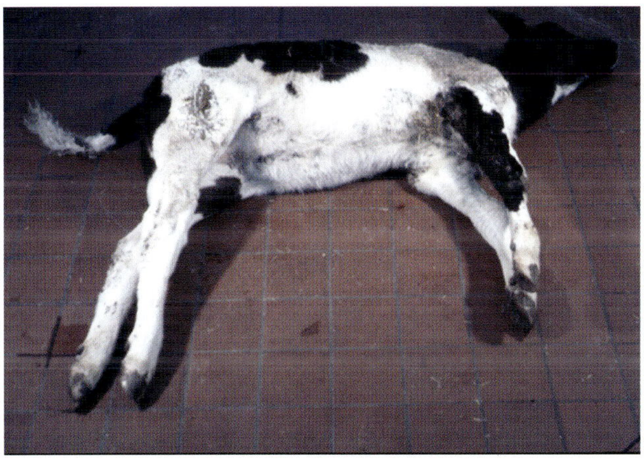

Clostridium tetani 감염으로 죽어 사후 강직을 보이고 있는 송아지의 폐사체.

개를 비롯 대부분의 동물에서 턱 근육이 처음으로 경직되고 그 후에 눈꺼풀, 꼬리, 앞뒤다리, 원위 사지 근육이 경직되며, 마지막으로 더 큰 사지 근육들이 경직되며 반대로 이완도 비슷한 순서로 이루어진다. 몸이나 사지가 움직여서 경직이 한 번 풀어지면 다시 경직되지 않는다.

시냉(屍冷, algor mortic)

폐사 후 사체의 온도 저하는 폐사 시간을 추정할 수 있는 유용한 방법이지만, 절대적인 척도가 될 수는 없다. 직장, 심장, 구강, 겨드랑(腋窩, axillary)이나 심부의 근육, 혹은 복강과 심장 내 혈액 온도 등은 사후에 매우 다양하게 나타나기 때문에 시냉을 암시하는 증거들일 뿐이다. 사체의 주변 온도는 시냉을 해석할 때 중요하다. 코넬대학의 한 연구에서 말의 사체 온도를 알아내기 위한 최적의 위치를 찾아내기 위해 말의 두개골에 구멍을 내어 측정하기 위해 매우 긴 온도계를 두개골의 기저부까지 넣었다. 이곳의 온도는 폐사 후 18시간 까지 주위의 온도와 비교적 일률적인 감소를 보였다. 함께 측정한 다른 12개 부위의 온도는 폐사시간을 측정하기에 너무 변화가 심했다. 비만 또는 털이 많거나 털로 덮인 사체에서의 측정값은 의심해 보아야 한다. 두터운 털로 덮인 양이 부검용 냉장고에 보관되거나 추운 날씨에 방치될 때,

양털에 의한 절연성(insulation)과 위장관에서의 계속되는 발효등으로 생산되는 열 때문에 사후 몇 시간 동안 부패를 촉진할 수 있는 체온이 상승할 수 있다.

각막혼탁(corneal clouding)

최소한 개에서는 폐사 후 25시간 이내에 이 소견은 일어나지 않는다. 닫힌 눈꺼풀은 각막의 탈수를 막는데 도움이 되며, 온도가 각막혼탁 변수에 영향을 주지는 않는 것으로 보인다. **WP1360, 20160**

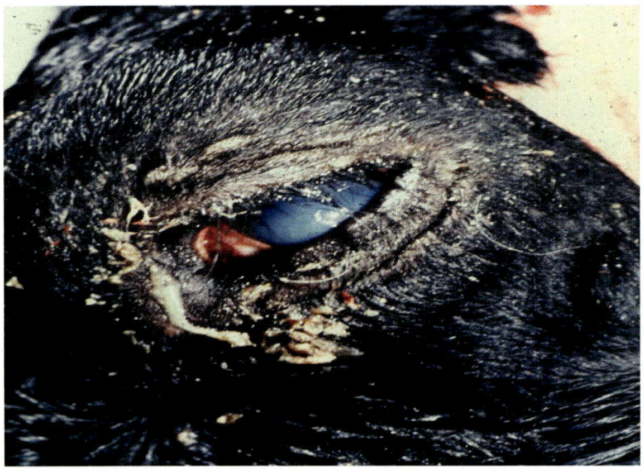

소의 각막 수종. 소 악성 카탈 열(bovine malignant catarrhal fever)

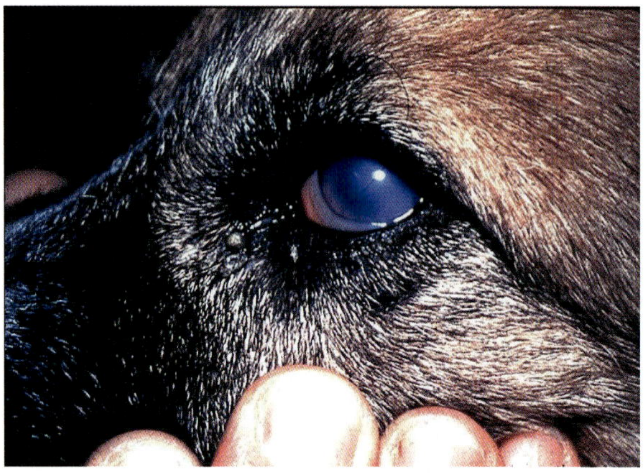

어린 개의 눈과 각막에 발생한 각막 수종. 개 전염성 간염의 백신 반응, 임상명으로 푸른 눈(blue eye)이라고 부름.

수정체의 혼탁(clouding of the lens)

대부분 동물에서 이 소견은 매우 다양하게 나타나나 확실한 사실은 수정체는 추울 때 쉽게 혼탁해진다는 것이다. 이러한 혼탁 소견을 종종 백내장(cataract)으로 오인하는데 이를 진성 백내장과 구별하려면 머리와 눈을 따뜻하게 해주면 한냉으로 인한 혼탁은 사라지게 된다. **WP20166, 21510**

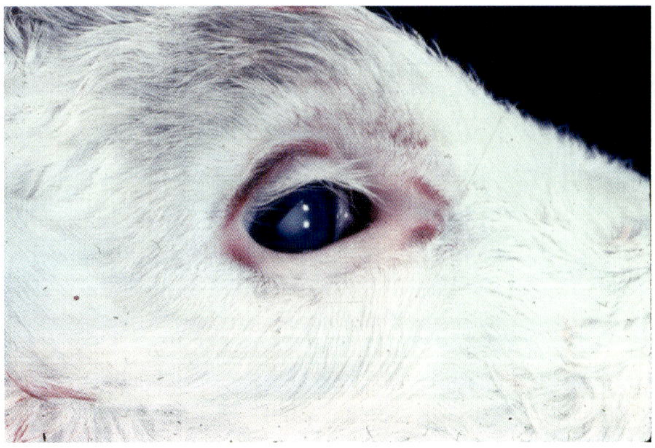

송아지의 눈. 사체의 한냉으로 인해 생긴 수정체의 혼탁(인공 산물).

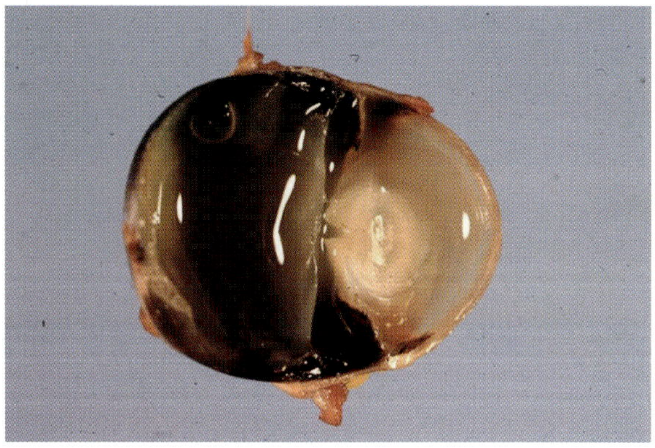

성숙한 수컷 고양이 눈의 할단면.
육안적으로 수정체의 탈구(脫臼, luxation), 결막염, 녹내장(glaucoma) 및 홍채모양체염(iridocyclitis) 등이 발생.

제1위 점막의 박리(rumen mucosal sloughing)

이 변화는 정상 소에서도 폐사 후 20분 안에 시작될 수 있기 때문에 사체 평가의 기준으로는 가치가 거의 없다. 그러나 이 소견이 나타나려면 대개 수 시간이 걸린다. 6~12시간이 지났어도 박리가 안되었다면 곰팡이 감염에 따른 유착이거나 비소성분이나 포르마린 섭식으로 인한 중독을 의심해야 한다. WP18064

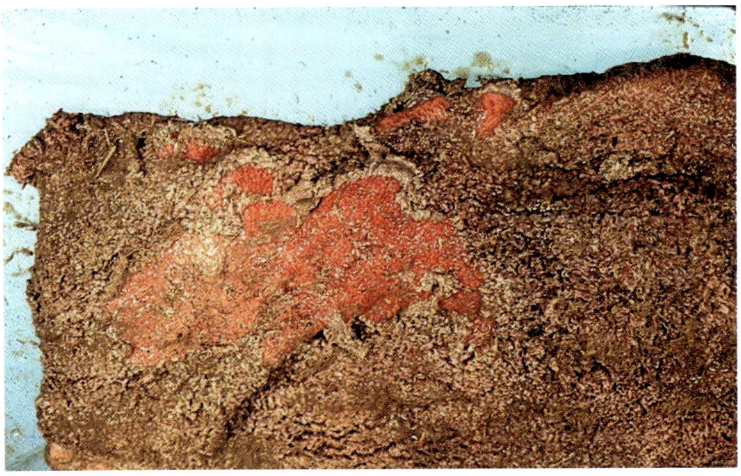

성우의 제1위 점막.
정상적인 제1위 점막의 박리임.

혈당(blood glucose)

혈당은 폐사 후 20분 이내 급격히 떨어지는데 반해 칼슘 또는 다른 혈중 무기물과 같은 생화학적 수치는 훨씬 뒤에야 감소한다. 뇌척수액(cerebrospiral fluid, CSF) 내 혈당과의 비교도 종종 진단에 도움이 된다. 한편, 혈당 수치가 계속 유지되고 있을 경우, 당(糖)이 효소에 의해 분해되는 것을 막는 플루오르화아세트산나트륨(sodium fluoroacetate)에 의한 중독일 수 있다. 혈액요소질소(blood urea nitrogen, BUN)는 폐사 후 지속적으로 증가하지 않고 그 상태를 유지하나 4시간 후부터 점차 감소한다.

사료 소화(food digestion)

먹이 섭취 후 바로 다른 환경으로 이동한 동물들의 경우 심하게 수송 스트레스를 받으면 새로운 축사에 입식 후 24~48시간 내지 그 이상 시간이 지나도 위내용물의 소화가 제대로 소화가 이루어지지 않는다.

기타 관련 사항

다음과 같은 여러 참고 사항들을 통해 폐사 시간을 판단하는데 활용할 수 있다. 예를 들어 파리가 꿇는 부패한 사체에서 확인할 수 있는 파리의 알(egg)이나 구더기(maggot)의 발육단계를 통해 상처나 사체에 파리가 처음 나타난 시간을 추정할 수 있고 이를 통해 폐사시간을 알 수 있다. 이런 증거들은 폐사 시간과 관련이 없지만 부검 전 부패를 늦추는 하나의 특별한 방법은 차가운 땅에 사체를 묻어 두는 것이다. 이는 다른 보존 방법이 없을 때 이용할 수 있으며 종종 자가 융해를 상당히 지연시킬 수 있다. 방금 죽은 고양이를 이런 방법으로 1주일 동안 묻어 두면 죽은 채 여러 시간 동안 서늘한 곳에 놔둔 고양이의 사체와 구별하기 어렵다.

부패

수의학에서 보는 동물의 부패 즉 **자가융해(autolysis)**는 아마도 인간의 시체에서와 같은 법의학적인 경우를 제외하고는 다행스럽게도 우리가 흔히 무시할 수 있는 문제라 할 수 있다.

예컨대 8개월 전에 묻힌 개의 골절된 뼈와 박힌 납 탄환의 방사선 소견을 증거로 확실한 진단을 내릴 수도 있겠지만 이는 극히 예외적인 경우이다. 목장에서 사체가 녹색을 띠면서 양털이 벗겨져 죽은 채로 발견된 양에 대한 정확한 진단은 거의 내릴 수가 없다. 이때 부검 수의사는 축주나 임상수의사에게 이 사체를 진단을 하기에는 너무 부패되었고 더 적절한 부검을 하려면 더 나은 샘플이 필요하다고 말하는 편이 낫다. 마찬가지로 얼어있는 개는 긴 기간 동안 얼어 있었다고 해도, **냉동 전 5일 동안 부패되지 않게 보존되었다면** 적절한 진단을 내릴 수 있다.

살찐 동물이나 털로 두텁게 덮혀 있는 동물은 실제로 폐사 후에 냉장고에 넣으면 양털이나 긴 털이 찬 기운은 나가게 하고 따뜻한 기운은 유지시키는 절연체로서 작용하여 체온이 상승할 수 있다. 이런 환경을 감안하지 않으면 사체를 폐사 후 냉장고에 즉시 넣었다는 축주의 주장을 사체의 부패 정도를 보고 판단해야 하는 병리수의사 사이에 갈등이 생길 수도 있다. 잠자려는 사람들에게 신문이나 깔판은 유용한 것들일 수 있으나 부검자에겐 혼선을 일으키는 요인이 된다.

기타 참고 사항

매우 작은 동물들(마우스, finch 새 종류 등)이 복잡하게 돌아가는 부검실에 의뢰되면 병리수의사나 학생들에 의해 통상적인 부검이 이루어진다. 그러나 이 경우 주요 체강이나 두개골, 구강에서 위, 가슴, 복강까지 연 다음, **모든 장기들이 놓여있는 그대로** 검사한 후 사체 전체를 고정한다. 이후 조직학적 검사를 해야 할 때, 부검자는 적절한 조직을 떼어내어 조직절편을 제작한다.

수의병리학 분야에 대두된 아주 흔한 딜레마 중 하나는 부검실에 의뢰된 갓 태어난 반추동물이 굶어 죽었는데 지방이 없고 조직의 색은 어두우며 제4위(abomasum, 주름위)의 절반 이상이 우유로 채워져 있는 경우를 발견한다. 이들은 어떻게 굶어 죽었겠는가? 부검 수의사는 폐사된 동물은 이미 기아 상태였고 축주가 강제로 너무 많은 양의 우유를 먹였으나 살리기에 늦은 것이 원인이었다고 이야기 한다. 대부분의 유미 림프관(lacteals)에는 유미(chyle)가 비어 있었던 탓이다.

모유(breast milk)가 아기에게 가장 좋다는 것이 널리 받아들여지고 있는 것은 매우 좋은 일인데, 수의학에서도 마찬가지이다. 착한 사람들이라면 새끼 올빼미나 매(hawks)의 둥지를 발견 했을 때 새끼들이 식량과 물을 필요로 한다는 것을 안다. 새끼 새들은 크게 벌려진 입으로 제공되는 것은 무엇이든지 먹기나 마실 준비가 되어 있고, 입을 벌리는 시기를 잘 알고 있다. 너무 많은 양의 물을 주면 수 시간 후에 일부 새들은 죽는다.

송아지에서도 비슷하다. 육우의 우유에 비해, 젖소의 우유는 질보다는 양을 위해서 사육되기 때문에 더 묽은 상태이므로 모든 우유를 동일하다고 생각하면 안 된다. 추운 기후에서 사육되는 송아지들(또는 다른 동물들)의 경우, 더 높은 칼로리를 필요로 하기 때문에 심각한 문제가 발생할 수도 있다. 날씨가 추워지거나 습해지면, 더 많은 칼로리를 필요로 한다. 육우의 송아지들은 매일 어미의 우유를 여러 차례 먹을 수 있어 문제가 되지 않지만, 젖소의 송아지들은 대개 하루에 두 번 정도를 먹는다. 농축이 덜된 젖소의 우유나 칼로리 결핍을 일으키는 대용유의 투여량을 늘리는 그 자체로 설사를 일으킬 수 있다. 겨울에 춥고 습한 환경에서 자라는 송아지는 여름철 보다 약 4배의 칼로리를 필요로 한다.

용어

울혈(congestion)이란 동물이 살아있을 때 병리학적 또는 생리학적으로 특정 장기에 분포한 혈관 내에 혈액이 잘 빠져나가지 않아 증가된 상태를 말하며, 사후에 중력에 의해서 혈액이 특정 부위에 고인 상태(blood pooling)를 뜻하는 '침강성 울혈(hypostasis)'과는 구별하여야 한다.

'흔하다(common)' 라는 표현은 정상(normal) 소견이라는 뜻은 아니다. **비틀림(捻轉, 염전, torsion), 꼬임(twist)** 및 **(창자)꼬임(volvulus)** 등은 보통 같은 의미로 쓰인다.

기아(starvation)는 고의적이거나 실수에 의해 영양 공급을 받지 못한 것이 원인인 반면 **영양실조(malnutrition)**란 하나 또는 그 이상 영양소의 불균형이나 한 영양소의 부족 혹은 불균형을 유발하는 다른 원인들의 과잉을 의미한다. **기아쇠약(inanition)**이란 치아의 질환이나 인두의 손상 등 여러 요인에 의해 사료를 섭취할 수 없는 상태를 뜻한다.

탈출(prolapse)은 항문이나 음문 등과 같은 장기들이 심하게 밖으로 팽창된 상태인 반면, **뒤집힘(外飜, eversion)**은 장기들이 안쪽으로 팽창되어 뒤집혀져 있는 상태를 뜻한다.

부검 초심자들이 흔히 하는 실수 중 하나는 **수척(emaciation)**된 사체를 보면 급성 감염병의 질병 과정에서 일어난 것이라고 판단하는 것인데 오히려 그 반대인 경우가 진실에 가까운 판단일 것이다.

이 책의 첫 머리에서 언급하였듯이, 부검(necropsy)이라는 단어는 죽은 동물에 대해 육안적으로 상세히 관찰하는 데만 사용해야 한다. 병리조직검사는 포함되거나 안 될 수도 있다.

목부위가 심히 굴곡된 말에서 두개골 골절은 말이 머리 뒤쪽으로 떨어지거나, 땅에 낮게 묶여진 채로 급격히 멈추게 했을 때 발생한다. 이때 후두골, 접형골 혹은 측두골 등의 배쪽 부분들이 보통 손상을 받는다.

심급성 질병 또는 병변이 없는 질병

FATAL DISEASES OR CONDITONS WITHOUT LESIONS

일부 경우를 제외하고 대부분의 정확한 부검 진단은 주요한 병변이 나타나서 확증되거나 최소한 합당한 소견과 임상 자료 등에 근거하여 이루어진다. 그러나 질병의 특성이 육안적 병변으로 잘 나타나 있지 않거나 아예 없거나 찾기 어려운 경우 진단을 하지 못하는 경우도 있다. 여기에 특징적인 병변이 없거나 병변이 애매한 질병의 증례를 제시하겠다.

이 내용들을 총괄 범주 내에 정리해보려는 시도를 했으나, 한 개인의 경험으로 모든 것들을 목록에 포함시키기는 쉽지 않아, 뜻을 함께한 몇몇 사람들의 기여에 감사를 표하며 아래에 그들의 이름을 표기한다.

Dr. Claus Buergelt
Dr. John Edwards
Dr. Francis Fox
Dr. Robert Hillman
Dr. Linda Munson
Dr. Roger Panciera
Dr. Linda Parrish
Dr. Gustavo Perkins
Dr. Mary Smith

그리고 이 책의 저자들.

알러지(allergy)나 알러지 유사성 폐사

우유 알러지(milk allergy)

잘 알려진 Gordon Campbell 박사의 저술에 의하면 우유의 섭취에 따른 급사는 주로 Guernsey종과 Jersey종에서 발생한다고 한다. 머리, 목, 폐에 심한 부종이 임상적으로 나타나며, 이로 인해 다수의 개체가 죽기도 하고, 흥미로운 점은 앞서의 임상 증상들을 보였던 소들 조차도 폐사 직후 그 소견들이 곧 사라진다. WP255

백신 후 반응(postvaccinal reaction)

백신 후 폐사한 동물은 가벼운 폐부종이 나타나거나 아예 병변을 볼 수 없다. 어떤 아나플라스마 백신에 의해 심급성 동종용혈성질환(acute hemoglobinemia)이 있거나 혹은 발현없이 곧 폐사가 일어날 수 있다. WP2680

수액 치료(intravenous therapy)

젖소는 가끔 전해질 치료, 즉 수액 치료를 받는 중 폐사하기도 한다. 특히 유열 치료 도중 죽는 경우가 많은데 폐사의 원인은 전해질 용액에 포함된 칼슘이 **흐름 전위차 효과(streaming effect)**를 일으켜 심내막과 접촉함으로써 결국 심장 마비를 일으킨다. 이를 확인하기 위해 사체에서 경정맥의 바늘 자국을 확인해 보아야 한다.

마취에 의한 폐사

수술 도중이나 수술 후 동물이 뚜렷한 원인이나 병변도 없이 죽는 경우가 있다. 이 때 죽은 동물의 폐는 정상보다는 어두운 색을 띠는데 바비츄레이트의 달콤한 냄새가 나거나 심장내 혈액이나 페로부터 알코올 냄새 등이 날 수 있다. 다량의 혈액이 저류된 것을 여러 장기에서 볼 수 있다면 폐사체가 방혈되지 않았다는 것을 예상할 수 있다.

쇼크, 심장마비, 발작(stroke)

이 세 가지는 사람과 동물 모두에서 급사의 흔한 원인이다. 그러나 이 세 가지 상황은 동물에서 드물지만 뇌출혈, 심장 병변 또는 극도로 심한 창상성 내지 이와 관련된 병변 등이 각각 사체에서 나타날 수 있는데 이런 병변들을 표현하는데 이 세 가지 용어를 사용해서는 안 된다. 분명한 사실은 이러한 임상적 상황이 발생할 수 있으나 매우 드물다.

태아 사망

쌍둥이 망아지가 임신된 경우 종종 한 마리는 죽은 채로 나오는데 이들은 각각 임신 일령의 달라 유산의 흔한 원인이 된다. 각각의 태아가 어미의 자궁내막을 이용할 때, 태반이 태아의 성장을 위해 충분하지 않아서 쌍둥이 중 한 마리가 먼저 유산되고 나머지 한 마리는 발육하여 생존한다. 이 때 유산한 태자는 그 크기가 작거나 쇠약해진 것 외에 진단에 도움이 되는 별다른 병변을 볼 수가 없다. 감별진단을 위해 태아의 주위를 싸고 있는 배꼽 문제나 배꼽의 염전 등은 없는 지 확인하여야 한다.

중독(poisonings)

일반적으로 중독물질을 진단하기 위해서는 증상에 대한 정확한 지식이 필요하다. 화학적 분석이 도움이 될 수 있다. 간, 신장, 위장의 내용물을 비롯 축적된 지방 등은 중독의 진단을 위해 반드시 필요하며 오줌, 혈액과 뇌척수액은 신선한 샘플인 경우 유용한 분석 재료들이다. 대다수의 중독성 질환을 진단하는데 병력은 중요한 정보가 되며 특이 증상들도 종종 진단적 가치가 있을 수 있다. 또한 종종 입체적 시각을 갖기 위해 발생 농장이나 숙소를 직접 방문하는 것도 필요하고 매우 유익할 때가 있다.

보툴리즘(botulism)

대부분 동물들에서 증상이 나타난다. 연하곤란과 함께 머리, 사지, 목 등의 마비가 뚜렷하다. 이 원인체에 오염된 동물의 부산물이 사료에 혼입 여부나 소의 사료에 계분 등 계사에서 나온 오염된 것들의 혼합 여부 등도 꼭 확인해야 한다. **WP8239, 16272**

*Clostridium botulism*에 의해 발생한 오리의 보틀리즘 (Limber neck). 양 다리의 마비가 보인다.

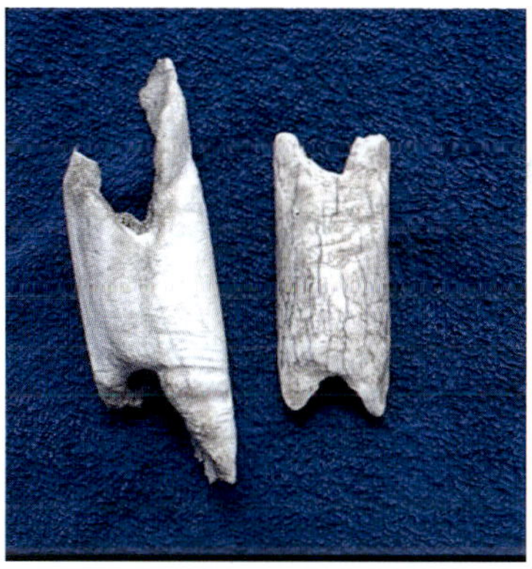

성우의 제1위 내에서 발견된 집어삼킨 정상뼈들(수족골 혹은 중족골). 브라질에서 발생한 이 목장내 대다수 소들은 보툴리즘에 의해 죽은 소들로 추정되었다.

주목과(朱木科, taxus) 식물

말, 소, 양, 염소 등의 위장관에서 상록수 침엽이 발견되면 진단이 쉽다. 보통 섭취 후 수 분 내지 수 시간 내 동물이 폐사한다. 일부 동물들은 한 입만큼의 침엽수만 섭취하여도 죽을 수 있으나, 다른 동물들은 동일한 경우에도 저항성을 갖을 수 있다. **WP190**

양, 염소, 말 등에 중독을 일으키는 주목나무(*Taxus cuspidata*). 관상용 관목인 한국 주목(Japanese yew)을 먹을 경우 급성 주목 중독을 일으킬 수 있다.

나트륨 플루오로아세트산 중독[sodium fluoroacetate(1080) poisoning]

살서제들은 대부분의 동물에서 강한 독성을 갖기 때문에 이를 섭취한 동물은 섭취 후 약 20분 부터 죽기 시작한다. 개 사료통을 살서제에 푹 잠겨 두었다가 실수로 이 통으로 사료를 먹인 24마리 개중 23마리가 아무런 병변 없이 단 시간 내에 폐사한 예도 있다. 살아남은 한 마리는 그 오염된 사료를 먹지 않아 살아 남았다. 초식동물에서는 심장병변이 발견되기도 하며, 진단을 위해 폐사한 동물의 구토물을 실험용 랫드에게 먹여 볼 수 있다.

시안화물 중독(cyanide poisoning)

시안화물 중독은 가끔 사육 환경이나 식물의 일부로서 함유되어 있는 cyanogenic glycoside가 죽은 동물의 위장관계에서 발견될 때 진단할 수 있다. 혈액과 체조직에서 다양한 분홍색을 띠는 소견이 나타나나 이를 쉽게 발견하지 못하고 놓치기 쉽다. WP11638

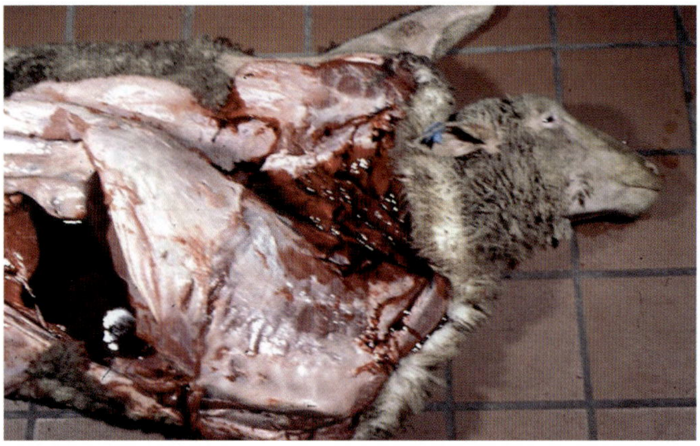

카르복시 메트헤모글로빈 빈혈증(carboxymethemoglobinemia)을 보인 양의 사체내 피하 출혈.
이 양은 벚나무(cherry tree)의 가지와 잎을 먹은 후 발생한 시안화수소(hydrogen cyanide) 중독에 의해 폐사한다.

일산화탄소 중독(carbon monoxide poisoning)

이 중독으로 죽은 일부 동물에서는 혈액과 조직이 짙은 분홍색으로 보인다. 이 유형의 오래된 전형적인 발생은 폐쇄된 공간에서 석탄 난로를 피우면서 환기를 제 때 하지 않을 때 생긴다. WP596

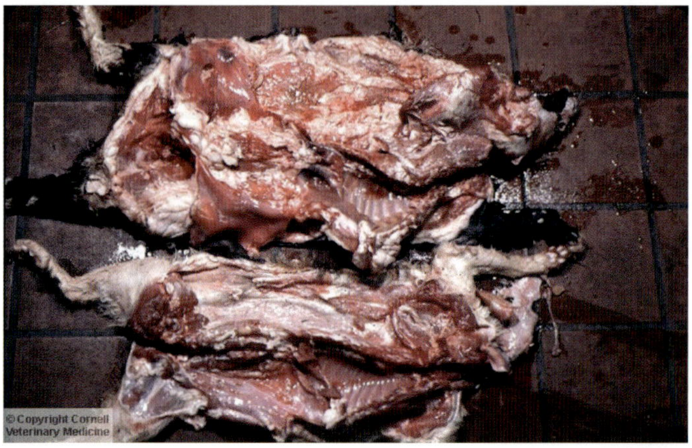

일산화탄소(carbon monoxide) 중독으로 폐사한 고양이의 피하조직과 근육이 혈중 내 생성된 carboxymethemaglobin으로 분홍색으로 변색된다.

버섯 중독(mushroom poisoning)

급사한 동물의 위장관내에서 소화 되지 않은 버섯 조각들이 나타나는 경우에 이 중독을 의심해 보아야 한다. 어떤 경우에 조직학적으로 문맥주위 간세포의 괴사, 변성이 나타난다. WP875

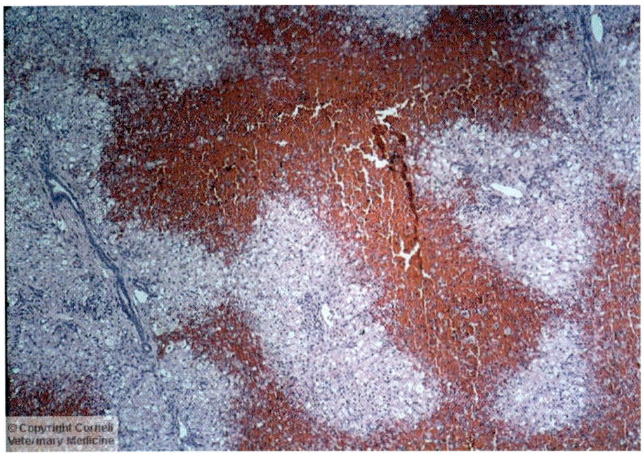

버섯 중독으로 폐사한 염소의 간조직에 나타난 급성 소엽중심성 간 괴사와 출혈.

스트리크닌 중독(strychnine)

이 중독의 임상 증상은 살아 있는 동안 가벼운 신체의 창상에도 큰 울음 소리를 내며 빠르고 강한 근육 수축 등을 보인다. 종종 착색된 씨앗이 들어있는 고기 조각이 위에서 발견된다. 이것은 설치류를 없애기 위해 수은이나 스트리크닌으로 처리한 씨앗을 활용했기 때문이다. WP1070, 18701

Strychnine을 처리한 밀 알갱이를 먹은 개의 위에서 나온 짙은 자주색의 밀알들. Strychnine 중독.

개의 위내용물에서 수집한 변색된 씨앗들. Strychnine으로 처리한 씨앗으로 의심.

요소 중독(urea toxicity)

제1위 또는 결장 내용물에서만 나는 암모니아 냄새로 요소 중독을 확인할 수 있다. 요소의 단단한 과립이 사료 내에서 발견될 수 있으며, 배합된 곡물 혼합물 내 각 성분의 비율이 제조자가 표시한 것과 항상 동일하지 않다는 점을 염두에 둬야 한다.

모넨신 중독(monensin, Inophores)

성장 촉진제로 이용되는 사료 첨가제인 모넨신은 특별한 증상 없이 소와 말을 급사 시킬 수 있다. 만성적으로 섭식하게 되면 심근을 포함한 다른 근육들이 변성을 일으켜 창백해지면서 희미한 하얀 줄들이 산재된 병변이 관찰된다.

납 중독(lead toxicity)

납 중독은 때때로 다른 육안적인 병변 없이 임상적으로 실명을 일으킬 수 있다. 소의 경우 급성 납중독의 증례에서 흉강의 늑골하 근육이 창백하고 그곳에 심한 출혈을 일으킨다. WP978, 1050, 10561

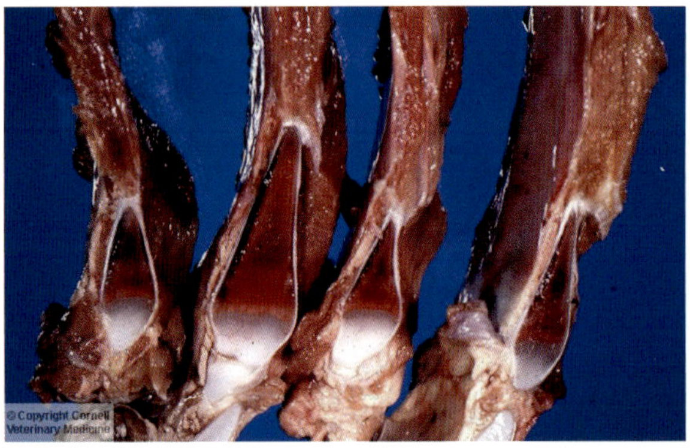

납중독에 따른 송아지의 늑골 내 골막주변 골피질에 발생한 아급성 골막하 출혈.

납이 포함되어 있는 세라믹 광택제.
이것이 송아지에 노출될 경우 납중독을 일으킬 수 있음.

유기인제(살충제) 중독(organophosphate poisoning by insecticide)

장 내용물에서 마늘 혹은 양파 같은 냄새가 나면 동물이 유기인제 중독을 의심해 볼 수 있다. 이 중독 물질의 오염이 의심되는 사료 통을 열어 파리들이 오게 한 다음 파리가 죽는 것을 보면 그 독성을 확인할 수 있다.

프로필렌 글리콜 중독(propylene glycol poisoning)

대개 사료첨가제인 에너지원으로 급여되나 너무 많은 급여 시 중독을 일으켜 특별한 병변 없이 폐사시킬 수 있다. 특징적으로 양파 혹은 마늘과 유사한 냄새를 제 1위 내용물에서 맡을 수 있다. 유기인제 살충제 중독에서의 냄새와 유사하다.

파상풍(tetanus)

이는 병원체 세균이 분비하는 독소에 의한 심부의 혐기성 세균감염이다. 체내 깊은 부위에 생긴 병변은 발견하기 어려우나 보통 발에서 병변을 볼 수 있다. 폐사 후 곧바로 부검하게 되면 파상풍 독소에 의한 심한 경련과 함께 몸체의 강직이 사지에까지 퍼진 것을 볼 수 있다. WP10794, 13546

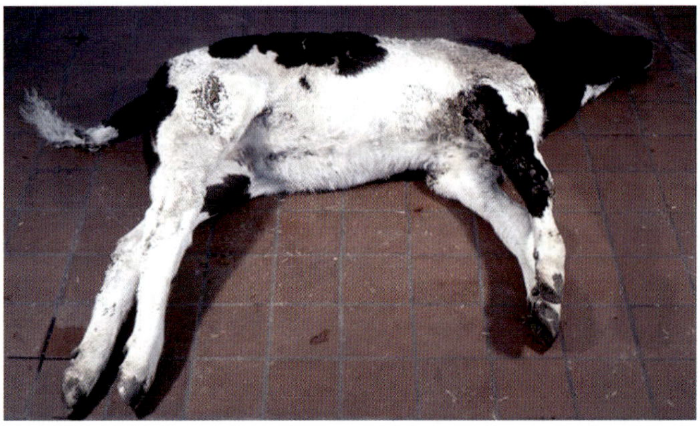

파상풍(tetanus)으로 폐사한 송아지.

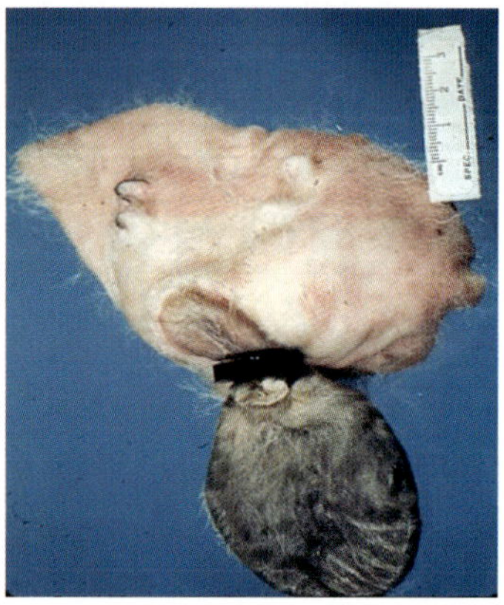

파상풍에 걸린 소의 음낭(scrotum).
이 발병은 의원성 (수의사 수술) 감염으로 생긴 것임.

결핍성 질병(Deficiency Diseases)

목초(수송) 테타니(grass tetany)

주로 봄에 자란 목초를 많이 섭취한 포유 중이거나 이유 중인 양이나 소에서 발생한다. 이렇게 폐사한 많은 동물들은 증상 없이 살아있는 개체들보다 혈중 마그네슘 농도가 더 높게 나타난다. 이는 마그네슘의 결핍이 질병의 원인이 아님을 뜻한다. 이에 관련 하나의 가설은 다량의 비타민 A를 갖고 있는 녹색의 풀들은 항비타민 D작용을 한다는 것인데 즉, 칼슘의 능동적 흡수력이 떨어지면 장에서 칼슘의 비타민 D 흡수를 방해함과 동시에 마그네슘의 수동적 흡수도 막는다는 주장이다.

겨울철 테타니(winter tetany)

주로 양질의 알팔파를 급여하면서 관리가 잘 이루어지는 농장에서 비유 중인 소에서 볼 수 있다. 양질의 알팔파는 다른 풀보다 비타민 A의 농도가 40배가량 더 높다고 알려져 있으며 이는 목초 테타니의 경우와 같은 가설로 설명할 수 있다. 결국 이 가설에 따르면 비타민 A의 항비타민 D의 효과를 억제하려면 사육관리상 마그네슘을 먹어야 한다는 얘기가 된다. 이를 농담조로 풀이해 보면 감염을 치료하기 위해 항생제를 사용했는데 세균성 질병이 발생했다고 하여 항생제의 문제라고 말할 수 없지 않는가.

영양성 근육 퇴행위축(nutritional muscular dystrophy) = 백근병(white muscle disease)

신생 동물을 포함한 소, 양, 망아지 및 대부분의 초식동물에서 근육 변성에 의해 흐릿하게 보이는 백색 반점을 관찰할 수 있다. 그러나 이 육안적인 소견이 없는 경우가 50%에 이른다. 조직학적으로 활동성이 많은 근육들에서 변화가 일어난다. 곰팡이가 감염된 사료는 비타민 E/셀레늄을 세포 수준에서는 이용할 수 없게 만들지만, 이러한 기능적 결핍을 비타민 E/셀레늄의 과다투여를 통해 해결할 수 있기 때문에, 이 질병이 비타민 E/셀레늄 결핍에 의한 질병이 아니라 비타민 E/셀레늄 반응성 질병이라는 가설이 있다.

WP324, 885, 3265

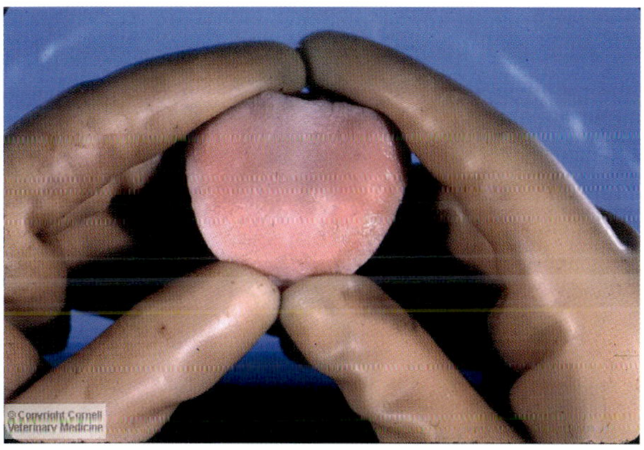

양성 근육성 퇴행위축(distrophy)으로 인해 송아지의 혀에 발생한 소상 근육 변성. 즉 '백근병(white muscle disease)' 이라고도 부름.

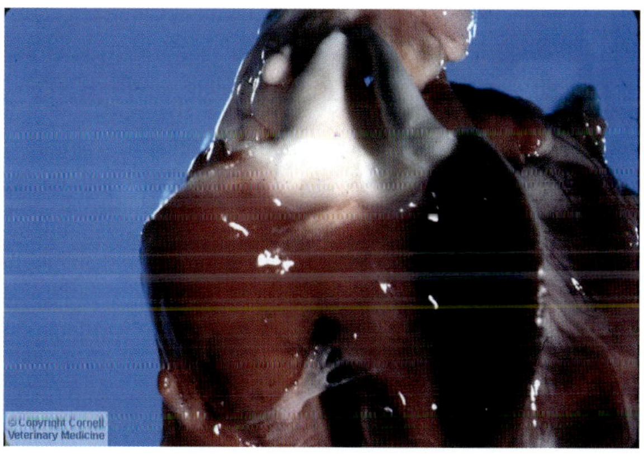

염소의 심장 내 폐동맥 주변 근육에 생긴 급성 국소적으로 넓게 형성된 심근 변성. 비타민 E와 Se 결핍에 의한 반응성 질병=백근병.

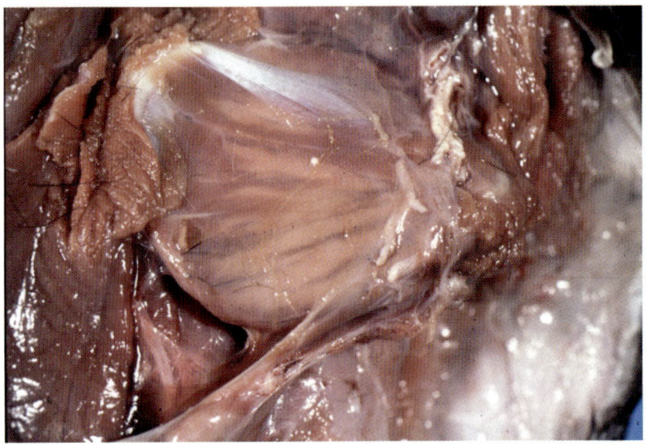

수달(river otter)의 배꼽톱니근(serratus ventralis)에 생긴 급성 근육 퇴행위축과 변성.
산패된 어류 섭식과 Zenker 변성을 유발한 격렬한 운동이 겹쳐져 발생한 백근병.

아급성 수척(subacute emaciation)

거의 모든 어린 동물에 특별한 병변 없이 최소한의 체지방 축적만 있는 경우를 관찰할 수 있다. 장내에 음식물이 있을 수도, 없을 수도 있으며, 사지의 피하 연부 조직에 약간의 부종과 출혈이 관찰되기도 한다. 차갑고 습기가 많은 조건에서 사양관리 및 영양관리가 부실한 경우에 주로 발생하는데 이러한 환경은 동물들을 죽음에 이르기까지 할 수 있다. 이는 전 세계적으로 흔하게 나타나며, 선진국에서도 이러한 일은 자주 발생하고 있다. **WP1792, 3017**

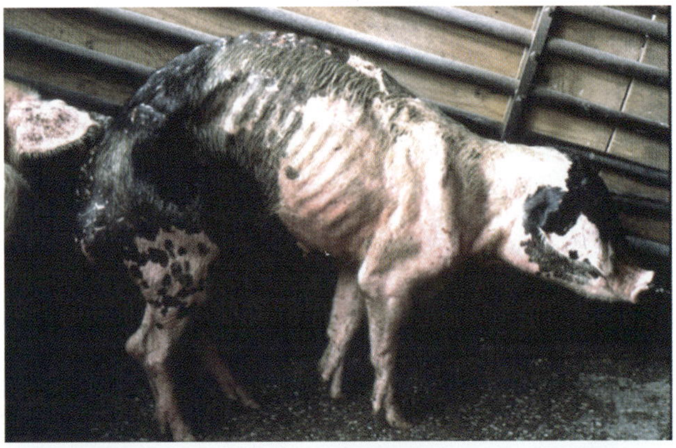

돼지의 만성의 심한 쇠약(debility)성 수척. 뚜렷이 드러난 갈비뼈가 특징임.

요네병(Jone's disease)에 감염되어 만성 전신성 수척을 보이는 소.

대사 관련 폐사(Metabolic Related Deaths)

급성 젖산 산증(acute lactic acidosis)

심하게 발효된 사료를 급작스럽게 과잉 섭취한 반추 동물에서 주로 발생하는데, 그 내용물의 과잉 상태를 제1위에서 볼 수 있다. 제1위 내 pH는 정상보다 많이 낮아지고, 혈중 젖산 농도는 상승한다. 만성형의 경우 시간이 흐름에 따라 고창증(bloat), 제엽염(laminitis), 제1위염(rumenitis) 등 여러 다른 질병으로 진단된다.

유열(milk fever) = 저칼슘혈증(hypocalemia)

병명에도 불구하고 발열이나 저칼슘혈증이 관찰되지 않는 경우가 많다. 병변은 복합감염이 없을 경우 찾기 힘들다.

저혈당증(hypoglycemia)

신생 동물, 특히 포유 자돈이나 소형견 새끼에서 위내용물이 하나도 없이 폐사된 경우를 볼 수 있다. 이런 경우는 반드시 어미의 유즙분비 상태를 확인하여야 한다.

열사병(heat stroke) = 고체온증(hyperthermia)

병력을 보면 체온이 확실히 높았고 고열이 발생하는 환경에 노출된 것을 알 수 있는데, 예컨대 무더운 날, 개가 문이 닫힌 차에 갇혀 있는 경우를 들 수 있다. 돼지와 같은 동물은 부신이 작아서 부검 시 빠뜨릴 수 있으므로 주의를 기울여야 한다. 사체는 매우 창백하여 마치 조리를 해놓은 듯하다. 비만하고 많은 털을 가진 정상 동물이 마취되는 동안 담요를 덮고 있는 상태로 죽은 경우 체온 상승 탓일 수 있으니 잘 판단해야 한다. WP604

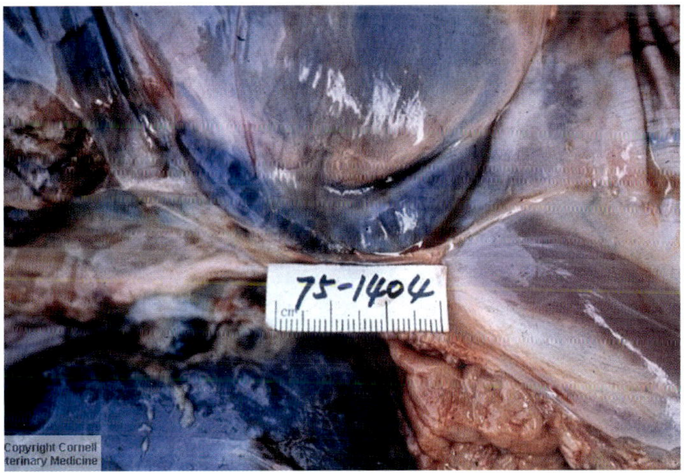

돼지 스트레스 증후군(porcine stress syndrome, PSS)에 의해 발생한 뒷다리의 근육 변성과 부신의 형성부전(hypoplasia).

기타 질병

고창증(鼓脹症, bloat, tympany)

고창증은 살아 있는 동물에서 발생하는 질병이지만 만일 고창증이 사후에 나타났다면 그것이 죽기 전이나 죽은 후에 나타난 것인지 구분하기 매우 힘들다. 뒷다리가 창백하고 약간의 안면 부종 등이 있다면 죽기 전의 진성 고창증일 수 있고, 이들 병변이 없다면 사후 고창증일 경우가 많다. 흉강 입구에서 가까운 식도 점막에 생긴 '가스팽만선(bloat line)'이 있다면 생전에 발생한 고창증을 의미한다. 그러나 사후 혈액응고 전에 빠르게 고창증이 발생한 경우 그와 유사한 '가스팽만선'이 나타날 수 있으므로 감별해야 한다.

WP2067, 3084

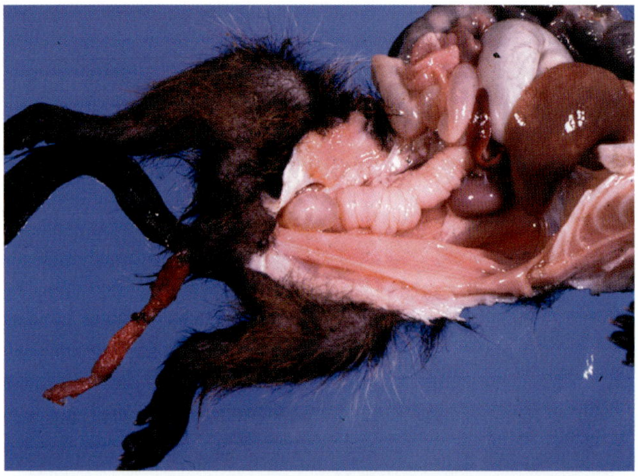

우드척(woodchuck)의 결장과 직장에 발생한 장중첩(intussusception)과 장탈출(prolapse).

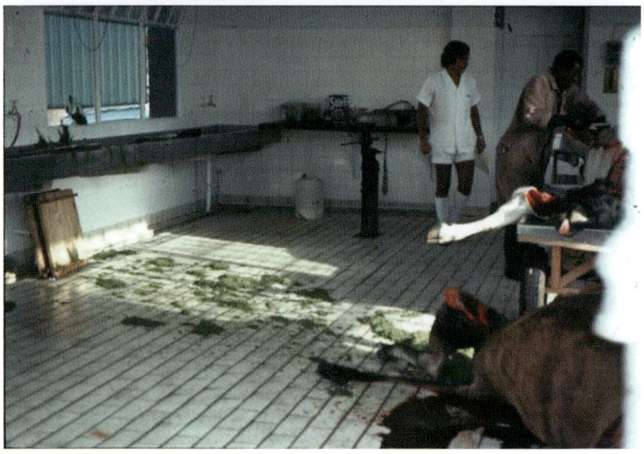

알팔파(alfalfa)를 과식하여 포말 고창증에 걸린 송아지의 1위에서 나온 내용물이 바닥에 펼쳐져 있음.

미주신경성 폐사(vagal death)

흉벽이나 심외막 또는 복강에서 마치 바늘에 찔려 생긴 천공처럼 아주 미세한 창상으로 인해 급사한 몇몇 증례가 보고되었다. 사람에서는 이 같은 경우 다른 병변이나 급사의 원인이 발견되지 않을 때 '치명적인 미주신경 반사(fatal vagal reflex)'에 의한 폐사로 간주한다.

중추신경계 질환(central nervous system disease)

종종 치명적인 중추신경계 질환의 경우 **육안적 병변은 없지만** 대부분 진단을 내리는데 결정적인 조직학적 병변이 나타난다. 따라서 부검 시 반드시 중추신경계 조직 샘플을 채취해야 한다. 부검자가 유의할 사항으로 중추신경 조직채취 시, 전기톱과 같은 기계장치의 사용하는 경우 미세한 조직 파편이 만들어져 부검자가 흡입할 수 있으므로 반드시 적절한 보호 장치 아래서 중추신경계 조직을 채취하여야 한다. WP1265, 2243, 20216

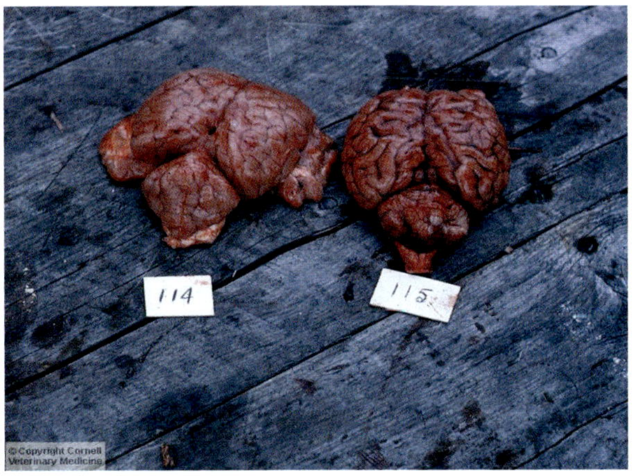

송아지의 뇌(#114)에 발생한 아급성 탈출성 소뇌(cerebellar coning)와 뇌부종에 의한 뇌염(encephalitis).

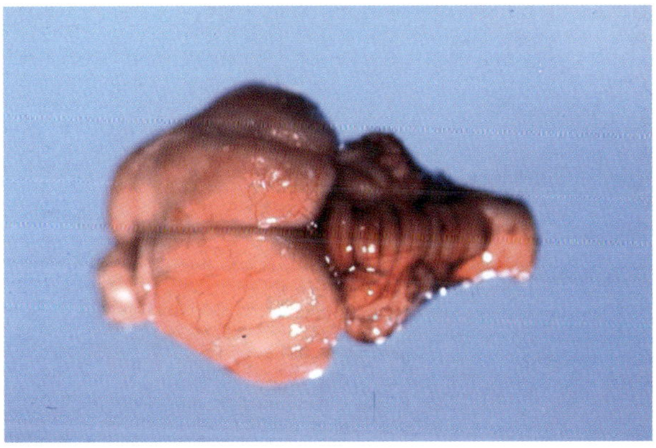

우드 척(woodchuck)의 소뇌 돌출(cerebellar coning)

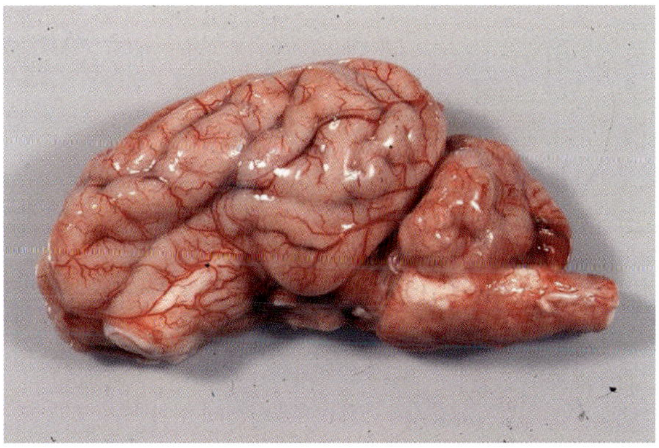

소뇌 돌출(coning)이 있는 급성 패혈증성 수막뇌염(화농성 뇌염)이 발생한 돼지의 뇌.

빈혈(anemia)

사체가 매우 창백한 경우 종종 심한 기생충 감염을 의심할 수 있는데 양에서 염전위충증(hemonchosis)이 좋은 예다. 그러나 이들 동물들이 4위 내 기생충에 늘 중감염되어 있는 것은 아니며, 기생충들이 없는 경우도 있다. 기생충의 감염이 확인되어 기생충 구제를 위한 치료를 받을 수 있으나 때로는 동물을 살리기엔 너무 늦은 경우도 생긴다. 또한 뱃드 같은 경우 기생충 구제를 하지 않아도 폐사에 이를 때까지 그대로 버틸 수도 있는 게 사실이나 이 주장에 대해 모두가 찬성하는 건 아니다. WP1280, 3089

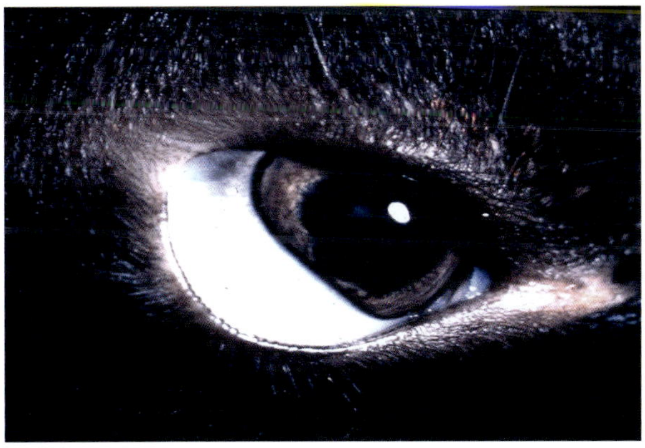

염전위충(*Hemonchus contortus*)에 감염된 양의 눈 결막. 점막에 심한 빈혈이 나타남.

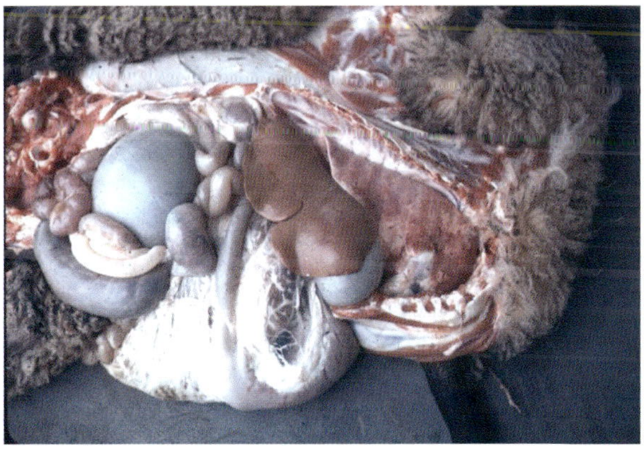

염전위층증에 의한 심한 전신성 빈혈 소견.

감전사(electrocution)

벼락은 그 물리적 힘에 의해 척추 골절을 일으킬 수 있다. 털과 피부가 타거나 안 탈 수도 있지만 흔히 어떤 병변도 볼 수가 없다. 벼락에 맞은 동물은 기계나 건물의 불완전한 배선에 의해 감전사한 동물과 같다고 말할 수 있다. 몇몇 감전사는 악의적인 시도로 발생할 수 있다. 이런 의심이 들 경우 전기를 통하기 위한 죔쇠흔적(clamp marks)들이 혀나, 입술, 항문, 음문 등에 있는지 잘 관찰해야 한다. 척추골 압축 골절과 허리\근(Psoas muscle)의 찢김 등을 확인하면 이 진단 근거로 유용하게 쓸 수 있다.

WP14, 10634, 10633

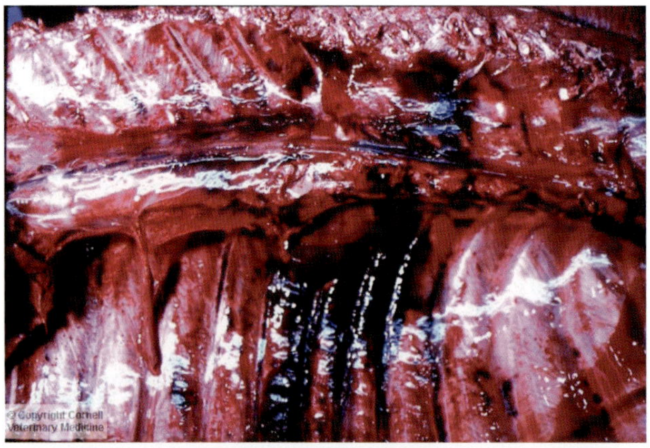

감전사에 의한 급성 척추 골절과 흉벽 출혈이 발생한 말의 척추와 흉벽. 이들 병변은 식이성이나 대사성 원인과 상관없이 발병.

축사 내 배전함에 잘못 놓은 못(nail)을 통해 배수관으로 전기가 흘러 감전사로 집단 폐사된 소들.

사후 폐 확장의 대표적인 유형

REPRESENTATIVE STAGES OF POST MORTEM LUNG INFLATION

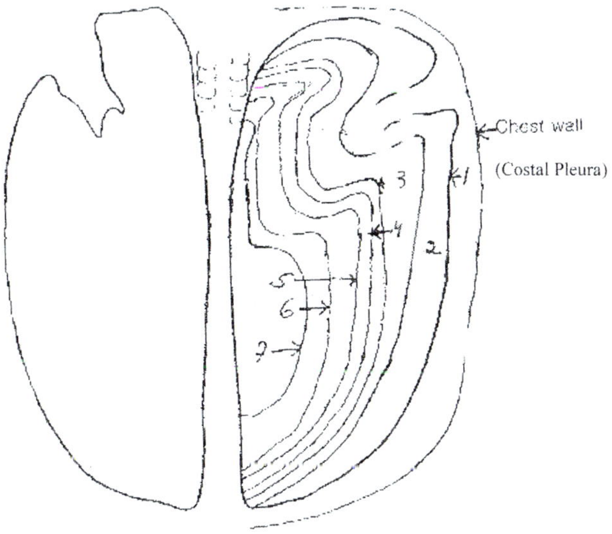

1. 벽쪽 흉막(늑골 흉막)
2. 흡기성 폐 팽창(inspiration lung expansion)
3. 질식(기관 폐쇄나 목 비틀림)으로 죽은 지 6시간 - 폐는 탄력반동의 상실로 여전히 확장 상태임
4. 질식에 의한 폐사, 그러나 폐쇄 원인은 즉시 제거됨. 사후 호기성 팽창
5. 몇 분간 O_2(N_2가 아님) 대사 후 폐사
6. 태아성 혹은 후천성 무기폐(atelectasis)
7. 지속적인 마취용 가스 공급에 의한 폐(anesthetic gas machine lung) - 미취기 수술하는 동안 비활성의 N_2 가스로 대체된 후 완전히 대사되어지나 수술 말기에는 대체가 수월하지 않다. 중추신경계 형성이상(dysplasia)으로 인해 발육되지 않은 태아의 폐는 발육부전을 보인다.

이 책에서 다루는 실제 사진은 코넬대 수의대의 Dr. King's Show & Tell 교수의 웹주소(https://secure.vet.cornell.edu/nst/nst.asp? **Fun=Home**)에서 '**Advanced Search**'로 들어가 Image ID에 wp 숫자만 넣으면 해당 사진이 나타난다. 많은 주제에 대한 광범위한 분류를 보려면 홈페이지의 '**Table of Content**'를 치면 된다.

주요 장기 병변의 모식도
ROUGH SKETCHES OF SELECTED FINDINGS

여러 다양한 소견이나 인공 산물 및 기타 조직 변화가 있지만 이 책에서는 네 개의 장기 즉, 폐, 간, 신장 및 심장을 집중적으로 다루게 될 것이다. 그러나 장기 전체를 취급하지 못한다 해도 흔하고 중요한 병변들 대부분은 포함한다. 특히 부검 시 꼭 필요한 어떤 중요한 것들을 거론하여 일반 증례의 중요 병변을 설명하는데 부족함이 없도록 하였다.

다양한 병변을 묘사하는데 큰 노력을 했으며 병변의 위치와 정도를 대부분 광범위성(diffuse), 국소 확장성(locally extensive), 다발성(multifocal), 국소성(focal), 복합형(combination) 등으로 구분하여 크고 작은 병변을 대상으로 서술했다. 광범위성(diffuse)이란 말은 기관 전체에 병변이 분포했을 경우를 말하며, 국소 확장성(locally extensive)이란 어떤 국소부위 병변들이 합쳐졌을 때를 말한다. 다발성(multifocal)은 작은 국소병변이 여러 군데에 많이 분포되어 있는 경우이다. 반면 국소성(focal)은 오직 하나나 몇 개의 작은 병변이 분포된 것을 말한다. 이 모든 소견은 다음 순서대로 해당동물을 분류하여 기술할 것이다.

광범위성(diffuse)

- 모든 동물
- 말
- 소
- 돼지
- 양/염소
- 개
- 고양이

국소 확장성과 다발성이 혼합된 광범위성
(diffuse combined with locally extensive or multifocal)

국소 확장성(locally extensive)

국소성(focal), 다발성(multifocal)

산재성 또는 전신성(disseminated)은 보통 전신에 걸쳐 발생하는 경우이다.

폐렴

THE PNEUMONIA

중요 사항

만일 병변이 단단하지 않다면 그건 아마 폐렴이 아니다.

폐울혈이나 수종은 원인 없이 발생하지는 않는다. 즉 적절한 발병 원인을 찾지 못했다면 그건 폐사를 앞둔 빈사기 때 생긴 인공산물일 것이다. 소와 양은 트림하는 제1위 가스의 80%를 흡입하는데 이것이 폐 자체에 독성 물질로 작용할 수 있다.

폐렴을 진단하는데 실제로 병변의 '위치'가 매우 중요하며, 거기에 '촉진(palpation)' 역시 아주 중요하다. 부검보고서에 그림으로 자세히 묘사하는 것은 많은 폐렴의 유형을 감별진단 하는데 도움이 된다.

만성 폐렴은 만성 감염증이 일어나는 곳이면 국소 림프절 종대를 종종 수반한다. 한 가지 중요한 사실은 특히 심한 급성 폐렴에 걸린 소에서 이유를 알 수 없는 심한 설사를 수반한다는 것이다.

병변의 분포

다음과 같이 3가지의 주요 유형이 있는데 서로 중복되거나 병발할 수 있다. 여기서 종종 중력의 작용이 중요하므로 이를 감안해야 한다.

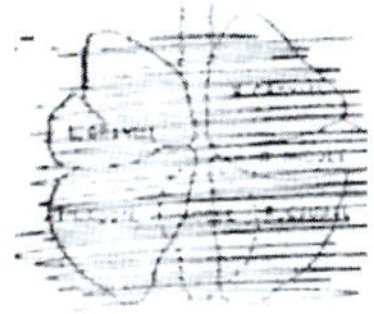

광범위성(diffuse) : 병변이 전체 폐엽에 분포되거나 폐의 80~90% 정도를 차지한다.

예 : 증식성 폐렴(proliferative pneumonia) **WP 2542**
신부전의 폐(heart failure lung) **WP 255**
독소플라즈마증(toxoplasmosis) **WP 13559**
소 아나필락시스(anaphylaxis) **WP 6146**

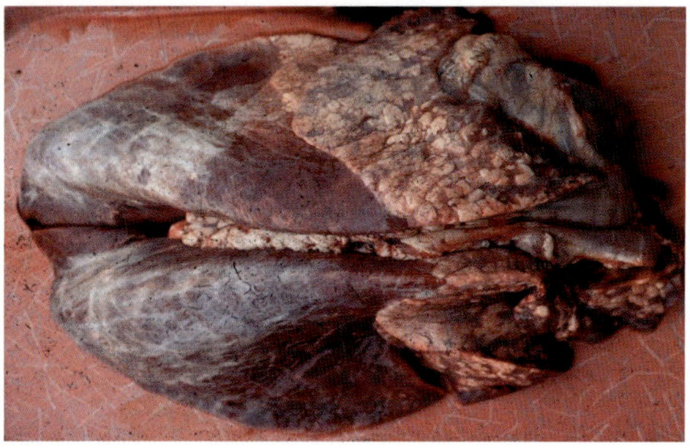

증식성 폐렴

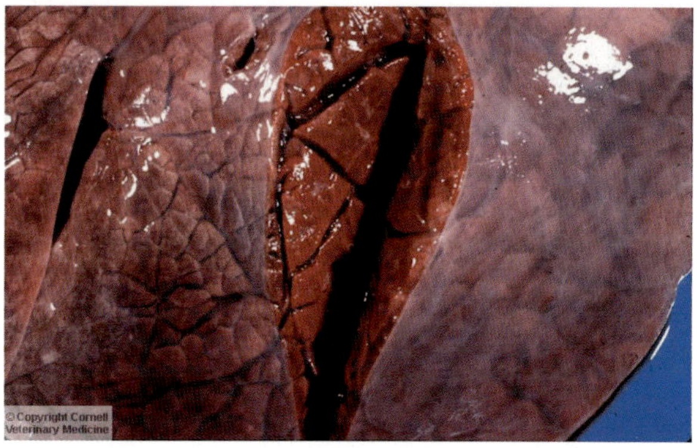

심부전의 폐

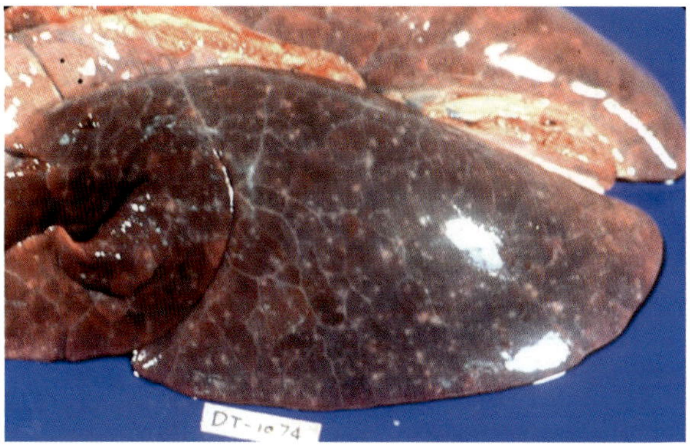

톡소플라즈마증

소의 폐에 나타난 아나필락시스

국소 확장성(locally extensive)

융합되어 커다랗게 된 하나의 병변부나 여러 개의 병변이 합해져 크게 자리잡은 병변부로서 보통 여러 개에서 다수의 인근 폐소엽까지 분포하는 경우이다.

예 : 만하이미어 폐렴(수송열)(Mannheimia pneumonia) **WP 2648**
헤모필러스 폐렴(Hemophilus pneumonia) **WP 675**
대부분의 흡인성(이물성) 폐렴 **WP 12**
대부분의 디스템퍼 폐렴(distemper pneumonias) **WP 2699**
진균성 폐렴 **WP 670**
폐포자충증(Pneumocystosis) **WP 213**

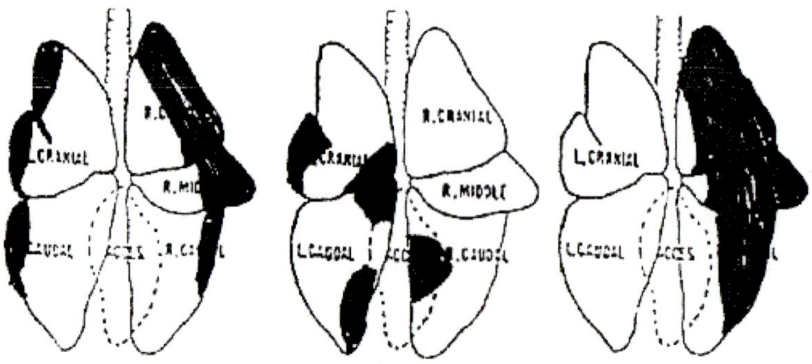

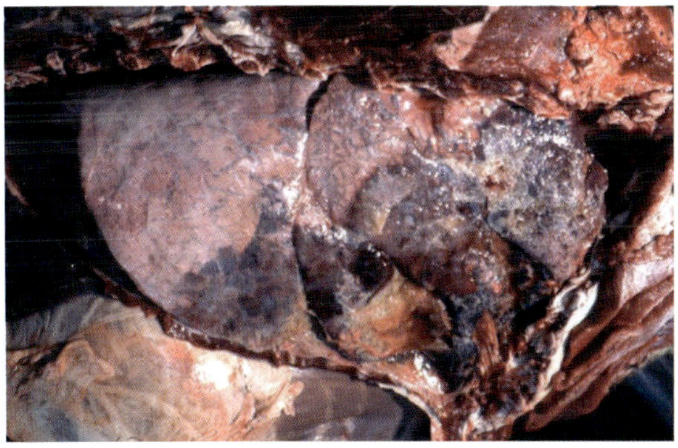

만하이미어성 폐렴(수송열)

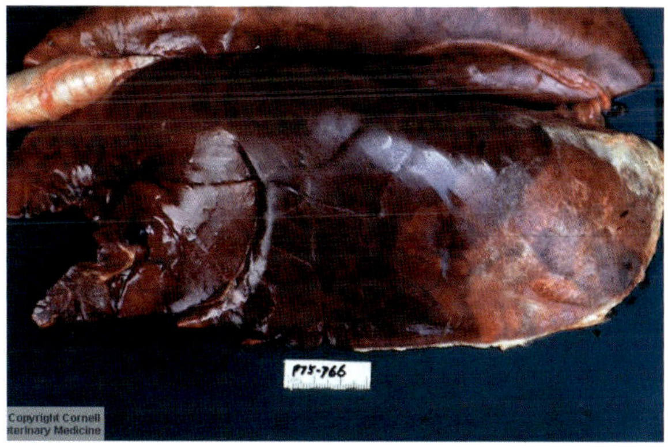

헤모필러스성 폐렴

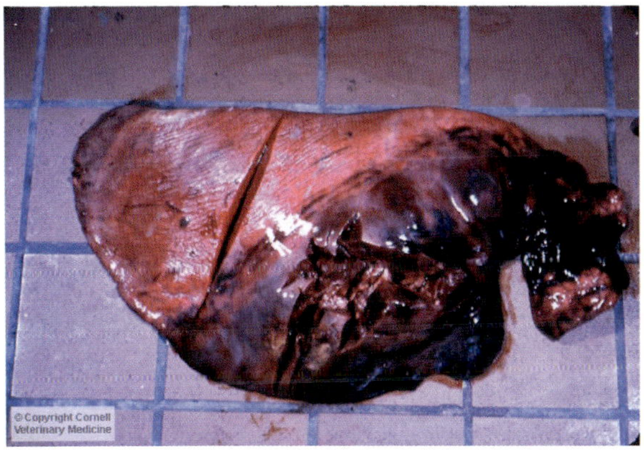

흡인성(이물성) 폐렴

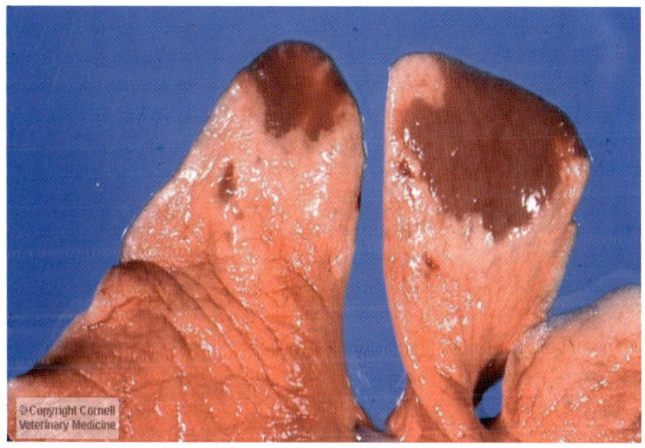

디스템퍼성 폐렴(개)

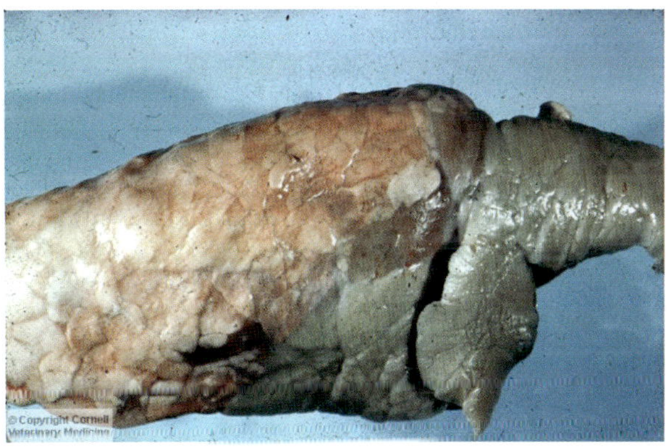

진균성 폐렴

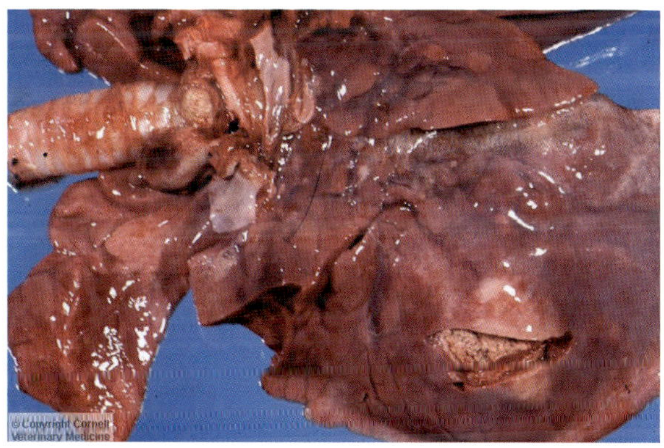

폐포자충증

국소성 혹은 다발성(focal or multifocal)

각각 흩어져 있거나 작은 염증 소견이 여러 형태로 국소적 점상으로 산재하거나, 혈관과 기도를 따라 존재한다.

예 : 색전성 농양성 샤워(embolic abscess shower) WP2662
먼지 흡입(dust inhalation) WP2662
대부분의 폐충(lung worm) WP925
단순 이물질(single foreign body) WP113

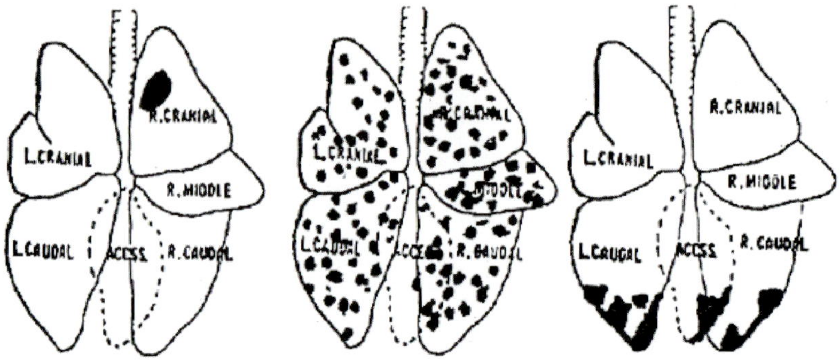

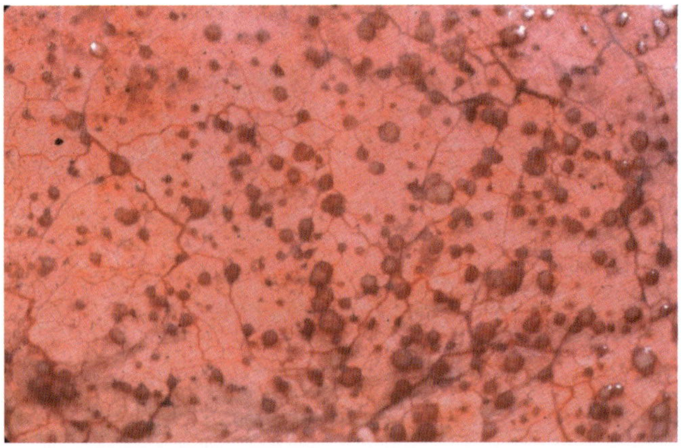

색전성 농양성 물질과 먼지 흡입

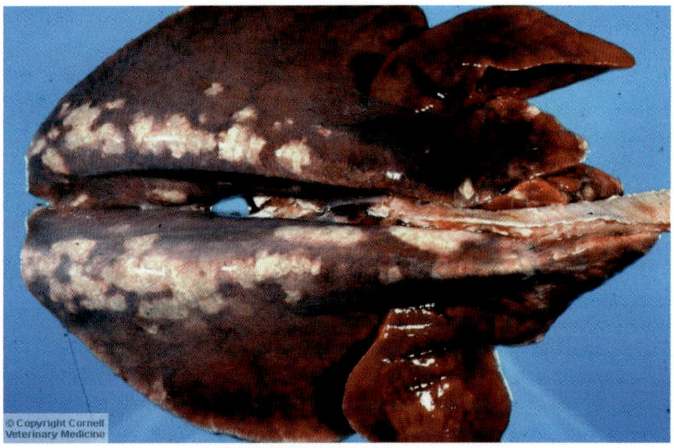

폐충

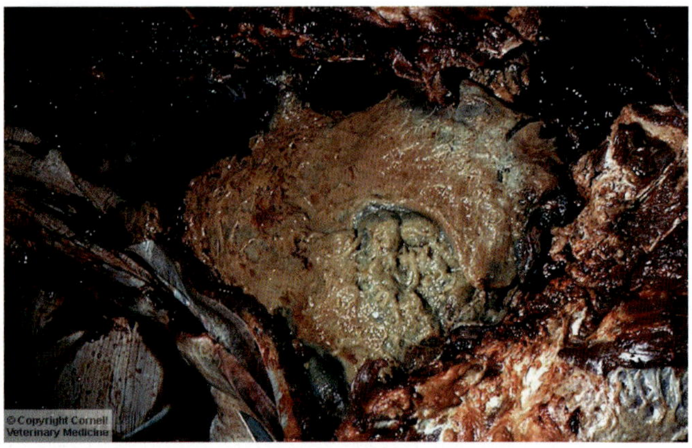

단순 이물질

폐 병변의 모식도
ROUGH SKETCHES OF LUNG LESIONS

광범위성 * 모든 동물

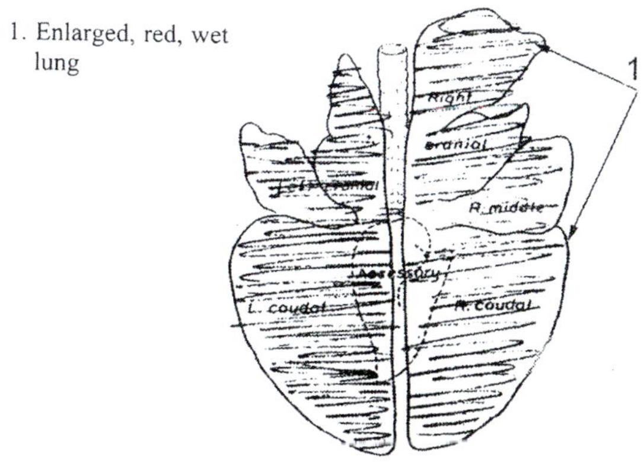

폐 울혈과 수종(Pulmonary Congestion and Edema)

주로 나이든 동물에서 나타난다. 폐는 종대되고 축축하며 다소 단단하다. 편측성이나 양측성으로 폐의 어디에서나 산발적으로 생길 수 있다. 다른 부위보다 특정 부분에서 병변이 더 잘 나타날 수 있다. 기관, 기관지 또는 코에서 거품이 나오는 것이 바로 이 소견이 있음을 의미한다. 기종(emphysema)은 동반하거나 없을 수도 있다. 안락사 시킨 용액의 냄새가 날 수 있다. 알콜성 용액을 정맥내로 천천히 주입했을 때 다른 종류의 약을 주입했을 때보다 울혈과 수종이 더 심하게 나타난다. 후각으로 희석된 알콜 냄새를 확인하여 진단할 수 있다.

때로 코에서 흘러내릴 정도의 과도한 거품은 전기로 안락사 시킨 경우에 생기는데, 죽은 후에도 혈청이 폐포로 스며 나오고 폐의 탄력성 반동에 의해 공기가 밖으로 나와 거품을 형성한다. **원인 질환이 없다면 발견되는 거품은 대부분 인공적으로 생긴 것이다.**

죽은 후 근육의 사후강직, 내장의 가스 생성, 중력에 의한 체액과 혈액이 하부로 침강한 흔한 소견이므로, 조직학적으로 이것을 병적인 울혈(충혈)로 진단해서는 안된다. 이 소견이 아니라도 사상 흔히 잘못 판독하는 예 중 하나이다. WP256

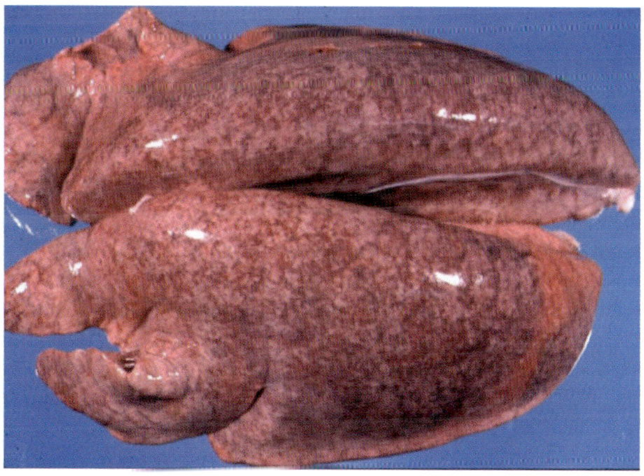

광범위성 * 모든 동물

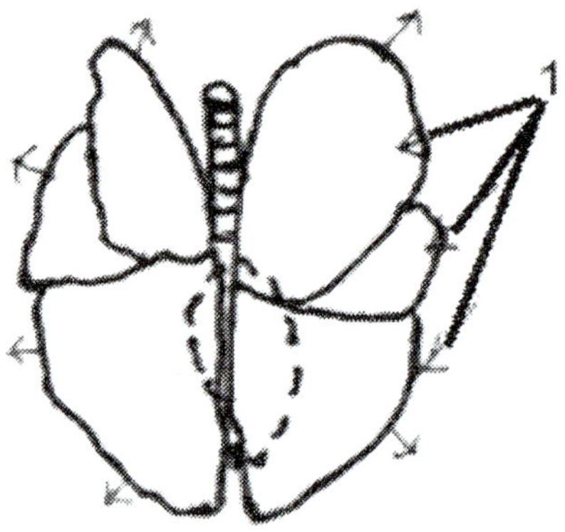

1. Enlarged, mottled, wet, red, yellow, tan lung

종대된 적갈색의 폐(심부전성 폐)(Enlargedtablung, heart failurelung)

폐는 광범위하게 감염을 일으켜 다양한 종류의 적색~적갈색을 띤다. 급성인 경우 축축하고 종대되어 있다. 만성인 경우에는 다양한 음영의 담황색이나 적갈색, 심지어 갈색으로 얼룩져 보이기도 한다. 물론 심장도 육안적 혹은 조직학적 방법으로 검사해 보아야 한다. 혈전(thrombi)이 혈관 여기저기에서 발견되기도 한다. WP2714

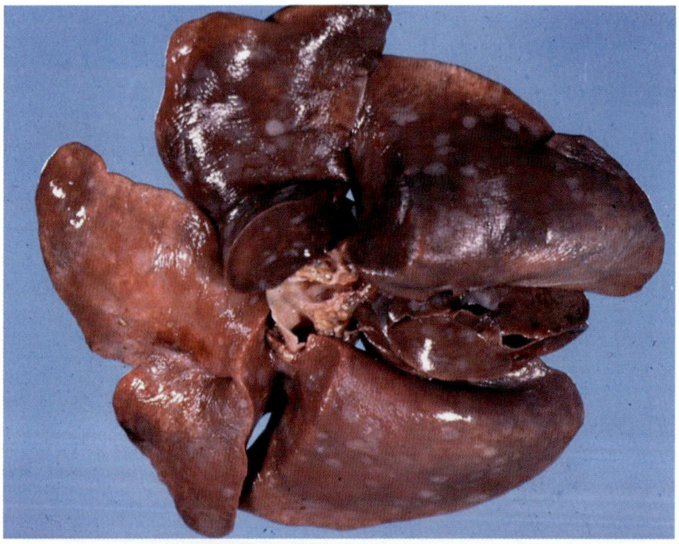

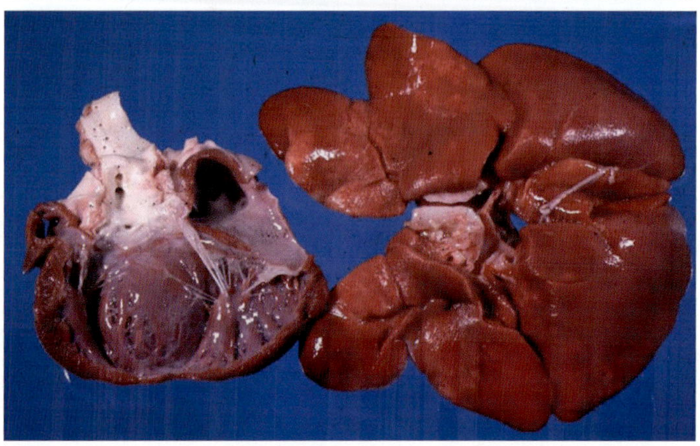

광범위성 * 모든 동물

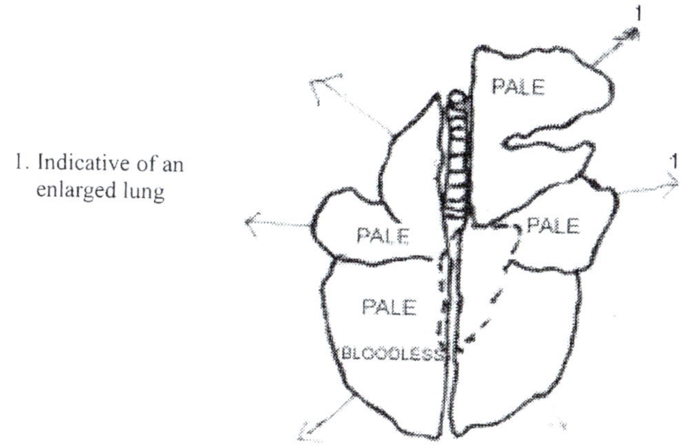

빈혈(Anemia)

빈혈이 있으면 신체의 다른 조직처럼 폐도 전반적으로 창백하게 보인다. 만약 남아 있는 혈액이 최소 재충전(revolumization)된 상태로 수 시간 있었다면 수종이 나타날 수 있다. 나른 뚜렷한 원인이 보이지 않을 때는 기생충감염(*H. contortus*) 등이나 출혈성 궤양에 의한 위장관성 실혈(exsanguination)을 의심해 보아야 한다. 가라앉는 배에서 랫드들이 떠나는 것과 비슷하게 빈혈 있는 양에서는 제4위(abomasum)에 기생충이 보이지 않을 수도 있는데 이 설명에 모두 공감하는 건 아니다. WP2720

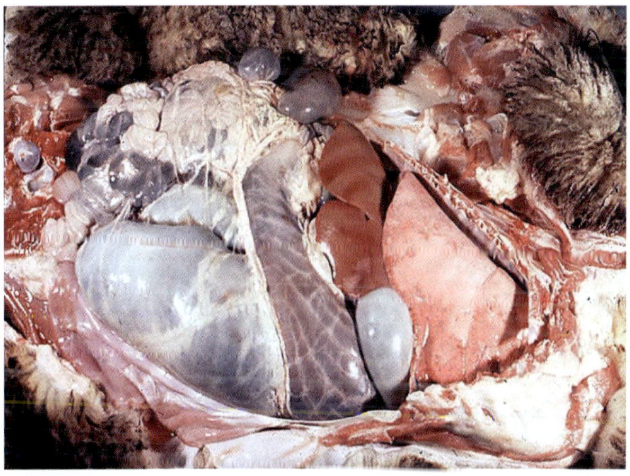

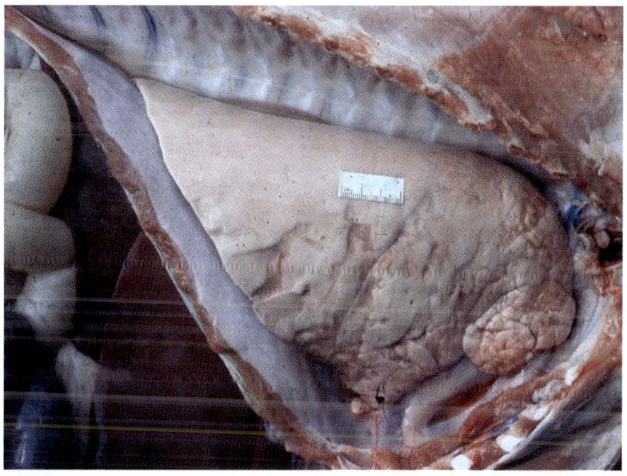

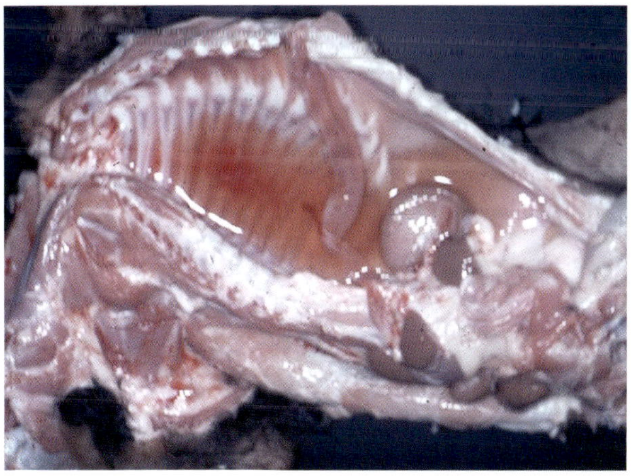

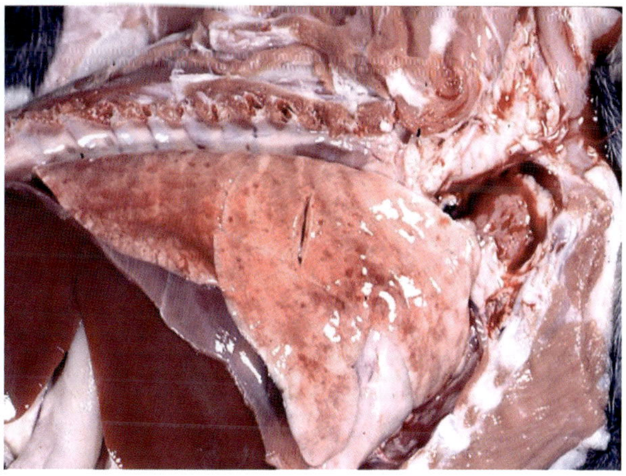

광범위성 * 모든 동물

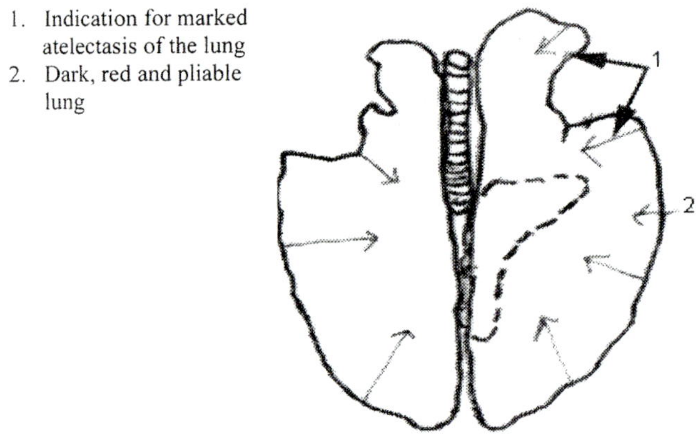

마취가스 기계 폐(Anesthetic Gas Machine Lung)

이 증례의 폐는 전체적으로 매우 작아지고 유연해지면서 암적색을 띄는 게 특징으로 폐 절편이 물에 뜨지 않거나 겨우 바닥에서 얕게 뜰뿐으로 이는 모든 동물에서 볼 수 있다. 모든 증례에서 마취가스용 장비를 사용한 병력이 있는데, 이는 대사 가능한 가스로 대체된 잔류 N_2가 폐에 남아 있기 때문이다. 마취용 장비가 벗겨진 후에도 마취제와 꽉 조여진 붕대로 호흡을 정상적으로 하지 못해 가스가 흡수되어 폐가 허탈에 빠지게 된다. 소에서는 이런 증례를 볼 수 없다. WP419

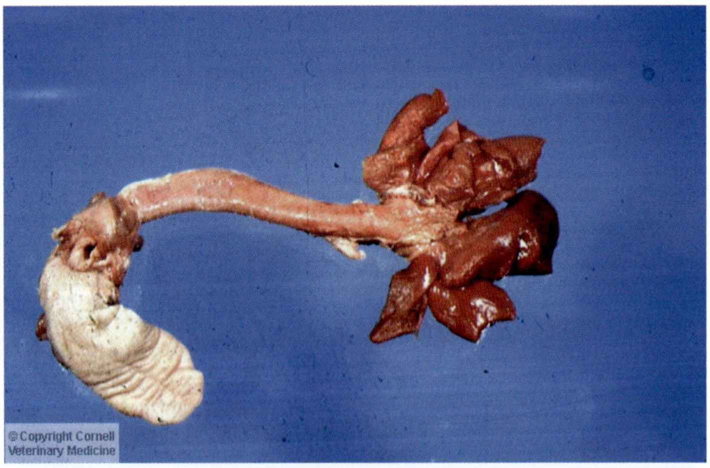

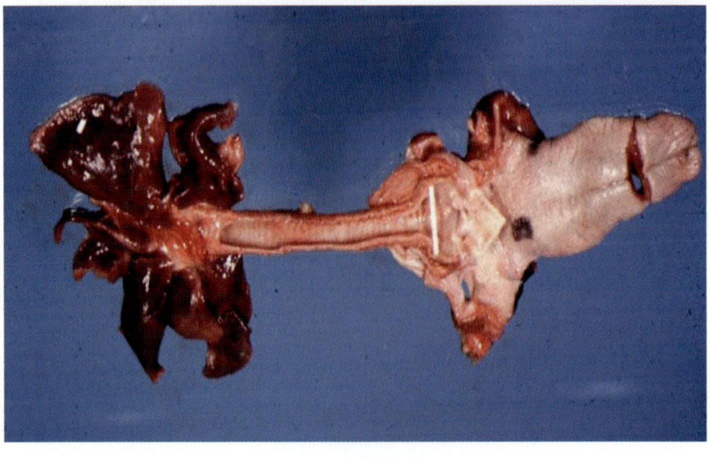

광범위성 * 모든 동물

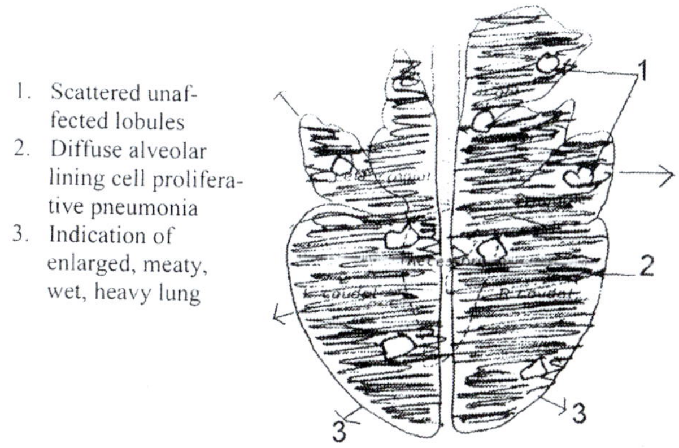

비정형 증식성 간질성 폐렴(Atypical Proliferative Interstitial Pneumonia)

대부분의 동물에서 발생한다. 반추류의 경우 트림한 제1위 가스의 80%를 폐로 흡인하는 것이 원인이 된다. 폐의 85% 이상이 종대되고 단단하지만 유연하고 축축하며 무겁다. 폐기종이 있을 수 있다. 몇몇 소엽은 창백한데 비해 나머지 소엽은 정상으로 보인다. 높은 질소산화물, 들깨류(Perilla mint), Paraquat (제초제, 상품명 그라목손), Crotalaria(독성식물), 곰팡이가 핀 고구마에서 분비되는 독성물질인 4-ipomeanol 등과 같은 물질들이 폐포를 이루는 상피세포들을 손상시켜, 결국 이들 손상된 상피세포가 2형 폐포세포로 대체되면서 이들 세포가 증식하여 병변을 형성한다. 독성물질이 폐로 분비될 경우 반추수가 아닌 동물에서도 비슷한 질환이 나타날 수 있다. 소의 경우 고농도(마리당 1gm)의 아트로핀(atropine)을 주사하면 치료가 가능하다. 폐포세포의 광범위한 증식은 폐 내 만성병변을 비롯 기생충, 이물질 때문에 생기는 국소적인 폐포세포의 증식인 선종(adenoma)과 구별해야 한다. 선종증(adenomatosis)은 양의 폐에서 발생하는 특이한 종양질환이다. WP345

- **말** : 어린 말에서 발생하는 경우 그 원인을 알 수 없지만, 어미 말에서 *Crotalaria* sp. 같은 식물독이 이런 병변을 유발할 수 있다.
- **소** : 병력을 살펴보면 나쁜 초지로 된 방목지에서 양질의 방목지로 옮겼을 때 흔히 발생한다.
- **염소** : 석회(lime)를 섭식했을 때 흔히 볼 수 있다.
- **돼지** : 고구마에 핀 곰팡이에서 산생된 Ipomeanol 성분과 Crotalaria씨를 섭취한 경우가 많다.

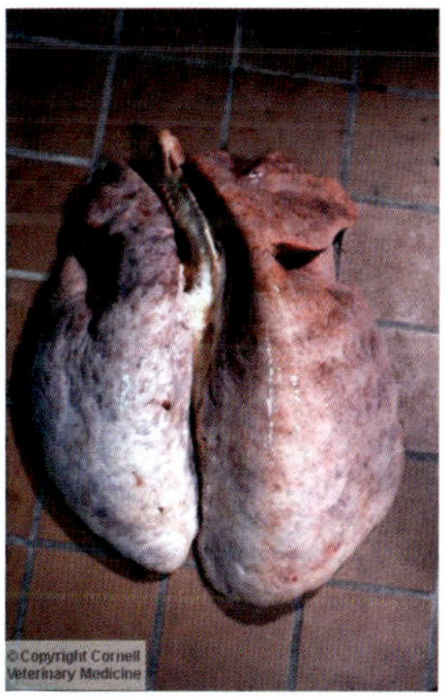

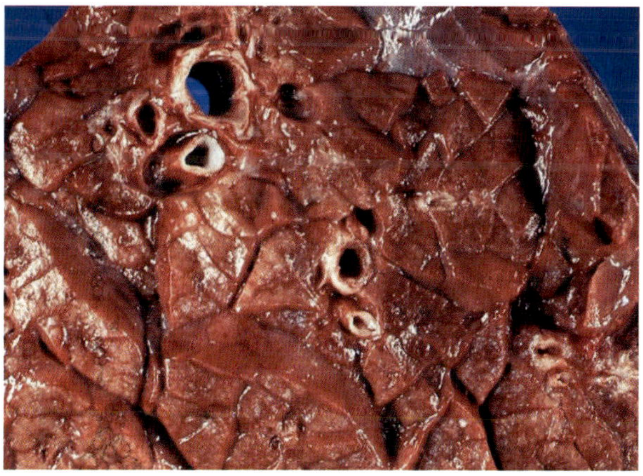

광범위성 * 모든 동물

1. Soot particles in airways
2. Bright pink lung
3. Indication for enlarged lung

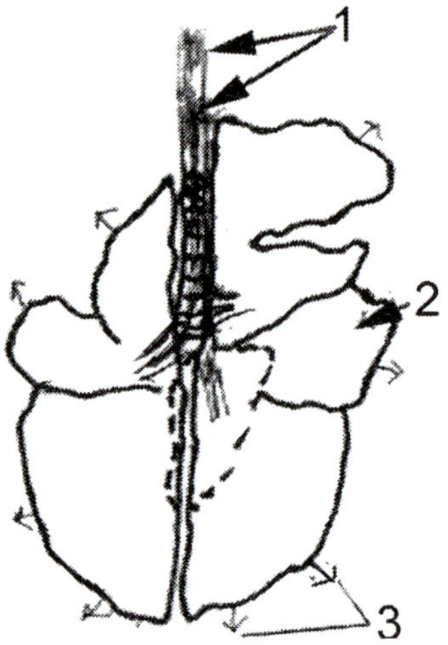

연기 흡입(Smoke Inhalation)

연기를 흡입한 폐는 기종성(emphysematous)이거나 아닐 수 있으며 기관기관지 가지나 더 깊은 기도까지 검댕이 입자가 보일 수 있다. 건물이 탄 잔해의 냄새가 뚜렷이 나며, 폐 전체가 밝은 핑크색으로 보인다. 이는 일산화탄소 중독 때는 대부분의 조직들이 옅은 밝은색을 띄는 것과 유사하다. WP11508

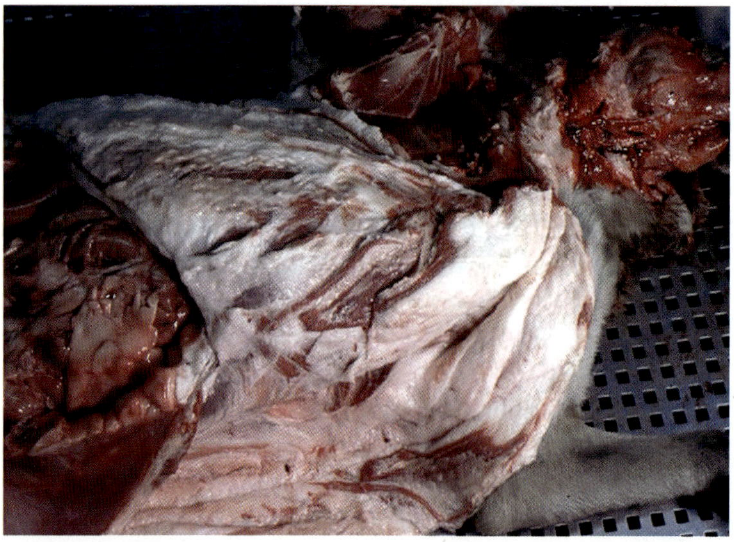

광범위성 * 모든 동물

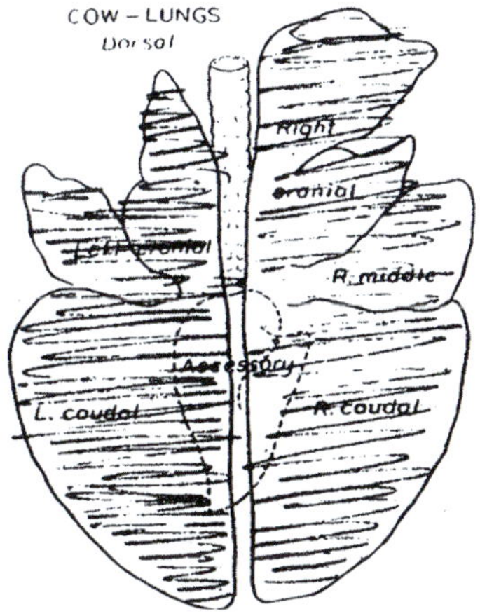

급성 폐수종(Acute Pulmonary Edema)

급성 폐수종은 모든 연령에서 발생할 수 있다. 폐에 광범위하게 수분이 침윤되므로, 폐는 축축하고 무겁다. 심지어 정상보다 3-5배 정도 더 커질 수 있으나 어떤 경우 단지 가벼운 종대를 보이기도 한다. 수종은 울혈보다 훨씬 뚜렷한 병변을 보인다. WP1398

- **소 :** 비타민 E와 selenium 결핍성 질병인 백근병(white muscle disease)에 의한 심부전, 심장의 기형 및 증식성 심내막염(vegetative endocarditis) 등에 폐수종을 흔히 볼 수 있다. 특정 백신 투여 후나 자신의 비유 정지로 과민증(hypersensitivity)이 생긴 Jersey종과 Guernseys종의 소에서 흔히 볼 수 있다.
- **유의사항 :** 많은 다른 동물들, 특히 소의 경우 천천히 죽어갈 때 생기는 빈사기의 침강성 울혈로 인한 뚜렷한 암적색의 습윤한 폐는 인공산물이므로 조심해야 한다.

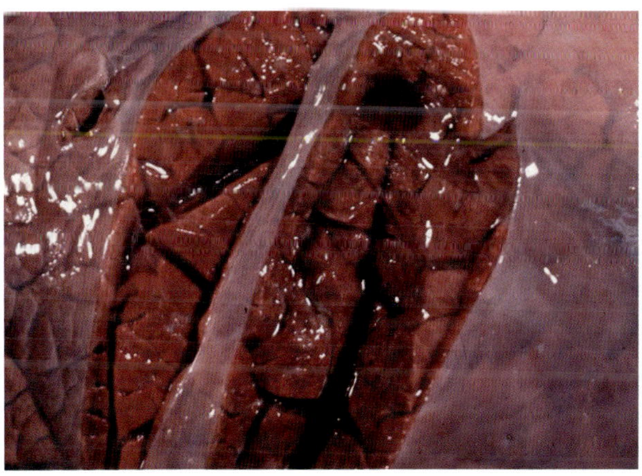
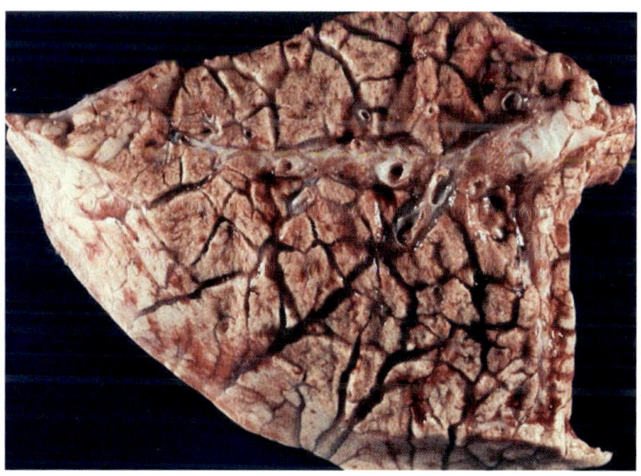

광범위성 * 모든 동물

1. Emphysematous bullae
2. Indication of emphysematous enlargement

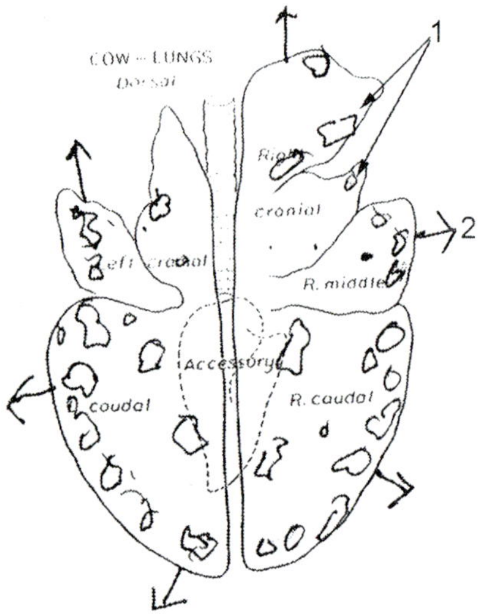

폐기종(Pulmonary Emphysema)

폐기종은 거의 모든 연령의 동물에서 발생한다. 공기가 들어있는 다양한 크기의 공기주머니(pockets), 즉 기포(bubbles)가 여러 폐엽과 간질인 폐포격벽에 분포하고 있고 주변의 실질부위는 허탈되어 자주색을 띈다. 만약 평소 호흡곤란 증세가 없었다면, 이는 폐사 직전 즉, 도축 시 발생하는 빈사기 인공산물로서 여러 동물에서 흔히 발생하는데 특히 소에서는 흔한데 비해 양과 염소에서는 드물다. WP10148

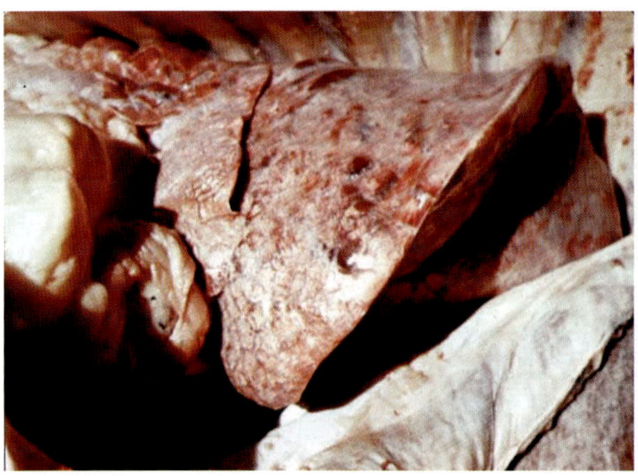
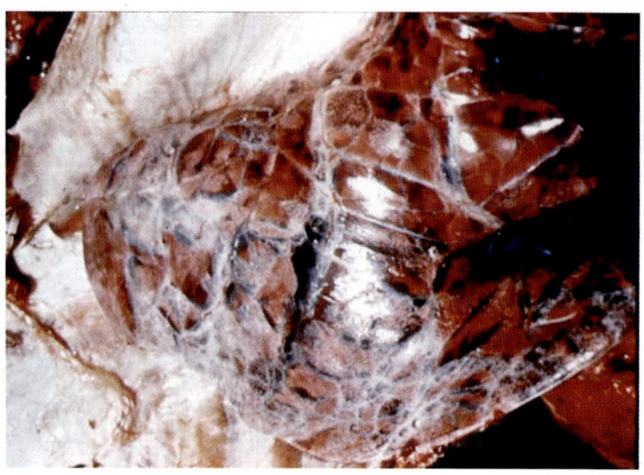

광범위성 * 모든 동물

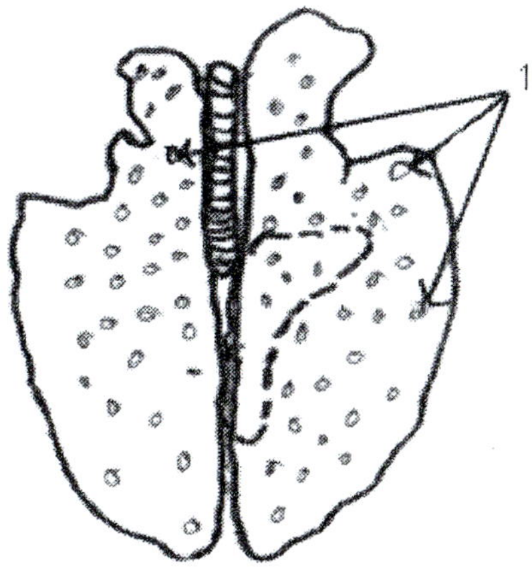

1. Multifocal firm grey glistening foci on cut section of mucoid bronchiolitis

점액성 세기관지염 : 급성 호흡곤란증(Mucoid Bronchiolitis : Heaves)

호흡곤란증이 급성이든 만성이든 어미 말에 생기며 사료의 과민증에 의한 것은 만성적인 경과를 취한다. 폐포성 폐기종, 즉 만성 호흡곤란증은 말기 단계의 질병으로 발병 시 대부분 알 수 있다. 폐는 정상보다 작거나 정상이거나 또는 더 커져서 광범위하게 스폰지처럼 보인다. 급성형의 할단면은 다발성으로 회색의 반짝거리는 점액이 들어 있는 기도(airway)가 관찰되고, 만성형에서는 만성염증세포의 침윤과 평활근 세포 비대 및 증식이 관찰된다. 기종은 흡입된 공기가 폐의 탄성 또는 반동작용을 통해 점막을 지나 빠져 나갈 수 없을 때 생긴다. 호흡곤란증의 두 유형 모두 임상적으로는 보통 만성으로 간주한다. WP163, 164

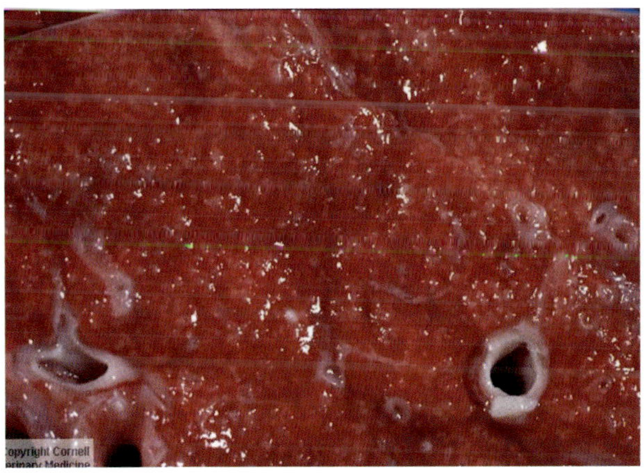

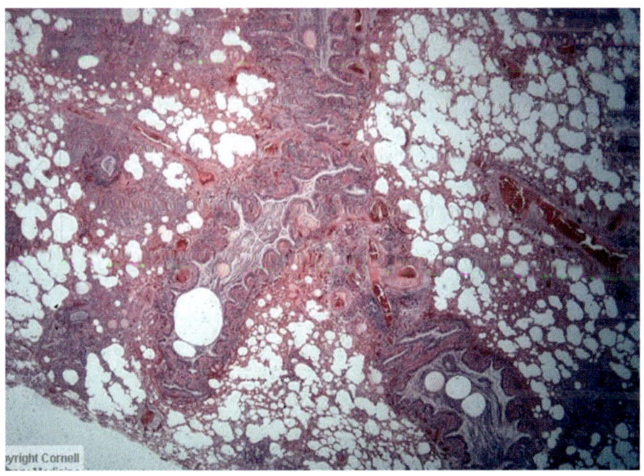

광범위성 * 말

1. Indication for an enlarged lung
2. Emphysematous foci between rib impressions
3. Emphsyematous pockets along the ventral edge may be from Heaves or a terminal artifact

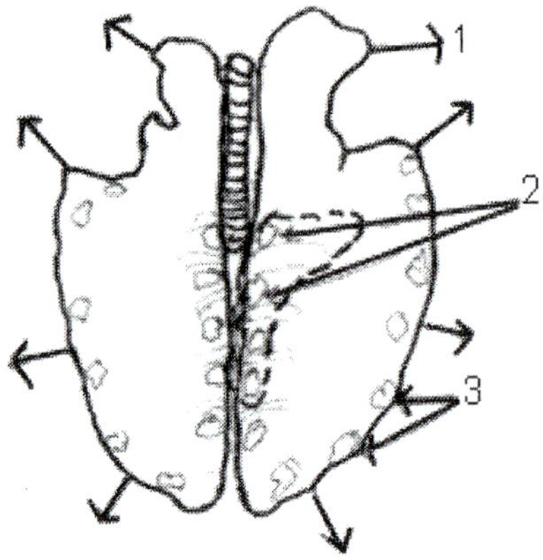

만성 폐포성 폐기종(Chronic Alveloar Emphysema)

만성 폐포성 폐기종은 대부분 나이든 말에서 발생한다. 임상적으로 숨을 내쉴 때 그르렁거리는 소리가 난다. 폐는 전체적으로 종대가 특징이며, 횡격엽의 배쪽과 등쪽의 가장자리를 따라 공기로 채워진 큰 기포가 관찰된다. 몇몇 기포들은 폐 전체에 흩어져 있다. 이것은 말의 폐기종(heaves) 중 심한 만성형이며 시간이 흐름에 따라 점액이 생기고 만성 염증 세포반응이 사라지면서 보통 공기로 팽창된 부분만 남는다. 어떤 사람들은 이 병변을 사람에서 많이 발생하는 만성 폐쇄성 폐질환(chronic obstructive pulmonary disease : COPD)이라고도 한다. WP1995

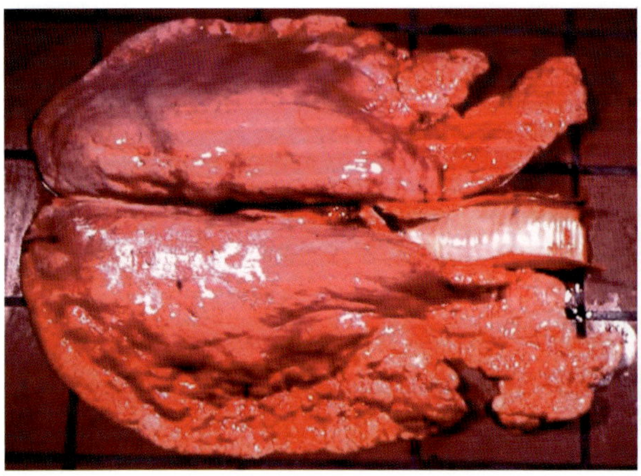

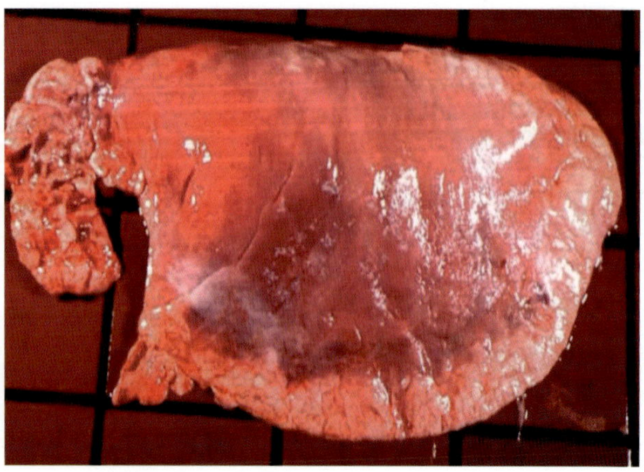

광범위성 * 말

1. Diffusely dark red, swollen firm lung
2. Scattered focal necrosis
3. Indication for a diffusely enlarged lung

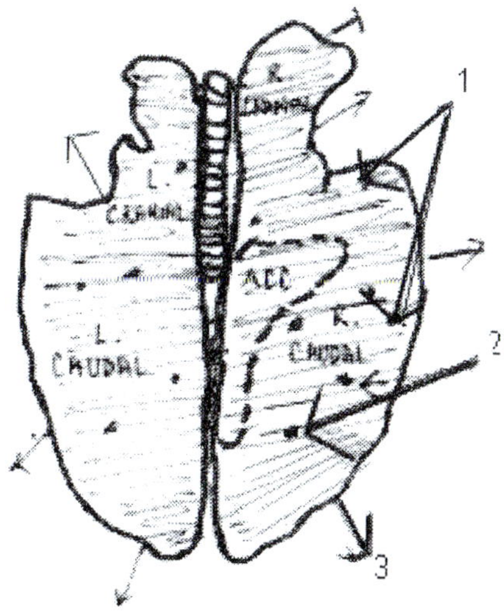

망아지의 말 허피스 1형 바이러스성 폐렴(Equine herpes I Viral Pneumonia of Foals)

이 증례 대부분은 임신 후반부, 즉 마지막 3개월 사이에 유산한 망아지에서 흔히 나타난다. 폐는 광범위하게 암적색으로 종대되며 정상 태아의 폐보다 약간 더 단단하다. 폐에서 늑골에 눌린 흔적(rib impression)이 자주 보이는데 이것은 이 폐렴으로 폐의 크기가 증가했기 때문이다. 몇 개~많은 수의 1~2 mm 크기의 백색 괴사소가 폐와 간에 산재되어 있다. 핵내 봉입체(intranuclear inclusions)는 보통 괴사된 곳의 세포내에서 흔히 관찰되는데 특히 부신세포에서도 잘 나타난다. WP6105

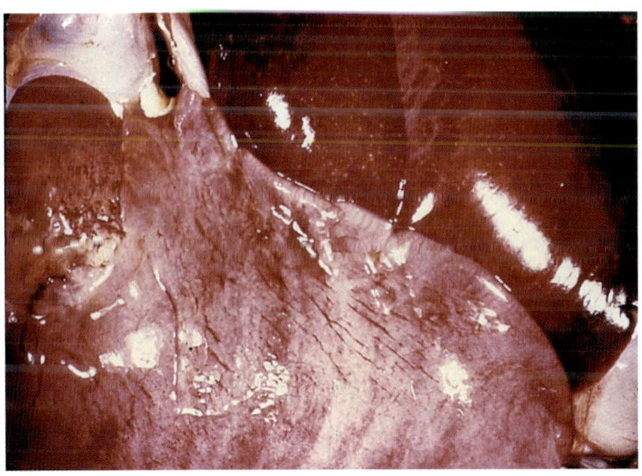

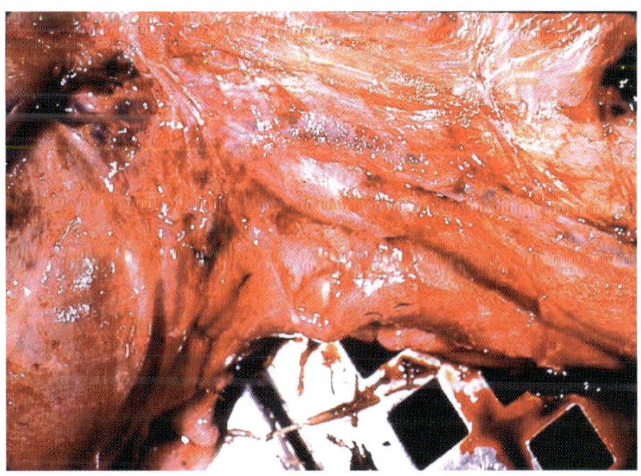

광범위성 * 소

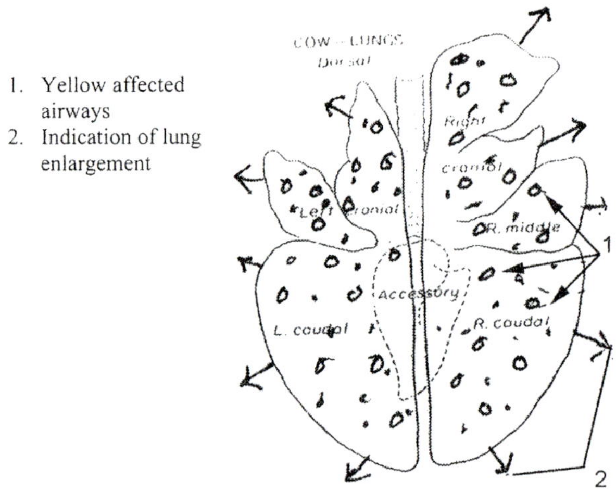

소의 천식(Bovine Asthma)

Guernsey와 Jersey종의 성우에서 흔히 발생하고 Holstein종에서는 덜 나타난다. 폐는 종대되고 부드러우며 크고 작은 기도와 기관의 점막에 뚜렷한 노란색의 수양성 변색이 특징이다. 급성일 때는 병변 내 호산구가 다량 침윤하고 만성일 때는 평활근의 비대가 더 흔히 관찰된다. 보통 가을과 겨울 초까지 우유 생산량도 떨어지면서 과도한 기침을 한다. 대부분 red clover 등으로 만든 사일러지 내 건초에 곰팡이가 핀 것을 먹이면 발생된다. 이 때 건초 작업을 하는 사람도 헛기침을 하는 등 동물과 비슷한 증상을 보이는데 이를 '농부의 폐(farmer's lung)'라 부른다. WP2684, 344

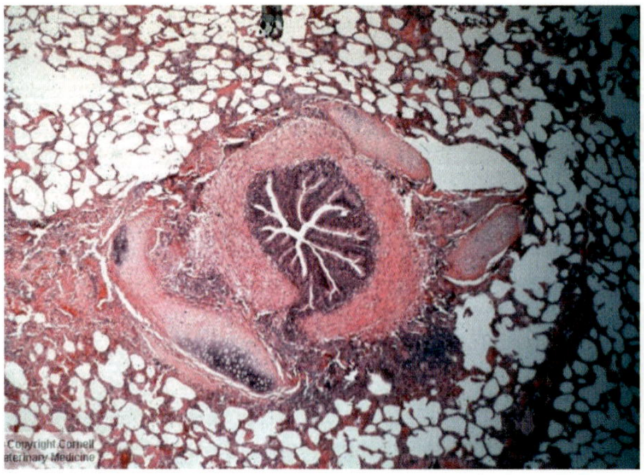

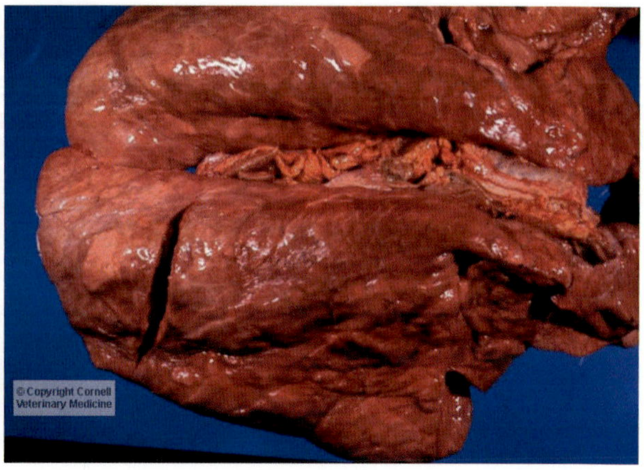

광범위성 * 소

1. Diffuse alveolar lining cell proliferation
2. Indication for enlarged lung

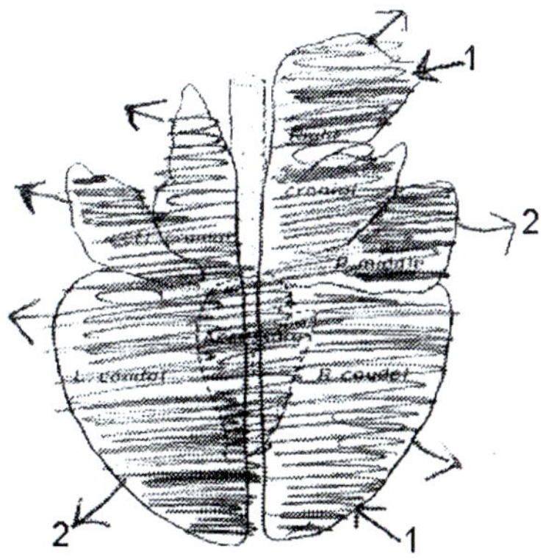

돼지 깔짚에 의한 증식성 폐렴(Swine Manure Related Proliferative Pneumonia)

이 폐렴은 건조된 돼지 배설물에 노출된 어린 성우에서 발생한다. 폐는 전체적으로 수종으로 무겁고 약간 단단해 보인다. 폐기종의 발생 유무는 가변적이다. 조직학적으로, 폐포 세포의 증식은 돼지 깔짚에 노출된지 24~48시간 후에 나타난다. 부검 시 많은 유충 형태의 돼지 회충(swine ascarid)은 우연히 볼 수 있다. 이들 회충의 검출은 질소 성분이 높은 돼지 분변을 어린 소들이 섭취했음을 의미한다. 트림으로 나온 가스 중 80%는 반추동물이 흡인하는데 이들 중 질소 산화물이 이 폐렴을 일으킨다. 만약에 시기가 적절하다면 고용량 아트로핀 주사로 치료가 가능하다. 폐포를 이루는 세포들의 증식은 광범위하게 발생(증식성 폐렴)하며 이는 질소 산화물을 과량으로 흡입하기 때문이다. 증식성 폐렴은 돼지 회충 유충에 대한 체액성 반응으로 생긴 것은 아니다. WP2555, 2556, 353

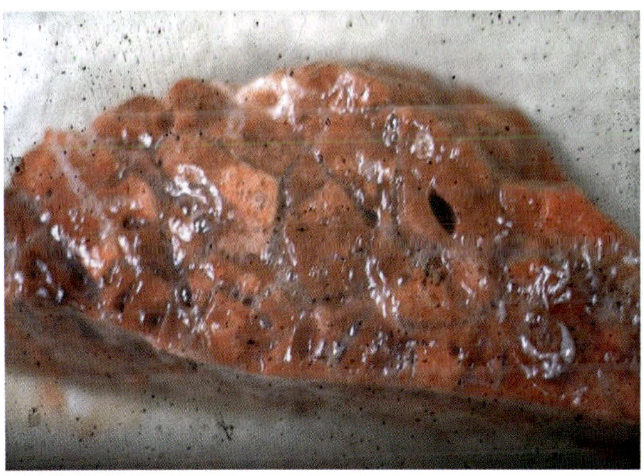

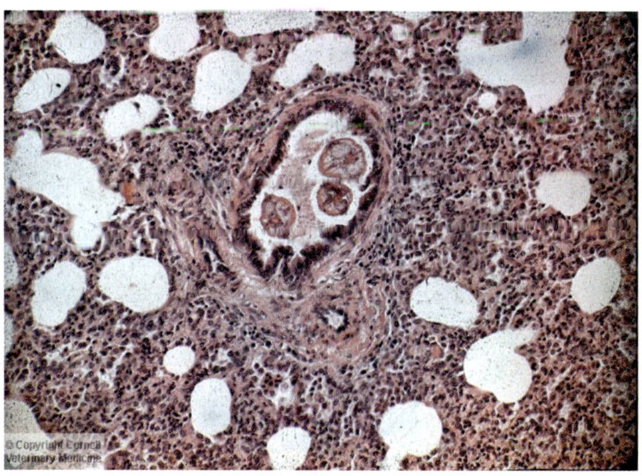

광범위성 및 국소 확장성 * 소

1. Chronic enzootic bronchopneumonia
2. Acute diffuse secondary alveolar lining cell proliferative pneumonia

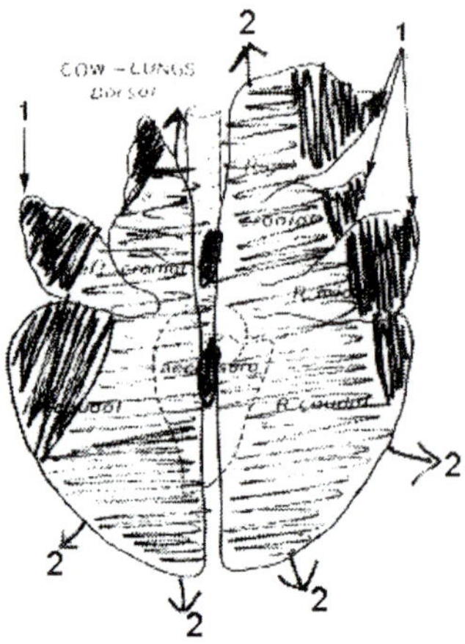

송아지 속발성 증식성 폐렴(Secondary Proliferative Pneumonia of Calves)

대다수 송아지가 마이코플라즈마 폐렴이 발생한 후 3주 쯤 항상 이 폐렴을 일으킨다. 심한 호흡곤란이 임상적 특징이다. 원발성 병변인 만성 유행성 기관지 폐렴은 폐의 전복측엽에서 나타나지만, 속발성 증식성 폐렴은 남아 있는 다른 폐엽들에서 광범위하게 무겁고 축축한 단단한 고기 같은 질감의 소견을 만들고 흔히 약간 담갈색으로 종대된다. 이것은 송아지들이 2~3일 동안 살아 있다면 대부분의 폐포에서 2형 세포의 증식이 나타나기 때문이다. 전복측 엽에는 먼저 생긴 유행성 기관지 폐렴의 병변외에 증식성 소견은 보이지 않는다. 원인은 불명확하며, 치료에 아트로핀이 필수적으로 사용된다. WP358, 356

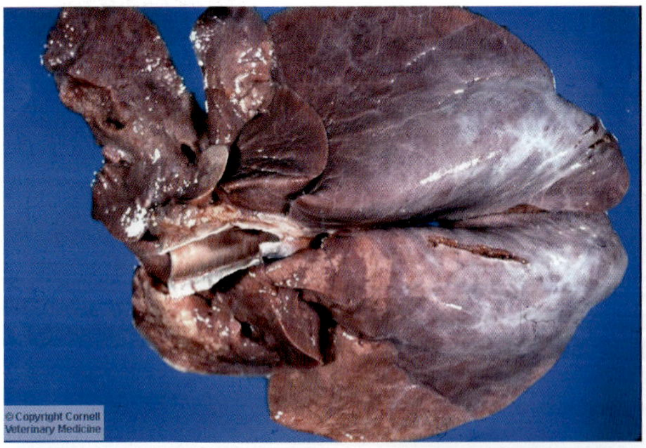

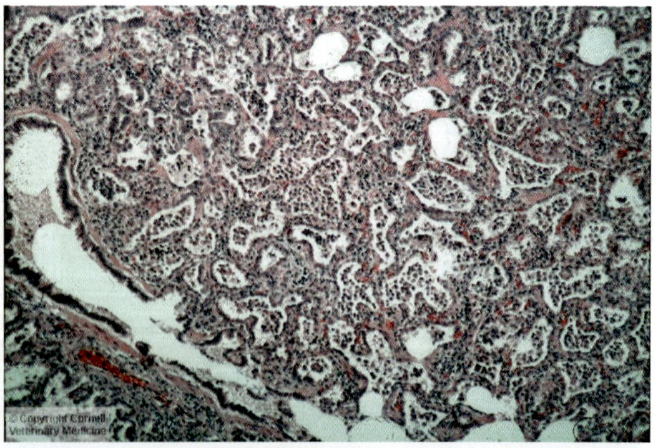

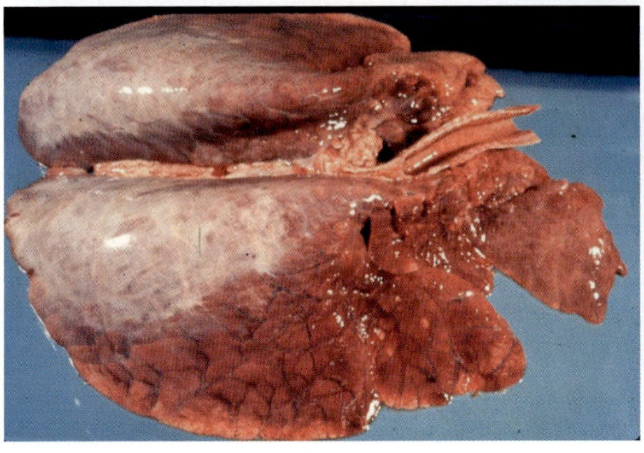

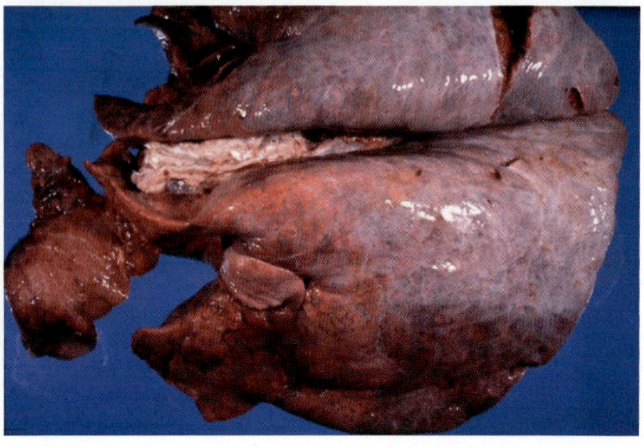

광범위성 및 국소 확장성 * 소

1. Chronic enzootic bronchopneumonia
2. Secondary unilateral proliferative pneumonia of alveolar lining cells
3. Absolutely normal lung

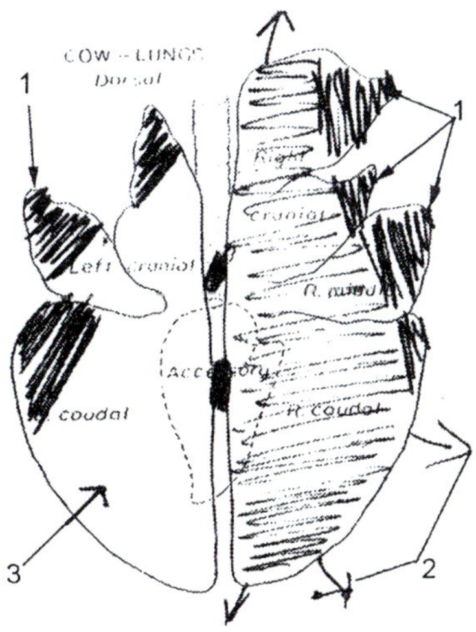

송아지 편측성 속발성 증식성 폐렴(Unilateral Secondary Proliferative Pneumonia of Calves)

이 폐렴은 송아지의 속발성 증식성 폐렴과 비슷하나 특이한 소견이 있다. 즉, 만성 유행성 폐렴의 이차적 증식의 병변 부위가 '편측성'으로만 나타난다. 폐의 모든 엽에서 일어나지 않고 한쪽 엽에서만 병변이 나타나는 이유는 아직 알려져 있지 않다. WP361, 2645

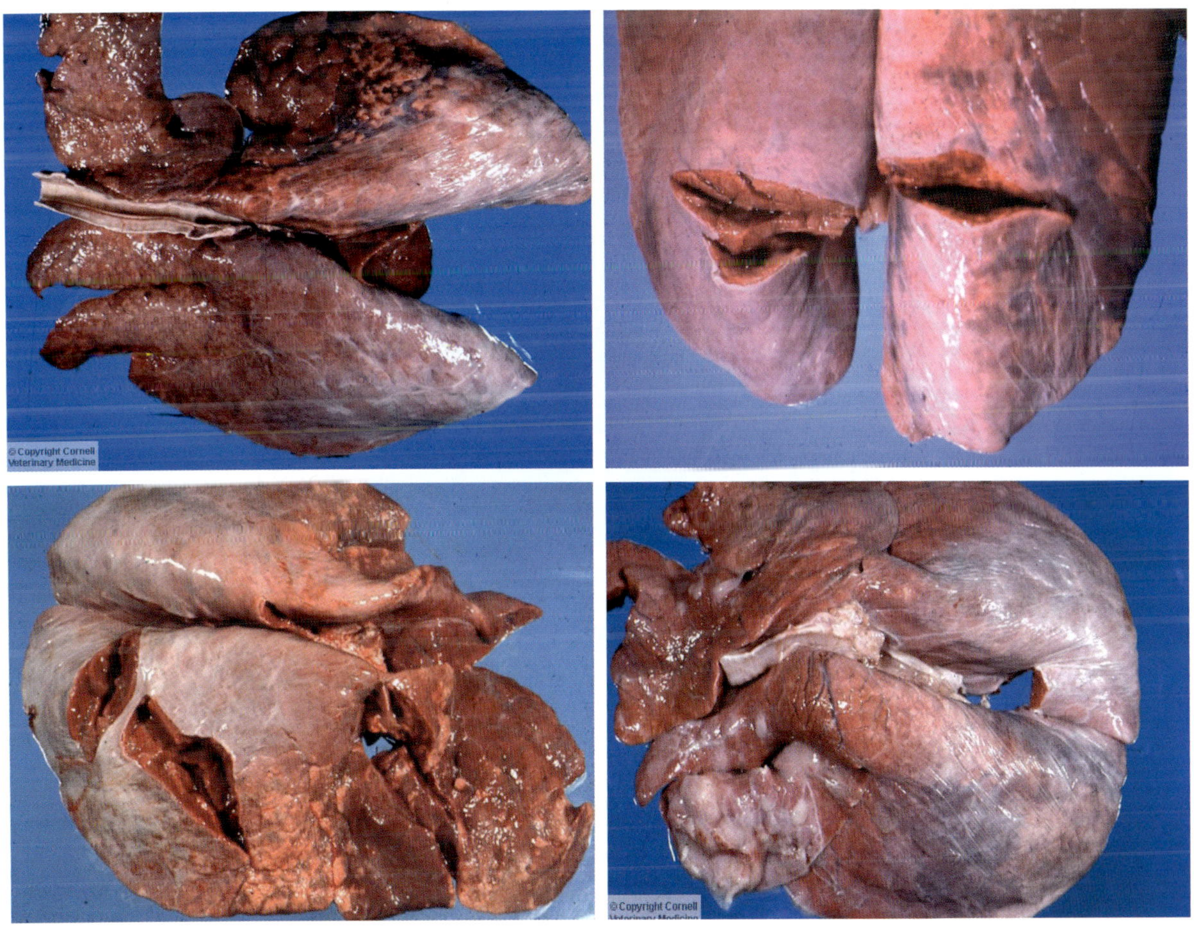

광범위성 및 다발성 * 돼지, 개, 고양이

1. Diffuse congestion and edema
2. Multifocal necrosis

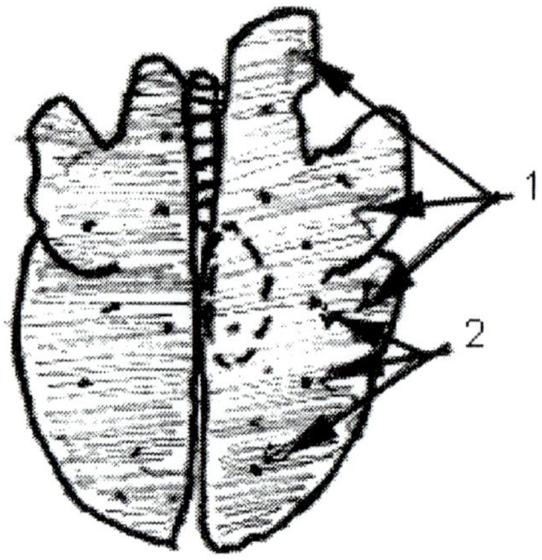

급성 톡소플라스마증(Acute Toxoplasmosis)

돼지는 물론 가끔 개와 고양이에서도 발생하는 급성 톡소플라스마증은 폐가 종대되고 수종 및 울혈을 보인다. 1~2 mm 크기의 수많은 창백한 국소성 괴사소가 특징적으로 나타난다. 병변의 할단면을 이용한 날인도말(impression smear) 기법으로 원충을 확인할 수 있다. WP2703

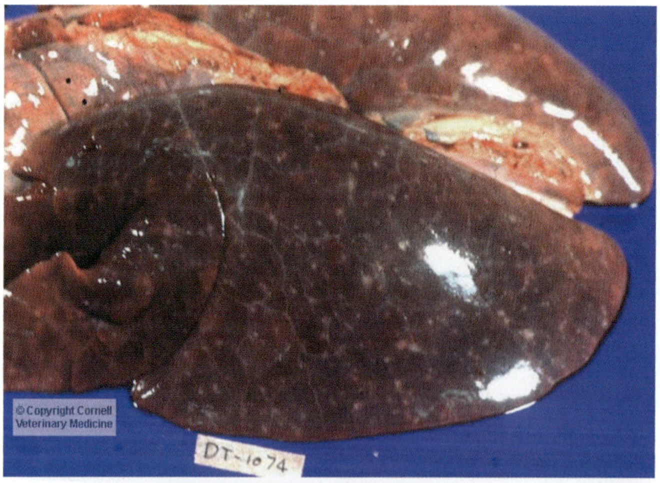

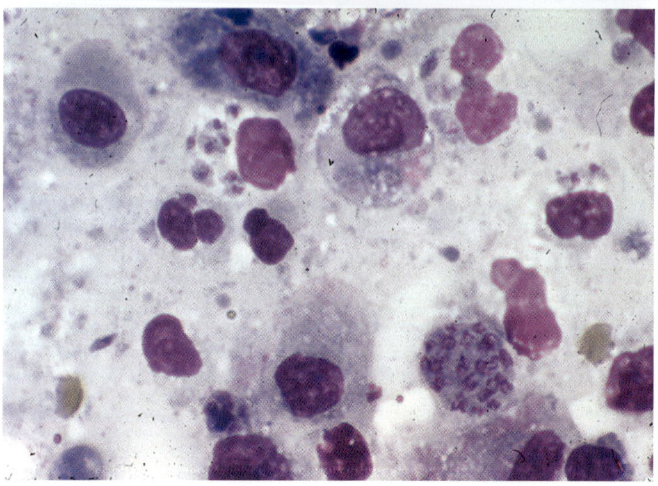

국소 확장성 * 모든 동물

1. Emphysematous lymph nodes
2. Large, air-filled bullae of emphysema
3. Indications for greatly distended emphysematous lung

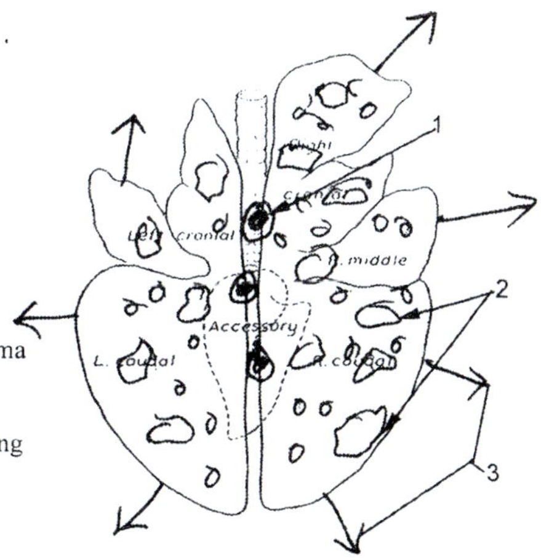

빈사기 폐기종(Terminal Pulmonary Emphysema)

내부분의 농눌, 특히 소에서 이 소견은 흔히 폐사 시 나타날 수 있기 때문에, 의심되는 질병이 없거나 살았을 때 호흡곤란의 병력이 없다면 폐사직전 빈사기에 생긴 것으로 간주해야 한다. 폐는 종대되고 커다란 기포(bullae)가 폐 전체에 산재해 있거나 기포가 없이 광범위하게 간질부에 공기가 차 있어 부드러운 경도를 나타낸다. 대수포가 형성된 부위를 자르면 폐는 허탈되면서 인근 실질 조직들이 눌러져서 바로 어둡게 된다. 소가 천천히 죽었을 경우 국소 림프절 내 기포가 생길 수 있다. 기포가 폐흉막이나 종격흉막(mediastinal pleural) 아래서 관찰되기도 하며 때로 등쪽 피부 아래에서 볼 수 있다.

- **소 :** 이 소견은 소에서 가장 흔하며 폐의 모든 엽에 광범위하게 발생한다.
- **개/고양이 :** 개와 고양이는 말보다 흔히 발생하나 양, 염소와 돼지에서는 드물다. WP340

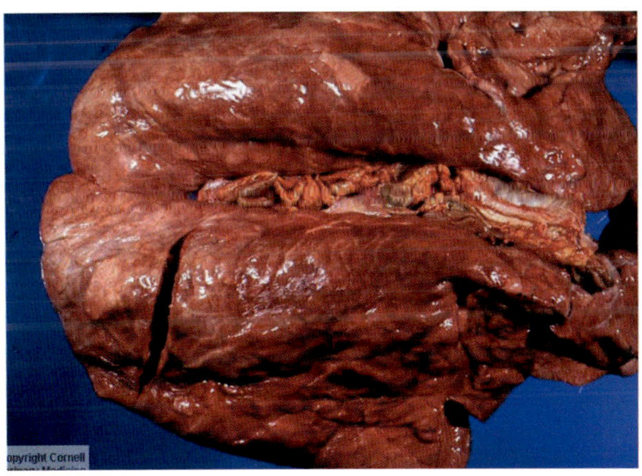

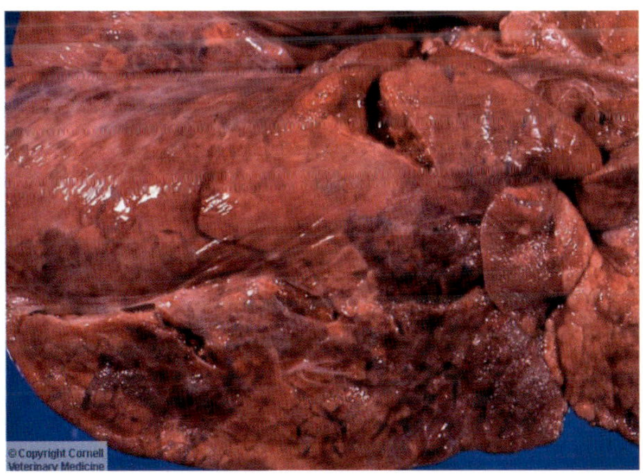

국소 확장성 * 모든 동물

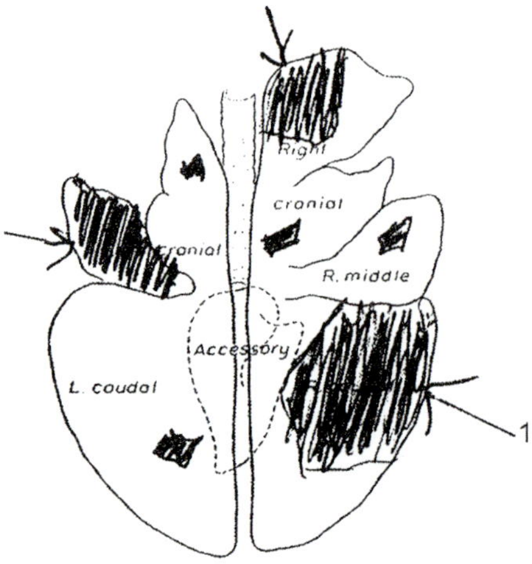

무기폐(Atelectasis)

무기폐는 주로 신생동물에서 나타난다. 폐엽에 작게 흩어져 있거나, 국소적으로 산재되어 있으며 때로는 전체 엽의 넓은 부위에서 발생하기도 한다. 병변은 말랑말랑하고 붉은 색의 어둡게 함몰되어 나타나며 융기 되는 경우는 없다. 병변은 수 시간에서 수 주안에 퇴축할 수 있다. 항상은 아니지만 기도를 막는 점액을 흔히 관찰될 수 있다. 병변 중앙부에 괴사와 농을 가진 초기의 작은 다병소성의 약간 융기된 단단한 폐렴 병소를 무기폐로 쉽게 오인할 수 있다. 성숙한 동물에서는 보통 폐렴으로 인해 무기폐가 생긴다. WP1607

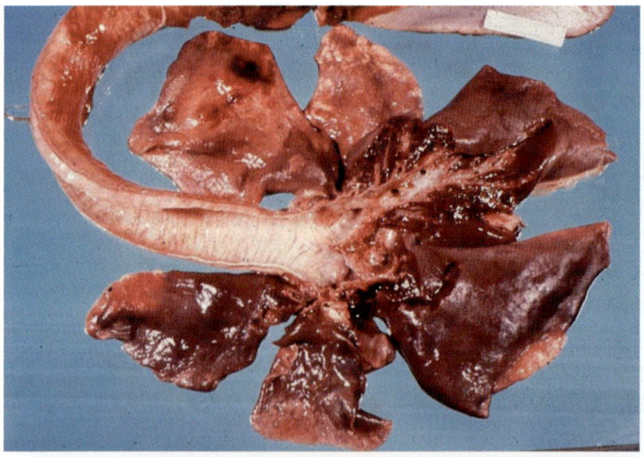

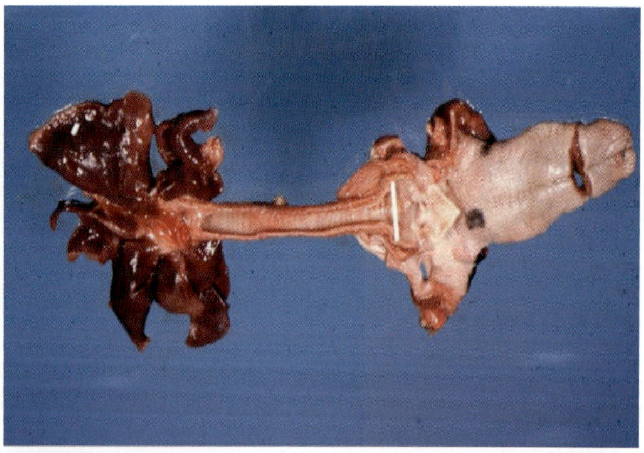

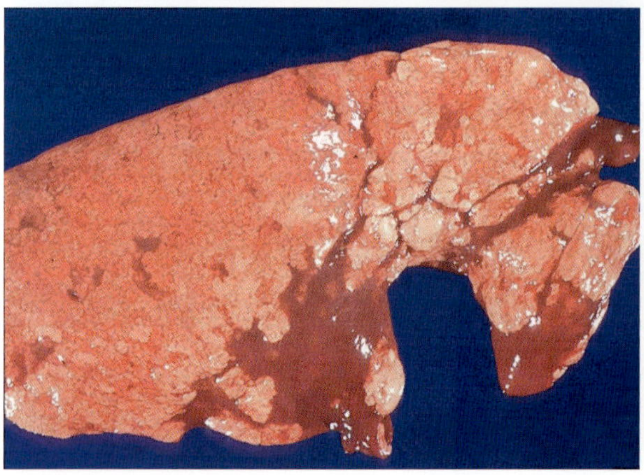

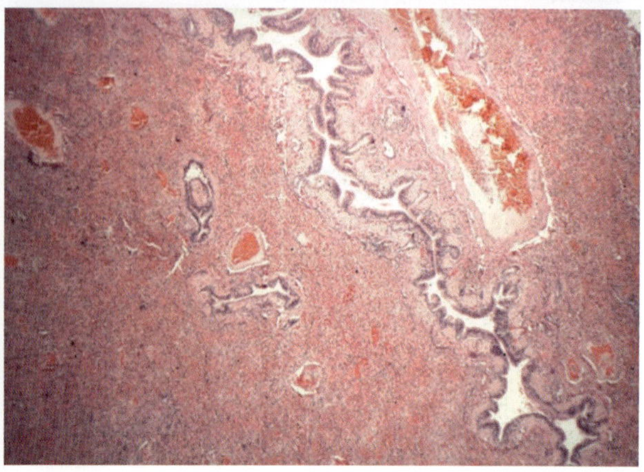

국소 확장성 * 모든 동물

1. Almost any metastatic non-sclerosing tumor
2. Nodular lymphosarcoma
3. Sclerosing carcinoma
4. Invasive lymphosarcoma
5. Black. Metastatic melanoma.

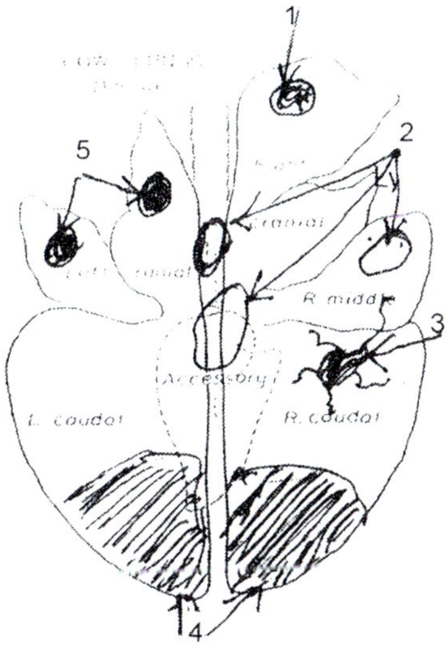

원발성 혹은 전이성 종양(Primary or Metastatic Tumors)

전이성 종양을 육안적으로 진단하기란 쉽지 않다. 단, 흑색종(melanoma)은 대부분 검은색을 띄기 때문에 진단이 쉬운 편이다. 림프절은 어떠한 종양도 쉽게 전이, 침습할 수 있다. 림프육종(lymphosarcoma)은 개와 소의 폐에서 결절처럼 형성되거나 국소 확장성으로 병변을 이룬다. 선암종(adenocarcinoma)은 흔히 단단하게 형성되어 종양 주위로 결합조직 분지가 불규칙하게 뻗어 있는데 이런 특징은 특히 암소의 생식기 선암종에서 잘 볼 수 있다. 또한, 혈관육종(hemangiosarcoma)도 반드시 고려해야 한다. WP2107, 2779

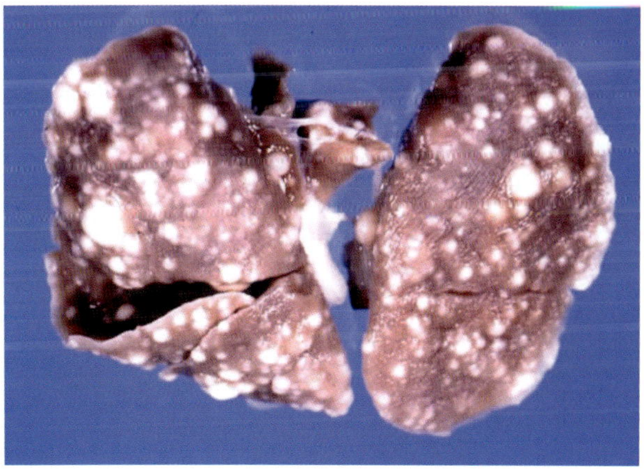

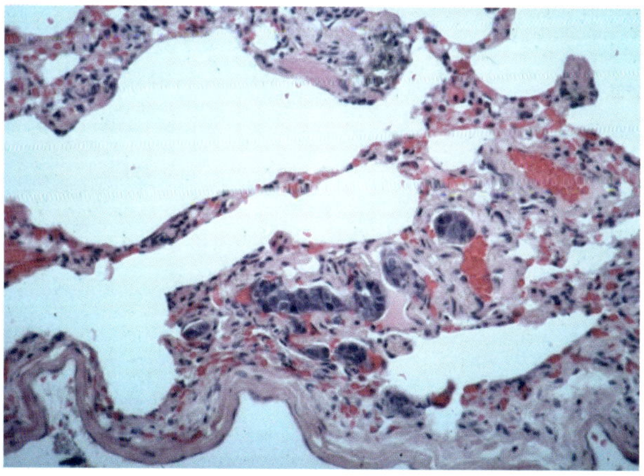

국소 확장성 * 모든 동물

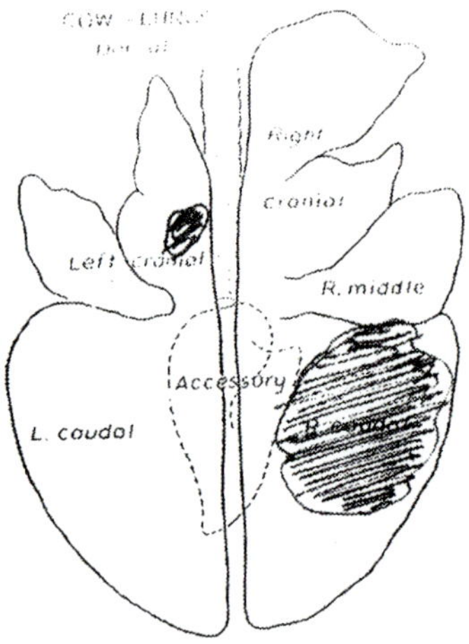

폐농양(Pulmonary Abscesses)

폐농양은 폐조직이 액화괴사되어 화농된 조직파편의 덩어리가 서로 뭉쳐진 것이다. *Arcanobacterium pyogenes* 같이 단일 균에 의해 농을 형성하는 미생물이 있는가 하면 *Staphylococcus* sp.와 *Streptococcus* sp. 같은 세균들은 단일 또는 복합 감염으로 농양을 형성할 수 있다. 하나로 된 커다란 농양(10~20cm)은 단 한 개의 흡인된 이물질 때문일 수 있는데 이는 마치 부엌에 쓰는 체로 버리는 모든 찌꺼기를 거르다가 걸린 경우라고 비교할 수 있다. 다발성의 작은 농양은 대부분 색전성(embolic)으로 발생하는데 이들 전자(thrombi)는 파열된 간농양을 비롯 우심쪽의 증식성 심내막염 병변이나 유방정맥 혹은 경정맥에서 유래한다. 만약 심한 패혈성 악취가 난다면 패혈성 관절 혹은 인대가 없는지 근본 요인을 찾아 보아야 한다. 이물질 때문에 발생한 폐농양이 흉강내로 파열되는 경우가 농흉(empyema, pyothorax)을 일으키는 주요한 원인이다. *Arcanobacterium* sp.이 주요한 원인체인데 그전에는 *Actinomyces*, *Corynebacterium pyogenes*로 부르던 세균이다. 대부분의 동물에서 농양은 단단한 황색의 치즈와 같은 경도를 보이나 드물게 석회화가 발생하기도 하는데 림프절에 이와 유사한 농양 소견이 있다면 결핵으로 진단할 수 있다. **WP19118**

어린 말의 경우 폐를 비롯 신체 여러 다른 장기에서 농양을 형성하는 *Rhodococcus*와 관련이 있으며, 여러 다른 동물에서 *Pneumocystis*에 감염된 폐는 매우 단단한 병변을 형성하는데, 이들 병원체들은 주로 면역 결핍 상태의 빠진 숙주에 대한 이차감염으로 농양을 발생하는 것으로 알려져 있다. 말에서 *Rhodococcus* 폐 농양은 뚜렷하여 부검 시 잘 볼 수 있는데 비해, *Pneumocystis*에 의한 조각 형태의 단단해진 폐농양은 간과할 수도 있다. 이들 병원체를 조직내에서 확인하기 위해 도은(silver impregnation) 염색이 필요하다. 정상적인 말에서도 소수의 *Pneumocystis* 들이 폐에서 산발적인 형태로 관찰될 수 있다. **WP13606**

- **말** : *Rhodococcus* sp.가 원인균이다. **WP212, 213, 214, 12933, 13606, 21347**
- **소** : 가장 흔하게 발생한다.
- **양** : 소와 마찬가지로 아주 흔한 질병이다.

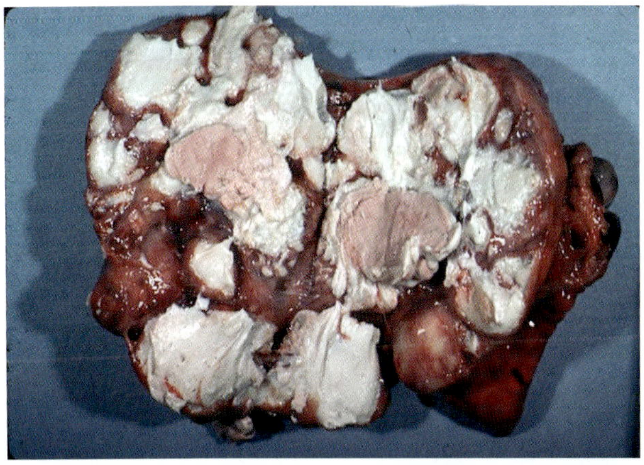

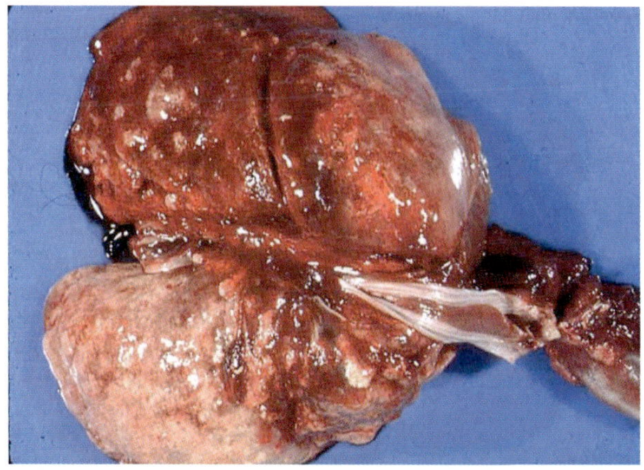

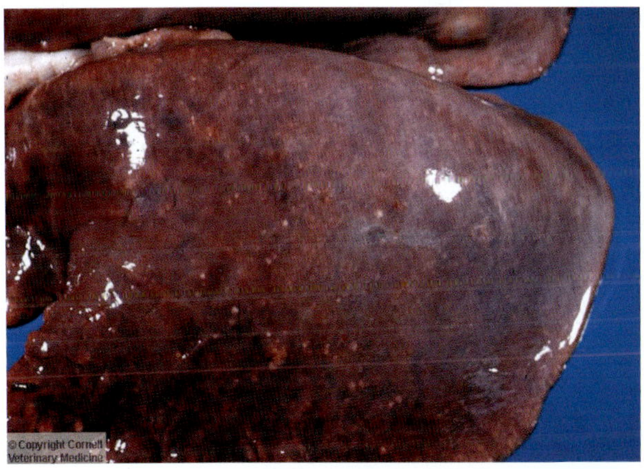
© Copyright Cornell
Veterinary Medicine

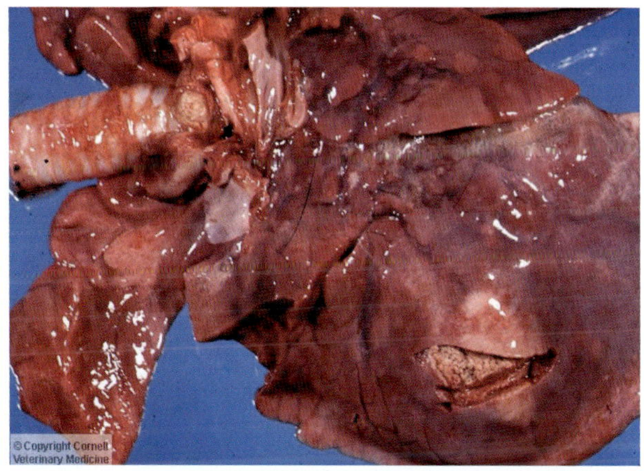
© Copyright Cornell
Veterinary Medicine

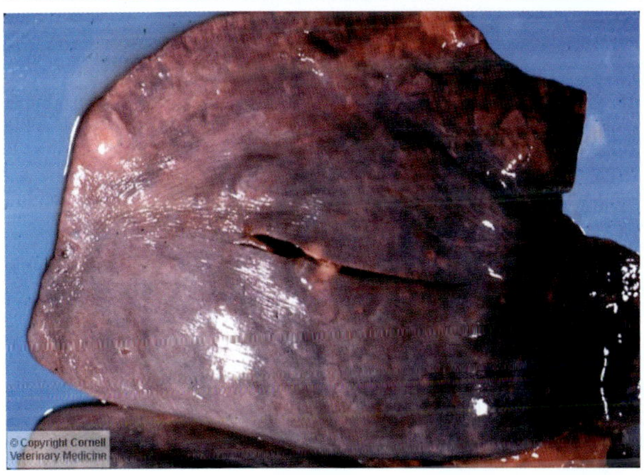
© Copyright Cornell
Veterinary Medicine

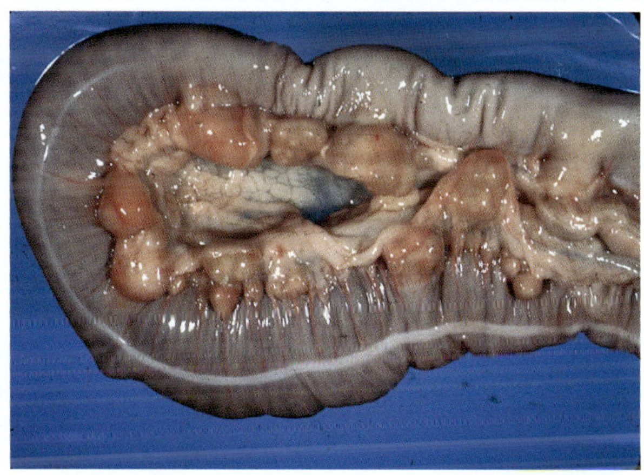

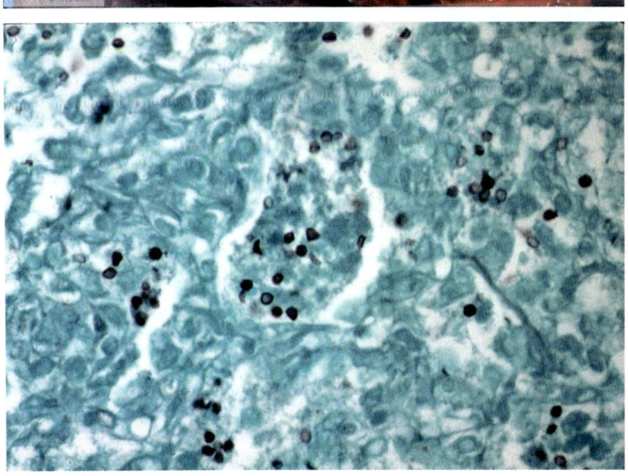

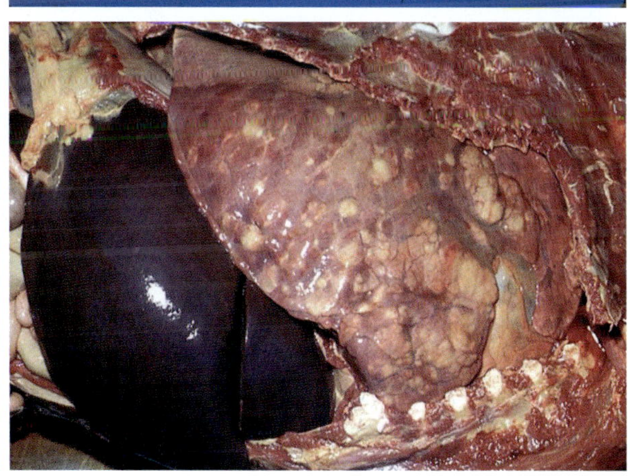

국소 확장성 * 모든 동물

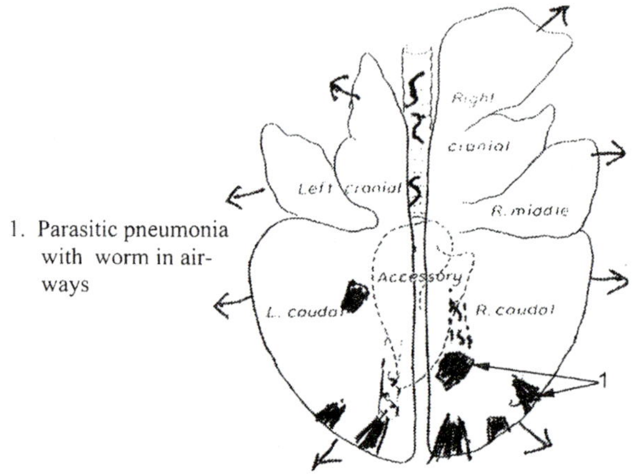

기생충성 폐렴
[Lungworm (*Dictyocaulus* sp., *Metastrongylus* sp.) Pneumonia]

폐 기생충에 의한 폐렴은 어린 동물에서 흔하게 발병하지만 다 자란 동물에서도 가끔 나타난다. 대부분 폐의 기생충은 **'횡격엽의 원위부 기도(airway)'** 에서 발견된다. 폐사 후 많은 기생충들이 다른 기도나 기관으로 옮겨갈 수 있어 진단 시 주의가 필요하다. 폐충들은 실제로 기도를 좁히거나 막히게 하여 병변 부위는 창백하게 보이고 산재되어 있는데 단단하게 하얀 사각형 혹은 삼각형의 형태로 약간 종창된 기종성 실질의 표면이나 뒤쪽 가장자리에서 잘 볼 수 있다. 전체적으로 폐가 기종성일 수도 있다. *Muellarius* sp.에 의한 폐렴은 산발적인 형태로 폐 실질 내에서도 볼 수 있는데, 양에서는 이 두 가지 기생충 사이에 어떤게 병원체인지 헷갈릴 수 있다. 그러나 *Muellarius* sp.는 현미경으로 봐야만 확인할 수 있다. **WP925**

- **말** : *Dictyocaulus arnfeldi*의 많은 감염 증례가 당나귀와 합사해서 키운 말에서 흔히 관찰된다.

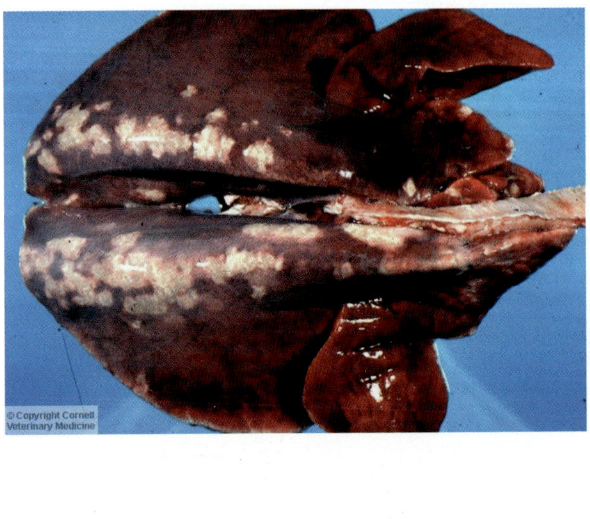

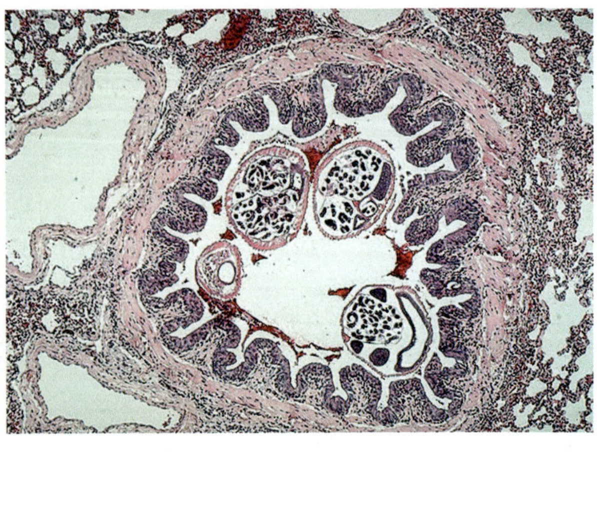

국소 확장성 * 모든 동물

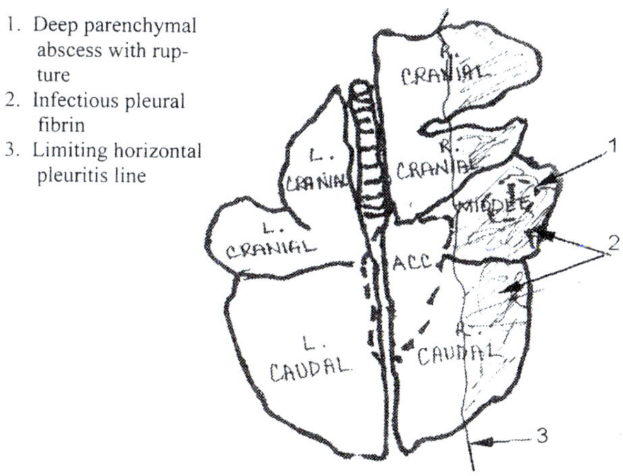

화농성 흉막염(Purulent Pleuritis)

소나 다른 동물의 흉강에 발생한 섬유소성 화농성 감염(fibrinopurulent infection)은 85% 이상에서 흡인성 폐렴에 의해 발생한 폐농양이 터져서 일어난다. 또다른 확실한 원인으로는 식도 천공에 의해 목으로부터 아래 흉강으로 음식물이 흘러 들어 오게 된 경우이다. 흉막염은 흉강의 한 쪽 면에서만 국한되어 발생하는데 특히 말의 경우 항상 서있기 때문에 그림과 같이 배쪽의 수평선(그림 3)까지만 농성 삼출물이 병변을 만든다. 농양이 아주 작을 경우 시간이 경과함에 따라 자연치유 될 수 있기 때문에 부검 시 잘 관찰하지 않으면 치유된 농양소를 지나칠 수 있다. *Nocardia* sp.를 포함해 많은 미생물들이 분리되지만 대부분 이들이 원발성 병원체는 아니다. 이 병소는 농흉(pyothorax)이나 화농성 흉막염(suppurative pleuritis = empyema)으로도 알려져 있다. WP112, 115, 576

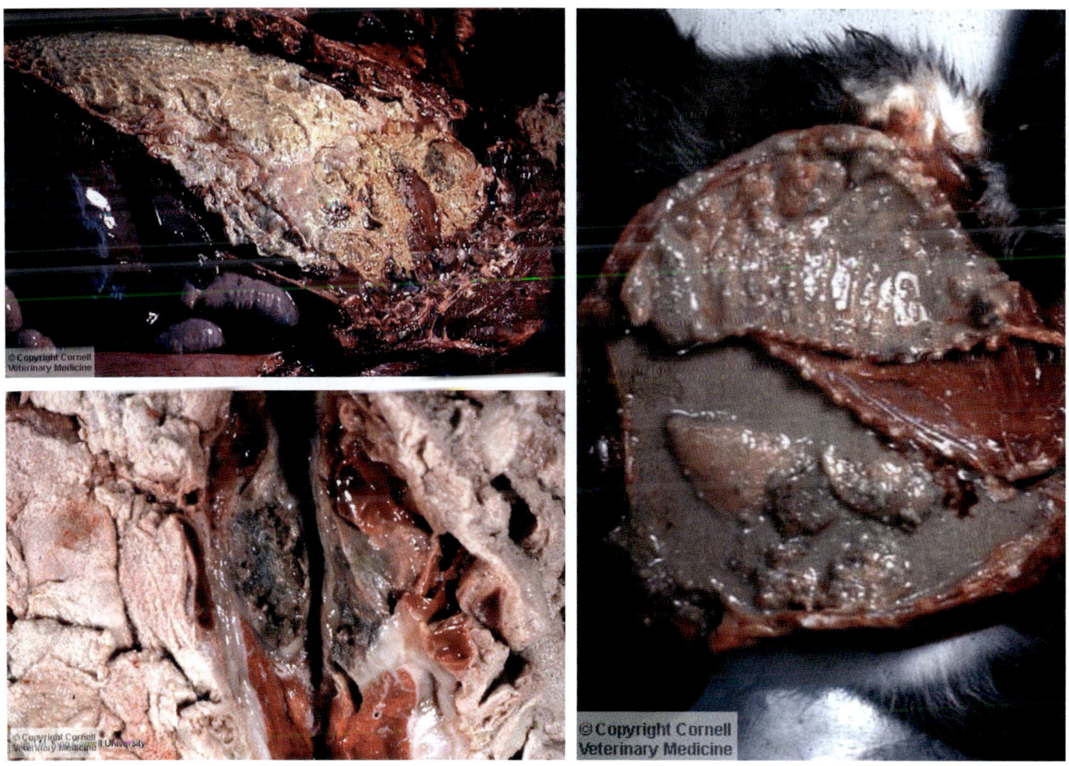

국소 확장성 * 모든 동물

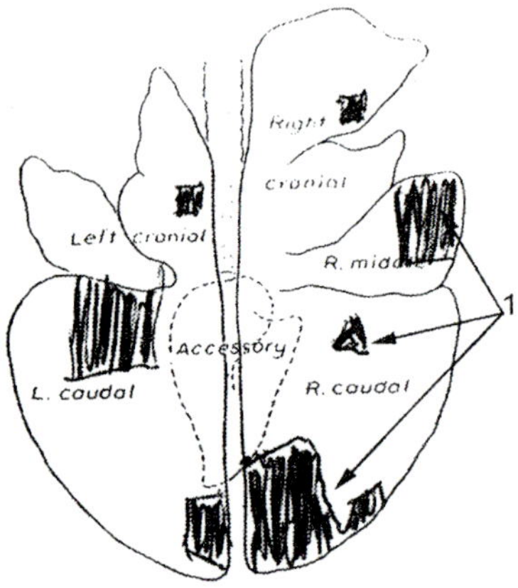

1. Discrete locally extensive gritty parenchyma

폐의 무기질 침착(Pulmonary Mineralization)

폐의 무기질 침착은 다양한 요인에 의해 어느 연령에서도 발생할 수 있다. 전체 폐엽에 큰 병변을 만들거나 1 cm 내외나 그 보다 작은 크기로 형성되며 폐의 단면을 만들려고 자르려 하면 마치 단단히 뭉친 모래를 자른 것 같은 소리와 느낌을 주는데 이게 특징적인 소견이다. 할단면을 만들어 보면 건조한 형태로 무기질이 침착된 모래 같은 단면이 폐에 퍼져있는 것을 등쪽 횡격엽에서 잘 볼 수 있다. 대부분의 경우 과도한 비타민 D 섭취가 중요한 원인이지만, 비타민 A 결핍이나 요독증(uremia)에서도 이 소견을 볼 수 있다. 대부분의 예에서 침착된 부위는 경계가 확실하게 나타난다. 소를 포함한 대부분의 동물에서 '악성종양에 따른 고칼슘혈증(hypercalcemia of malignancy)'으로 폐에 무기질 침착이 흔히 발생한다. WP201, 467

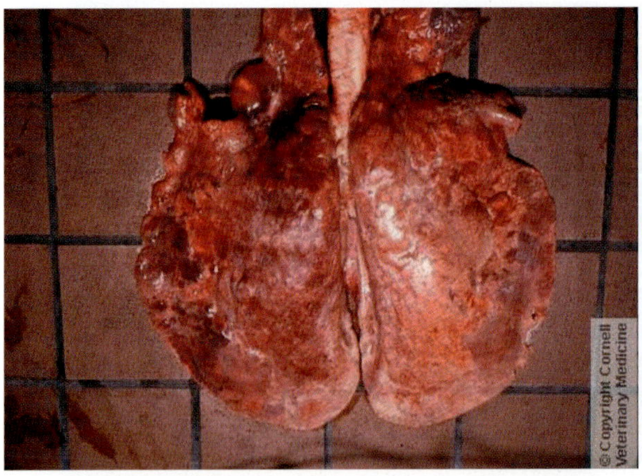

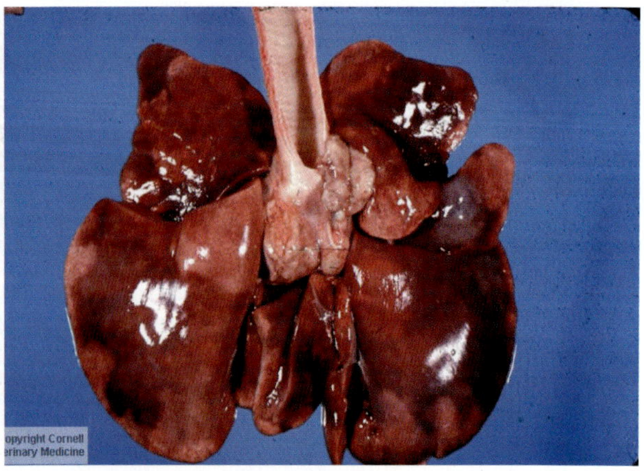

국소 확장성 * 모든 동물

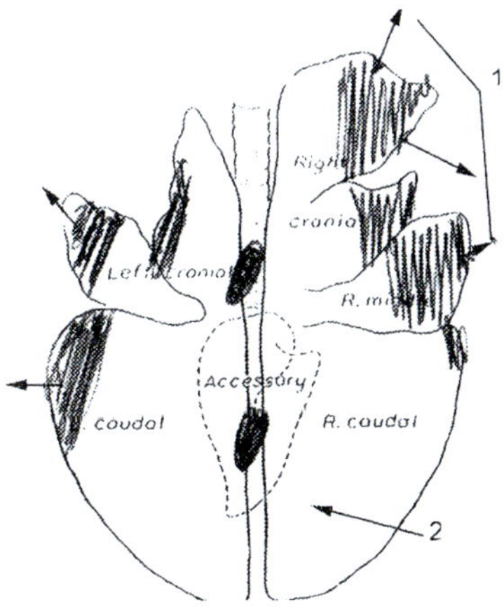

1. Indicator of slight pneumonic enlargement
2. Emphysema may or may not be present

어린 동물의 유행성 폐렴(Enzootic Pneumonia of the Young)

자축에서 나타날 수 있는 유행성 폐렴은 전배측 폐엽이 적색으로 딘딘하거나 흔히 승능도로 창백한 소견을 특징으로 한다. 그리고 노란색의 괴사성 및 화농섬유소성 삼출물이 있고, 흉곽에 섬유소성 유착이 있다. 만성으로 진행 시 병변 부위는 더 창백해지고 덜 단단해지면서 유연해 진다. 섬유소 삼출물은 결합조직으로 대체되며 국소 림프절이 자주 종대된다. 발병한 폐엽은 치료에 대한 반응으로 무기폐성 부위가 될 수 있으며 수개월~수 년 동안 그대로 남아 있을 수 있다. 이런 경우 경미한 오연성(이물성) 폐렴과 감별하기가 어렵다.

- **말** : *Rhodococcus* sp.에 의한 농양과 속발적인 *Pneumocystis carinii*는 유행성 일 수 있으며, 농양 주위를 만져보면 단단한 결합조직을 느낄 수 있다. WP212, 213, 214, 12933, 13606, 21347
- **소** : 육성우의 경우 무기폐 증상이 뚜렷하며 점액양 혹은 화농성 물질로 가득 차있는 확장된 세기관지가 특징인 화농성 기관지확장증(purulent bronchiectasis)이 병발할 수 있다. 무기폐의 정도에 따라 단순히 기관지가 확장된 것처럼 보일 수 있다. *Mannheimia*와 *Pasteurella* sp.가 보통 분리되지만 다량의 항생제의 사용은 다른 균들이 분리되는 것을 방해할 수 있다. 흔히 바이러스도 이 병의 소인(predisposing factor)으로 생각하지만 실제 바이러스는 분리 배양은 비롯 형광항체 검사, 봉입체 확인이나 면역조직학적 방법으로 거의 분리되지 않는다. WP357
- **돼지** : *Bordetella* sp.와 *Mycoplasma* sp.가 병원체다.
- **양** : 소에서처럼 *Pasteurella* sp.가 분리된다.
- **개** : *Bordetella* sp.와 디스템퍼 바이러스가 병원체다.
- **고양이** : 괴사와 봉입체가 확인되는 고양이 허피스바이러스가 원인이다.

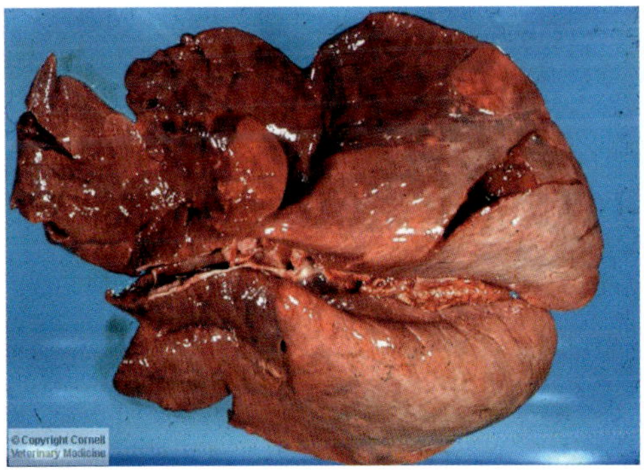

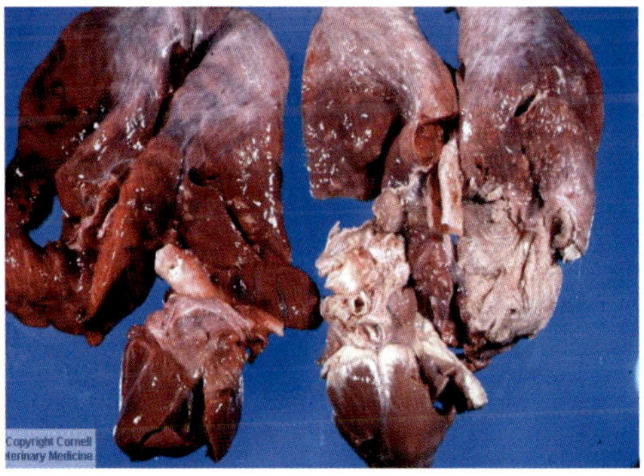

국소 확장성 * 모든 동물

1. A single oat hull may be found anywhere in the lung.
2. A cow down on one side may only have the lesion in the down lung.
3. A standing calf with laryngeal White Muscle disease damage may have milk inhalation lesions cranioventrally.

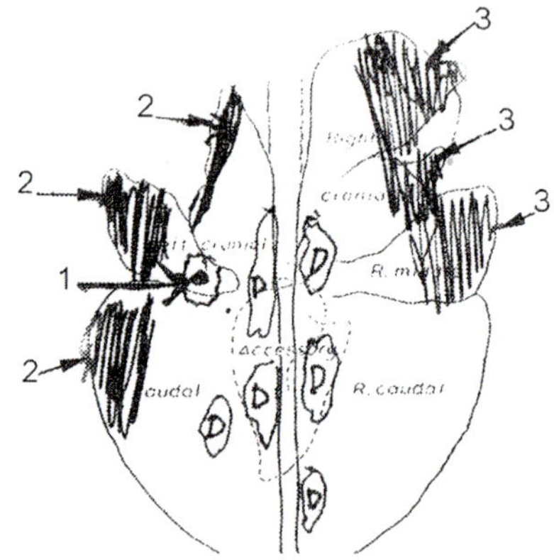

오연성(이물성, 괴저성) 폐렴[Inhalation (Foreign Body, Gangrenous) Pneumonia]

폐 병변 유형과 분포는 미생물의 종류, 감염량 및 병원성을 비롯 이물의 종류, 흡입했을 때 동물의 자세, 그리고 숙주의 면역 및 영양 상태와 같은 여러 요인들에 따라 다양하다.

- **말 :** 수송 시 고삐에 의해 머리가 높게 들렸을 때 발생하는 수송열(shipping fever)이 가장 흔한 원인이지만 용액성 약물을 잘못 먹였을 때에도 발생할 수 있다. 산통(colic) 치료 시 사용되는 미네랄 오일을 투여 시 이 오일에 의한 오연성 폐렴이 발생 가능하다. 이 폐를 보면 출혈 부위와 함께 크고 창백한 병변이 실질 내 흩어져있다. 기종이 흔하다. 폐 샘플을 포르말린 고정액에 넣어 보면 오일 방울이 뜨는 것이나 흰색이 아닌 갈색 종이 수건에 묻어나오는 오일을 보게 되면 진단에 도움이 될 수 있다. 오일이 구역질 반사(gag reflex)와 기침 반사(coughing reflex)를 멈추게 할 수 있기 때문에 거담제(expectorant)와 함께 사용하여 이 폐렴이 발생한 경우 수의사로 인한 잘못을 인식하지 못할 수 있다. WP2568, 168
- **소 :** 등을 대고 눕는 것은 원발성으로 모든 폐엽 혹은 특정 폐엽의 등쪽에 병변을 야기한다. 대부분의 오연성(괴저성) 폐렴은 주로 패혈성이다. 송아지에게 물약의 구강 투여 시 잘못 먹였을 때 흔히 발생한다. 송아지에서 연하근육 장애는 백근병에 의해서도 종종 관찰될 수 있다.
- **양/염소 :** 흔히 물약을 잘못 먹일 경우 발생한다. 연하(deglutition) 근육에 백근병의 발생이 있을 시 이 원인으로 고려해야 하는데 그것은 백근병이 연하 관련 근육들에서 흔히 발생하기 때문이다.
- **고양이 :** 말(horse)과 같은 이유로, 미네랄 오일이 이물성(誤嚥性) 폐렴의 주요인이다.
- **유의사항 :** 미네랄 오일이나 그런 제품은 구역질 반사를 줄이거나 막을 수 있는데 이러한 방어 기전으로 기침을 멈추게 할 수 있다.

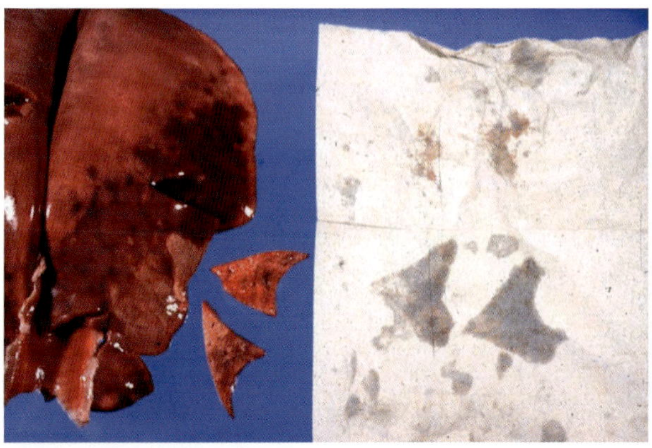

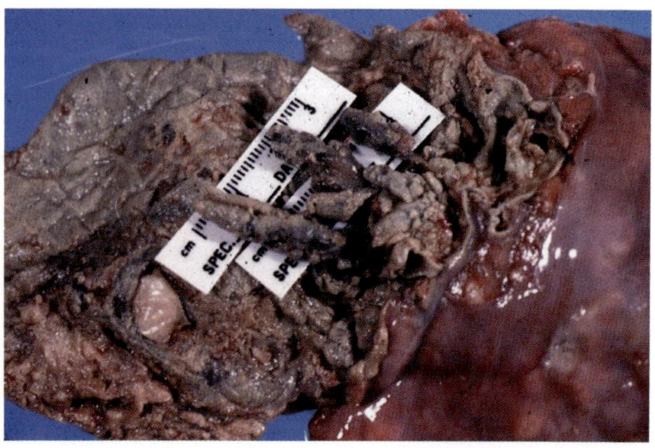

국소 확장성 * 모든 동물

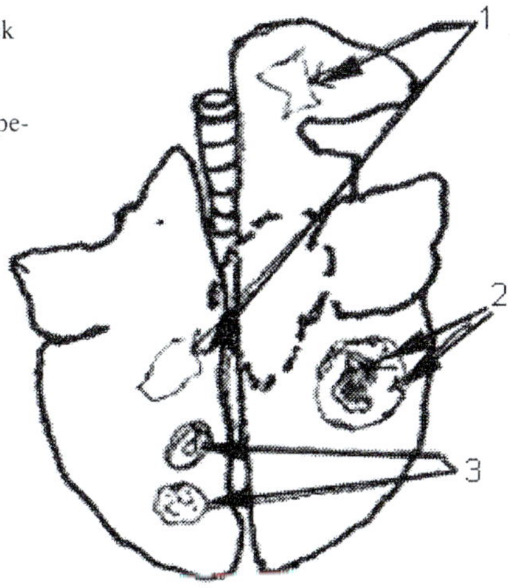

폐의 낭포(Pulmonary Cysts)

특별한 형태가 없이 다양한 크기 및 공기주머니 형태로 나타나는데 통상 기종성낭포로 소에서 가장 흔하며 말과 고양이에서는 드물다. 양에서는 다른 가축에 비해 상대적으로 온전한 폐를 가지고 있어서 이 질병은 거의 발생하지 않는다. 이들은 주로 빈사기의 인공산물들이다. 촌충(tapeworm)에 의해 생긴 낭포는 1cm 내외의 규칙적인 둥근 모양이고 맑거나 탁한 낭포액을 가지고 있으며 확실한 얇은 벽이 있다. 이 낭포 내에 정상이거나 변성된 기생충이 들어 있다. 말과 소에서 단방포충증(echinococcosis)에 의해 비슷한 형태의 낭을 볼 수 있다. 흡충(fluke)인 *Paragonimus kellicoti*는 검은 낭포액 안에 기생충이 들어있는 낭을 만든다. 이 낭포는 양, 개 그리고 다른 동물에서 발생한 간 흡충에 의한 낭포와 비슷하거나 다르게 생겼다. 어떤 숙주 내에서 소수에서 여러 개의 낭이 생성 가능하다. 일부 개에서 선천성 기관지 낭포(congenital bronchial cysts)도 볼 수 있다. WP13568

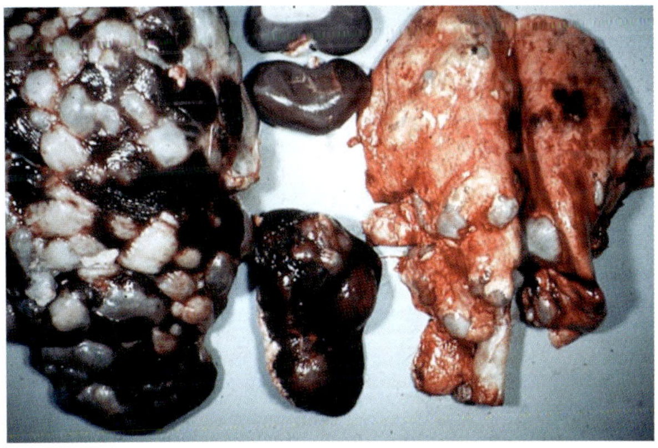

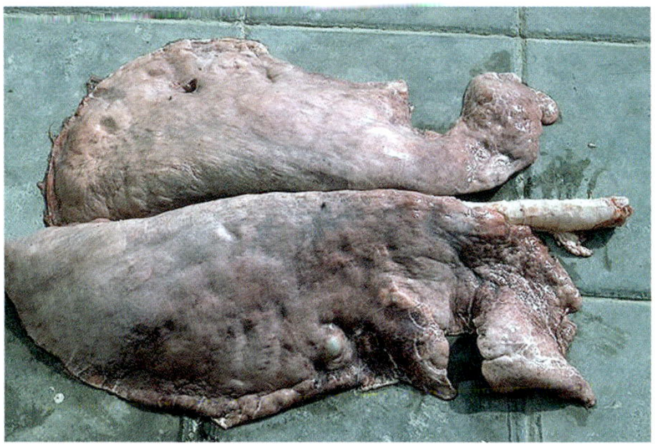

국소 확장성 * 모든 동물

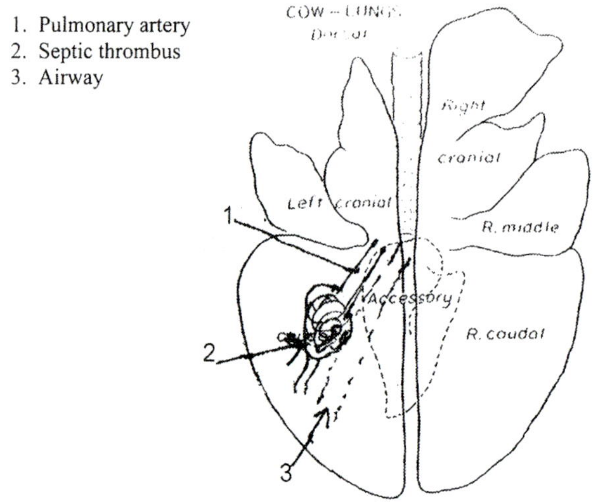

호흡기도의 실혈성 출혈(Respiratory Tract Exsanguination Hemorrhage)

이 질병은 소에서 폐출혈 때문에 발생하는데 외관상 비출혈(epistaxis)을 볼 수 있다. 혈액은 기도와 주변 폐포에서 관찰되고 만약 이들 혈액을 삼켰다면 식도, 4위 및 전위에 까지 혈액이 관찰된다. 폐정맥의 한 가지에서 생긴 커다란 패혈성 혈전은 보통 간농양이 파열된 곳 가까이 위치한 후대정맥의 벽을 부식시켜 들어 온 전자때문이다. 기도 내로의 혈액 유입은 보통 폐동맥의 한 곳을 막아버린 패혈성 혈전자로부터 시작되고 기관지 내 혈액 유입 역시 이들로 부터 기관지 벽을 통해 관강 내로 들어오기 때문이다. 놀랍게도 혈전이 있는 혈관은 보는 것보다 만져서 쉽게 알 수 있다. 폐에서의 경색은 흔하지 않은데 그 이유는 이중 혈액 공급을 폐가 받고 있기 때문이다. WP310, 313

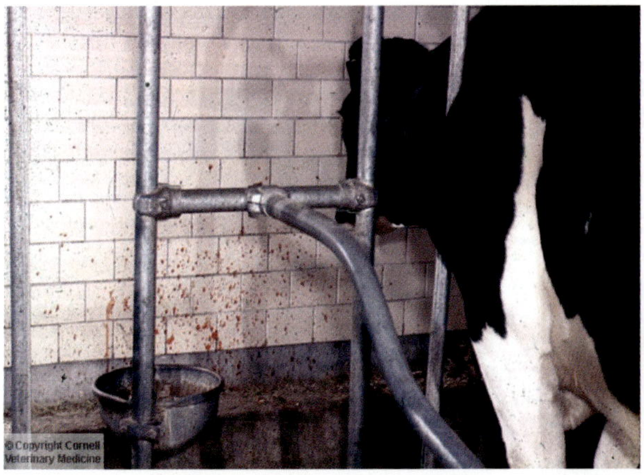

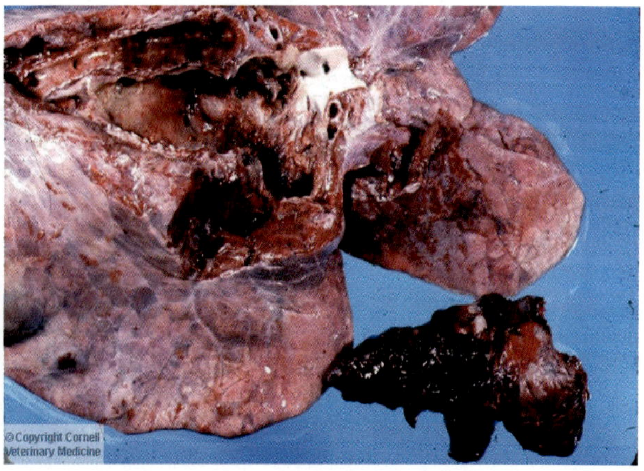

국소 확장성 * 모든 동물

1. Fibrinopurulent pneumonia
2. Emphysematous enlargement

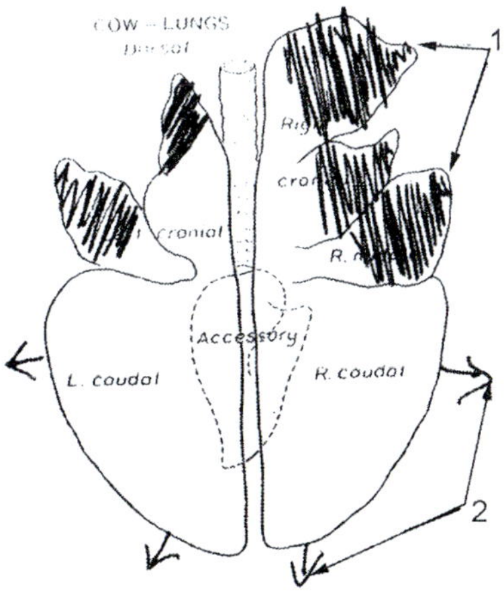

수송열=출혈성 패혈증 만하이미아 폐렴(Mannheimia Pneumonia)

수송 후나 스트레스를 받은 성축에서 나타나는 질병이다. 한 폐엽이나 여러 엽에서 발생하고, 병변부는 양측성으로 전복측(cranio-ventral)에 흉막과 흉곽(rib cage)까지 확장된다. 감염된 부위는 국소적으로 광범위하고 단단하지만 섬유소막 표면은 취약하며 출혈과 수종이 나타날 수 있다. 폐포중격은 비후되고 불투명하며 창백한 섬유소와 응고된 혈청에 의해 대리석 무늬모양이 나타난다. 발병된 동물과의 계속적인 접촉감염을 통한 계대 감염은 이 균의 병원성을 증진시키고, 이로 인해 수송되지 않고 거주하고 있는 동물에서도 발병된다는 사실에 주의하여야 한다. *Pasteurella multocida*와 *M. hemolytica*가 흔히 분리되는데, *M. hemolytica* 감염이 출혈이 더 심하게 나타난다. 설사 역시 몇몇 폐렴에서 특징적으로 나타나기 때문에 임상적으로 진단의 어려움이 있다. 기종은 경미하거나 심각할 수 있다. *Actinobacillus* sp.*(Hemophilus)* 폐렴도 이와 유사하지만 보다 더 심한 섬유소 출현과 출혈을 보이나 *Mannheimia*와는 다르게 전복측에만 병변이 국한되지 않고 전체 폐엽에 병소가 퍼져 있다. WP2659, 11

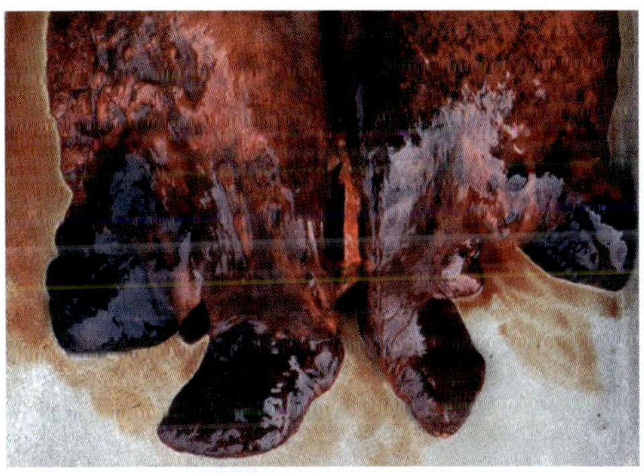
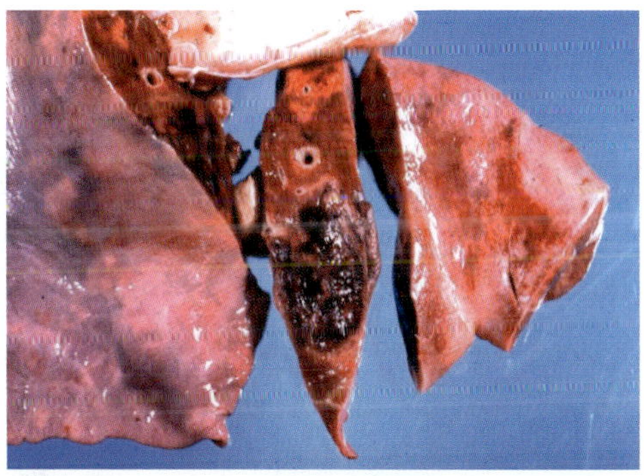
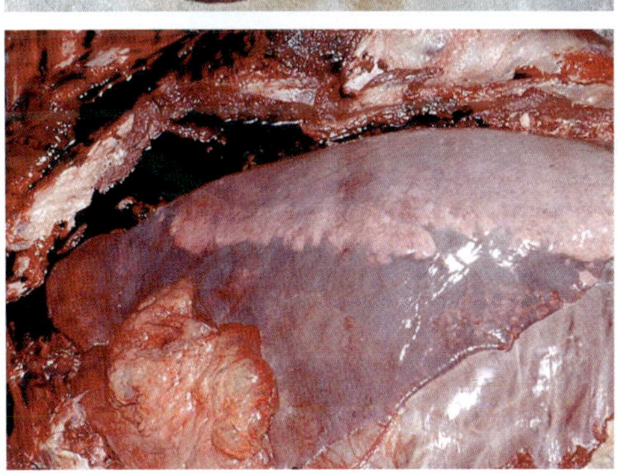
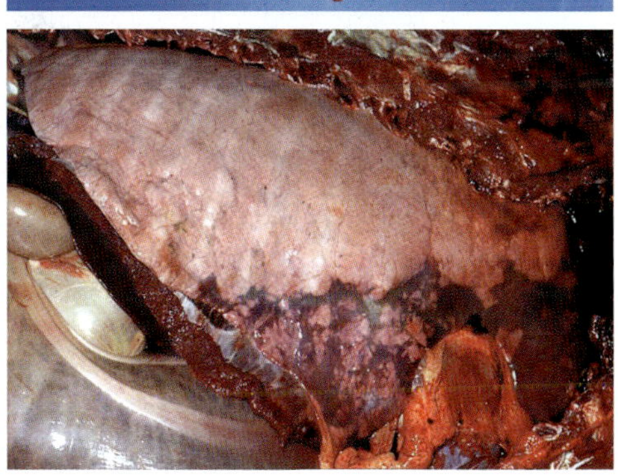

국소 확장성 * 모든 동물

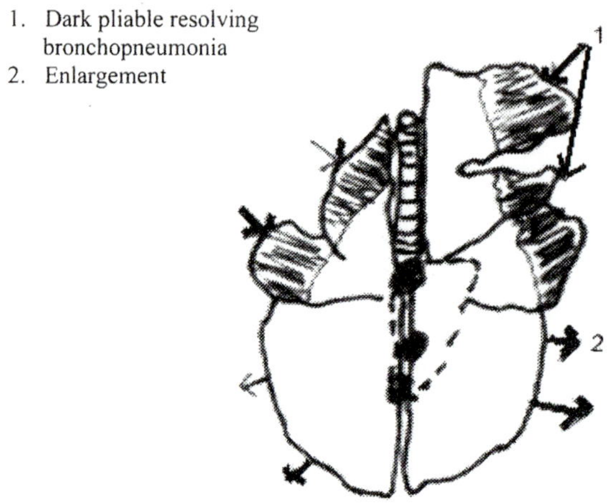

용해성 기관지폐렴(Resolving Bronchopneumonia)

이 질병은 나이가 찬 송아지나 성성숙기가 지난 동물에서 주로 발생하며, 감염된 엽은 보통 허탈되어 있고 다소 단단하거나 부드러운 특징이 있다. 발생한 엽과 흉곽사이 섬유소성 유착(fibrous adhesions)이 흔히 발생한다. 국소 림프절의 종창은 만성임을 암시한다. 때때로 산재되어 두꺼운 벽을 가진 농양이 발견된다. 보통 심한 기종이 발생한다. 병원체 배양을 하여도 특이한 균이 발견되지 않는다. 수종, 충혈, 출혈, 괴사성 파편, 섬유소 등과 같은 급성 소견은 없다. **유행성 폐렴이 모두 치명적이지 않는 것처럼** 이 질병은 분명 존재하지만 거의 인지되지 않는다. 이 병변은 여러 해 동안 지속되어 나중에 발생한 예컨대 소 호흡기 합포체성 폐렴(bovine respiratory syncytial virus pneumonia)과 같은 다른 호흡기성 질병의 하나로 잘못 판단하기도 한다. WP2624

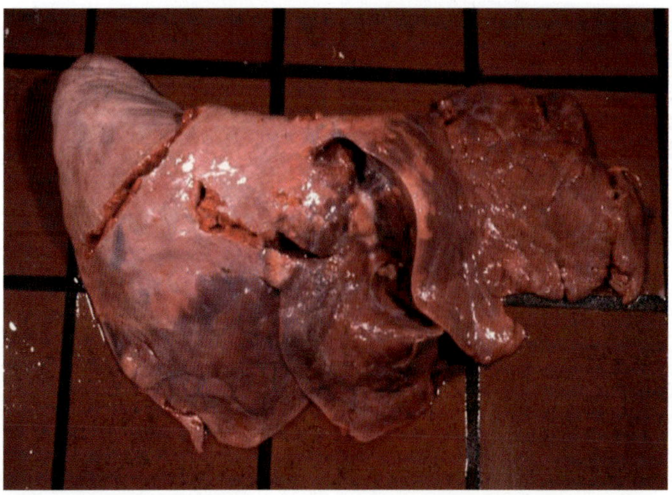

국소 확장성 * 소, 돼지

1. Locally extensive areas of fibrino-hemorrhagic pneumonia
2. Indication of enlarged lung with emphysema

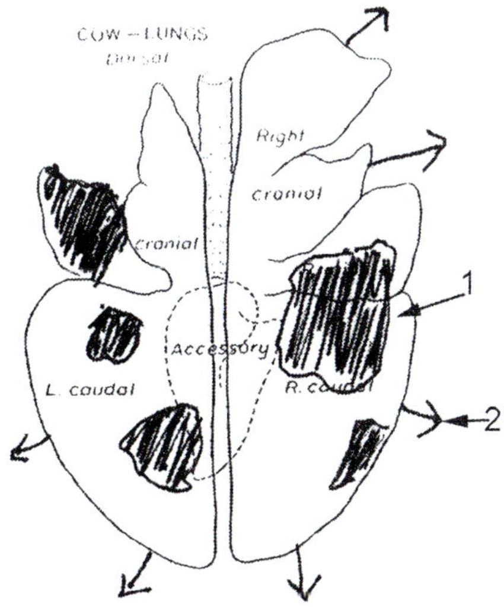

엑치노바시리스(Actinobacillus)성 흉막 폐렴

이 질병은 보통 막 성성숙기를 지난 동물에서 발생한다. 급성 섬유소성 출혈성 폐렴(fibrinohemorrhagic pneumonia)이 특징이고 국소 확장성으로 발생하며 수송열 폐렴에서 나타나는 것처럼 전복측(cranioventral) 폐엽에서만 제한적으로 발생하지 않는다. 이 질환으로 인한 병변은 수송열 폐렴보다 더 출혈이 심하게 나타난다. 보통 심한 기종이 생기고 그 결과 심한 임상적 호흡곤란을 유발한다.

- **소 : 이는 만하이미아성 폐렴과 거의 유사하다.**
- **돼지 :** 엑치노바시러스성 흉막 폐렴(*A.pleuropneumonia*)의 전형적 소견이다. **WP671, 672**

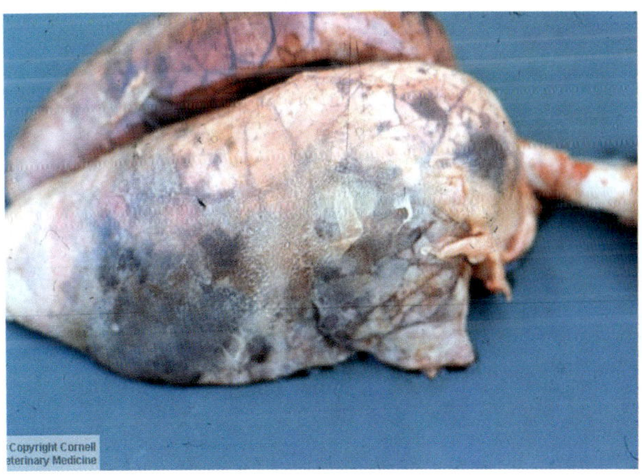

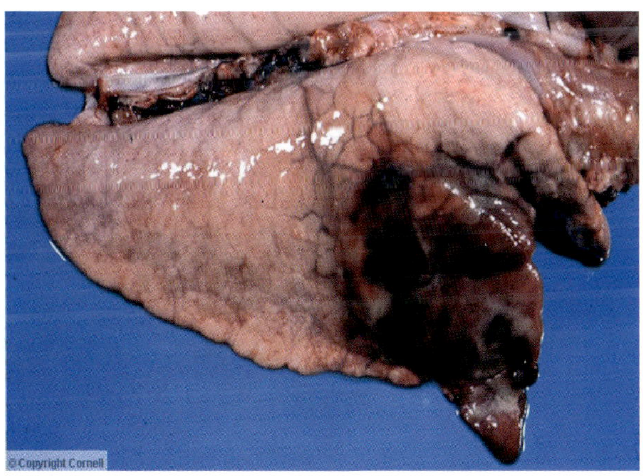

국소 확장성 * 소

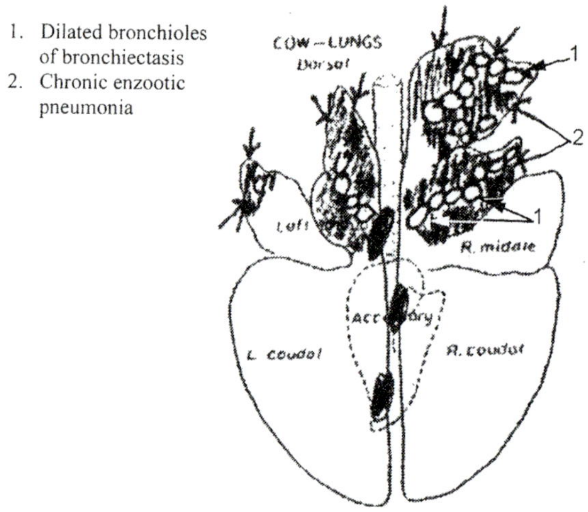

화농성(점액화농성) 기관지확장증[Suppurative(mucopurulent) Bronchiectasis]

(점액)화농성 기관지확장증은 수 개월 령의 송아지부터 수 년 된 성축까지 다발한다. 전복측 엽에 보통 둥근 낭포처럼 액상 혹은 굳은 농양이 발견되는데 절개해 보면 구불구불한 기도를 따라 그 안에 주머니 같이 형성되어 있다. 병변의 주변 실질은 압력을 받아 기능발휘를 못해 허탈상태인데 이로 인해 병변부내 기도가 상대적으로 크기가 증가된 것처럼 보인다. 유행성 폐렴(enzootic pneumonia)과 심지어 수송열의 후유증으로 이 소견이 흔히 나타난다. 치료용 항생제를 사용한 경우 세균 배양은 실패할 수 있다. WP1429, 19874

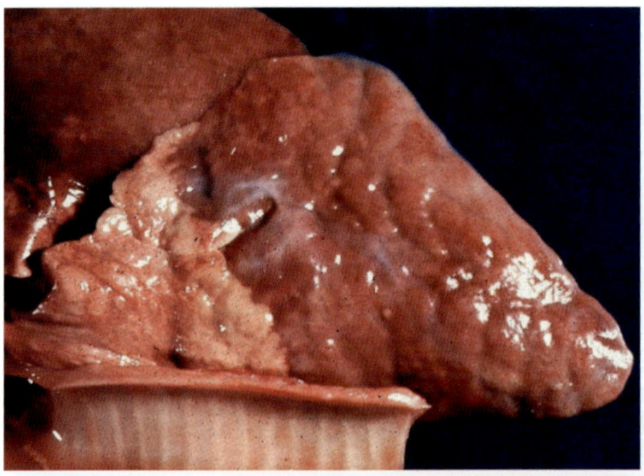

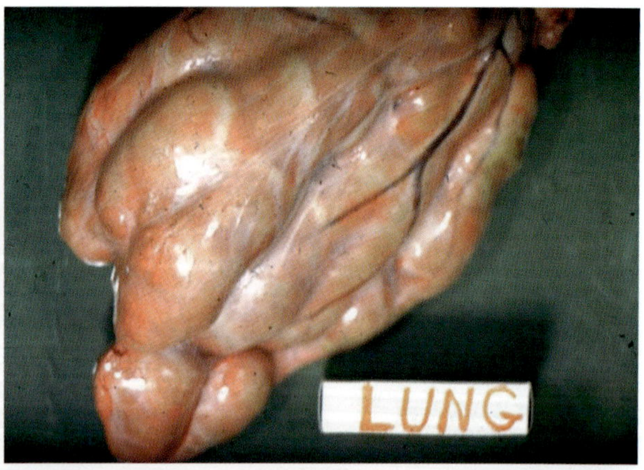

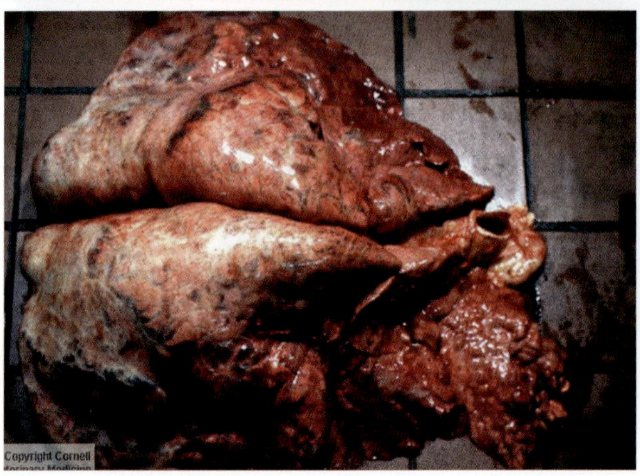

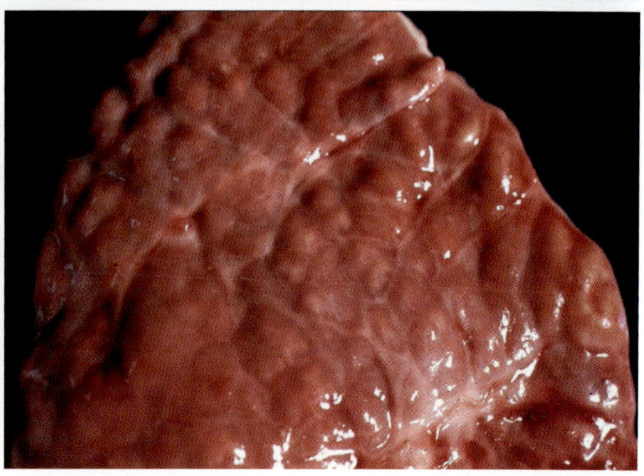

국소 확장성 * 소

1. Areas of chronic cranioventral bronchopneumonia
2. Areas of acute secondary inhalation pneumonia
3. Indication for enlarged emphysematous lung

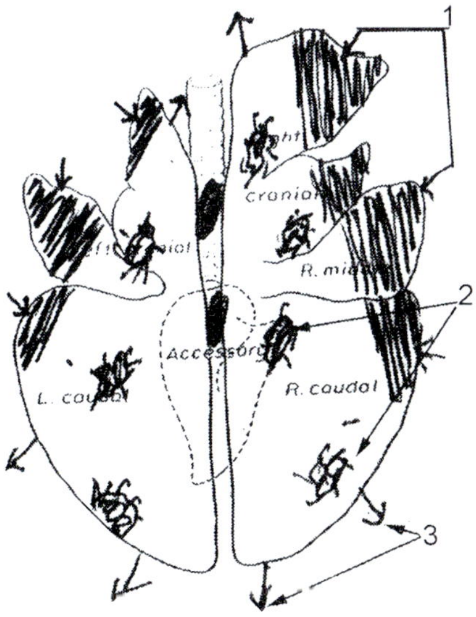

속발성 흡인성 폐렴(Secondary Inhalation Pneumonia)

만성 유행성 폐렴을 앓은 성우와 4위 전위 수술이나 그 밖의 시술을 위해 몸체를 누워서 좌우로 회전시킨 동물에서 흔히 발생한다. 만성 폐렴은 보통 전복측 엽에서 보이고 촉감은 단단하거나 부드러운 탄성을 보이고 기도 내에 화농성 삼출물이 존재한다. 소를 누이었을 때, 중력에 의해 떨어진 파편이 급성 병증을 일으켜 앞쪽 폐엽에 병변이 산재되어 나타난다. 기종은 흔히 광범위하게 발생한다. 만성으로 회복되어 가는 전복측 폐엽이 있을 경우 염증 삼출물이 증가되기에 림프절이 종대된다. WP375

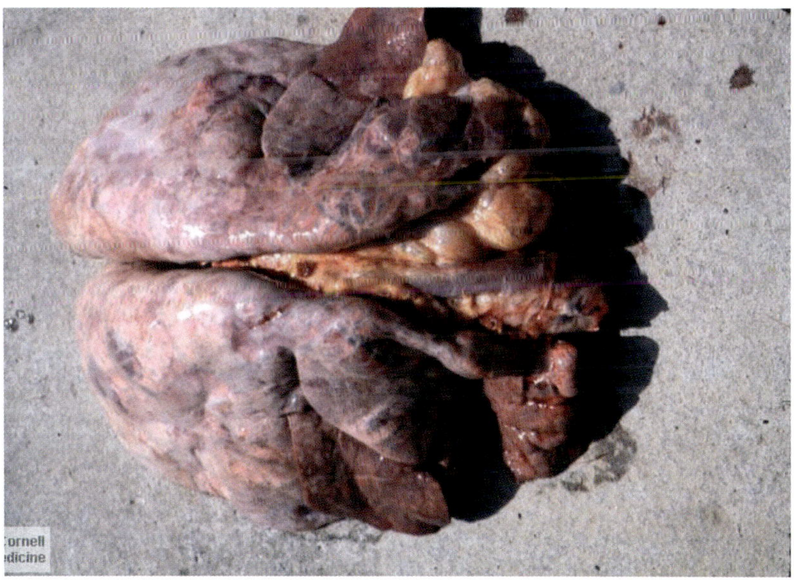

국소 확장성 * 소, 양

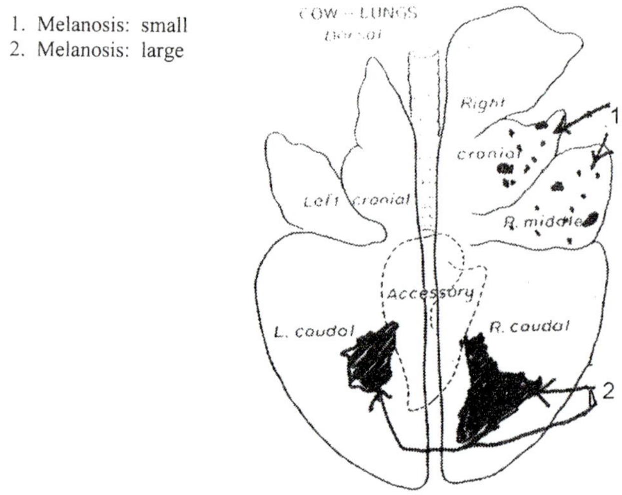

흑색증(Melanosis)

흑색증은 다발성으로 나타날 수 있다. 주로 어린 소와 양에서 발생하는 선천성 소견인데 특히 검은 얼굴을 띈 양의 경우 심장과 뇌막에 멜라닌 침착이 많다. 약 1 mm에서 4~5 cm에 이르는 다양한 크기로 다병소성의 검은 점이나 아주 커다랗게 국소 확장성으로 폐실질이나 기도에 분포하는데 어느 곳에서나 발생할 수 있다. 공간을 차지하지는 않기 때문에 종양이라고 불러서는 안된다. WP2719

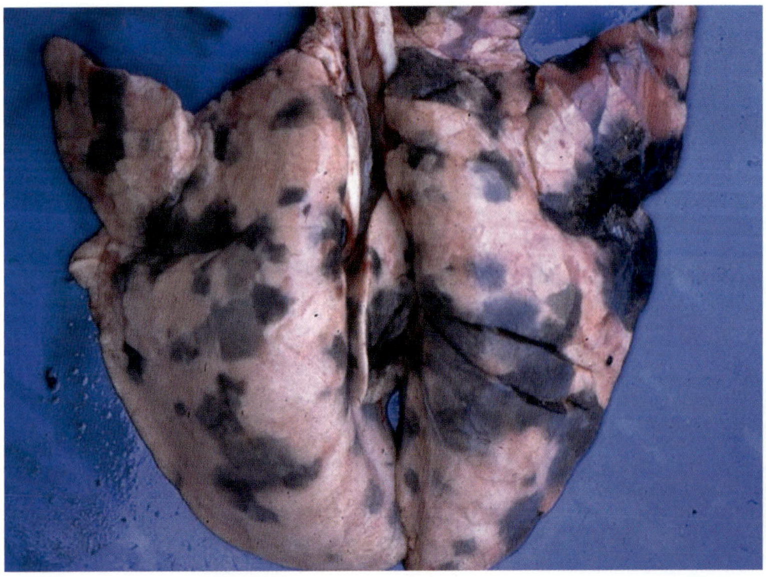

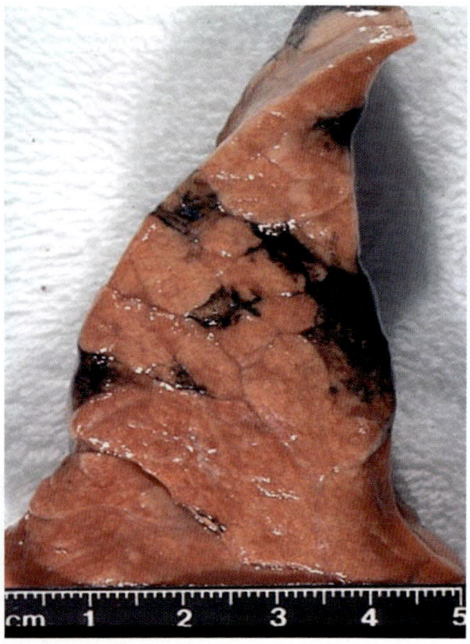

국소 확장성 * 양, 염소

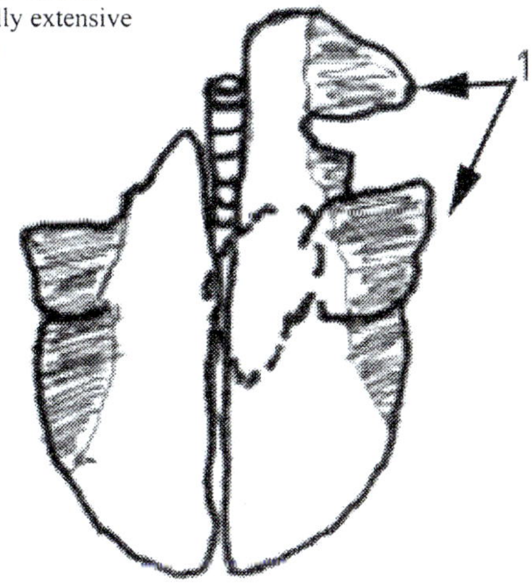

CAE 바이러스성 폐렴
(Mardi Marshes progressive pneumonia, Chronic obstructive pulmonary disease)

이 질병은 만성 폐쇄성 폐질환 또는 Mardi나 Marsh 진행성 폐렴이라 부르기도 한다. 리트로바이러스인 CAE바이러스는 나이 든 양, 염소에서 발생하고, 병변은 국소 확장성으로 보통 전복측에 창백하고 매우 단단하다. 조직학적으로 단핵구인 대식세포와 림프구 같은 만성 염증세포가 대부분 림프구계 소포(lymphoid follicle)를 형성한다. 어떤 경우에는 폐포 구성 세포의 증식이 현저하다. 국소 림프절은 종대되며 만성 염증성 세포 침윤 병소가 골수에 산재되어 있다. 만성 유행성 폐렴의 어떤 경우와 육안적으로나 조직학적으로 유사하다. 예전 Jaagsiekte라 부르는 선종증(adenomatosis)과 혼동이 있었지만, 선종증은 종양의 하나이다. (CAE = Caprine Arthritis - Encepharitis) WP2588, 16349

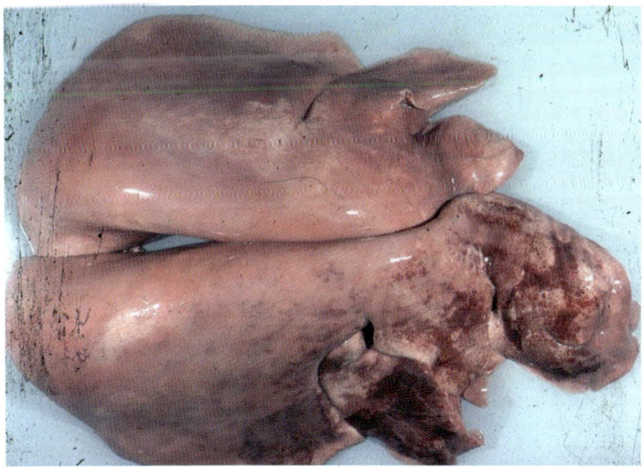

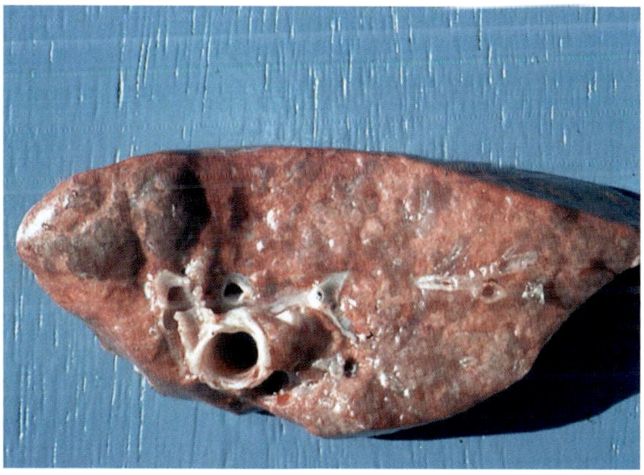

국소 확장성 및 다발성 * 모든 동물

1. Almost any possibility exists
2. Probable lymphosarcoma

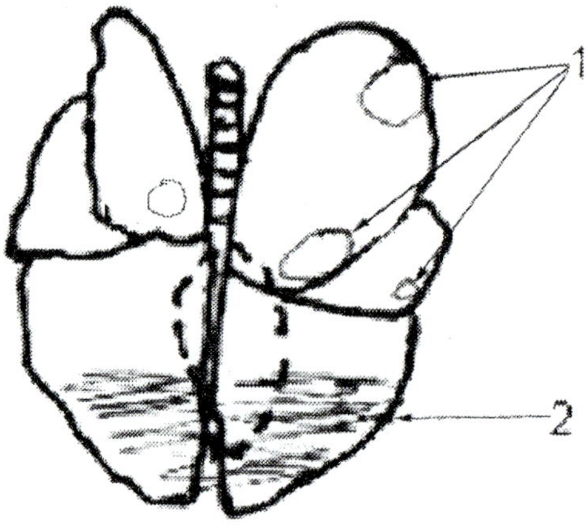

폐의 종괴(Lung Masses)

여러 가지 원인에 의해서 폐에 종괴(mass)가 산재되어 발생할 수 있지만, 어린 동물의 경우 감염증을 비롯 육아종(granulomas)이나 농양(abscesses)을 우선적으로 떠올려야 한다. 고령의 동물인 경우 종양을 가정 먼저 생각해 보아야 한다. 나이에 상관없이 발견되는 종괴의 3분의 1은 림프육종이라고 볼 수 있다. 림프육종은 뒤쪽 횡격엽에서 국소 확장성으로 존재한다. 모든 종괴는 육안적으로 잘 검사해야하고, 필요하다면 원인균을 배양한다. 그리고 조직학적으로도 검사하여 확진해야 한다. WP271, 221, 321

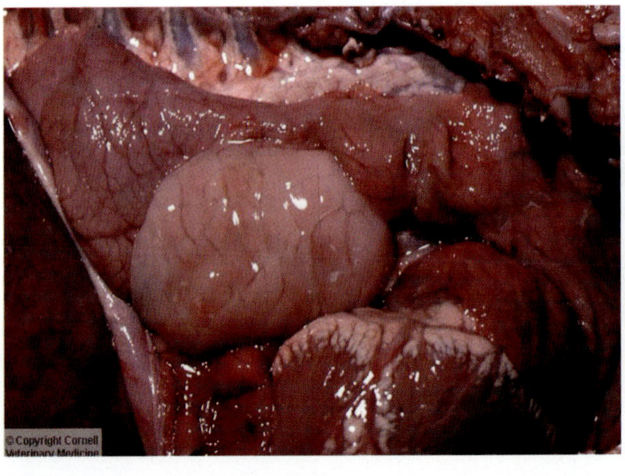

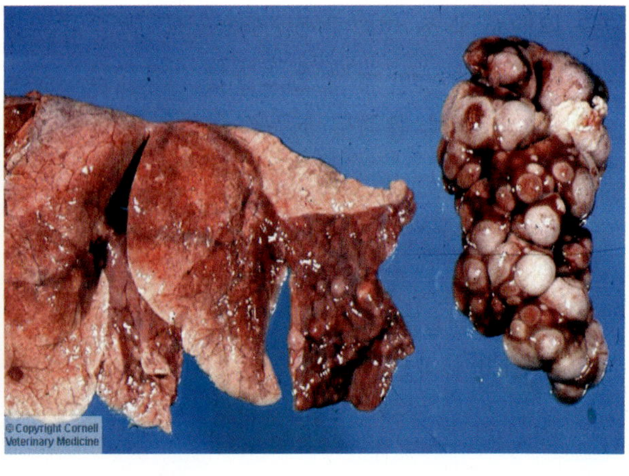

다발성 * 모든 동물

1. Embolic abscesses

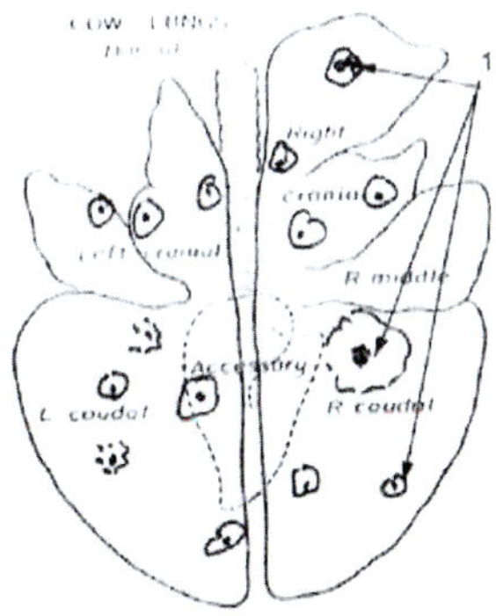

색전성 폐렴(Embolic Pneumonia)

색전성 폐렴은 어느 연령에서도 발생할 수 있다. 다발성 출혈성 혹은 화농성 병소로 거의 모든 엽에 산재되어 있는 것을 볼 수 있다. 병변의 모양은 둥글거나 네모난 형태이며 이 폐렴은 혈관을 통해 생긴 것이다. 패혈성 전자들은 경정맥, 유방정맥, 후대정맥, 우심의 혈전증(thrombosis), 심지어 파열된 간농양 등에 의해 발병된다. 신생 송아지에서 정맥관(ductus venosus)을 통해 제대감염(umbilical infection) 되기도 한다. 인대, 힘줄 및 관절에서의 개방창이 다량의 패혈성 갈색/검은색의 색전성 병소가 만들어 지는 원인이 된다. 결합조직의 형성은 크기가 다양한 많은 패혈성 폐병변 질병이 지속적으로 발생했음을 의미하고 이와 다르게 비슷한 크기를 가진 병변이라면 간농양 파열을 의미한다. 대다수의 동물에서 우심에서 유발된 색전이 광범위하게 분포되어있지 않다면 경색은 일어나지 않는다. 그 이유는 폐의 경우 폐동맥외에 기관지 동맥에서 산소를 공급하는 2중 혈액공급 체계를 가지고 있어서 경색을 막아 준다. 급성 간파열로 인해 급사 시 초기에는 폐에서 패혈성 냄새가 나지 않지만 만약 부검하는 시간이 지체될 경우 색전을 일으킨 세균들이 빨리 증식되어 패혈성 냄새가 확실하게 발생한다. WP257, 2660

- **소** : 모든 동물에서 발생할 수 있으나 소에서 가장 흔히 볼 수 있다. 경정맥, 유방정맥 특히 대정맥 혈전이 가장 흔히 발생할 뿐만 아니라 간농양의 파열과 만성적 관절 질병 시에 다발한다.
- **돼지** : 보통 증식성(vegetative) 심내막염이 가장 흔한 원인이다. 대부분 동물에서 우심에서 발생한 색전이 상당히 광범위하게 많은 혈관을 막고 있는 경우외에는 폐에서의 경색을 거의 일으키지 않는다. 폐동맥외에 기관지 동맥을 통한 혈액 공급이 산소를 충분히 공급해 줌으로써 경색을 막는데 도움이 된다.

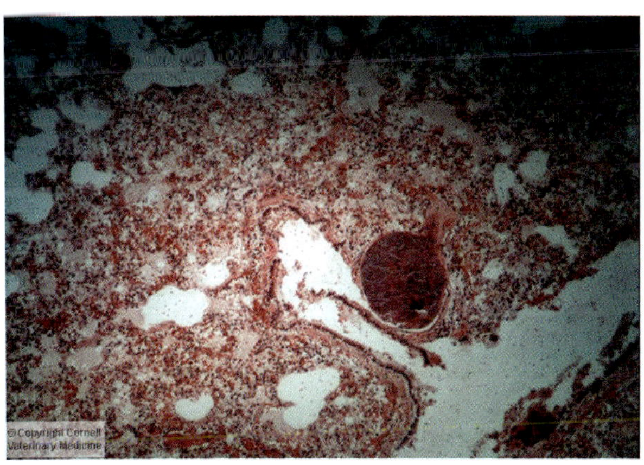

다발성 * 모든 동물

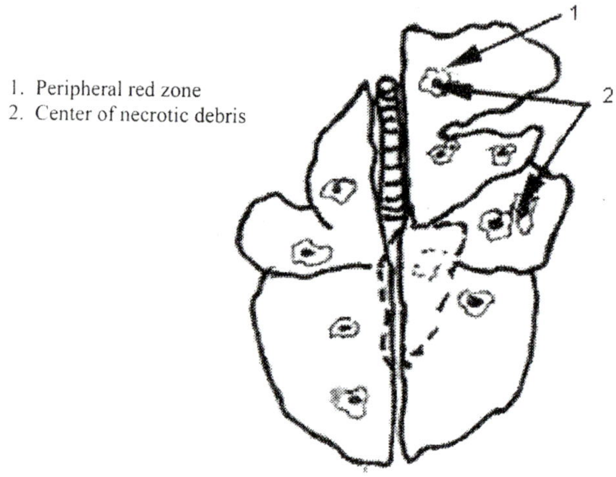

진균성 감염(Mycotic Infection)

곰팡이 감염 시, 크고 작은 병변을 볼 수 있다. 특징적으로 어둡게 보이고 단단한 괴사성 병소와 그 주위에 붉게 충혈된 테두리가 있는 과녁(target) 같은 형태의 소견은 진균성 감염일 확률이 매우 높다. 병변 위에 섬유소 소견이 특징적이다.

- **소** : 간농양의 파열 시에는 거의 항상 볼 수 있다.
- **말** : 말의 장관성 살모넬라증과 함께 병발할 수 있다. 과녁과 같은 모양을 가진 큰 육아종성 진균성 폐 병변은 작고 촉진이 가능한 병변을 가진 다른 진균성 감염증인 *Polymicrosporone*감염증과 감별해야 한다. *Polymicrosporone faeni*는 사람에서 농부폐(Farmer's Lung)를 일으키는데 Gurnsey와 Jersey종 소에서도 비슷한 질병을 일으킨다. **WP332**

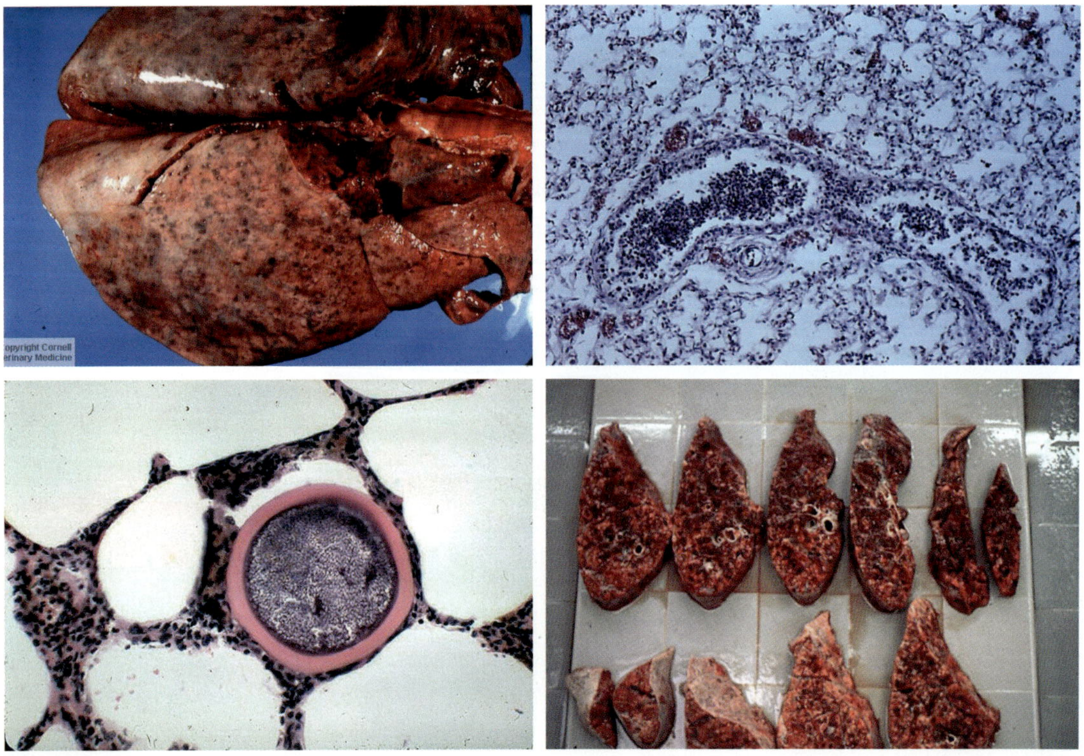

다발성 * 모든 동물

1. Inhaled blood

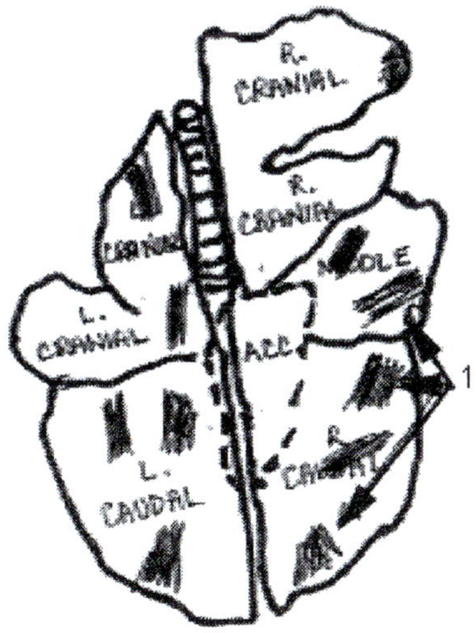

흡입된 혈액(Inhaled Blood)

흡입된 혈액은 창상에 의해 발생한 상부 호흡기계 출혈 시 볼 수 있는 흔한 병변이다. 기관에는 혈액이 존재하지 않을 수도 있다. 전체 폐엽의 일부가 혈액으로 차면서, 폐엽의 일부는 혈액으로 인해 선상의 띠가 관찰된다. 경주마에서 실제 흔하게 발생하는 병변이라고 보고되어 있지만 일부 병리학자들은 결코 본적이 없어 모르고 있을 수 있다. WP19703

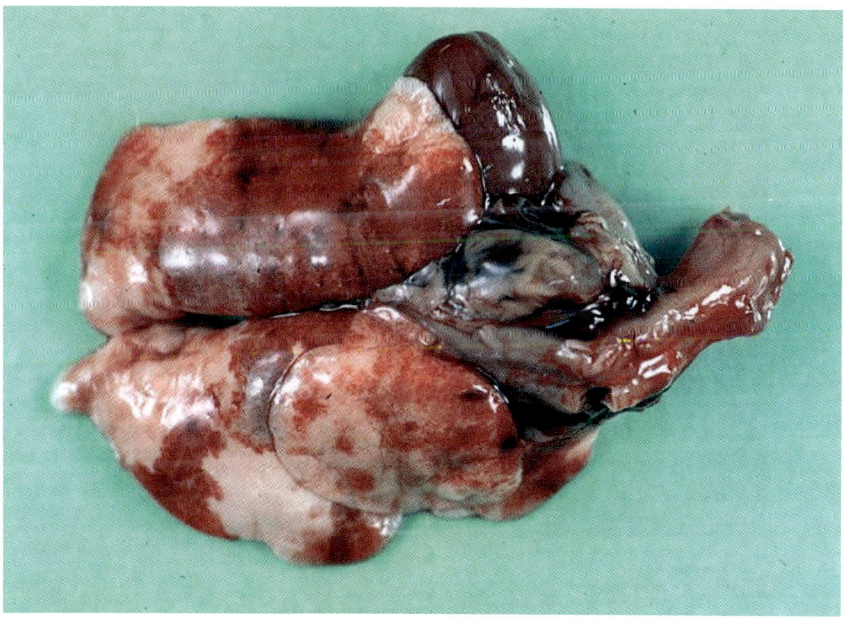

다발성 * 모든 동물

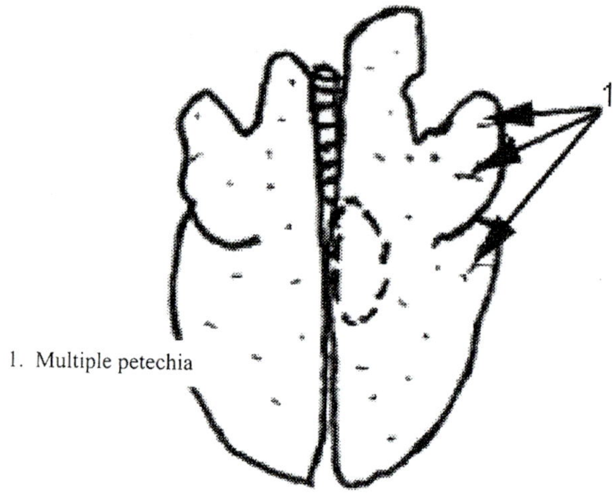

폐의 다발성 점상출혈(Multiple Pulmonary Petechiation)

폐의 다발성 점상출혈이란 폐 전체에 수 mm의 출혈성 병변이 산재되어 있는 것을 말한다. 조직 검사상 기생충의 단면이 보통 출혈성 병소 근처에서 관찰된다. 자돈에서 돼지 회충의 유충 이행으로 인해 점상출혈이 발생하고 임상적으로 딸꾹질(thumps) 하는 소견을 수반한다. 유사한 소견이 강아지 구충(hookworm)과 회충(ascarid)의 유충 감염 시 나타난다. 각종 동물에서 패혈증은 파종성 혈관 내 응고(disseminated intravascular coagulation)현상이 있거나 없이 점상출혈을 야기한다. WP6275

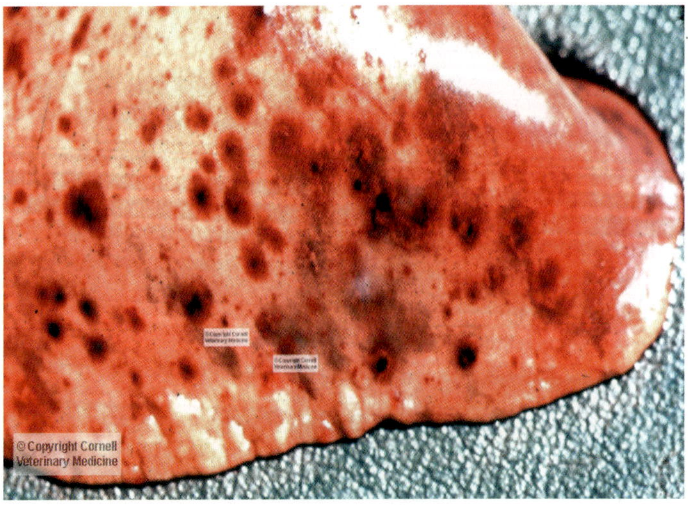

다발성 * 말

1. Indication for an enlarged lung
2. Scattered, slightly firm foci with surrounding emphysema and edema

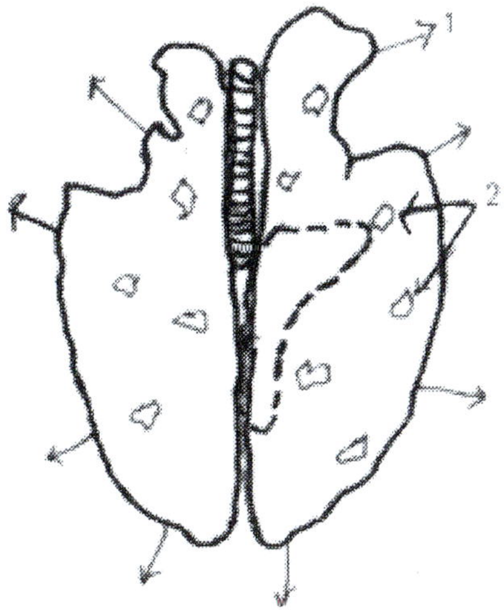

아데노바이러스성 폐렴(Adenoviral Pneumonia)

주로 망아지나 어린 말에서 발병한다. 3~5 cm 크기로 다발성으로 폐의 모든 엽에 산재되어 발생하는데 창백하고 불규칙하고 다소 단단한 병변이 특징이다. 중등도의 수종과 기종이 창백한 병변 주위에서 볼 수 있다. 이 증례를 접했을 때, 흔히 부검자들은 "상당히 달라 보이는데, 이것은 무슨 폐렴일까?"라고 자문할 때가 있고 그들 중에는 이 폐렴의 병변이 아주 독특한 병변이라고 생각한다. WP2723

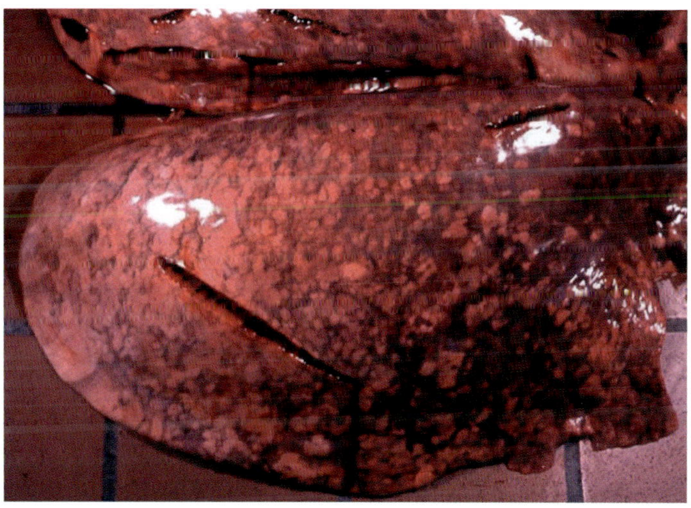

다발성 * 소

1. Diffuse emphysema
2. Green, yellow foci of dead lungworms

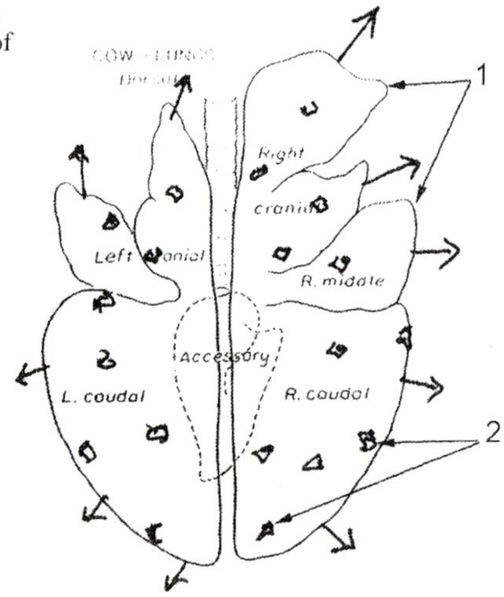

살충제를 뿌린 후 나타나는 폐렴(Post Fogging Pneumonitis)

이 폐렴은 사육되는 소들을 방목장에 내보내기 전에 얼굴파리와 뿔파리(horn flies)를 죽이려고 살충제를 얼굴에 뿌렸을 때 발생한다. 살충제가 흡입되어 폐충을 사멸시킨다. 농장주가 이들 소를 살펴보면 살충제를 살포 후 소들에게서 기침과 유량감소가 나타난다. 주로 Guernseys종과 Jerseys종의 소에서 많이 발생한다. 육안적으로 기종과 3~10 mm의 불규칙한 노란색~초록빛이 도는 많은 결절에 의해 폐가 종대되며 조직학적으로는 죽은 기생충 주변에 호산구의 침윤을 볼 수 있다. WP2563, 2564

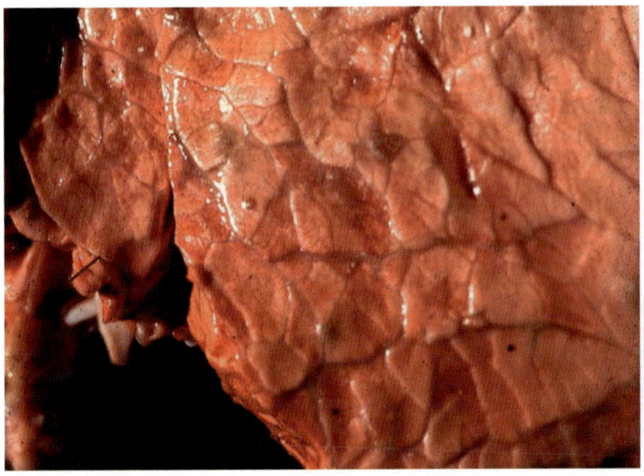

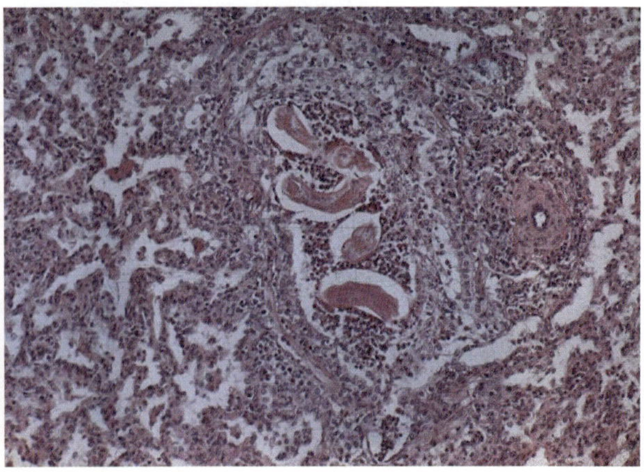

다발성 * 모든 동물

1. Pre-existing pneumonia NOT BRSV
2. Foci of BRSV pneumonia
3. Indication of emphysematous enlargement

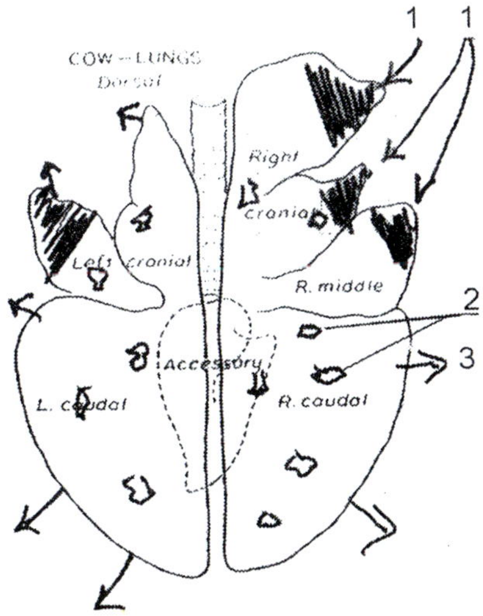

소의 호흡기 합포체성 폐렴(Bovine Respiratory Syncytial Virus Pneumonia)

BRSV 폐렴은 성성숙기를 지난 소와 나이든 소에서 대부분 높은 열과 함께 급성으로 발병된다. 1~5 cm 정도의 기종과 다발성으로 산재된 폐렴 양상이 이 질병의 특징이다. 기종은 흔히 발생하고 대수포(bullae)도 볼 수 있다. 조직 샘플에서 상피성 합포체(epithelial syncytia)가 기도와 폐포 내에서 관찰된다. BRSV 폐렴 시 가끔 전복측 폐엽에 병소가 형성되어 만성 유행성 폐렴이라 오인되는 경우도 있다. 이러한 병변의 분포는 먼저 발생했던 기관지 폐렴에 의한 속발적 변화의 결과이지, 이 급성 바이러스성 질병과는 관련이 없다. 양에서도 보고된 바 있다. WP2623, 338

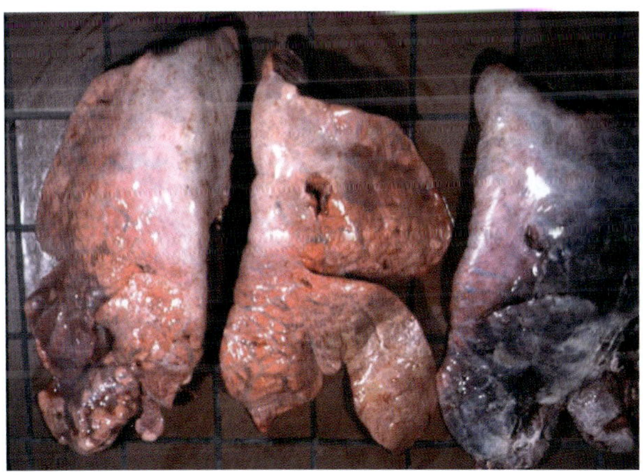

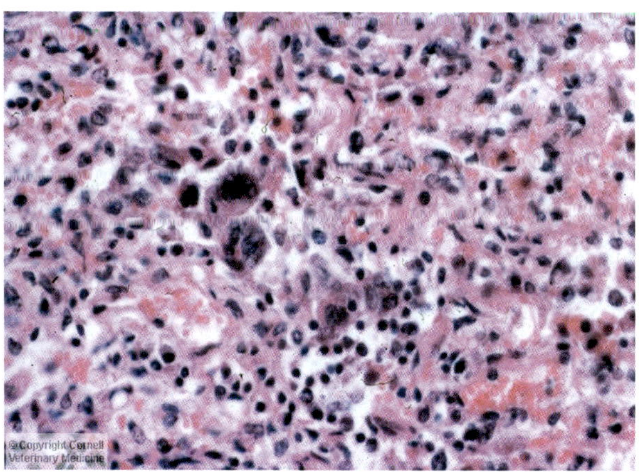

다발성 * 소

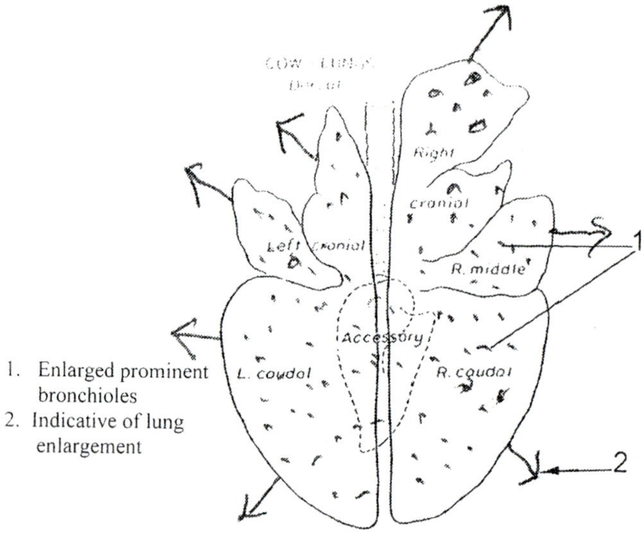

소의 섬유폐쇄성 세기관지염
[Bovine Bronchiolitis Obliterans Fibrosa, (Silo-filler's disease in man')]

소의 섬유폐쇄성 세기관지염은 주로 성우에서 발생한다. 광범위하게 창백하며 종대된 무게가 정상보다 가벼운 폐로, 2~5 mm 정도의 연한 회색 병소가 폐 전체에 흩어져 있다. 병리조직학적으로 회색 병소는 결합조직성 용종(polyp)이 형성, 내증식(ingrowth)되어 기도가 막혀버린 세기관지이며 이는 만성적으로 많은 질소 산화물을 흡인한 탓이다. 이 산화물은 폐 심부의 수분과 반응하여 약한 질산을 형성하는데 바로 이 질산이 제1형 폐포 상피세포와 세기관지 내층 세포를 죽게 한다. 이는 마치 연기를 흡입한 경우와 같은 만성 병변이다. 늦겨울에 동물이 건초 사일로(silo) 바닥에 있는 건초나 오래된 건초를 섭식하는 경우 발생하며, 반추수는 트림하는 가스의 80%를 흡인하는데 이것이 이 질병의 원발성 원인일 수 있다. 사람의 경우 같은 원인으로 생길 경우 이를 '사일로 충진병(silo filler's disease)'이라 하는데 치료는 코르티코스테로이드를 사용하여 결합조직성 용종의 발생을 억제하고, 소에게는 아트로핀을 사용하여 급성 중독의 급성 증식형이 되지 않도록 한다. WP273, 2559

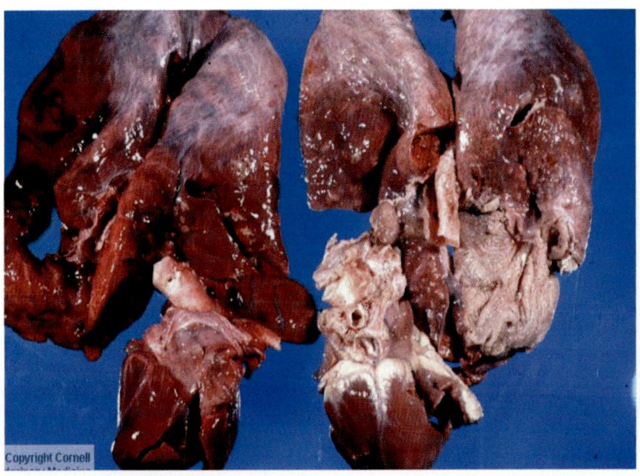

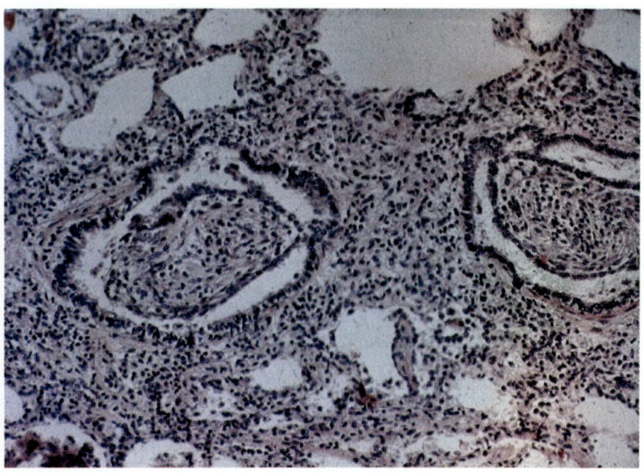

다발성 * 소

The tiny granulomas indicated here are often not seen grossly and must be palpated.

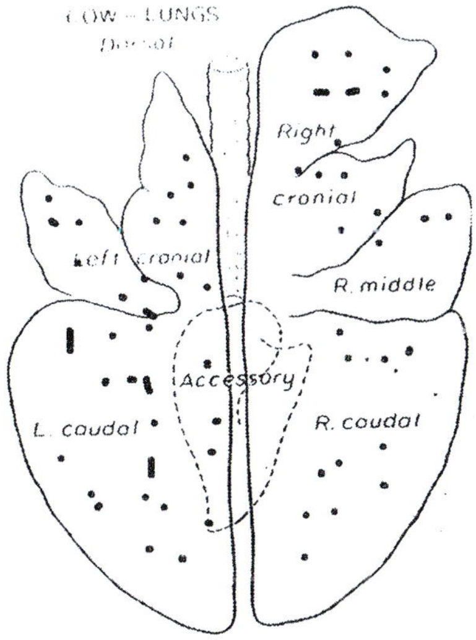

소의 다발성 육아종성 폐렴
[Multifocal Granulomatous Pneumonia of Cattle, (Farmer's lung of man')]

이 다발성 육아종성 질병은 폐렴의 중심부에서 볼 수 있는 병원체인 *Polymicrosporon faeni*의 포자나 그들 일부분에 의해 발생한다. 병리조직학적으로 다 자란 Guernseys종과 Jerseys종에서 가장 많이 발생하나, 홀스타인종에서도 볼 수 있다. 육안적으로 폐는 얼핏보아 정상처럼 보이나 촉진해 보면 수 백개 이상의 2~5 mm 크기의 결절이 폐 전체에 걸쳐 분포하고 있음을 알 수 있다. 심한 경우는 호흡곤란과 유량감소를 일으킨다. 곰팡이 핀 사일러지 사료나 건초는 반드시 버려야 한다. 사람에게서 동일 질병이 발생 시 방사선 소견 상 결핵으로 오인될 수 있다. 이 질병은 아스퍼질러증(aspergillosis)보다 빈번히 발생하고, 크고 과녁모양인 아스퍼질러증의 병변과는 큰 차이가 있다. WP1990, 1992

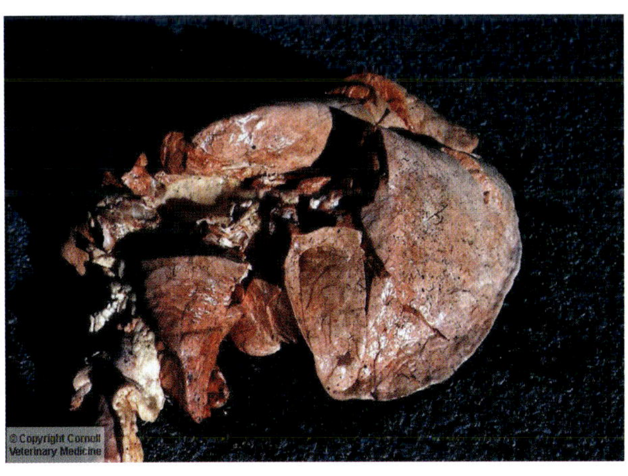

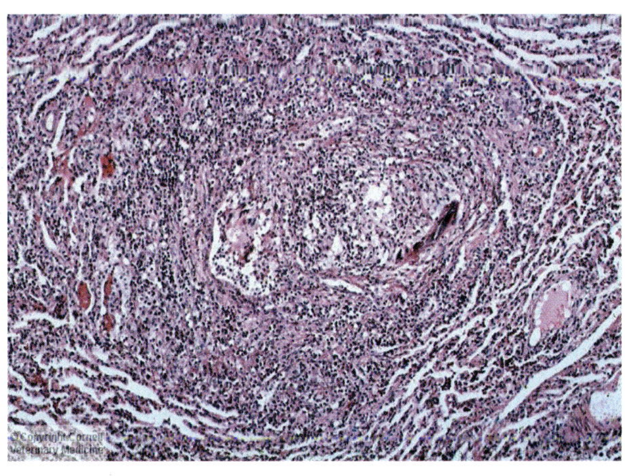

다발성 * 개

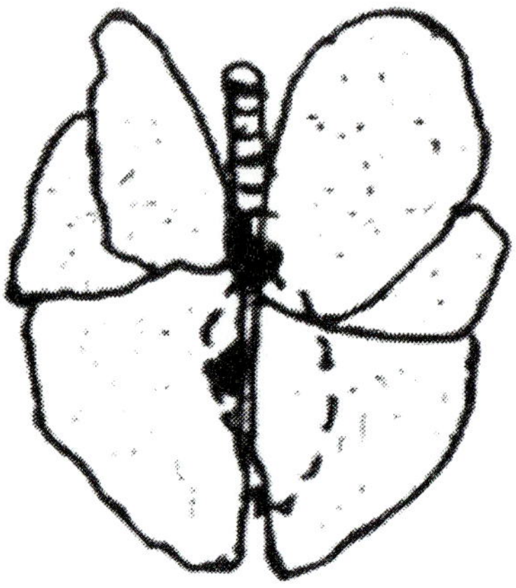

다발성 흑색 반점; 탄분증[Multifocal black foci, (anthracosis)]

많은 동물 가운데 특히 대도시에서 살고 있는 개에서 주로 발생한다. 매우 미세한 검은색 먼지 같은 입자가 늑골쪽 흉막(costal pleura)에서 다발성 흑색 병소로 보이며, 이들 농축된 색소가 국소 림프절에서도 볼 수 있다. 가끔 검은 색소가 폐엽의 가장자리를 따라 분포하는 경우도 있으나 내장 쪽 흉막에서는 보이지 않을 수 있다. 탄분증(anthracosis)이라고 불리는 먼지 흡입 축적(dust accumulation)은 죽을 때 폐엽에 기종이 심하게 생길 경우 잘 보이지 않을 수 있다. 통상 중요한 소견은 아니다. 보통 국소 림프절은 검게 변색되어 있다. 만성 증례에서 국소 림프절로 이동한 색소를 제거하려는 시도인 색소의 기질화 현상으로 뚜렷한 검은 선이 보일 수 있다. **WP2717, 15079**

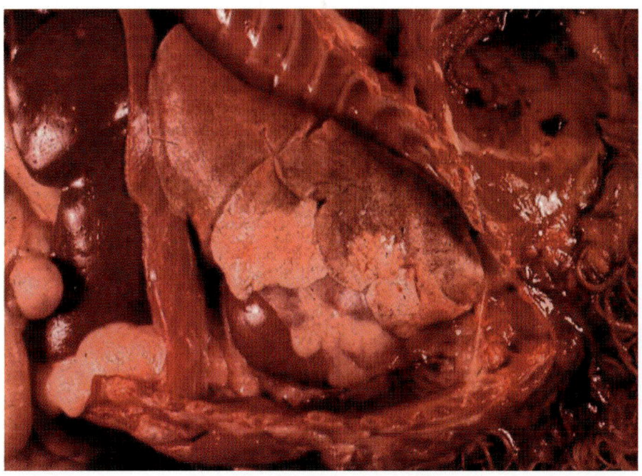

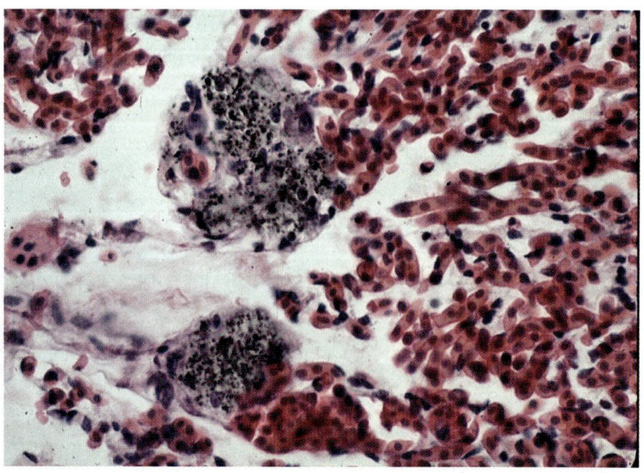

다발성 * 개

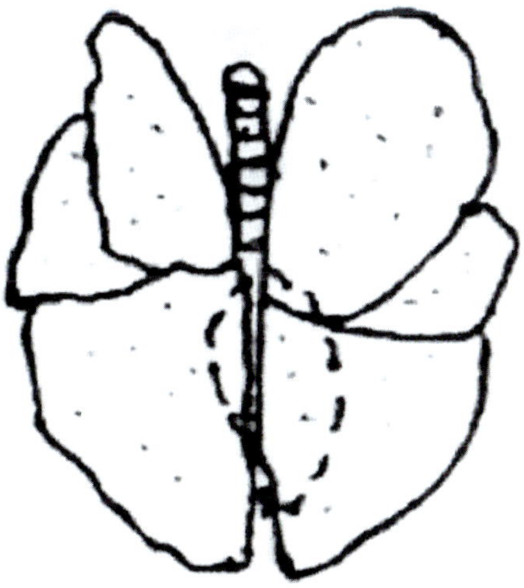

다발성 폐 석회화(화골)증
[Multifocal Pulmonary Mineralization (Ossification) in Dogs]

개의 폐에 산재하는 다발성의 단단한 1~3 mm 크기의 결절, 이들은 뼈성분들로 이루어져 있다. 조직학적 검사 시 뼈에는 세포 반응이 없으며 특별한 원인없이 우연히 발견 되곤 한다. 흡입에 의한 발생이 보고된 적이 있으나, 이물 혹은 이물과 관련된 반응 없이는 일어난 것 같지는 않다.

국소성/다발성 * 모든 동물

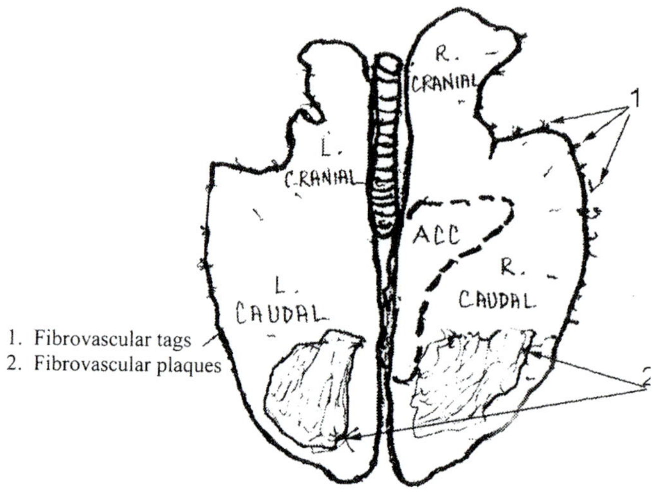

흉막의 섬유혈관성 태그와 플라그
(Pleural Fibrovascular Tags and Plaques)

여러 폐엽의 복측 가장자리에 1~5 mm 크기의 작고 살짝 붉은빛을 띠는 섬유성 조직 태그(fibrillary tissue tags)가 보일 뿐만 아니라, 1~2 mm 정도의 약간 두꺼운 결합조직으로, 이것이 20~30 cm되는 불규칙한 판상 형태(plaques)로 횡격엽의 흉막 표면에서 볼 수 있는데 특히 말과 소에서 잘 볼 수 있고 다른 동물에서도 나타난다. 병리조직학적으로 병변은 염증성 세포의 침윤이 없이 섬유혈관성 조직(fibrovascular tissue)으로 구성되어 있다. 이들 병변이 일찍 생길 경우 유산된 송아지의 폐의 검은 표면에서도 관찰될 수 있다. WP11513

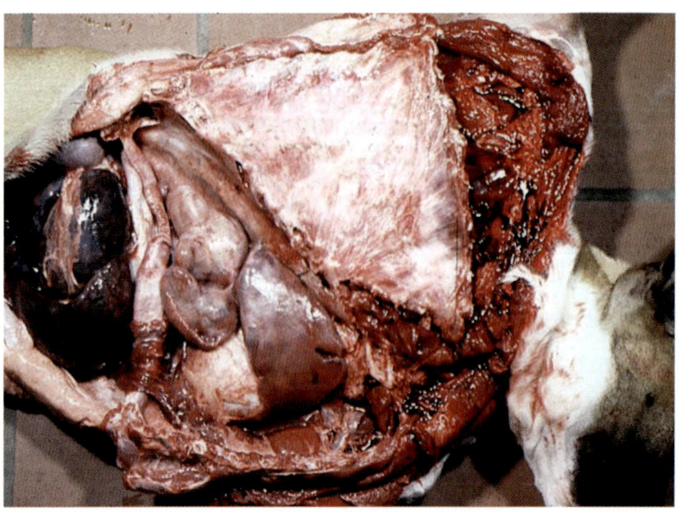

간 병변의 모식도
ROUGH SKETCHES OF LIVER LESIONS

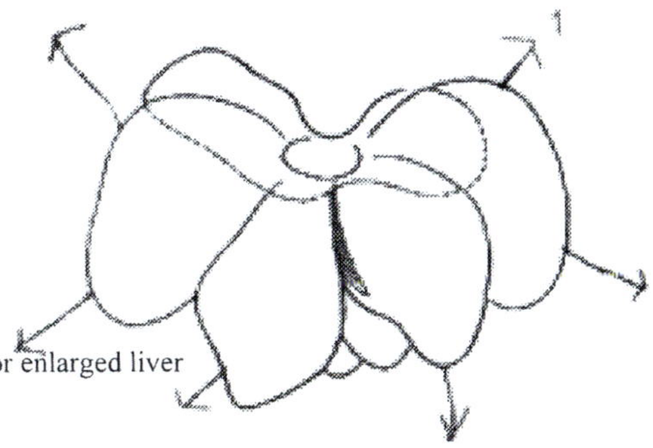

1. Indication for enlarged liver

광범위한 간종대(Diffusely Hepatomegaly)

간에 혈액이 있어서 약간 종대되어 보이는 것은 폐사 전후 생긴 침강성 울혈(terminal hypostasis)로 간주된다. 이는 사후 강직 때문이거나 근육 또는 장관의 혈액이 장내가스 압박으로 간으로 밀린 것이다. 따라서 폐사말기나 사후에 생기는 소견으로 폐, 신장 등의 장기에서도 관찰되는데 이는 병적인 울혈이나 충혈이라고 할 수는 없다. 간엽 가장자리가 둥근 모양으로 종대되어 단단하게 보이면 골수성(myeloid) 또는 림프구성 종양(lymphoid neoplasia)이나 비만세포증(mastocytosis)인데 광범위한 종양성 세포 침윤에 의한 울혈로 창백해 보인다. 그러나 반짝이며 얼룩덜룩한 절단면, 그리고 간이 커 보이고 단단하다면 특히 말에서는 간 아밀로이드증(hepatic amyloidosis)일 수 있으나 단단하지 않고 부드러운 아미로이드증 증례도 드물게 발생한다. WP7006, WP 6771

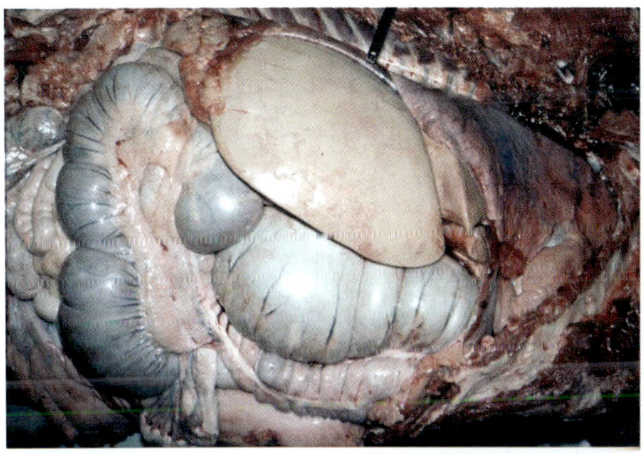

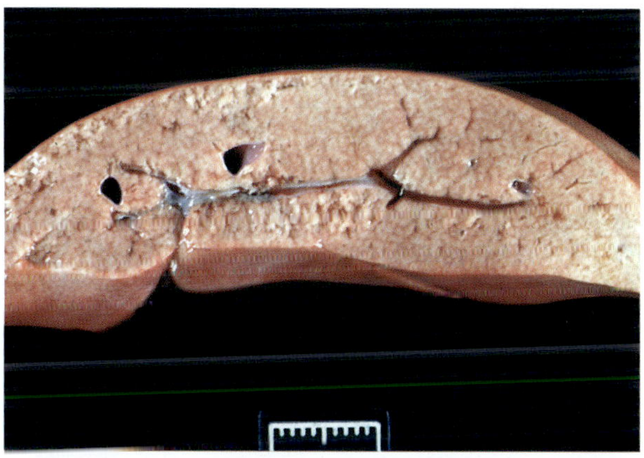

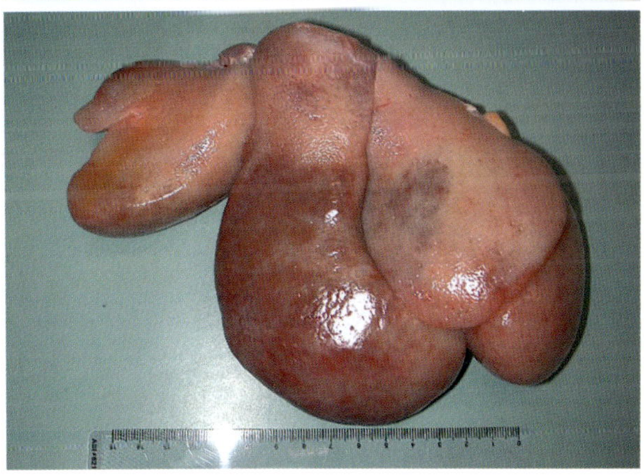

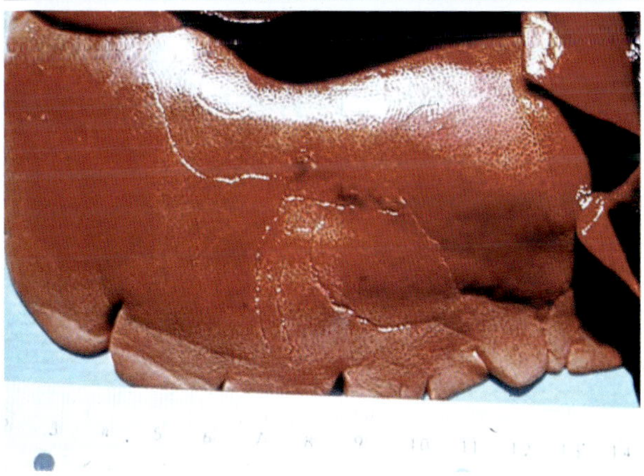

광범위성 * 모든 동물

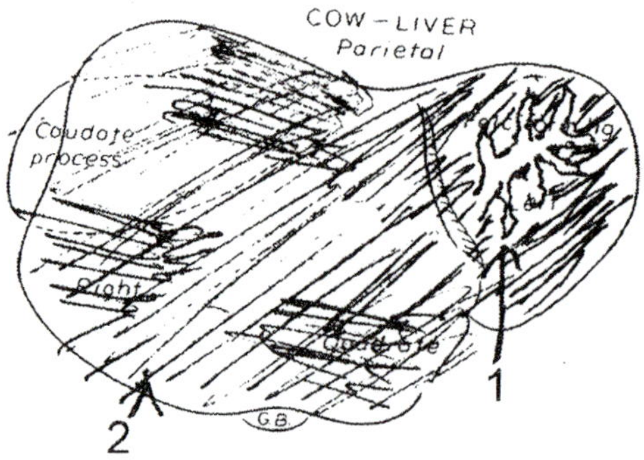

1. Arborization
2. Mottled by chronic congestion

만성 수동성 울혈성 간(Chronic Passive Congestion Liver)

이 간을 'nutmeg 간'이라고도 부르는데, 그것은 이 간의 울혈상이 넛트메그 호두 단면과 유사하기 때문이다. 즉 간 전체가 약간 종대되고 뚜렷하게 보이는 암적색의 얼룩들이 밝은 담황색 실질부위와 혼재되어 있다. 암적색의 반점들이 밝은 실질 부위와 섞여 있다. 시간이 지나면서, 간의 색깔은 어두운 실질 배경에 나뭇가지 뻗은 것 같은 밝은 부위로 나타나 더욱 호두 단면처럼 보인다. 이는 심한 폐질환, 심장기형, 만성 심장질환 및 후대정맥의 혈전증 등과 같은 혈액순환 장애로 발생한다. 태아를 포함한 모든 연령에서 나타날 수 있다. 간의 수동성 울혈은 대동맥 협착 또는 좌측 심장질환이 있는 경우 당연히 폐와 관련된 것으로 간주되지만 이와는 달리 폐와 **관계 없이** 발생할 수도 있다. 간은 수동적 울혈 발생이 용이한 장기이고, 시간이 지나면 폐 역시 이들 소견과 밀접한 관련이 있다. WP383

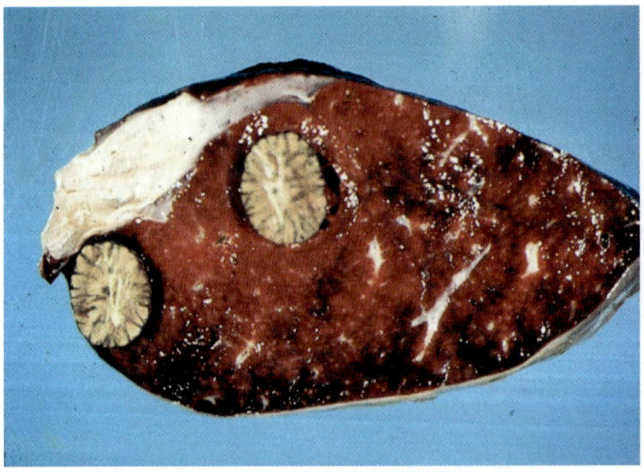
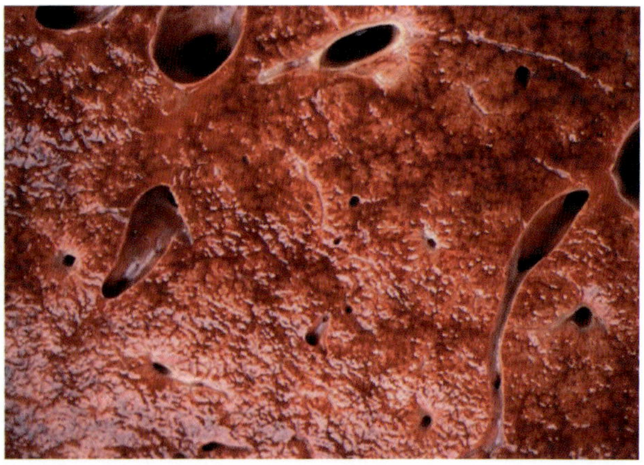
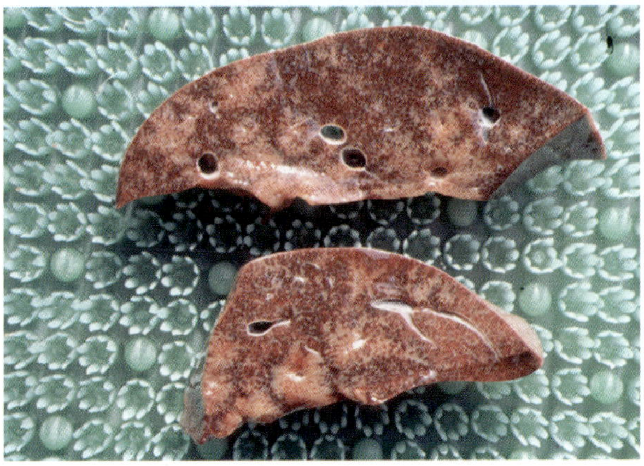
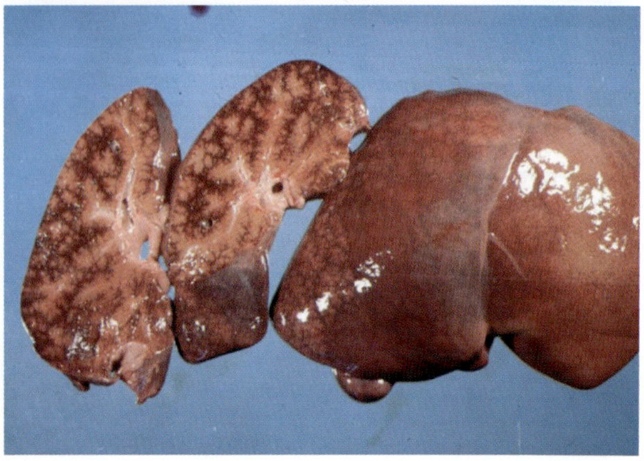

광범위성 * 모든 동물

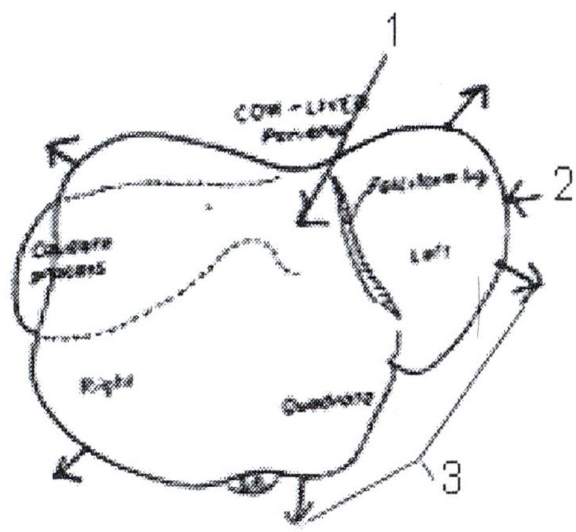

1. Diffuse fatty liver
2. Rounded edges
3. Indication of enlargement

급성 지방간(Acute Fatty Liver)

모든 동물에서 지방간은 간엽의 가장자리가 뭉툭해지고 전체가 노란색으로 바뀐 종대를 보인다. 이들 간 샘플을 물이니 포르밀린액에 넣었을 때 흔히 뜬다. 급성 기아(acute starvation)가 주 요인일 수 있는데, 체지방이 간으로 동원되었기 때문이다. 만성적인 기아 상태에서는 지방이 빠져나가 간은 작아지고 암적색 색조를 띤다. 당뇨병(diabetes mellitus)이나 임신 중독성 질병과 같은 대사성 질병, 아플라톡신(aflatoxin)이나 인(phosphorus) 중독 같은 중독성 질병을 비롯 어떤 동물에서는 식이성 지방섭취도 원인이 될 수 있다. 이때 간은 보통 노란색을 띠나 급성 빈혈에서처럼 창백한 회색은 아니다.

- **말 :** 원인불명, 조랑말(pony)에서 매우 흔하다.
- **소 :** 흔히 케톤증(ketosis)이나 분만전후. 기타 원인 불명 또는 무기질 불균형도 흔히 요인이 될 수 있다.
- **양 :** 임신성 질병, 너무 많은 새끼를 임신했을 때 흔히 발생하고, 종대된 자궁 때문에 제1위는 크기와 기능이 감소됨.
- **개 :** 아플라톡신과 인 중독 같은 어떤 독소뿐만 아니라 당뇨도 흔한 원인이다.
- **고양이 :** 당뇨병, 중독성 및 대사성 질병이 흔한 요인이다. WP6122, 7006, 7008, 7572, 7580

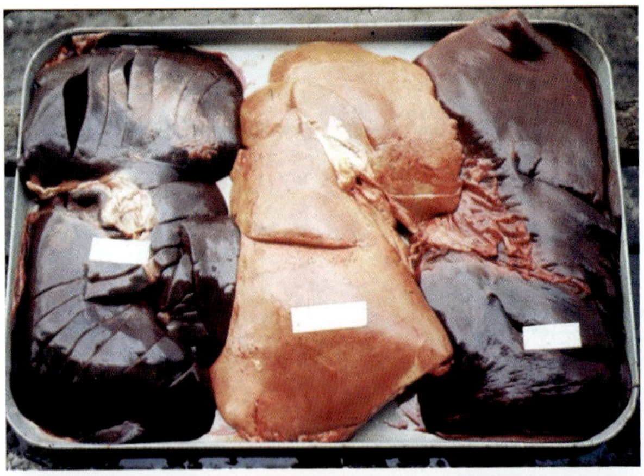

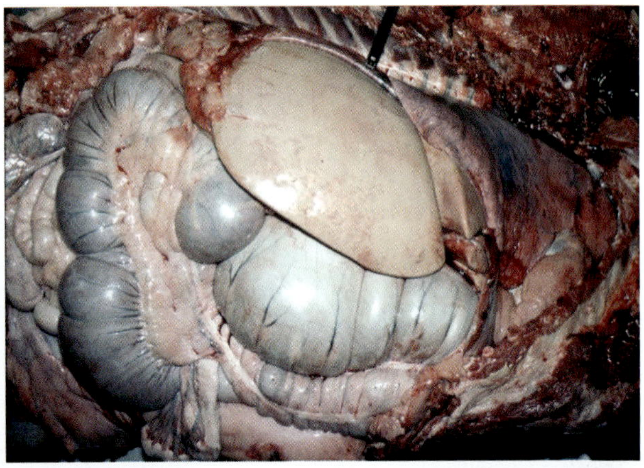

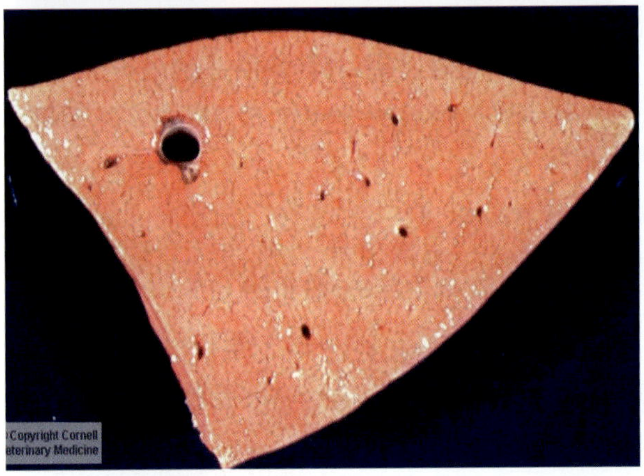
Copyright Cornell

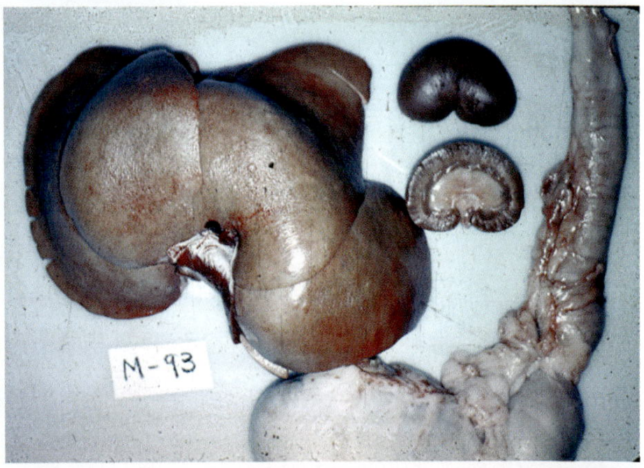
M-93

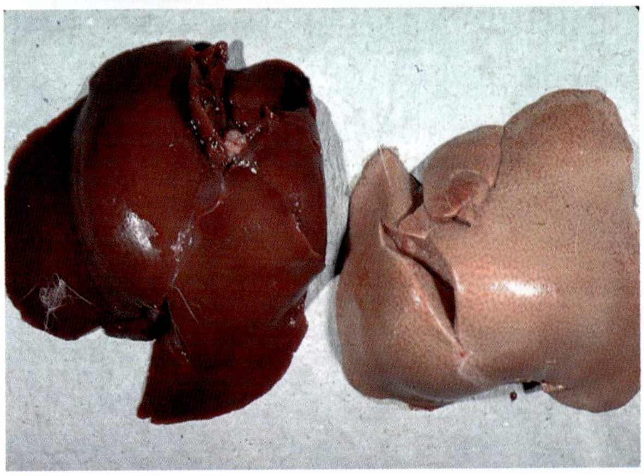

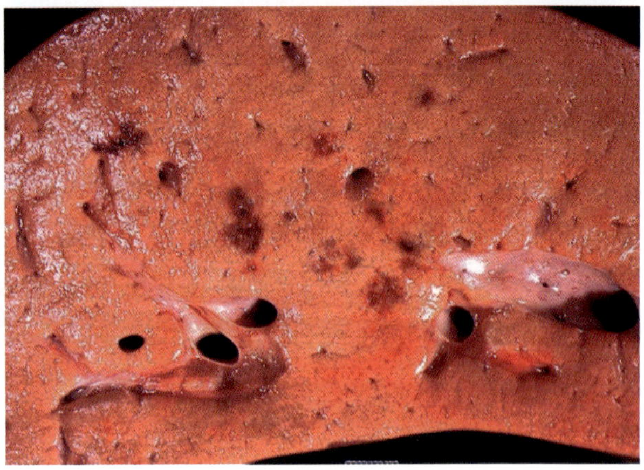

광범위성 * 모든 동물

1. Small dark liver
2. Indication of small liver

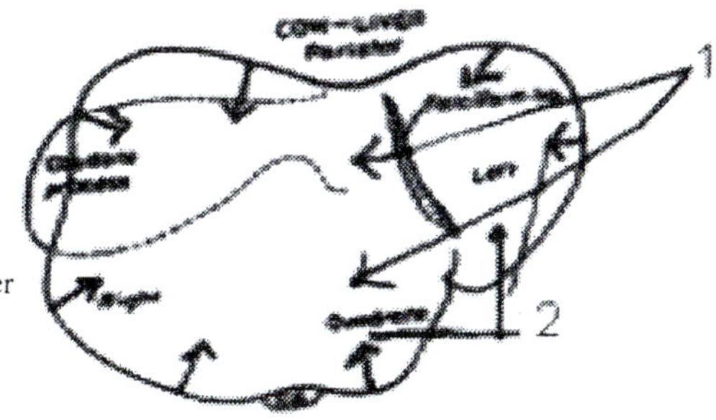

만성 수척(chronic emaciation)

대부분의 동물에서 정상적인 간보다 위축되어 있고 암적색 변화는 만성적 기아의 주요 소견이다. 이는 모든 체지방과 간세포의 지방이 대사에 이용되었음을 의미한다. 만약 간이 정상적인 크기의 반 정도가 뒤다면 각 수엽 뿐 만 아니라 조직학적으로 볼 때 각각의 간세포도 대략 정상 크기의 절반일 것이다. 많은 동물에서 문맥부의 담관 숫자 역시 증가된다.

- **말** : 뚜렷한 이유를 찾지 못했다면 말의 이빨과 결장벽의 상태를 반드시 검사해야 한다.

  WP7008, 108, 109

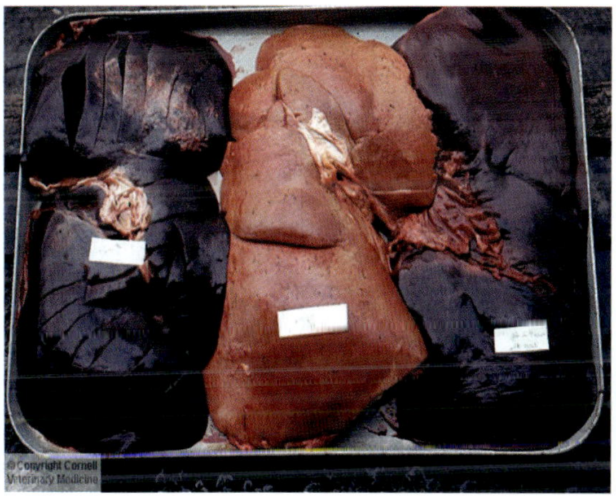

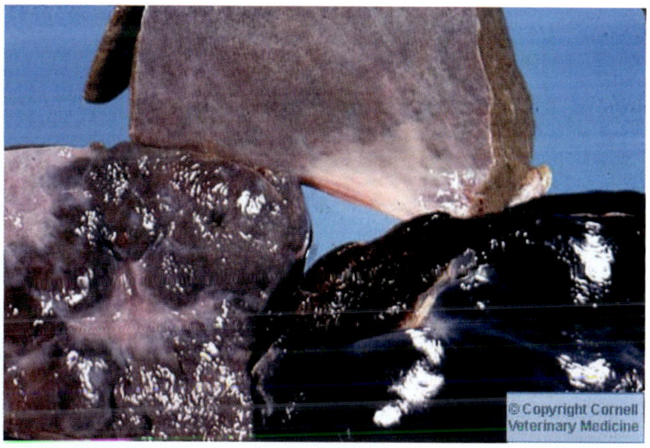

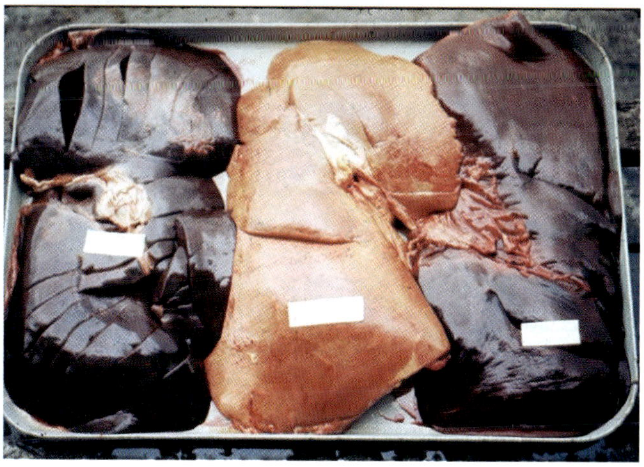

광범위성 * 모든 동물

1. Indication for slightly smaller liver than normal
2. Very pale liver, relatively bloodless

빈혈(Anemia)

어떤 동물에서건 피막 표면에 약간 회색빛의 엷은 색조로서 광범위하게 두루 창백하게 보이면 빈혈이 생긴 간이다. 간 조각은 물이나 포르말린 고정액에 가라앉는다. 동물이 갑자기 죽었을 경우라도 혈액이 곧 다시 간에 채워지는지 여부에 따라 사체에서의 빈혈 소견 유무는 달라진다. 따라서 빈혈이 발생되어도 혈액 순환이 죽기 전까지 정상적으로 지속되면 빈혈에 의한 창백한 사체나 장기 또는 혈액 소견이 나타나지 않을 수도 있다. WP3089

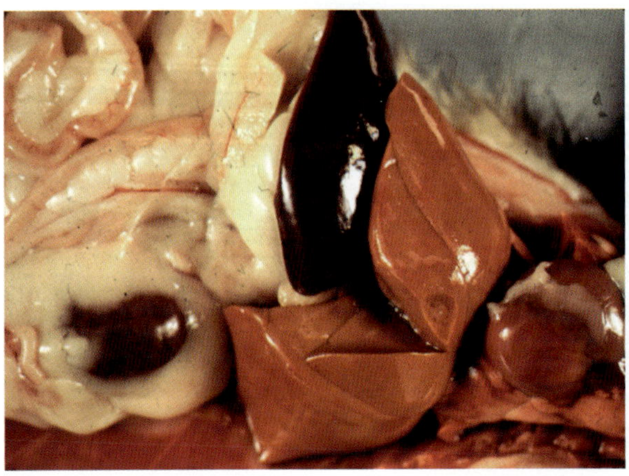

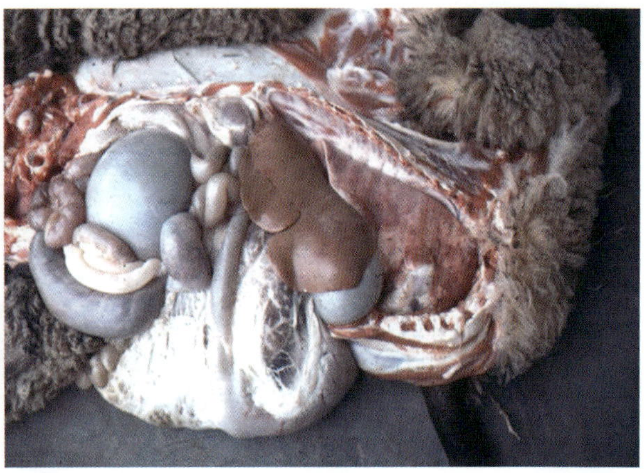

광범위성 * 모든 동물

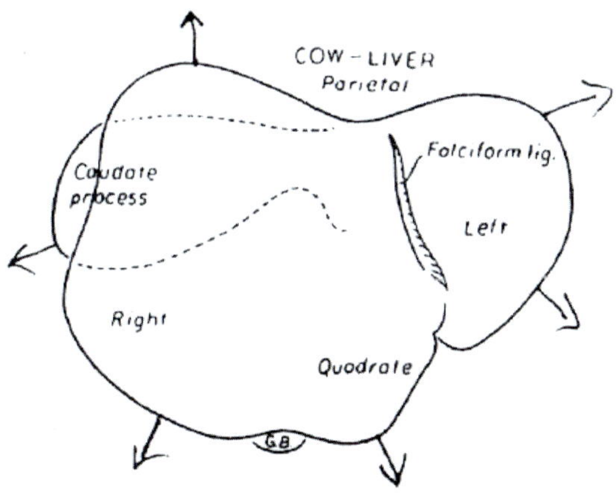

간의 침강성 울혈(Hepatic Hypostasis)

이 상태는 광범위하게 '혈액이 충만하게 들어 찬 간(diffue bloody liver)'이라고도 한다. 부검 시 광범위한 혈액성 간은 흔히 정상적인 동물이 죽는 과정에서 침강성 울혈로 발생하는데 이는 정상적인 간이거나 인공적인 산물이다. 폐사 후 혈액이 중력에 의해 하부(아래) 쪽으로 침강된 탓에 발생한다. 이는 폐, 신장, 기타 피부조직 등에서 잘 일어나며 조직학적으로 병적 울혈(congestion)이라고 잘못 판단 될 수 있다. 물론 이런 병변들은 병적인 것인지 자연스럽게 발생한 생리학적 변화인지 감별해야 한다.

광범위성 * 모든 동물

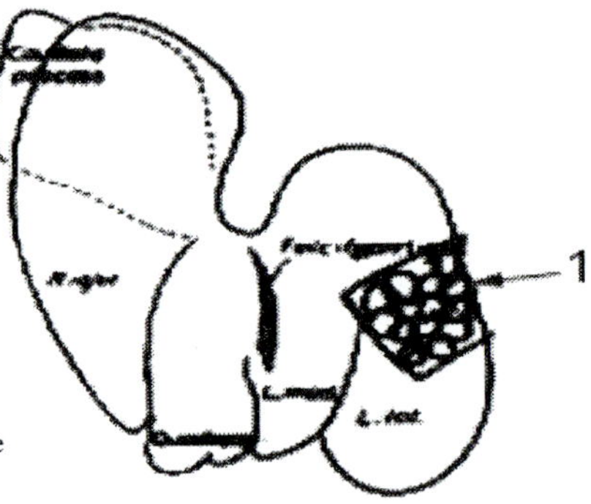

1. Magnified view of liver surface with a prominent pattern

뚜렷한 간소엽 형태(Prominent Lobular Pattern)

간의 표면에서 각각의 소엽들은 육안적으로 뚜렷하게 소분되어 보이는데 좀 더 짙은 반점이 중심정맥 부위이고 옅은 색깔 부위는 간세포들이 코드를 이루며 배열된 곳이다. 또한 소엽주위에 분포하는 문맥 부위도 짙은 반점으로 산재되어 있다. 많은 동물에서 다소 차이가 있으나, **고양이**와 **말**에서 특히 뚜렷하게 보이며 이는 정상이다. WP1523

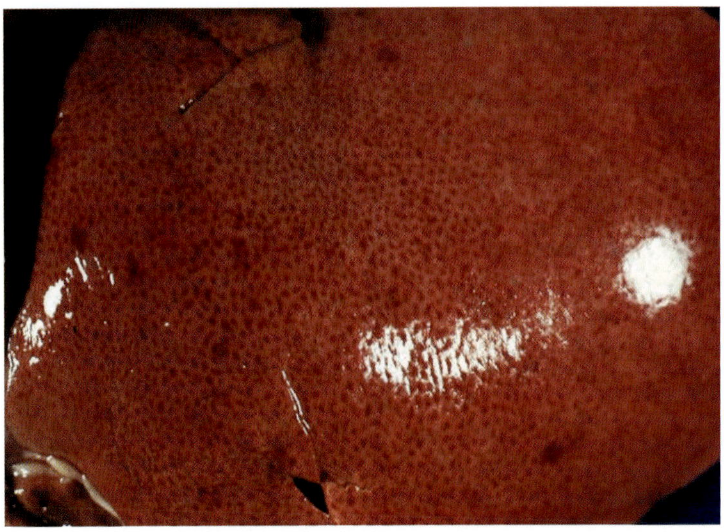

광범위성 * 말

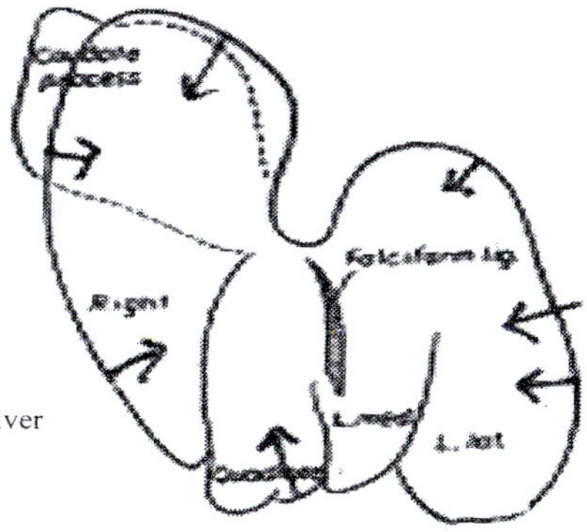

1

1. Small, dark flabby liver

테일러병(Theiler's Disease)

이 질병에서 간은 작아지고 어둡거나 때로는 창백한 색조를 띈다. “젖은 행주”를 누르는 경도로서 매우 흐물거리는 간이다. 신경증상과 함께 황달이 있는 말의 임상 소견을 볼 수 있다. 이 질병은 대부분 말이 최근 30~90일 사이에 비경구적으로 말 유래 생물학제제 주사를 맞은 병력이 있으므로 확인해야 한다. 이 병은 말의 혈청병(serum sickness), 즉 말의 테일러병의 특징적 소견이다. 조직학적으로 간은 광범위한 괴사를 보인다. **WP7103**

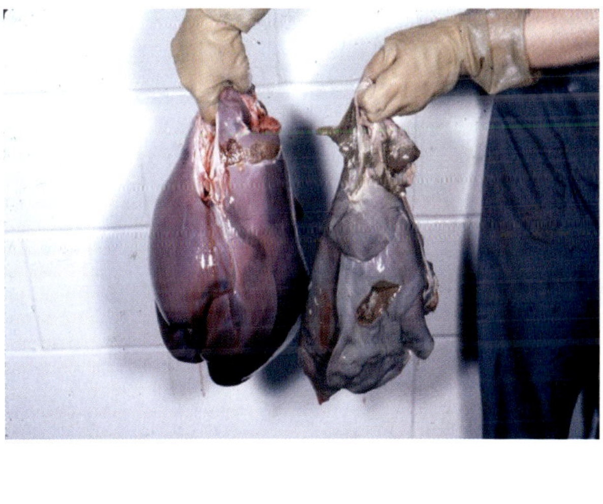

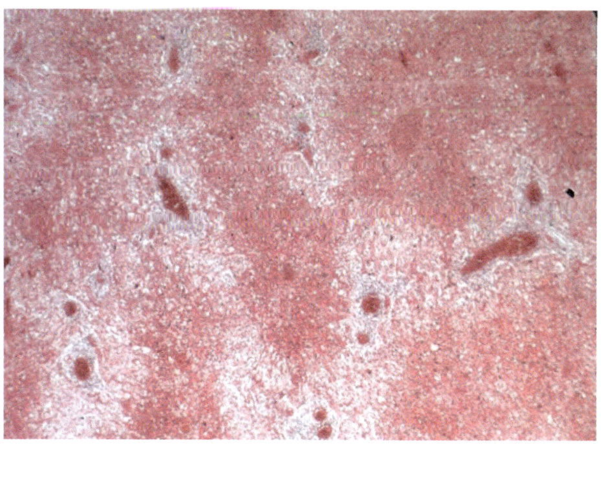

광범위성 * 돼지

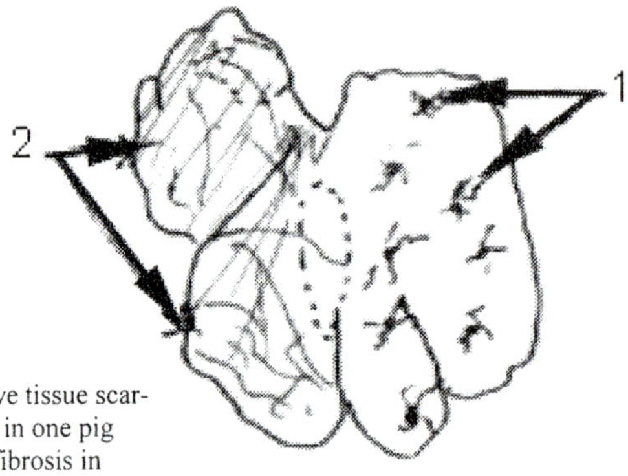

1. Stellate connective tissue scarring (Milk spots) in one pig
2. Severe capsular fibrosis in another pig

다발성~광범위성 간의 흉터형성 백색반점(회충에 의한) (Ascarid Induced Milk Spotted Liver)

돼지 간의 중심에서 확산되는 미세한 물결모양의 결합조직선인 다발성의 엷은 담황색 반점은 회충(*Ascaris lumbricoides*) 또는 돼지신충(*Stephanurus* sp.) 유충의 이행으로 간 표면에 생긴다. 중감염의 경우 간피막은 거의 완벽하게 흰색으로 덮여 있는 경우도 있다. 조직학적으로 겨우 몇 마리의 유충만 발견되어도 육안적으로는 심한 병변으로 보이는 경우가 있다. **WP7303, 1364**

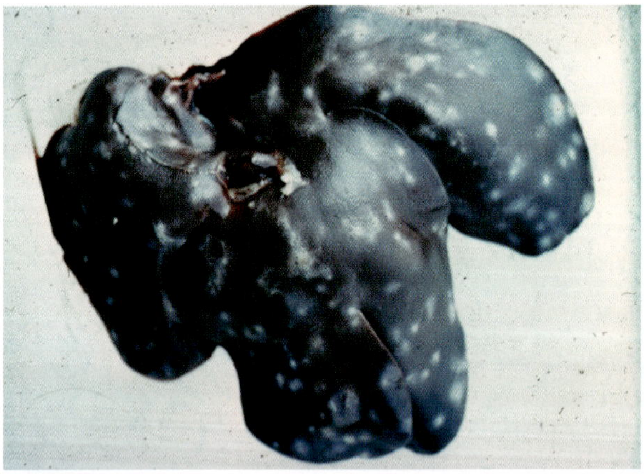

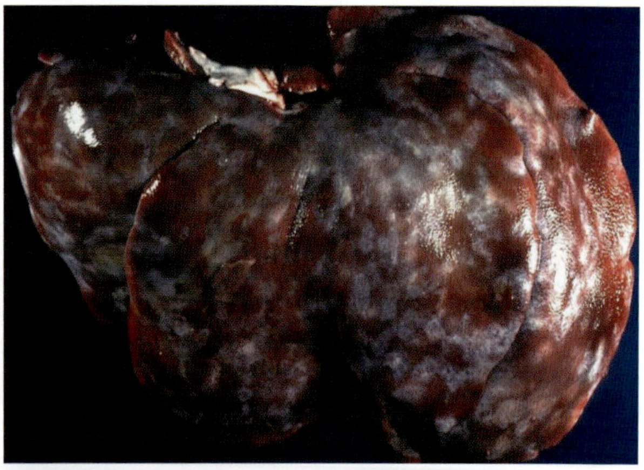

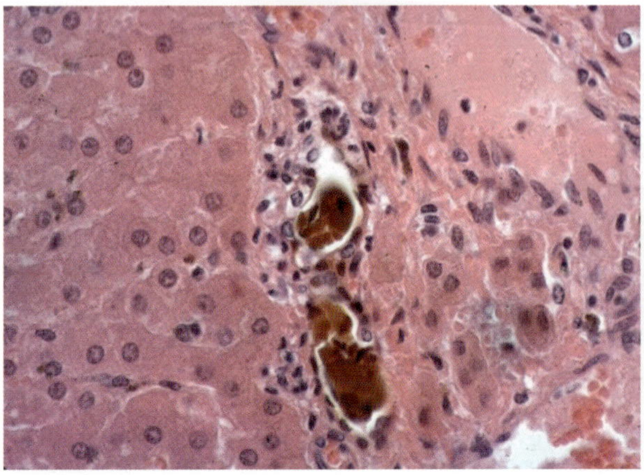

국소 확장성 * 모든 동물

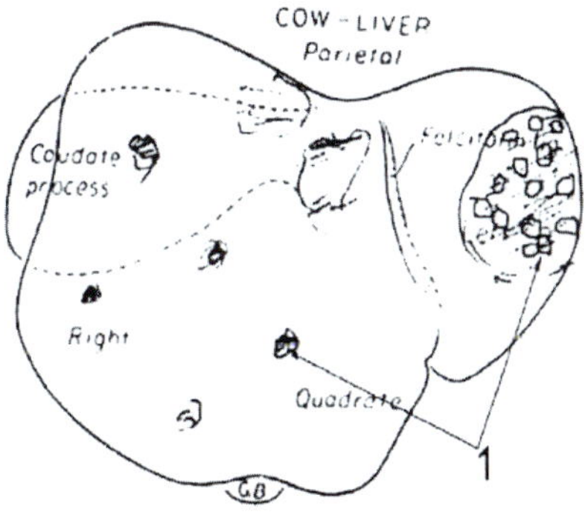

사후부패(Post Mortem Decomposition)

창백한 부위가 널리 퍼져있고 흔히 작거나 큰 기포도 가끔 흩어져 있다면 이는 사후 부패 소견이다. 주로 간문 부분(hilar area)에 많은 기포가 보이지만, 반추수와 돼지 간에서는 어느 곳에서나 볼 수 있다. 사후 부패일 경우는 이들 주변에서 현미경상 염증소견이 없으며 대부분 몰에서 간 조직은 뜬다. 어떤 경우 부패된 간은 크게 종대되고 매우 부드러운 촉감을 갖고 있다.

- **개 :** 간문 근처의 부위에 창백한 색깔로 널리 퍼진 소견은 다른 동물과 다소 유사하다. 알콜성 안락사 용액으로 폐사시킨 개는 다른 동물에서와 마찬가지로 간에서 심한 약 냄새가 난다. WP870, 7768

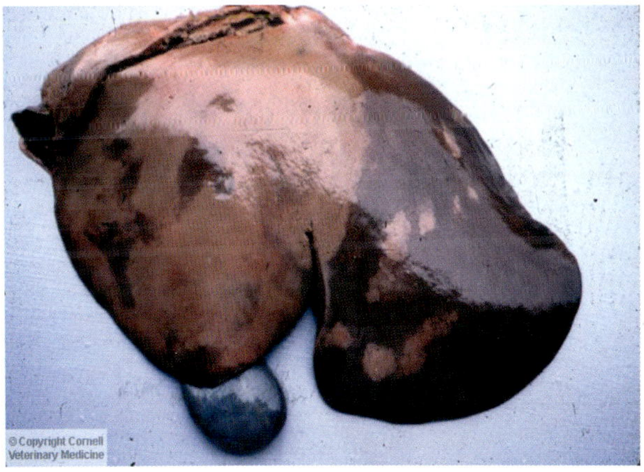

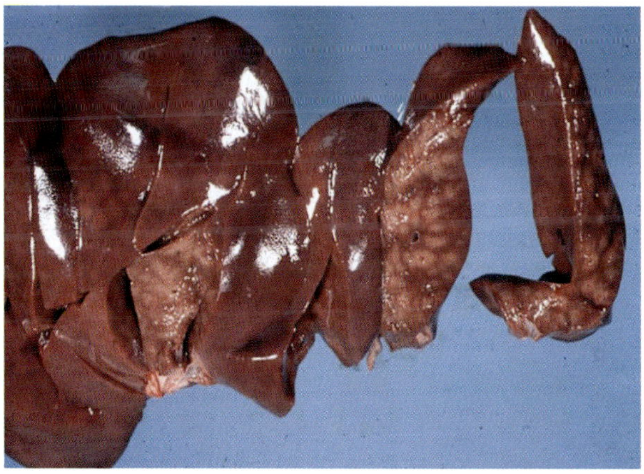

국소 확장성 * 모든 동물

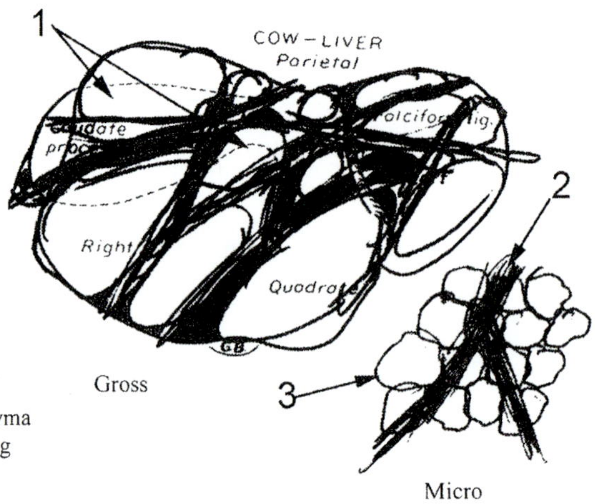

1. Unaffected parenchyma
2. Replacement scarring
3. Liver cord lobules

간의 섬유증 : 괴사 후 흉터형성
(Fibrosis of the liver : Post Necrotic Scarring)

다양한 크기의 재생성 간소엽들 사이에 아주 불규칙하게 결합조직성 띠나 별모양 결합 조직 흉터(반점)가 산재되어 있는데 이는 거칠며 큼지막한 결절로 되어있다. 이 결합조직은 실질의 급성 대량 손상에 따른 재생 조직이다. 간 실질내 독성물질 손상이나 독성물질이 혈관 내 입이던 간에 독소가 손상을 준 탓이다. 거의 대부분 간에 독성물질이 만성적으로 노출되면 간경화(cirrhosis)를 일으킨다. 재생된 간소엽 결절은 통상 정상 구조를 유지하는 것 같아도 대체로 간소엽은 뭉그러져 있어서 정상 구조가 아니다.
WP3185, 108, 109

- **유의사항** :재생(regeneration)이란 어느 일정량의 조직 손상에 대한 반응인데, 한 번에 약 15~20 %의 손상에 대한 결과이므로 섬유증(fibrosis)은 생길 수도 있고 안 생길 수도 있다.

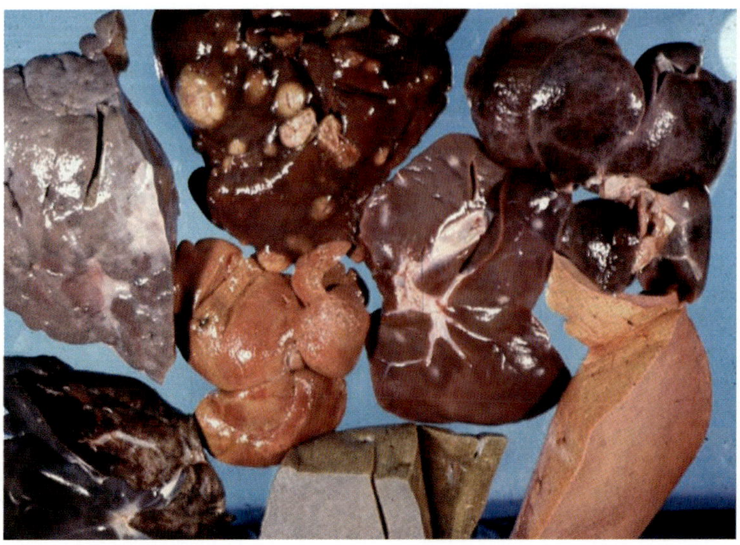

광범위성 * 모든 동물

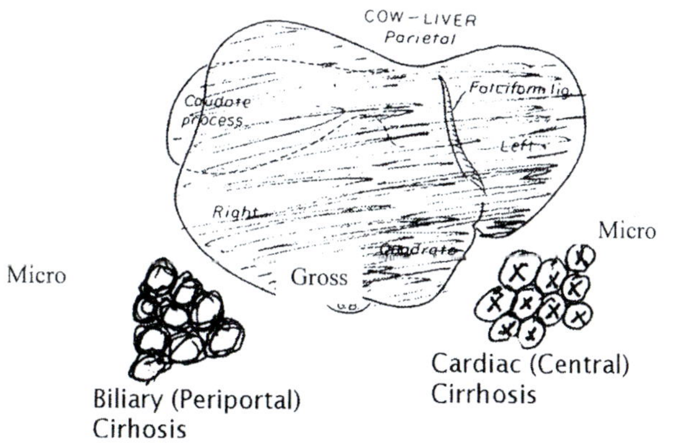

간의 섬유증(Fibrosis): 경화(Cirrhosis)

간은 전체적으로 단단하며 정상크기이거나 비후된 피막과 함께 약간 종대되어 있는 것이 보통이다. 이것이 경화된 간의 특징적 소견인데 결합조직이 증가된 탓이다. 만성적으로 빈복되는 손상 때문에 각각의 모든 엽에 같은 정도로 같은 부위에 결합조직이 증식된다. 심장질환이나 중심정맥내 혈액흐름이 막혀 발생했다면 심장성 간경화(cardiac cirrhosis)라고 부른다. 만성 담관 질환(chronic biliary disease)은 다양한 식물 독성과 관련이 있으며 이들 병변은 시간이 지나면서 간소엽 주변부에 형성되며, 이것을 담관성 경화(biliary cirrhosis)라고 한다. 만성 담관 경화가 있는 간은 흔히 녹색을 띈다. **WP3185, 7044, 109**

- **말, 소, 양, 염소 :** 심장의 기형이나 비타민 E/셀레늄 결핍성 질병(백근병: white muscle disease)이 심장성 간경화의 흔한 원인이며 pyrrollizidine같은 만성적인 식물독성도 원인이다.
- **개 :** 어린 개에서 심장기형은 간경화의 원인이고 만성 증식성 심내막증(chronic verrucous endocardiosis)은 나이 든 개에서 간 경화의 흔한 요인이다.
- **유의사항 :** 만약 재생 과정을 자극하는 역치(threshold)한계로써, 한번에 15~20 % 정도 되는 간 손상이 충분히 일어나지 않을 경우 재생과정이 반드시 이루어지지는 않는다.

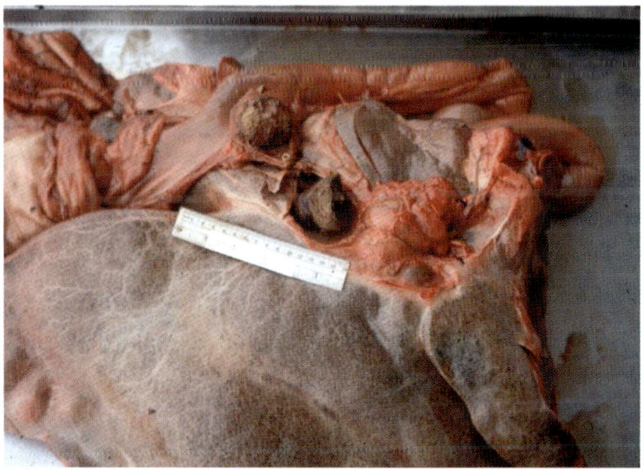

다발성, 확장성 * 모든 동물

1. Masses

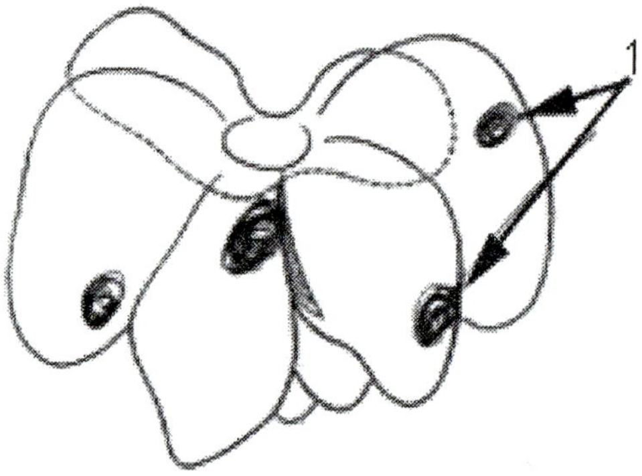

간의 고형 종괴(Solid Hepatic Masses)

육아종, 몇몇 농양들, 종양들, 기생충성 결절 및 낭종 등은 육안적으로 비슷한 형태여서, 확진을 위해서는 병변들을 반드시 절개하여 병원체를 배양해야 하며, 조직학적 검사도 실시해야 한다. 악성 종양일 경우 내장을 비롯 췌장 등 어떤 장기가 원발성 병소인지 찾아야 한다. 대부분 동물에서 림프육종(lymphosarcomas)은 흔히 노란~초록색을 띠는 건조한 괴사성 중심 병변을 갖고 있다. 모든 동물에서 혈액이 차 있고, 1~2 mm에서 10~20 cm 정도 되는 종괴라면 혈관육종(hemangiosarcoma)이며, 이는 비장, 우심방, 폐 등에서 발생할 수 있다. 어린 동물에서 발견된 종괴는 농양일 가능성이 높다. 반대로 나이든 동물에서 발견된 종괴는 일단 악성종양을 의심할 필요가 있고, 많은 고형 종양 중에서도 일단 림프육종은 리스트에 넣고 감별해야한다.

- **개 :** 개에서 다발하나 때로 다른 동물에서 하나 또는 여러 개의 고형의 옅은 노란색의 세포성 덩어리(cellular mass)나 종괴들, 혹은 간에 다른 병변이 없이 나타난 간과 같은 색깔의 단일 종괴는 흔한 양성 간암(benign hepatoma)으로 간주 할 수 있다. 양성 간암은 보통 종양이 생길 나이가 된 개에서 발생하며, 대부분 피막을 가지고 있지 않고, 재생과 같은 보상성 요구에 생긴 것이 아니기에 이를 결절성 증식(nodular hyperplasia)이라고 명명해서는 안 된다. 안식년 기간에 브라질, 아르헨티나 등 남미 해외 출장 시 경험한 바에 의하면 미국에 비해서 매우 드물게 관찰하였다.
- **유의사항 :** 하나의 갑상선엽을 수술로 제거하면 남아있는 엽은 광범위하게 비결절성으로 증식이 일어난다. 해부학적으로 쉽게 제거할 수 있는 우드척(woodchuck)을 비롯, 이론적으로 다른 동물들에서도 가능한데, 만일 간을 수술적으로 반 정도 제거하면 다른 반쪽은 **비결절성**으로 광범위하게 재생되므로 증식과 종양을 감별하는데 도움이 된다. WP7267, 543

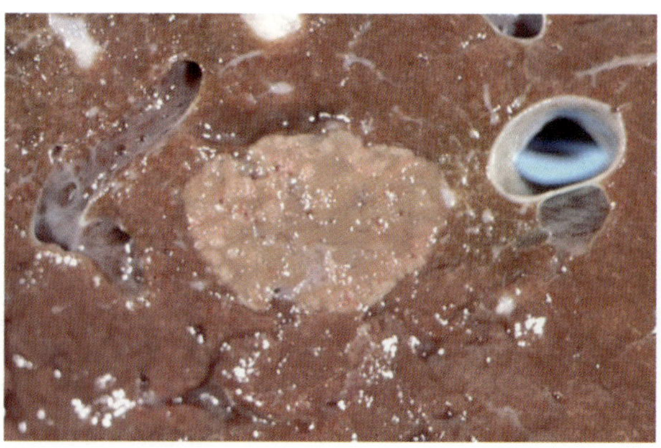

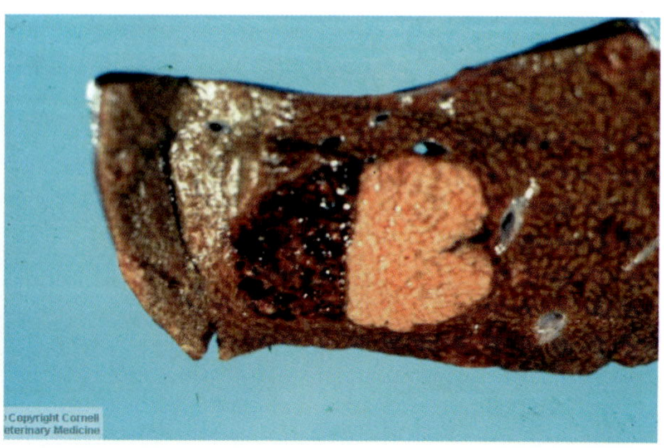

국소 확장성 * 모든 동물

1. Multiple biliary cysts
2. Single biliary cyst, often green fluid present
3. Intermediate tapeworm cyst with scolex inside
4. Ventral mesenteric cysts

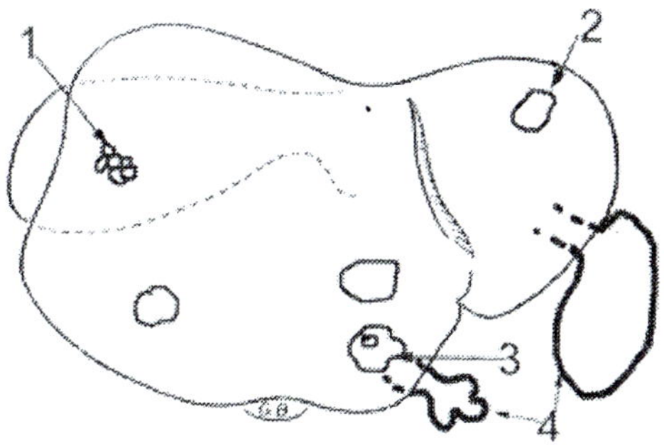

간의 낭종(Hepatic Cysts)

맑은 체액으로 채워져 있는 낭종은 수 mm부터 수 cm에 이르며 간표면이나 간실질 내 형성된다. 종양이 생길만한 나이가 된 동물에서, 특히 액체가 녹색이라면 담관성 종양(biliary tumor)을 의심해야 한다. 촌충(tapeworm)의 중간단계의 낭포 같은 기생충성 낭포는 여러 동물에서 아주 흔하지만 보통 어린 동물에서 더 많이 발생한다.

- **말** : 1~3 cm되는 포충성(echionococcus) 낭포가 흔하다. **WP7131, 7219, 13569, 18244, 7395**
- **소** : 유산된 송아지에서는 주로 5~50 cm 정도의 크기로, 투명하거나 혈액 또는 체액으로 충만된 낭포가 있다. 이 낭포는 간의 가장자리를 따라 좌측 내장쪽 간표면에 뚜렷하게 보인다. 이의 정확한 유래는 확실하지 않으나 복측 장간막 잔유물(ventral mesenteric remnants)이거나 간의 피막일 것으로 추정된다. 이는 담관성 낭종은 아니다.
- **개/양/염소** : 흡충(*P. kellicoti*)에 의해 발생하는 1~4 cm 정도의 검은색 액체 낭포가 흔히 관찰된다.
- **고양이** : 고양이에서 낭포가 매우 흔하지만, 이들이 종양인지 아니면 단순한 폐쇄(obstruction)인지를 감별해야 한다.

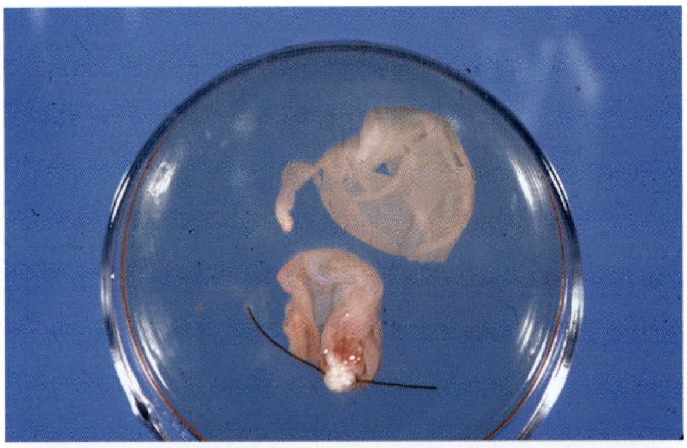

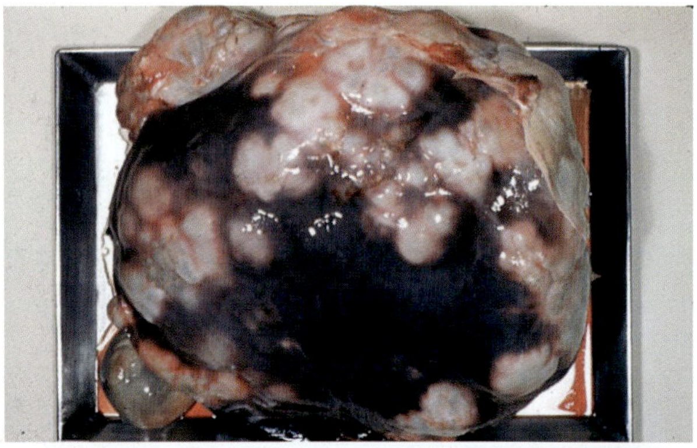

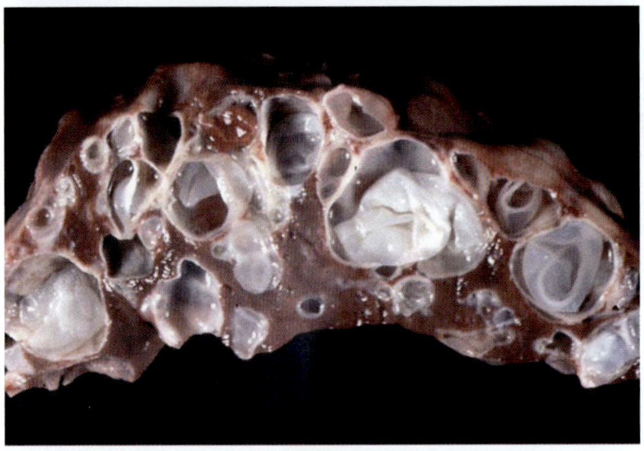

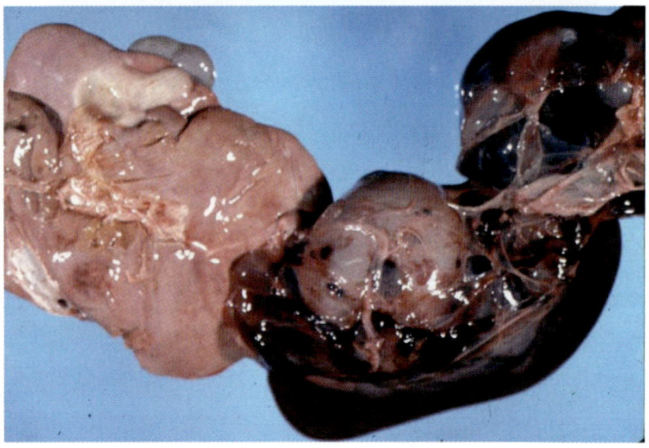

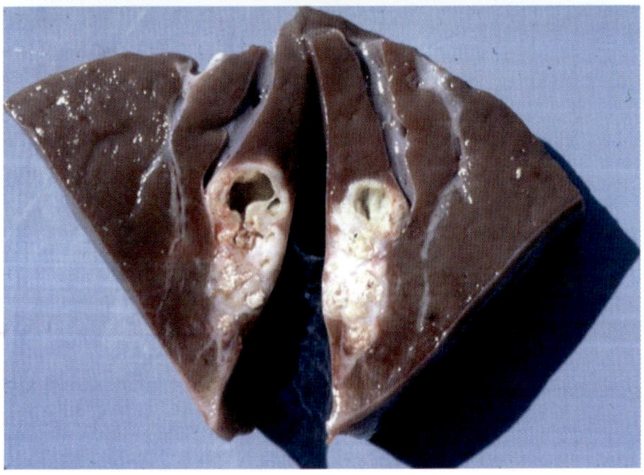

국소 확장성 * 소

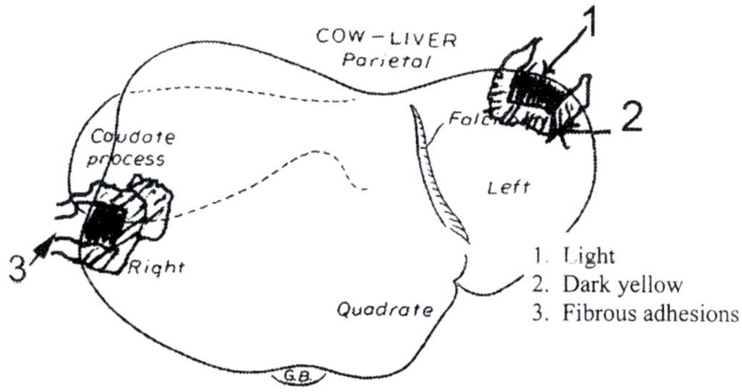

장력성 지방 침착증(Tension Lipidosis)

장력성 지방 침착증은 간의 측면이나 등쪽 가장자리에 한 개 또는 몇 개의 직신으로 사상 자리를 이루며 담황색 또는 노란색으로 지방변성 병변이 산재되어 있다. 주로 성축에서 축 늘어지며 커진 간 가장자리에 약간의 결합조직이 붙어있고 그 부위 간 실질 내 혈관이 압박되어 국소적으로 혈액순환 장애인 저산소증을 유발한다. 한 병변에 여러 색깔로 나타날 수 있는데 이는 발생된 시간상 차이 때문이다. 이것을 **거짓경색**(pseudoinfarcts)이라고도 부른다. 대부분 말과 소에서만 나타나지만 아주 드물게 다른 동물에서도 볼 수 있다. 다른 유형으로 피막의 작은 혈관압박 때문에 생기는 경우가 소에서 발생한다. WP296, 7024, 301, 299

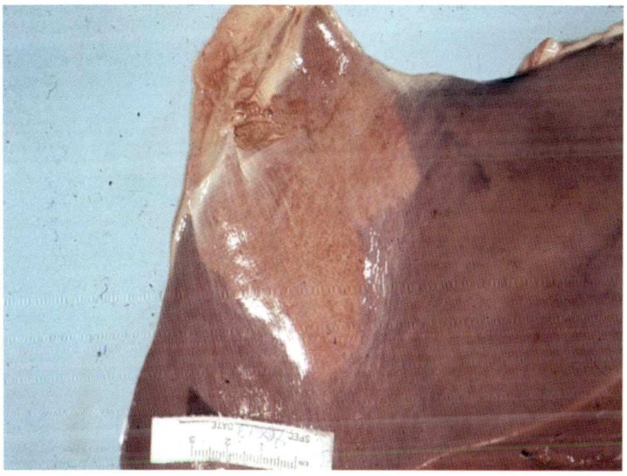

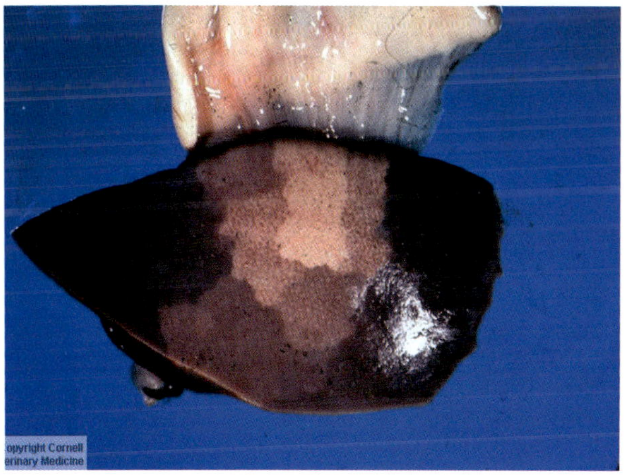

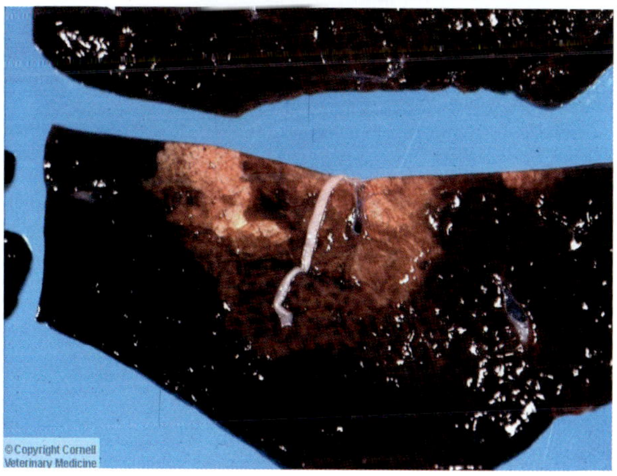

국소 확장성 * 소

1. Sequestra

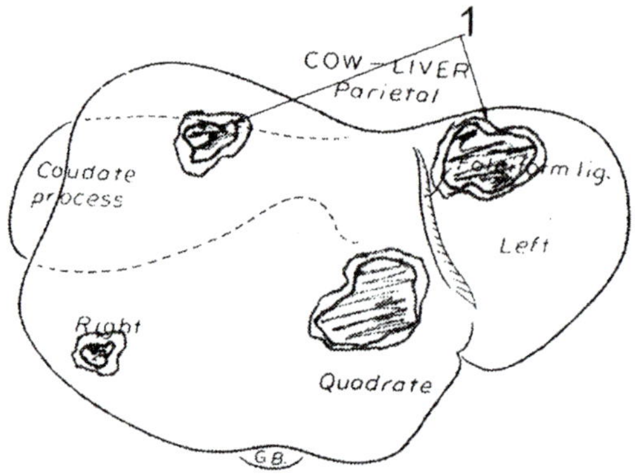

괴사간균증(Necrobacillosis by *Fusobacterium necrophorum*)

소의 나이에 상관없이 나타나며 염증성 붉은 테두리가 있는 담황색의 괴사된 0.5~10 cm 또는 더 큰 크기로 간에 산재되어 있고, 표면에선 부착된 섬유소도 간혹 보일 수 있다. 가끔 진균성 감염과 감별하기 어렵다. WP1860

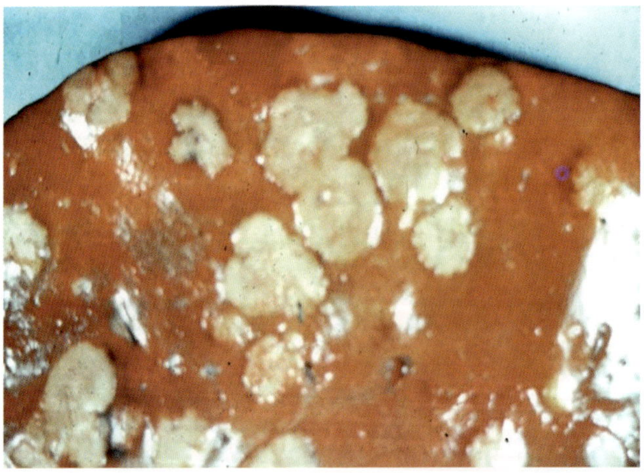

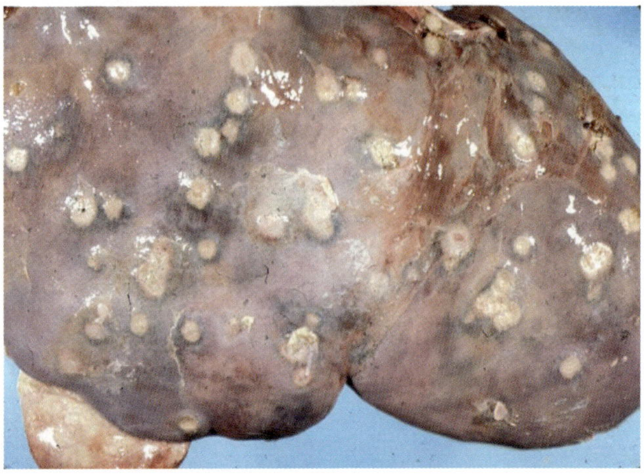

국소 확장성 * 소

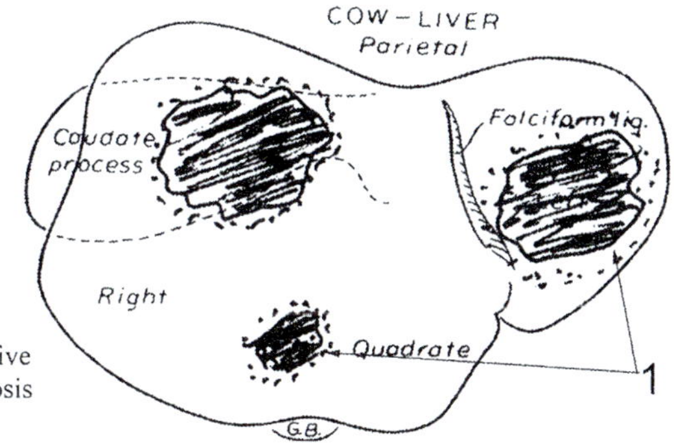

1. Locally extensive bacterial necrosis

간균성 혈색소뇨
(Bacillary Hemoglobinuria by *Clostridium hemolyticum*)

산균성 혈색소뇨는 성우에서 가장 흔히 발생한다. 괴사된 간의 큰 병변 부위는 얼룩덜룩하게 변색되어 나머지 간부분과는 확연히 구분된다. 이들 괴사병변 주위에 염증반응이 관찰된다. 흡충(flukes)도 흔하게 보이는데 이 소견을 일으키는 요인으로도 생각된다. 흡충이 없는 경우, 수의사의 약물과잉 처치를 생각할 수 있는데 많은 양의 코르티코스테로이드제제를 항염증성 약물로 장기간 사용함에 따라 정상 세균총 균형이 깨져 *Clostridium hemolyticum*이 과다 증식한 탓이다. WP7232, 7234

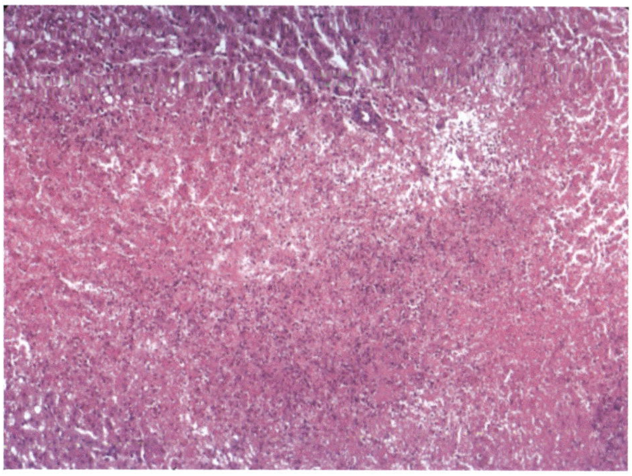

다발성 * 모든 동물

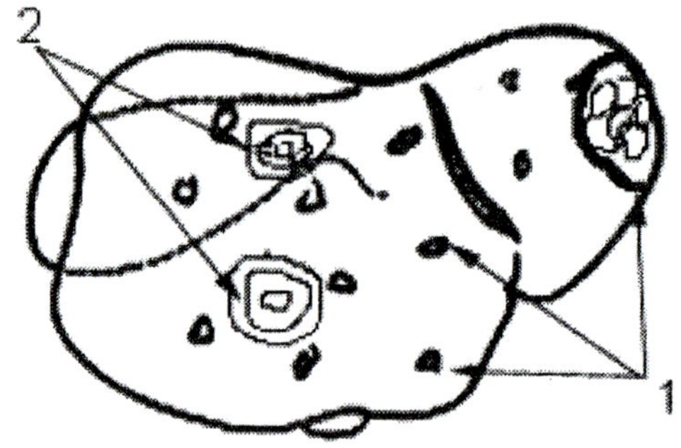

1. Telangiectasis
2. Peliosis hepatosis

모세혈관 확장증(Telangiectasis)

모세혈관 확장증이란 몇 개에서 수 백 개에 이르는 암적색 혹은 흑색 2~3 mm 크기의 병소로 크게는 직경이 수 cm되는 것 등 다양한 크기로 간 전체에 흩어져 있다. 어떤 것은 병소 안에 혈전이 있어 단단하고 창백하지만, 대부분은 혈압이 사라지면 약간 움푹하게 된다. 이들이 모여 10~20 cm 크기의 병소가 될 수 있다. 특별히 10~30 cm 정도의 커진 혈관 내강을 이루고, 흔히 층판 형태로 응고된 혈액이 차는 경우는 **간의 자색반병**(peliosis hepatitis)이라고 부른다. 이는 일반적으로 에스트로겐성 사료 때문에 발생한다. 작은 것에서부터 큰 것까지, 즉 2 mm~수 cm 크기로 어떤 것은 각이 진 암적색 병소로 여러 동물의 모든 간엽에 흩어져 있을 수 있다. 죽은 지 얼마 되지 않았을 때는 절단면에서 혈액이 스며 나온다. 대부분 혈압이 사라짐으로서 간 속에서나 간 표면의 소견이 움푹 패이게 되지만, 어떤 경우 간 실질 내 혈전이 정체되어 약간 종창될 수도 있다. 이들 병변은 말에서는 드물다

- **소** : 주로 나이든 암소나 거세하지 않은 수소에서도 발생하나, 거세한 수소(steer)에서 나타난다. 이는 법규상 도축 검사에서 간을 폐기하는 요인이 된다.
- **개** : 콩을 먹인 개는 콩 성분인 gliaden과 genestein 같은 에스트로겐(estrogen) 때문에 뚜렷한 **간 자색반병**을 유발하기도 한다.
- **고양이** : 고양이 간은 거세한 수소처럼 모세혈관 확장증이 잘 발생하나, 사자와 호랑이 같은 사육중인 대형 고양이과 동물들도 **간 자색반병**이 다발한다. **WP7040, 7195, 9145**
- **유의사항** :대부분 동물들이 콩 단백질과 같은 식물성 에스트로겐과 관련이 있으나 소에서 거세가 발생 요인이다.

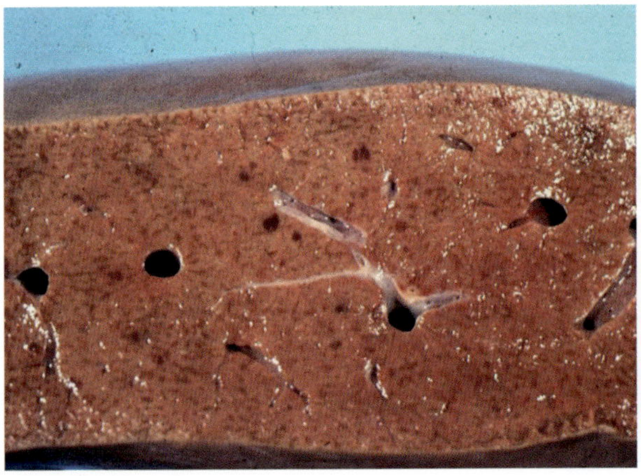

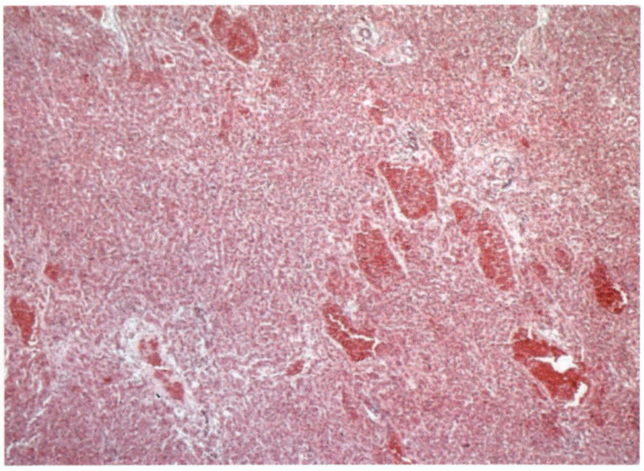

다발성 * 모든 동물

1. Abscess

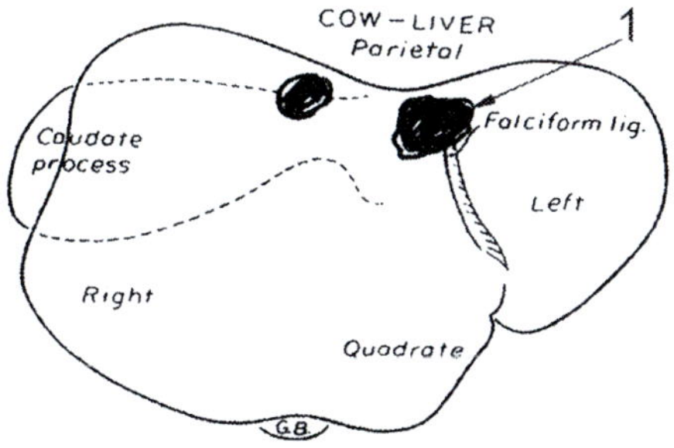

급성 및 만성 농양(Acute and Chronic Abscesses)

이 병변은 5~8 cm 미만 혹은 10 cm 이상되는 크기의 병변으로 병소 테두리에 흔히 붉은색을 띠면 보통 감염 상태임을 뜻한다. 만성화 되어 시간이 경과되면 짙거나 묽은 액화성 고름이 결합조직성 피막화가 되어 나타난다. 세균진단을 위해서는 배양 검사를 해야 한다. 특히 소에서 대부분 간문부분 근처에서 보이는 농양은 창사에서 유래한 균이다. 대부분 농양은 감별이 용이하도록 중요한 결합조직 피낭을 갖고 있다. WP309, 1511, 7245

- **말** : *Rhodococcus*균에 의한 농양은 어린 말에서 다발한다.
- **소** : *Pasteurella* sp.에 의해 유발된 대형 간 괴사 병소는 소에서 대량의 코르티코스테로이드 투여 때문이다. 반추류의 간은 보통 무균적 상태가 아니기에 이런 약제는 간의 급성 괴사를 일으키는 소인이 된다. 농양은 간 어느 부위에서나 발견될 수 있으나 오직 한군데만 생겼다면 대부분 간문이나 대정맥 근처일 것이다. *Fasciola* 같은 흡충은 흔히 *Clostridium hemolyticum*에 의한 간균성 혈색소뇨(bacillary hemoglobinuria)를 일으켜 급성 괴사 병변을 야기한다. 이런 경색된(괴사된) 간 실질의 괴사성 병변을 일으키는 요인으로는 통상 *Fusobacterium necrophorum* (necrobacillosis)이 좋은 예이다. WP309, 7243
- **개** : 몇몇 개 또는 많은 0.5~4 cm 정도 크기의 회색 병소로, 고름이 찬 여러 개의 작은 방으로 이루어진 농양소들 국소성 복막염 발생에 상관없이 간문(hilus)주변의 주요 엽에서 볼 수 있다. 이는 *Nocardia* sp.에 의한 것이 많은데 확진 상 배양이 필요하다. 대부분 나이든 개에서 발생이 많고, 일부 발생은 국소 종양과도 관련이 있다. WP536, 537
- **양/염소** : 1~3 mm 크기의 피막을 가진 이들 농양병소는 동심원성으로 층을 이루는 녹색의 농양으로 *C. pseudotuberculosis*에 의한 건락성 림프절염(caseous lymphadenitis)의 특징적 소견이다.

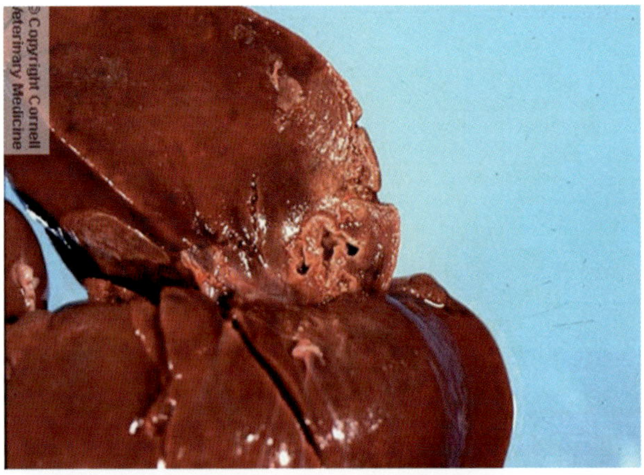
© Copyright Cornell
Veterinary Medicine

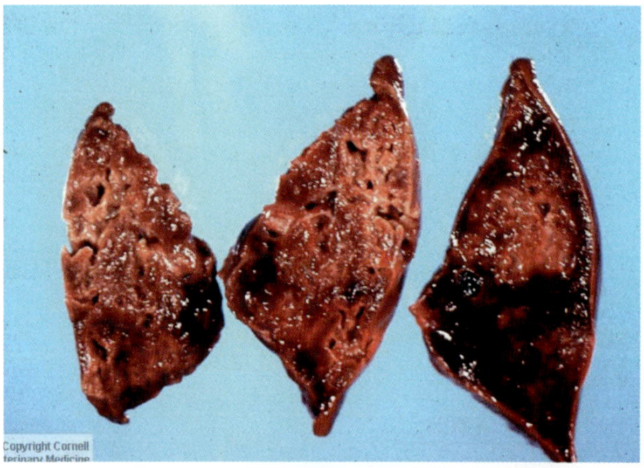
Copyright Cornell

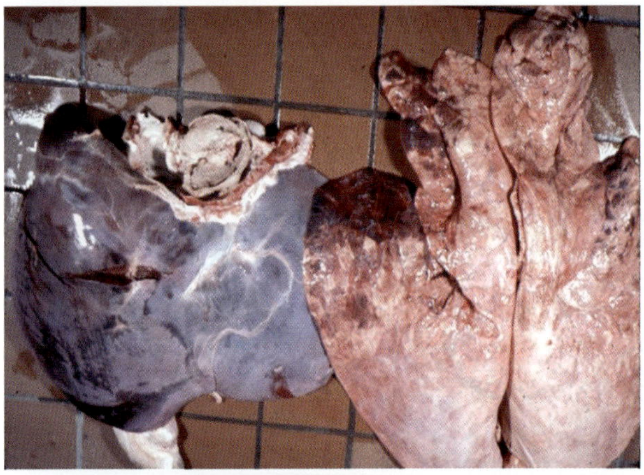

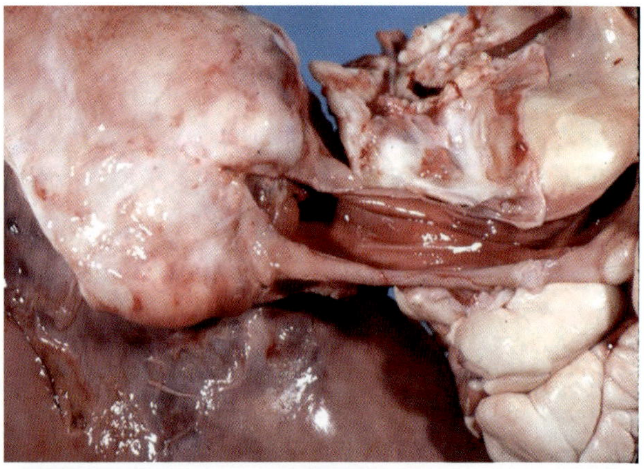

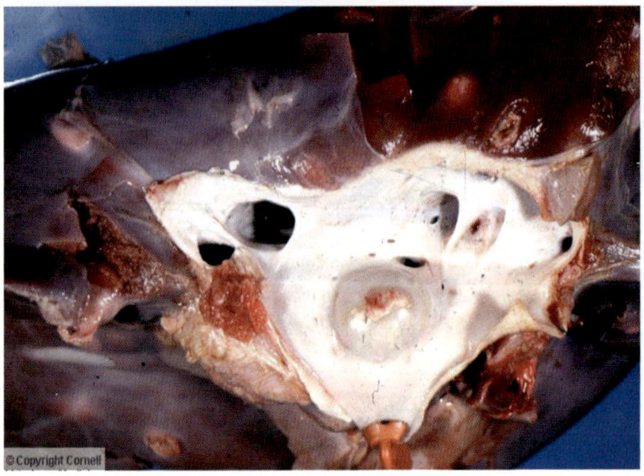
© Copyright Cornell

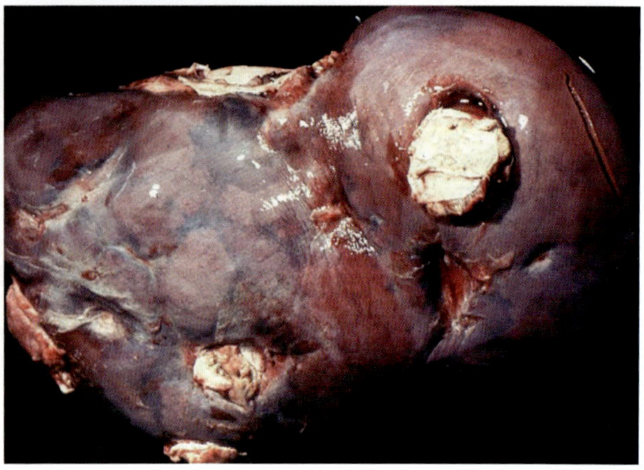

다발성 * 모든 동물

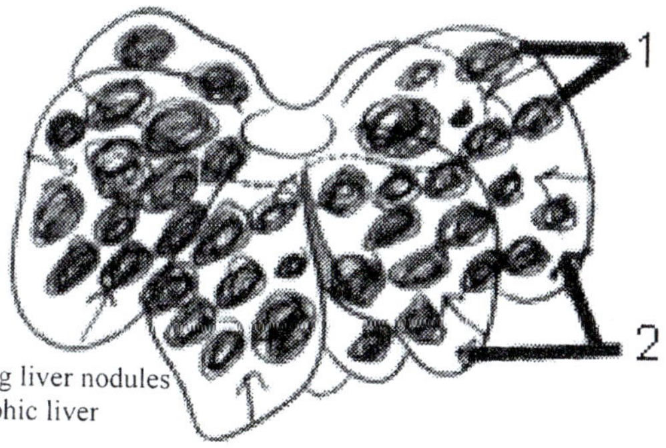

간의 위축과 재생(Hepatic Atrophy and Regeneration)

몇 mm~수 cm에 이르는 수많은 다발성 결절들이 거의 간 전체에 퍼져 있는데 결절들을 나누는 부드럽고 유연한 띠모양의 밴드(band)들이 보인다. 결절은 재생된 간 부위이며, 서로 얽혀있는 유연한 밴드들은 **위축성 잔존 간질**(atrophic residual stroma)과 **담도 줄기**(biliary tree)들이다. 이는 위축을 유발하는 Dilantin(간질약의 상표명)이나 몇몇 화학물질들의 만성 저농도의 독성 결과로 생길 수 있다. 조직학적으로 볼 때, 육안적으로 얽혀있는 밴드는 확실히 결합조직이지만, 잘 관찰해 보면 **상대적 섬유증**(relative fibrosis)이라고 불리는 잔존성 결합조직이 **응축**된 것이고 **절대적 섬유증**(Absolute fibrosis)이라고 불리는 신생 섬유성 조직의 산물은 아니다. 이것은 어느 동물에서나 볼 수 있지만 Doberman Pincher 종 개에서 가장 흔히 발생한다. WP170, 7013

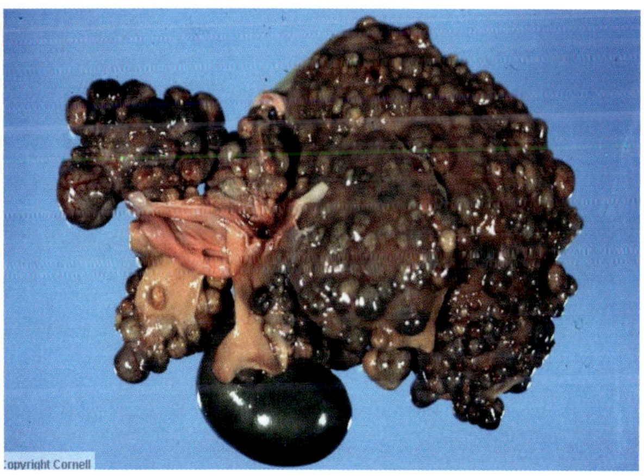

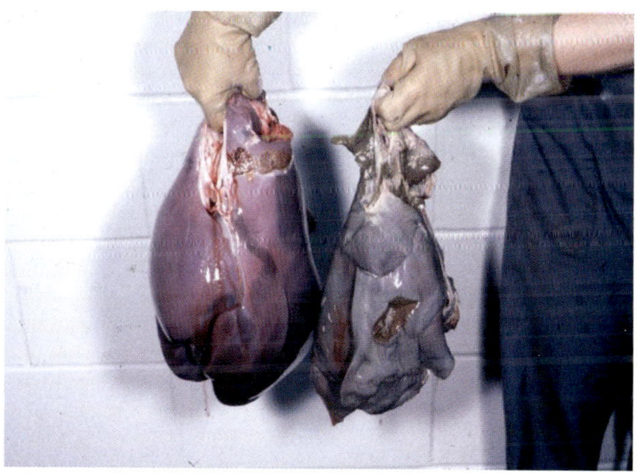

다발성 * 모든 동물

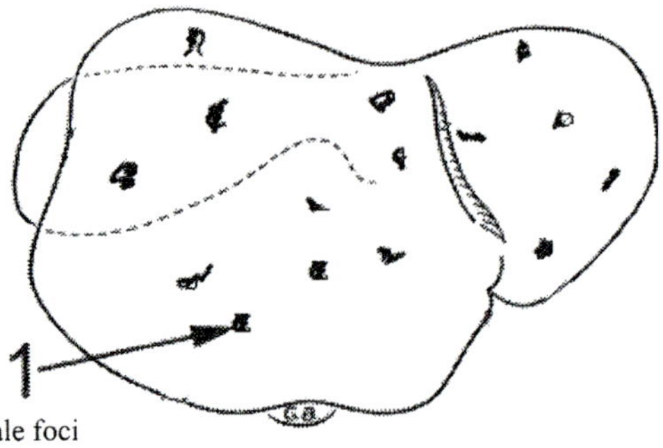

1. Multifocal pale foci

다발성 회백색 병소(Multifocal Pale Foci)

몇 개 또는 무수한 1~5 mm 크기의 작은 회백색, 붉은색, 노란색 등 다양한 색상의 병소가 각종 동물의 간에서 볼 수 있다. 곰팡이를 비롯 세균, 바이러스 등의 검사를 위한 샘플을 채취하여 배양해야 한다. 세균, 봉입체가 있는 바이러스, 곰팡이, 원충이나 이행 중인 기생충, 그리고 종양 등을 감별하기 위해 조직학적 검사가 반드시 필요하다. WP1862, 7250

- **말** : 태자에서 이런 소상 괴사는 흔히 허피스 바이러스 감염증 때문이다.
- **소** : 소의 태자에서는 보통 IBR 바이러스가 원인이다. 어린 소에서 중등도~심한 병변은 흔히 *Salmonella* sp.에 의해 발생한다. 간에 티프스성 결절(typhoid nodules)을 형성하여 소위 '톱밥을 뿌려놓은 간(sawdust liver)'이라 불리기도 한다.
- **돼지** : 어린 돼지에서는 오제스키병(Aujeszky's disease=pseudorabies)으로 의심해 봐야 하며, 회충(*Ascarids*)과 신충(*Stephanuris* sp.)의 기생충 이행도 의심해 보아야 한다.
- **양/염소** : 선회병(listeriosis)이 의심된다.
- **개** : 면역성이 없는 어린 개나 노령으로 면역력이 소실되어 가는 개에서 회충과 구충의 유충 이행으로 발생한다.

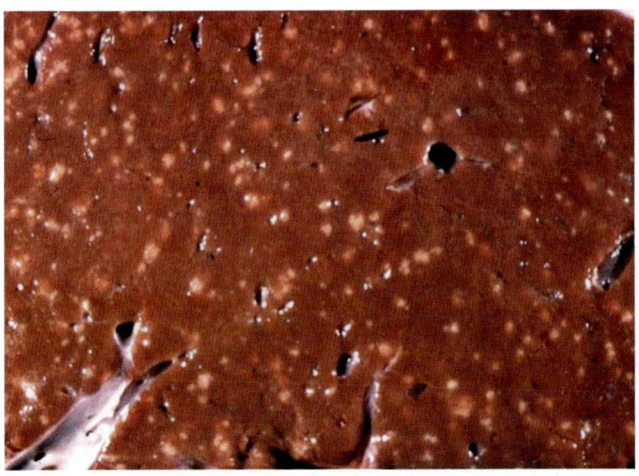

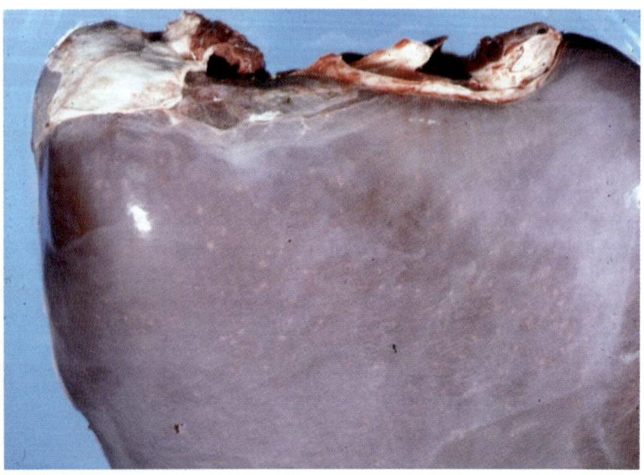

다발성 * 모든 동물

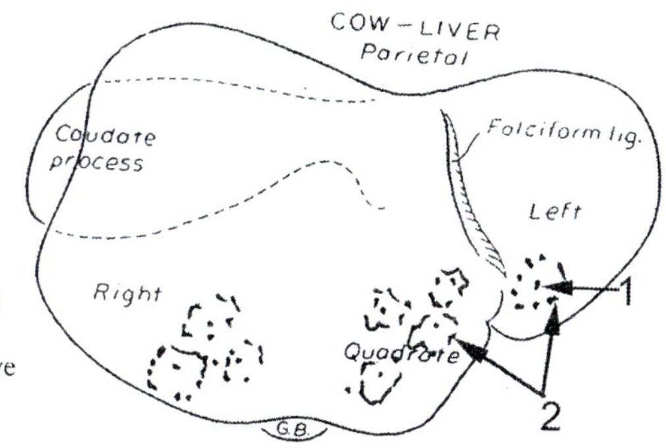

1. Tiny 1-2 mm thin walled vessel
2. Irregular connective tissue adhesions

혈관 관련성 국소 지방침착증(Vascular Related Lipidosis)

이 증례는 주로 어미 소의 간 표면에 통상 1~5 cm 크기로 노란색의 불규칙한 반점으로 보이는데 역시 불규칙한 결합조직으로 덮여 있는 것이 보통이다. 이런 누런 반점이 한 개부터 십여 개까지 있을 수 있는데, 이들 반점에는 **결합조직으로 나가는 1 mm 정도 되는 얇은 혈관이 중앙에 위치하여 있다.** 이것이 국소부위 빈혈에 따른 지방간을 야기하는 원인이 되는데 이들 혈관을 통해 혈액이 역류되어 피막으로 빠져나간 탓으로 추정된다. 표면 섬유증과 관련된 것 외에 다른 원인이 알려진 것이 없다. WP300, 301

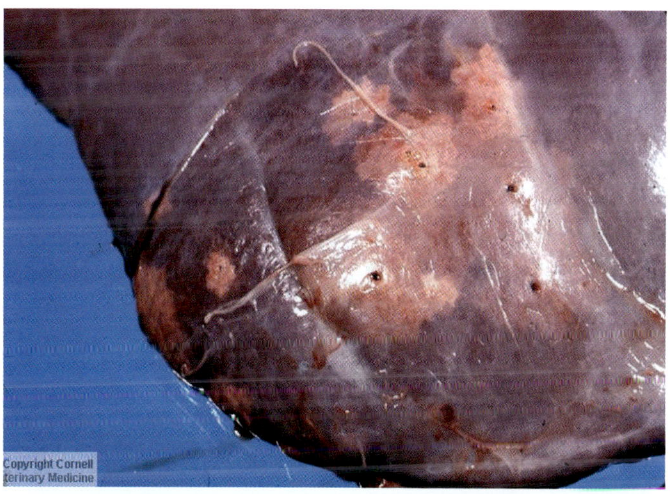

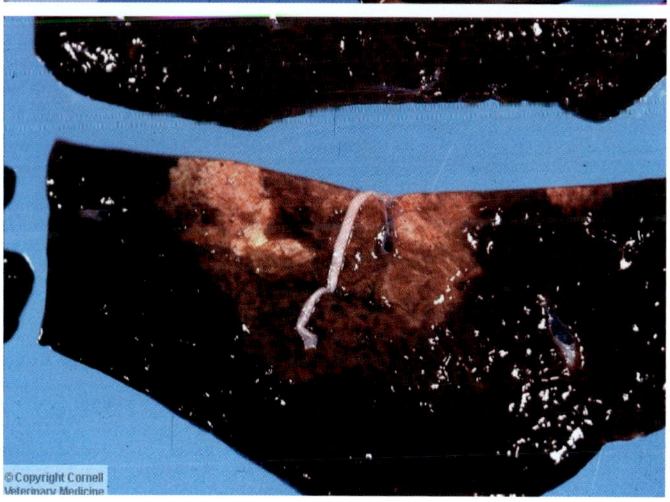

신장 병변의 모식도
ROUGH SKETCHES OF KIDNEY LESIONS

광범위성 * 모든 동물

1. Indistinct striations
2. Enlargement

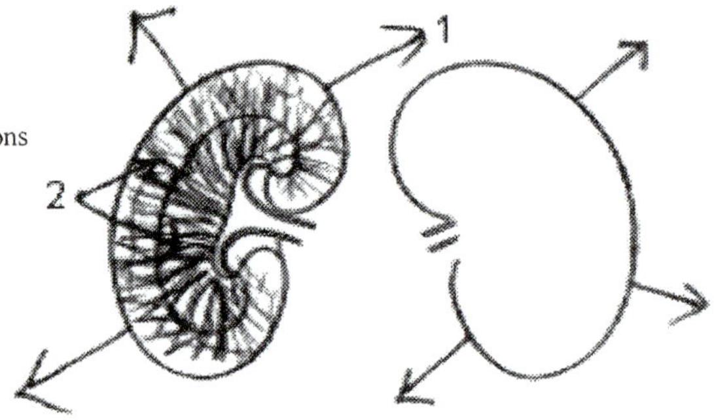

신장종대(Renomegaly)

종대된 신장은 정상 크기의 4~5배까지 광범위하게 커지고 무거워진다. 창백하며 단단하다면 아밀로이드증이나 림프육종으로 생각해야 한다. 중등도로 커진 경우도 마찬가지 소견으로 사구체신염(glomerulonephritis)이나 수산염(oxalate), 설파제(sulphonamides)나 비소(arsenic)와 같은 독소에 의해 생긴 독성 신증(toxin nephrosis)을 고려해야 한다. 종대된 창백한 신장을 요오드(iodine)로 처리를 하면 아밀로이드증의 약 50% 정도가 육안적으로 양성이기에 모든 증례를 화학적 검사와 조직 검사를 하여야 한다. 그리고 피막을 자른 후 뚜렷한 피질과 수질에 방사무늬(radiating striation)가 소실된다. 종대된 대부분의 신장은 단단하며, 피막을 절단했을 때 절단면이 불룩할 것이다. 어떤 화학물질 중독은 세뇨관 자체에서 확인되는데 도말하여 현미경으로 보면 부동액(antifreeze poisoning)과 설파제(sulfa drug) 중독으로 인한 수산염 결정체(oxalate crystal)를 관찰할 수 있다. WP 11792, 863

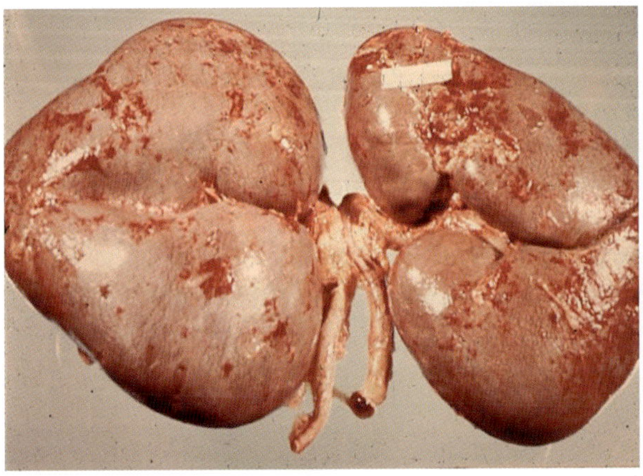

말의 수산염 침착에 의한 신증

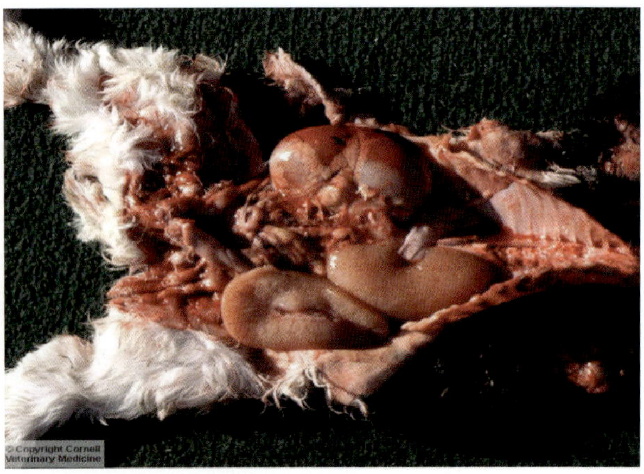

송아지 새끼의 선천성 결손에 의한 낭종성 신장

광범위성 * 모든 동물

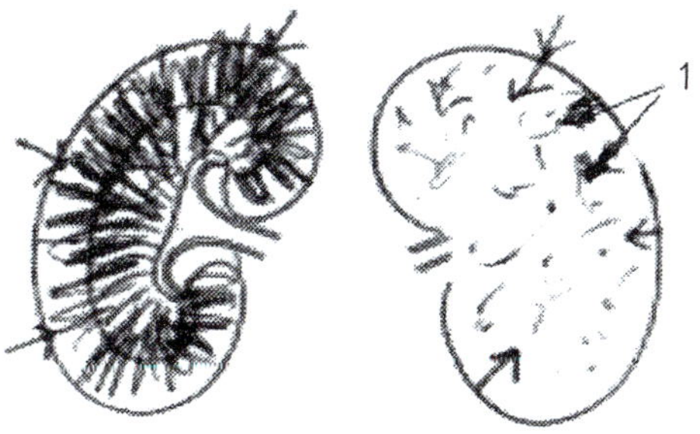

간질성 피질수질성 신장염(Interstitial Corticomedullary Nephritis)

어느 동물에서나 광범위하게 육안으로 창백하며 단단하고 흔히 정상 신장보다 작으며, 피질과 수질의 무늬가 불투명할 경우 만성 간질성 신장염을 의심할 수 있다. 조직학적으로, 병변은 광범위하게 간질성 섬유화가 관찰되며 많은 만성 염증성 세포가 보이는 것이 특징이다.

- **개** : 개에서 가장 흔한데 주로 만성 렙토스피라증에서 볼 수 있다. 만성적 신장염이 있는 개와 다른 동물에서도 피막성 유착이 생긴다는 것은 알려져 있으나 드물다. 탈수나 사후변화로써 피질의 바깥 부분 피막이 쉽게 벗겨지게 된다.
- **돼지** : 돼지에서 신장의 정상적인 구조를 모두 바꿀 정도로 만성적인 형태의 심한 섬유화를 보이는데 특히 곰팡이 독소인 ochratoxin에 의해서 유발된다.

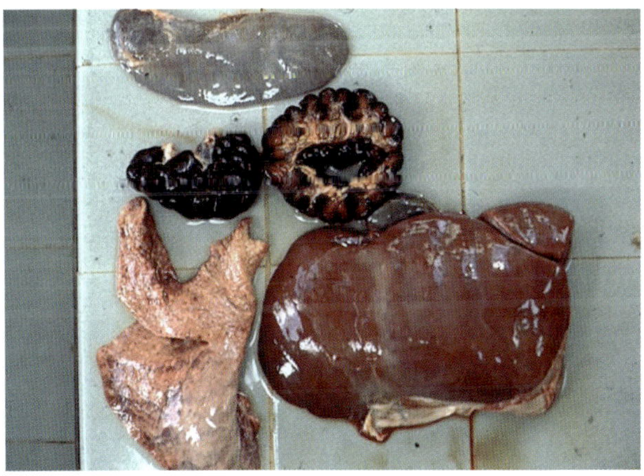

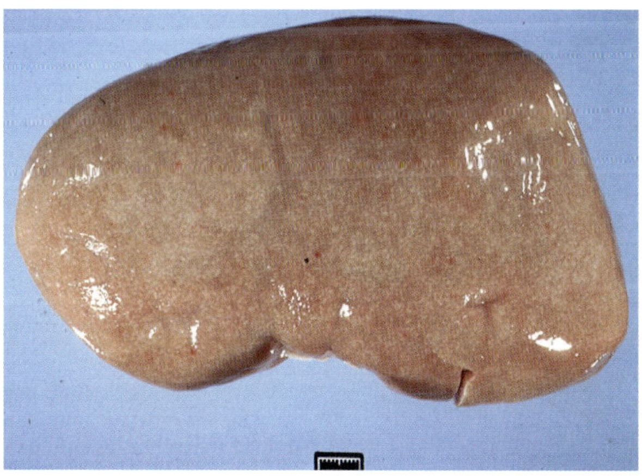

광범위성 * 모든 동물

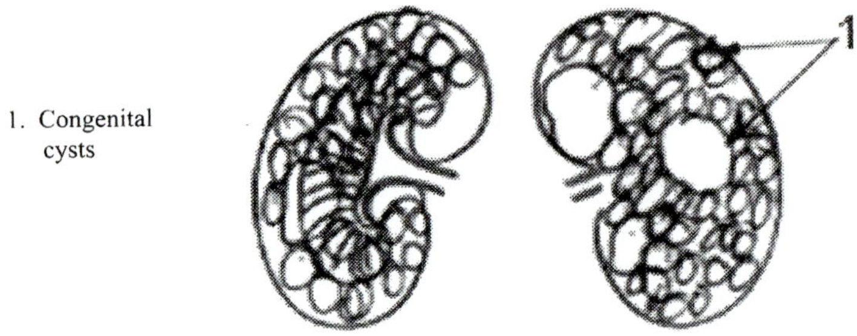

다낭성 신장(Polycystic Kidneys)

선천적으로 어린 동물이나 신생동물에서 주로 발견된다. 맑은 체액이 세뇨관에 꽉 차서 꽈리모양을 이룬다. 단지 몇 개로 혹은 실질을 완벽하게 대체할 정도로 많은 수가 나타나기도 한다. 놀랍게도 가끔 선천적으로 전형적인 다낭성 신장을 가진 나이든 동물도 있다. 낭은 보통 수질과 피질 모두에서 발견되기 보다는 주로 피질에서 발견된다. 후천적인 낭과 감별하는 것은 어렵고 통상 섬유성 신장(fibrotic kidney)에서는 발생이 드물다.

- **소 :** 송아지의 수질 조직에서만 낭이 발견된 경우가 가끔 있다. 또한 소의 다엽성 신장 중 한 두 개의 엽에서 한개 또는 소수의 큰 맑은 낭이 발견된 경우가 많다. 아직까지는 이에 대한 특별한 원인을 규명할 수 없기에 선천적인 것으로 생각하고 있다.
- **돼지/고양이 :** 다낭성 신장은 선천적으로 흔하다.

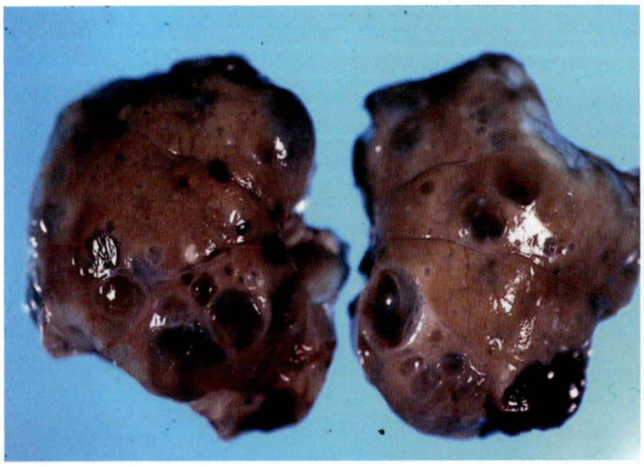

광범위성 * 모든 동물

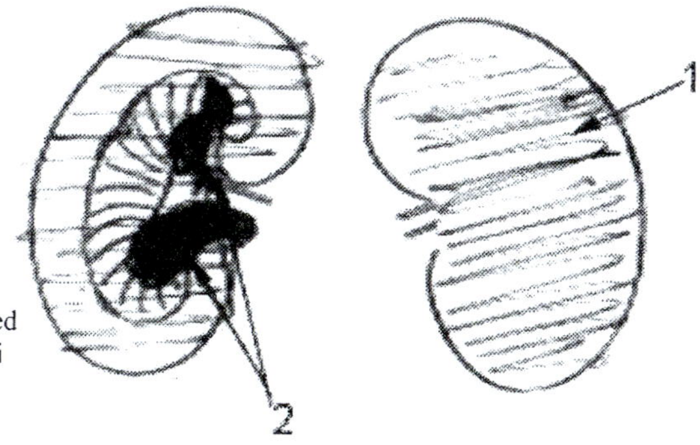

색소성 신장증(Dark Pigmentary Nephrosis)

정상 또는 검은 반점이 있고 단단한 소견이나 만성적으로 손상되어 매우 진하게 변색된 섬유성 신장은 대부분 **색소성 신장증**(pigmentary nephrosis)이라고 진단한다. 대부분의 경우 신장 내에서 단단하지만 취약한 덩어리(clumps)로 갈색에서 검은 색의 결석이 발견된다. 이 결석은 보통 신장 깔때기(renal pelvis)를 크게 변형시킬 수 있을 정도로 크다. 조직학적으로, 신장 세뇨관은 손상되고 이런 병변은 보통 만성 색소성 신장증으로 간주한다. WP15, 564, 8293

- **소** : 암소의 경우 분만 30~60일 후에 매우 진한 검은 색에 가까운 색소가 침착된 신장이 관찰된다. 원인은 간의 인 성분 부족(liver phosphorus)과의 관련성을 의심하면서 대사적 불균형(metabolic imbalance)의 가능성도 있다.
- **양/염소** : 가끔 청동색(gun metal colored)이라고 할 수 있는 매우 어두운 색깔의 신장이 만성 구리 중독(chronic copper poisoning)에서 특징적으로 볼 수 있다. 앙고라 염소에서 발생하는 검은 색깔의 신장들은 Cloisonne 신장의 특징이다.
- **돼지** : 돼지에서 어두운 색의 신장과 함께 검은색의 뼈들이 발견되면 선천성 폼피린 침착증(congenital porphyrinosis)이라고 진단해야 한다.
- **개/고양이** : 신장 깔때기에 색소가 침착된 덩어리가 있는 작은 흉터가 생긴 신장은 담관 폐쇄나 용혈성 문제일 수 있기 때문에 색소성 신장증이라고 생각한다. 이 병변은 고양이에서 가장 흔하다.

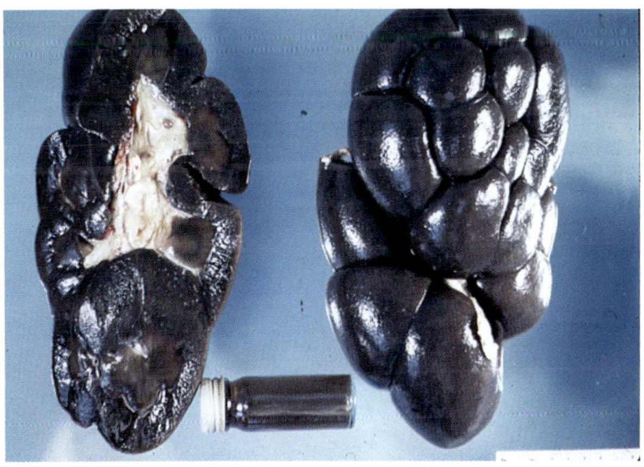

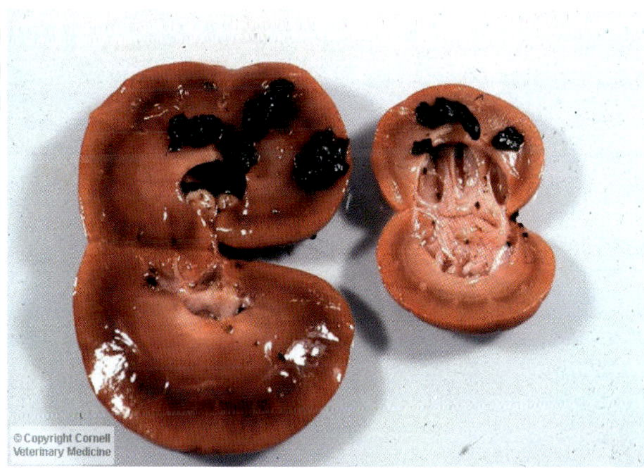

광범위성 * 모든 동물

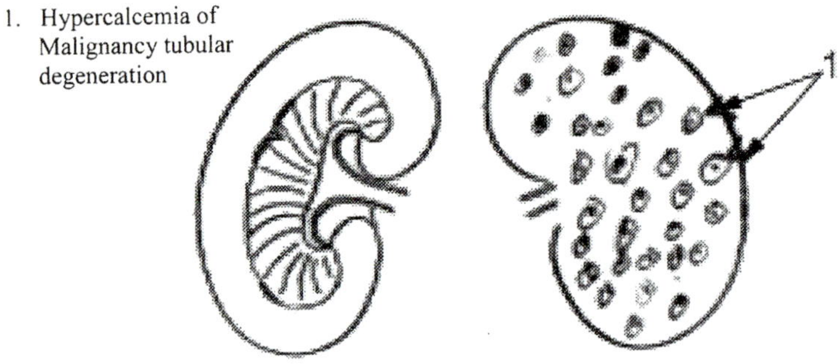

악성 세뇨관 신장증의 칼슘침착증 (Hypercalcemia of Malignancy Tubular Nephrosis)

개의 신장에서 비교적 최근에 알려진 증례이다. 다발성으로 원형의 3~4 mm 되는 불투명 반점소견이 피질 표면에 산재되어 있다. 중심부는 회색으로 1 mm 크기 정도이고 약간 함몰 되어 있다. 세뇨관에 일부 괴사파편과 함께 칼슘침착이 있고 약간의 세포침윤도 나타난다. 이와 같은 소견을 악성 세뇨관 신장증의 칼슘침착이라고 한다. 이것과 관련된 가장 흔한 악성 종양은 항문낭선(anal sac glands)의 선암종(adenocarcinoma)이지만, 이런 소견은 림프육종(lymphosarcoma)을 포함한 많은 악성 종양에서도 볼 수 있다. 병변 가운데 회색부분은 주변부보다 약간 함몰되어 있는 것이 특징이다. WP492, 494

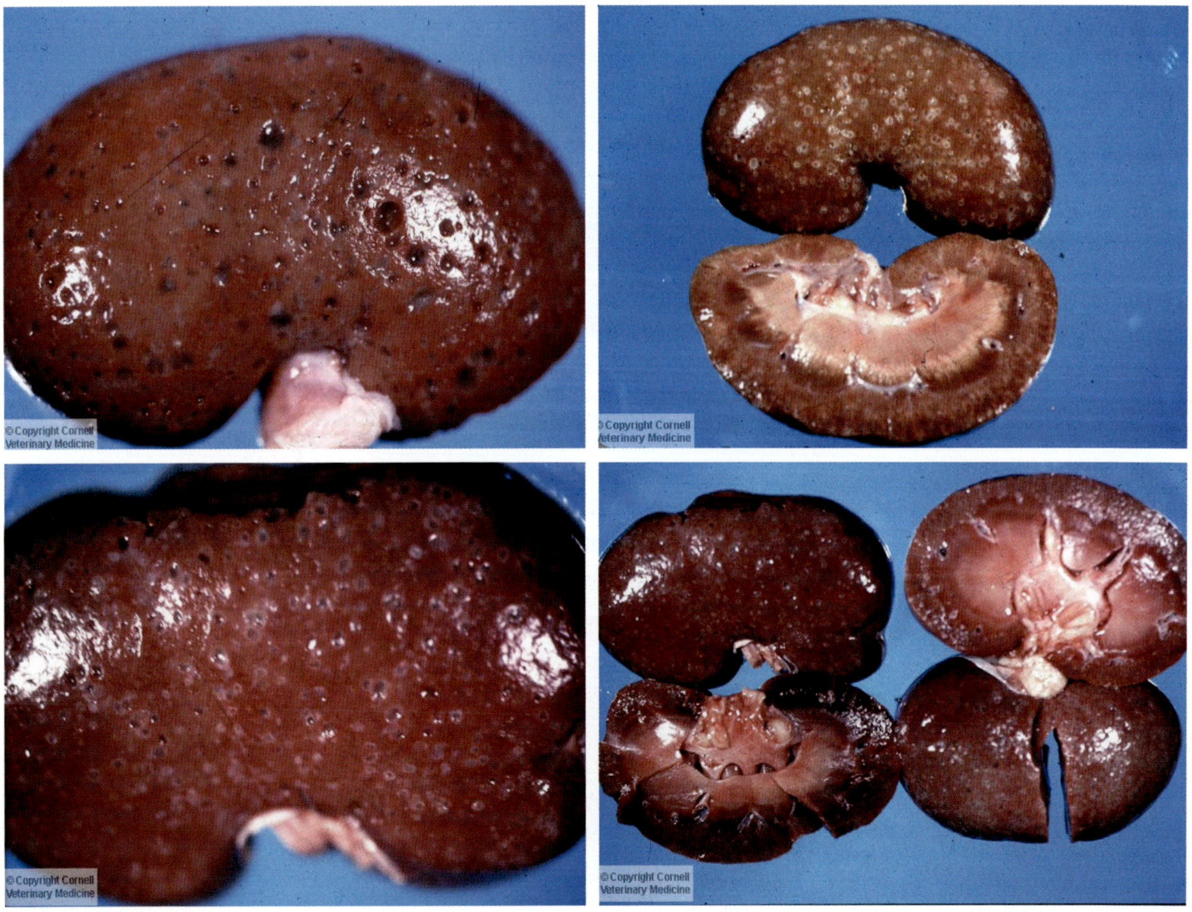

광범위성 * 모든 동물

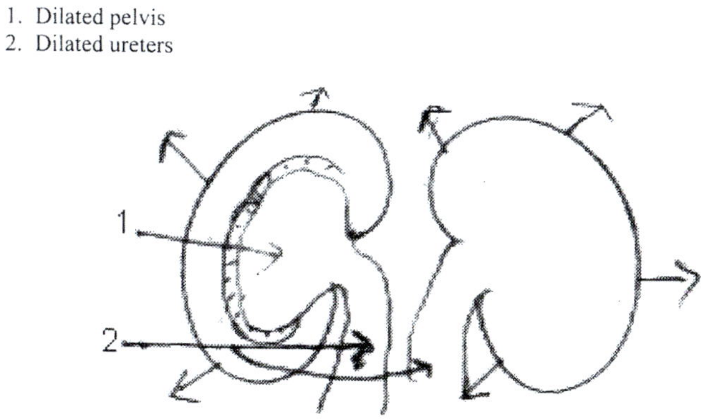

수신증(Hydronephrosis)

요관의 확장 여부와 상관없이 신장 깔때기 부위가 크게 확장된 것이 수신증의 특징이다. 대부분 요로(urinary tract)의 폐쇄가 요인이다. 확장정도는 질병 이환기간과 폐쇄정도에 따라 다르다. 경미한 확장(minimal dilation)은 급성 폐쇄 시 볼 수 있지만, 만성적인 폐쇄 시 양쪽 신장 실질의 완전한 소실도 볼 수 있다. 하나의 요관(Ureter)이 막히면 한쪽만 영향을 받는 반면, 하부비뇨기인 요도 폐쇄 시 양쪽 신장이 모두 확장된다. 종양, 결석, 만성 감염과 기형 등을 의심할 수 있다. 모든 동물에서 중추신경계 질환으로 방광 괄약근 조절과 방광의 확장이 제대로 이루어지지 않는 경우 수신증이 생길수도 있다.

WP11877, 11894, 12021

- **양** : 어미가 새끼의 생식기(genitalia)를 핥아줘 배뇨를 자극하기 때문에 어미를 잃은 양이나 사슴 혹은 다른 갓 태어난 동물에서 수신증은 쉽게 볼 수 있다. 어린 양에서 이렇게 확장된 신장은 시간이 지나면서 확장이 사라질 수 있다.

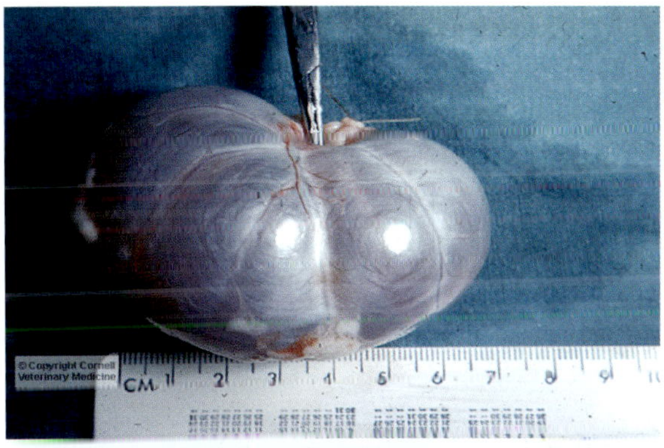

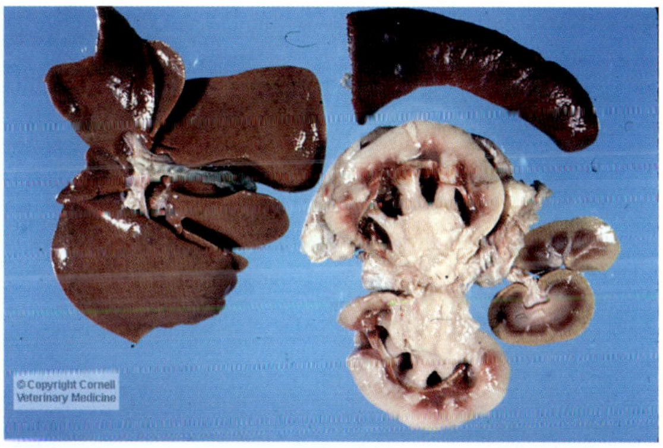

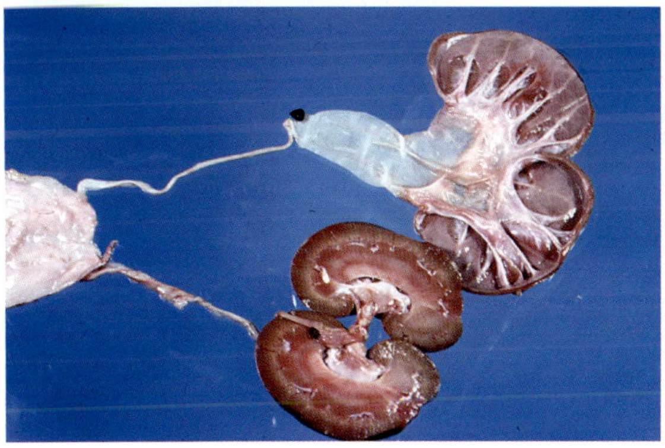

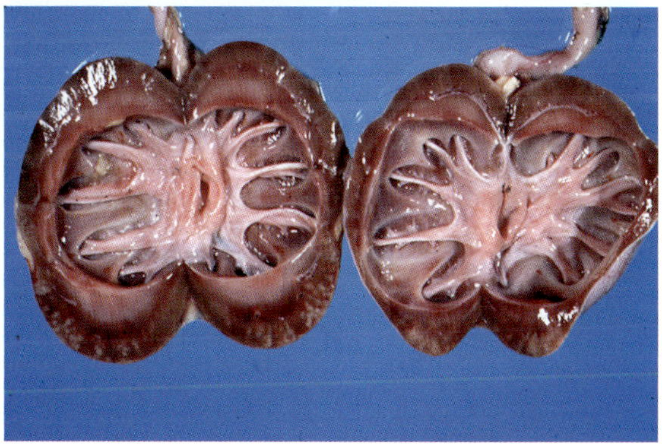

광범위성 * 모든 동물

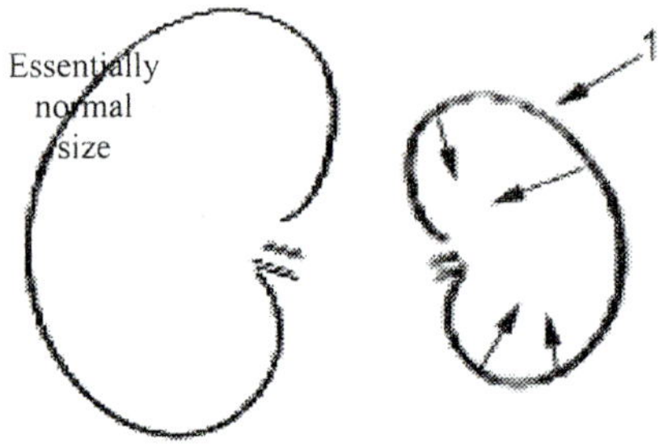

위축을 동반한 편측성 신경원성 차단(Unilateral Neurogenic Shutdown with Atrophy)

대부분의 동물에서, 쌍으로 존재하는 장기 중 왼쪽편이 오른쪽보다 더 크다. 출생 시 한쪽이 더 작은 경우 종종 형성부전(hypoplastic) 혹은 무형성(aplastic)된 것이라고 생각되기 쉽지만 형성부전(hypoplasia)은 흔한 소견이 아니다. 그러나 막 성성숙기가 지난 동물과 그보다 조금 나이든 종류의 동물에서 한쪽이 다른 쪽과 크기가 다른 것은 흔히 관찰될 수 있다. 성숙한 동물에서 육안적 혹은 조직학적 방법 중 하나로 신장을 검사할 때 양쪽 신장이 모두 동시에 손상 받은 것을 확인할 수 있다. 이는 **신장이 신경원성으로 기능이 정지되고 이어서 위축이 일어나기 때문**이다. 두 개의 신장 중 더 큰 신장은 크기가 현저히 증가되지는 않지만 적절한 기능을 할 만큼 기능이 향상된다. 많은 독성물질과 급성 질병 시에 이러한 소견이 나타날 수 있으나 치명적이지 않다. 이를 일으키는 원인을 병력을 통해서 혹은 조직학적으로 찾아내야만 한다. **WP11894, 559, 564**

- **양** : Dublin-Johnson 증후군을 가진 양에서 색소성 신장(pigmentary nephrosis)이 종종 나타난다. 예를 들어 면역 막성 사구체병증(immunomembranous glomerulopathy)을 앓고 있는 Finn sheep의 새끼 양에서 이 증상이 주로 나타난다. 어미 양이 새끼의 오줌 냄새가 이상해서 배설을 자주하기 위한 새끼의 성기 주변을 핥아 주지 않아 오줌 배설이 잘 안 되어 발생하는 것 같다.

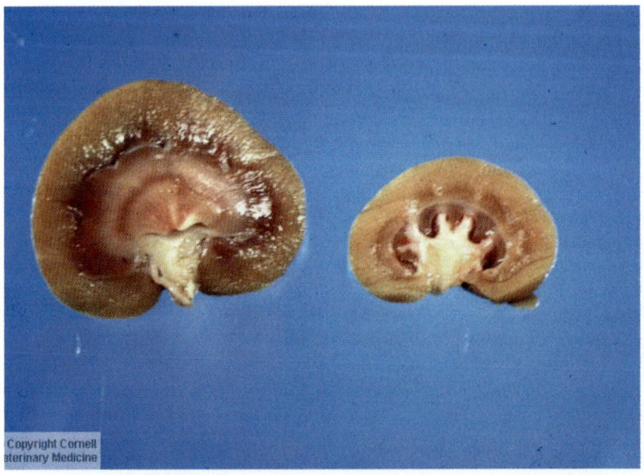

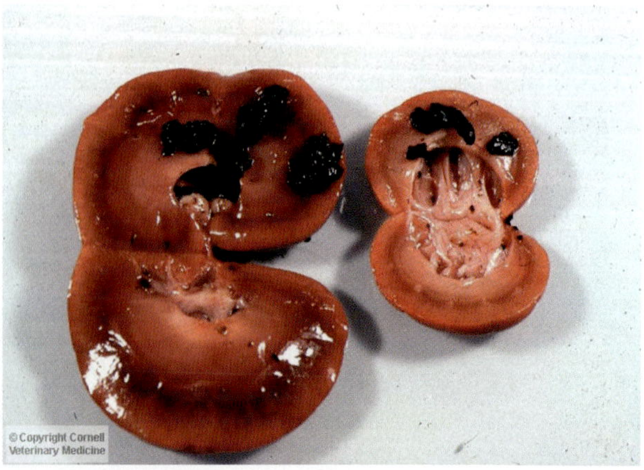

광범위성 * 모든 동물

1. Essentially normal medulla
2. Soft mushy cortex
3. Pale enlarged soft mushy cortical parenchyma

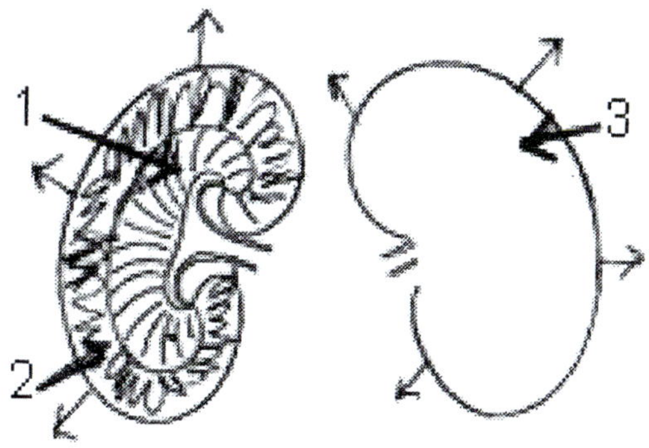

글루코스 관련 신속 자가용해 (흐물흐물해진 신장)
[Glucose Related Rapid Autolysis (Pulpy Kidneys)]

신장 내 과도한 당 성분이 있어서 자가용해가 발생하여 창백하고 광범위하게 종대되어 연화가 심해 걸쭉하며 얼룩덜룩한 피질을 볼 수 있다. 소와 양에서 장내독소(enterotoxin)를 생산하거나 당신생(gluconeogenesis)에 관련된 질병에 의해서도 발생이 가능하고, 당뇨병(diabetes)과 당뇨(glucosuria)를 가진 거의 대부분의 동물에서 당에 의한 빠른 자가 융해가 일어난다. 다른 동물에서는 드물지만 망아지가 죽기 직전에 정맥으로 포도당을 주입받은 경우 흔히 나타난다. 당 기질이 많을수록 자가 용해는 빠르고 심하게 나타난다. 이러한 몇몇 경우에서 피질은 감소되어 보이는데 그것은 신피질의 자가융해에 의해 신장의 실제크기가 작아지기 때문이다. WP866, 871

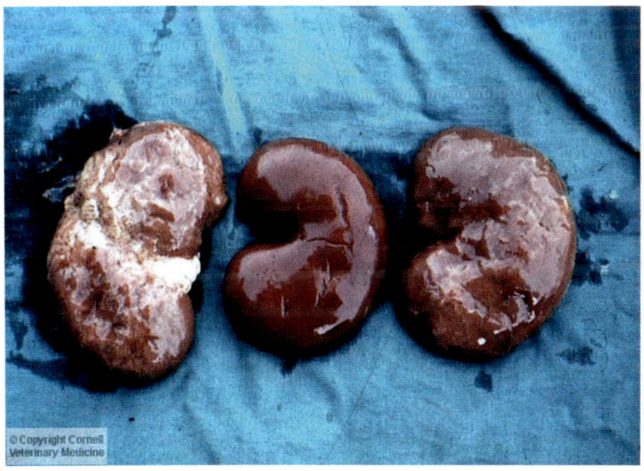

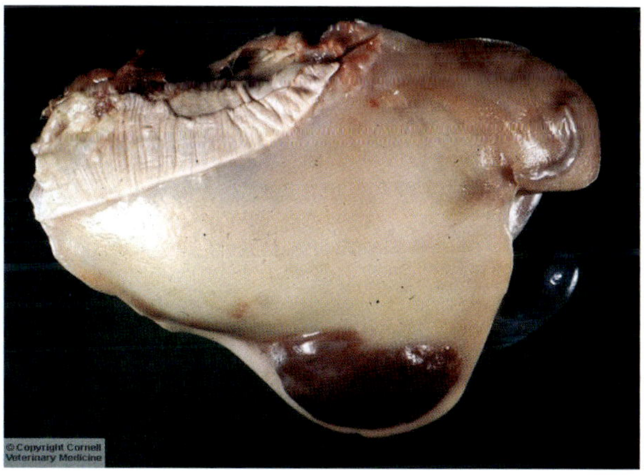

광범위성 * 모든 동물

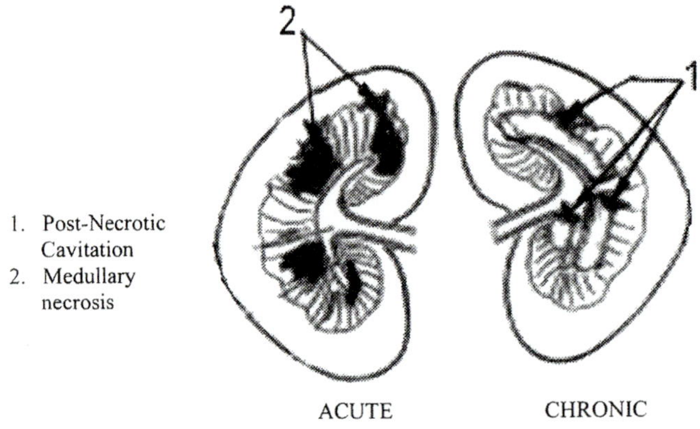

신유두 괴사(Papillary Necrosis)

유두괴사는 많은 동물에서 급성의 경우 신수질(renal medulla)의 부분 또는 전부에서 적색으로 얼룩덜룩하고 창백한 병변으로 관찰된다. 만성인 경우에는 괴사 조직이 오줌으로 황록색이 되면서 병소가 흐려진다. 결국 집합관(collecting tubule)이 신장 깔때기(renal pelvis)로 들어가는 신장 능선(renal crest)의 체판(cribriform plate) 영역 바로 아래까지 불규칙한 공동만을 남겨두거나 심한 경우에는 수질 조직이 하나도 남아있지 않게 되는데 이를 유두괴사라 부른다. 그 뒤에 남겨진 공동(cavitation)을 **괴사 후 공동(post-necrotic cavitation)**이라 한다. **WP1587, 1457, 12178**

- **말** : 성축에서 탈수나 우측 등쪽 궤양성 결장염(right dorsal ulcerative colitis)을 치료시 NSAIDs계통의 소염제를 사용한 경우 나타난다. 하지만 탈수된 망아지에서 NSAIDs계통의 소염제는 대개 신장 질환이 아닌 천공성 위장관 궤양(perforating gastrointestinal ulcer)을 일으키는데 그것은 이 부위내 prostaglandin 수준 탓으로 보인다.
- **소** : 정상적으로 송아지들은 수질의 첨단에 낭성 구조를 가지고 태어나지만 이는 곧 사라지게 된다.
- **양** : 양과 염소는 대개 장기간 비스테로이드성 약물을 투여했을 때 이 병소가 발생한다.
- **개** : 비소 독성(arsenic toxicity)과 아밀로이드증 또는 당뇨병 시 유사한 병소가 나타난다.
- **고양이** : 고양이는 흔히 아스피린(aspirin) 같은 NSAIDs의 사용시 발생한다.

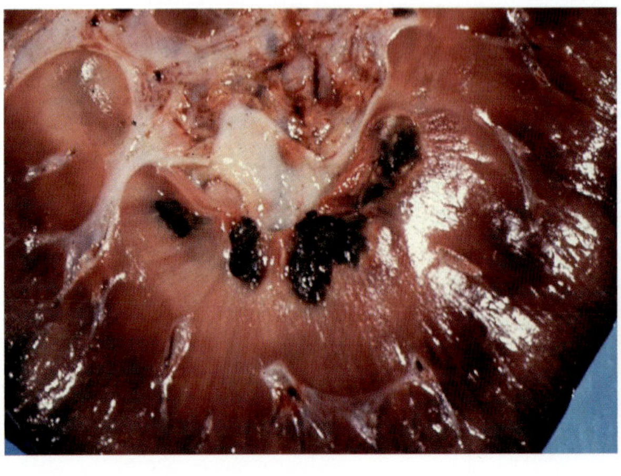

국소 확장성 * 모든 동물

1. Dehydration salts
2. Dehydration salts
3. Chronic dimpled infarcts

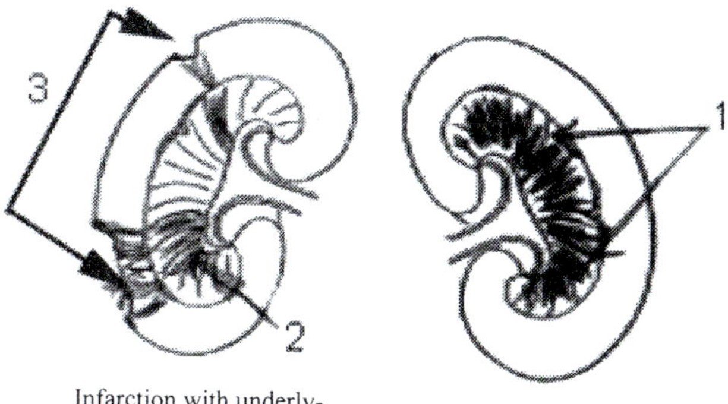

Infarction with underlying dehydration salts

Severe dehydration with dehydration salts

탈수로 인한 염분의 침착(Dehydration Salts)

피질경색(cortical infarct)으로 정상 수액의 흐름 장애가 있는 대부분의 동물은 탈수로 인한 염분의 침착으로 뚜렷한 흰색 선 모양을 남기게 된다. 이것은 조직 처리 과정 동안 용해되어서 조직 슬라이드 상에서는 보이지 않는다. 심하게 탈수된 어린 동물, 특히 새끼돼지에서 거의 전체 수질 부위에서 나타난다. 임상적으로 중요하지 않다.

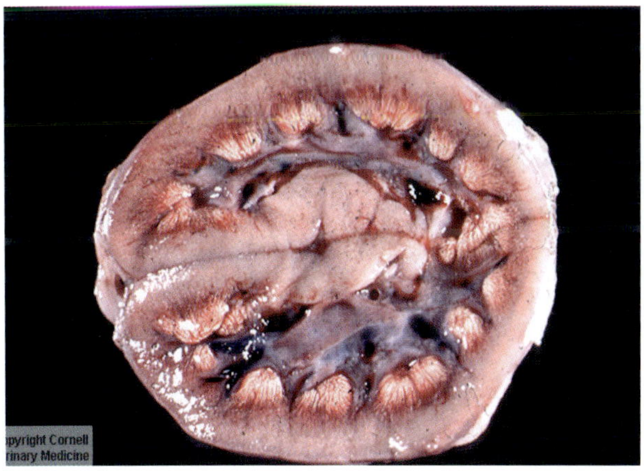

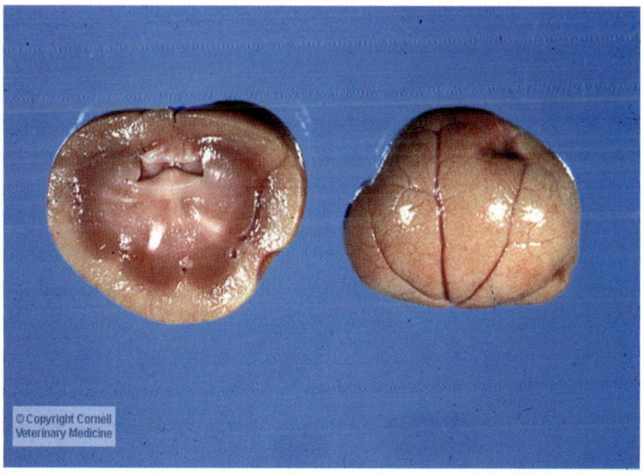

국소 확장성 * 모든 동물

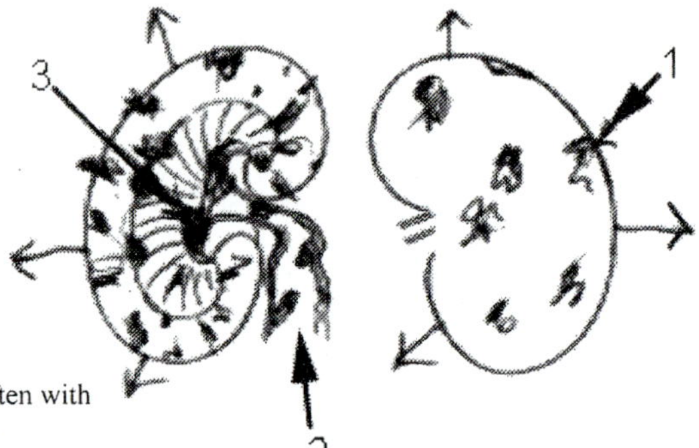

1. Purulent debris often with capsule adhesions
2. Dilated ureters with debris
3. Purulent debris

신우신염(Pyelonephritis)

다발성으로 발생한 병변은 둥글고 불규칙적이다. 0.5~1 cm 정도 크기로 신장 실질에 창백하게 얼룩져 분포하고, 일부는 중심에 노랗거나 하얀 화농성 물질이 존재한다. 대부분 수질과 피질영역 모두에서 관찰되는 것으로 봐서 통상 하부 요로 감염(lower urinary tract infection)에 의한 상행성 세균감염이 원인이다. 마찬가지로 신장 깔때기에도 화농성 삼출물이 있거나 수질에 괴사 산물이 있을 수 있다. 어떤 경우에는 육안적으로 확인할 수 있는 수질부위의 병소가 없이도 신장 깔때기와 피질 모두에 영향을 미칠 수 있다는 점을 염두에 두어야 한다.

- **소** : 다른 미생물보다는 일반적으로 주요 발생원인이 되는 *Arcanobacterium*(*Corynebacterium renale)* 은 질소 노폐물을 암모니아로 분해할 수 있는 요소분해효소(urease)를 가지고 있기 때문에 매우 강한 암모니아 냄새가 발생한 신장에서 발산된다. 소는 편측성 혹은 양측성으로 요관에서 괴사된 파편에 의해 부종과 함께 심한 요관염(ureteritis)을 나타내고, 요로(urinary tract)는 농으로 인해 2~3배까지 현저하게 확장된다. 소는 다엽성 신장이기 때문에 많은 엽이나 여러 부위에서 발생하지 않는다. 이러한 이유는 보통 신장의 모든 엽에서 발생하는 색전성 즉 하행성(descending) 감염이 아니라 상행성 감염(ascending infection) 탓으로 생각되어진다.

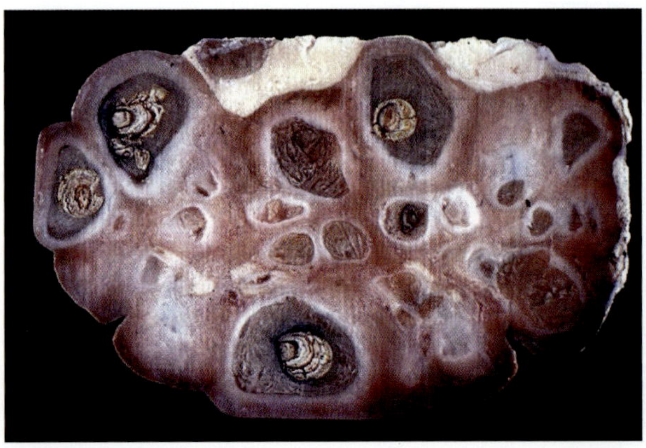

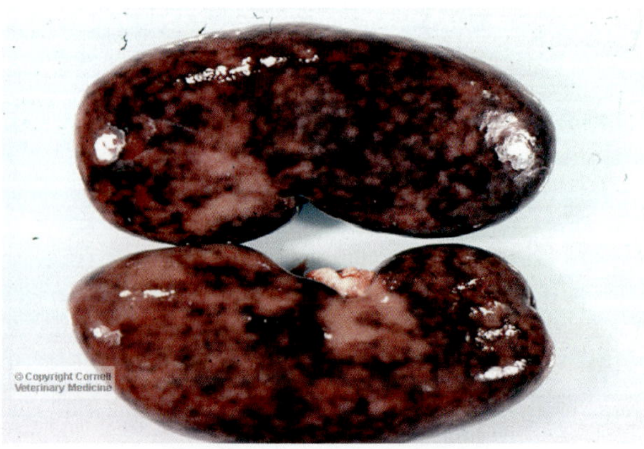

국소 확장성 * 모든 동물

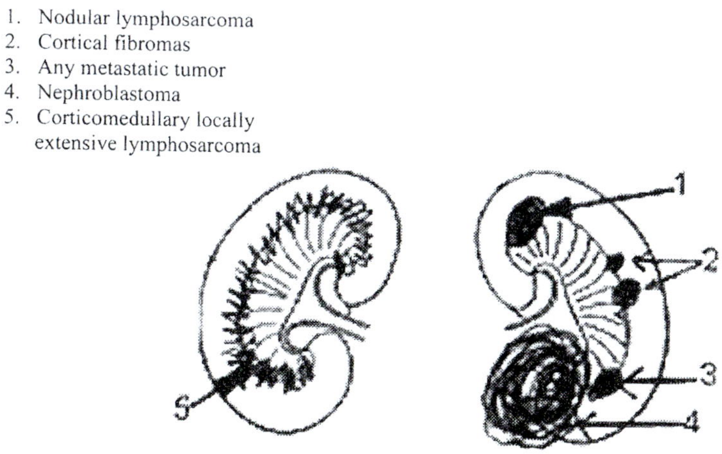

신장의 덩어리(Renal Masses)

신장에서 나타나는 덩어리는 1 mm 정도의 작은 것에서부터 10~20 mm에 이르는 커다란 것 까지 다양하고, 때로는 신장 전체를 덮는 크기로 관찰되는데 이는 신체의 다른 부위에서 전이된 특정한 종양일 수 있고 기생충 또는 감염성 병소 같은 다른 종류의 덩어리 일 수 있다. 이 경우 현미경 검사가 필요하다. 림프 육종은 결절 상으로 나타나지만 일부 동물에서는 피질수질 지대에서 광범위한 종양으로 관찰된다. 동물에서 신장 종양 자체가 발생 할 수 있지만 극소수의 예외 동물을 제외하고는 흔하지 않다.

WP498, 6514

- **말** : 세뇨관 기원(tubular origin)의 종양이 발생한다. 광범위성
- **소** : 림프육종이 신장깔때기와 요관 주위에 결절 상으로 존재하거나 피질수질 부위에서만 광범위하게 발생한다.
- **돼지** : 대개 악성인 신아세포종(nephroblastomas)이 6개월 이하의 돼지에서 발생하며 이는 어린이의 Wilms' tumor와 유사하다.
- **양/염소** : 림프육종이 발생한다.
- **개** : 피질수질 경계에서 1~5개 또는 더 많은 다발성으로 견고하고 하얀 덩어리로 발생한다. 대개 피질 섬유종(cortical fibroma)이라 한다.
- **고양이** : 림프육종이 흔하다.

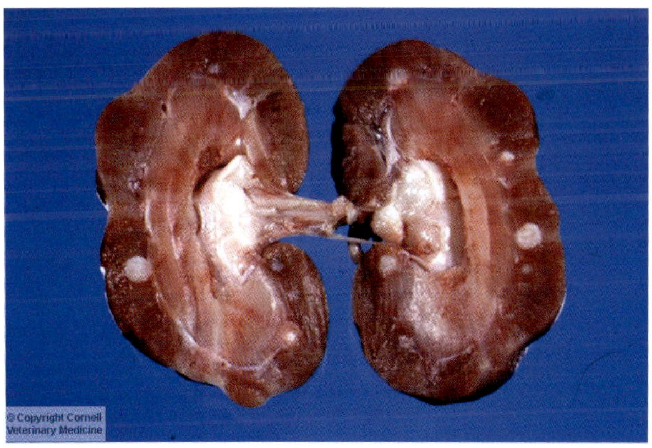

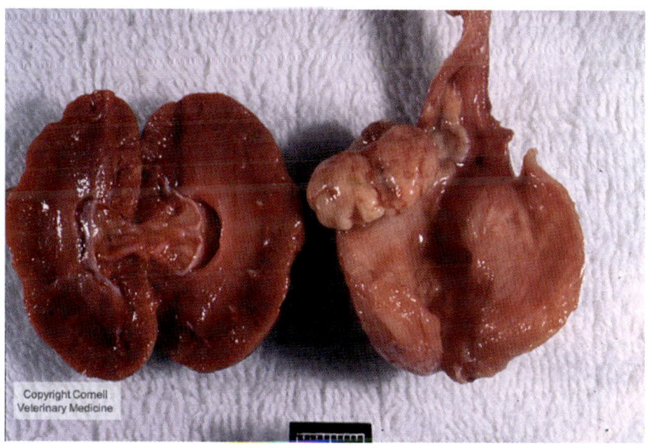

다발성 * 모든 동물

1. Renal vein thrombi

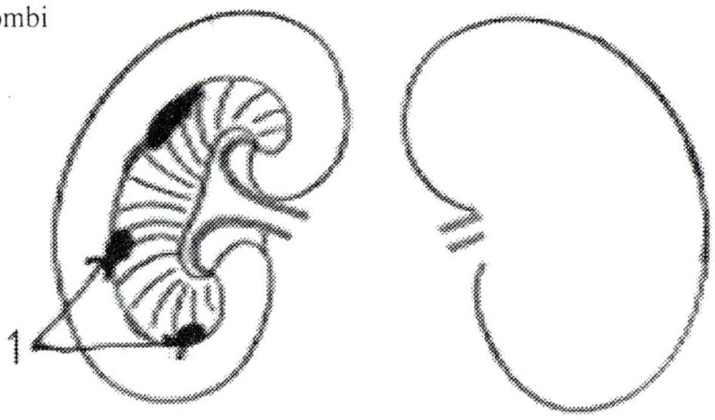

신정맥 혈전(Renal Vein Thrombi)

육안적으로 크거나 작은 신정맥의 혈전이 전해질을 지나치게 많이 투여한 동물이나 사람에게 심한 설사를 하는 경우에 흔히 발생한다. 이것은 그 크기 때문에 신문(hilar)과 피질수질 경계부위에서 가장 잘 보인다. 신장 경색과의 연관성이 50% 이하지만 경색이 혈전과 함께 나타났다면 이것은 아마도 동맥혈전증의 원인이 아니라 경색의 결과일 것이다. 보통 신장의 외부 표면에서는 육안적 병변이 보이지 않는다. WP293, 12023

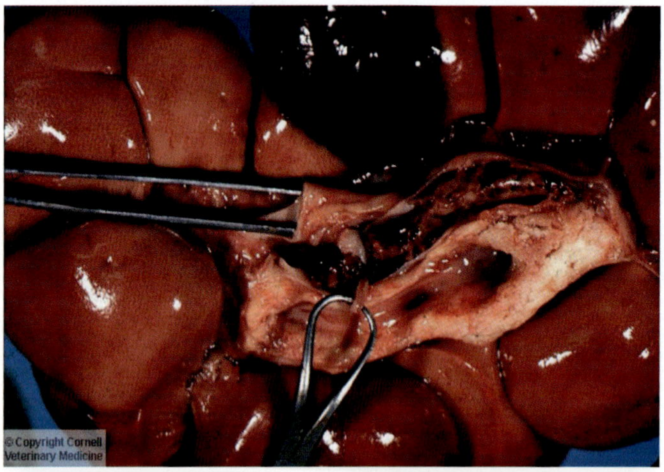

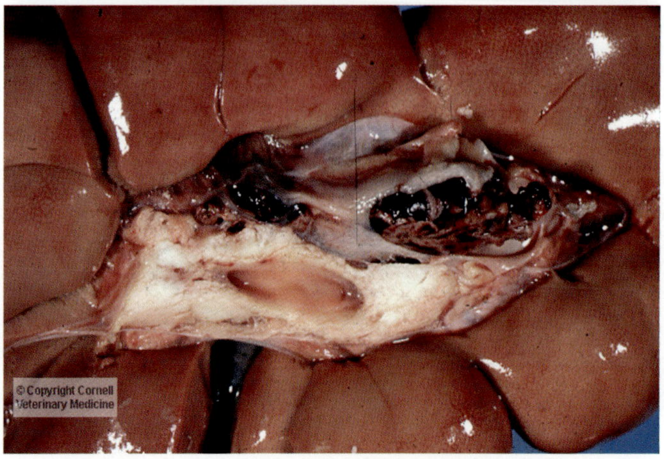

국소 확장성 * 모든 동물

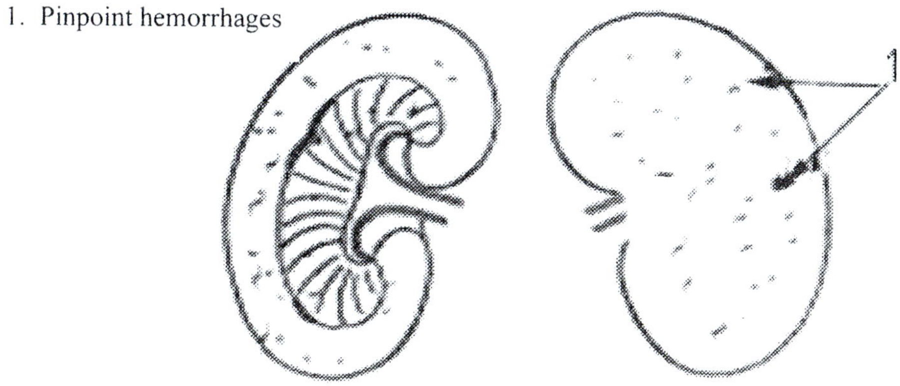

다발성 점상출혈(Multifocal Petechial Hemorrhages)

신상에서 다발성 점상출혈은 패혈증(septicemia)에 걸린 모든 동물에서 흔히 발생한다. 이외에 파종성 혈관내 응고(disseminated intravascular coagulation)와 일부 출혈성 질환에서도 다발성 점상출혈이 나타난다. 일부 농불에서 사구체가 현저하게 울혈될 경우 비슷하게 보일 수 있다. WP8818, 6195

- **돼지** : 감수성 있는 돼지에서, 점상 출혈은 흔히 돼지열병(hog cholera)이나 아프리카 돼지열(african swine fever) 감염 시 또는 새끼 돼지의 경우 흔히 다른 질병으로 폐사되었을 때 다발한다.
- **개** : 10일령 전에 폐사한 새끼 강아지의 신장에서 다발성 점상(pinpoint) 출혈이나 반상출혈은 허피스 바이러스 감염 시 볼 수 있다.

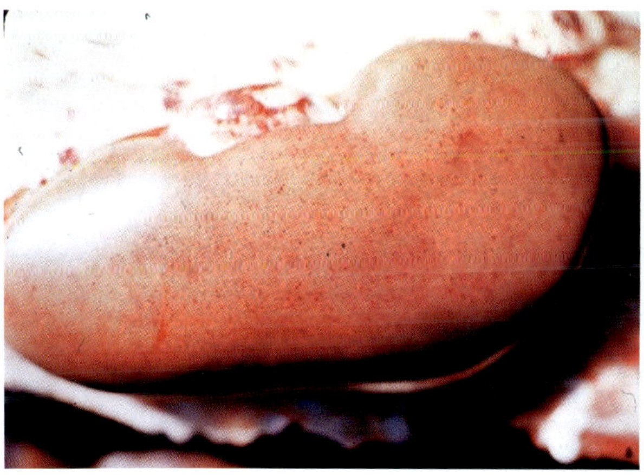

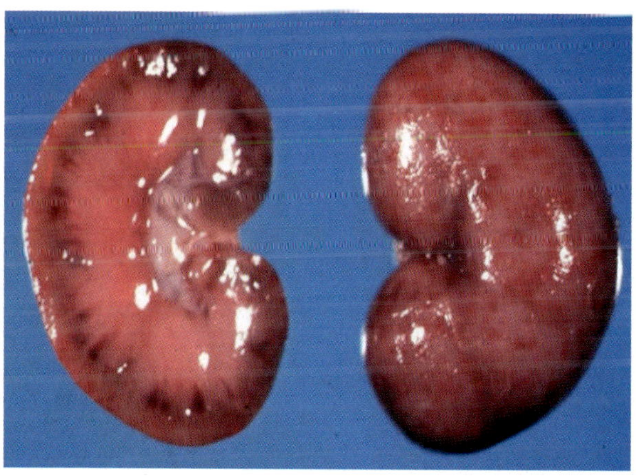

다발성 * 모든 동물

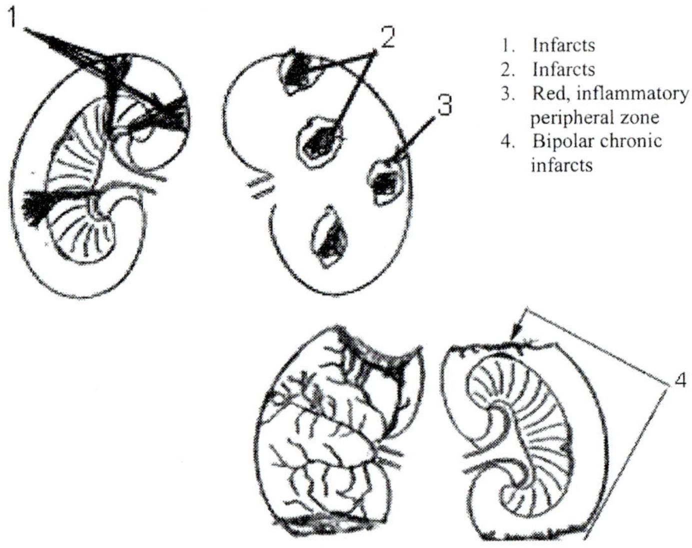

신장 경색(Renal Infarcts)

신장을 절단하면 경색부위는 기저부에서 피막을 향해 깔때기 또는 거친 삼각형 모양의 창백하거나 얼룩덜룩한 적색 병소가 나타나는데, 급성일 때는 적색 변연이 나타나고 만성일 때는 피질 표면이 창백하고 움푹 들어가는데 이들이 경색의 특징적 소견이다. 소량의 화농도 관찰되는데 이는 대개 증식성 심내막염(vegetative endocarditis)에서 유래한 색전이 신장 내 퍼진 것이다. 모든 동물에서 흔하나 색전의 원인은 관찰되지 않을 수 있다. 경색 크기는 작은 점에서 수 센티미터까지 매우 다양하다. 피질의 극심한 경색(massive infarction)은 거의 외측 피질에서(주로 피질의 바깥쪽) 생기는데 토끼의 경우처럼 슈바르츠만 반응(Schuwartzman reaction)의 결과 중 하나로 고려해야 한다.

- **개/고양이** : 특히 개와 고양이에서 나타나는 특별한 형태의 신장 경색은 신장의 많은 창백한 부위가 사라지고 그곳에 끝부분이 움푹 들어가는 곳에서 생기는 단일 극성 경색(polar infarction)이다. 일부에서 궁상동맥이 조직내 분포 각도가 급하게 구부러져 있어 그곳에 압력이 증가되어 신장 깔때기의 극(poles)까지 나타난다고 하지만 아직 논쟁의 여지는 남아있다. **WP12041, 568**

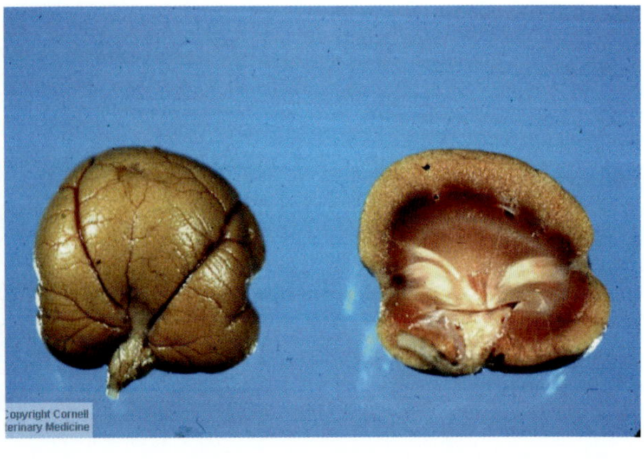

다발성 * 모든 동물

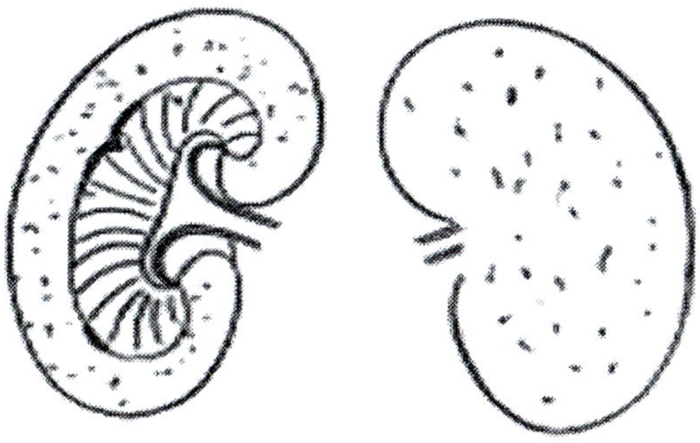

다발성 신장염(Multifocal Nephritis)

신장 전체에 산재한 창백하고 노란색의 수 백 개가 넘는 다발성 병소(1~4 mm)는 패혈증성 농양(septicemic abscesses), 색전성 세균 감염(embolic bacterial infection), 국소성 괴사(focal necrosis), 바이러스성 질병(viral disease), 기생충의 이행성 반점(parasite migration scars), 곰팡이성 감염(fungal infection), 전이성 종양(metastatic tumors) 등에서 나티니며 모두 육안으로 신난 할 수 없기 때문에 배양이나 조직학적 또는 다른 방법을 통해 감별진단해야 한다. **WP10270, 1452, 12156**

- **말** : 망아지에서 노란 분리된 병소는 특히 이질(Shigellosis, *Actinobacillus equuli*) 때문에 나타날 수 있다. 옅은 하얀 병소는 태아에서 equine herpesvirus 1형에 의한 질환일 수 있다.
- **개/고양이** : 개에서 창백한 병소는 회충이나 구충의 유충이행에 의한 반점인데, 어린 개나 특히 나이든 개는 시간이 지나면서 면역력을 잃어가기 때문에 발생한다.
- **소** : 소의 신장에 산재한 3~6 mm 보다 약간 큰 병소는 대장균 감염에 의한 백반신(white spotted kidney)에서 매우 특이적으로 나타난다. 또한 악성 카탈열(malignant catarrhal fever)에서도 발생할 수 있다.

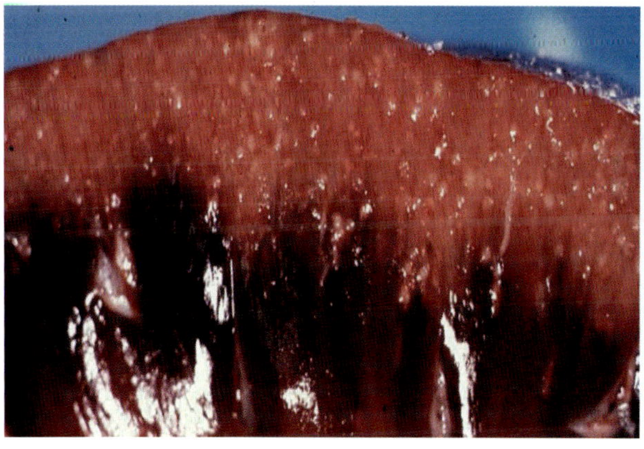

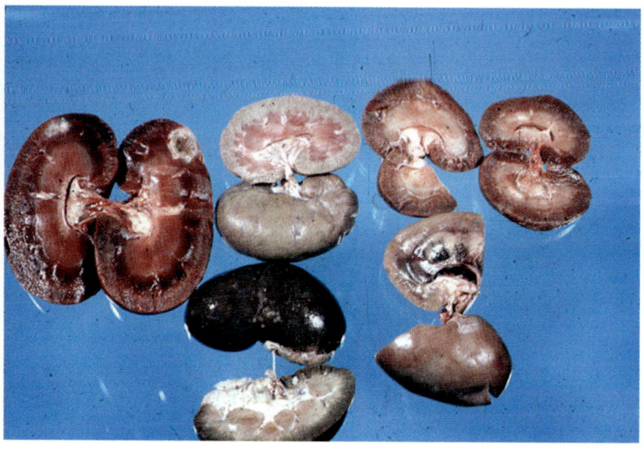

다발성 * 모든 동물

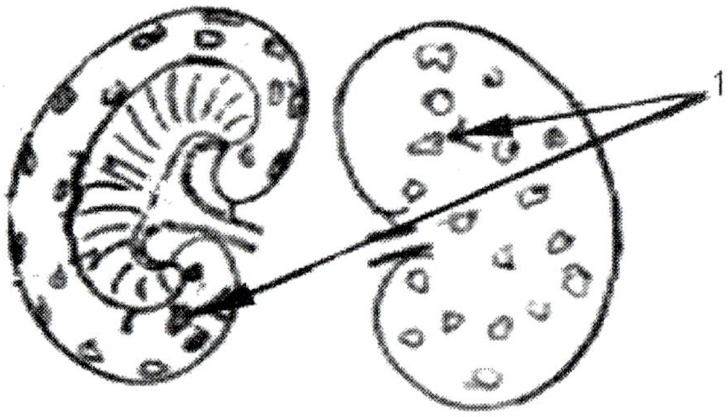

다발성 간질성 신장염(Multifocal Interstitial Nephritis)

원인 불명의 다발성 간질성 신장염이 있다. 다발성으로 수십 개의 불규칙한 3~4 mm 정도의 함몰부가 신장의 피막에 의해 숨겨진 채 피질의 표면에 흩어져 있다. 조직학적으로 얕은 함몰부 아래의 결합조직 부위와 만성 염증세포가 관찰되는데, 원인 불명이며, 이를 다발성 간질성 신장염 이라고 부른다. 대부분 늙은 개에 한정하여 나타난다. 신장의 피막을 제거할 때 주의해서 벗기지 않으면 피질 부위의 작은 부분이 쉽게 벗겨지게 되는데 이는 탈수와 일부 자가용해가 일어났기 때문이다. 기술적으로 피막을 잘 제거하지 못하면 피질에는 인공산물로 거친 표면이 남게 된다. WP12156, 11861

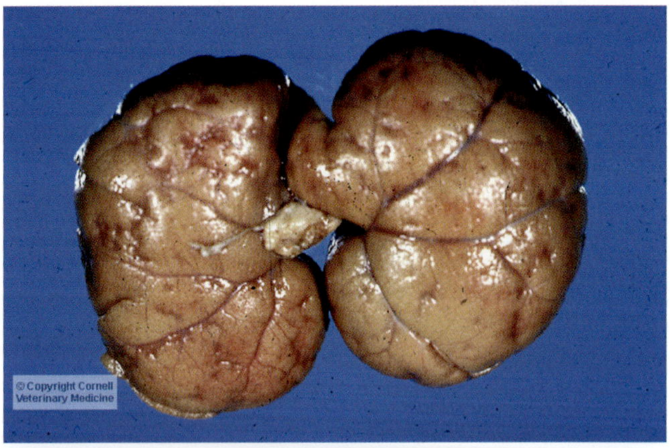

심장의 절개와 검사

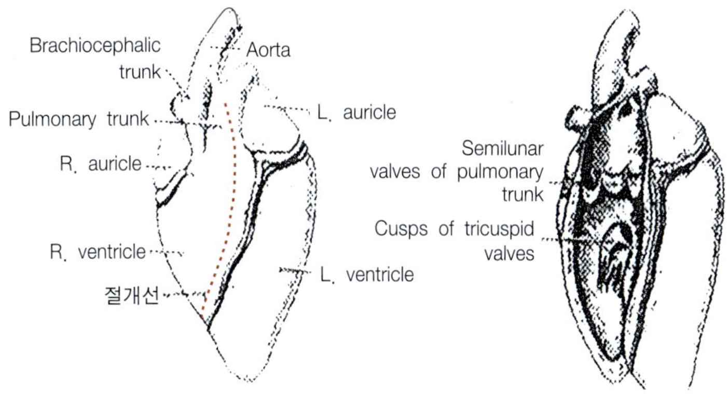

첫 번째 절개(점선)

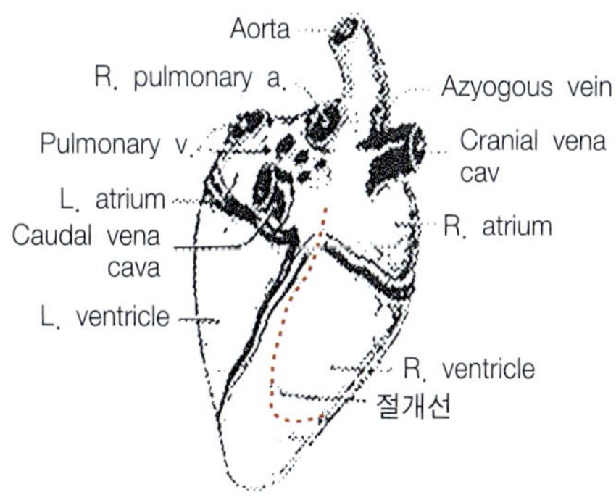

두 번째 절개(점선)

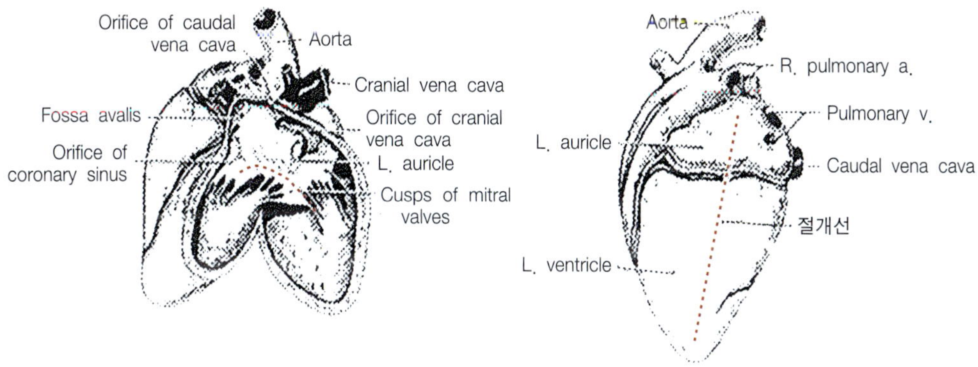

세 번째 절개(점선)

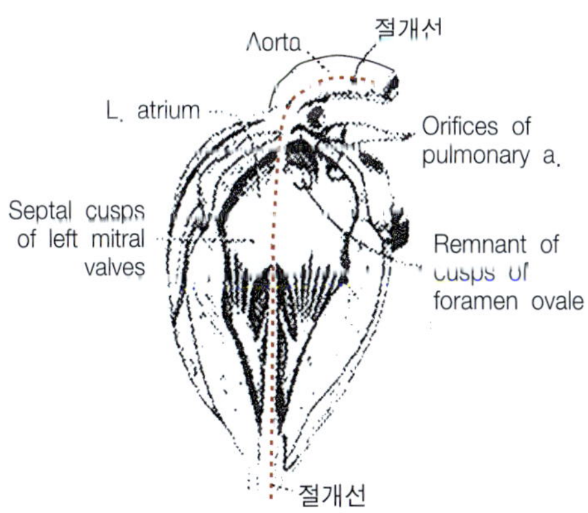

네 번째 절개와 좌심장(점선)

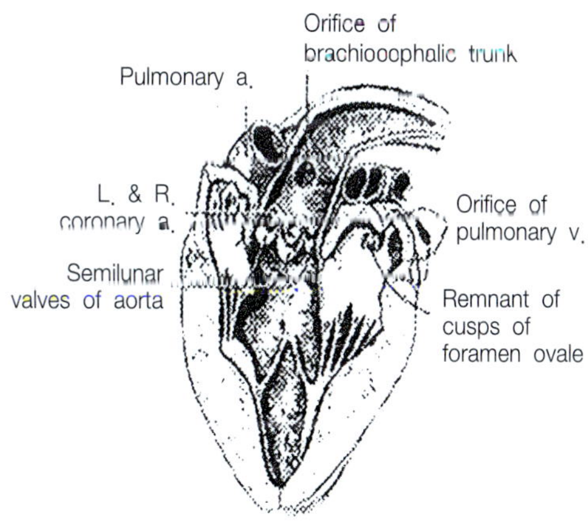

좌심장 검사

심장 병변의 모식도

ROUGH SKETCHES OF HEART LESIONS

광범위성 * 모든 동물

1. Indicates rigor contraction
2. Individual accentuated contraction bands of muscle associated with chemical euthanasia

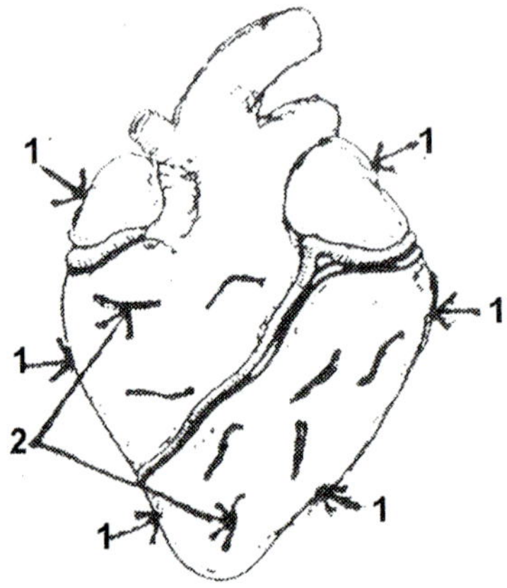

사후강직(Rigor Mortis)

고열이 없는 동물은 죽을 때 정상적으로 심근의 사후강직(myocardial rigor)이 한 시간 안에 나타나지만, 고열이 있었을 경우 빠르고 불완전한 강직이 오기 때문에 강직이 전혀 없어 보일 수도 있다. 죽기 직전에 있었던 심한 운동은 심장의 강직을 가속시킨다. 심장으로 직접 투여한 안락사 용액은 심근, 심내막, 심장외막 등을 녹황색으로 변색시키며 심한 알콜 냄새를 풍긴다. 흔히 용액이 심낭(pericardial sac)이나 심장의 내강으로 투입되면 불투명한 하얀 Barbiturate salts 결정들이 이 표면에 침전되고 알콜이나 희석제 냄새가 날 수 있다. 창백한 심근이 정상적인 암적색 근육 속에 뚜렷한 능선(ridge) 소견은 강직성 근육 경련을 일으키는 약품을 투여한 경우의 모식도 2에 표시된 부위에서 볼 수 있다. 사후 즉시 실시된 부검에서는 심장의 사후강직을 볼 수 없을 때도 있다. WP2203, 21206

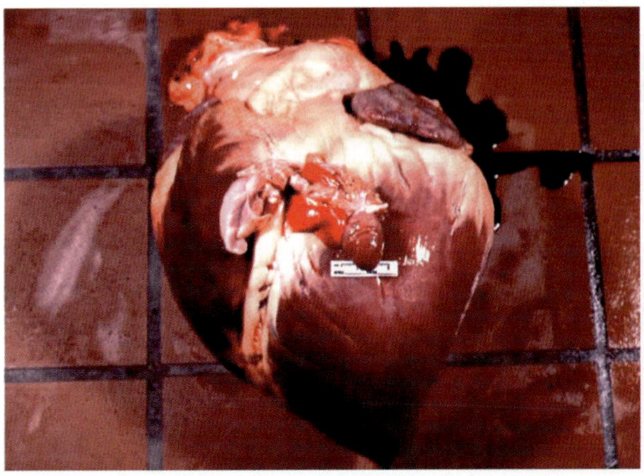

광범위성 * 모든 동물

1. Decreased lumen size
2. Increased muscle thickness
3. Complete subaortic stenotic ring
4. Cor Pulmonale

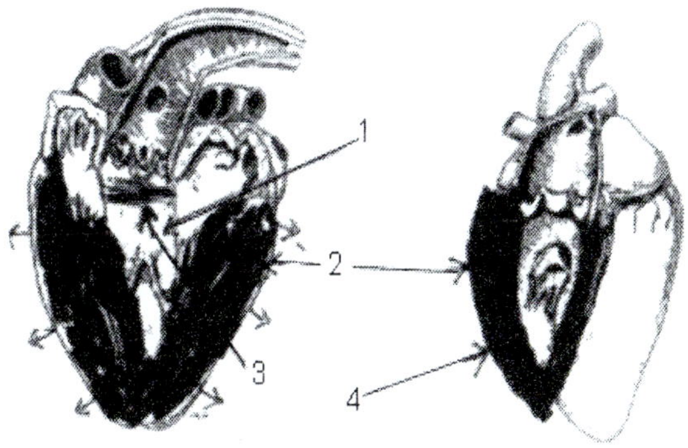

비대성 심근병증(Hypertrophic Cardiomyopathy)

심장에 이 증례가 생기면 대부분 정상보다 무거워지며 윤곽이 둥글어지고, 심실 벽은 두껍게 된다. 때로 만성으로 진행되는 정도에 따라, 편측성으로 심방의 벽이 두꺼워진다. 많은 동물에서 원인은 확실하지 않지만 거친 결합조직이 띠(bands)로 대동맥 판막(aortic valve) 바로 아래에서 대동맥의 흐름을 에워싸고 있다. 이 조직의 띠를 '완전 대동맥 하 협착륜(complete subaortic stenotic ring)'이라 하는데 선천성 기형이다. 폐질환이나 폐내 광범위한 맥관성 질환 및 협착, 또는 다른 폐동맥판막 질환이 있는 동물에서는 우심실 벽만 비대 되는데 이것을 '폐성심(Cor pulmonale)'이라고 부른다. 주요 심장 판막의 증식성 심내막염은 어떤 동물에서든지 일어날 수 있다. 크기에 상관없이 대부분의 고양이 심장 무게는 정상적으로 17 g을 넘지 않으나 이 소견이 있으면 통상 심장은 더 무거워진다. 가끔 아무런 임상 증상없이 심장이 더 무거워져 있다면 시간이 지나면 임상 증상이 나타나게 될 것이다. WP1567, 2041, 9330, 9334, 16193

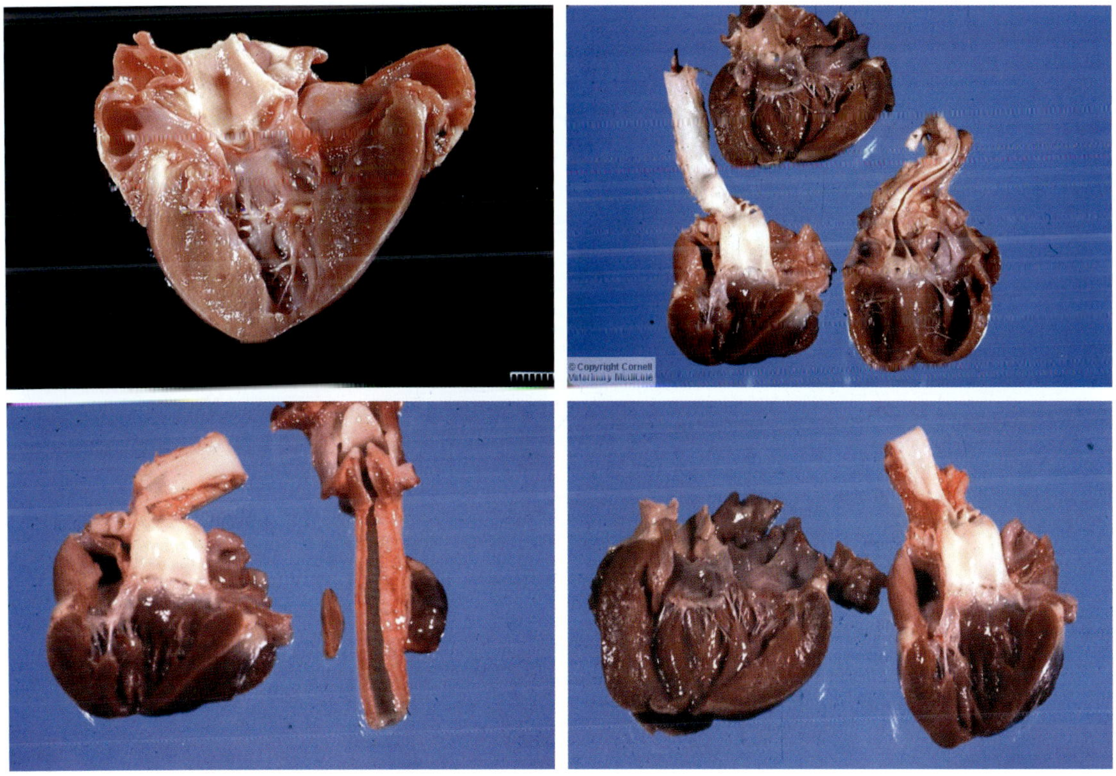

광범위성 * 모든 동물

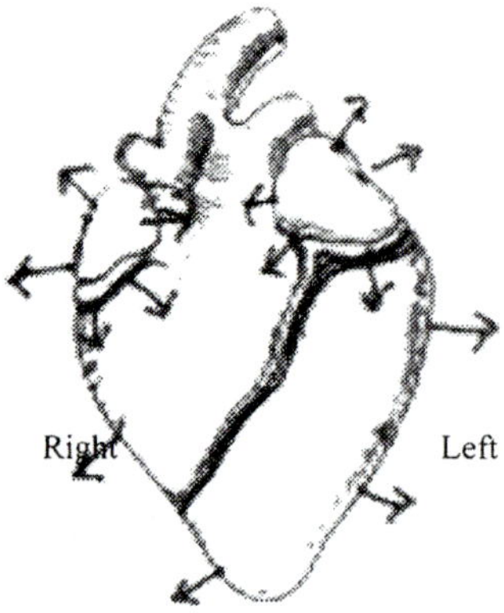

확장성 심근병증(Dilated Cardiomyopathy)

확장성 심근병증에서 심장벽은 정상보다 얇으며 현저하게 확장되어 있다. 심방과 심방귀(atria and auricles)의 내강은 정상 크기의 2~4배까지 커질 수 있으며 심실은 덜 확장되어 있다. 확장이 심해져 방실판 폐쇄부전이 생기면 심부전과 함께 구토가 일어난다. 대부분 증례에서 보상성 심근 비대(compensatory myocardial hypertrophy)가 주로 양측성으로, 또는 편측성으로 일어난다. Doberman pinscher나 Water dog 종은 이 질병이 잘 생긴다. WP569, 570, 657

- **소/돼지** : 일반적으로 유전적이라고 여겨진다.
- **고양이** : 타우린(taurine) 결핍이 고양이에서 원인이다. 대부분 고양이의 심장 무게는 17 g이나 이 증례에서는 두 배 또는 그 이상이 된다.
- **여우** : Silver fox 종은 이 질병이 잘 일어난다.

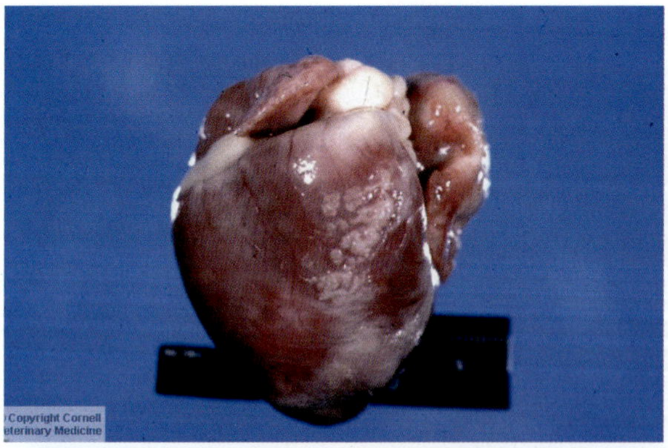

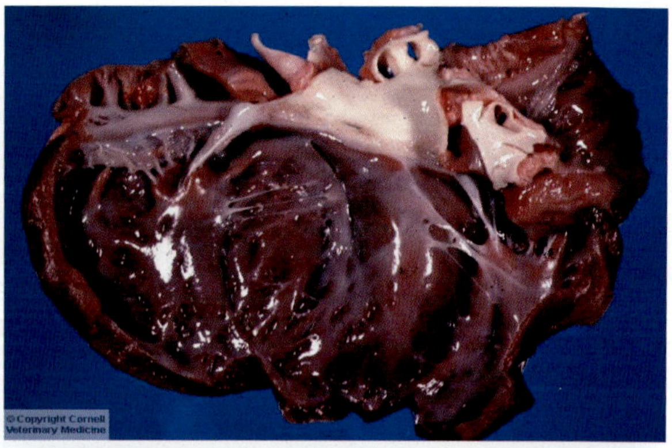

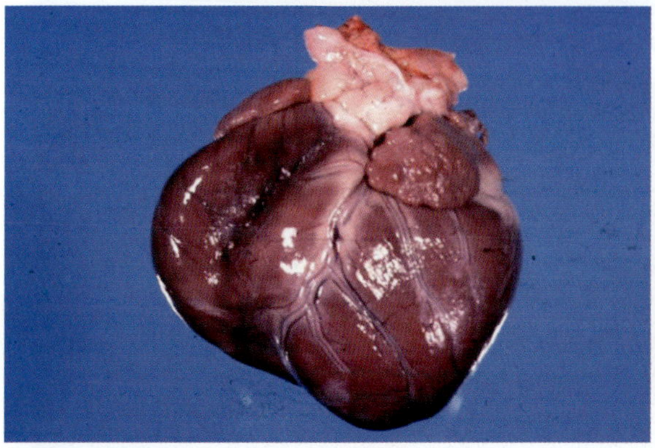

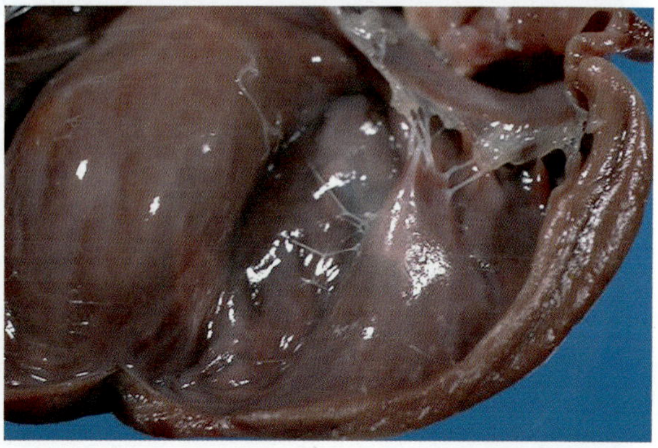

광범위성 * 모든 동물

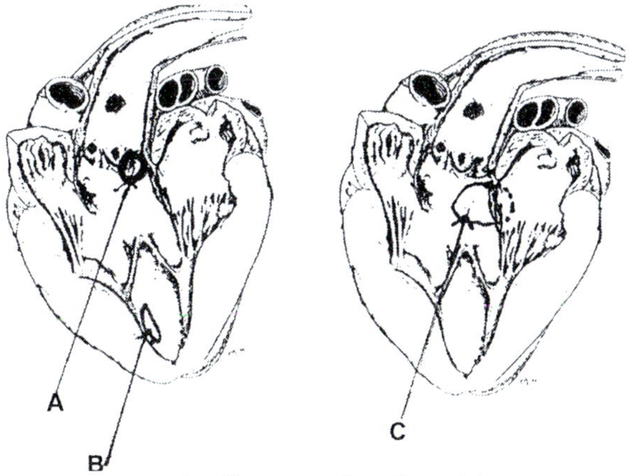

A. Common subaortic septal defect
B. Low septal defect (Lambs)
C. Large subaortic septal defect

심실 중격 결손(Septal Heart Defects)

상기 모식도의 A 부분에서 작은 구멍이 흔히 태어날 때 발견될 수 있으나 나이가 들면 자연적으로 닫히게 된다. 실제 큰 구멍이 노령에 이를 때까지 남아있을 수도 있지만 이런 경우는 매우 드물다. 아래쪽 심실사이(심첨근방까지) 중격 결손은 다른 동물보다 양에서 흔하다. 여러 유형의 심방 중격 결손도 심방사이에 발생할 수 있다. WP1274, 1700, 690

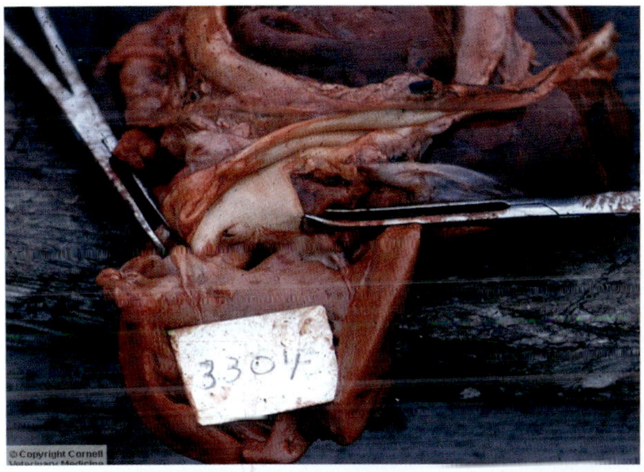

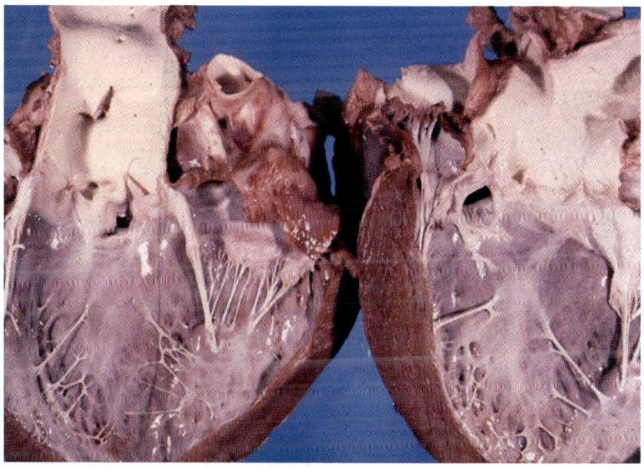

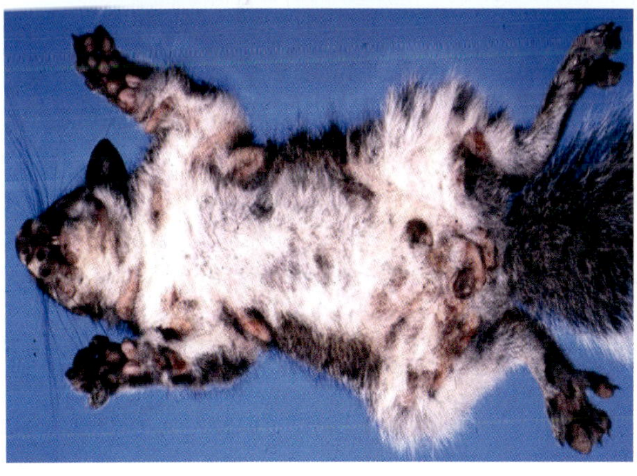

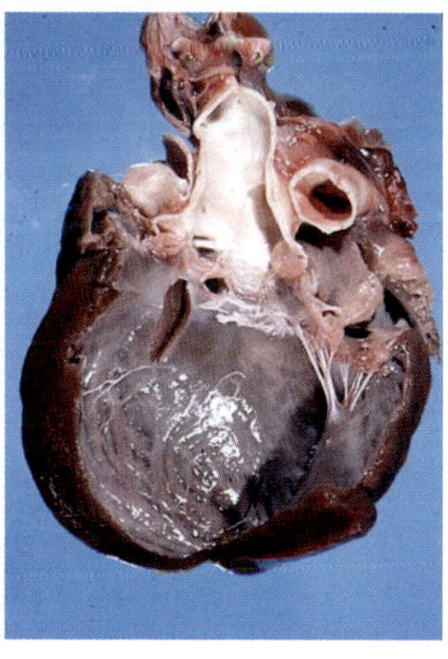

광범위성 * 모든 동물

1. Endocardial mineralization

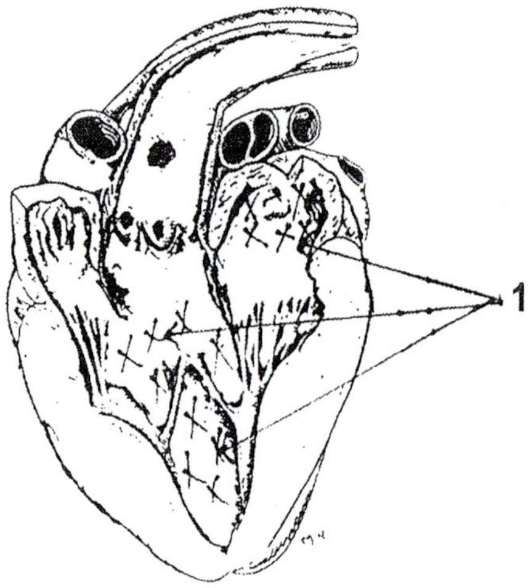

심내막의 광물질 침착(Endocardial Mineralization)

백색의 불규칙한 광물질 침착이 오른쪽 심방의 심내막 표면에 주로 관찰되지만 다른 심내막 표면에 흩어져 있거나 때로는 주요 혈관 내피에 생길 수도 있다. 이러한 경우는 신부전을 초래하는 요독증으로 진단될 수 있다. 심내막 하 광물질 침착(subendocardial mineralization)이나 심근의 광물질 침착은 요독증이 있는 경우에 나타날 수 있다.

더 광범위한 광물질 침착은 비타민 D 중독이나 이런 식물과 관련된 중독, 치료용 약물 중독 시 나타날 수 있다. 비교적 새로 알려진 광범위한 광물질 침착증은 악성 종양 질환 시 고칼슘혈증 증례에서 관찰된다. 광범위한 무기질 침착은 특히 개 항문낭 선암종(adenocarcinoma)과 여러 동물에서 나타나는 림프육종(lymphosarcoma) 같은 여러 악성 종양 시 나타나는 고칼슘혈증(hypercarcemia)도 볼 수 있다. **WP3318, 1663, 204**

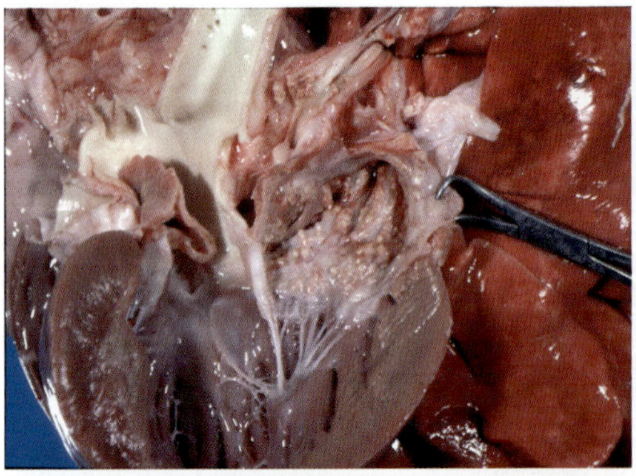

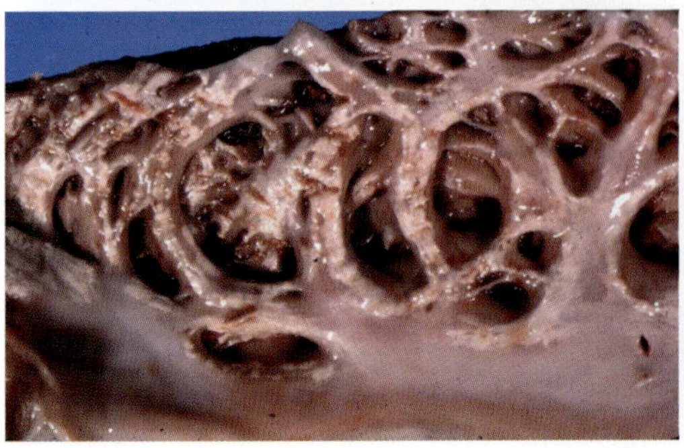

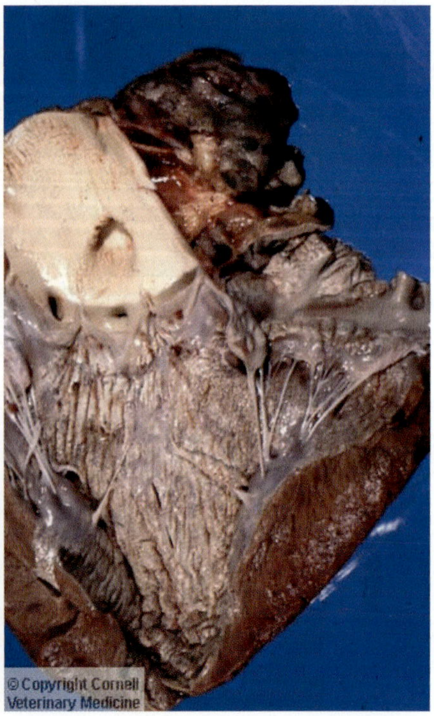

광범위성 * 모든 동물

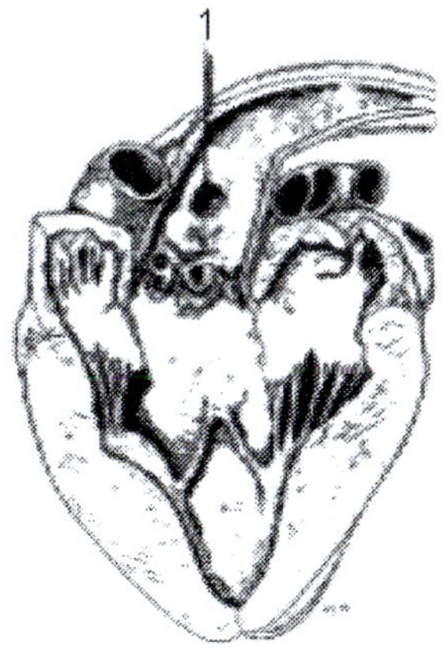

대동맥 파열(Aortic Rupture)

대동맥 파열은 V자 모양의 불규칙한 파열이 심상 대동맥 기저부에서 대부분 발견되는데, 이 부분의 중격 벽(septal wall) 자체나 대동맥 주위의 연부조직, 심지어 심낭 쪽으로 찢어져 출혈이 생긴다. 대동맥 륜(aortic ring) 근처의 어느 부분에서나 발생할 수 있고 부검 시 파열될 수도 있기 때문에 주의를 기울여야 한다.

- **말** : 종마가 짝짓기를 할 때 암말에서 떨어져 흉부에 외상을 입거나, 경기를 할 때 다리를 헛디뎌 가슴으로 넘어지거나, 안락사를 시키기 위해 두부를 쐈을 때 빠르게 허탈 되어 흉부 쪽으로 넘어지는 경우에 심장과 대동맥이 꼬이게 된다. 아마 모든 판막이 닫혔을 때 심장 수축력이 높아져서 대동맥 판막이 붙는 자리와 연결이 약해지기 때문이라 여겨진다. 말을 포함한 어린 동물에서 대동맥 파열은 외상과 구리 결핍 역시 원인이 된다. 일반적으로 대동맥과 기타 큰 혈관 어디에서나 외상이 있을 수 있으나 대동맥판 부착점이 그렇게 특이적으로 잘 일어나는 곳은 아니다. WP41, 42, 45

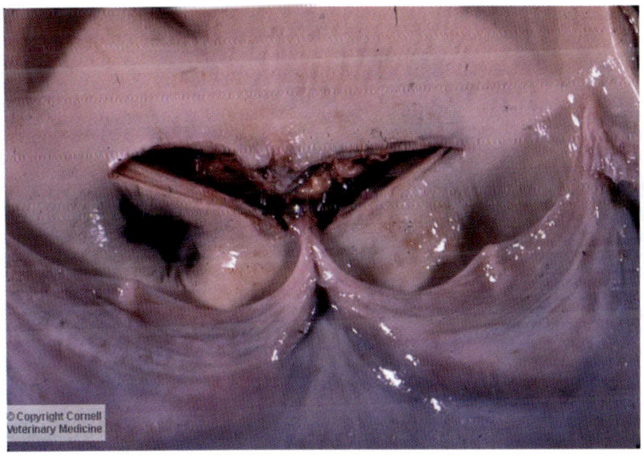

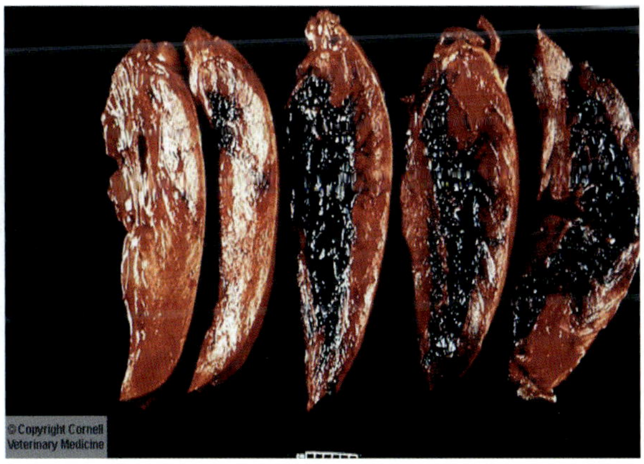

광범위성 * 모든 동물

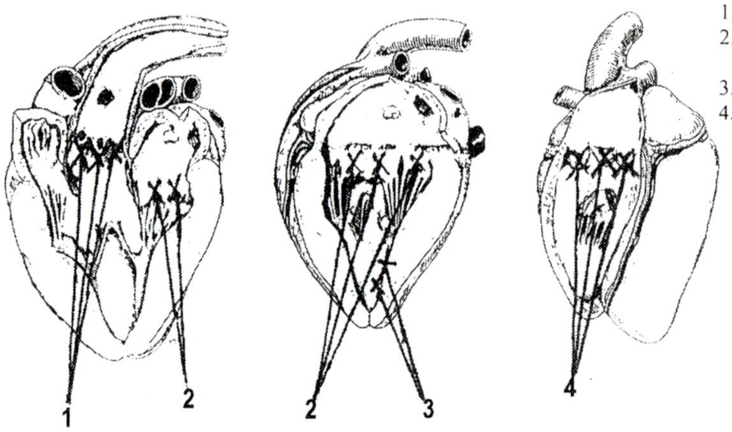

Locations of Common Vegetative Endocarditis Lesions

세균성 심내막염, 증식성 심내막염 [Bacterial Endocarditis (Vegetative Endocarditis)]

잘 부스러지기 쉬운 크고 작은 불규칙한 형태의 다양한 덩어리가 판막이나 심내막 벽에서 관찰된다. 이 덩어리는 회백색, 노란색, 녹색 혹은 검은색으로, 악취가 나는 세균성 물질로 구성된 화농성 조직 파편이다. 이들이 세균성(드물게 곰팡이성)으로 심내막 벽이나 판막에 염증을 유발하고 증식성 심내막염을 일으킨 것이다. 어떤 동물에서든지 이는 대부분 심장 기형, 만성 관절 질환, 또는 어느 부위의 만성감염증 때문에 생긴 것이다. 이외에 약 10%정도는 **돼지에서 단독균**(*Erysipelothrix rheusiopathiae*)이나 주머니쥐(opossum)에서 *Streptococcus viridens*, 그리고 개에서 *Aspergillus terreus*가 원인이 될 수 있다. 많은 증례에서 이런 패혈성 혈전이 심장의 좌측판막 부위에서 떨어져 나와 심장 대동맥을 통해 전자가 되어 전신에 퍼지게 되고 우측 판막에 있으면 흔히 폐 쪽으로 색전 파편이 퍼진다. WP281, 516, 1627

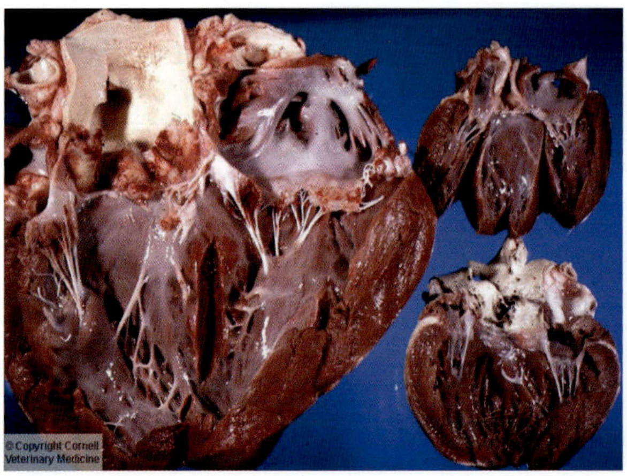

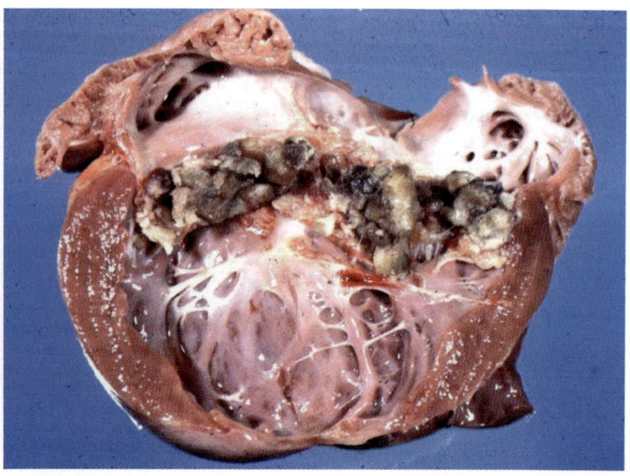

국소 확장성 * 모든 동물

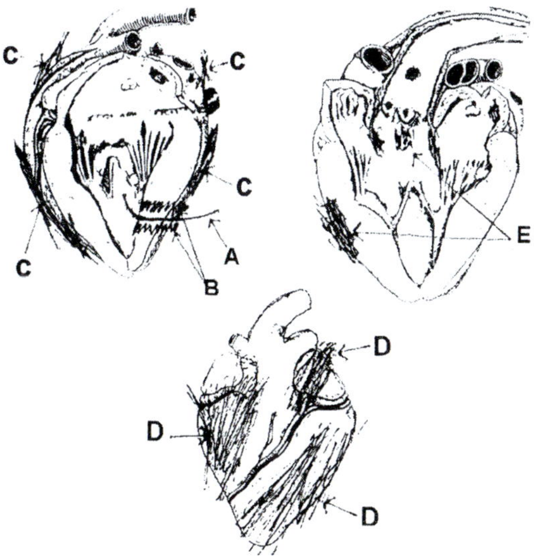

A. 10~12.5 cm의 한쪽 끝이 굽은 전형적인 철사
B. 철사에 찔린 부위의 염증반응
C. 김염에 따른 섬유소성 화농성 삼출물
D. 심낭염의 섬유소성 삼출물과 뒤덮은 섬유소
E. 국소 섬유괴사성 및 기종성 근염(기종저), 산패된 우유 냄새가 남.

감염증을 수반한 심장질환(Other Heart Associated Infections)

소에서 철사같은 딱딱하고 예리한 물체(hardware)에 찔려 발생한 창상성 심근염이나 심내막염은 다양한 미생물 감염으로 발생한다. *Corynebacterium* sp.과 *Escherichia coli*는 많은 동물에서 창상성 심낭염을 일으킨다. 심근 세포에서 원인균에 의한 심근염이 생기기 전 나타나는 기종저(black leg) 소견의 발병기전은 설명하기 어렵다. 약 6~12 cm 크기의 딱딱한 금속성 철사를 소가 먹으면 제2위를 관통하여 심장쪽을 향하여 뚫게 되어 나중 '철물병(hardware disease)'을 유발한다. German shepherd 종에서는 *Aspergillus terreus*에 이한 곰팡이성 감염에서 발생할 수 있나. WP1363, 1714, 21137

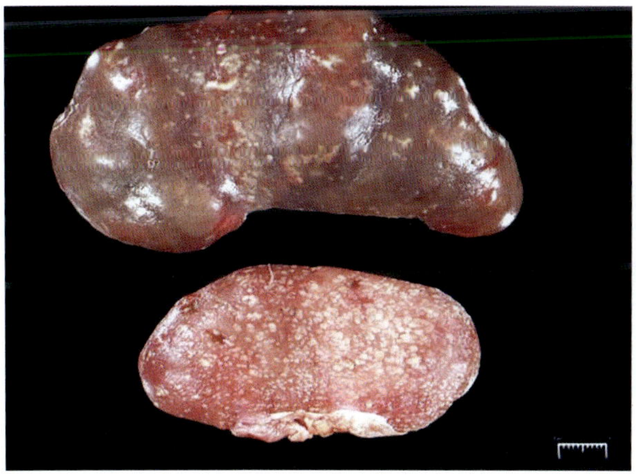

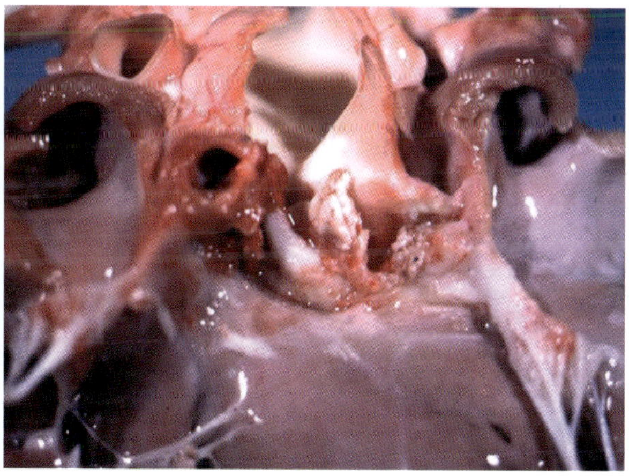

국소 확장성 * 모든 동물

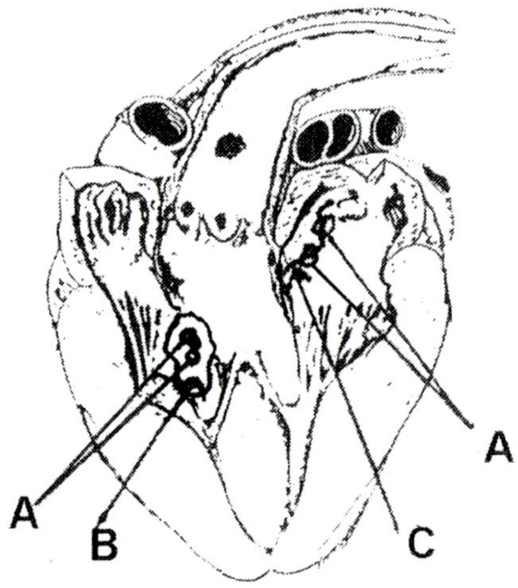

A. Nonseptic fibrin thrombi
B. Subendocardial suffusion hemorrhage
C. Endocardial tear

비감염성 섬유소 혈전증(Nonseptic Fibrin Thrombosis)

이 유형의 혈전증은 심내막 손상에 의해 유발되는 증례인데, 세균성 증식성 심내막 혈전증(bacterial vegetative endocardial thrombosis)과 감별하여야 한다. 가능한 원인으로 폐사 말기에 생기는 심내막성의 광범위한 빈사기 출혈이거나 태어날 때의 이상, 혹은 성장 후에 후천적으로 생긴 기능부전성 판막을 유발하는 내강의 압력(intraluminal pressure)에 의한 심내막 파열 등이다. WP125

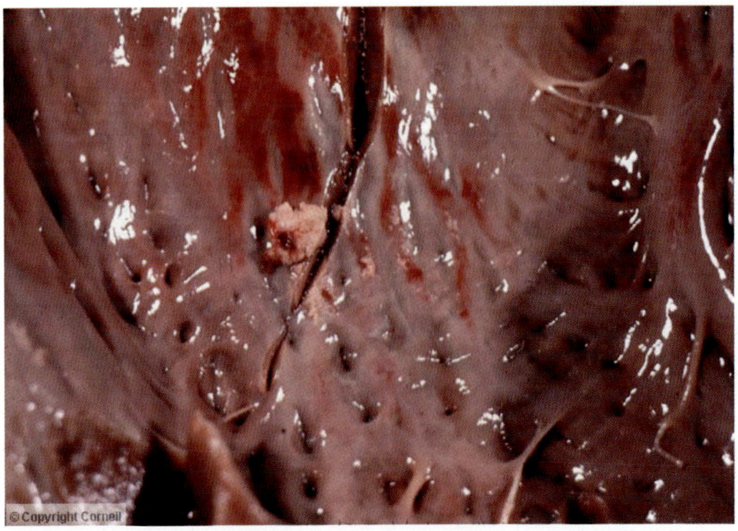

광범위성 * 모든 동물

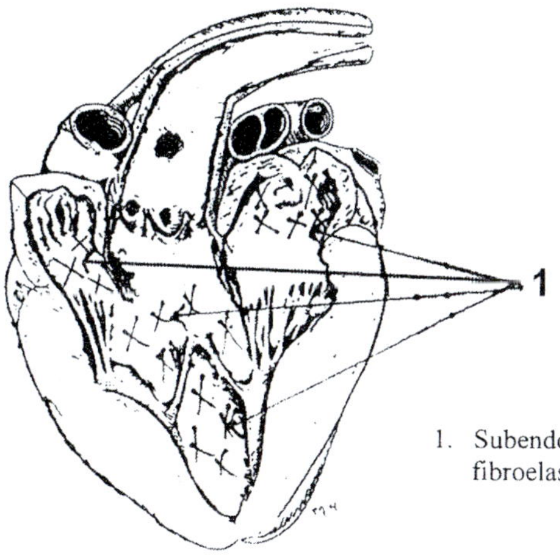

1. Subendocardia fibroelastosis

심내막 하 탄력섬유증(Subendocardial Fibroelastosis)

이 소견은 심장의 기형이 있는 많은 동물의 신생축에서 아주 흔하게 발생한다. 일부 혹은 모든 심방과 심실이 확장되고 심하게 창백하여 회색이거나 반짝거리며 심내막은 다소 비후된다. 조직학적인 소견으로 확진할 수 있다. 원인은 무산소증(anoxia)과 난류성 혈액순환(turbulent flow)이며 나이든 동물에서는 심방 내 불완전한 판막 때문에 발생한다. 이러한 심방은 파열될 수 있는데 표재성으로 구부러진 선상으로 터질 수 있다. 이 심내막이 불규칙하게 당겨지면 비감염성 섬유소 혈전증이 생길 수 있다. WP545, 1755, 6957

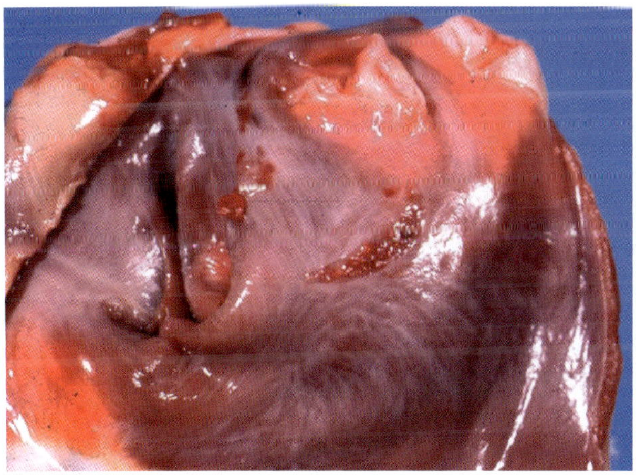

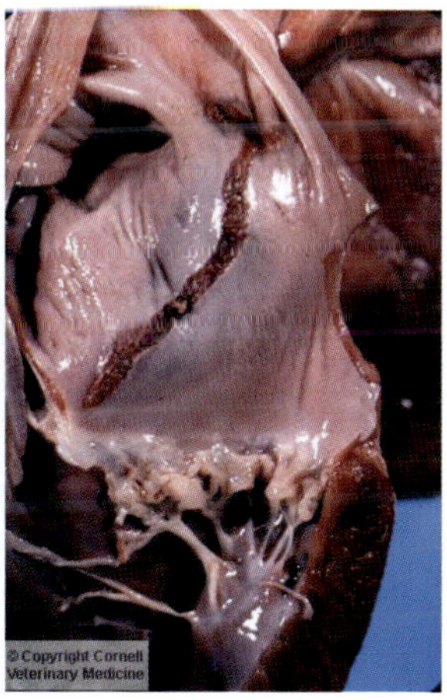

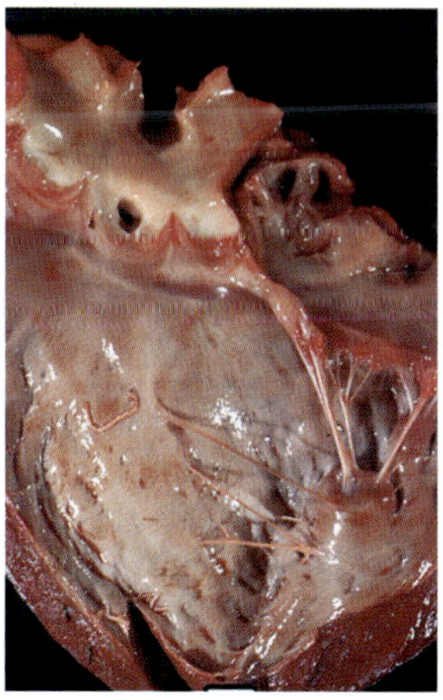

국소 확장성 * 모든 동물

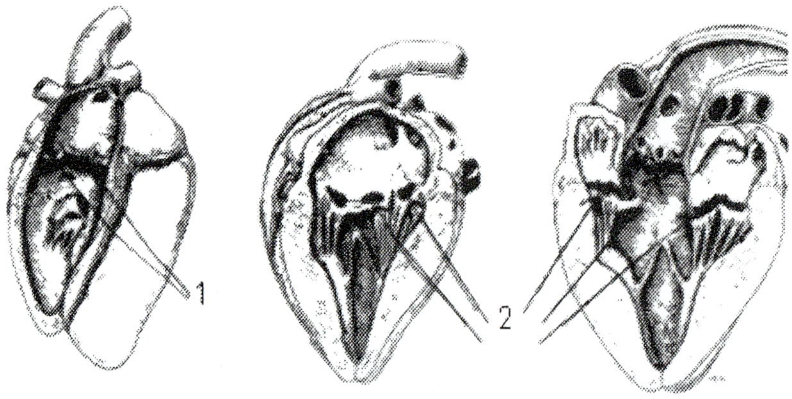

1. Blebs of edema
2. Blebs of clear edema

급성 판막 부종(Acute Valvular Edema)

모든 동물에서 매우 흔하게 나타나는 소견으로 모든 심장판막의 기저부에 투명한 체액이 차게되어 다소 종창된 물집(blebs)을 볼 수 있다. 대부분 대동맥 판막 첨판(aortic valve cusps)에서 발생하고 폐동맥 첨판, 방실판(atrioventricular valves) 가장자리 근처 순으로 생긴다. 대부분은 안락사 중에 천천히 죽게 되는 경우 발생하는 기능적인 소견이라고 생각되지만 큰 의미는 없으며 우상성(사마귀모양) 심내막증(만성 판막성 섬유증)이나 증식성 심내막염(불규칙하고 취약함)으로 진단하지 않도록 해야 한다. WP16122

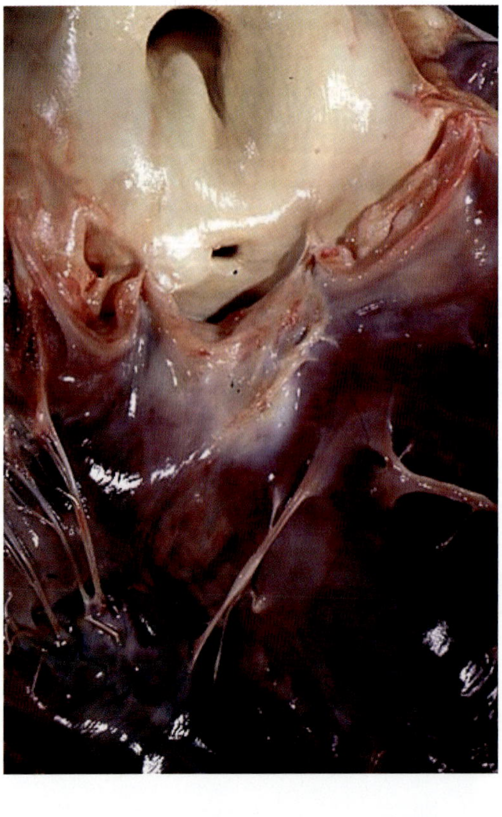

국소 확장성 * 개

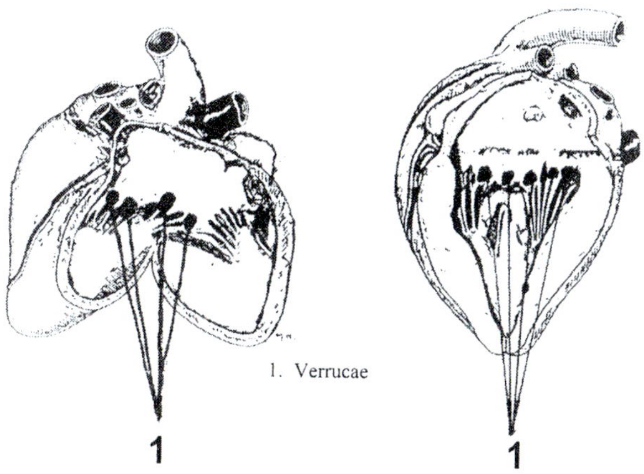

만성 판막성 섬유증(우상성 심내막증)
[Chronic Valvular Fibrosis, (Verrucous Endocardiosis)]

만성 판막성 섬유증은 다발성으로 단단하고 반짝이는 신선한 살코기 색이며 1~3 mm 크기로 사미귀 모양의 결절(verrucae)로 주로 왼쪽 방실 판막의 유리면 가장자리를 따라 형성되지만 어떤 경우에는 오른쪽 방실결절을 따라 볼 수 있다. 결절은 결합조직, 점액성 부종 및 사마귀모양 심내막증이라 불리는 내막 증식(intimal proliferation) 등으로 구성된다. 이는 흔히 동물의 노령화에 따라 나타나는 변성 소견인데, 더 심해지면 판막이 변형되어 기능이 약화된다. 심내막증은 나이든 개에서 가장 흔히 볼 수 있는 심장 질환이다. 가끔 방실판탄이 방실 판막들이 부풀어져서 낙하산 모양(parachute reaction)을 보인다. 다른 동물에서는 산발적으로만 발생한다. WP544, 1300, 1251, 1753

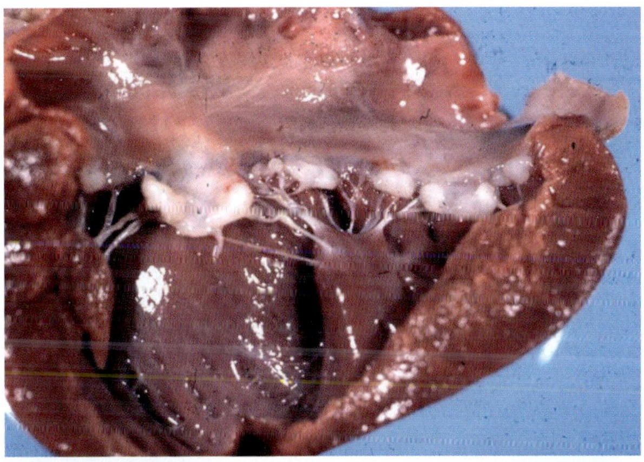

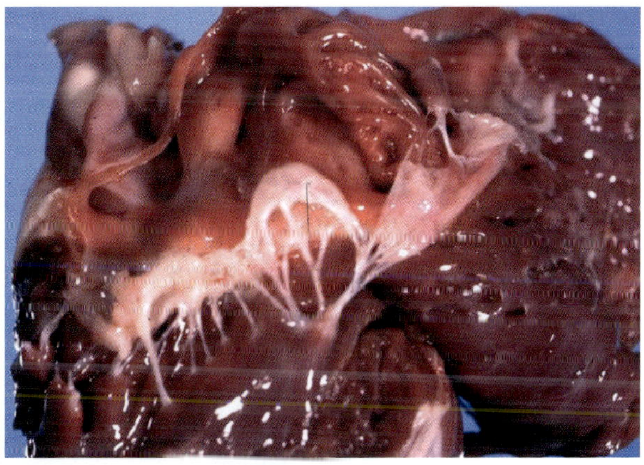

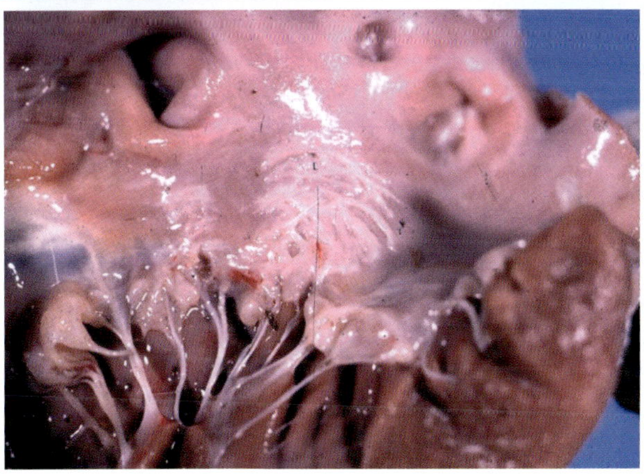

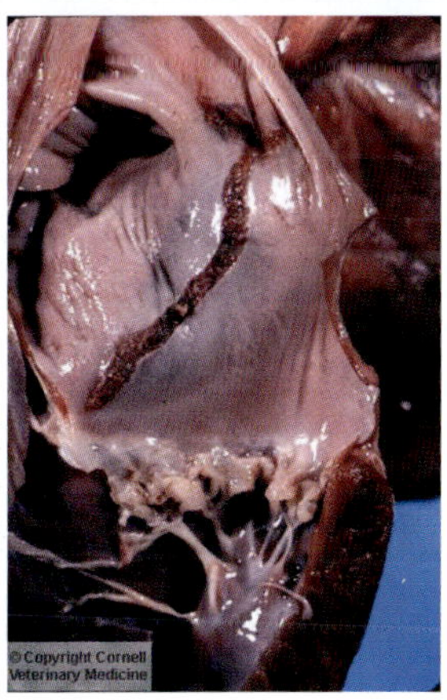

국소 확장성 * 개, 고양이

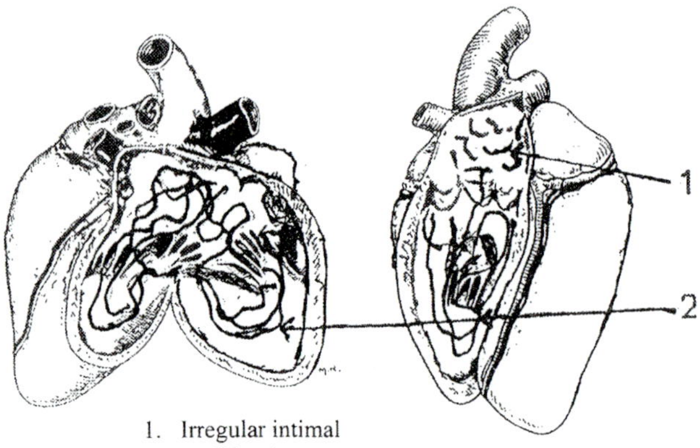

심장사상충증(Dirofilariosis)

*Dirofilaria immitis*는 길이 10~20 cm, 두께 1~2 mm이며 우심방과 폐동맥 쪽, 혹은 후대 정맥 후방에서 발견되는 가느다란 흰색 기생충이다. 가끔 심장의 왼쪽 편에서도 단 한 마리만 발견되기도 한다. 이들 기생충은 대부분 심장 내 고유 병변을 유발하지는 않지만 폐동맥과 그 분지 쪽에 다발성으로 불규칙한 내막의 증식을 일으킨다. 죽어있거나 병든 성충은 폐에 색전증을 일으켜 혈관의 폐쇄를 유발하지만 폐는 이중 순환으로 혈액순환에 이상이 없기 때문에 경색은 거의 발생하지 않는다.

WP1396, 1770, 6212, 9306, 12201, 6212

- **개/고양이** : *Dirofilaria immitis*는 지리적 요인이 발병 분포 양상에 영향을 끼칠 수 있다.

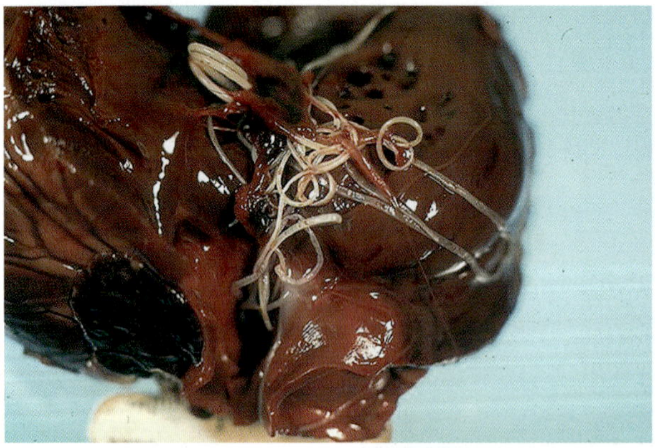

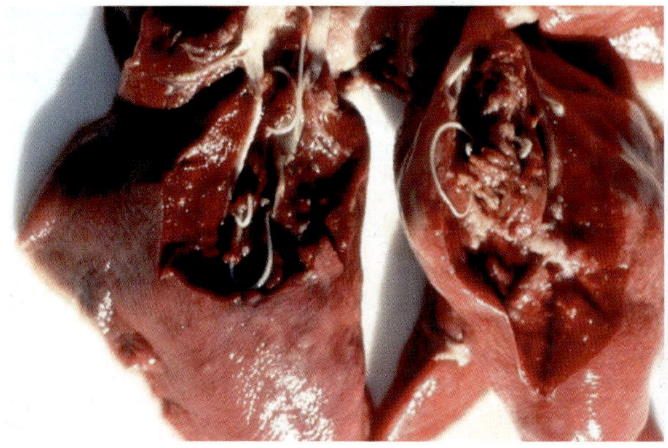
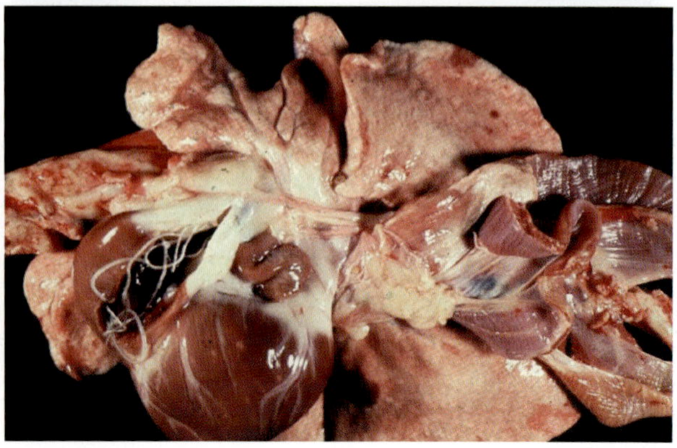

국소 확장성/다발성 * 모든 동물

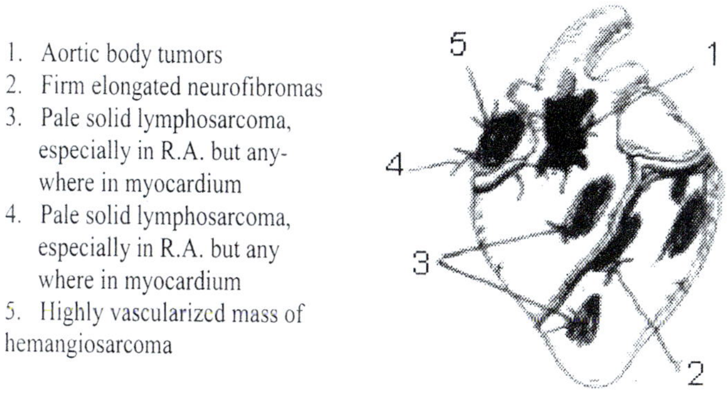

심장의 종양성 질환: 심장 종괴(Heart Masses)

심장의 종양들은 앞 모식도에 표기된 것처럼 특정 부위에서 흔히 관찰되지만 심근 어디에서나 생길 수 있다. 동물에서 크게 또는 작게, 창백하거나 백색으로, 비교적 말랑말랑한 종괴형태로 특히 우심방과 우심귀(right atrium and auricle)에 발생하는 것은 대부분 어느 동물에서나 림프육종이다. WP1678, 1744

- **소 :** 기저부나 심내막 주변에 백색으로 단단하며 때로는 길쭉한 종괴는 대부분 신경섬유종(neurofibromas)이다.
- **개 :** 우심귀의 안쪽이나 바깥쪽에 혈관이 잘 발달된 종괴, 길쭉하게 늘어진 폴립모양(polypoid)의 부드러운 살코기 같은 종괴는 혈관육종(hemangiosarcoma)이다. 심장의 기저부나 대동맥과 폐동맥 사이 또는 가끔 심낭강에 국소적으로 산재되어 있는 단단한 종괴는 대동맥소체 종양(aortic body tumors)이다. 이는 개에서 가장 흔하고 폐로 빈번하게 전이가 일어난다. 혈관이 잘 발달된 종양이 간이나 비장에서도 관찰되는데 이들 종양의 원발 부위를 정확히 알아내는 것은 쉽지 않다. 흔히 해당 종양의 혈관이 파열되어 치명적인 결과(심낭, 심근 혹은 종격 내로 출혈된 상태안 tamponade 유발)를 초래한다.
- **유의사항 :** 일부 동물에서, 심장 기저부의 종양으로 갑상선 종양을 볼 수 있다. 이는 이소성 흔적기관의 잔유물(vestigial remnants)이며 이소성(ectopic) 병변의 일환인데, 이 잔유물은 정상조직 보다 더 종양화 되기 쉽다. 이는 개에서 세르토리 세포 종양(Sertoli cell tumor)이 잠복고환에서 발생하는 것과 유사한 소견이다. 일부에서 우심귀에 무산소증(anoxia)이 흔한데 이 같이 낮은 내사성 조직에서 림프육종이나 혈관육종 같은 종양이 높은 빈도로 발생하는 것은 무산소증과 관련이 있다고 생각한다.

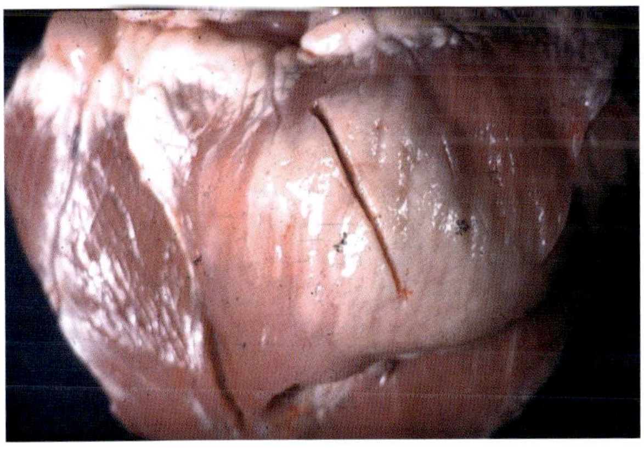

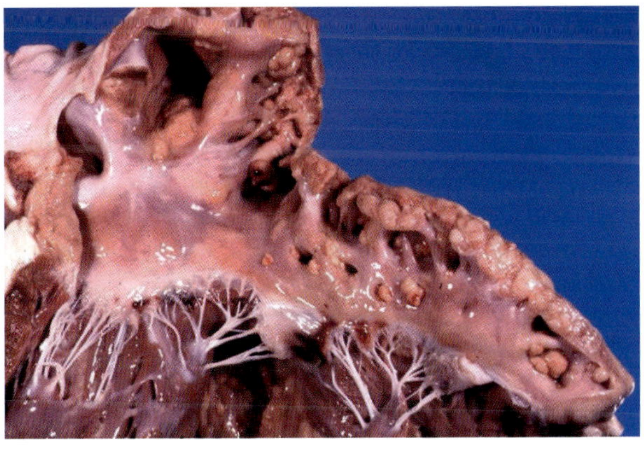

국소 확장성/다발성 * 모든 동물

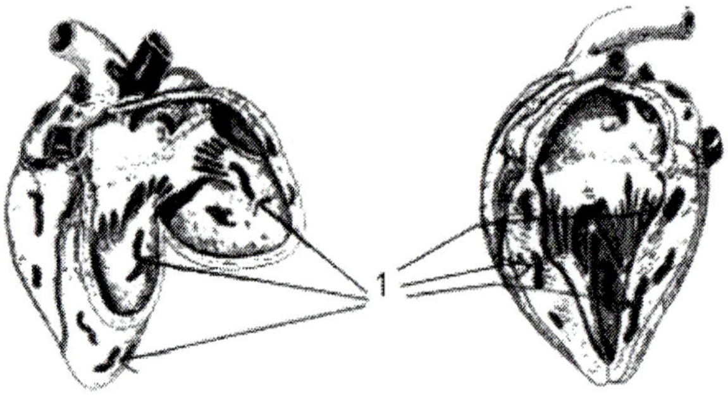

1. Pale opaque irregular patches of myocardial degeneration

국소 확장성 변성(Locally Extensive Degeneration)

대부분 어린 가축의 심근 어느 부위에서든지 관찰되는 병변으로 불투명한 백색의 선형 반점으로 나타나고 경계를 구분하는 뚜렷한 선이 나타날 수 있는데 이는 비타민 E와 셀레늄 결핍성 질환인 영양성 근육퇴행 위축(nutritional muscular dystrophy), 일명 백근병(white muscle disease) 소견이다. 이 병변은 단일 선상으로 또는 심장의 상당 부분에 크게 나타나며 심부전에 의한 폐수종 또는 간의 만성 수동성 울혈(nutmeg liver)을 유발한다. 물론 어린 포유동물의 다른 부위 근육이나 사료를 삼키는데 관여하는 근육에서도 흔히 나타난다. 나이든 동물에서는 포획된 동물의 근육병증(capture myopathy), 즉 탈진성 근육병증(exhaustion myopathy)에서 이런 소견이 있다. 많은 동물에서 어떠한 연령에서든지 대부분 심실근육에 창백하고 희미한 반점(patches)이 나타나면 뇌, 척수, 신부전, 또는 더 큰 신경얼기에 손상이 있는 동물의 신경원성 심근병증(neurogenic cardiomyopathy나 brain-heart syndrome)여부를 1순위로 배제할 수 있어야 한다. 뚜렷한 경계가 없이 일률적으로 창백한 소견은 국소적으로 근육이 수축한 인공산물에 불과하다. 이 소견은 심장 내 주사부위 여부를 감별하기 위해 반드시 냄새를 맡아보아야 한다. WP228, 323, 514, 886, 1413

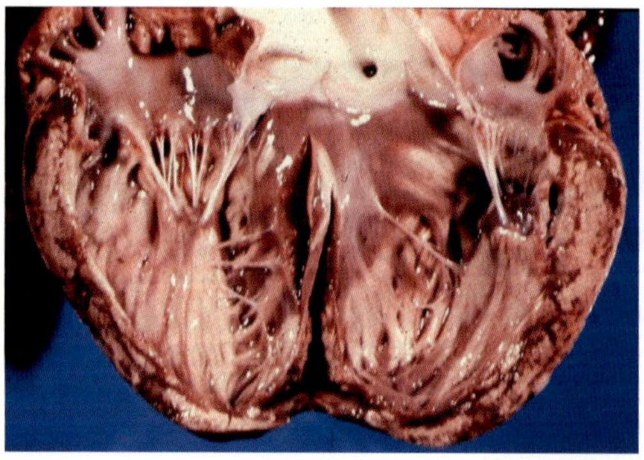

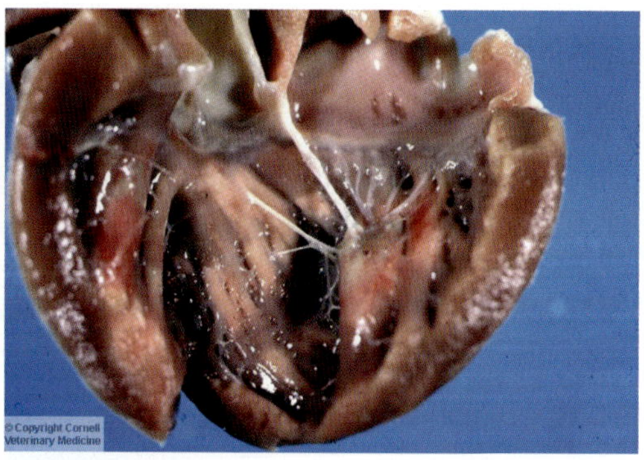

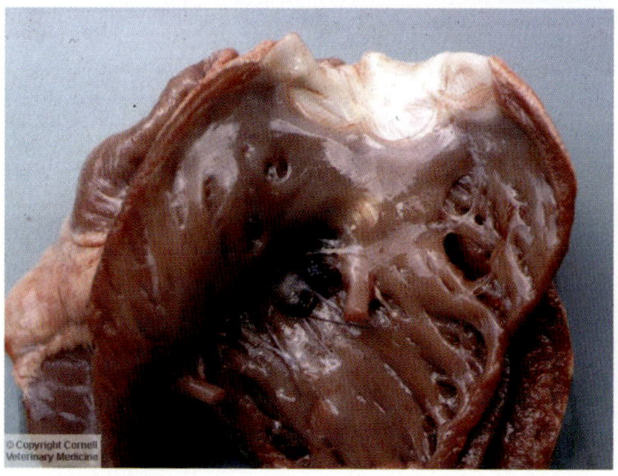

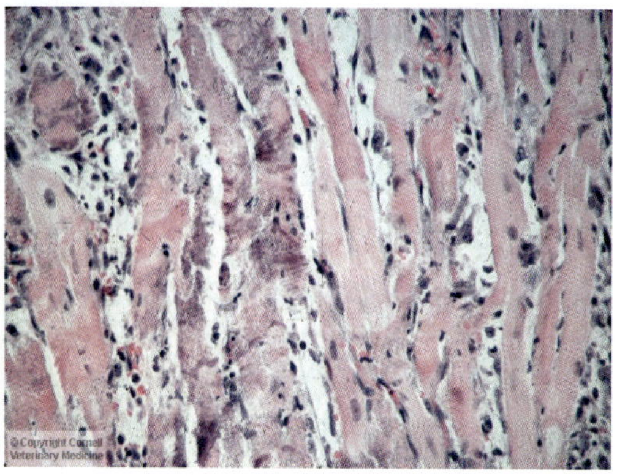

다발성 * 모든 동물

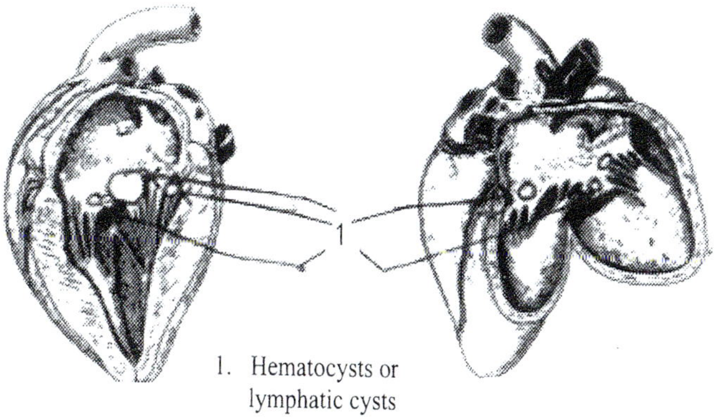

판막 혈종 또는 림프관 낭종(Valvular Hematocysts or Lymphatic Cysts)

방실 판막의 판막 첨판에 맑은 노란색 액체나 실제 혈액이 들어있는 낭종이며 그 크기는 1~10 mm 성노이나 더 클 수도 있다. 이들은 해당 림프관이나 혈관에 생긴 소견으로 림프관 낭종 또는 혈종이라고 한다. 시간이 지나면 작은 것은 안에 들어있는 체액이 흡수되어 사라지지만 아주 큰 경우에는 판막 첨판이 뒤틀려 어떤 판막기능 부전(incompetence)을 유발한다. WP390, 1698

- **소** : 이들 림프관 낭종이나 혈종은 주로 판막에서 관찰된다.
- **돼지** : 돼지에서도 흔하지만 소 보다는 상대적으로 발생이 드물다.

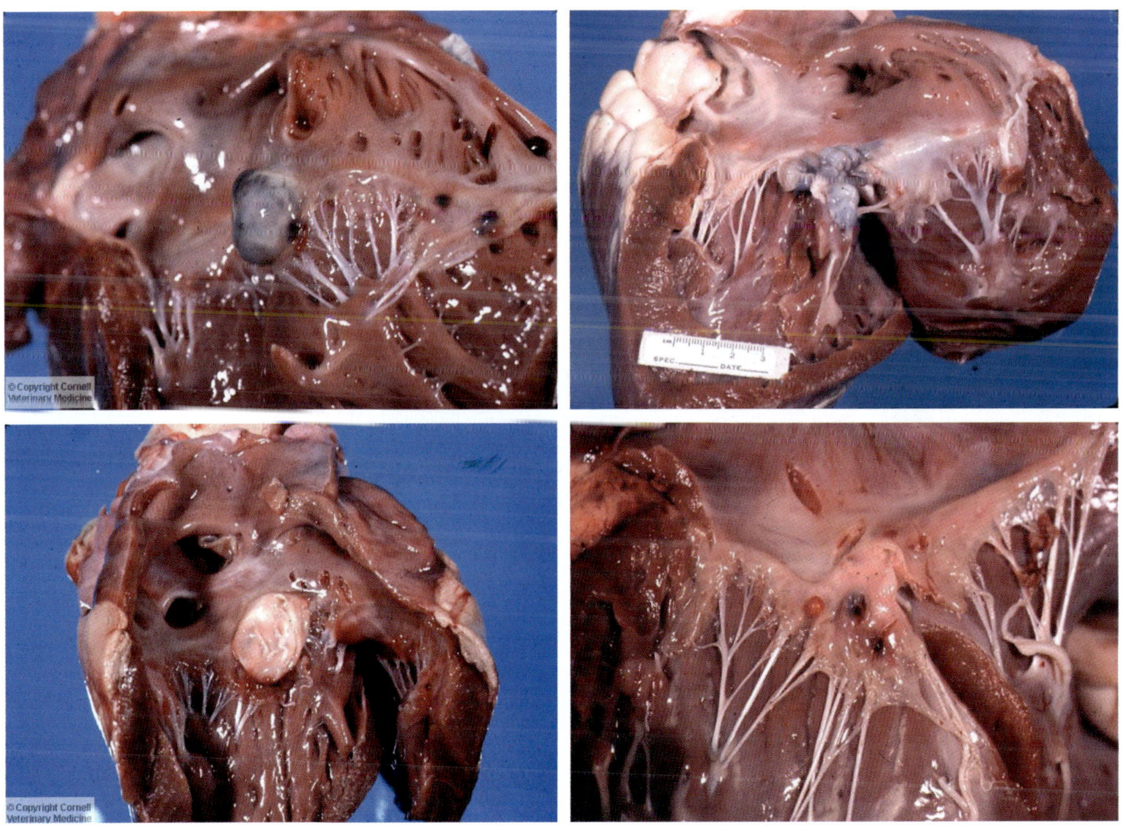

다발성 * 모든 동물

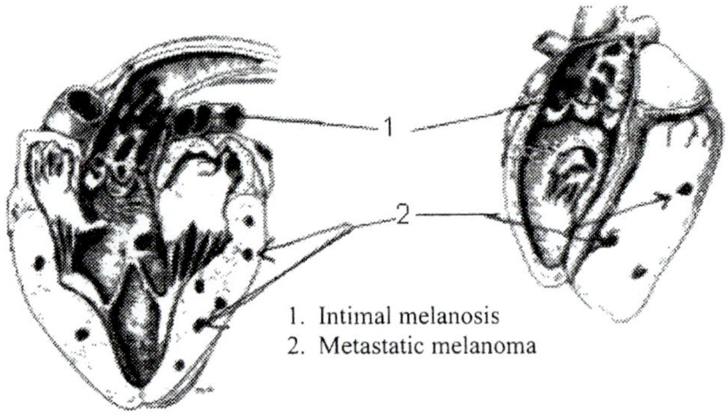

심장의 색소침착(Cardiac Pigmentation)

크며 불규칙한 검은색 반점이 폐동맥과 대동맥 벽에 관찰되는데 이를 흑색증(melanosis)이라 하며 다른 동물에 비해 양과 염소에서 매우 흔하다. 이는 정상적인 소견이다. 여러 동물 가운데서도 특히 소에서는 심근에서도 보인다. 병변이 더 작고 둥글며 산재되어 있는 흑색 색소 침착 병변은 흑색육종(melanosarcoma)으로 어느 동물에서나 볼 수 있고 전이한 병변으로 생각해야 한다. 매우 나이가 많은 동물에서 광범위하게 갈색으로 변색된 부위가 있으면 이는 소모성 색소(wear and tear pigment)인 지방갈색소(lipofuscin)가 침착 된 것으로 이를 갈색위축(brown atrophy)이라 한다. **WP1633, 1741**

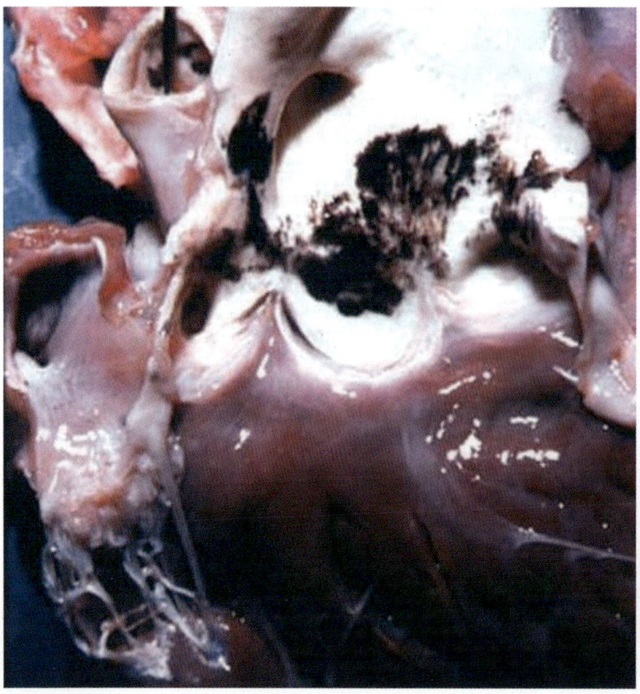

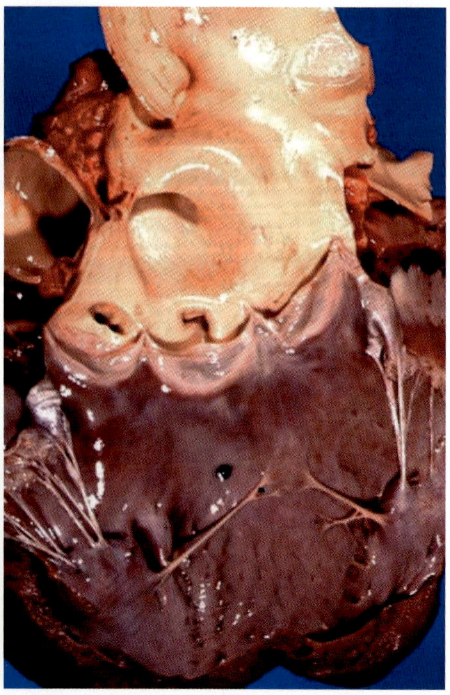

다발성 * 모든 동물

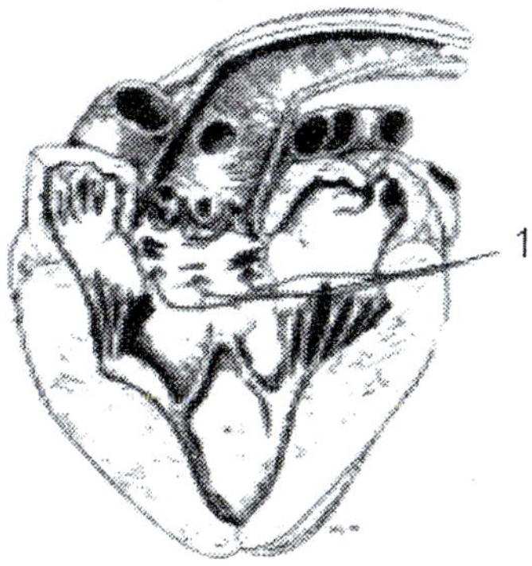

1. Incomplete subaortic stenotic rings

Left Heart

심장내막하 섬유소성 밴드(불완전 대동맥하 협착륜)
[Subendocardial fibrous Bands (Incomplete Subaortic Stenotic Rings)]

이 소견은 발생 동물에서 가장 흔히 중격 벽이나 대동맥 판막 첨판 바로 아래에 불규칙한 수평의 결합 조직 밴드가 두 군데에 나타난다. 그러나 어떤 경우에는 오직 하나의 밴드만 이는 한 쪽에 또는 다른 모습으로 중격 벽에 붙어 있기도 한다. 모든 동물에서 이들 선천성 밴드는 가장 흔한 심장의 기형인데 불완전 대동맥 하 협착륜(incomplete subaortic stenotic rings, ISSR)이라 부른다. 완전한 기형이 아니기 때문에 이들은 대부분 임상적으로 큰 의의가 없다. WP279, 280, 1541

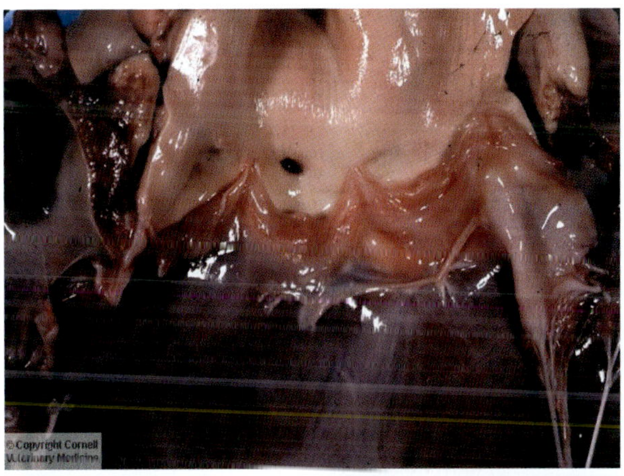

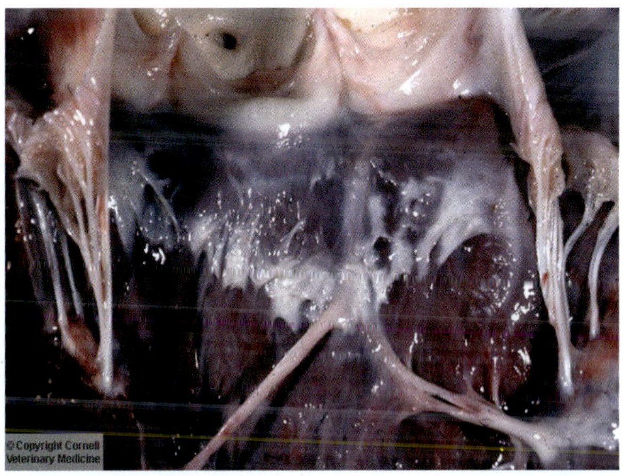

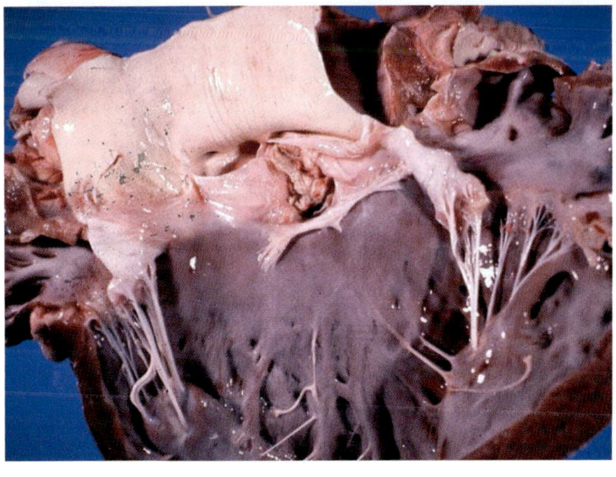

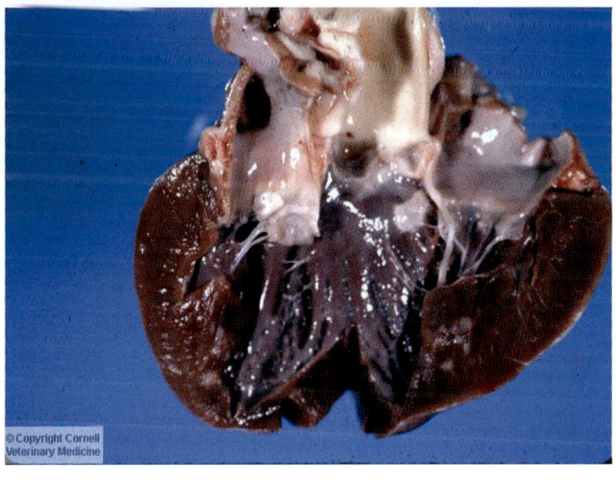

다발성 * 말

1. Ventricular endocardial plaques

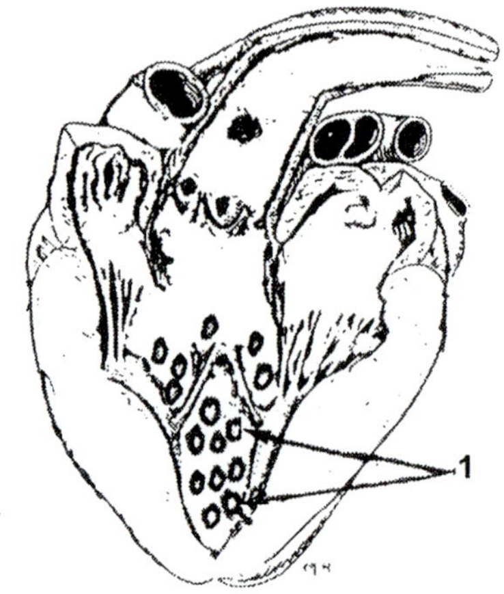

심실의 심내막 플라그(Ventricular Endocardial Plaques)

대부분 왼쪽 심실의 심내막에서만 제한적으로 발생하며, 두 세개부터 십여개가 흩어져 있는 5~10 mm 정도의 원형 플라그이다. 색조는 불투명한 흰색으로 조직학적으로는 내피의 증식소견이 있다. 원인은 정확하지는 않지만, 심장이 수축하는 동안 격벽내피와 반대편 심장벽 내피 간에 꾸준히 마찰해서 생긴 소견이라고 추정한다. 말 성축에서 매우 흔한 소견이다. WP48, 1764

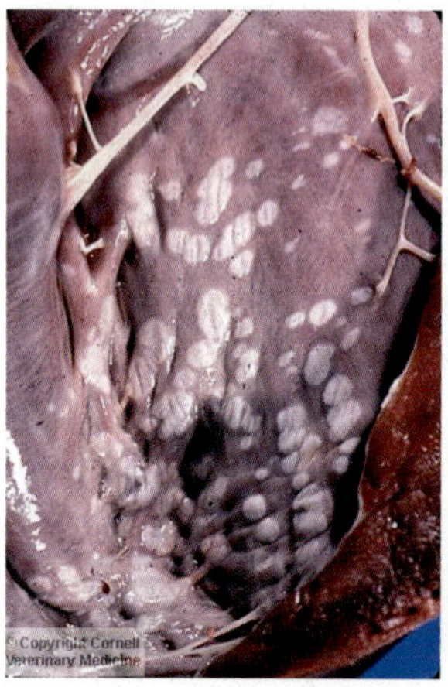

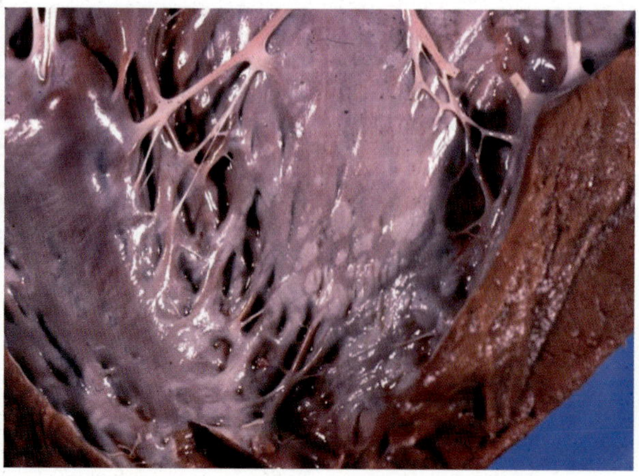

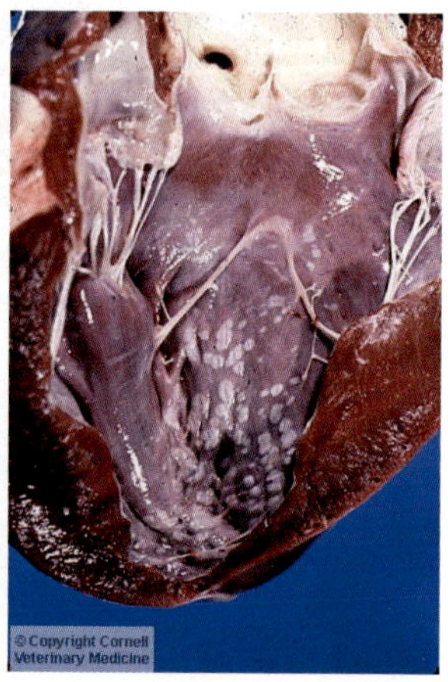

다발성 * 모든 동물

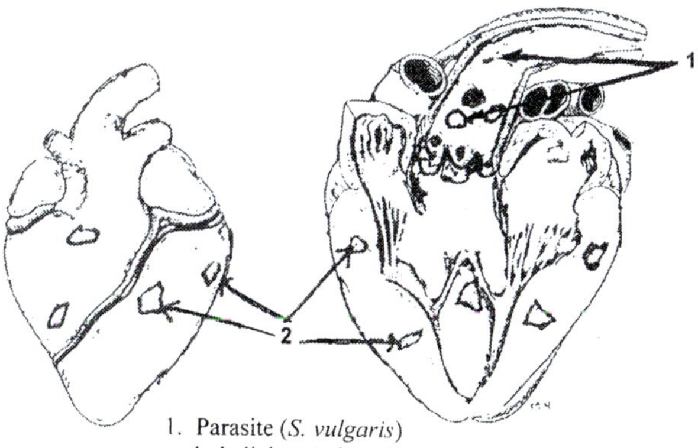

1. Parasite (*S. vulgaris*) endothelial granulomas
2. Embolic related scarring

말 보통원충에 의한 병변(*Strongylus vulgaris* Scarring)

말에서 1~2cm 되는 넓적한 연충 모양(vermiform)의 플라그와 불규칙한 연충모양의 종괴(mass)가 대동맥 궁의 내막, 대동맥 판막 첨판 그 자체의 내강(sinuses of Valsalva)에 한 개 또는 2~6개 정도로 나타날 수 있다. 조직학적으로 흔히 무기질 침착과 원인 기생충인 말 보통원충(*Strongylus vulgaris*) 파편도 보인다. 만약 동물이 나이가 들었다면 심장의 다른 곳에서도 만성적인 병변인 거칠고 불규칙하며 창백한 결합조직성 병변이 관찰될 수 있다. 이런 병변은 양쪽 심방에서도 볼 수 있다. 어린 동물에서는 살아있는 기생충이 보이거나, 최근까지 살았던 유충이 대동맥 전체, 뒤쪽 장간막 동맥 등에서 발견된다. 혈관 내강이 조금 두꺼워지거나 매우 비후되며 내강에 혈전이 있으면 유충의 이행이 있었음을 의미하는데 이것이 바로 기생충성 동맥염(verminous arteritis) 소견이다. 새로 나온 구충제가 효과는 있으나 이 발생을 예방하지는 못한다. WP31, 32, 1765

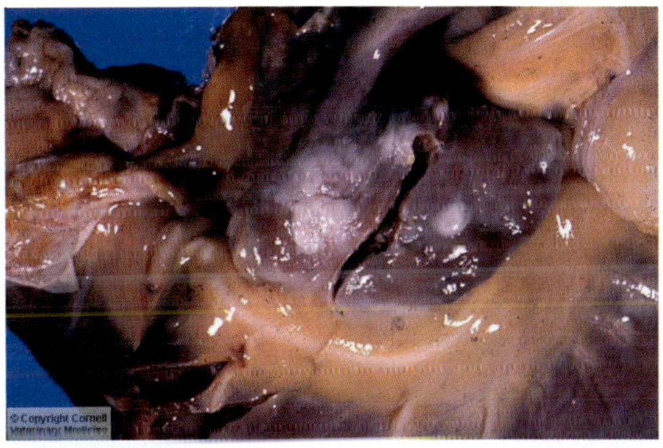

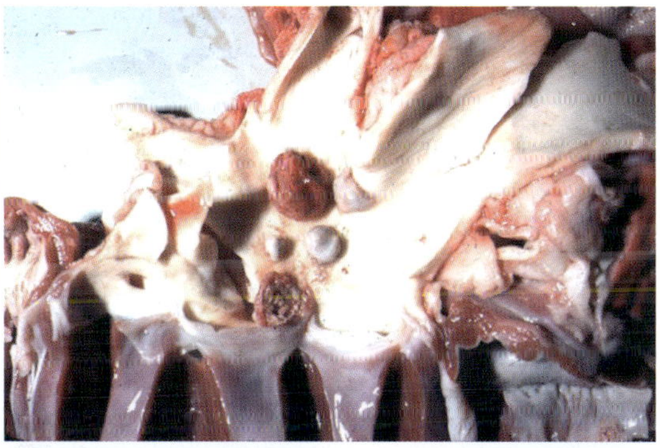

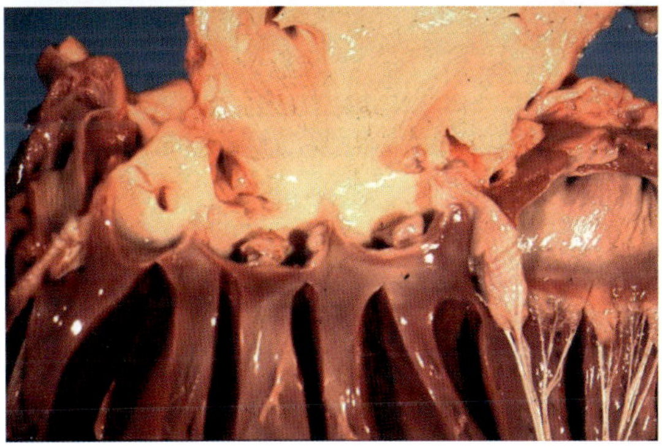

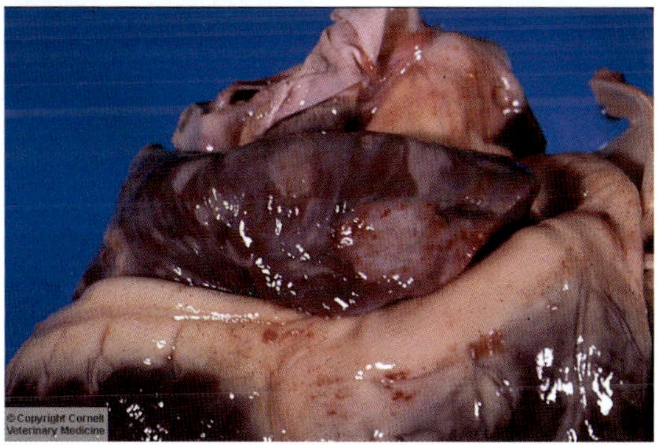

다발성 * 말

1 Aortic valve friction rub lesions
2. Coronary arteries

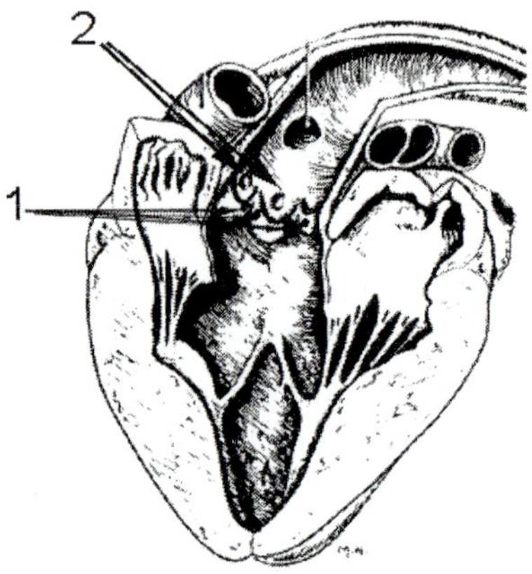

대동맥 판막 마찰 병변(Aortic Valve Friction Rubs)

말에서 대동맥 판막 첨판의 가장자리에서 관찰되는 대동맥 판막 병변은 매우 흔하며 쌍으로 된 2~3 mm 크기의 결절이 있다. 판막 부착부와 같은 거리에 있는 부위들끼리 서로 마찰해서 생긴 것인데 대동맥 판막 마찰 자국(aortic valve friction rubs 또는 kissing lesions)이라 부른다. 가끔 판막 옆에 두 쌍도 보이지만 대부분 한 쌍이며, 모든 세 개의 첨판은 반대 쌍을 가지고 있다. 이는 대동맥 각 첨판의 중앙에 한 개의 결절이 있는 아란티우스 결절(nodules of Arantius)과는 감별해야 한다. 이들은 정상구조이며 말 보통원충의 유충성 육아종(larval granulomas)으로 오인되기도 하지만 이 기생충과는 관련이 없다. WP84, 85

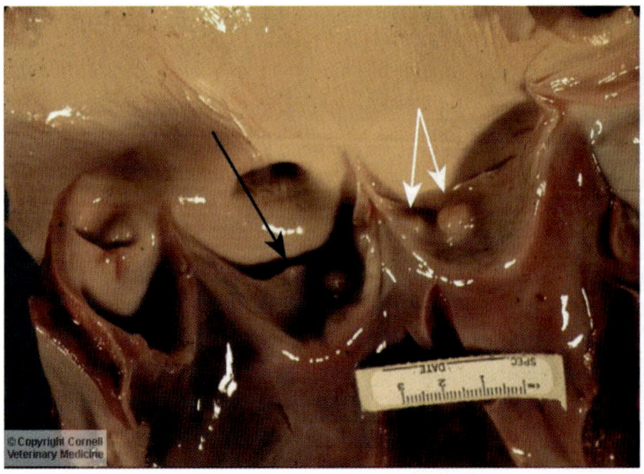

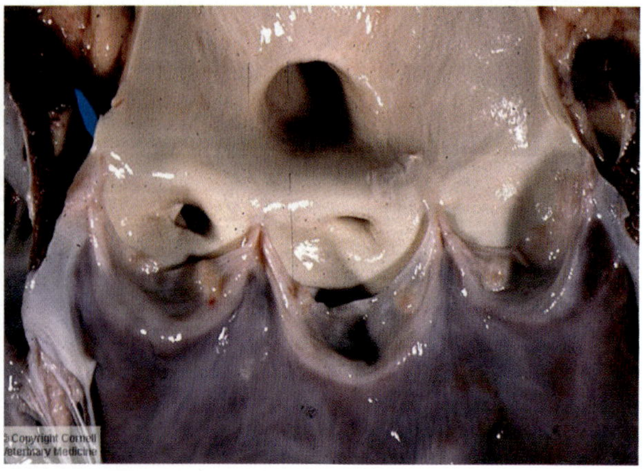

다발성 * 말, 소

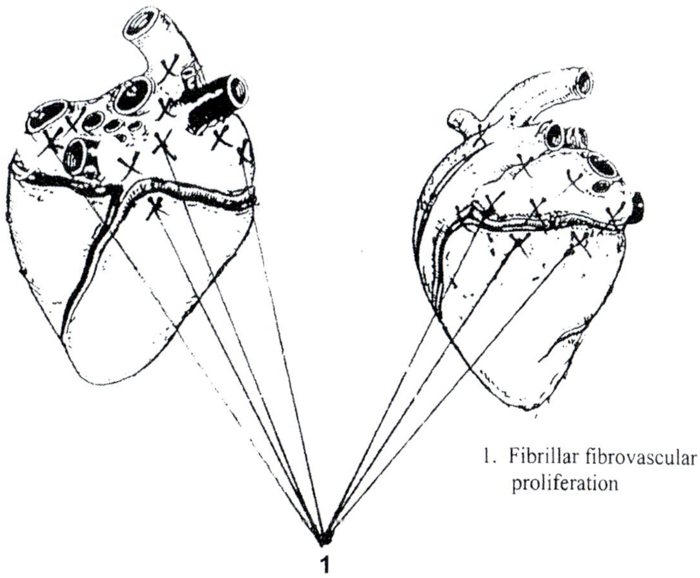

심낭 섬유혈관성 증식(Pericardial Fibrovascular Proliferation)

심장 기저부 조직과 주요 혈관 주위에 부착된 가닥과 플라그에 빨갛고, 부드러운 섬유성 혈관이 증식된 조직을 말과 소에서 매우 흔하게 관찰할 수 있다. 이를 섬유혈관성 증식(Fibrovascular Proliferation)이라 부른다. 조직소견 상 염증세포가 거의 관찰되지 않는 것으로 보아 경미한 마찰성 소견이라고 생각된다. 대부분 임상적인 의의가 없지만 어떤 것은 더 심해져 심낭에 치명적인 눌림증(tamponade)을 일으키는 심한 출혈의 원인이 된다. 어떤 경우엔 심한 림프구성 심낭염(lymphocytic pericarditis)을 일으킨다.

다발성 * 말, 소

1. Atrial edge diverticuli

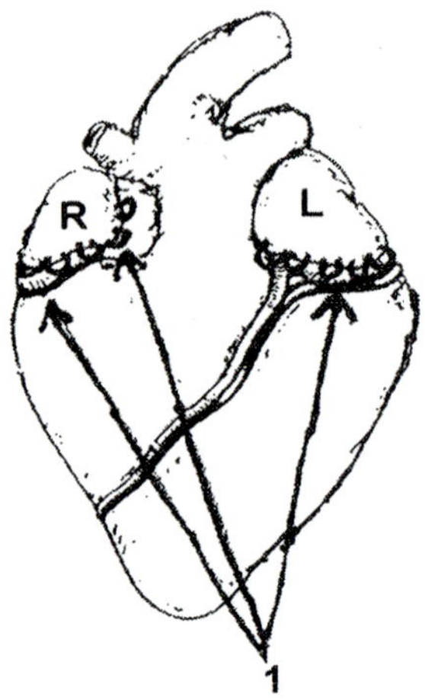

심방 주변 게실(Atrial Edge Diverticuli)

좌우 심방 주변을 따라 늘어선 창백하거나 빨갛고 둥근 1~5 mm 크기로 5~20개의 다발성으로 형성된 심방 조직의 수포(blebs)를 심방 게실(atrial diverticuli)이라 부른다. 말과 소에서 흔한 소견이다. 이는 정상 구조이며, 빨간 것은 혈액으로 채워져 심방 근육과 결합조직의 얇은 벽으로 되어 있고 창백한 것은 응고된 혈액으로 채워져 있다. 이 수포는 폐사 시 혈압이 떨어지면 푹 꺼지고 다소 함몰된 상태로 보인다. WP1688

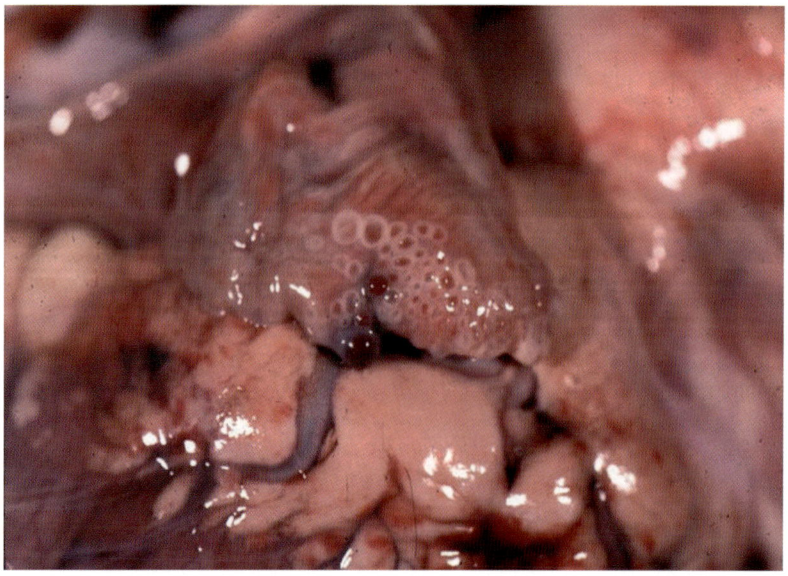

다발성 * 개, 고양이

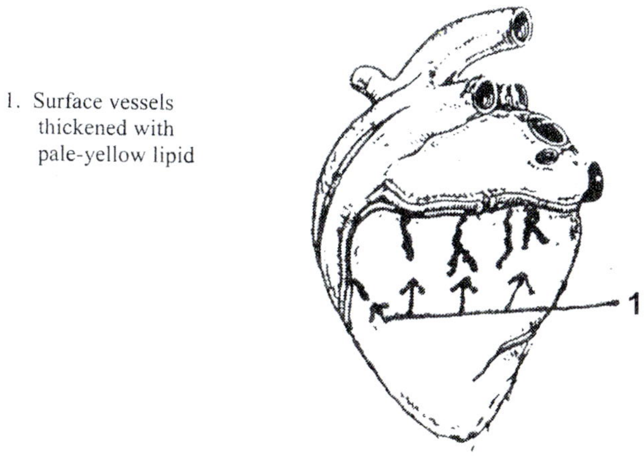

관상동맥 지방침착(죽종)
[(Lipid Deposition, Coronary Arteries (Atheromatosis)]

심외막에 분포되어 있는 심장의 여러 혈관은 콜레스테롤(cholesterol) 침착 때문에 혈관벽이 뚜렷한 황백색이나 하얗고 노란 지방 같은 침전물로 커져 있다. 역추적 조사에 의하면, 혈관에 이러한 죽상 침전물이 있는 21예 중 19개 증례가 모두 당뇨병(diabetes mellitus)을 앓고 있었던 개였다. 이 병변은 당뇨병에 걸린 어떤 동물에서나 볼 수 있는데 특히 사람에게서 가장 흔히 발생한다. WP12135

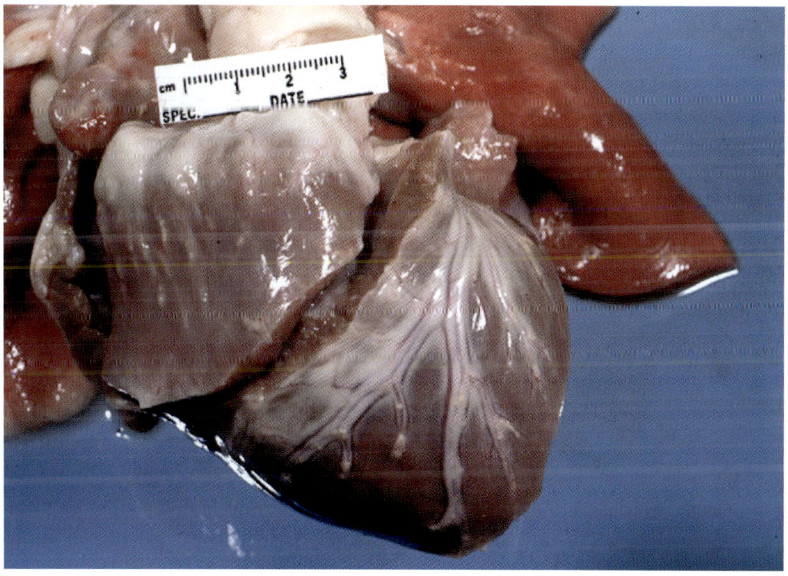

다발성 * 개

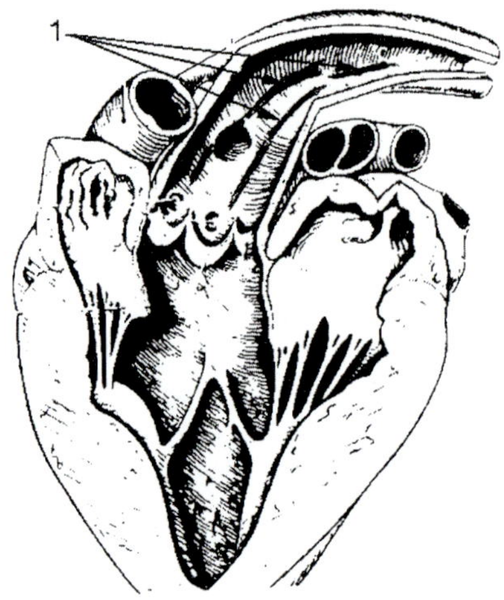

1. Intimal Prolifera-tivePlaques

대동맥 내막 증식(Aortic Intimal Proliferation)

대동맥 내막 증식은 주로 나이든 개에서 발생한다. 이 소견은 불투명하고 창백하며 하얀 플라그이거나 1 mm 이하인 매우 얇은 가닥형태이다. 조직검사에서 내막증식만 나타나는데 주로 대동맥 궁(arch)의 내막이지만 흉부 대동맥(thoracic aorta)에도 보인다. 육안적으로 이 물질은 칼끝으로 들 수 있고 벗겨지는데 그 아래에는 어떤 소견도 없다. 이것은 어떤 종류의 지방 물질(fatty material)이 아니고 단지 나이든 개에서 나타나는 노령성 변화로 생각된다. WP3263, 3297

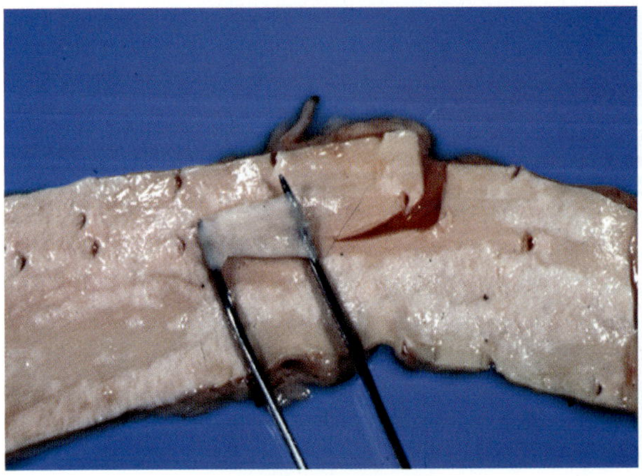

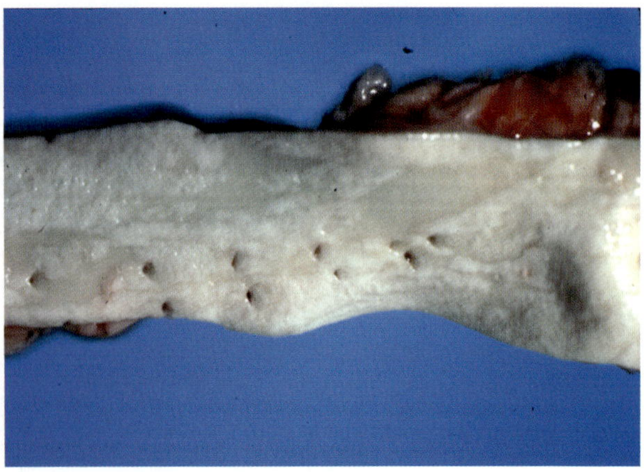

국소성/다발성 * 모든 동물

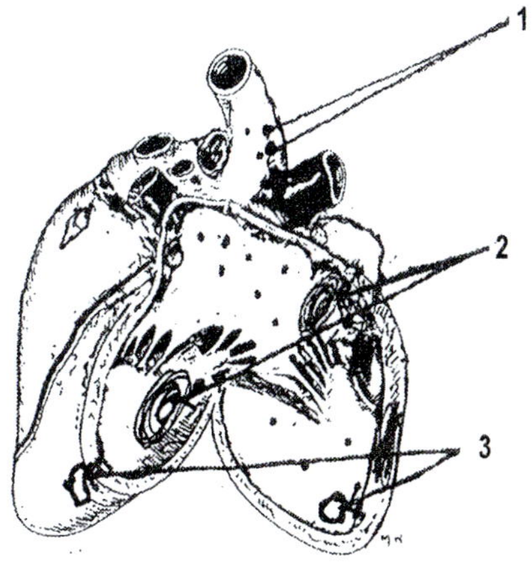

1. Petechiae
2. Diffusion hemorrhage
3. Eccymoses

심장의 출혈(Hemorrhages of the Heart)

심장외막, 심장내막 또는 심근에 닐려 있는 삭은 점상 출혈(1~2 mm)부터 큰 반상 출혈(3~5 mm)이나 광범위한 출혈은 돼지의 CSF나 ASF 같은 각종질환의 패혈증(septicemia), 그람음성균에 의한 내독소혈증(endotoxemia), 무산소증(anoxia)이나 전기로 폐사시켰을 때 관찰된다. 말에서는 통상 폐사 시 무산소증에 의해 생기기에 빈사기 출혈(agonal bleeding)로 간주된다. 어떤 동물에서는 혈액이 고여 있는 소견도 보이는데 이는 응고기전에 문제가 있음을 추정할 수 있고 진단 시 주의를 요한다. WP1631

- **돼지** : 줄무늬가 있는 출혈과 창백한 심근 소견은 비타민 E와 셀레늄 결핍에 의한 상실병이라 부르는 오디심장병(mulberry heart disease)에서 볼 수 있는데 전형적인 출혈성 질병이다.

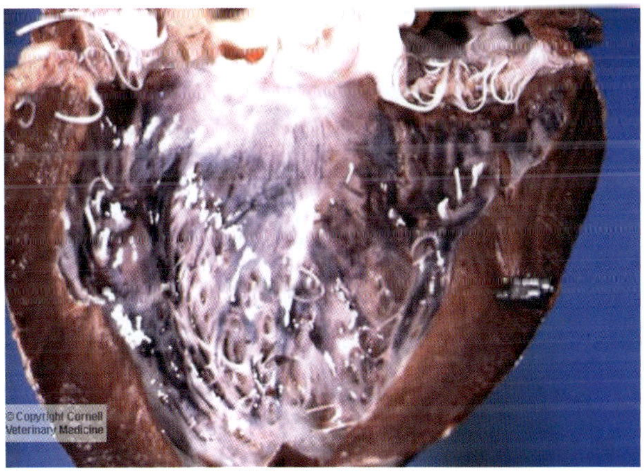

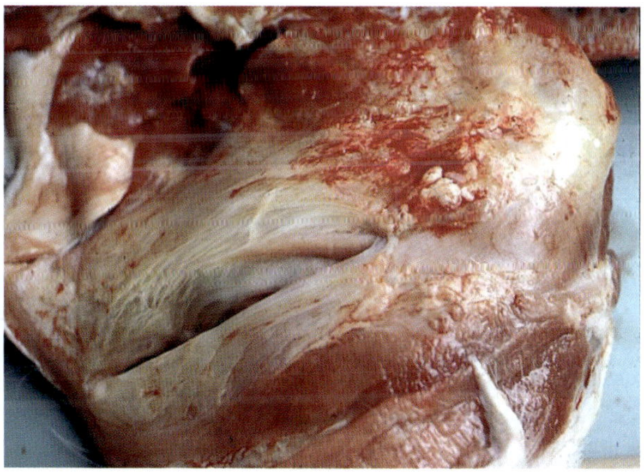

국소성/다발성 * 모든 동물

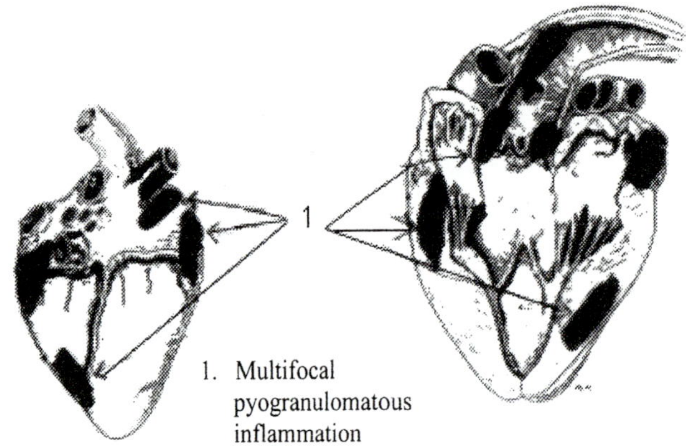

화농육아종성 심근염과 심낭염
(Pyogranulomatous Myocarditis and Pericarditis)

다발성으로 다양한 크기의 화농성 염증 병소가 심장내부와 심낭 주위, 심낭의 내부 등에서 볼 수 있다. 가끔 고름도 보이며 여러 군데 섬유소성 유착이 심장과 심막(심낭) 사이에 있다. 많은 화농성 육아종이 심근에 산재되거나 대동맥 첨판 주위에 화농성 혈전 형태로, 관상동맥에서도 관찰된다. 모든 동물에서 여러 가지 원인으로 심근에 이런 패혈성 색전(septic emboli)을 일으킬 수 있다. **WP1636, 1645, 1719**

- **소** : 창상성 심낭염(traumatic pericarditis)발생 시 흔히 볼 수 있고 대부분 *A. pyogenes*가 분리된다.
- **개** : 특히 German shepherd 종에서는 곰팡이인 *Aspergillus terreus*가 주된 원인이다.

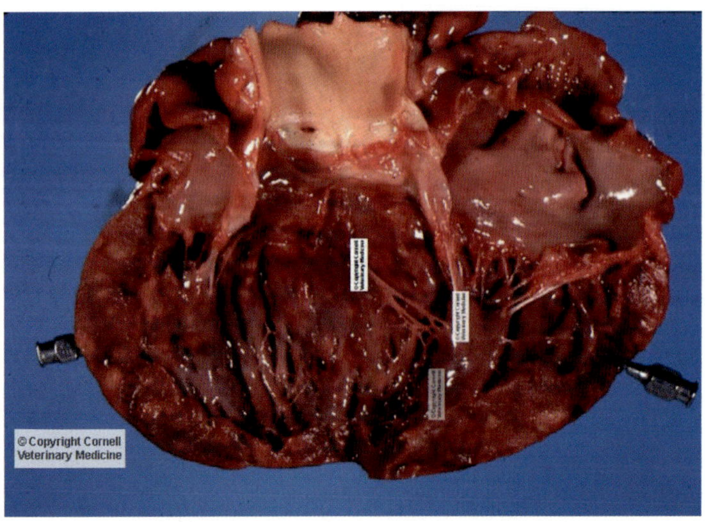

국소성/다발성 * 모든 동물

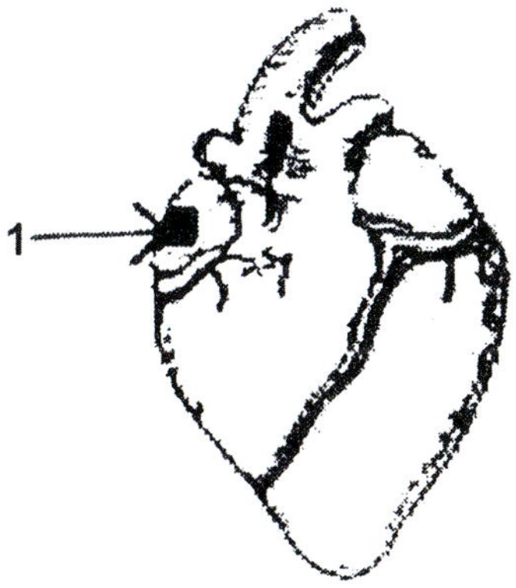

1. Thebesian vessel scar

테베시우스 혈관 관련 병변(Thebesian Vessel Related Scarring)

이 소견은 말에서만 주로 발생하며 그 특징으로는 1.우심방벽의 중앙 부분에서 잘 볼 수 있고 2.병소는 통상 정사각형이거나 불규칙한 장방형이다. 3.대부분의 경우에 한 개의 병소만 존재한다. 4.대동맥 또는 관상동맥에서 어떠한 기생충도 발견되지 않는다. 그러나 보통원충(*S. vulgaris*)에 의한 병소는 다음과 같은 특징으로 감별진단 할 수 있다.

1. 대개 병변 윤곽이 원형이다. 2. 일반적으로 다발성으로 발생한다. 3. 우심방을 포함한 심장의 모든 부위에 병소가 산재되어 있다. 4. 보통 원충은 심장에 전반적으로 혈전형성과 광범위한 색전성 병변을 일으키면서 대부분 대동맥 또는 관상동맥 근처에서 발견된다.

발병기전은 병명이 된 이 테베시우스 혈관을 생각할 수 있는데 우심방은 주요한 영양을 공급받는 동맥을 가지고 있지 않고 단지 소혈관인 테베시우스 세동맥에 의존하고 있어서 심장의 과부하 시 이 혈관을 통해 심근으로 충분한 산소와 영양공급이 곤란해 **심근섬유가 변성되거나 지방 및 결합조직으로 대치**되는 것 같은데 확실하지는 않다. WP37, 38, 39

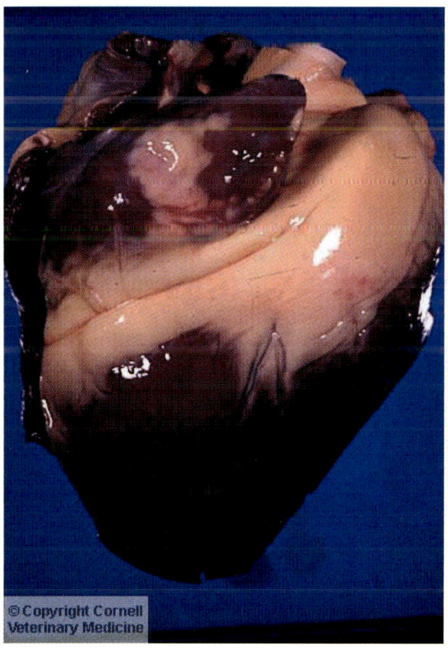

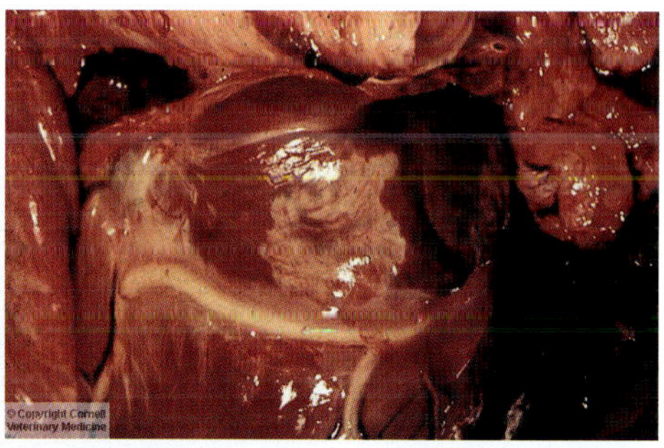

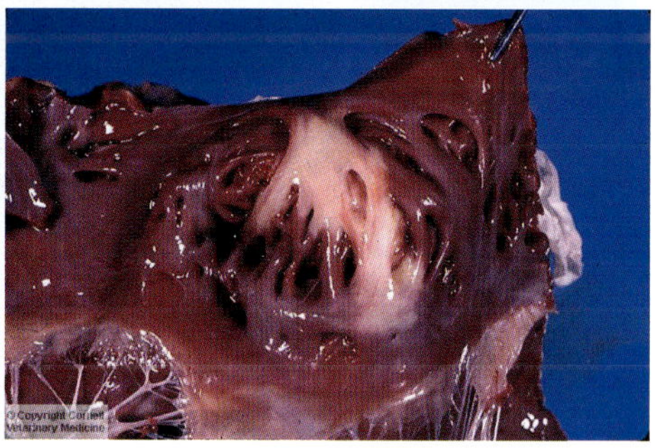

지방 괴사의 유형
TYPES OF FAT NECROSIS

1. 영양성(Nutritional) WP595, 11587, 11593, 19812

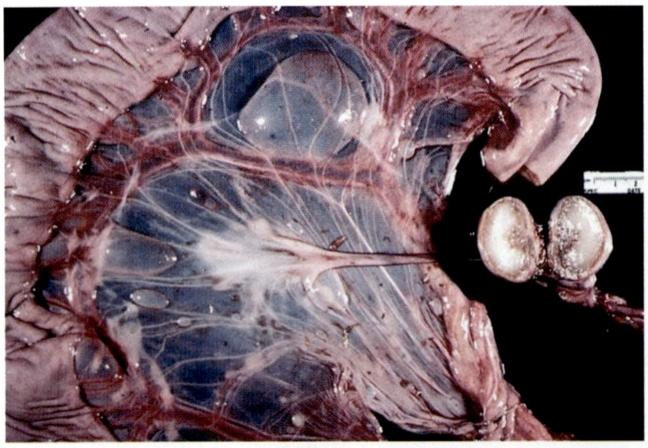

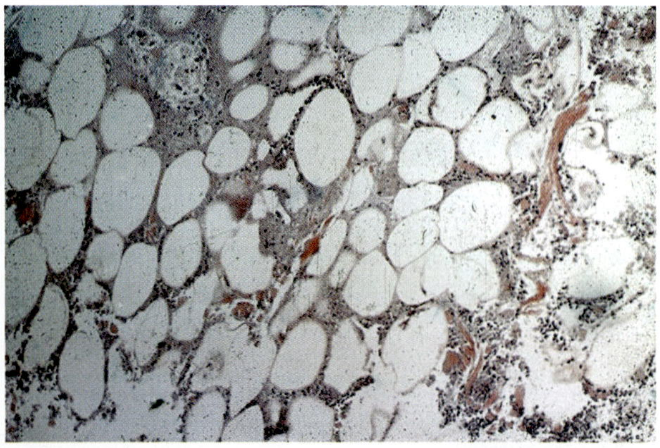

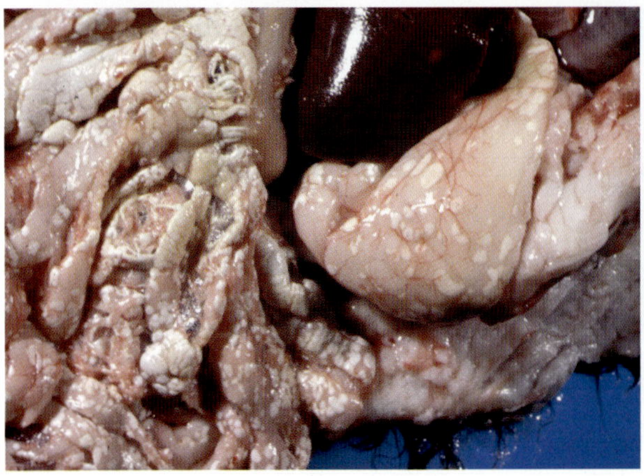

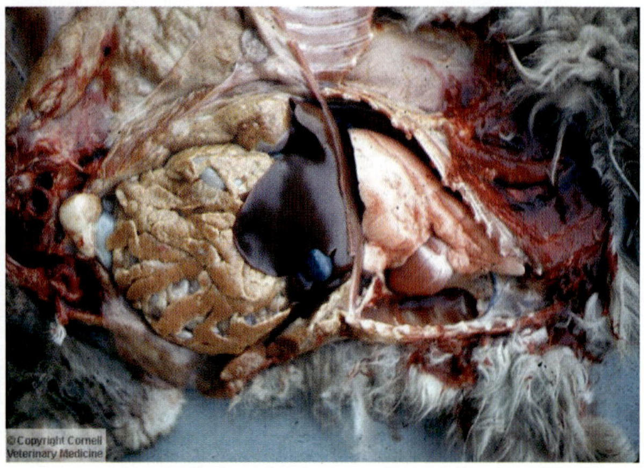

2. Channel Island 종(육아종성 = granulomatous) WP6211, 11289, 19826

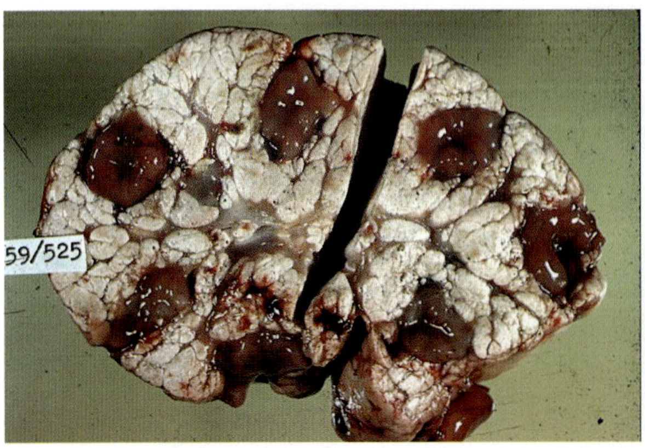

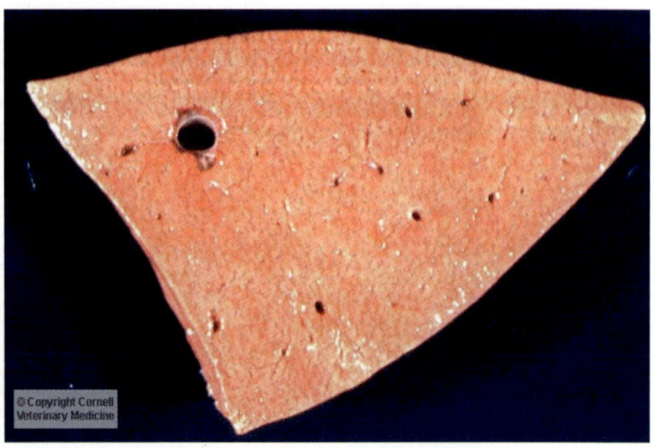

3. 췌장성(Pancreatic) WP11594

4. 양측 복부성(말)(Bilateral abdominal/Equine) WP186, 187, 188, 189

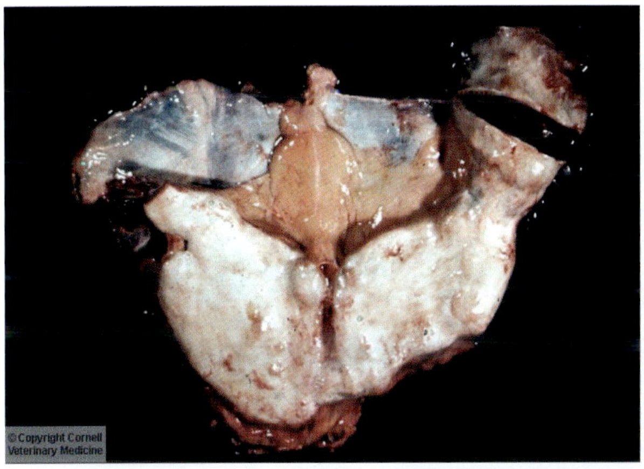

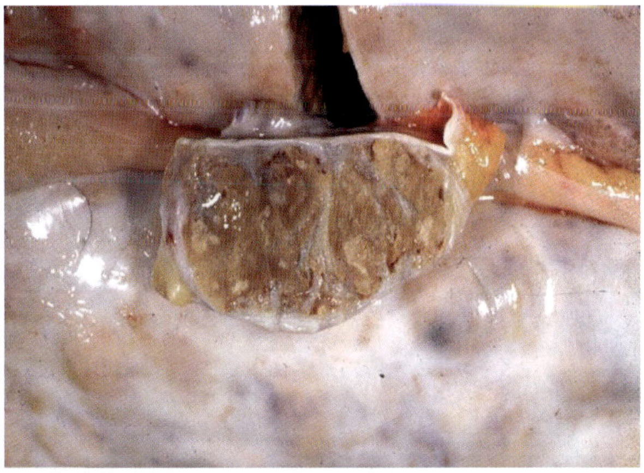

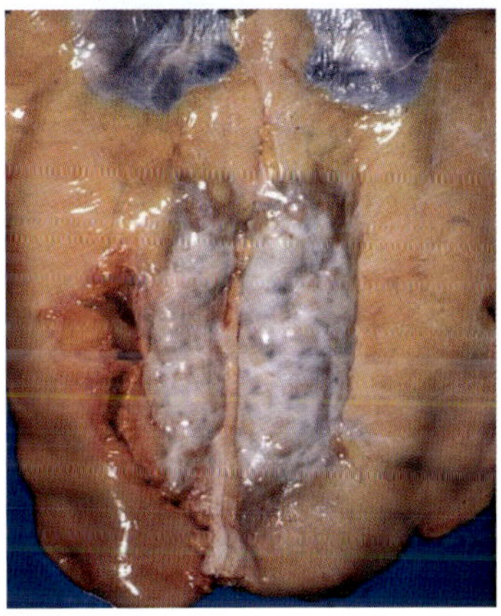

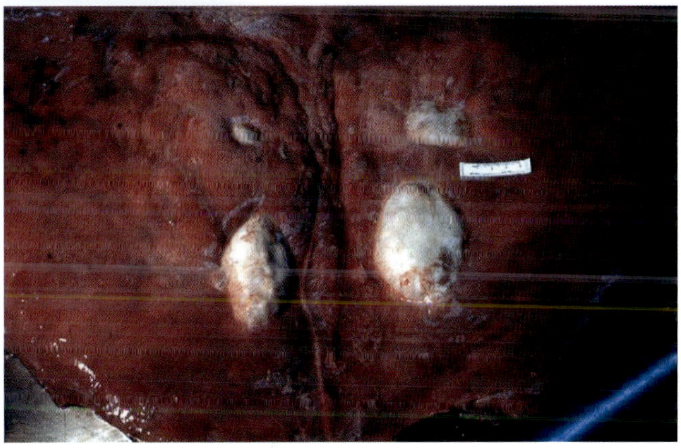

5. 바이러스성(쥐)(murine)

6. 페스큐(착생 식물)(epiphytes) WP10687, 17453

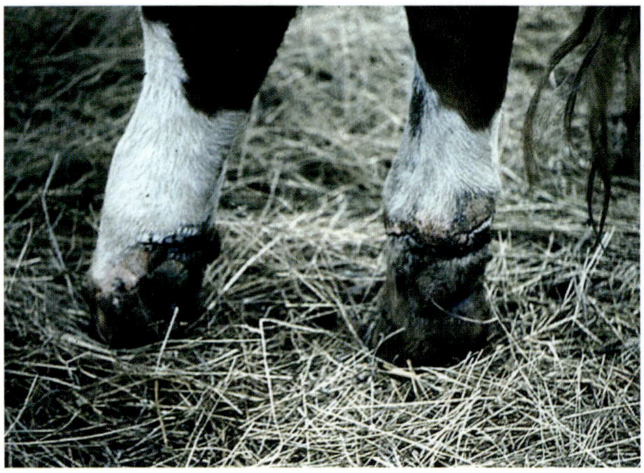

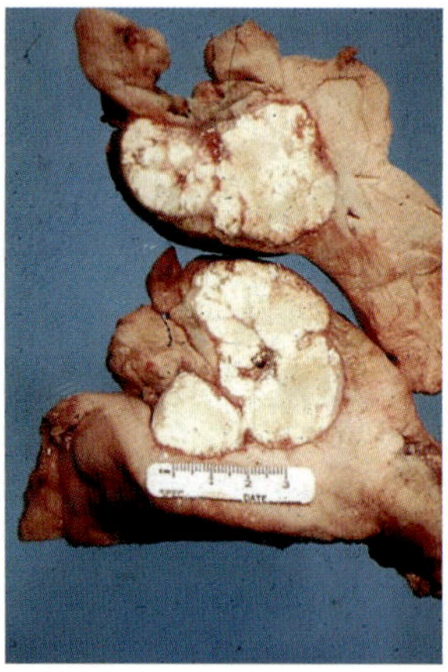

7. 케톤성 WP840, 949

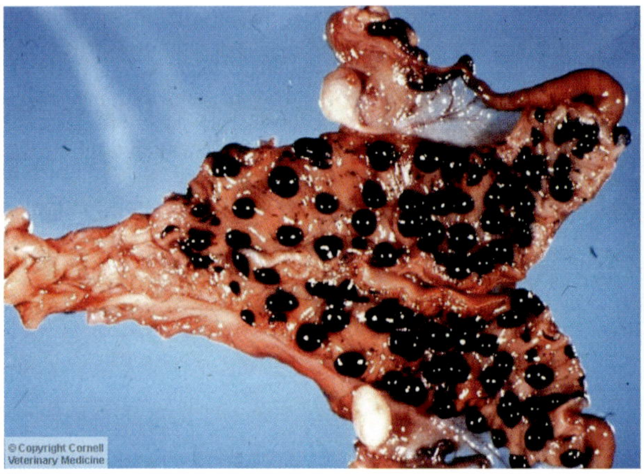

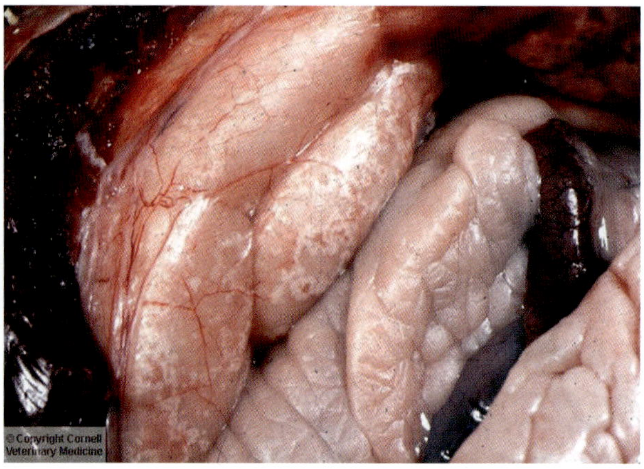

8. 결빙성(기립불능 양)

9. 신장 주변(사슴) WP19289, 19290, 19327

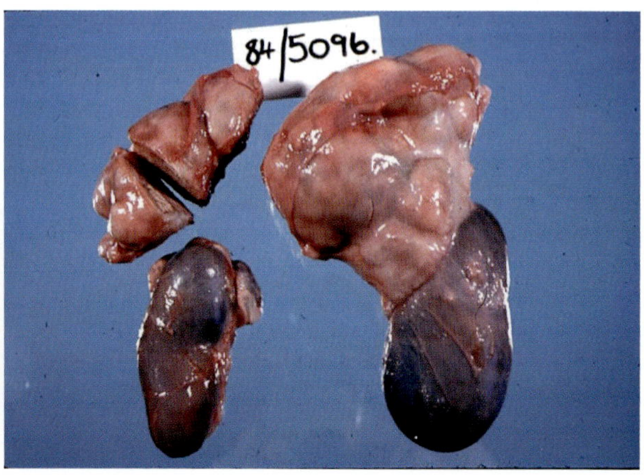

10. 허혈성 WP3093, 19013, 12964

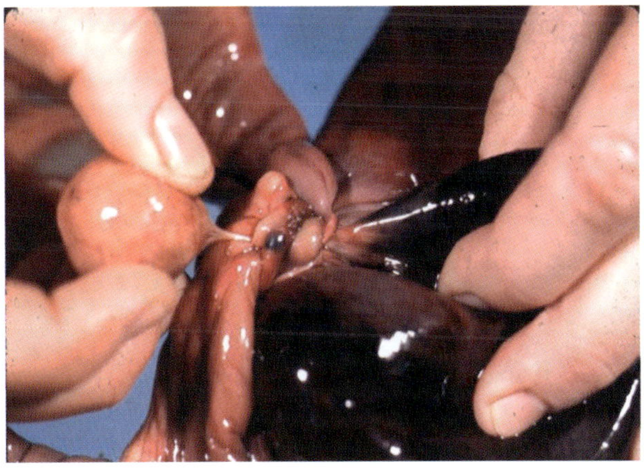
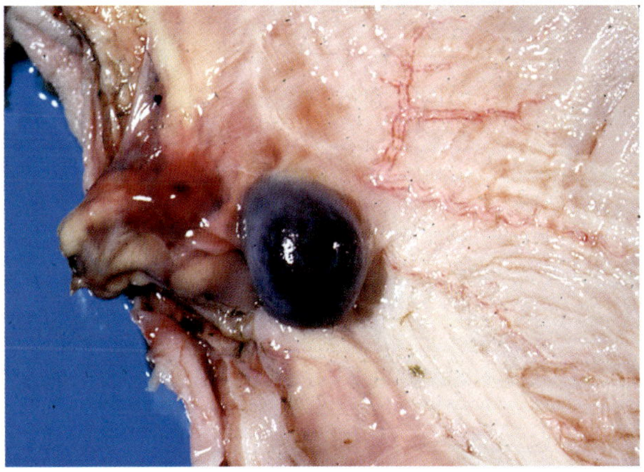

11. 외상성

12. 진균성(소)

13. 특발성

14. 피하조직성(고양이) WP11589, 11590, 19816

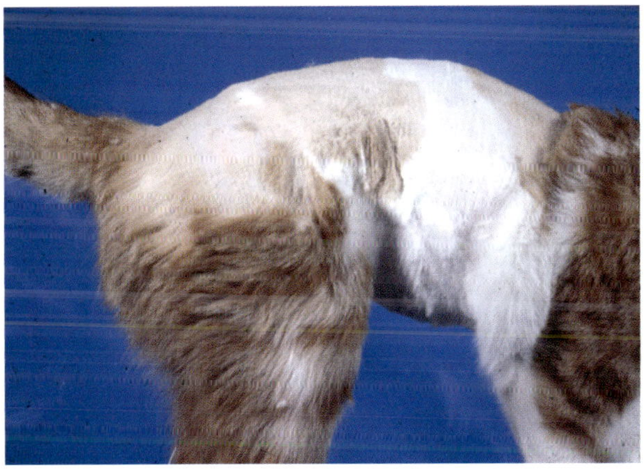
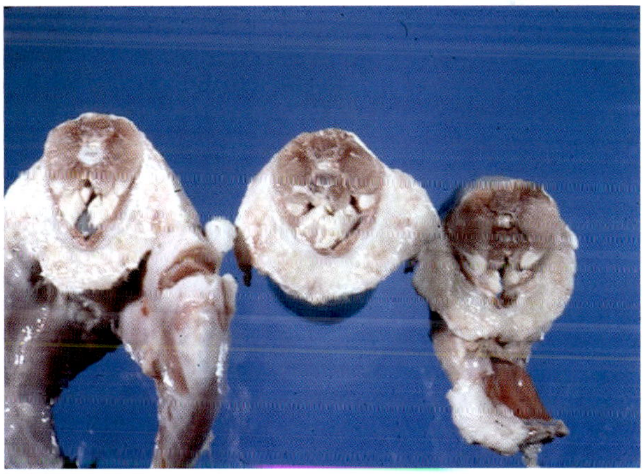

15. 자발성(spontaneous) (랫드)

16. 목이 있어(pedunculated) 덜렁거리는 지방

클로츠 용액 제조법
KLOTZ SOLUTION FORMULATION

물	18,925 liters (50 gallons)	9,463 liters (25 gallons)	3,785 liters (10 gallons)
40% Formalin	946.0 ml	473.0 ml	189.2 ml
Chloral hydrate ($C_2H_3Cl_3O_2$)	1,892.0 g	946.0 g	378.4 g
Sodium Sulfate ($Na_2SO_4 \cdot 10H_2O$)	3,027.0 g	1,514.0 g	605.4 g
Potassium Sulfate (K_2SO_4)	47.0 g	24.0 g	9.4 g
Sodium chloride (NaCl)	56.8 g	28.0 g	11.36 g
Sodium bicarbonate ($NaHCO_2$)	113.65 g	57.0 g	22.73 g
Ascorbic acid ($C_6H_8O_6$)	100.0 g	50.0 g	20.0 g

보통 조직 고정액으로 쓰는 중성 포르말린 용액은 장기 원래의 색상을 빨리 변색시키면서 조직의 강도를 단단하게 만드는 단점이 있으나 이는 장기간 장기조직 보존이 가능하다는 장점이 있다. Klotz 고정액은 부검실습용으로 상당기간 저장하여 보존하려 한다면 추천할 만하다. 이 용액에 들어가는 포수클로랄(chloral hydrate)은 통제되고 있고, 비싸 구입이 쉽지 않아서 대신 다소 만족도가 떨어지나 구연산(citric acid)으로 대체할 수 있다. 전술하였듯이 고정액 내 포르말린은 조직을 검게 변색시키면서 경직시키나 조직의 보존을 위해 흔히 사용되고 있다.

그리스어 및 라틴어의 접두사와 접미어 목록

LIST OF SOME OF THE MORE COMMON CREEK AND LATIN PREFIXES AND SUFFIXES

***참조 :** 생명과학 분야에 종사하는 사람이라면 꼭 필요한 것들이다. 이들 의학 용어의 뿌리가 되는 두 언어의 접두사와 접미사에 대한 지식은 의학 용어를 분명하게 파악하는데 커다란 도움이 되리라 믿는다.

-an	L-without, not	arthro-	Gr-joint
ab-	L-from	-ase	L-enzyme
acro-	Gr-extremity	auto-	Gr-self
ad	L-to	bi-	L-two
adeno-	Gr-gland	bio-	Gr-life
adipo-	L-fat	blast-	Gr-germ,bud
ala-i	L-wing	bothri-	Gr-pit
alb-i	L-white	brachi-	Gr-arm
-algia	Gr-pain	brady-	Gr-slow
ambi--	L-both	brevis-	L-short
amphi-	Gr-both	caec-	L-blind
amyl-	L-strch	capit-	L-head
an-	Gr-without,not	card-	Gr-heart
ana-	Gr-up	cata-	Gr-down
ankylo-	Gr-bent	cer-	Gr-horn
ante-	L-before	cervix-	L-neck
anti-	Gr-against	chlor-	Gr-green
aqua-	L-water	choan	Gr-funnel
archi-	Gr-first	chrom-	Gr-color
chyl-	Gr-juice	dys-	Gr-bad, ill
chym-	Gr-juice	ectasis-	Gr-dilated
clast-	Gr-to break	ecto-	Gr-outside
coel-	Gr-hollow	ella,us	L-diminutive
collum-	L-neck	-emia	Gr-blood

conch-	Gr-a shell	endo-	Gr-within
corn-	L-horn	ento-	Gr-within
cortico-	L-bark	enero-	Gr-intestine
cruci-	L-cross	erythro-	Gr-red
crypt-	Gr-hidden	ex-	L-out
cten	Gr-comb	extra-	L-beyond
cyan-	Gr-dark blue	fenestra-	L-window
cyn-	Gr-dog	fer-	L-to carry, bear
cyt-	Gr-cell, hollow	flav-	L-yellow
de-	L-down,from	fug(s)-	L-flee
dent-	L-tooth	gamo-	Gr-marriage
derma-	Gr-skin	gastro-	Gr-stomach
di-	Gr-double	-gen	Gr-to produce
dia-	Gr-thorough	-glia	L-glue
diplo	Gr-double	glossi-	Gr-tongue
dis-	L-down,from	glyco-	Gr-sweet, sugar
duo-	L-two	gnath-	Gr-jaw
dura-	L-hard	-gogue	Gr-leading
duct-	L-convey	gon-	Gr-angle-seed
graph-	Gr-to write	lepto-	Gr-thin
haemo-	Gr-blood	leuco-	Gr-white
hemi-	Gr-half	lemma-	Gr-skin
hepta-	Gr-liver	lingua-	L-tongue
hetero	Gr-different	lipo-	Gr-fat
hex-	Gr-six	lith-	Gr-stone
hippo-	Gr-horse	-logy	Gr-discourse
histo-	Gr-tissue	-lysis	Gr-divide, destroy
homo-	Gr-same	macro-	Gr-large
horm-	Gr-to excite	macula-	L-spot
hyalo-	Gr-glassy, clear	mal-	L-bad,ill
hydro-	Gr-water	mast	Gr-greast
hymen-	Gr-membrane	medi-	L-middle
hypo-	Gr-under	mega-	Gr-large

in-	L-not, without
in-en	L-into
inter-	L-between
intra-	L-within
iso-	Gr-equal
-itis	L-inflammation
lact-	L-milk
lacun-	L-pit,lake
lamin-	L-layer, plate
leio-	Gr-smooth
myxo-	Gr-mucus, slime
necro-	Gr-dead
nemo-	Gr-thread
neo-	Gr-new
nephro-	Gr-kidney
neuro-	Gr-nerve
nid-	L-nest
nigr-	L-black
noct-	Gr-night
noto-	Gr-back
nucleus	L-nut
nud-	L-naked
nyssus-	Gr-to prick
oct-	L-eight
odont-	Gr-tooth
oid-	Gr-like
olig-	Gr-few
-oma	Gr-tumor
-omma	Gr-eye
ophalo-	Gr-navel
oneh-	Gr-barb
oo-	Gr-egg
opercul-	L-a cover
ophthalm-	Gr-eye

mes-	Gr-middle
meta-	Gr-change, beyond
-meter	L-measure
micro-	Gr-small
mono-	Gr-single
morph-	Gr-form
morti-	L-death
myi-	Gr-fly
myo-	Gr-muscle
myelo-	Gr-marrow
opisth-	Gr-behind
or-,os-	L-mouth
orchi-	Gr-testicle
ortho-	Gr-straight
-ose	L-sugar
ossi-	L-bone
osteo-	Gr-bone
osti-	L-door
ot(o)	Gr-ear
oxy	Gr-sharp
pachy-	Gr-thick
palaeo-	Gr-ancient
pan-	Gr-all
par-	L-to beget
para-	Gr-beside
parient	L-wall
ped-	L-foot
penta-	Gr-five
peri-	Gr-around
petro-	Gr-stone
phago-	Gr-to eat
phil-	Gr-loving
phlebo-	Gr-vein
phone-	Gr-voice, sound

phot-	Gr-lignt	ptero-	Gr-wing
phyll-	Gr-leaf	ptyl-	Gr-saliva
phyto-	Gr-plant	pulic-	L-flea
pia-	L-tender	pulmo-	L-lung
plasm-	Gr-formed	pupa-	L-baby
platy-	Gr-glat	pyl-	Gr-gate
pleo-	Gr-more	pyo-	Gr-pus
pleuro-	Gr-side	pyri-	L-pear
pneumon-	Gr-lung	quadr-	L-four
pneumo	Gr-air	rachi-	Gr-spine
pod(i-o)	Gr-foot	ram(i)	L-branch
poly-	Gr-many	re-	L-again
pons-	L-bridge	rect-	L-straight
porta-	L-gate	ren-(i)	L-kidney
post-	L-after	ret-(a-i)	L-net
pre-	L-before	rhabdo-	Gr-a rod
pro-	Gr-before	rheo-	Gr-to flow
proct-	Gr-anus	rhino	Gr-nose
proto-	Gr-first	rhizo	Gr-root
psalter-	Gr-book	rhyncho-	Gr-snout
pseudo-	Gr-false	rostri-	L-beak
psor-	Gr-itch	rumin-	L-throat
phych-	Gr-breath,soul	sagitta-	L-arrow
psyll-	Gr-flea	salpi-	Gr-trumpet

sarco-	Gr-flesh	squam-	L-scale
sapro-	Gr-putrid	stat-	Gr-standing
scalar-	L-ladder	stell-	L-star
schizo-	Gr-cleft	steno-	Gr-narrow
sclera-	Gr-hard	stereo-	Gr-solid
scoli-	Gr-bend	sterco-	Gr-dung, feces
-scope	Gr-see	stetho-	Gr-breast
scut-	L-a sheild	stigmo-	Gr-point
seb-	L-tallow	stoma-	Gr-mouth
sect-	L-to cut	strati-	Gr-layered
sella-	L-saddle	strepto-	Gr-turned
semi-	L-half	stria-	L-furrowed
sept-	L-a wall	strongylo-	Gr-round
septic	L-putrid	stylo-	L-column

serra	L-a saw	sub-	L-under
seti-	L-bristle	super-	L-over
sialo-	Gr-saliva	supra-	L-above
siphon-	Gr-tube	sym-	Gr-together
siphuncal-	L-small tube	syn-	Gr-together
soma-	Gr-body	syringo-	Gr-pipe
somn-	L-sleep	tachy	Gr-rapid
sperm-	Gr-seed	tact-	L-touch
spheno-	Gr-wedge	taen-	Gr-ribbon
splanchno-	Gr-viscera	ov(i)	L-egg
thromb-	Gr-clot	unguli-	L-hoof
thyro-	Gr-door, shield	uni-	L-one
thysan-	Gr-fringe	uro	Gr-urine
tok-	Gr-birth	vaso-	L-vessel
tomo-	Gr-to cut	ven-	L-vein
toxo-	Gr-poison	ventr-	L-belly
trabecul-	L-a small bean	vermi-	L-worm
tracheo-	Gr-windpipe	vesicul-	L-blister
trachy-	Gr-rough	via-	L-way
tremat-	Gr-three	villi-	L-shaggy
tri-	Gr-three	vita-	L-life
tricho-	Gr-hair	vitr-	L-glassy
troch-	Gr-pulley	vivi-	L-alive
trombid-	Gr-timid	vora-	L-to devour
Xantho	Gr-yellow	zoo-	Gr-life, animal
xero-	Gr-dry	zygo-	Gr-yoke
xylon	Gr-wood	zym-	Gr-ferment

이들 기법들은 실질적으로 부검을 수행하거나 그에 앞서 적용할 수 있는 단순하고도 비교적 쉽게 활용할 수 있는 것들이다. 이 방법들은 지난 50년 동안 저자들이 사용하면서 부검 추가 정보를 얻거나 진단을 하는데 도움을 받을 수 있는 유용한 방법들이다.

모든 부검 조건들이 이곳에서 다룰 방법들을 수행하는데 쉽지는 않겠지만 이들을 통해 여러 가치를 경험할 수 있을 것이다.

대동물의 야외 간이 체중 측정법

(Dr Alan Woolf, Southern Illinois University)

사체의 무게 측정 : 밀림 지대나 숲속 같은 곳을 제외하고는 대다수 부검하는 곳에서 저울을 쓸 수 있을 것이다. 이 사체 측정법은 비교적 부검 시설이 잘 갖추어지지 않은 곳에서 필요에 따라 유용하게 쓸 수 있다. 이 방법의 초기 사용은 북미산 순록(caribou)의 새끼들이 급격히 감소하는 원인을 밝히기 위해 뉴펀드랜드의 야생동물 연구소장인 Stuart Peters박사가 연구 프로젝트를 수행할 때 최초 사용되었는데 그 측정 대상은 어미 말코손바닥사슴(moose)를 비롯 곰이나 미국산 순록 등이다.

측정 장소인 소나무 숲에서 2.7~3 m의 구부러지지 않은 기둥용 소나무 네 개를 잘라 확보한다. 소나무 기둥들을 만들기 위해 나무 가지를 잘 정리한 다음, 이들 중 세 개의 소나무를 이용하여 그림처럼 삼각형으로 세운 후 세 기둥의 교차점은 아주 강력한 낙하산용 나일론 끈으로 튼튼히 묶는다. 기둥들의 삼각형 꼭짓점에서 30 cm 까지 아래로 내려오는 두 줄로 된 튼튼한 줄을 만들되 그 끝은 사체 측정 시 평형을 잡아야 할 네 번째의 기둥을 넣을 수 있도록 적절한 크기의 개방형 고리를 만든다. 네 번째 두께가 적은 소나무 기둥의 한쪽 끝에 측정하려는 사람이 꽉 잡아야 할 줄을 걸 자리에 표시를 하고, 그 반대쪽에는 사체를 걸어 들어 올려야 할 곳인 두께가 굵은 쪽 기둥의 적당한 위치에도 표시를 해둔다. 그런 다음 두꺼운 밧줄보다도 더 튼튼하고 운반하기에 더 가벼운 낙하산 줄을 이용하여 끈을 만든다. 기둥의 두께가 더 적은 쪽에 자신의 체중을 아는 병리수의사나 생물학자 등이 발을 낄 수 있도록 낙하산줄로 만든 끈의 끝에 고리로 만들고, 양손으로 잡아당길 수 있도록 지렛대 역할을 하는 소나무 기둥의 중간보다 더 먼 쪽에 준비한 끈을 걸도록 한다. 이렇게 하면 평형을 맞출 때 끈으로 만든 고리를 지렛목(지렛대의 받침점)에서 좀 더 가까이 가거나 멀리 움직일 수 있다. 평형을 이루었을 때 소형 줄자를 이용하여 쉽게 측정할 수 있는 무게 중심부터의 거리(D1)를 이미 알고 있는 연구자의 체중-물론 소형 체중계로 의류 등의 무게를 포함(W1)-을 곱하는 수치와, 측정해야 할 동물 사체의 무게(W2)와 평형을 이루었을 때의 중심에서 사체를 맨 곳까지의 거리(D2)를 곱한 수치가 같아야 하는 등식을 통해 사체의 체중을 알 수 있다.

똑바로 서있는 나무라면 그 줄기가 굵은 가지 같이 길이가 긴 여러 가지 구조물들을 이용하여 지렛목으로 쓸 수 있다. 따라서 이 방법을 사용하려면 야외에서 부검에 참여자들은 야외 현장에 나가기 전 비교적 유사한 복장을 갖추어 입고 매일 자신들의 체중을 재어 알고 있어야 한다. 이 방법으로 사체를 측정할 경우 실제 정확한 저울과 비교해보면 750~1,200 g 이상 차이가 나질 않는다. 물론 좀 더 무거운 사체를 잴 경우 좀 더 긴 나무를 지렛대로 쓰면 측정하는데 더 수월하다.

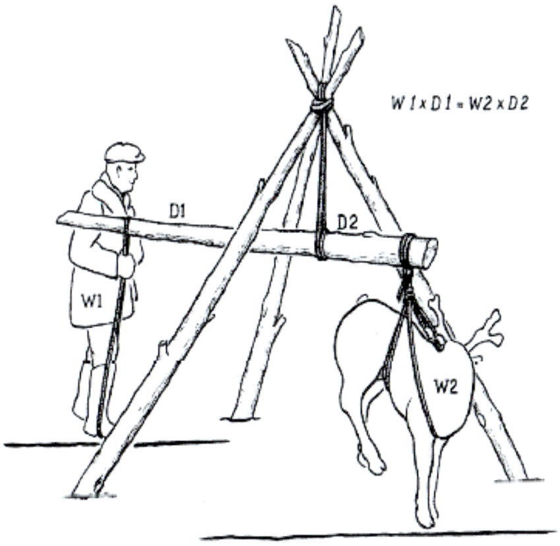

Marion E. Newson

팬디(Pandy) 시약과 중추신경계 질환

(Dr John Bentinct-Smith, Cornell University, Ithaca, NY.)

정상 뇌척수액(cerebrospinal fluid, CSF)은 아주 적은 양의 단백질이 들어 있지만, 기생충 이행이나 종양 등과 같은 감염병이나 뇌 파괴성 질환 과정들이 뇌에서 진행 시 CSF의 단백질양이 매우 높아진다.

부검실에서 감염병에 걸렸거나 발열 혹은 목초 tetany에서처럼 특정 대사성 질환의 흔한 영향 때문에 신경 증상을 보이는 동물을 부검 후 즉시 진단을 해야 할 경우 Pandy 시약으로 CSF내 단백질량을 확인함으로써 도움을 받을 수 있다.

Pandy 시약은 순수 페놀 결정체를 무균 증류수에 섞어 끓여 만든다. 이 때 페놀 결정체들을 녹인 다음 이 용액을 식히면 상층의 맑은 액이 바로 '과포화 페놀 검사 용액'이며, 밑에 깔린 상층과 비교해 더 어둡게 보이는 용액은 액화된 페놀 그 자체이다. 따라서 상층의 맑은 용액을 따로 부주하여 검사에 사용한다. 시험관 내에 맑은 과포화 페놀액을 넣은 후, 여기에 CSF 1방울을 떨어뜨린 후 유심히 관찰한다. 정상의 CSF는 혼탁한 백색의 침전물이 전혀 없거나 아주 적게 있을 수 있지만, 비정상 CSF은 혼탁한 백색의 침전물이 발생한다. 하지만 CSF 채취 시 혈액이나 관절액이 혼입될 경우, 채취 후 오래되어 자가융해로 인해 척수관강의 혈관내피 세포가 떨어져 혼입된 경우에는 '위양성 반응'이 일어날 수 있다. 이러한 침전물을 관찰할 때는 시험관 뒤에 검은 색 같은 어두운 배경을 두고 검사하면 불투명한 백색의 양성 단백질의 변화를 잘 볼 수 있다.

'광견병(rabies)'과 '리스테리아증(listeriosis)'의 경우 항상 이 검사에 양성이므로, 양성 시 이 두 질병을 꼭 염두에 두어야 한다.

골격 표본제작

가끔 병리수의사들은 부검을 의뢰한 임상수의사를 비롯 소유자나 다른 연구원들로부터 부검한 동물로부터 골절된 사지나 나머지 뼈들을 줄 수 없는 지 문의 받기도 한다. 필요한 이유와 상관없이 이들은 부검한 사체에 대해 그들이 원하는 것에 대해 빠른 응답을 요구하며, 병리수의사 스스로도 사진촬영을 비롯 병변의 비교와 관찰을 위해 '깨끗한 표본'이 필요하다.

병리수의사들은 골격에서 가능한 많은 양의 피부와 근육을 떼어낸 후, 고압증기멸균기(autoclave)나 압력 밥솥에 처리하여 불필요한 나머지 조직을 제거한다. 이 과정에서 조심하여야 할 것은 뼈가 너무 부드러워지거나 바스라지게 해서는 안 된다는 것이다. 이를 위해 거품을 만들지 않는 가루비누를 물에 넣어 사용하고 이들 비누성분은 뼈의 광물질을 신속히 제거하기 때문에 적절한 적용 시간을 적용해야 한다. 뼈는 끓일 물 안에 전부 들어가게 하여야 하며, 첨가하는 비누의 양은 경험에 의해 정해야 한다. 특히 매우 얇은 뼈나 소동물의 뼈는 이 방법을 사용할 때 매우 조심해야 한다.

또 다른 주의할 점은 **삶는 시간**으로 이 또한 경험에 의해 정해야 한다. 즉, 작고 얇은 어린 동물의 뼈는 크고 두꺼운 뼈에 비해 아주 쉽게 연부조직이 제거되므로 매 15분마다 불을 끄고 삶는 과정을 정지시킨 후 연부조직이 뼈에 얼마나 단단히 붙어 있는지 검사하는 것이 좋다. 따라서 당연히 가루비누의 사용량도 적절히 미리 정해야 한다.

이 방법을 사용할 때 익숙한 경험자라 해도 저지르는 흔한 실수는 이 용액을 뼈 위에 쏟아 부어, 뼈를 삶은 후 골수의 지방까지 떠다니게 하는 것이다. 즉, **용액은 뼈가 충분히 잠기는 용기에 가득 차도록 천천히 부어야 한다.** 또한 용액은 절대 흔들지 말아야 한다. 만약 이런 것을 간과하면 떠있는 기름들이 뼈에 침투하여, 뼈를 전시할 때 보면 기름에 젖어 있은 상태가 되어 버린다.

한편, 경험이 많은 전문가들도 이 삶는 과정 중에 뼈를 분실할 수 있기 때문에 종자골(sesamoid bone)을 비롯 크고 작은 지골(carpus)과 족골(tarsus) 등은 자루에 모아 담아 삶는다. 또 다른 많이 사용하는 방법으로는 피부가 있는 사체나 뼈 재료를 건조시킨 후, 홍띠수시렁이종(*Dermestes* sp.)의 벌레들을 활용하여 이들이 연부조직을 먹어 없애게 하는 것인데, 이 때 힘줄과 인대는 남아 있어 관절은 붙어 있게 된다. 문제는 이 방법의 단점인 시간이 많이 걸린 다는 것이다. 또한, barbiturate와 같은 약제로 죽인 사체라면 딱정벌레 같은 것들이 붙어 있는 건조된 근육이라 해도 뼈와 함께 집어넣어서는 안 된다.

이러한 골 처리법으로 뼈를 삶고 난 후에도 붙어 있는 근육이나 연부 조직을 제거하기 위해서는 고압 호스의 물을 이용하여 떼어 내버리면 깨끗하고 기름이 없는 뼈를 몇 시간 내에 만들 수 있다.

근육 무게 측정법

부검 시 종종 골격근이나 평활근들이 정상에 비해 두껍거나 커져있는 지 알아야 할 때가 있다. 이러한 종대는 소위 비대라 부르는데 가끔 운동 등에 의한 근육 비대와 폐기종과 같은 만성 폐질환에 의한 횡격막의 심한 비대처럼 다른 장기 요인에 의해 발생한다. 장 폐쇄의 경우 종종 폐쇄된 부위 앞 혹은 **드물게** 폐색 된 부위 뒤쪽의 장이 폐색부분을 압박한 결과 비대를 일으킨다. 이런 예로서 말과 돼지의 원위 회장 및 식도에서 특발성 비대(idiopathic hypertrophy)를 들 수 있다. 장 이외에 발생한 다른 폐쇄에서도 이러한 비대를 볼 수 있다.

하지만 원인이 잘 알려진 증례에서도 두께 외의 객관적인 평가방법을 제시하는 것은 어렵다. 이런 경우에는 장의 일정 부위 무게를 재는 방법이 있는데, 장의 일부분이나 두터워진 횡격막이나 위벽에서 정사각형 부위로 절취하여 잰 무게를 정상 동물에서 얻어진 동일한 크기의 무게와 비교하면 객관적인 평가를 내릴 수 있다. WP73, 78, 244, 2434, 19914

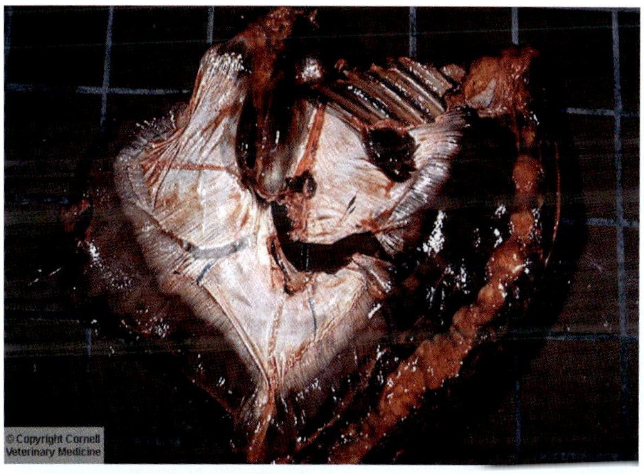

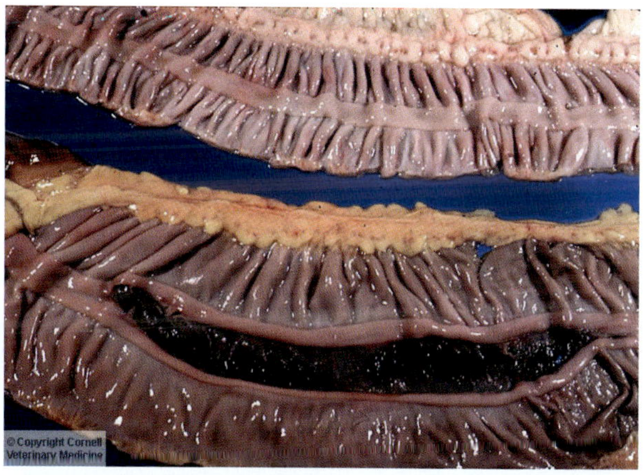

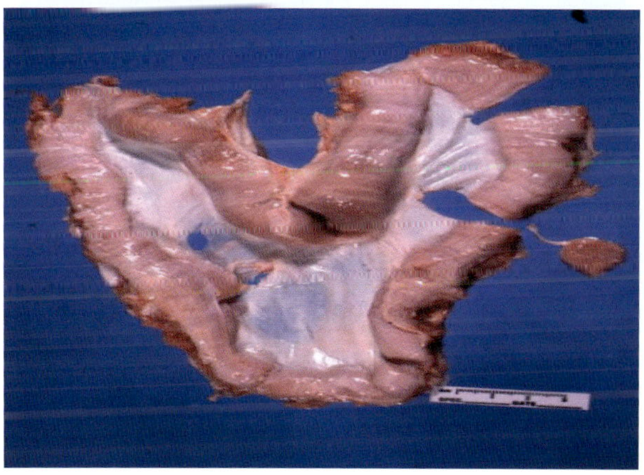

총알 등 작은 이물질의 검출

부검대에서 아주 골치 아픈 일 중의 하나가 사격에 의해 사체 내에 남아 있는 납을 검출하는 일이다. 이때 방사선 사진을 찍어 활용하면 납 총탄이 대동물 및 소동물 내의 어디에 있든지 쉽게 찾을 수 있으나 이렇듯 무겁거나 아주 작은 이물질들을 사체 내에서 수집하는 일은 쉽지 않다.

아주 작은 총알이나 이물질들을 사체 내에서 찾아낼 수 있는 방법으로는 고압증기멸균기를 이용하여 수프가 될 정도로 사체를 푹 삶는 것이다. 예를 들어 검출 대상이 독수리 한 마리라면 약 90 cm 깊이가 되는 고압증기멸균기를 사용해야 한다.

삶은 다음 고압을 건 호스의 물로 뼈들에 느슨하게 붙어 있는 근육과 연부조직을 깨트린다. 그 다음, 만들어진 스프 안에 깃털과 지방만이 솥 위에 뜨는데 이 용기 윗부분의 용액을 천천히 밖으로 따르고 나면, 아래에 무거운 납이나 돌조각 같은 것만 남게 된다. 이러한 물질들은 구멍이 큰 것부터 작은 체(graded sieves)로 여러 번 걸러 내거나 백색의 에나멜을 입힌 쟁반에서 놓고 관찰하면 된다.

반추수의 제1위 내용물도 이 방법처럼 크기가 다른 체나 백색 쟁반을 활용하여 작은 납 조각 등을 직접 찾아낼 수 있다. 오리의 경우도 반추수의 제1위 내용물 검사와 같이 체와 쟁반을 사용하여 납 조각 등을 직접 검출할 수 있다.

뼈 강도 절단(내구력) 시험

부검을 하는 동안 수의병리학자들은 실습에 참여한 학생들에게 뼈의 저항력을 익히게 하려고 뼈를 잡고 구부려보게 하거나 중앙 늑골을 분리하도록 시킬 수 있다. 이 때 많은 학생들이 자신들의 적은 경험만으로 어떻게 뼈를 판단해야 할지 어렵다고 투덜거린다. 실제 초보자들에게 뼈 검사는 여러 종류의 동물들에 대한 많은 뼈들을 다루어봄으로써, 예컨대 다른 동물에 비해 어떤 동물의 뼈가 보다 쉽게 부러뜨릴 수 있는 지에 대한 차이 등을 올바로 알려면 시간과 경험이 필요한 게 사실이다.

보다 객관적으로 뼈를 절단하는 기법의 경우 대동물의 많은 작은 뼈들은 물론 소동물의 큰 뼈들에게는 적용가능하지만 대동물의 강한 뼈들이나 개와 고양이와 같은 다리뼈들에게는 사용하기 힘들다. 하지만 랫드나 다람쥐 같은 작은 포유류의 대퇴골 등에는 매우 유용한 기법이 될 것이다.

이 방법은 나이나 불용성 유무를 비롯 영양이나 질병 등과 관련이 있는 뼈들의 강도를 객관적으로 평가하는데 전반적인 도움을 준다.

여기에 사용되는 뼈 지지대는 0.3 cm 두께의 15 cm되는 두 개의 철앵글을 약 2 cm 두께의 약 30 cm 되는 플라스틱판위에 간격이 있는 V모양으로 고정시킨 다음, 그 두 철앵글 사이에 20 cm 길이의 철봉(지렛대)을 철앵글 높이에 맞도록 아래 그림처럼 높이를 조절하여 한쪽 끝을 플라스틱판위에 고정한다. 이 판을 나무판이 얹어져 있는 앉은뱅이 자동저울 위에 놓아 측정한다. 예컨대 절단검사용 뼈가 대퇴골이라면 대조용으로서 같은 대퇴골 뼈를 사용해야 한다. 검사할 뼈들은 붙어있는 연부조직을 잘 떼어내되 이 때 뼈들에 칼자국 등 어떠한 흠이 생기지 않도록 주의해야 한다. 절단할 뼈는 뼈검사대의 양쪽 철앵글에

뼈의 양쪽 끝에서 1/3 지점에 놓는다.

나무판위에 부착된 지렛대는 지지대위에서 검사할 뼈중앙 위에 위치하도록 해야 하고, 반드시 앉은뱅이 저울의 중심에 놓이도록 한다. 이 지렛대는 철앵글과 같은 0.3 cm 두께로 40~70 cm까지 길게 만들 수 있지만 검사할 뼈의 중간에 설치해야 한다.

지렛대로 절단할 뼈를 놓고 서서히 아래로 가하는 압력은 저울에 증가하는 무게로 나타나게 되는데 객관적인 강도를 얻기 위해 대조용 뼈를 포함한 각각의 '뼈가 부러졌을 때' 아주 재빠르게 그 수치를 보고 기록해야 한다.

유의할 점은 검사한 개체간의 상관관계를 확인하기 위해 측정에 사용한 비슷한 연령의 같은 종으로부터 얻은 뼈 강도에 대한 표준 자료가 필요하다는 것이다. 이와 같은 통상적인 기법으로 측정한 자료는 대조용으로써 어떤 뼈의 강도를 측정하더라도 편리하게 응용할 수 있다. 대조용 표준 자료를 보다 더 의미하게 확립하려면 나이, 신장원성 구루병이나 신부전과 같은 질병상태에서의 영양 불균형이나 대사성 변화에 따른 연부조직의 상태, 또는 암컷에게 비유용 사료를 주었을 때 발생하는 고칼슘혈증으로 인한 골밀도의 증가 등 여러 요인들을 반영하여 충분히 객관적인 검사치를 만들어야 유용하다.

물론 검사할 뼈들이 큰 대동물일 경우 이 기법의 사용이 적용하기 어렵거나 힘이 더 들 수 있다. 이 기법을 사용한 많은 연구결과 중 한 예를 보면 랫드는 15개월 령 까지는 뼈의 강도가 증가하며 몇 달 동안은 일정하게 유지되다가 점차 감소하는 것으로 알려져 있다. 또한 이 기법으로 측정한 어떤 지역의 다람쥐나 여우의 뼈 절단검사에 대한 수치를 다른 지역의 같은 연령의 같은 종에 대한 대조군으로 사용 시 먹이 종류의 달라 차이가 날 수 있다는 점도 꼭 유의해야 한다. 따라서 비록 유사점이 많다 하더라도, 연구의 객관성을 확보하기 위해서는 연구 대상인 동물들의 서식 지역에 따른 뼈 절단 강도에 대한 비교 연구가 반드시 수행되어야 한다.

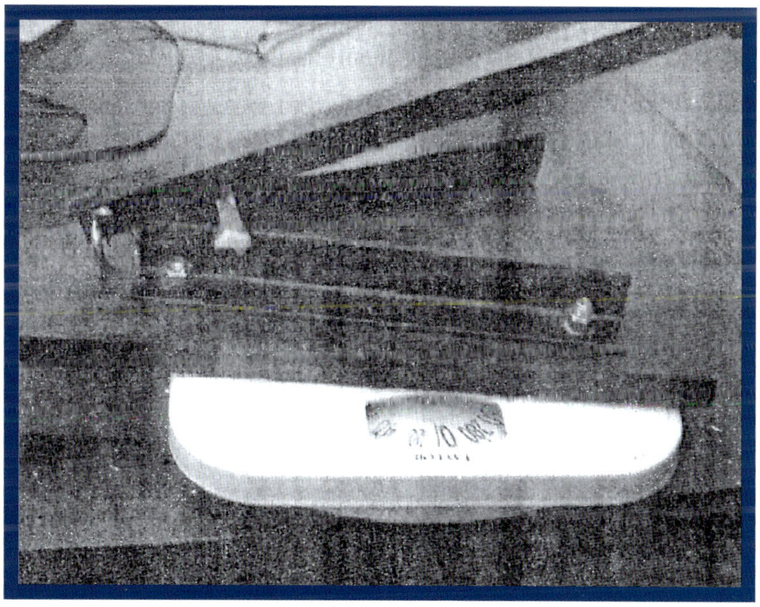

골격 표본제작을 위한 전신 침지법

(Dr. Howard Evans, Cornell University Ithaca, NY)

이 기술은 매우 작은 동물, 뱀, 새 심지어 배아의 사체를 가지고 전신의 조직표본을 제작하는데 사용하는데, 사체 전체가 상대적으로 투명해 질 때 까지 수산화칼륨(potassium hydroxide) 혼합물에 담가 놓는다. 당연히 이 용액에 넣기 전, 깃털을 비롯 다른 사체의 외부 부착물들을 완전히 제거해야한다. 사체의 투명화 작업을 마친 다음, 모든 조직을 빨간(보라)색으로 염색하기 위해 Alizarin Red S 용액에 수일 동안 담가 놓는다. 그 후, 사체를 글리세롤에 넣어 대부분 염색약이 보이지 않는 몸체의 나머지 부분까지 붉은색(보라색)으로 염색되어 있는 뼈들만 남기고 제거한다.

이 방법은 독성 평가용 뼈 기형 판정을 위해서, 초기 광물질 침착 여부를 판정하기 위한 병리학적 검사용으로, 그리고 초기 뼈 발육 및 뼈 발달을 활용한 여러 연관성 연구 등에 응용할 수 있다.

또한 이 기법은 뼈 세척 전에 제거 되어야 할 두터운 털을 가지고 있지 않은 태아나 어린 동물의 연구를 위해서도 활용이 가능하며, 뱀이나 뼈 평가를 위한 연구는 물론 심지어 대동맥 혹은 경질막(dura mater)처럼 연부 조직의 석회화 연구 등에도 응용하면 좋다.

발굽벽 제거 후 발굽 검사

(Dr. Peter Ossent, University Zurich)

대동물의 발의 뼈와 관절을 검사하기 위해 부검 시 발의 내부 구조를 검사하기 위한 발굽벽(蹄壁, hoof)의 제거는 부검의들에게는 오래된 난제이다. 대부분의 부검실에는 더 정밀한 검사를 위해 뼈 구조뿐만 아니라 제벽을 자르기 위해 손으로 활용 가능한 작은 톱이나 줄톱이 있지만 제벽에 부착된 다른 병변들을 어떻게 검사할 지는 여전히 숙제로 남아 있다.

이 기법은 물을 채운 용기에 전체 발이나 원의 중수골(中手骨/中足骨)까지 넣은 다음, 전기 열판을 사용하여 물의 온도를 60~65℃까지 가열한다.

물의 온도가 60~65℃에 도달하는 열처리 시간은 소와 말의 경우 대략 40~60분이고 소형 반추류와 돼지의 경우 15~20분 미만이다. 담금 시간은 발에 손상없이 다양하게 적용할 수 있지만, 중요한 점은 **물의 온도가 65℃가** 넘어서는 안 된다는 것이다.

다음으로 발은 세척한 후 먼저 표피의 병변유무를 검사한다. 그리고 부검대 위 고정기로 발굽벽을 고정시키고 앞뒷발 중수골들을 기저 조직으로부터 제각을 분리하기 위해 옆으로 빠르게 힘을 주어 제거한다. 이 과정이 제대로 안 될 경우, 발을 60~65℃의 물에 다시 담궈 오래 두어야 한다. 이 때 앞에서 강조한 것처럼 더 가열시키면 조직의 변색이나 조리가 되어버려 병변이 사라질 수 있으므로 65℃ 이상으로 절대 올려서는 안 된다. 또 하나 유의해야 할 사항은 발굽이 고온에 노출되지 않아도 빠르게 변색이 진행되기 때문에 가능한 빨리 검사해야 한다.

물론 이 때 뼈 뿐만 아니라 주변 인대, 힘줄, 뼈, 관절면 등을 포괄적으로 검사해야 한다. 이들 검사는 처음 발굽벽을 잘 제거하면 보다 더 쉽게 진행할 수 있다는 점을 상기하기 바란다.

안락사용 적정 총격법

특정 상황에서 많은 동물들이 자기 자신은 물론 동거축이나 다른 동물들 특히 사람들에게 더 많은 피해를 입히는 것은 신속히 최소화하기 위해 불가피하게 희생을 시켜야 할 때가 있다. 좋은 예로 고속도로에서 사람과 동물이 사고를 당했는데 특히 수송차에 따로 싣고 가던 말의 경우 일부 내장이 탈출될 정도로 부상을 입었을 때를 생각해 보자. 이런 상황에서 경찰은 고통 속에 빠진 동물을 어떻게 죽여야 하는 지 종종 자문해야 할 때가 있다. 흔히 경찰들은 희생해야 할 동물의 눈과 눈 사이를 쏜다. 그러나 불가피하게 죽여야 동물이 **말**이나 **개** 혹은 동물원의 **원숭이**라면 앞서 미간 부위의 총격법은 단지 동물의 후각능력을 파괴 할 뿐이고 본래 우리가 원하는 즉각적인 죽음을 가져오지 못한다. 유감스럽게도 머리에 여덟 발이나 맞은 한 원숭이는 비강이 완전히 파괴 되었는데도 여전히 죽지 않은 경우도 있었다. 그 후 우리는 앞서의 경우를 예방하기 위해 경찰이나 동물 게임 관리인 등이 희생시켜야 하는 동물이 발생한 경우 빠르게 거의 100% 확실하게 죽이는 적정한 방법을 자문하려고 애써왔다. 그 결과 눈들과 반대쪽 귀 사이에 교차점을 그린 다음, 척수(대후두공 = foramen magnum)쪽으로 방향을 잡고 쏘는 것을 권장 한다(아래 그림 참조).

총격 후 몇몇 동물들은 몇 분 동안 움직임일 수 있지만, 이러한 움직임은 보통 척수반사로 판단된다. 당연히 총격을 가할 동물의 뒤나 옆에 사람이 없어야 한다.

다만, **돼지**는 이 총격법의 예외이다. 큰 돼지는 작은 구경의 총알을 빗나가게 할 수 있는 두개골에 부비동 내 커다란 판간층(diploe)을 가지고 있기 때문이다. 특히 수컷 성돈의 경우 22구경 이상의 총이 필요하며, 코를 향해 두개골 뒤쪽에서 조준하여 총격한다면 더 빠르게 죽일 수 있다. WP9509, 20694에 제시한 그림은 총격을 위한 적절한 부위지만 이 케이스는 임신 중 태자가 뇌의 일부분의 두개골 밖에서 자라는 뇌노출증(exencephalia)을 보인 테자 기형이었다.

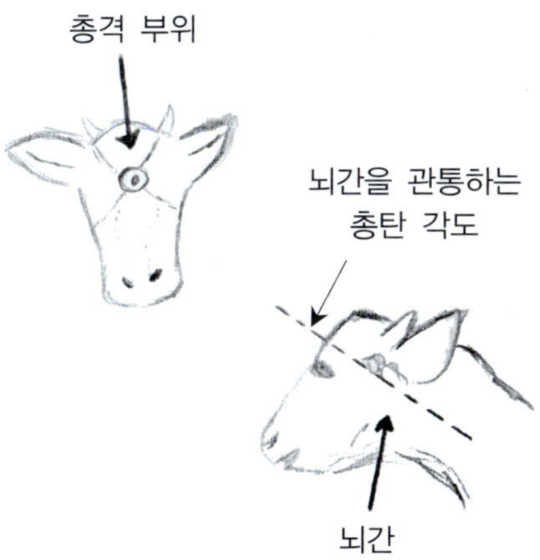

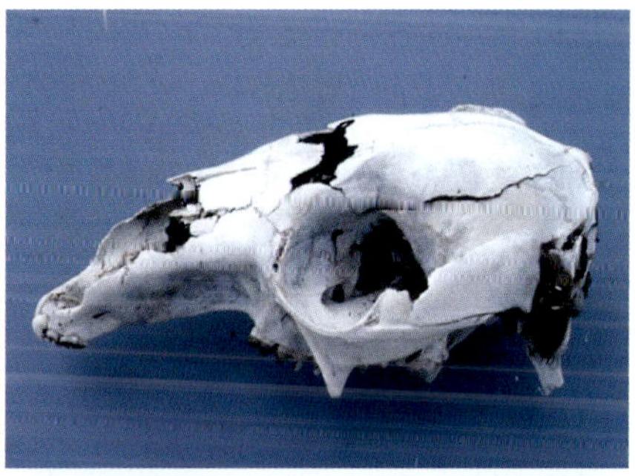

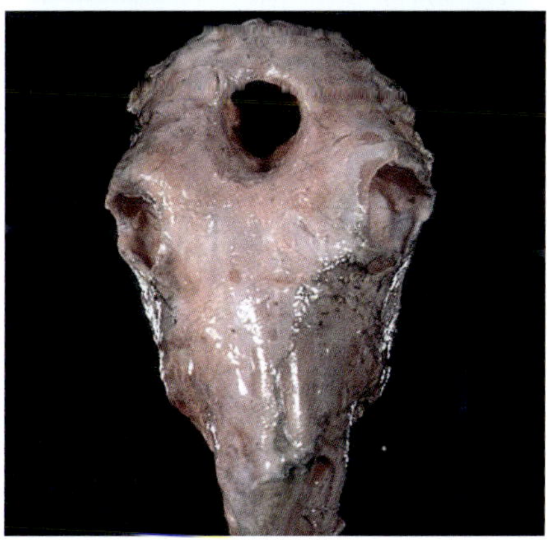

장 융모 운동 검사

(Dr. Roger J. Panciera, Oklahoma State University)

장 융모의 외관과 운동성을 보다 잘 평가하기 위해서는 장점막 부위에 따뜻한 생리적 식염수를 천천히 흘려주면서 융모의 존재와 크기를 재서 기록하라.

림프육종 vs 지방조직

(Dr. Roger J. Panciera, Oklahoma State University)

경막외 공간(epidural space) 처럼 지방이 매우 많은 조직 안에서 림프성(종양) 조직은 지방조직과 육안적으로 구별하기 힘들다. 이 때 부검시 사용할 수 있는 간단한 방법은 고정액이나 물 안에서 의심되는 조직의 부유(floatation) 정도를 비교하는 것이다. 당연히 지방 조직이 림프육종 조직보다 더 잘 뜨게 될 것이다.

가장 좋은 폐조직의 고정 방법

(Dr. Roger J. Panciera, Oklahoma State University)

특정 병변이 발생한 폐조직을 잘 관찰하기 위해서는 고정액에 폐를 담그기 전에 기관지의 크기에 맞는 주사기 바늘에 고정액을 넣어 기관지 관류를 시키는 것이다. 마지막 고정 전에 기관지관류를 하지 않은 폐조직을 채취하여 나중 이 조직을 비교하여 판독하면 매우 유용한 정보를 얻을 수 있을 것이다.

유리 슬라이드 도말법

(Dr. Roger J. Panciera, Oklahoma State University)

부검 중에 채취한 재료들에 대한 날인(imprint)이나 도말(smear) 표본을 만들려 할 때 먼저 자신의 팔뚝에 사용하지 않은 유리 슬라이드를 몇 초 동안 올려놓아서 따뜻하게 만든다. 이 과정은 준비 과정에서 세포의 건조를 촉진하고 세포의 변형을 감소시킨다. 이 방법은 특히 toxoplasma나 histoplasma 등과 같은 세포내 원충들을 찾는데도 유용하다.

사체 보존을 위한 단기 매몰법

이 책에서 꼭 권장할만한 정보는 아니지만 야외 환경에서 폐사가 발생했는데 당장 부검을 수행할 수 없는 등 다른 보존 시설 등을 활용할 수 없을 때 도움이 될 것이다. 보통 대부분의 부검용 사체들은 자연사나 안락사 후에 바로 부검 전까지 냉장 보관해야 한다. 문제는 온도가 잘 유지되는 좋은 냉장고에 두꺼운 털이나 많은 피부 지방을 가진 양 같은 동물들을 넣어 둘 경우 그것들 자체로 단열효과가 우수하기 때문에 막상 냉장고에서 끄집어내어 부검을 하려고 보면 다량의 체내 세균 증식으로 상당히 부패되어 있을 수 있다.

그래서, 착안한 점은 앞서 지적한 것처럼 최소한의 단열(모피나 지방)이 되고 있는 동물 사체가 추운 겨울날 발생하여 차가운 땅바닥에 놓여져 있다면 지표로 부터 열이 흡수되어 상당히 차가워지고 세균의 빠른 증식을 예방 할 수 있다는 것이다. 가을에 죽어 땅속에 빨리 묻힌 동물은 심지어 8~9개월 지나 다음 해 봄에 사체를 끄집어내어 검사를 해도 의미 있는 진단적 가치를 얻을 수 있으나 이러한 조치 없이 방치해 놓은 사체는 죽자마자 체내 조직의 분해 혹은 부패가 진행된다는 점을 항상 유의해야 한다.

소화액내 기생충 검사와 채취

종종 우리는 병리수의사로서 부검하는 동물의 위장관에서 채집한 기생충을 임상의나 보호자들에게 보여주거나 연구 활동을 위해 채취하기도 한다.

부검대에서 바로 할 수 있는 기생충 채취법은 예컨대 반추수의 경우 제4위 내용물을 거르는데 다양한 크기의 여러 개 철망(wire mesh)을 사용한다. 적은 양의 소화물을 가장 거친 크기의 철망 위쪽에 부어 넣은 후 작은 물호스로 부드럽게 씻어내고 더 정교한 크기의 철망을 통해 바닥에 곱고 어두운 색깔의 소화물을 얻어 그것을 다음의 더 작은 크기의 철망에 통과시켜 세척한다. 체에 걸러진 잔유물은 사각형의 흰색 에나멜 접시위에 놓고 그들 중 기생충들을 분리하기 위해 접시를 기울여 조심스럽게 물호스로 부드럽게 흐르게 한다. 기생충은 나중에 분리를 위해 각각의 체로부터 생리적 식염수나 다른 고정액을 담은 병에 핀셋으로 옮겨 놓는다.

큰 기생충은 거친 체에서 검출되지만, 작은 기생충은 너 적은 크기의 체로 걸러 가면서 씻겨 나가야 한다. 다시 말하면 소화물에서 직접 찾은 기생충은 장갑 낀 손으로 흰색 접시에서 조심스럽게 물로 씻어 내면서 찾는다. 미세한 체로 걸러서 채집한 잔유물은 앞서와 같이 백색 에나멜 접시에 놓고 기울여 가면서 씻어 낼 수 있다. 결국 거친 것부터 중간정도 크기의 것으로 마지막으로 아주 고운 체를 이용하면 소화물내의 기생충들을 대부분 검출해 내는데 충분할 것이다. 조심해야 할 것은 앞서 체로 거른 잔유물 내 기생충들을 찾아내려고 접시위에서 세척물을 부으면 몇몇 기생충들은 저장성의 수돗물을 사용 시 기생충의 세포벽이 종창되어 파괴될 수 있다는 점을 주의하여 세척물은 가능한 생리적 식염수를 쓰는게 좋다.

세척이 쉽고 기생충을 더 쉽게 볼 수 있는 장점 때문에 소화물 내 기생충 검출 및 분리용으로 흰색 에나멜 접시의 사용은 아주 좋은 방법이다.

랫드를 이용한 간이 사료검사

(Drs Henry Smythe and Charles Carpenter : Carnegie-Mellon University, Pittsburgh, PA)

종종 상업용 사료를 주는데도 증체에 실패한 다양한 종의 어린 동물들이 부검이나 조직학적 검사를 위해 우리에게 보내오는데 이들 동물들은 수척을 제외하고는 부검을 통해 어떤 진단적인 병변이 없는 경우가 많다. 이럴 때 충분한 양의 의심스런 사료를 축주로부터 가져오게 해 6~10마리의 어린 랫드에 최소 3주 동안 급여한다. 이러한 실험에 쓰이는 사료들은 송아지 대용유를 비롯 밍크, 어류, 개들의 사료와 기타 특수 동물을 위해 만들어진 시판 사료들을 포함한다.

이 실험에 사용한 사료는 미세하게 갈아서 동일한 사육 조건아래 똑같은 성, 체중, 연령과 품종을 가진 랫드군에게 3주간 먹이는데, 매 주 단위로 체중을 잰다. 최종 체중 측정까지 동일한 방법으로 체중을 재야 하며 그렇지 않을 경우 독성 또는 다른 위험인자들이 개입될 수 있다.

이 간단한 실험은 의심스런 사료의 결함을 증명 할 수 있지만 독성요인을 확인 할 수는 없는 한계가 있다. 그러나 사료의 결함이 정상적으로 증체가 되지 않았던 동물들의 원인과 관련이 있다고 동물 소유주나 사료회사에 말할 수 있다.

이 실험 기법은 사료혼합기내 고장 난 비타민 D의 운송 장치 때문에 이 혼합기에서 만든 개사료 안에 비타민 D의 과잉 첨가를 성공적으로 증명해 준 바 있다. 다른 케이스로 콕시듐증을 위해 비소를 함유한 닭사료를 만들었던 사료 혼합기를 철저히 청소하지 않은 채 개사료를 만들어서 결국 비소독성이 발생한 경우를 찾아 낼 수 있었다. 돼지사료를 생산 시 성장 유지를 위한 사료생산 비율 대신 우발적으로 성장 비율로 잘못 표기하여 문제가 된 경우를 판명하기도 하였고, 개구리사료의 경우 썩은 생선을 사료 내에 넣어 지방염증으로 인한 심각한 손실을 초래한 경우도 이 실험 기법으로 밝힌 예가 있다.

부록

소동물 부검 아틀라스

1. 개요

수의학에서 '부검(necropsy)'이란 동물의 사체나 살아있는 동물을 안락사시켜 검사하는 것으로서 각종 정보를 얻기 위해 사체를 해부하여 엄밀히 검사하고 꼭 필요한 시료를 채취하는 과정을 말한다. 따라서 부검은 어떤 증례 중심의 문제나 이해관계가 얽힌 법의학적인 문제를 해결하는 마지막 단계가 아니라 질병을 밝히려는 시작의 단계인 것이다.

수의학에서 흔히 사용되는 "부검(necropxy)"이라는 용어는 사체의 육안적 검사를 말하지만, 보다 구체적인 의미는 사후검사와 육안적, 병리조직학적, 독성학적 및 미생물학적 검사를 위한 시료의 채취 과정을 말한다. 따라서 진단을 위한 모든 검사 즉, 임상 병력과 육안적, 현미경적 검사와 더불어 실험실 검사의 결과를 종합하여야 정확한 진단이 가능하다. 이러한 진단을 바탕으로 질병의 발생 원인과 병리기전이 밝혀지면 양축가들에게 적절한 대처방법이 제공될 것이다.

부검이 항상 진단의 결정적인 역할을 하는 것은 아니다. 왜냐하면 심한 사후변화나, 불확실한 임상병력, 진단가의 지식과 부검 기술의 부족으로 잘못 진단되는 경우가 있기 때문이다. 또한 급성의 질병이나 화학적 독성물질에 의한 질병은 부검시에 뚜렷한 육안적 병변을 찾을 수 없는 경우가 많다. 그러나 부검을 통해 정확한 진단이 이루어지지 않더라도 몇 가지 질병으로 좁혀지거나 어떤 질병은 분명히 아니라고 배제할 수 있을 것이다.

부검을 하는 목적은 병변으로 의심되는 장기와 조직을 관찰하고 채취하여 진단하며, 이에 따른 질병의 병리기전을 밝혀 그 치료와 예방을 위한 대처방법을 세우는데 있다.

2. 부검의 유의사항

부검은 동물이 폐사된 후 가능한 빨리 수행하여야 한다. 대동물일수록 장내 세균 등 미생물이 많고 특히 양은 털이 많아 방열이 잘 안되므로 자가융해와 같은 사후부패가 급속히 일어나기 때문이다. 부검을 곧바로 수행하기가 곤란할 경우에 소동물은 냉장실에 일시 보관하고 대동물은 서늘한 그늘에 두었다가 실시한다. 병성감정기관에 보내지 못하는 경우에는 야외에서도 부검을 실시할 수 있으나 이는 많은 주의가 필요하다. 야외 부검시에는 가능하면 농장에서 멀리 떨어진 장소에서 실시하고 소독약품 등 적절한 처치로 오염을 철저히 차단하여야 한다. 그러나 전염성이 강한 바이러스성 질병이나 탄저, 기종저와 같은 질병이 의심될 때는 반드시 병성감정기관에 부검을 의뢰하고 자체 부검은 수행하지 않아야 한다.

부검에 임하는 태도는 항상 경건한 자세를 취해야 하며, 전염성 질병의 전파나 부검자의 안전을 고려하여 정해진 장소(부검실)에서 보호구를 착용하고 부검을 실시하여야 한다.

부검은 동물별로 구분하여 부검기법에 따라 실시하고, 부검시 병변의 유무를 철저히 관찰·기록하여야 한다. 부검의 시료채취는 육안적 소견의 관찰에 의해 주요 실질장기와 특이 병변을 나타내는 장기에서 하고, 현미경을 통해 알 수 없는 병소(장기의 유착, 흉수, 복수, 피부의 전반적 색깔 및 상태 등)는 주의 깊게 관찰하여 객관적이고 사실적인 병리학적 용어로 부검대장에 자세히 기록한다. 기록되는 용어는 병리학적 용어를 충실하게 구사하면서 병변을 기술한다. 또한 사진촬영이나 영상을 이용하는 것도 좋다. 시료를 채취할 때는 조직의 물리적 손상, 건조, 자가융해, 불충분한 고정 등으로 인한 인공산물(artifact)의 발생을 최소한으로 줄이고, 필요에 따라 세포학적, 조직학적, 미생물학적 및 화학적 검사 등을 실시하여 진단 보조 자료로 활용한다. 채취하지 못한 조직은 부검 후에는 영원히 사라진다는것을 명심하면서 시료를 채취한다. 또한 평소에 장기 및 조직의 정상 크기, 모양, 색깔, 경도 등을 익혀두어 육안적 소견의 진단에 활용한다. 특수한 경우에는 관찰하고자 하는 표적장기에 따라 부검기법이 변경될 수도 있다.

부검 수행을 위한 동물의 안락사는 동물의 고통과 스트레스를 최소한으로 줄이면서 수행한다. 안락사의 방법에는 이산화탄소 등에 의한 질식, 마취(sodium pentobarbital, methoxyflurane, halothane, ether, chloroform 등), 경추탈구, 단두, 충격, 방혈 및 전기쇼크 등의 방법이 있다.

3. 부검의 활용과 중요성

부검은 질병진단의 목적인 병성감정 외에도 유해환경과 공해물질이 건강에 미치는 영향 평가 시험, 새로 개발된 의약품의 위험성을 판정하기 위한 안전성 시험에도 중요한 역할을 하고 있다. 인수공통질병의 발생과 분포도 부검을 통해 확인하여 질병이 확산되는 것을 미리 막을 수 있다. 광견병을 예방하기 위해 의심되는 동물을 부검해 보는 방법이 그 좋은 예이다.

부검을 통해 환축의 정확한 사인을 규명해줌으로써 축주를 안심시킬 수 있다. 확진이 되지 않은 상태에서 생긴 두려움은 축주에게 자신의 가족들도 감염될 수 있다는 불안감을 줄 수 있다. 또 누군가가 자신의 동물을 죽였을 것이라는 의심 속에 자신이 너무 무관심했다는 자책감이 들 수 있는 일이 아닌가!

부검을 통해 질병의 원인을 규명할 수 있으면서 그에 따른 병리학적 소견에 대한 좋은 정보를 얻을 수도 있다. 한 예로, 고양이의 전염성 복막염의 경우 지난 30여년 전 이 질병은 복강내 질병의 하나로 인식되어 왔으나, 철저한 부검과 임상적 연구를 통해서 복강이외에도 중추신경계, 눈, 신장, 흉막 등 병리학적 소견이 규명되었고 이로 인해 이 질병의 병원체인 코로나바이러스가 밝혀지게 되었다. 또한 부검은 독성실험에 의한 결과나 인수공통질병 및 악성 전 염병의 분포와 전파 정도 등의 추가 정보도 얻을 수 있다. 즉, 부검 결과를 통해 이미 만연된 질병의 정확한 발생률을 평가할 수 있다.

이미 기록된 부검소견을 토대로 한 정보를 활용함으로써 임상 증상만으로 내려진 잘못된 진단을 25%까지 줄일 수 있다고 한다. 또한 부검을 통하여 내과적 또는 외과적 치료의 타당성이 평가되고 질병의 회복과 치료에 대한 반응을 확인할 수도 있다. 따라서 부검이 임상의 질을 높이는데 주요한 역할을 하고 있다.

많은 임상 수의사들이 단지 지역적, 계절적 요인에 바탕을 둔 임상적 경험에 의존하여 진단을 내리고 있는 것이 사실이다. 이를 극복하기 위해서는 현장에서 근무하는 임상 수의사들은 부검에 대한 정확한 순서와 기법을 익혀 이를 수행한 후 객관적이고 사실적인 정확한 진단을 얻거나 또는 가까운 병성감정 기관에 부검을 즉시 의뢰하여 축주에게 정확한 질병의 진단을 내려주고 이것을 바탕으로 적절한 치료와 예방을 수행하여야 할 것이다. 전반적인 진료 수준의 향상과 발전을 위해 부검에 대한 보다 적극적이고 긍정적인 시각이 필요하다.

4. 부검의 기록

부검은 동물에 따라 적절한 부검 기법을 적용하여야 모든 장기 조직에 나타난 형태학적 소견을 관찰할 수 있다. 어떠한 체계적인 절차나 기법이 없이 사체를 부검하여 검사할 경우 정확한 진단을 내리기란 불가능하다. 조직에 대한 인공적인 손상을 줄이기 위해서는 체계적인 부검 기법이 필요하다.

부검에 있어 가장 중요한 것은 부검에 대해 객관성을 유지하는 것이다. 이를 위해 '부검 의뢰 및 부검 보고서(Postmortem Examination Request and Report Form)'와 같은 기록대장이 필요하다. '동물 부검대장(Animal Necropsy Protocol)'은 법의학적 문제와 관련해 법적인 증거 자료가 될 수도 있다. 이러한 기록 양식에는 부검 장기 별로 소견을 기록하게 되어 있으므로 모든 장기조직을 검사하는 것이 필요하다.

5. 시료 채취 방법

1) 사전 조사

축주가 의뢰한 환축 및 폐사축의 품종, 성별, 연령, 개체번호, 혈통을 알아보고 축주의 주소 및 성명, 양축경력 등을 기록지에 남긴다.

사육규모, 사료종류, 급여방법, 사료 첨가제 유무 및 축사 위생 상태와 같은 사양 관리에 대한 정보를 충분히 취득함으로써 밀사여부, 부적합한 사료급여 및 불결한 위생환경으로 인한 질병의 발생 여부를 파악할 수 있다.

번식우나 번식돈의 경우는 분만경력, 생식기 질환의 발생 및 치료 유무 및 방법 등을 조사하여 그 농장에 상재하는 세균성 또는 바이러스성 질병을 알아낼 수 있다.

환축이나 폐사축에서 발병 연월일, 증상과 추이, 치료의 유무와 내용, 폐사년월일, 폐사 후 경과시간 및 과거의 병력을 통하여 질병 유형의 급성, 아급성 및 만성 여부를 알 수 있다.

질병의 발생상황, 인적, 물적 이동 사항, 최근 가축의 도입시기, 장소, 출하시기 및 장소를 들으면 외래성 질병의 유입 여부와 질병의 확산 여부를 판단할 수 있다.

예방약의 종류, 접종시기 및 방법에 대한 적합성 여부도 파악한다.

방목장의 경우는 개설년도, 초지 상태, 방목일수, 방목 가축의 발육 및 위생상태 등 전반적인 사항을 듣고 토양의 미량원소 결핍에서 오는 영양성 질병, 원충성 질병, 농장 주위 웅덩이에 고인 썩은 물, 주위 공장에서 흘러나오는 폐수와 같은 직접적인 질병의 원인이 되는 요소도 있을 것이다.

위와 같은 사전 조사를 해야 질병의 원인 추적과 함께 병리학적검사에 필요한 적합한 시료와, 반드시 채취해야 할 장기를 빠뜨리는 실수를 미연에 막을 수 있다.

2) 주의사항

병성감정 시료는 질병의 원인을 예상하여 채취해서는 안 된다. 질병의 원인을 예상하여 필요한 부위만을 채취하였을 경우 기타 재료가 추가로 필요할 때가 많다. 따라서 시료를 채취할 때는 바이러스성 질환, 세균성 질환, 중독, 기생충성 질환, 영양장애 및 기타 전 질환을 검색하기에 적합한 시료를 채취하는 것이 좋다. 때로는 이러 한 목적을 전부 충족시키기 위해서 필요. 이상의 시료 채취가 요구되기도 한다.

바이러스나 세균 분리시에는 전 작업을 무균적으로 해야 하며, 시료를 채취할 때는 오염이 적은 깨끗한 장기부터 먼저 수행하는 것이 필요하다. 예를 들면 실질장기인 심장과 폐에서 폐가 심히 오염되었을 때는 심장을 먼저 채취한다. 부검은 폐사직후 빨리 실시해야 하며 병리검사시료를 동시에 채취하여야 한다.

3) 시료 채취 요령

(1) 병리조직 검사용 시료 채취

① 조직 채취

조직의 소편(작은 성냥갑 크기이며 두께는 1 cm 내외)을 병변부와 건강부가 포함되도록 절취한다.

② 고정

통상 10% 중성 포르말린 액이 조직량의 10배 이상이 되도록 하여 고정한다. 두꺼운 조직은 1시간 간격으로 세절하여 고정이 잘 되도록 한다.

(2) 미생물 검사용 재료 채취

검사할 장기를 무균적으로 채취하여 무균 페트리디쉬나 가검 채취용 용기에 잘 담아 신속히 가까운 실험실에 보내거나 장거리에서 검사의뢰를 할 때는 영하 20℃ 냉동고에 보관, 검사를 의뢰한다.

(3) 혈액 및 혈청 채취

① 혈액

혈액응고 방지제(헤파린, EDTA 등)가 들어 있는 용기에 혈액을 2 ml 정도 담은 후 8자로 흔들어 응고 방지제가 골고루 퍼져서 혈액이 응고되지 않도록 한 후 검사하고 5℃ 냉장고에 보관한다.

② 혈청

혈액응고 방지제가 없는 용기에 혈액 10 ml 내외를 담아 바닥에 눕혀 놓고 응고되기를 기다린 후 응고 되면 37℃ 부란기에 넣어 잘 분리되도록 한다.

(4) 미량성분 분석용 시료 채취

가검물을 채취한 후 가급적 빨리 영하 20℃ 이하의 냉동고에 동결시켜야 조직 내의 미량 성분이 분해되지 않는다.

이상의 요령으로 처리하되 다른 실험실로 검사를 의뢰할 때는 가급적 신선한 재료를 상기 방법으로 채취한 후 보낸다. 이때 반드시 가검물에 대한 사항을 자세하고 정확하게 기록하여 의뢰하여야만 검사를 의뢰 받는 쪽에서도 정확한 검사는 물론 신속한 진단을 내릴 수 있다.

(5) 병성감정 의뢰 시료

혈액, 혈청 및 분변, 흉강액, 복강액 및 피모, 장기조직 등을 의뢰 하고 폐사전의 환축(검사에 가장 적합)이나 사체를 선택하여 의뢰한다.

(6) 독물검사에 필요한 시료

① 독물 종류별 가검 재료

- 급성의 비소 중독일 때는 간, 신장, 위 및 위내용물을 의뢰하고 만성 비소 중독일 때는 피모, 오줌, 간장 등을 추가로 채취하여 검사한다.
- 사염화탄소 중독일 때는 위 및 위내용물, 각종 실질장기(간, 신장, 심장, 폐 등)의 검사를 의뢰한다.
- 청산 중독일 때는 위 및 위내용물, 간장, 혈액 및 급여사료나 식물을 검사 의뢰한다.
- 수은 중독일 때는 신장, 간장, 및 위내용물, 피모 등을 의뢰한다.
- 납중독일 때는 신장, 간장, 혈액, 위내용물을 의뢰한다.
- 기타 : 무기산 및 알카리일 경우는 위내용물, 간장, 신장 및 오줌을, 질산나트륨일 경우는 위내용물과 혈액을, 스트리키닌일 경우는 위내용물과 간장 및 오줌을 요소 중독일 경우는 수산염을 첨가한 혈액 또는 전혈 및 사료를 채취하여 검사한다.

② 독물 검사에 필요한 검사용 채취량

- 혈액 : 10~30 ml
- 뼈 : 250 g
- 사료 : 500~2,500 g
- 신장 : 양쪽 신장 전부
- 간장 : 소나 돼지는 1 kg, 소동물은 전량
- 피모 : 약 5 g
- 혈장 및 혈청 : 10 ml
- 위내용물 : 대동물은 800~1,000 ml, 소동물은 전량
- 오줌 : 방광내의 전량 혹은 500 ml

6. 독물 검사

사인이 독성 물질에 의한 것으로 의심될 때 시료의 채취는 의심되는 독성물질이 분포할 만한 장기를 채취한다. 예를 들어 경구 섭취에 의한 중독시에는 중독성 물질이 위를 거쳐 장에서 흡수되고 간에서 이를 해독하여 뇨나 분변을 통해 배설되므로 이에 해당하는 장기를 반드시 채취하여야 한다. 또한 중독성 물질이 혈액을 통해 이동되고 잔류되므로 혈액 또한 중요한 시료이다. 특히, 신장은 간에서 전환되거나 해독되고 남은 독성물질이 혈액을 통해 배설되는 중요한 장기이므로 대부분의 독물 검사시 반드시 필요한 장기이다. 이외에도 뼈, 근육, 피부, 피모, 치아, 소화관 내용물 등이 중요한 단서가 될 수 있다. 따라서 중독증이 의심되는 증례의 부검시에는 60 g 정도의 위 내용물, 뇨, 혈액, 간 및 신장 조직을 채취한다. 이러한 시료는 부검 수의사의 판단에 따라 전문검사기관에 의뢰하여 분석을 실시한다. 분석에 이용되지 않은 시료도 최종 진단이 내려질 때까지 냉동하여 보관한다.

7. 부검소견의 기술 방법

부검소견을 기술할 때는 세심하게 관찰하여 부검에 참석하지 않았던 사람도 동일한 병변을 떠올릴 수 있도록 정확하게 기술해야 한다. 부검자가 이러한 기술 방법에 숙달해지려면 병변 기술에 응용 되는 기본적인 지침을 미리 익히되 문헌에 나와 있는 최근의 기술방법도 익혀야한다.

병변의 육안적 소견의 기술에 있어서 기본적인 5대 요소는 ① 장기 또는 조직의 종류, ② 병변 부위, ③ 병변 분포 양식 및 갯수, ④ 특이 소견 또는 형태학적 진단, ⑤ 병변의 크기와 심한 정도이며, 요소에 맞는 적절한 병리학적 용어를 사용해 병변을 기술한다.

장기나 조직을 묘사할 때는 해부학적 명칭을 이용해 자세히 기록 할수록 좋다(예, 소장보다는 십이지장). 병변 부위를 기술할 때는 해부학적 용어를 사용하는데 예를 들어 안쪽(medial) 또는 바깥쪽(lateral), 등쪽(dorsal) 또는 배쪽(ventral), 머리쪽(cranial) 또는 꼬리쪽(caudal) 등이 그것이다. 또한 병변의 분포 양식은 소상(focal), 국소확장성(focally extensive), 다발성(multifocal), 다발성으로 융합된 (multifocal coalescing), 반점상(patchy)과 광범위성(diffuse) 등과 같은 용어로 기술할 수 있으며, 갯수는 적은 경우에 표시한다.

병변을 기술하는데 가장 어려운 것은 병변의 형태학적 소견을 정확하게 표현하는 것이다. 색, 모양, 경도에 관련된 용어들을 종합하여 가장 적절한 표현법으로 병변을 기술하도록 한다. 만약 비정상적인 병변이 없이 단순히 장기나 조직의 크기가 증가되거나 감소된 경우는 종대나 위축이라는 용어를 사용한다. 수의사는 부검시 관찰 되는 일반적인 소견(출혈, 농양, 부종, 폐렴, 복수 등은 부검시 수의사가 쉽게 인식할 수 있는 병변들이다)만을 기술하기보다는 가능하면 형태학적 진단명으로 병변을 기술하여야 한다. 예를 들면, 어떤 특이적인 형태학적 진단과 비슷한 병변을 기술할 때는 '종양 같은(tumor-like)' 표현처럼 수식어를 첨가하는 것이 좋다. 이러한 수식어구를 사용하면 다른 수의병리 전문의가 쉽게 병변을 짐작할 수 있다. 어떤 용어는 형태학적 진단이지만 현미경적 소견까지도 내포하고 있다. 예를 들어, 육안적으로도 쉽게 알 수 있는 림프육종은 종양성 림프구계세포의 침윤인 현미경적 소견이 형태학적 진단명으로 이용된다. 폐렴이라는 용어 역시, 폐포 내 염증 산물을 나타내는 현미경적 소견이 형태학적 진단명으로 이용된 경우이다.

육안적 소견을 기술하는 마지막 요소는 '병변의 크기 및 정도(severity)의 구분'이다. 미터법으로 병변의 크기나 무게를 측정하는 방법이 사용된다. 폐와 같은 장기에서는 % 단위로 병변의 정도를 측정한다. 심한 정도를 표현하는 주관적인 방법으로 '아주 경미한(slight)', '경도의(mild)', '중등도(moderate)', '심한 또는 아주 심한(severe)' 등과 같은 형용사를 사용한다.

병변을 기술할 때 고려되는 4가지 주요한 질병 범주를 들면 ① 변성과 괴사(예, 척추사이원반 돌출의 요척수부 척수연화증; myelomalacia in lumbar spinal cord at the site of intervertebral disc protrusion), ② 순환장애(예, 심근병증을 수반한 고양이의 신장경색; renal infarction in a cat with cardiomyopathy), ③ 염증과 수복(예, 고양이 전염성 복막염의 복막염; peritonitis in feline infectious peritonitis), ④ 성장장애 및 종양(예, 잠복고환이 있는 개의 고환 위축이나 고양이의 장간막 림프종양; testicular atrophy in a cryptorchid dog or mesenteric lymphoid neoplasia in a cat) 등이 있다.

세포학적 검사나 병리조직학적 검사는 형태학적 진단을 내리고 확진하는데 있어서 필수적이다. 형태학적 진단명이 결정되면 병인학적 진단을 내려야 한다. 예를 들면 부검당시 병인체인 심장사상충의 육안적 확인, 개 디스템퍼 감염에서 봉입체의 병리조직학적 검사, 포도상구균의 배양과 같은 실험실 검사를 통한 진단의 경우이다. 하나의 병인체가 임상소견과 병리소견에 일치하면 이를 진단명으로 기술한다. 그러나 대부분의 경우 단독 원인보다는 혼합감염과 같이 여러 원인에 의해 질병이 발생하므로 병변의 주된 원인을 찾아서 가장 유력한 병인체를 먼저 기술한다. 이러한 병인학적 진단이 내려지고 나면 이미 내려진 형태학적 진단명과 종합하여 최종 진단명을 기술한다(예, 액티노바실러스성 흉막폐렴; *Actinobacillus pleuropneumonia*).

최종 진단명을 기술할 때에도 특이 장기에서의 육안적, 조직학적 소견을 종합적으로 정리하여 쓴다. 장기 또는 조직명, 육안적 또는 조직학적 최종 진단명, 병변의 진행 상태(급성, 아급성, 만성 등), 병변의 심한 정도, 병변의 분포 양식, 그리고 조직학적으로 최종진단을 뒷받침하는 형태학적 소견(위축, 섬유화 등)과 원인체(세균, 바이러스, 진균 등), 품종과 동물(헤어포드, 소)이 포함되게 기술한다.

8. 병변의 관찰과 기술에 활용되는 용어

부검시에 나타나는 여러 장기의 병변, 구조물, 내용물 및 상태 등은 부검자의 육안적인 소견을 통해 표현된다. 이러한 병변을 알기 쉽게 기록할 수 있는 객관적이고 과학적인 병리학 용어의 사용은 병리조직검사나 세균검사 등과 같은 실험실 검사를 배경으로 최종진단을 내리기 위해서 반드시 필요하다. 부검수의사는 이러한 용어를 잘 숙지하여 병변을 적절히 기술함으로써 다른 사람에게 병변의 육안적 소견을 정확히 전달할 수 있을 것이다.

1) 병변의 육안적 소견의 기술 필수 항목

장기 및 병변의 크기(size), 색깔(color), 형태(shape), 경도(consistency), 절단면(cut surface)의 색깔 및 감촉(color and texture), 표면 상태 및 감촉, 구성 내용물, 중량, 피막의 상태, 장기의 변위 및 대칭성 등

2) 부검장기 및 관찰부위에 따른 기술

장기나 신생물(종양)이 관찰되면 위치, 크기, 색깔, 형태, 경도, 장기내 병변의 크기, 분포 정도 등을 기록한다.

복강이나 흉강을 비롯한 기타 내부장기는 동물의 종류와 연령에 따른 전체적인 비율(용적), 내강의 내용물 등을 확인하여 기록한다.

장기나 종양, 기타 검사부위에 대한 그 밖의 필요한 기록 내용으로 병변의 표면이나 절단면 등의 색깔, 형태, 침착물이나 침전물, 냄새 등을 기록하고, 흉수나 복수와 같은 내강에 존재하는 액상물질의 양, 성상, 점도, 색깔 및 투명도 등의 적절한 묘사가 필요하다.

3) 장기나 병변의 위치에 따른 기술

병변이 위치한 장기나 신체부위의 명칭을 사용하여 기술한다. 특히 엽을 가진 장기에서는 엽의 명칭을 기록하여 위치를 정확하게 기술한다.

신체 부위에 따라 피부의(cutaneous), 피하의(subcutaneous), 두부의(cranial), 꼬리부위의(caudal), 흉부의(thoracic), 복강의(peritonial), 복부의(abdominal), 경부의(cervical), 요추부위의(lumbar), 천추부위의(sacral), 액와부위의(axillary) 등과 같이 신체부위의 명칭을 이용하여 묘사한다.

4) 장기나 병변의 특정위치에 따른 기술

원위의(distal), 근위의(proximal), 내측의(medial), 외측의(lateral), 복측의(ventral), 배측의(dorsal), 심부의(deep), 벽(wall), 점막(mucosa), 장막(serosa), 피질(cortex), 수질(medulla), 실질(parenchyma), 표면의(superficial), 강(lumen), 가장자리(edge), 변연의(peripheral), 앞쪽의(anterior), 뒤쪽의(posterior), 왼쪽의(left), 오른쪽의(right), 두부쪽의(cranial), 꼬리쪽의(caudal) 등과 같은 특정위치를 묘사하는 용어를 사용한다.

5) 크기(size)

크기는 미터법(metric system)을 사용하고 작은(small), 매우 큰(large), 위축된(shrunken), 종대된(enlarged)

등과 같은 애매모호한 용어는 가급적 사용을 피한다. 주로 병변의 길이, 무게, 부피 및 용적 등을 사용한다.

6) 색깔(color)을 나타내는 단어의 사용

색깔의 정도는 밝은, 어두운, 옅은 등과 같은 용어를 사용하고, 두 가지 색의 복합 단어의 사용은 피한다.

(1) 색깔을 나타내는 용어

백색의(white), 흑색의(black), 갈색의(brown), 청색의(blue), 회색의(gray), 적색의(red), 분홍색의(pink), 자주색의 (purple), 황색의(yellow), 녹색의(green), 맑은(clear), 혼탁한(cloudy), 창백한(pale), 얼룩진(mottled), 투명한(transparent), 반투명한(translucent), 불투명한(opaque) 등의 용어를 사용한다.

7) 병변의 형태(shape)를 나타내는 용어

육안적으로 보이는 특정 병변의 형태에 따라 적절한 용어를 사용하여 대부분의 사람들이 형상을 떠올릴 수 있도록 묘사한다.

(1) 주로 사용되는 용어

선형의(linear), 난원형의(oval, ovoid), 타원형의(elliptical), 결절상의(nodular), 볼록한(bulbulous), 레이스 같은(lace-like), 반점의(macular), 분화구모양의 (crateriform), 소엽상의 (lobulated), 구상의(spherical), 층상의 (layered), 유두상의(papillary), 삼각형모양의(triangular), 나선형의(whorled), 원형의(round), 원추형의(conical), 방추형의(spindle-shaped), 불규칙한(irregular), 쐐기모양의(wedge-shaped) 등과 같은 용어가 많이 사용된다.

8) 병변의 경도(consistency)를 나타내는 용어

경도의(mild), 중등도의(moderate), 심한 또는 아주 심한(severe) 등으로 표현한다.

(1) 경도를 나타내는 주요 용어

고무양의(rubbery), 깨지기 쉬운(brittle, fragile), 거친(rough), 과립상의(granular), 부드러운(soft), 단단한 (firm), 탄력성이 있는(resilient), 끈적끈적한(viscous), 유연한(flexible), 액상의(watery), 딱딱한(hard), 파동상의 (fluctuant), 취약한(friable), 점액상의(mucoid), 미끈미끈한(greasy), 유질의(oily) 등의 용어가 사용된다.

9) 절단면의 검사 및 기술 용어

특징적인 육안적 소견이 없는 실질장기도 내부의 실질내 병변의 유무를 알기 위해 1 cm 정도의 간격으로 절개하여 내부를 검사하여야 한다. 또한 시료를 거정할 때 시료의 중간중간을 칼로 절개하여 고정액의 침투가 용이하도록 한다.

(1) 절단면의 특성을 나타내는 용어

결절상의(nodular), 융기된(elevated, raised), 부풀은(bulging), 건조한(dry), 습윤한(moist), 젖은(wet), 함몰된 (depressed), 궤양의(ulcerated), 반짝이는(glistening), 액이 흘러나오는(oozing), 막모양의(membranous), 파상의 (undulant) 등과 같은 용어가 주로 사용된다.

10) 장기나 병변의 표면 상태 및 감촉의 기술

주요 장기의 표면은 부검시 칼로 자르거나 손으로 만지기 전에 장기가 처음 노출되었을 때의 표면상태를 먼저 묘사하여야 하며 그 다음에 다른 이물이나 혈액이 묻어 있을 경우 부검도 가장자리나 가위의 등으로 부드럽게 닦아낸 후 묘사한다.

(1) 표면의 특징을 나타내는 주요 용어

거친(rough), 부드러운(soft), 결절상의(nodular), 윤기나는(shiny), 함몰된(depressed), 무딘(dull), 움푹 패인(pitted), 융기된(elevated), 습한(wet, moist), 주름진(rugose, wrinkled), 미란성의(eroded), 궤양성의(ulcerated), 뿔모양의(horny), 털모양의(hairy) 등과 같은 용어가 주로 사용된다.

11) 구성 내용물의 기록과 기술 용어

내용물의 양은 주로 리터법(liter;, ml)으로 측정하여 기록하고, 주로 사용되는 묘사용어로 점액성의(viscous), 맑은(clear), 혈액성의(bloody), 교양의(gelatinous), 탁한(cloudy, turbid), 액상의(watery), 미끈미끈한(greasy) 등과 같은 용어를 주로 사용한다.

12) 병변의 분포를 나타내는 용어

병변이 분포하는 형태와 장기에서의 위치에 따라 표현한다. 주로 사용되는 용어로는 소상(focal), 광범위성(diffuse), 다발성(multifocal), 국소 확장성(focally extensive), 다발성의 융합성(multifocal coalescing), 편측성(unilateral), 양측성(bilateral), 반점상의(patchy), 무작위의(random), 대칭성(symmetrical), 융합성의(confluent) 등과 같은 용어가 주로 사용된다.

13) 장기의 중량 측정과 실제 중량의 측정기준

(1) 장기 중량의 측정

장기의 종대된 정도 등은 무게 즉 중량으로 표현하는 것이 좋으며, 측정하려는 장기와 관련이 없는 조직은 제거하고 측정한다. 측정시에는 표면의 물기를 제거하고 장기별 측정기준에 따라 시행한다. 정상 장기의 중량을 비교하여 비정상을 구분한다.

(2) 장기에 따른 실중량 내용

① 간(liver)

주변조직을 제거한 다음 측정하며, 마우스는 담낭을 개방한 후 측정한다. 흉선(thymus)은 종격막 조직 주변부에서 분리하여 측정하고, 신장(kidney)은 주위 지방조직과 부신을 분리한 후 측정한다.

② 심장(heart)

심장 기저부에서 분리하여 심낭막을 떼어내고, 심방이나 심실내의 혈액은 제거하며, 응고된 혈액이 있을 경우는 심방 및 심실을 개방하여 제거한 후 측정한다.

③ 뇌(brain)

환추-후두골 연접부에서 절단하여 후두골을 제거한 후 측정하고, 폐(lung)는 심장, 식도, 종격막 등의 조직을 제거한 후 중량을 측정한다. 고환은 부고환과 주위의 지방조직을 제거한 후 중량을 측정한다.

9. 사후변화

동물의 폐사체는 사후 수 시간내에 싸늘해지며 사후 강직되지만 시간이 경과되면 그 사후강직이 풀리면서 자가융해와 세균에 의한 부패로 연화되어 액상물이 많아진다. 따라서 사체의 촉감이 변화되고, 혈액의 침강성 울혈로 인해 피부에 붉은 반점이 관찰될 수 있다. 내부장기를 부검할 때 색소 침착(위흑색증, 혈색소 침염, 담즙색소 침염 등)과 혈액 응고 현상이 나타난다.

폐사 동물은 부검 후 조직의 고정이 완전히 될 때까지 세포는 사후변화되어 병리학적 진단에 혼선을 초래하는 수가 있다. 부검 대상이 되는 대부분의 폐사체는 어느 정도 사후 변화가 일어나 있지만 폐사체 자체와 주위의 환경조건에 따라 차이가 있다. 사후 변화는 산소공급이 전신적으로 안 되기 때문에 일어난다. 산소공급의 차단은 폐사 직후에 폭발적인 혐기성 해당작용이 일어나 세포내 pH 저하와 열의 방출이 진행된다. 사후변화는 육안 및 현미경적 소견으로 개체가 살아 있을 때 일어난 병적인 병변과 감별되어야 한다. 사후변화를 죽기 전에 일어났던 변화 즉 병변으로 오진하지 않도록 충분한 지식을 쌓아야 한다.

1) 사후변화의 예

(1) 시반(livor mortis)

- 사후에는 하부쪽에 있는 장기, 특히 피부, 폐, 신장 등이 위쪽 장기보다는 더 암적색으로 변색되는 것을 말한다.
- 중력에 의한 혈액의 침강성 울혈(hypostatic congestion) 때문에 발생한다.
- 시반은 사후 1시간 이내에 시작되며 수 시간 내에 절정(peak)에 이른다.

① 생전의 침강성 울혈과의 감별

생전의 침강성 울혈은 장기간의 횡와자세(lateral recumbency)일 때 나타날 수 있는데 예컨대 장시간의 수술시 누워있는 쪽의 피부와 폐에서 뚜렷하게 잘 관찰된다. 침강성 울혈이 너무 심하면 폐에 혈액하강이 생겨 폐렴이 유발될 수도 있다.

(2) 사후 강직(rigor mortis)

- 동물이 사후 근육의 강직 상태로 죽은 후 근육이 일부가 수축하여 나타나는 현상이며, 사후 경과시간을 짐작하는데 도움을 준다.
- 체내 글리코겐 부족에 따른 ATP의 고갈로 세포내 칼슘농도가 증가하여 액틴-마이오신 복합체가 유지되어 임상적으로 근육이 수축되어 보인다.
- 사후 강직은 사후 2∼6시간 정도에 심근과 골격근에서 시작되어 24∼72시간까지 지속되며, 특히 심근은 사후강직이 가장 빨리 일어나는 장기로 사후 1시간 이내 일어난다.
- 사후 강직의 발생과 경과는 pH, 환경온도 및 영양상태에 따라 달라진다.
- 주변 온도가 따뜻하면 사후강직은 보통 때보다 항진되며, 차가우면 지연된다. 돼지 스트레스 증후군, 열사병, 탄저병 등과 같이 체온이 높은 상태에서 폐사하면 사후강직은 폐사 즉시 일어난다.
- 파상풍이나 스트리크닌 중독증에서와 같이 죽기 전에 근육운동이 현저한 경우 사후 강직은 빨리 오며 동물이 죽기 전에 빈사 또는 악액질 상태였을 경우에도 신속히 진행된다.

(3) 시냉(algor mortis)

사후에 사체가 차가워지는 것을 말하는데 죽을 때의 체온, 환경 온도, 체내 피하지방, 털이나 양모의 양에 따라 차가운 정도가 달라진다.

(4) 색소 침염

① 혈색소 침염(hemoglobin imbibition)

- 사후 용혈로 유출된 혈색소가 혈관내막이나 인접 조직에 침착되어 분홍색이나 적색으로 나타난다.
- 혈액이 섞인 흉수와 복수도 이러한 혈구 파괴에 기인한다.
- 죽은 태아 조직의 경우, 태아사 이후 자궁내 정체되므로 혈색소 침윤(특히 돼지와 소의 태아에서)이 흔히 관찰된다.

② 담즙색소 침염(bile imbibition)

- 사후에 담낭벽이 사후변화 되어 담낭에 인접한 조직으로 스며 나와 황색에서 녹색의 담즙 색소 침윤이 일어난다.

(5) 골격근과 근색소 융해

- 사후 골격근에서 근색소의 해리는 근섬유의 괴사, 근경색 또는 살아있을 때의 노역성 근염과 감별해야 한다.
- 융해된 근육은 엷은 적색에서 분홍색으로 부드럽고 부종처럼 보인다.

(6) 거짓 흑색증(pseudomelanosis)

장내 부패세균이 발산한 황화수소(H_2S)와 용혈된 적혈구에서 유리된 철분(Fe)이 결합하여 생성된 황화철(FeS)이 검은색으로 침착된다(특히, 장과 인접 장기의 표면에서 관찰되며 간, 신장, 비장, 간, 복벽근에 다발).

(7) 자가융해

자체의 효소에 의해 융해되는 것을 말하며, 조직이 부드러워지고 취약해진다.

pH가 낮아짐에 따라 세포내 라이소좀의 단백분해 효소(proteolytic enzyme) 방출로 조직의 세포가 자가소화되는 현상이다.

뇌, 간, 신장, 소화기 점막, 담낭점막, 부신수질, 방광의 상피세포는 자가융해가 빨리 일어난다.

- 간 : 사체는 진행성으로 자가융해 소화(autolytic digestion)가 발생한다.
- 장 : 소화효소와 장내 부패세균에 의해 빠르게 자가융해 된다. 개복 후 빨리 고정해야 좋은 조직소견을 기대할 수 있다.
- 신장 : 양에서 장독혈증의 진단에 중요한 단서가 되는 “pulpy kidney” 소견은 동물이 폐사할 때 신장 내의 높은 포도당과 글리코겐 수치로 급속한 자가융해가 일어난 것이다.

(8) 사후 혈액응고

혈관벽에 붙어 있지 않고 표면이 평활하며 광택이 있다.

① Currant jelly clot

- 적혈구를 함유하기 때문에 적색을 띠며 연하고 쉽게 부서지며 탄력성이 없다.

② Chicken fat clot

- 적혈구는 침강하여 다른 곳으로 빠져나가 주로 백혈구, 섬유소와 혈소판으로 구성되며, 닭의 지방

같이 노란색을 보이고 Currant jelly clot보다 탄력성이 크다.
- 죽음에 이르는 경과 시간이 길거나 심한 빈혈시에 나타난다.
- 주로 좌심실, 대동맥, 심방 등에서 관찰된다.

③ 죽기 전에 생성된 혈전 또는 색전과의 감별
- 사전 혈전(색전)은 혈관에 강하게 부착되어 있기 때문에 잘 떨어지지 않으며, 표면이 거칠고 광택이 없다.

(9) 사후 고창(postmortem tympanites ; bloat)

점진적인 부패과정이나 발효에 의한 위장관의 팽창이 일어나고 때때로 직장탈, 장중첩 또는 소화관의 파열이 일어난다.

① 사전 고창과의 감별
- 말에서 대만부의 위파열(stomach rupture)은 사전과 사후 고창 모두에서 일어나므로 감별해야 한다. 사전 고창의 경우, 파열된 부위에 출혈소견과 섬유소 침착, 국소 염증소견 및 변성 또는 괴사가 관찰된다. 사전 장중첩은 잘 환원되지 않으나 사후 장중첩은 쉽게 분리되어 원상태로 돌아온다.

(10) 사후 기종(postmortem emphysema)

소화관 이외의 조직에 가스가 찬 것으로 가스를 생성하는 부패세균 때문이다(특히 간, 폐에서).

(11) 상피의 탈락
- 사후 부패세균에 노출된 조직(특히 제1위 점막상피세포)에서 일어난다.
- 가수분해효소와 세균산물에 의해 조직이 부서지기 쉽다.

(12) 기타

① 비강과 구강의 분비물
- 살아있을 때 어떠한 병변에서 생성된 분비물인지 아니면 사후변화인지 감별해야 한다.
- 위역류인지, 아니면 고창증 또는 흉강의 눌림에 의한 거품인지를 감별해야 한다.

② 직장탈 또는 질탈
- 주로 복입의 증가로 발생하는데, 장기에 어떤 염증 유무와 자가융해의 정도를 확인한다.

③ 기관이나 폐내 음시물
- 폐사 전 현상(agonal changes)이며 염증반응이 없다. 만약 죽기 전에 폐에 음식물이 존재했다면 오연성 폐렴으로 염증반응이 생긴다.

④ 식도내 음식물
- 대부분이 사체를 잘못 다룰 때 발생하며, 만일 사전에 식도에 이물질이 존재했다면 수종, 종창, 발적 및 압박괴사 등을 볼 수 있고, 식도폐쇄 시에는 질식(choke)에 의한 임상증상이 관찰된다.

⑤ 접종부위
- 어떤 물질이 접종되었는가에 따라 다양한 형태와 색깔을 띤다.

2) 자가융해의 속도

(1) 온도의 영향

- 자가융해는 주위 환경, 체내에 과다하게 생산된 열, 체온 방출의 지연(특히, 양) 등으로 가속화된다.
- 부검 대상 사체는 가능하면 냉장보관하고, 어쩔 수 없을 때만 냉동 보관한다. 냉동 보관 시에는 얼음 결정에 의한 인공산물(artifact)이 생긴다.

(2) 조직 부위에 따른 차이

- 대사활동이 활발한 장기는 자가융해가 빠르다.
- 내인성 가수분해 효소가 많은 장기(장, 췌장, 부신수질 등)도 자가융해에 의한 사후변화가 빠르나 뼈와 피부는 늦다.

3) 사후 변화를 억제하거나 방지할 수 있는 방법

- 사후 자가융해 속도를 늦추기 위하여 부검 직전까지 소동물은 냉장보관 하고 대동물인 경우에는 서늘한 곳에 보관한다.
- 일반적으로 자가융해(조직 효소에 기인)와 부패(정상세균총의 효소에 기인)과정은 10% 중성 포르말린 고정액에 넣으면 정지된다.

① 시료채취 시의 중요한 두 가지 요건

- 조직시료의 두께가 5 mm를 초과하지 않아야 한다.
- 고정액의 양은 조직 부피의 약 10배 이상이어야 한다. 단, 뇌는 고정이 잘 안되므로 20배 이상이 필요하고, 눈은 특수한 고정액인 보우인 용액(Bouin's fluid)에 고정시킨다.

10. 부검 결과의 보고

부검의 궁극적인 목적은 질병의 원인을 규명하는데 있다. 부검 후 최종 보고서에 반드시 기록해야 할 사항으로는 임상병력, 육안적 소견, 현미경적 소견, 그리고 최종 진단명이다.

부검을 통해 진단이 어려울 경우로는 첫째로 미흡한 병력청취로서 예를 들어 일산화탄소 중독에서 폐사 당시의 환경 상태에 대한 임상병력의 청취가 부족하여 진단이 어려운 경우를 들 수 있다. 둘째는 외부검사의 부족으로 예를 들어 피부 표면에서 전기 화상 소견을 관찰하지 못해 감전사의 예상이 어려운 경우이다. 세 번째는 내부 검사의 실수에 의한 것으로서 부검 시 흉강을 잘못 건드려 기흉 진단을 놓치는 경우를 예로 들 수 있다. 다음으로 조직학적 검사가 불충분한 경우로 예를 들어 뇌간, 특히 소뇌다리(cerebellar peduncle)의 조직을 채취하지 않아 개 디스템퍼의 확진, 단서를 놓치는 것이다. 또한 독성학적 검사의 부족 등을 생각할 수 있으나 독성병리학적 검사는 법의학자에게는 중요하지만, 실제적으로 경제적인 이유 때문에 수의학 분야에서는 널리 이용되고 있지 않다. 병력, 임상 증상 및 부검 소견을 토대로 수의사는 제한된 화학물질(독극물)을 검사하고 있으며, 특히 유기인제 살충제와 같은 물질은 불안정하여 시간이 지체 되면 진단에 어려운 점이 있다.

부검결과 음성 판정이란, 임상증상은 나타나나 병리학적 소견이 전혀 없다는 것을 말한다. 그 예로 특발성 간질증(idiopathic epilepsy)은 수의 분야에서도 흔히 볼 수 있는 기능적 질병의 예로서 미국의 가장 우수한 법의학 센터에서도 부검 소견상 음성 판정이 10~12%를 차지한다고 한다.

11. 부검기법의 응용

부검의 순서는 동물에 따라 다소 차이가 있을 수 있으나 그 중에서도 소화기 검사에서 단위 동물과 반추수는 뚜렷한 차이를 보인다. 그러나 기본적인 부검 순서는 거의 비슷하다. 따라서 병변을 잘 찾아 기술하고 적절한 부위에서 시료를 채취하는 것이 중요하다. 또한 부검을 성공적으로 수행하기 위해서는 병변을 관찰하고 기술하는 능력도 중요하지만 부검 동물의 축종에 따른 기본적인 해부학 지식을 겸비하고 있어야 한다. 즉 부검시에 나타나는 각종 장기의 정상적인 크기, 색깔, 위치, 연령에 따른 변화 등에 대한 정상적인 소견을 숙지하고 있어야만 비정상적인 구조물이나 질병에 의해 발생하는 내용물을 병변이나 그 결과물로 알 수 있기 때문이다.

이 책에서 설명하고 있는 부검 기법을 숙달하기 위해서는 기본적인 해부학적 지식뿐만 아니라 병리학적 병변의 판독능력을 갖추도록 노력하여야 한다. 이 책의 그림 및 설명을 통해 개의 부검 기법을 잘 익혀 실제 부검에 활용된다면 더욱 체계적인 부검을 수행할 수 있을 것이다. 또한 이를 응용하여 고양이의 부검뿐만 아니라 반추수나 말, 돼지, 닭, 마우스 등과 같은 실험동물의 부검을 수행하는데 큰 도움이 될 것이다.

12. 부검 준비물

1) 부검 의뢰서

부검 의뢰서는 일반적으로 부검의 용도에 따라 그 양식이 다양할 수 있으나 기본적으로 반드시 필요한 사항과 추가 항목이 포함되어야 한다.

일반적으로 반드시 포함되어야 할 항목(부록 참조)으로는 의뢰번호, 개체번호(시험군 번호 포함), 동물종 및 이름, 성별, 연령, 개체별 특징, 부검 의뢰자 주소 및 연락처, 임상병력[주요 증상, 기간, 정도, 전처리 상황(백신이나 치료약품, 항생제 사용 여부), 기왕력, 폐사수 또는 폐사율 등], 축사 환경(사료의 종류와 사료의 변화, 축사형태, 규모 등), 이전 부검의뢰 여부 및 의뢰결과 등이 있다. 추가항목으로 마취방법, 폐사일자 및 부검일시, 병리책임자, 부검책임자, 부검자, 장기 중량 측정자, 기록자 및 장기 중량, 육안소견, 사진촬영 여부, 시료채취 부위, 실험실 검사 여부 및 결과(임상병리학적 검사치) 등이 있으며, 개체가 아직 살아 있다면 실험실 검사를 위해 혈액도 채취하여 검사한다.

2) 부검 기구 및 기자재

(1) 마취 및 채혈
- 마취제, 주사기, 가위, 채혈 용구, 탈지면, 종이수건 등

(2) 코르크 도마(Cork board)
- 사체의 조직을 채취하고 손질할 때 사용된다.

(3) 칼(Knives)

① 일반 부검칼(standard necropsy knife)
- 5kg 이상 동물을 절개할 때 사용된다.

② 외과용 칼(surgical blade)
- 5kg 미만 동물을 절개할 때 사용된다.

③ 일회용 면도날(flat rectangular blade)
- 조직을 손질할 때 사용된다.

(4) 돌 및 칠제 숫돌(Stone and steel)
- 칼날을 예리하게 갈 때 사용된다.

(5) 가위(Scissors)

① 중형 수술 가위(medium sharp/blunt scissors)
- 사체의 장기를 제거할 때 사용된다.

② 나무 전정용 가위(large serrated scissors)
- 설골을 자를 때나 미성숙 동물에서 골절도의 대용으로 사용된다.

(6) 핀셋, 겸자(Forceps)

① 핀셋(thumb forceps)

- 조직을 잡거나 제거하는데 사용한다.

② 장 겸자(clamping forceps)

- 위장관을 제거하기 전에 장내용물로 인한 오염을 최소화하기 위해 분문부와 직장을 일시적으로 잡는 데 사용된다.

(7) 절단기(Cutters)

① 골절도(bone cutter)

- 늑골과 골반을 자르거나 뇌나 척수를 제거하는데 사용되며 다양 한 크기의 골절도가 이용된다.

② 석고붕대용 절단기(cast cutter)

- 중추 신경계 검사에 필요하다.

(8) 기타

- 적출장기 운반용 장비, 생리식염수 분무기, 운반용기, 지혈핀셋, 주사기, 숫돌

3) 시료 채취 기구

(1) 고정액

① 포르말린(formalin)

- 광학현미경적 검사에 필요한 조직의 고정액으로 10% 중성 포르말린이 이용된다.

② 글루타르알데히드(glutaraldehyde)

- 전자현미경적 검사에 필요한. 고정액으로 3~5%로 사용한다.

③ 부앵 용액(bouin's fluid) 및 각종 카셋트

- 고정액이 잘 침투하지 않는 장기 특히 눈의 고정시 이용된다.

(2) 시료채취 용기

① 입이 넓은 병

- 중형견 이상에서 부검시 시료 채취를 위해 필요하다.

② 작은 시료병(50~100 ml)

- 독성학적 검사를 위한 시료 채취나 증례 중심의 부검시 시료 채취용으로 적합하다.

(3) 표지용 도구

① 표지

- 시료병의 관리를 위해 번호를 붙여 두어야 하며, 그 표지는 포르말린이나 조직액이 묻어도 변하지 않을 만큼 견고한 비흡수성 종이로 만들어져야 한다.

② 필기구

- 연필을 사용해야 약물이 묻어도 변하지 않는다.

(4) 사진촬영

- 사진촬영에 필요한 기구로는 접사 가능한 카메라, 필름, 촬영대, 촬영용 자 또는 라벨, 촬영 기록지, 조명 등이 있다. 촬영할 때에는 부검번호 등을 기록한 표를 만들어 조직이나 장기 아래에 위치시킨 후 촬영한다. 또한 부검대장에 필름 번호를 기록하고 촬영부위 및 육안소견을 기록해 둔다.

(5) 사체처리용 봉지

- 사체를 처리하기에 충분한 크기의 내구성이 강한 비닐봉지가 필요하다.

(6) 기타

① 미생물 배지 및 미생물학적 검사 기구

- 미생물학적 검사(세균 분리 동정, 항생제 감수성 검사 등)를 위해 시료 채취 전에 이용된다.

② 시험관, 주사기, 채혈병

- 오줌, 복수, 혈액 등의 생화학적 검사시 필요하다.

③ 혈액도말용 슬라이드

④ 기타

- 그 외 멸균 플라스틱 백, 멸균 면봉, 혈액 보관용 튜브 및 항응고용 혈액 채취용기도 필요하다.

4) 부검 복장과 부검대

(1) 부검 복장

- 인수공통 질병에 감염되는 것을 막고 부검시 부검자를 보호하기 위해 마스크, 장갑 및 보호용 비닐 복장을 몸 전체에 착용해야 하며, 5 kg이 넘는 동물을 부검할 때는 바닥에 체액이나 조직들이 흘러나오기 때문에 덧신을 신어야 한다.

(2) 부검대

- 부검대는 사체를 충분히 눕힐 수 있는 크기여야 하며, 부검시 나오는 액상물질이 잘 빠져나가도록 제조된 것이어야 한다. 또한 부검 후 소독을 위해 물과 비누 및 소독제를 양동이 등에 충분히 준비한다.

(3) 조명

- 조명기구는 반드시 부검대 위에 설치되어야 하며, 가능한 태양광선과 유사한 적절한 광도의 조명기구가 설치되어야 한다. 부적절한 인공조명으로 인해 정상 장기가 울혈된 것처럼 보이는 경우가 흔히 있으므로 주의를 요한다.

돼지 부검

(1) 돼지를 왼쪽으로 횡와시킨다음 전신 외부상태의 검사차원에서 탈수상태, 피부병변(분포양상, 색깔, 형태 등), 관절(종창이나 궤양), 사지, 귀(외상, 괴사나 청색증), 체공(입, 비공, 생생식기, 항문)점막의 분비물 등을 그대로 둔 상태(in situ)에서 관찰한다.

(2) 오른쪽 앞다리 겨드랑이부위를 절개하여 반전시키고 하악부와 항문부위까지 복부 정중선의 약간 오른쪽 부위를 따라 절개한다.

(3) 절개선을 중심으로 박피하면서 피부를 반전시킨다. 체표림프절을 검사한다.

(4) 최후 늑골 주위의 복막을 절개한 후 늑골쪽에서 오른쪽 뒷다리 골반부위를 향해 요추주위 복막을 따라 치골 앞부분까지 절개하여 복강을 개방한다.

(5) 복벽을 반전시켜 검사한다. 복막의 유착이나 복수(혼탁도, 색깔, 양) 등을 검사하고 복강내 장기를 원래 상태(in situ)에서 검사한다.

(6) 횡격막을 천공하여 흉강내 음압상태를 검사한 후 횡격막을 제거한다. 골절도로 늑연골을 절단하여 흉부를 개방한다.

(7) 흉강내 장기를 원래 상태(in situ)에서 검사하고 흉수 등의 유무도 검사한다. 또한 심낭막의 유착 유무와 심낭액의 양, 섬유소 삼출 등을 검사한다.

(8) 설골과 혀 양쪽의 연부조직을 절개하고 혀를 들어올리면서 식도, 기관 및 폐를 끄집어낸다. 폐를 흉벽에서 분리할 때 유착 여부를 확인한다.

(9) 위와 식도 연접부위는 겸자로 잡은 후 가위로 절제하여 상부소화기 및 호흡기계 장기를 분리한다.

(10) 구강 및 식도를 가위나 칼로 절개하면서 검사한다. 또한 기관 및 기관지도 절개하면서 점막과 내용물을 검사한다.

(11) 폐 표면을 관찰하여 기록하고 촉진을 통해 경도를 검사한다. 돼지의 폐병변은 호흡기 질병에 따라 병변의 형태나 분포 및 경도, 색깔 등이 특징적으로 나타나는 경우가 있으므로 병리학적 용어를 잘 이용하여 기록하여야 한다.

(12) 심장을 절제해낸 후 심외막의 출혈이나 지방의 장액성 위축, 심근의 비대나 확장의 유무 등을 검사한다.

(13) 우심실은 심중격을 따라 우심방으로 U자형을 그리면서 절개한 후 삼첨판과 심내막을 검사하고 폐동맥까지 절개한 후 심근도 절개하여 검사한다.

(14) 좌심실 절개를 시작하여 관상동맥구를 거쳐 좌심방을 따라 대동맥까지 절개한다. 절개 후 방실판막(이첨판)의 증식이나 단열 등의 여부를 검사하고 대동맥 반월판 및 혈관내강을 검사한다.

(15) 식도와 직장부위에서 절단하여 복강장기를 들어낸다.

(16) 신장 윗부분에 위치한 부신을 분리한 후 시료를 채취한다.

(17) 신장 피막을 벗겨 유착 유무를 확인하고 신장의 표면을 주의깊게 관찰한 후 오른쪽 신장은 머리쪽에서 꼬리쪽으로 요관이 부착된 채로 떼어내어 횡축으로 절개하고, 왼쪽 신장은 종축으로 절개한다. 시료는 피질, 수질, 신우가 모두 포함되도록 채취한다.

(18) 간을 떼어내어 표면의 병변과 색깔 및 경도를 검사한다. 여러 부위를 절개하여 절단면도 검사한다.

(19) 생식기를 절제하여 검사한다.

(20) 위에서 비장을 절제하여 검사한다.

(21) 위를 검사한 후 십이지장, 공장, 회장, 맹장, 결장, 직장 순서로 검사하며, 장간막 림프절 또한 검사한다. 채취시료는 장점막이 손상 되지 않도록 한다. 병변이 없을 때는 위, 십이지장, 췌장, 근위부

및 원위부 공장, 맹장이 붙은 회장을 각각 채취한다. 채취 길이는 3~6 cm 정도로 군데군데 부분 절개하여 고정이 잘 되도록 한다.

(22) 환추후두골 관절의 배쪽에서 등쪽으로 절단하여 몸통에서 머리를 분리한 후 피부와 근육을 제거하고 톱으로 두개골을 절개하여 뇌를 꺼내 검사한다. 필요시에는 척수를 분리하고 안구도 적출하여 검사한다.

(23) 사지 및 등쪽 근육부위를 여러 군데 절단하여 근육의 출혈이나 손상된 부위 및 근육질의 색깔 등을 검사한다.

(24) 오른쪽 고관절 부위를 개방하여 절단면과 활액낭의 상태를 검사하고 사지를 반전시켜 움직이지 않도록 고정한다. 오른쪽 뒷다리 무릎부위의 피부 및 피하조직을 절개하고 무릎관절을 개방하여 검사한다. 같은 방법으로 오른쪽 앞다리의 어깨관절과 팔꿈치관절도 동일한 방법으로 검사한다.

반추수 부검

(1) 외부검사를 철저히 하여 기록한다.

(2) 동물을 왼쪽으로 횡와시킨다.(반추수의 제일 큰 장기인 제 1위가 왼쪽에 위치하므로 다른 장기의 검사에 방해가 되지 않도록 하기 위하여)

(3) 사체의 배쪽 정중선을 따라 항문에서 턱쪽으로 절개한다(음경은 우회한다).

(4) 앞다리의 겨드랑이 부위와 뒷다리의 샅부위의 근육과 결합조직을 절개한 후 오른쪽 다리를 반전시켜 바닥에 닿게 한다. 특히, 뒷다리는 샅근육과 대퇴관절까지 절개하여 대퇴머리(대퇴골두)를 노출시킨다.

(5) 하악, 목, 흉부, 복부의 피부를 박피한다.

(6) 얕은림프절(체표림프절)을 검사하고 피하조직에 병변이 있는지 검사한다.

(7) 최후 늑골의 후방에서 칼로 구멍을 뚫은 후 요추의 가로돌기까지 등쪽으로 절개한 다음 샅부위를 향해 뒤쪽으로 절개하여 복강을 노출시킨다. 이때 복강장기의 위치를 원래상태(in situ)에서 검사하여 변위(displacement) 여부 등을 확인한다.

(8) 복벽이 반전되어 바닥에 닿을 때까지 샅부위에서 백선부위로 절개를 계속하여 복강을 충분히 개복한다.

(9) 폐사 전 기흉 및 폐의 허탈 등의 여부를 검사하기 위해서 횡격막을 부검용 칼을 이용하여 천공시킨다. 정상적인 경우 흉강내압은 음압상태이므로 공기가 흉강내로 유입되어 횡격막이 복강쪽으로 밀려난다. 횡격막 오른쪽을 등쪽 정중선에서 배쪽 정중선 방향으로 늑골연접부를 따라 절개하여 흉강 내용물을 검사한다.

(10) 늑연골결합부를 따라 근위에서 원위방향으로 선을 긋는다.

(11) 그어진 선을 따라 도끼나 골절도로 늑연골결합부를 절개한 후 흉골을 분리하고 흉강을 노출시킨다. 흉강과 복강표면의 늑연골결합부를 절개하여 충분히 개방한다.

(12) 흉강과 복강 내용물을 원래상태(in situ)에서 자세히 검사한다.

(13) 혀 양쪽의 가장자리와 하악골의 연접부 연부조직을 절개하고 설골장치를 분리하여 혀와 후두를 들어낸다.

(14) 이때 식도, 후두, 기관, 폐, 심장 등을 조심스럽게 함께 들어낸다.

(15) 복강장기를 들어낸 후 오른쪽 부신을 떼어내고 오른쪽 신장을 느슨하게 하여 관골결절 위로 반전

시켜 요관을 노출시킨다. 왼쪽 신장과 부신도 같은 방법으로 실시한다.

(16) 골반강에서 직장을 묶고 가로로 절단한다. 직장, 결장, 회장, 공장 등의 장간막을 절개한다.

(17) 담낭의 개통성을 확인하고 담관을 잘라서 담관내 기생충 및 담석유무를 확인한 후, 제 4위에서 원위로 15 cm 떨어진 부위의 십이지장을 검사한다.

(18) 전위(제 1위, 제 2위, 제 3위)와 제 4위를 배쪽으로 잡아당기고 등쪽에 붙어있는 연부조직을 절개하여 한꺼번에 들어낸다. 비장은 보통 제1위 왼쪽에 붙어있다.

(19) 간을 횡격막과 함께 떼어낸다.

(20) 관골절구 등쪽의 장골을 절단하고 관골절구 배쪽의 치골을 절단하여 골반강을 노출시킨다. 비뇨생식관과 직장의 뒤쪽 말단은 한꺼번에 들어낸다.

(21) 분리한 장기를 흉강장기, 복강장기 등으로 구분하여 각각 검사한다. 소화관을 검사하기 위해서는 원반형 결장을 바닥에 놓고 왼손으로 결장의 한쪽 끝을 잡으면 편리하다. 십이지장에서 시작하여 소장을 검사하고 맹장을 검사한 다음 장을 뒤집어 원반형 결장과 직장을 검사한다. 전위(제 1위, 제 2위, 제 3위), 제 4위, 십이지장 근위부를 검사한다. 먼저 십이지장, 제 4위, 제 3위, 제 2위를 열어 검사 한 후 제 1위를 검사한다.

(22) 목을 길게 늘어뜨린 후 필요하다면 환추후두골 관절의 배쪽에서 뇌척수액을 채취한 후 머리를 잘라낸다. 뇌를 들어내기 위해 하악결합부를 톱으로 절단하여 머리를 분리하거나 톱으로 두개골을 절제한 후 경막을 수술용 가위로 절개하여 뇌를 꺼내는 방법이 있다.

(23) 필요하다면 도끼를 이용하여 척수를 노출시켜 척추밖으로 꺼낸다.

(24) 관절을 포함하여 앞다리와 뒷다리를 검사한다.

(25) 부검이 끝나면 사체와 사체의 내장을 정해진 방법으로 처리한다. 양이나 산양의 사체는 소각되기 직전까지 냉암소에 보관해야 한다.

말 부검

(1) 외부검사를 자세히 한다.

(2) 사체 오른쪽을 아래로 횡와시킨다(말은 오른쪽 등쪽결장이 가장 크기 때문에 다른 장기의 검사에 방해가 되지 않도록 오른쪽이 아래로 가게 눕힌다).

(3) 앞다리의 겨드랑이 부위와 뒷다리의 샅부위의 근육과 결합조직을 절개하여 왼쪽 다리가 반전되어 반대쪽 바닥에 닿게하여 보정한다.

(4) 배쪽 정중선을 따라 항문에서 턱쪽으로 절개한다.

(5) 하악, 목, 흉부, 복부를 가능한 한 전부 박피한다.

(6) 체표 림프절을 검사하고 피하조직에 병변이 있는지 검사한다.

(7) 최후 늑골 후방의 척추가로돌기부위에서 칼날로 구멍을 뚫은 후 백선을 향해 배쪽으로 절개한 후 백선을 따라 항문을 향해 뒤쪽으로 절개한 다음, 척추가로돌기 부위까지 절개하여 복벽을 떼어낸다.

(8) 검상연골에서 첫째늑골 원위말단으로 선을 그은 후 첫째늑골의 근위말단에서 다른 늑골의 근위말단을 따라 뒤쪽으로 선을 긋는다.

(9) 도끼나 골절도로 등쪽과 배쪽에 그어진 선과 늑골을 따라 절단한다. 최후 몇 개의 늑골 사이에 구멍을 뚫어 손으로 잡기 편하게 한 다음, 늑골과의 연접부를 따라 골절도로 늑골을 떼어낸 후 횡격막을 제거한다.

(10) 흉강, 복강 및 골반 장기를 원래상태(in situ)에서 세심히 관찰하여 장기의 변위여부와 종괴의 유무, 복수, 병변의 유무 등을 확인한다. 특히, 다음의 장폐색의 호발부위를 잘 살펴야 한다.
① 십이지장
② 회장 말단
③ 맹장
④ 대결장의 골반굽이
⑤ 등쪽결장과 소결장의 연접부

(11) 혀, 기관, 식도, 폐, 심장 등을 조심스럽게 함께 들어낸다. 혀의 왼쪽가장자리와 하악골 목부위의 연부조직을 절개하여 혀를 들어낸다. 연구개 주위와 인두 뒤쪽부분인 설골장치의 갑상설골(큰뿔)과 각설골(작은뿔) 사이의 연골을 절단하여 혀, 기관, 식도 및 경부혈관을 들어내어 흉강입구로 오게 한다.

(12) 앞의 조직과 함께 횡격막 바로 직전까지 가슴대동맥, 식도, 후대정맥 등을 떼어내어 폐, 심장 등을 들어낸다.

(13) 복강장기를 들어내기 위해서는 먼저 대결장의 골반굽이를 잡아당겨 복강에서 빠져나오게 하여 사체의 직각방향으로 들어낸다. 종종 저절로 빠져 나오는 경우도 있다.

(14) 하행 결장을 말의 등쪽으로 밀어내고, 골반입구에서 직장을 절단하고 하행결장을 머리 쪽으로 반전시킨다. 이 부분을 계속 앞쪽으로 반전시키고, 췌장을 가로결장과 분리한 다음 췌장을 검사한다.

(15) 십이지장결장주름 부위에서 십이지장 말단부를 노출시키고 소장을 들어낸다.

(16) 비장, 왼쪽 신장 및 부신을 떼어낸다.

(17) 앞쪽 장간막동맥을 촉지한다. 복강동맥에서 장골동맥까지 개구하여 혈관분지부(특히, 전장간막동맥)의 동맥염의 유무를 확인한다.

(18) 배쪽대동맥을 따라 맹장과 결장을 한꺼번에 들어낸다.

(19) 오른쪽 신장과 부신을 떼어낸다.

(20) 체벽에 붙어있는 횡격막 부위를 잘라서 위, 간, 십이지장, 췌장을 한꺼번에 떼어낸다.

(21) 골반장기를 들어내기 위해서는 폐쇄공의 앞쪽과 뒤쪽 만곡부와 장골사이를 절단한 다음 직장, 요관, 방광 및 생식기를 반전시켜 한꺼번에 들어낸다.

(22) 분리한 장기를 각각 자세히 검사하고 병리조직시료를 채취한다.

(23) 머리를 분리하여 뇌를 꺼낸다.

(24) 필요하다면, 도끼나 톱을 이용하여 척수를 노출시켜 꺼낸다.

(25) 앞다리와 뒷다리 관절의 활액낭의 상태를 검사한다.

닭 부검

(1) 살아있는 닭에서 보행, 신경증상, 호흡기 증상을 관찰한다. 체표면의 이상 유무 즉 깃털, 피부, 체공, 꼬리샘, 눈을 검사하고 근육의 발육상태인 위축 여부를 확인한다.

(2) 안락사의 가장 일반적이고 편리한 방법은 환추후두골 사이를 탈구시키는 경추탈구법과 연수에 공기주입법이 있으며, 그 외 이산화탄소 가스, 마취제, 전기도살법 등이 있다.

(3) 부검할 닭에 물을 적셔 깃털이나 먼지의 날림을 방지한다.

(4) 가검물을 앙와위로 눕힌다. 복벽과 대퇴사이의 피부를 절개하여 다리를 반전시키고 대퇴관절을

절개하여 완전히 노출시킨다.

(5) 복부의 바깥쪽에서 횡으로 피부를 절개한 후 앞쪽으로 잡아당기면서 가슴근육, 흉협부, 배쪽 경부를 박피한다.

(6) 흉골의 뒤쪽 끝을 들어올려 늑골을 절단하고 양쪽 측면으로 늑연골 연결부위를 따라 절개하며 오탁돌기와 쇄골을 절단하여 흉골 및 흉부를 제거한다.

(7) 흉강과 복강장기를 원래상태(in situ)에서 자세히 관찰하여 심낭, 흉강 및 복강에 비정상적인 내용물 또한 지방 및 섬유소 침착의 여부도 확인한다. 기낭은 혼탁과 치즈양 삼출물 유무를 관찰한다.

(8) 부검가위로 부리접합부 양쪽을 자르고 하악을 반전시켜 노출된 구강, 혀, 경구개, 뒤콧구멍틈새 및 후두를 검사한다.

(9) 식도를 따라 모이주머니까지 절개한 후 내용물의 종류와 냄새를 관찰한다.

(10) 후두를 개방하고 명관을 지나 기관을 따라 기관지까지 절개한다. 기관 점막의 상태 및 삼출물 등의 병변을 관찰한다.

(11) 심장을 분리하여 검사하고, 기관지와 폐를 살짝 들어올려 늑골사이공간(intercostal recess)과의 연접부를 떼어내어 몸통과 분리해낸 후 주의깊게 관찰한다.

(12) 간, 비장을 분리하여 병변을 검사한다.

(13) 십이지장 사이에 있는 췌장을 검사한다. 식도와 선위가 연결되는 부위를 종단하고, 근위를 잡고 천천히 잡아당기면서 장간막 연결 조직을 제거하여 전체 위장관을 분리한다.

(14) 위장관 검사는 선위, 근위, 소장, 맹장, 결장 및 총배설강 순이 로 실시하며, 병변(선위의 출혈유무)과 기생충(맹장의 콕시듐) 등의 존재여부를 관찰한다.

(15) 생식선을 원래상태(in situ)에서 검사한다. 암컷인 경우 난포와 난관을 분리하여 발달상황을 확인하고 난관은 횡단하여 점막 병변을 관찰한다.

(16) 관골 배쪽 오목에 들어있는 신장의 앞쪽, 중간, 뒤쪽부분을 각각 떼어내어 검사한다.

(17) 흉강장기와 복강장기를 들어낸 후 노출된 늑골사이신경과 대퇴부에 위치하는 두 가닥의 내향근을 둔성 분리하여 좌골신경을 노출시켜 검사한다.

(18) 대퇴골 및 경골의 성장판이나 골수 등을 검사한다.

(19) 두개골과 위쪽 목부위를 박피하고 환추-후두골관절을 자른 후 부검용 가위와 골절도로 두개골을 개방한 다음 뇌막을 제거하고 뇌를 분리하여 검사한다.

☞ 참고사항 : 닭의 채혈 방법

혈액은 폐사 직후 또는 살아있는 닭에서 혈액을 이용한 각종 검사를 수행하기 위해 채취한다. 즉 혈액 채취의 주 목적은 혈액내 병원성 미생물이나 기생충의 감염 여부, 바이러스 및 세균의 감염 항체가 수준을 알기 위한 혈청 검사, 조직의 손상이나 각종 미네랄과 호르몬의 불균형을 검사하는 임상병리 검사, 그리고 적혈구와 백혈구에 관련된 혈액 검사를 하기 위함이다. 혈청 검사를 제외한 일반 혈액 검사에서는 항응고제가 들어있는 시험관을 사용한다.

채혈방법은 다음 3가지를 들 수 있다.

첫째, 날개의 안쪽에 있는 익하정맥에서 채혈이다. 어린 병아리를 제외한 중병아리 및 성계에서 채혈할 때 가장 좋은 방법이다. 왼손으로 양쪽 날개를 붙잡고 양다리는 가지런히 모아 왼팔 겨드랑이에 끼워 고정시킨다. 그리고 주사기 바늘을 심장 반대쪽으로 근육을 통해 혈관에 삽입시킨다.

둘째, 심장에서의 직접 채혈이다. 가장 좋은 방법은 곧바로 안락사 시킨 다음 채혈하는 것이다. 닭 흉부를 왼손으로 잡고 주사바늘을 흉골과 검상돌기 사이에 삽입한다. 바늘의 각도는 수평 또는 45도로 넣는다. 직접 심장을 볼 수 없기 때문에 많은 경험이 필요하다.

셋째, 경정맥에서 혈액 채취법이다. 한 손으로 보정 가능한 병아리에서 많이 적용되고 있다. 왼손 검지와 중지 사이에 병아리 목을 고정시키고 왼손 검지로 혈관을 확장시킨 후 주사 바늘을 삽입한다.

마우스 부검

(₩BIOL198₩mouse dissection.wpd)

(1) 이산화탄소 가스 질식법으로 마우스를 안락사 시킨 후 다음 사항을 검사한다.

① 눈, 구강, 비강 및 항문과 생식공의 삼출물을 검사한다.

② 마우스의 피모 상태를 검사한다.

③ 마우스 체강내에 있는 덩어리나 비정상인 물질의 존재와 위치를 알기 위해 몸 전체를 촉진해 본다. (부검시 해당 부위를 조심하여 절개한다.)

④ 마우스의 탈수 및 갑작스런 체중감소 여부를 검사한다.

(2) 외부소견 검사에 이어

① 마우스의 복부를 위로 하여 고정하며 부검시 멸균상태를 유지하고, 털이 채취조직에 오염되어 인공산물을 만들지 않도록 하기 위해 에탄올로 마우스 몸 전체를 적셔 씻는다.

② 핀셋으로 요도개구부 앞쪽 피부를 잡아 올려 가위로 서혜부에서 턱밑까지 복부정중선을 따라 절개한다. (피부 아래에 있는 복벽은 절개하지 말고 피부만 절개한다.)

③ 처음 절개한 부위에서 양쪽 무릎 근방까지 절개하여 영문자 'Y' 형상을 이루게 한다.

④ 좀 더 자세한 검사를 위해 절개된 피부를 각 측면으로 반전시켜 끝 부위를 핀 등으로 고정한다.

⑤ 수컷 : 음경이 있는 근육벽과 포피선 사이를 절개하여 포피선을 왼쪽으로 위치시키고, 조직을 채취할 때는 포르말린에 포피선과 음경을 함께 고정한다.

(3) 림프절 검사

림프절은 피하 및 근육과 결합조직사이에 위치한다. 부검 전에 면역반응이 있었다면 림프절을 쉽게 찾을 수 있으나, 아무런 면역반응이 없었다면 찾기가 어렵다. 림프절은 작고 다양한 크기로 마우스의 종류와 종에 따라 색깔이 황백색에서 황갈색까지 다양하다. 유색 마우스인 경우 흰색 마우스 보다 림프절이 더 까맣다. 보통 림프절은 종이 타올 위에 놓고 고정액에 넣어 고정한다. 심부 림프절은 체강내에 존재하므로 부검시 적정한 시기에 채취한다.

(4) 유선조직 검사

유선조직의 관찰은 마우스가 임신 중이거나 비유기일 때 가장 용이하다. 비임신 마우스나 수컷에서 유선검사는 큰 의미가 없다. 실험적으로 발현시킨 유선조직의 종양은 임상적으로 잘 관찰된다.

① 복벽 정중선을 절개한 후 최후늑골 가장자리를 따라 절개하여 복강을 노출시킨다.

② 노출된 근육을 절개한 후 완전히 반전시켜 복강내 장기의 관찰을 용이하게 한다.

③ 원래 상태(in situ)에서 복강내 장기 배열이 정상적인지 관찰한다. 또한, 장기의 색깔과 형태의 정상 유무도 잘 관찰한다.

※ 주의

[그림 1]에서 보이는 횡격막은 실제 부검시에는 관찰되지 않는다.

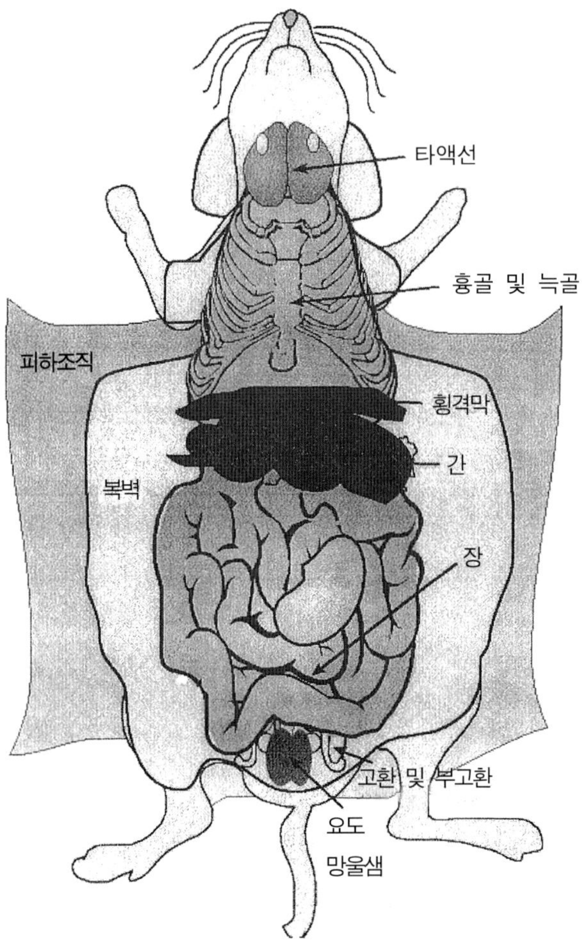

[그림 1] 마우스의 내부장기

이는 간이 흉강쪽으로 깊숙하게 들어가 있고 간을 횡격막이 막고 있기 때문이다.

(5) 생식기계 검사

① 수컷 생식기

- 방광 뒤쪽에서 고환을 감싸는 음낭이 관찰된다. 주위의 지방을 제거하고 고환과 부고환을 조심스럽게 잡아당겨 복강위로 노출시킨다.
- 이때 요도에 연결되는 정관이 절단될 수 있으므로 고환의 원래 상태를 보존해야할 경우에는 당기지 말고 조직을 통째로 고정액에 넣는 것이 좋다.
- 골반연에 존재하는 지방과 근육을 제거하면 골반연을 둘러싸고 있는 음경초를 볼 수 있다.
- 골절도를 이용하여 골반 가장자리의 양측을 절개한 후 골반강을 노출시킨다.
- 노출된 작은 골반강내에서 정낭, 방광, 전립선, 음경초, 요도망울샘을 밖으로 꺼낸다. 이때 전립선 뒤쪽에 있는 음경초는 끊어지기 쉽기 때문에 특히 주의한다.

② 암컷 생식기 검사

- 골반 양쪽을 절개하여 골반강을 노출시킨다.
- 지방에 둘러싸인 자궁, 난소, 난관깔대기를 잘 관찰한다.
- 자궁이나 지방을 잡고 주위 결합조직을 자르면서 골반강 아래로 잡아당긴다.
- 암컷 생식기가 골반강 아래로 노출되면 직장으로부터 질을 분리시킨다.
- 분리된 암컷 생식기를 종이 위에 올려놓는다.

(6) 소장과 대장 검사

① 복강에서 장을 분리할 때 결장과 직장까지 분리할 경우 항문 주위의 피부를 절개하면 더 용이하게 분리할 수 있다.

② 위까지 들어낸 후 주위 지방조직으로부터 장관을 완전히 분리한다.

③ 간과 복강장기에 접하는 면이 위와 밀착되어 있으므로, 위를 분리할 때는 간이 손상되지 않도록 주의한다.

④ 식도는 위 분문부의 0.25~0.5 cm 위쪽 부위에서 절단한다.

(7) 장 검사

- 결장과 직장에서 조심스럽게 집아당기면서 장을 분리한다. 장을 분리하고 나서 장막을 자세히 관찰한다.

(8) 췌장 및 비장의 검사

① 장을 잡아당겨 일렬로 배열한 후 췌장을 관찰한다. 췌장은 햇볕에 그을린 색을 띠기 때문에 주위 지방조직과 쉽게 구분된다. 위와 십이지장 연접부위를 절개한 후 비장을 떼어내서 고정액에 넣는다.

② 소장 부위를 췌장과 함께 넣어 소장과 대장부위의 구분을 용이하게 할 수 있다.

③ 췌장을 종이 위에 놓고 납작하게 편다. 이때 췌장 림프절이 종대되어 있다면 림프절을 관찰할 수 있다.

④ 췌장을 종이와 함께 고정액에 넣는다.

(9) 위

- 위의 형상을 그대로 보존해야 할 경우에

① 유문부위에 주사기를 대고 고정액을 위내로 주입한다.

② 주사기를 위에서 떼어내면 고정액 누출이 조금 있지만 대부분 위내에 남게 된다.

(10) 간엽의 확인

① 준비사항

- 간을 노출시키기 위해 종격을 제거해야 한다. 핀셋으로 종격을 잡고, 횡격막에 구멍을 내어 종격의 양옆을 따라 목부위까지 절개한다. 갑상선이 보통 종격이 바로 위에 붙어있기 때문에 가위의 끝부분을 위쪽으로 향하게 한다. 분리된 종격은 훌륭한 골수 검사용 시료로 사용된다. 노출된 흉강내에 간과 연결된 후대정맥을 자른 후 식도와 함께 앞쪽으로 잡아당겨 간에서 분리한다.

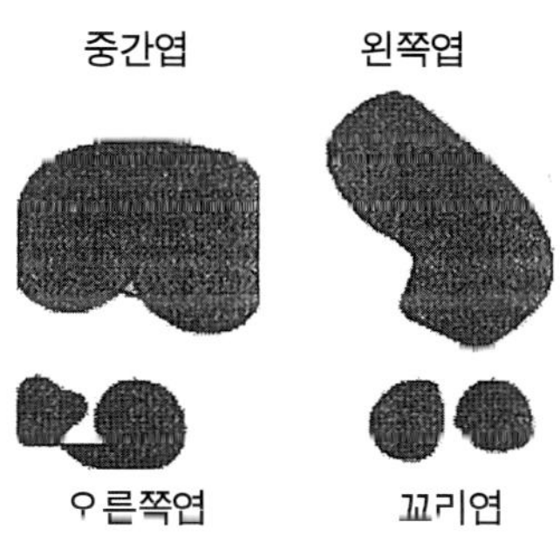

[그림 2] 마우스의 간엽

(11) 간 검사

- 간을 들어내어 검사하기 위해 횡격막을 절개한다. 횡격막을 잡아서 약간의 인장력이 느껴질 때까지 잡아당겨 간을 복강에서 들어낸다. 이때 간동맥으로 인해 간을 완전히 들어내기 어려우므로 간동맥을 자르고 들어낸다. 오른쪽 부신을 너무 빨리 들어내지 않도록 주의한다. 간의 무게는 간동맥의 혈액을 빼낸 후 측정한다.

(12) 간엽의 검사

- 실험목적에 따라 필요한 간엽을 채취한다. 간은 [그림 2]에서 보는 바와 같이 중간엽(median lobe), 왼쪽엽(left lobe), 오른쪽엽(right lobe) 및 꼬리엽(caudate lobes)의 총 4엽으로 구성된다. 담낭은 중간엽의 작은 분지부에 달려있으며, 만일 담낭을 채취해야 할 경우에는 이 부위를 그대로 보존하여 병리학자에게 의뢰한다. 각 엽의 분지부를 분리하여 필요한 엽을 10% 중성포르말린 등의 고정액에 고정하여 병리학자에게 의뢰한다. 각 엽의 분지부를 분리하지 않고 간 전체를 고정액에 집어넣을 경우에는 고정액이 조직에 침투되지 않으므로 병리조직학적 검사를 수행할 수가 없다.

(13) 신장의 검사

- 마우스의 신장은 강낭콩과 모양이 매우 유사하다. 신장은 복강의 등쪽 벽에 위치하며, 이를 둘러싸는 거친 피막에 의해 강하게 부착되어 있다. 부신은 신장의 앞쪽에 있다. 요관을 채취할 경우, 요관을 둘러싸고 있는 지방까지 포함하여 요관 전체를 들어내어 그대로 10% 중성포르말린에 고정한다. 요관을 채취할 필요가 없는 경우에는 간단히 신장과 부신을 함께 떼어낸다. 신장은 피막으로 둘러싸여 있으므로 이를 벗긴 후 고정해야 한다. 먼저 신장이 손상 되지 않도록 신장 깔때기 부위의 투명하고 얇은 피막을 부검용 가위 끝으로 미끄러지듯이 비벼 모아 살짝 자른 후 피막을 벗긴다. 신장의 피질은 짙은 적갈색이며, 충실성의 과립상이나 점상으로 되어 있으며 질기다. 신장도 검사 후 고정액에 넣어 고정한다.

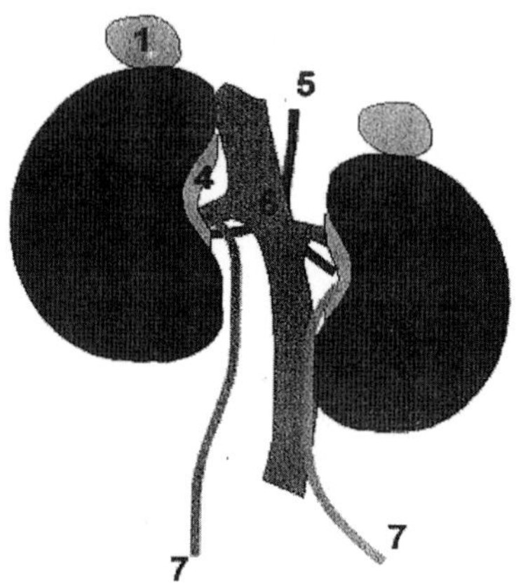

[그림 3] 마우스의 신장

1. 부신 2. 왼쪽 신장 3. 오른쪽 신장
4. 신장깔때기 5. 복부 대동맥
6. 후대정맥 7. 요관

(14) 부신의 검사

- 부신은 될 수 있으면 신장에서 벗겨낸 피막에 부착되도록 한다. 피막과 부신이 신장문에 부착되어 있게 하면 검사하기가 용이하다. 또한 신장주위를 둘러싸고 있는 지방조직에는 관련 림프절이 있으므로 신장과 함께 채취하여 고정액에 넣는다. 수컷의 부신은 암컷의 부신보다 크다는 것을 염두에 두고 부검한다.

(15) 폐엽을 구분하여 검사

(16) 흉강장기의 검사

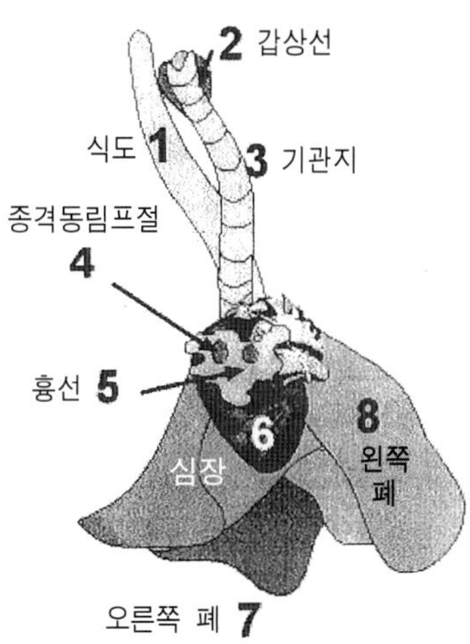

[그림 4] 마우스의 흉강장기

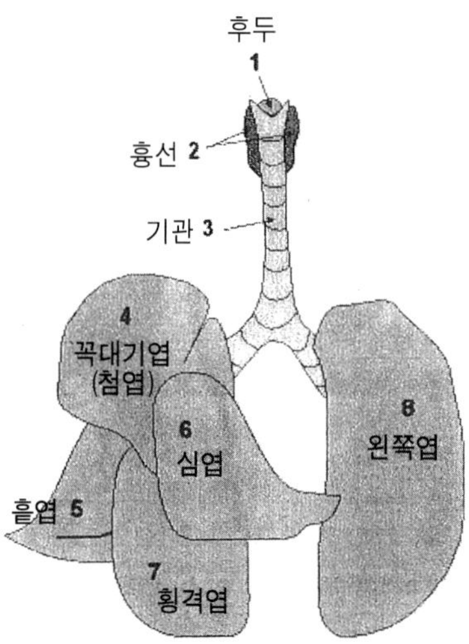

[그림 5] 마우스의 폐엽

식도를 잡고 폐와 함께 부착된 장기를 들어낸다. 후두에서는 잘 보이지 않는 식도와 기관도 함께 들어낸다. 갑상선을 채취하기 위해서 식도와 기관을 최대한 위쪽에서 자르는 것이 중요하다. 각 장기의 세부조사를 위해 모든 흉강장기를 들어낸다.

(17) 일반검사

① 작은 트레이 안에 검사해야 할 심장, 흉선, 폐, 갑상선, 식도, 후두, 종격림프절, 기관 등을 놓는다.

② 식도를 떼어내어 주사기로 식도 한쪽 끝에 식염수를 주입하여 폐색 여부를 검사한다.

③ 갑상선은 산뜻한 황갈색을 띠며 기관 위쪽 말단부위의 양 옆에 붙어있다. 양쪽 갑상선의 크기를 비교하고 색조 및 형태 변화가 있는지 검사한다. 부갑상선은 갑상선 주위나 안쪽에 위치하기 때문에 육안적으로는 관찰되지 않고 오직 현미경상에서만 관찰된다.

④ 흉선은 심장끝이나 배쪽 끝쪽에 위치하며 산뜻하고 투명한 흰색을 띤다. 아주 어린 동물에서는 보이지 않고 성 성숙기 때 커지다가 나이가 들어감에 따라 위축된다. 무흉선마우스(면역억제마우스)에서는 흉선이 없다.

⑤ 종격림프절은 흉선의 등쪽 바깥쪽에 위치하며 종대되는 경우 흉선과 그 모양이 비슷하므로 흉선으로 착각하지 않도록 주의한다.

(18) 폐의 검사

- 고정액이 들어있는 주사기 바늘을 기관에 삽입하여 고정액을 폐로 주입한다. 이 과정은 폐조직이 보존되어 병리조직학적검사에 유용할 뿐만 아니라 페를 3차원적으로 검사하는데 도움이 된다. 정상적인 폐는 산뜻한 분홍색이며 표면은 부드럽고 신선하게 보인이다. 각각의 엽을 보이지 않는 곳까지 자세히 검사하고 폐조직 전체를 고정액에 넣는다. 정상적으로 폐는 치밀한 조직이 아니고 공기가 채워져 있기 때문에 고정액 표면에 뜬다. 만일 폐가 고정액에 뜨지 않고 가라앉을 경우 폐허탈 등과 같은 비정상적인 병변이 있음을 암시한다. 폐, 식도, 심장, 갑상선, 기관, 흉선, 종격림프절을 한 단위로서 검사한다.

(19) 마우스 심장과 주요 동맥 및 정맥의 육안검사

- 대부분의 경우 심장을 폐로부터 따로 떼어낼 필요가 없다. 흉골을 떼어 내었을 때 심장이 횡격막에 닿아있거나 가까운 부위까지 위치해 있을 때는 심장이 종대되어 있음을 암시한다. 정상적인 심장은 횡격막을 천공했을 때 흉강의 압력상태가 변하여 그 크기가 감소하기 때문이다. 평상시 운동을 하지 않거나 비만인 사람의 경우, 또한 나이가 들어가면서 심장은 점차 종대된다. 심장 종대나 심장의 병변은 노령의 동물에서 전형적으로 관찰된다.

(20) 마우스 뇌의 육안검사

① 일반술식

- 목을 분리하고 머리의 피부를 박피한다. 구강으로 부검용 가위를 삽입하여 양쪽의 하악결합부를 자른다. 이때 구강을 검사하여 병변의 유무를 확인한다. 비공의 폐색이 의심될 경우 연구개 뒤쪽에 있는 인두코구멍으로 주사기 바늘을 삽입하여 식염수나 보존제를 관류시켜 검사한다. 폐쇄되지 않았다면 식염수가 콧구멍을 통해 흘러 나온다. 하데리안선의 위치를 확인하고 안와 가장자리에 나온 조직이 종대되어 있는지 검사한다. 하데리안선의 검사를 위해 안구를 꺼낼 필요는 없으며, 안와 가장자리에 비정상적으로 돌출된 조직이 있을 경우 이는 하데리안선의 종대를 의미한다.

(21) 뇌의 검사

- 머리의 과도한 조직이나 근육을 떼어낸다. 두개골을 둘러싸고 있는 막은 두개골의 개방에 방해가 되기 때문에 제거한다. 머리를 분리하고 두개골을 개방하면 두개 뒤쪽에서 소뇌를 볼 수 있다. 소뇌가 보이지 않을 경우에는 척수조직을 다듬어 제거한다. 부검용 가위로 두개골의 시상봉합선(sagittal sutures)을 따라 자른다. 이때 안의 뇌 조직이 손상되지 않도록 가위의 예리한 끝을 두개골 위쪽으로 하여 자른다. 눈 사이의 두개부위를 자를 때까지 절개된 두개를 반전시킨다. 포셉을 이용하여 뇌의 표면을 집어 뇌막을 들어 올려 제거한다. 이 과정을 하지 않고 뇌를 들어낼 경우 뇌에 심한 손상이 생길 수도 있다. 머리를 거꾸로 뒤집어 중력과 포셉을 이용하여 뇌를 두개골로부터 쉽게 떨어지게 한다. 뇌를 들어내다 보면 배쪽 부위에서 2개의 실같은 조직이 보이는데 이것은 시신경으로써 포셉으로 절개하여 느슨하게 한 다음 뇌를 들어낸다.

(22) 뇌와 두개골의 검사

① 뇌의 양쪽 대칭성과 경도를 검사하고 시료를 채취한다.

② 두개골의 바닥은 'H' 모양이다. 2개의 평행한 부분이 삼차신경이며 매끈하고 하얀 모양이다. 삼차신경의 중간에 있는 것이 뇌하수체이다.

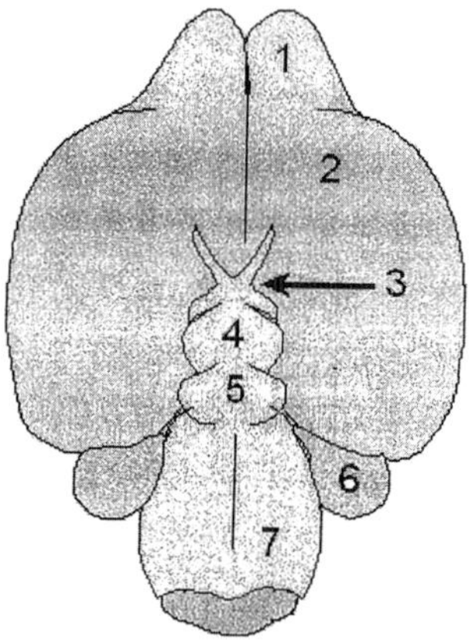

[그림 6] 마우스의 뇌, 배쪽

1. 후각엽 2. 대뇌 3. 시각 신경
4. 정준융기 5. 뇌하수체
6. 소뇌 7. 연수

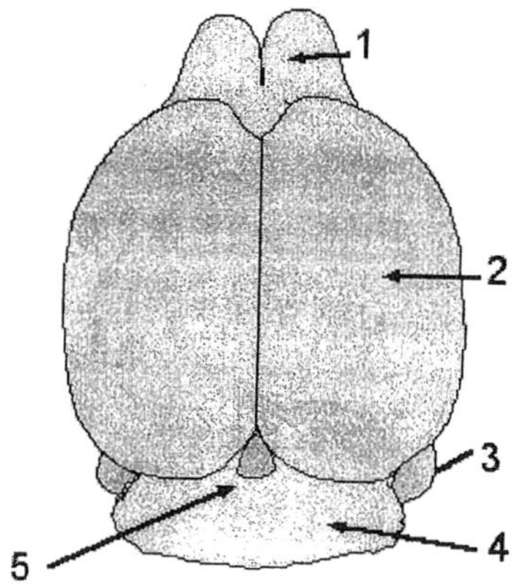

[그림 7] 마우스의 뇌, 등쪽

1. 후각엽 2. 대뇌 3. 소뇌반구
4. 소뇌 5. 송과체
6. 소뇌 7. 연수

③ 정상적으로 뇌하수체는 뇌줄기(stalk)에 의해 뇌에 부착되어 있다. 뇌를 들어낼 때, 뇌하수체는 뇌에서 떨어져 두개골의 바닥에 있게 된다. 정상적으로 뇌하수체는 분홍색을 띠며 중앙에서 3개의 고리가 방사상으로 뻗어있는 것처럼 관찰된다. (신경부, 중간부, 말단부)

(23) 척수의 검사

- 척수 시료를 채취해야 할 경우에는 척추 주위조직을 모두 제거하고 척수전체를 고정시킨다. 병리검사를 위한 조직절편 제작 시 척추에 들어있는 척수 여러 곳을 잘라서 검사한다.

13. 채취시료의 고정

1) 10% 중성 포르말린

포르말린 (HCHO; 37～40%) 원액	100 ml
증류수 또는 수도물	900 ml
인산 제 2 나트륨 (sodium acid phosphate; $NaH_2PO_4H_2O$)	4.0 gm
인산나트륨(무수) (anhydrous disodium phosphate; Na_2HPO_4)	6.5 gm

① 증류수 900 ml에 인산 제 2 나트륨 4.0 gm과 인산나트륨 6.5 gm을 녹이고 포르말린을 가해서 1,000 ml 용액이 되게 한다.

② pH 측정기로 pH가 중성(pH 6.6～7.4)이 되는지 확인한다.

③ 포르말린은 의약품외 독극물에 해당하므로 주의해서 취급한다.

2) 보우인 고정액(Bouin's fixative)

피크린산(picric acid) 포화 수용액	750 ml
포르말린(37～40%)	250 ml
빙초산(glacial acetic acid)	50 ml

① 증류수 800 ml에 피크린산 9.6 gm 정도를 넣고 24시간 이상 방치하여 피크린산 포화 수용액을 만든다.

② 이 액을 여과지에 걸러서 750 ml을 2,000 ml 용기에 취한다.

③ 여기에 포르말린 250 ml을 넣고 잘 혼합한다.

④ 빙초산을 50 ml 가한다.

⑤ 이 고정액은 태자, 고환, 안구, 피부 등의 고정에 이용된다.

⑥ 고정 24시간 후 70% 에탄올로 교환하여 준다.

3) 데이비드슨 고정액(Davidson fixative)

① 정소, 안구 등의 고정에 이용된다.

95% 에탄올	30 ml
포르말린(37～40%)	20 ml
빙초산(glacial acetic acid)	10 ml
증류수	30 ml

4) 카노브스키 고정액(Karnovsky fixative)

전자현미경조직 고정용

(1) 원액 (Stock solution)

① 40 gm의 파라포름알데히드(paraformaldehyde)를 800 ml의 증류수에 섞고 투명해질 때까지 실온에서 몇 시간 동안 흔들어 준다(5% 파라포름알데히드용액).

② 50% 글루타르알데히드(glutaraldehyde) 용액 100 ml을 가한다.

③ 염화칼슘(calcium chloride) 0.5 gm을 가한다.

④ 카코딜산(cacodylic acid) 12.8 gm을 가한다.

⑤ 증류수를 가해서 1 L의 용액이 되도록 한다.

⑥ 사용할 때까지 냉장고에 보존한다.

(2) 사용할 고정액

① 원액 1 L를 눈금이 있는 큰 메스실린더에 담는다.

② 카코딜산 112.0 gm (32 g/L)에 증류수를 넣어 3.5 L의 용액이 되게 한 다음 이 용액을 원액이 들어있는 메스실린더에 모두 가한다.

③ 4.5 L가 된 이 용액을 1.0 N 염산(HCl)을 사용하여 pH 7.2로 맞추어 사용한다.

④ 냉장 보존하여 사용한다.

일반적인 조직의 고정, 특히 신경조직의 고정에는 중성포르말린이 많이 사용된다. 포르말린 고정액은 24시간 내에 조직에 수 mm까지 침투하여 조직을 고정하며, 대부분의 특수염색과 면역 조직화학기법에도 이용된다. 포르말린은 단백질을 변성 및 고정시키고 효소를 불활성화시키는 작용을 한다. 반면에 지방이나 탄수화물은 고정시키지 못하기 때문에 조직처리 동안 소실되어 현미경에서 검경시 흰 공백으로 관찰된다.

14. 고정 조직의 처리

1) 고정방법

채취된 조직시료를 포르말린 고정액에 넣어 실온에서 24~48시간 동안 고정한다. 조직이 큰 경우에는 24시간 후에 고정액을 교체해 준다.

2) 병리조직 검사를 위한 조직처리 과정

① 10% 중성 포르말린에 조직을 고정 → 고정된 조직을 1~2 mm 정도의 두께로 가지런히 자른 후 조직 처리 용기에 넣음(이때 연필로 해당된 가검물 번호를 종이에 적어 동봉) → 시료가 들어 있는 용기를 1~2시간 정도 흐르는 물에 세척 → 자동 조직처리 장치 과정

② 자동 조직 처리 과정 (autoprocessing)
탈수 과정; 70% 에탄올 → 80% 에탄올 → 95% 에탄올 → 무수에탄올(100%) 자일렌(xylene) (에탄올 제거 과정) → 파라핀 처리 → 파라핀 블록에 포매(embedding) → 마이크로톰으로 파라핀 블록을 5~6 ㎛ 두께로 자름 → 5~6 ㎛의 파라핀 조직 절편을 슬라이드에 놓고 고정시켜 온열판 (45~50 ℃) 위에 놓고 하룻밤 동안 고정 → 헤마톡실린-에오진(Hematoxylin & Eosin) 염색

③ 헤마톡시린-에오진(Hematoxylin & Eosin) 염색
자일렌(파라핀 제거 과정) → 함수과정; 무수알콜(자일렌 제거과정) → 95% 에탄올 → 80% 에탄올 → 70% 에탄올 → 흐르는 물에 세척 → 헤마톡실린(핵염색) → 산성 알코올; acid alcohol (세포질에서 hematoxylin 제거 과정) → 스콧 용액 (Scot sol.) → 흐르는 물에 세척 → 에오진(세포질 염색) → 탈수 과정: 70% 에탄올 → 80% 에탄올 → 95% 에탄올 → 무수에탄올 → 자일렌 → 슬라이드에 카나다 발삼 한 방울 → 카바글라스로 마운팅

3) 전자현미경의 시료처리

① 밀납판 위에 고정액을 2~3방울 떨어뜨리고 조직을 고정액 위에 놓는다.
② 면도칼로 조직을 1~2 mm 정도의 크기로 박절한다. 최대한 빨리 고정해야 하기 때문에 슬라이드 위의 고정액에서 조직을 처리한다.
③ 고정액(2.5% 글루타르알데히드; glutaraldehyde)에 1시간에서 하룻밤 동안 보관한다.(전 고정)
④ 완충액으로 세척(3회, 각 30분)
⑤ 1% 사산화오스뮴(osmium tetroxide)에 넣는다.(후 고정)
⑥ 증류수로 세척
⑦ 탈수과정 : 50% 에탄올 → 70% 에탄올 → 80% 에탄올 → 90% 에탄올 → 95% 에탄올 → 무수에탄올
⑧ 치환과정 : 중간용매인 프로필렌옥사이드(propylene oxide) 처리 및 아세톤 처리
⑨ 포매(embedding)과정 : 젤라틴 캡슐(gelatin capsule)내에 에폰 혼합액 처리
⑩ 중합(polymerization)과정 : 60~95 ℃ 오븐에서 블록 중합
이 과정의 경우 1~2 mm의 신선한 조직을 채취하여 중합된 블록으로 나올 때까지 3일이 소요

된다. 최근 0.5 mm 이하의 시료를 처리하는 데 단지 3시간만 소요되는 신속한 방법도 있다.

⑪ 초박절편과정(thin-sectioning)

중합된 블록을 초벌다듬기(rough trimming; 시료의 직경 1 mm)

→ 준 초 박절편(semi-thin sectioning; 1～3 μm)

→ 잘라진 조직절편을 슬라이드에 마운팅(mounting)하고 톨루이딘 블루 염색(toluidine blue stain)

→ 광학현미경으로 검경하여 초박절할 부위의 검색, 선별

→ 미세 다듬기(fine trimming; 시료의 직경 0.5 mm)

→ 초박절편 제작(thin-sectioning; 600～900A) → 유리칼이나 다이아몬드칼을 이용하는 울트라 마이크로톰으로 초박절편을 만듦

→ 초박절편을 그리드판(copper grid) 위에 올려서 부착시킴

염색과정 : 그리드판(grid)을 초산우라닐(uranyl acetate)과 구역산납(lead citrate)으로 염색

→ 전자현미경으로 관찰

개의 부검 삽화

(박영석 교수가 Dr. Carl L. Alden 책자를 인용, 펜화로 그림)

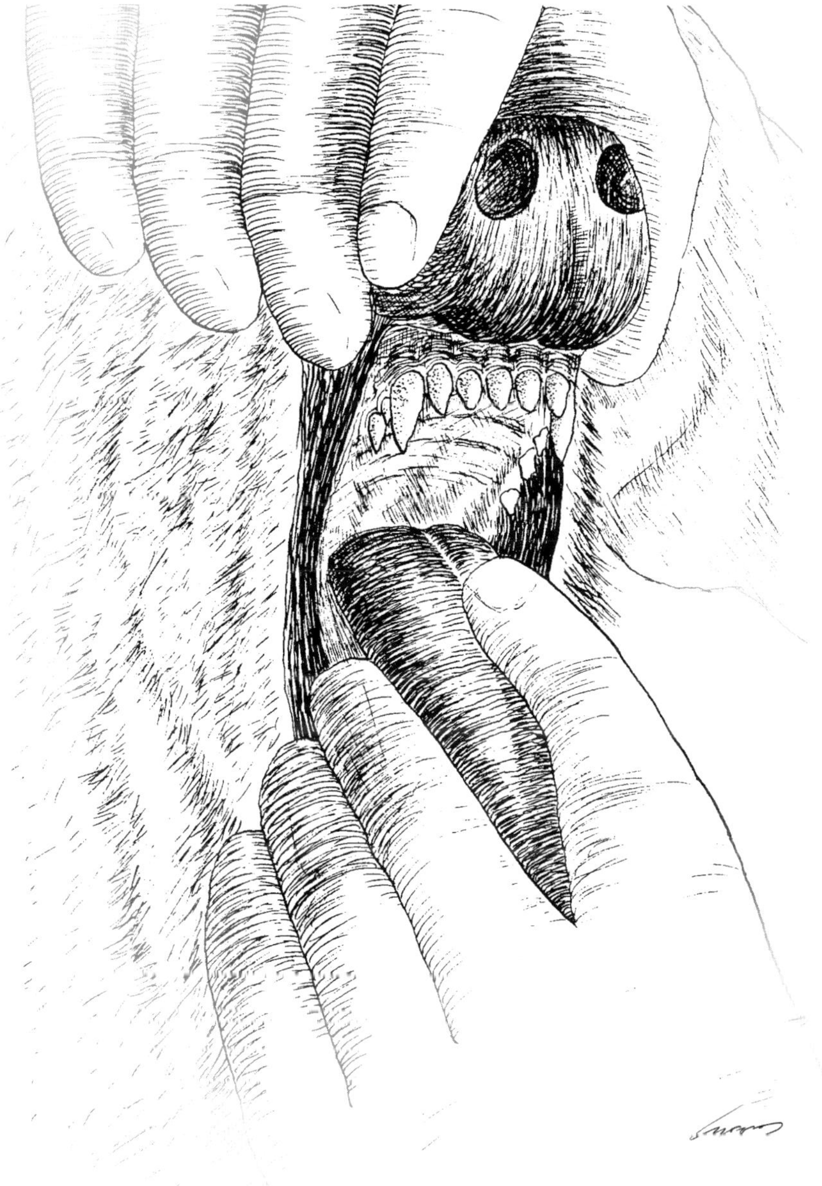

[그림 1] 부검을 시작하면서 먼저 사체의 피모 상태와 영양 상태 그리고 부패 정도 등 체표를 세심하게 조사하고 모든 체공(body orfices)도 살펴야 한다.

체공(귀, 눈, 입, 콧구멍, 생식기, 항문)의 검사

1 귀와 눈의 기생충, 종양, 주위 삼출물, 결막염 유무, 안구를 검사한다.
2 콧구멍 주위 및 점막, 연골과 뼈의 연결부위를 검사하고 구강 점막, 치아, 항문의 개폐 여부, 항문 주위 이물과 분변을 검사한다.
3 수컷은 고환을 촉진하여 잠복고환, 종양 여부, 음경과 포피 점막을 검사한다. 암컷은 외음부 크기와 점막 검사, 종양, 개폐 여부, 분비물을 검사하고 유선의 크기를 검사한다.

[그림 2] 외부 검사가 끝나고 나면, 비근골(코뼈)에서 엉덩이 사이뼈(천추)까지 등쪽 정중선(내정중선)을 따라 절개하여 박피를 한다. 중추신경계에 대한 외상이 있으면, 피부, 피부밑, 근육내 출혈이 관찰된다. 만약 등쪽 정중선 절개를 늦게 할 경우, 배쪽 절개(복측 절개)에 의해 혈액이 피부밑 조직으로 스며들어 병소 관찰을 어렵게 만든다. 그러나 중추신경계 장기에 대한 검사는 복강과 흉강 장기의 검사가 끝날 때까지 보류한다.

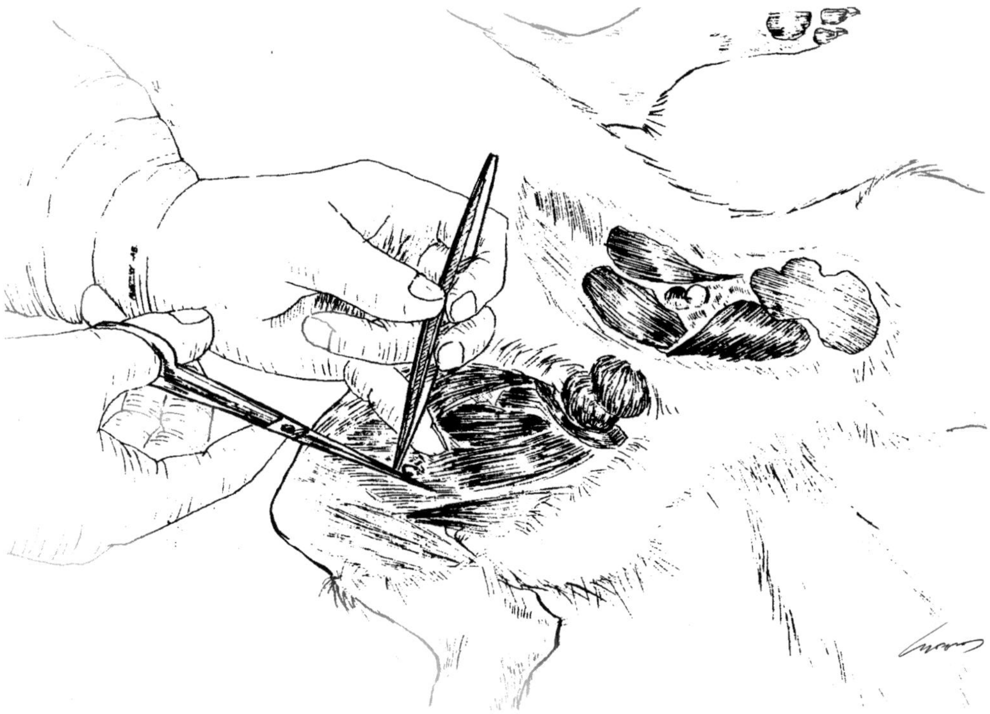

[그림 3] 15kg 이상의 사체는 왼쪽으로 횡와 시키고 15kg 미만의 사체는 앙와위로 눕힌다. 앙와위로 눕힌 사체는 머리가 부검하는 사람의 왼쪽방향에 놓이게 한다(왼손잡이는 오른쪽). 양쪽 겨드랑이 부위를 절개하여 앞다리가 반전되면 부검대 바닥에 닿도록 하고 겨드랑부위(액와) 림프절을 노출시킨다. 뒷다리는 샅근육과 대퇴관절까지를 절개하여 대퇴머리(골두)를 노출시킨다. 대부분의 뒤쪽 모서리, 중간 모서리를 따라 절개하면 오금(슬와) 림프절이 노출된다.

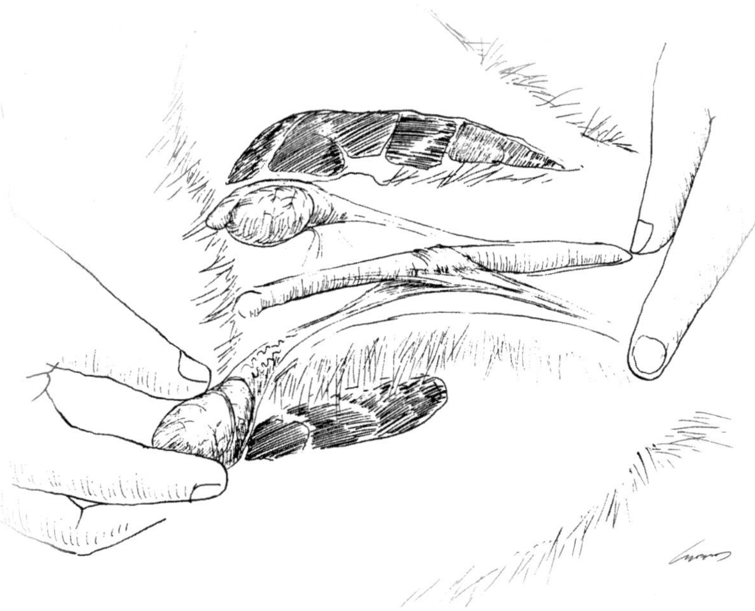

[그림 4] 뒷다리를 반전시킨 후, 피부를 절개 및 박피하여 외부 생식기를 노출시켜 검사한다.

생식기 검사

1 수컷 생식기 검사 : 생식기의 크기, 형태, 위치, 고환, 부고환, 정관, 정삭, 부생식선, 음경, 포피 모양의 육안적 검사 및 시료를 채취한다.
2 암컷 생식기 검사 : 생식기의 크기, 형태, 위치, 난소(난포, 낭종, 황체의 수), 난관, 자궁(점막표면, 구성물 등), 경관, 질, 외음부 모양 등을 검사한다.

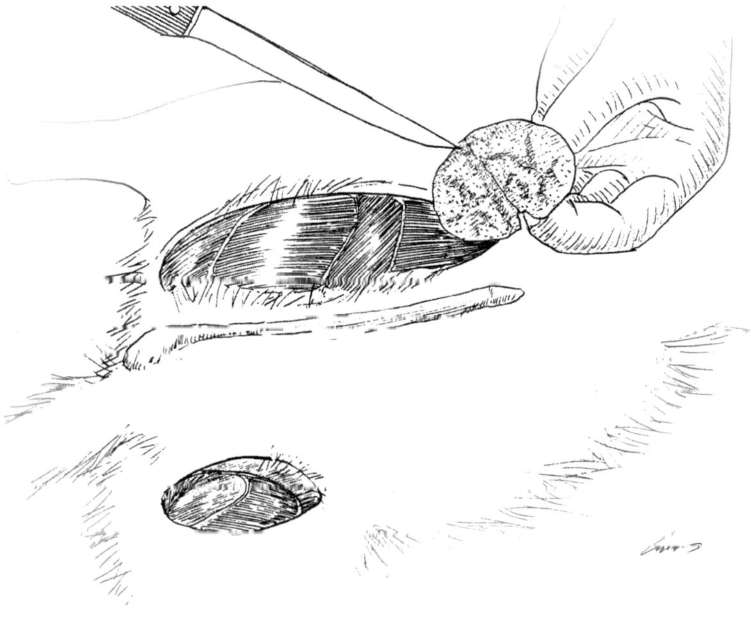

[그림 5] 촉진만으로는 작은 병소를 찾아낼 수 없으므로 고환과 유방을 절개해야 한다.

고환과 유방의 검사

1 고환의 검사 : 고환을 절개하여 절단면의 출혈이나 종양 및 괴사소견 유무를 관찰하고, 양측성 고환의 존재유무와 잠복고환(음고) 여부 및 좌우측 고환의 크기 비교 등을 수행한다.
2 유방의 검사 : 유방을 절개하여 각 유선방의 이상 유무를 확인한다. 절개시 농성 삼출물의 존재나 유선의 오염 상태 및 각 선방의 크기와 정상 구조물의 존재, 결절 및 덩어리상 비정상적 구조물을 검사하고 시료를 채취한다.

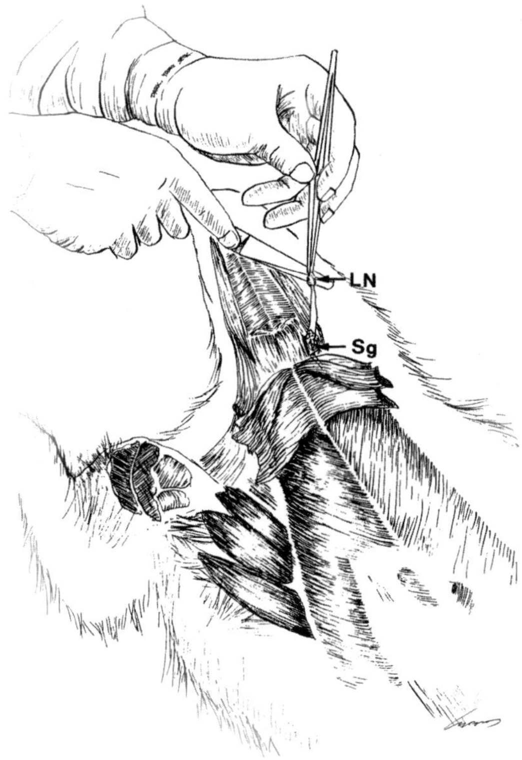

[그림 6] 하악 결합부에서 치골까지 배쪽 정중선을 따라 피부를 절개후 박피한다. 만약 사체가 수컷일 경우, 생식기 부위를 우회하여 절개한다. 하악 림프절(LN), 턱밑샘(Sg)을 조사하고 절개한다.

박피 검사

1 피하조직의 검사 : 출혈, 기종, 부종 및 비정상적 지방 침착이나 종양성 결절의 유무를 확인한다.
2 표재성 림프절의 확인 : 림프절의 정상적 크기나 육안적 색깔 및 종창이나 출혈 유무를 확인한 후 시료를 채취한다.

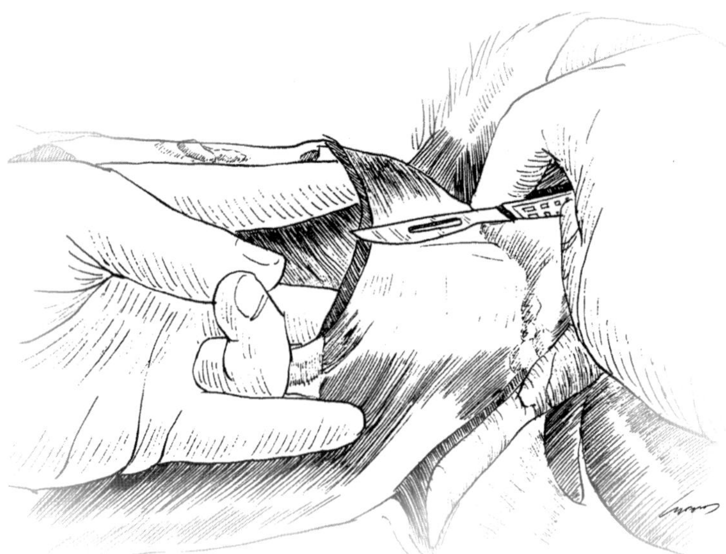

[그림 7] 복강은 배쪽 정중선을 따라 절개하여 개방한다.

복강 장기의 노출

검상돌기 바로 아래에서 배쪽 정중선을 따라 절개하고 복강 장기가 훼손되지 않도록 조심스럽게 근육과 복막을 샅부위(서혜부)까지 절개한다.

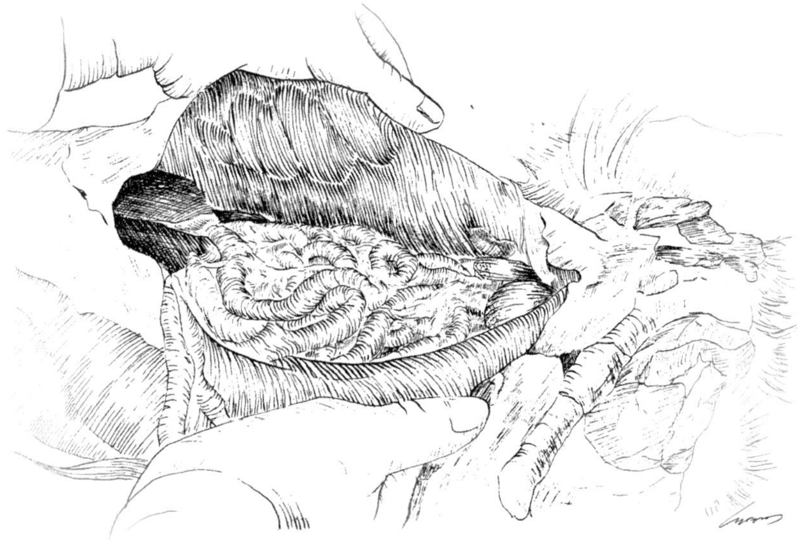

[그림 8] 복강을 개복한 후 복수나 장기의 변위 유무를 확인하기 위해 복강 내 내용물을 손대지 말고 원래상태에서(in situ) 관찰한다.

복강 검사(1)
장막 표면, 위 및 간 등 복강내 장기표면의 육아적인 소견을 검사한다.

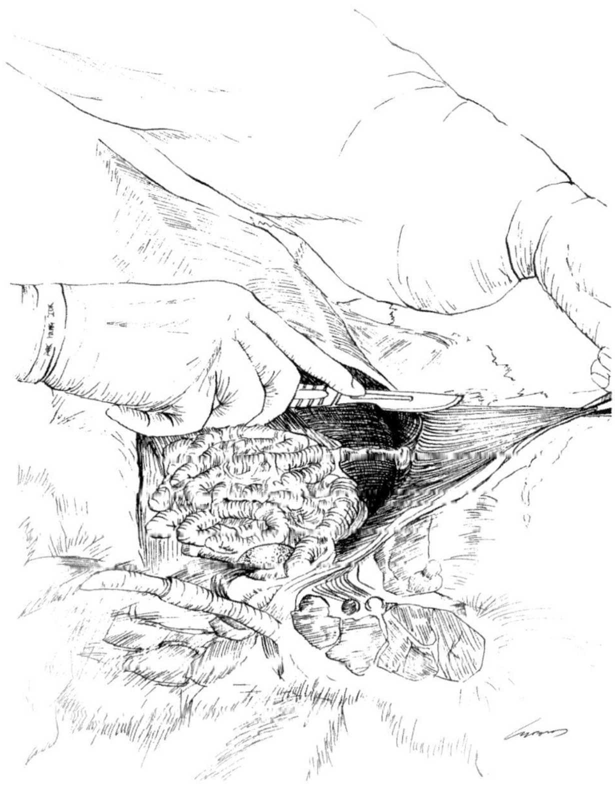

[그림 9] 복벽을 옆으로 반전시키고 마지막 늑골 뒤쪽 모서리를 따라 절개하여 복강 내 용물을 원래 상태(in situ)에서 조사한다.

복강 검사(2)
복강내 스며 나온 액체(transudate)나 삼출물(exudate), 즉 복수(ascite)의 유무와 색깔, 혼탁도, 양 등을 기록하고 장막 표면에 섬유소나 농성 혈액, 분변, 태아의 잔유물 등이 존재하는지 검사한다. 또한 각 장기의 부위별 정상적 위치를 확인한다.

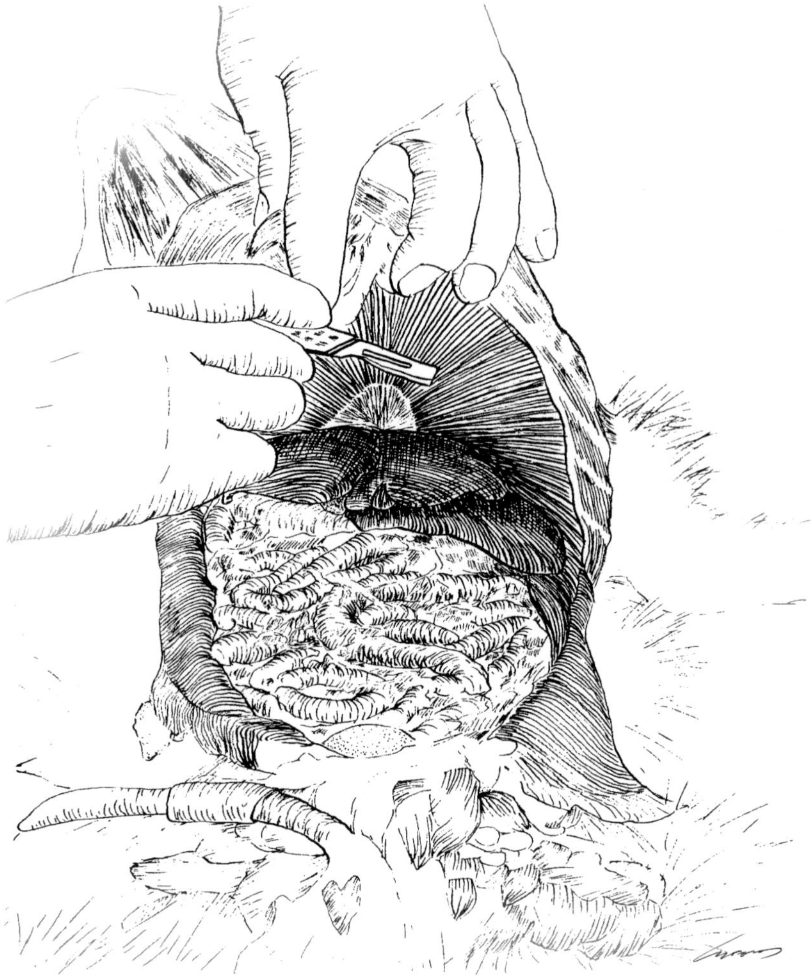

[그림 10] 흉강은 정상적으로 음압 상태이므로 횡격막을 칼로 찌르면 공기가 흉강쪽으로 흡인되어 횡격막이 뒤로 밀려난다. 만약 횡격막이 뒤로 밀려나지 않을 경우, 폐사 이전에 이미 기흉(pneumothorax) 이나 폐의 허탈(lung collapse)이 있었음을 의미한다.

[그림 11] 좌우측 늑연골 결합부 근처를 골절도(bone cutter)로 잘라서 흉골을 제거하고 흉강을 노출시킨다.

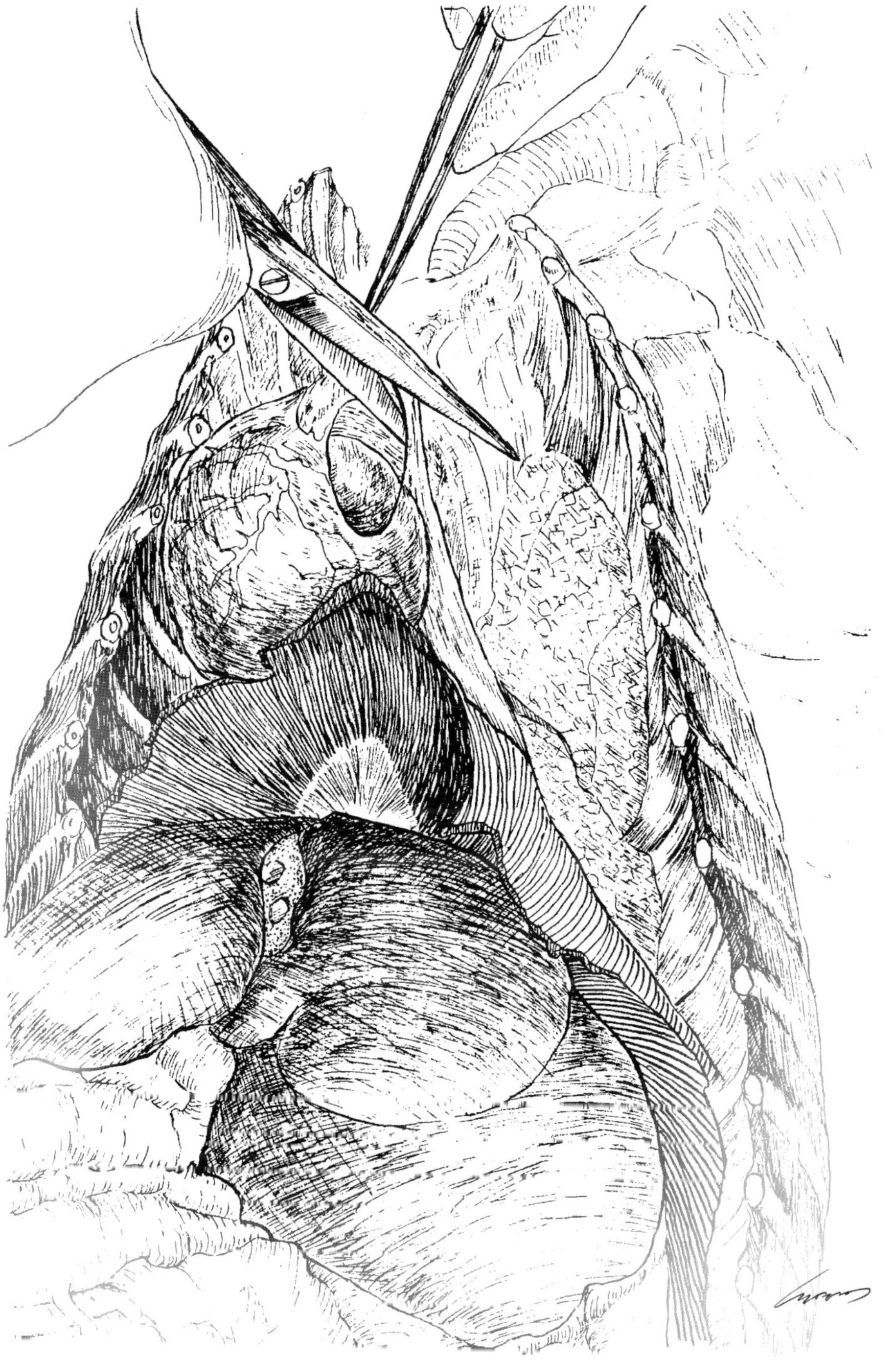

[그림 12] 흉골을 제거하고 흉강 내용물을 원래상태(in situ)에서 검사하고, 심낭을 천자하여 심낭액을 검사한다.

흉강 검사

흉강 검사는 원래상태(in situ)에서 심외막(epicardium)과 심낭주위 및 내부에 삼출물 존재 유무, 심장과의 유착 여부 및 크기, 색깔 등을 검사한다. 또한 폐의 색깔 및 섬유소 침착 등의 유무를 확인한다. 흉수가 존재하면 흉수의 색깔, 혼탁도 및 흉수의 양 등을 기록한다.

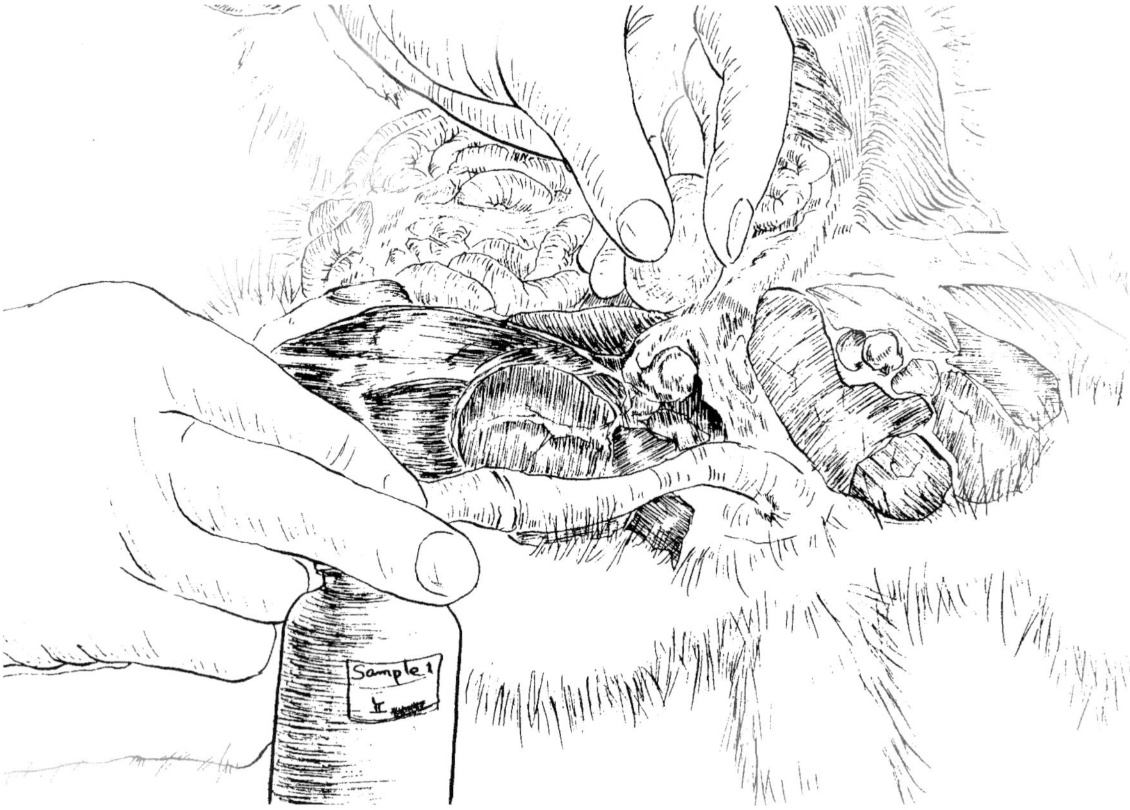

[그림 13] 다시 복강으로 돌아와서 방광을 가볍게 눌러 요도, 요관 등의 개통 여부를 조사한다.

[그림 14] 그림 13에서와 같이 담낭을 가볍게 눌러서 십이지장으로 담즙이 정상적으로 배설 되는지를 조사한다.

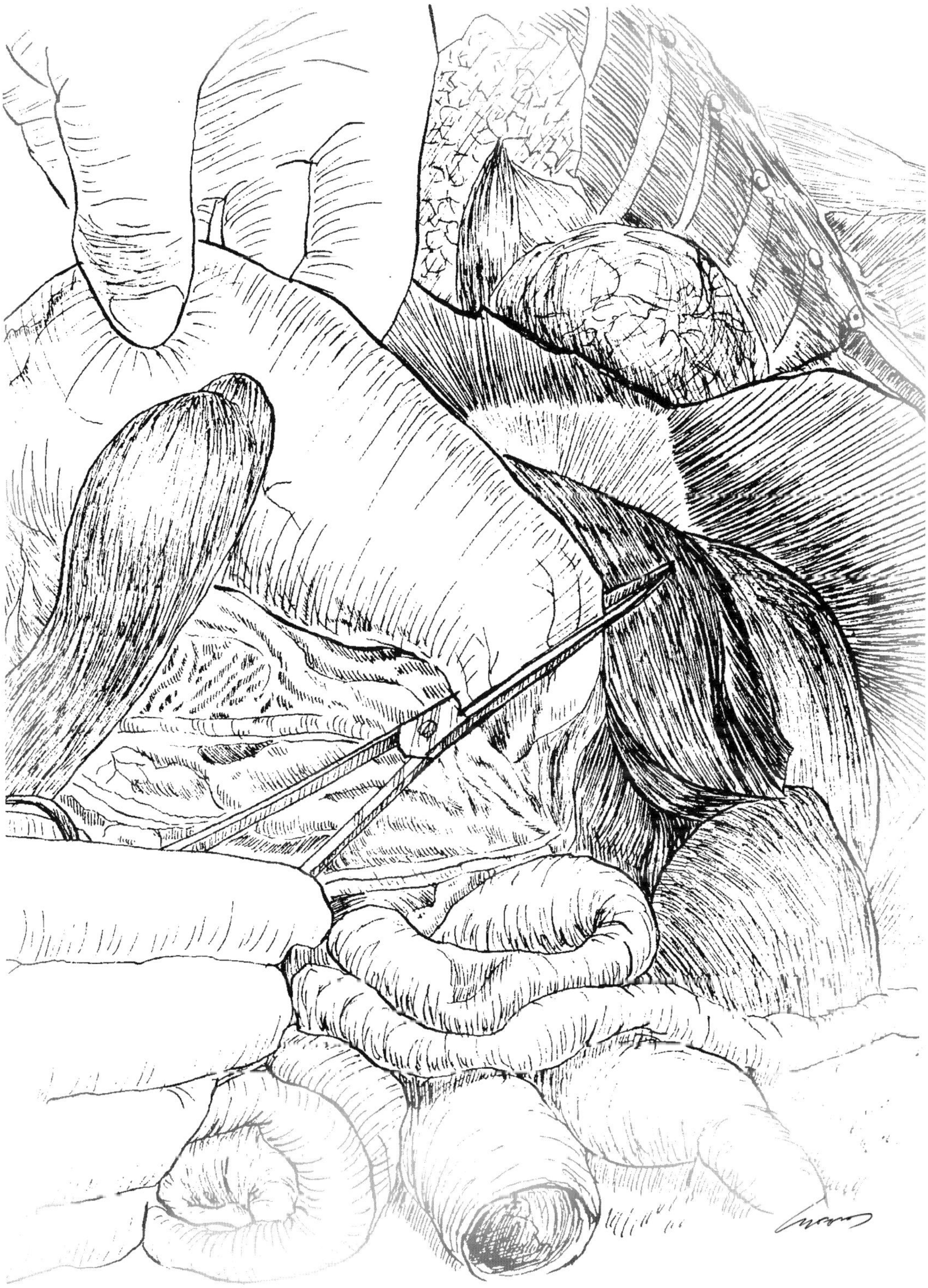

[그림 15] 소화기를 복강에서 꺼내기 위해 위의 분문부를 포셉으로 잡는다(소화기 내용물이 복강 내로 쏟아져 오염되는 것을 막기 위해서 포셉으로 처리한다).

[그림 16] 직장과 분문을 포셉으로 잡고난 후, 소화기, 비장, 췌장 등을 조심스럽게 들어서 복강에서 꺼낸다.

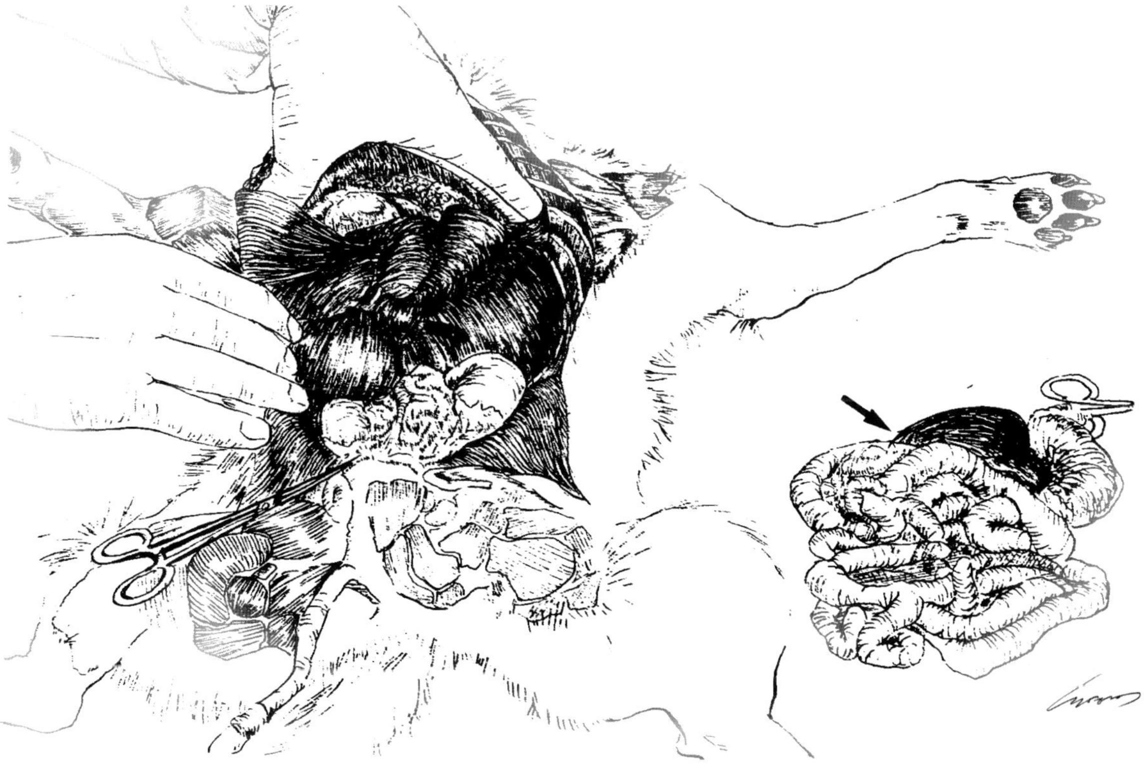

[그림 17] 들어낸 장기(화살표)들은 한 곳에 옮겨두고 나중에 검사한다.

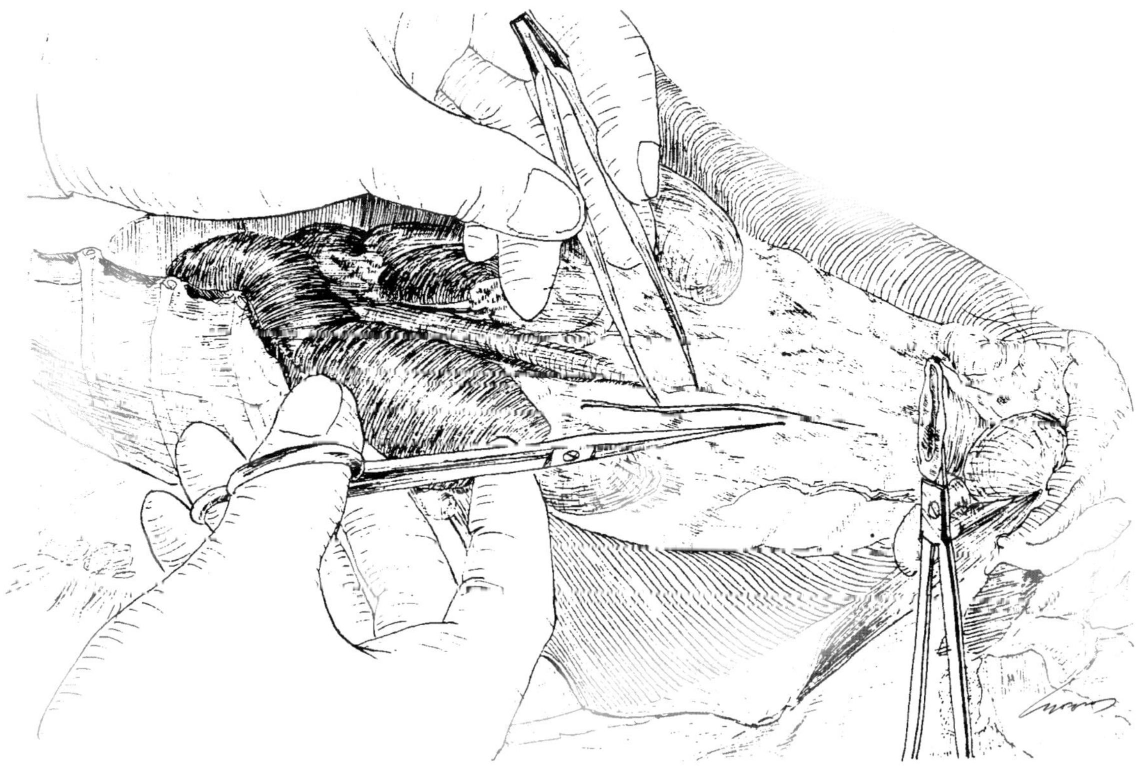

[그림 18] 요관(ureter)을 촉진하고 관찰한다.

요관의 검사

요관의 개통 여부를 육안적으로 확인하고 요관에 결석과 같은 이물의 존재 여부도 확인한다.

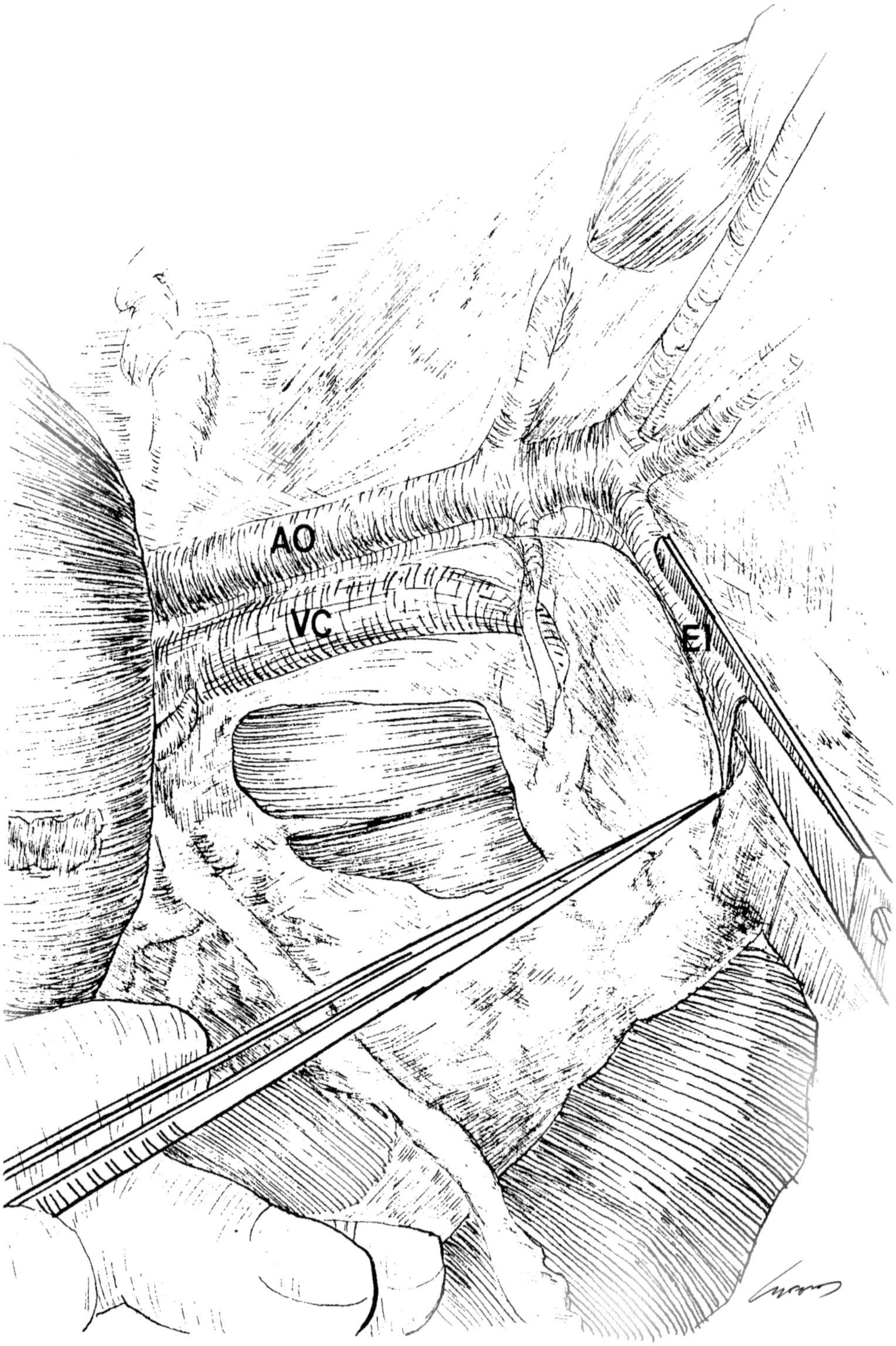

[그림 19] 복부의 큰 혈관들(대정맥; VC, 대동맥; AO, 바깥장골동맥; EI)을 촉진하고 관찰한다. 대정맥과 대동맥은 절개해서 혈전(thrombi) 유무를 확인한다.

대혈관의 검사

혈과 검사시 혈관내 존재하는 응혈괴의 성상에 주의한다. 혈관벽의 상태를 보고 혈응괴가 존재하면 혈관벽과 잘 분리가 되는지의 여부와 사후 소견으로 나타날 수 있는 chicken fat clot이나 currant jelly clot 등을 감별한다. 심장사상충 질환의 경우 성충이 혈관내에서 발견될 수 있으므로 기생충의 유무도 검사한다.

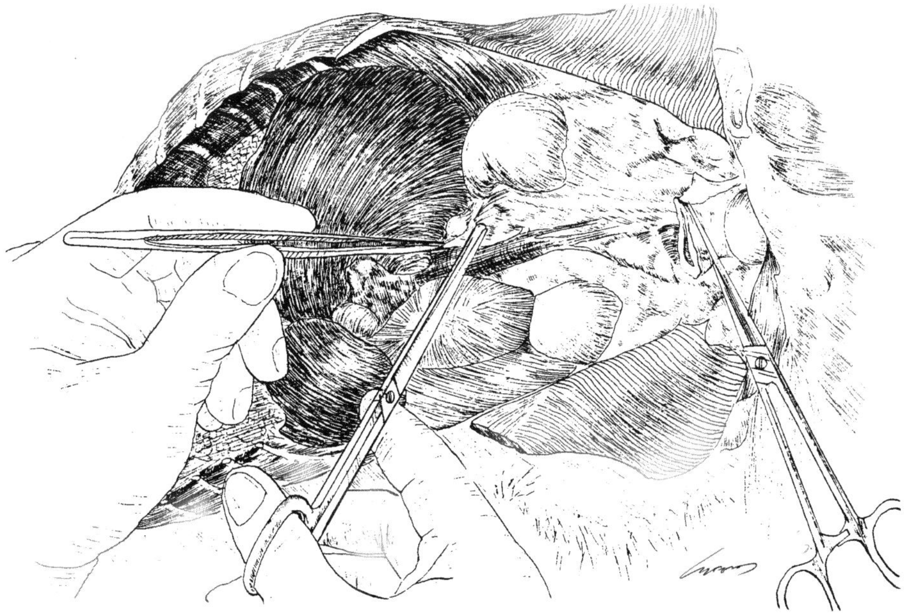

[그림 20] 부신을 제거하여 검사하고 절개한다.

부신의 검사

부신의 크기와 구조물, 출혈 및 종대 등의 여부를 검사한다.

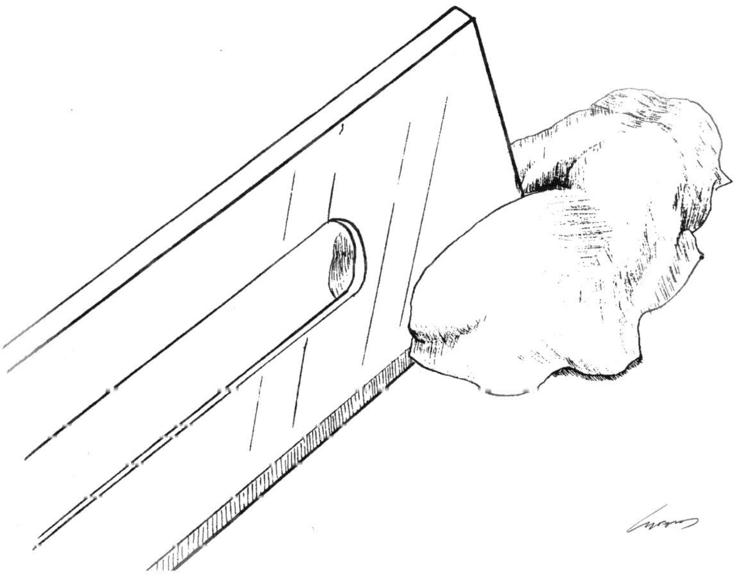

[그림 21] 들어낸 장기들은 절개하여 관찰하고 조직 검사를 위해 시료를 채취한다.

장기의 검사

1 분리된 장기를 검사할 때 물을 뿌려 세척하는 경우가 있으나, 이는 진단 수행에 있어 도움이 되지 않는다. 대부분의 경우 부검도의 끝 부분으로 부드럽게 닦아낸 후 검사하는 것이 좋다.
2 각각의 장기를 검사할 때는 먼저 장기 표면의 육안적인 소견을 기술하는데, 특히 검사 장기의 색깔, 크기, 비정상적 구조물의 존재 여부를 검사한다.
3 시료 채취는 부위별로 실시하되 병변과 정상구조가 모두 포함되도록 한다. 시료의 용도에 따라 다소 차이가 있으나, 고정이 잘 되도록 두께는 0.5cm 정도, 길이는 최대 3~4cm 정도로 하여 시료를 채취한다.
4 육안적인 병변이 없는 경우 장기에 따라 부위별로 시료를 채취한다.
5 장기를 1cm 정도 간격으로 절단하여 절단면을 모두 검사하여 장기 실질내에 비정상적 구조물의 유무를 검사한다.

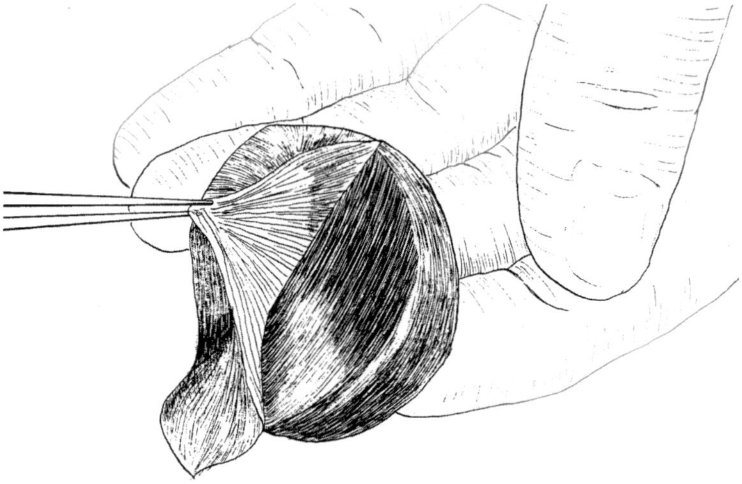

[그림 22] 신장을 떼어낸 후 왼쪽 신장은 세로로 오른쪽 신장은 가로로 절개하고 절단면을 검사한다. 절단된 신장에서 어느 한쪽의 피막을 벗긴 다음 피질부위를 관찰한다.

신장의 검사

1 육안적으로 크기, 형태, 색깔, 상대적 크기 등 좌우 대칭성 여부를 확인한다.
2 신장은 약간의 지방과 피막으로 둘러 싸여 있기 때문에 신장을 검사할 때는 지방을 먼저 제거한다.
3 한쪽 손으로 신장을 고정하고 부검도로 신장의 대만곡 부위에서 신문(hilus)을 향해 절단한다.
4 피막과 신장의 실질부위와의 유착 여부를 확인하기 위해 핀셋을 이용해 섬유성 피막을 벗긴다. 피막을 벗길 때 피막이 실질조직과 잘 분리되는지를 검사한다.
5 출혈반점이나 기타 다른 병변이 존재한다면 피막에만 존재하는지 실질에 존재하는지를 검사한다.
6 요관은 외부 병변이 존재할 때만 주로 검사한다.

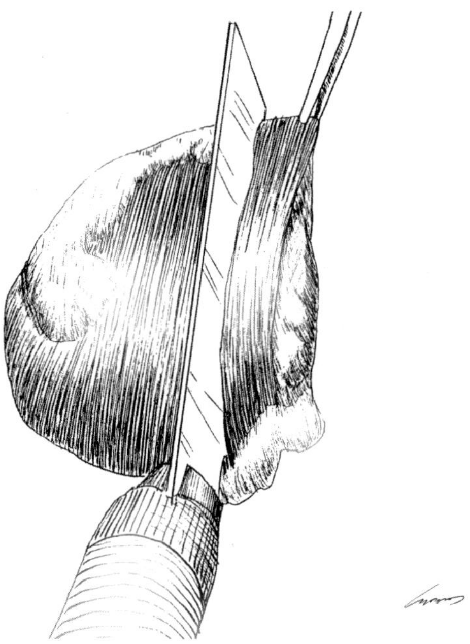

[그림 23] 피막이 벗겨진 신장은 현미경 관찰시 인공 산물이 형성될 수 있으므로, 피막을 벗기지 않은 좌우 신장 조직을 채취한다.

신장의 내부검사 및 시료 채취

1 신장 피질과 수질 부위를 검사한다.
2 피질과 수질의 범위와 색깔, 신우의 구성물 등을 검사한다.
3 채취한 시료는 가능하면 피막, 피질 및 수질이 모두 포함되도록 한다.
4 절단면 검사는 일반적인 장기검사와 마찬가지로 여러 곳을 절개하여 검사한다.
5 절단시 혈액이나 다른 액상 물질이 스며 나오는지 등의 여부를 검사한다.

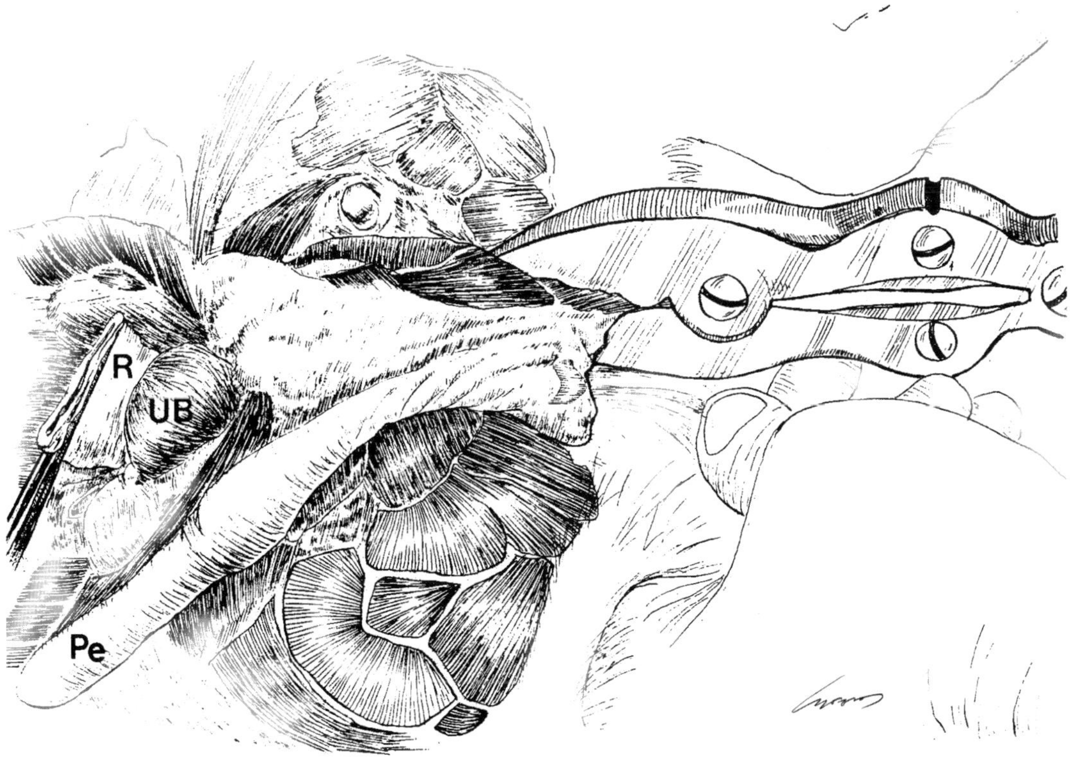

[그림 24] 골반강과 그 내용물을 검사하고 노출시키기 위해 골절도(bone cutter)로 치골을 제거한다 (방광; UB, 음경; Pe, 결찰된 직장; R).

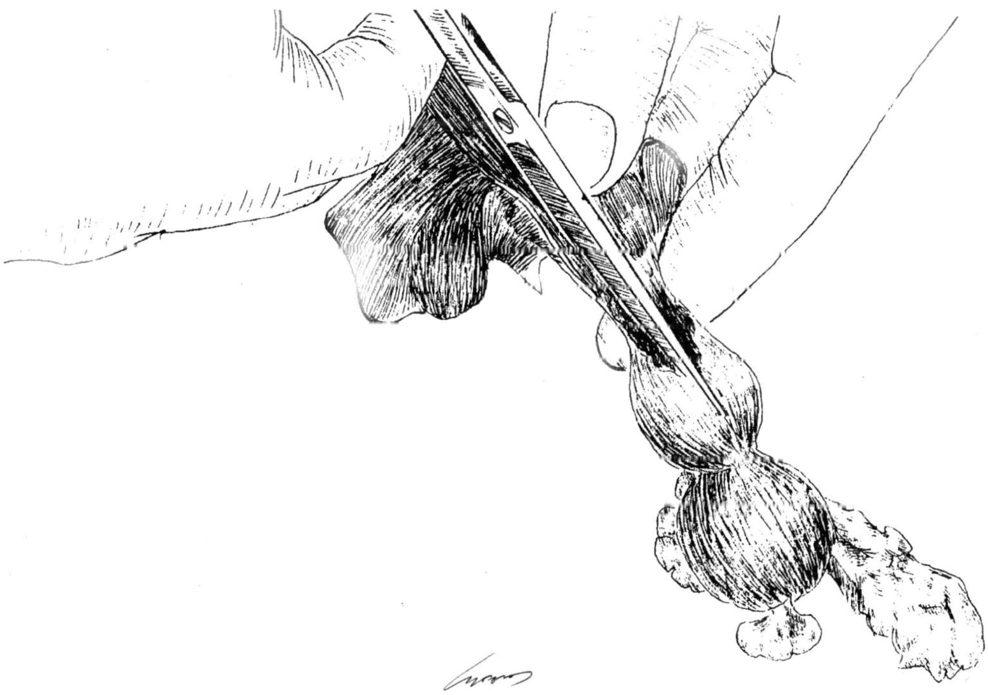

[그림 25] 방광, 전립선과 요도를 함께 떼어낸다. 음경구에서 시작해서 요관, 전립선을 거쳐 방광까지 내면을 노출한다.

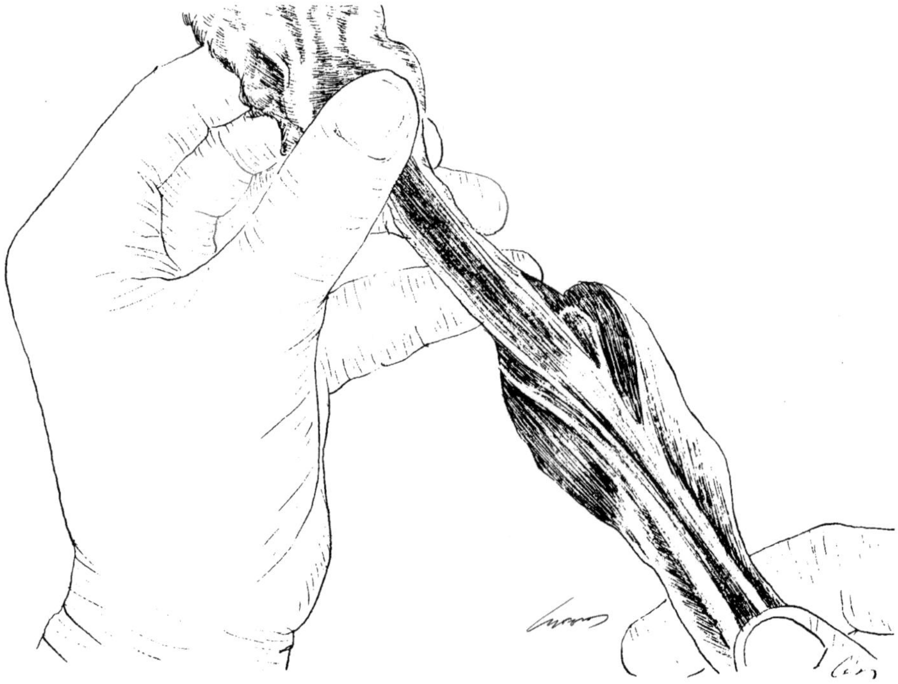

[그림 26] 노출된 점막면을 세심하게 검사한다.

수컷의 비뇨생식기 검사

1 전립샘과 방광을 포함한 비뇨기의 육안적 소견을 기술한다.
2 전립샘의 크기, 형태 및 대칭성 등을 검사하고 방광 표면의 이상 유무를 확인한다.
3 점막을 검사할 때는 결석으로 인한 폐쇄 여부를 확인하고, 방광 점막에 출혈반점과 같은 병소의 존재 여부를 확인한다.
4 방광내에 저류된 오줌의 성상과 방광 점막 및 근육의 비후 여부도 확인한다.
5 요도 점막도 검사한다.

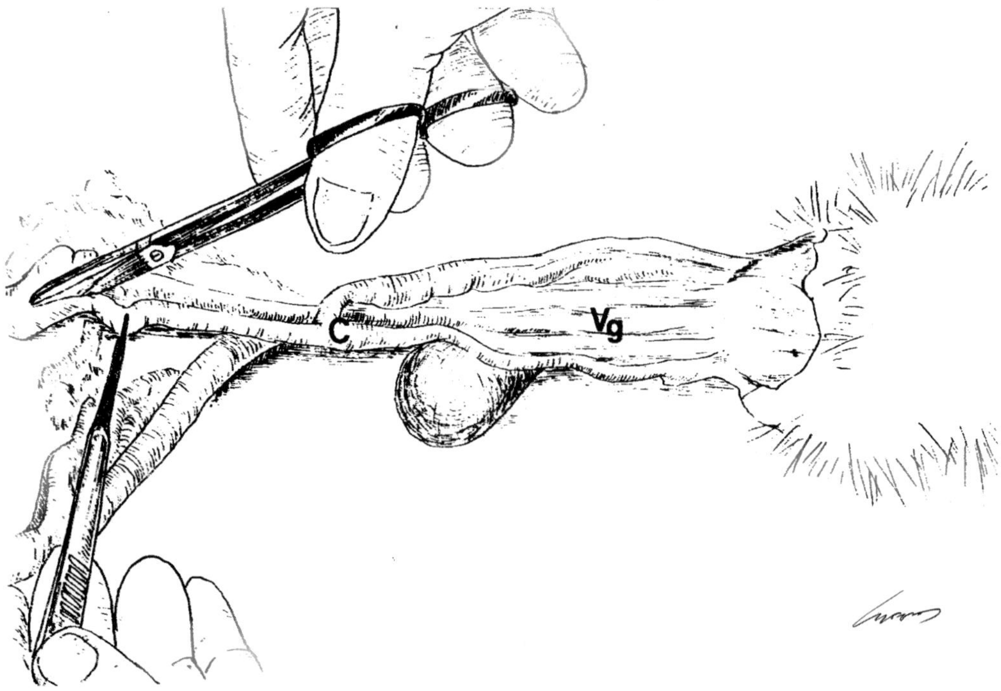

[그림 27] 하부 비뇨기와 암컷의 내부생식기를 직장과 함께 들어낸다(경관; C, 질; Vg).

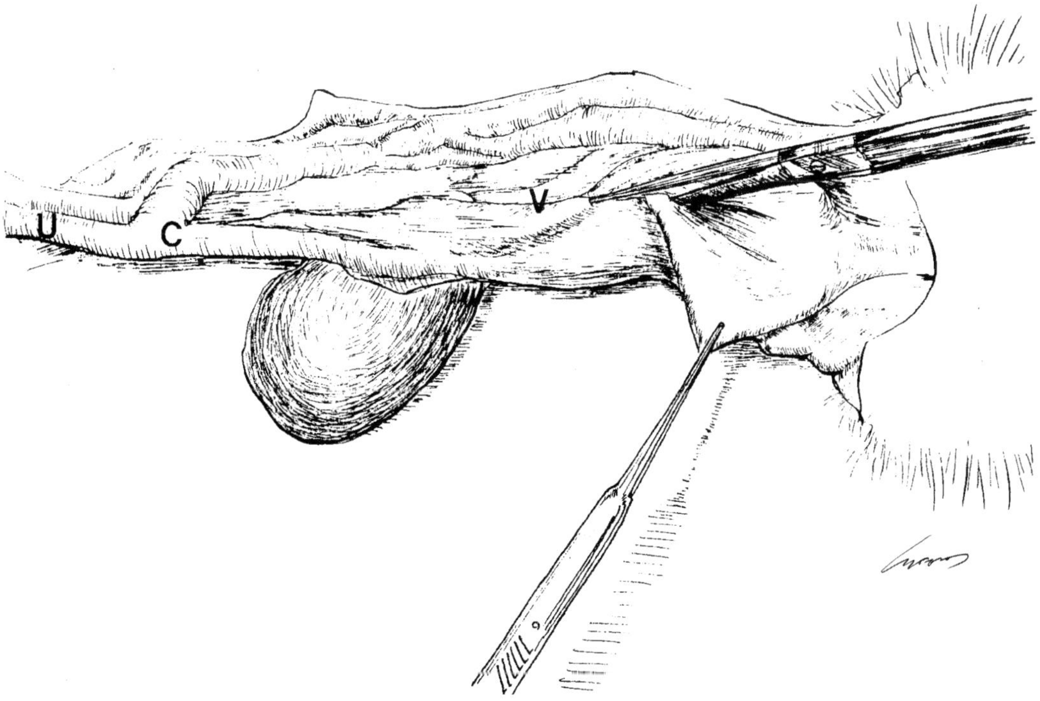

[그림 28] 외음부에서 시작해서 질(V), 자궁(U)을 배종축으로 절개하여 내면을 노출시킨다(경관; C).

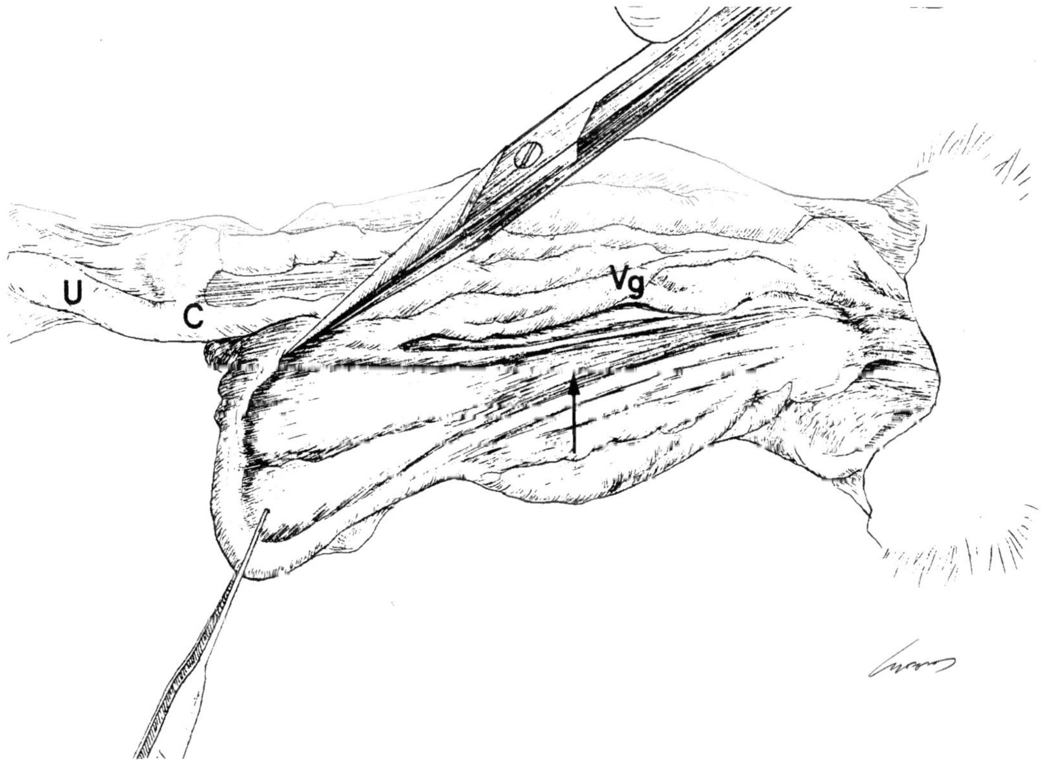

[그림 29] 관골부 요도(긴 화살표)와 방광을 절개하여 점막을 노출시킨다.(자궁경관; C, 질; Vg, 자궁; U)

암컷의 비뇨생식기 검사

점막내 이물의 존재나 농성 삼출물의 유무와 기형의 여부도 확인한다.

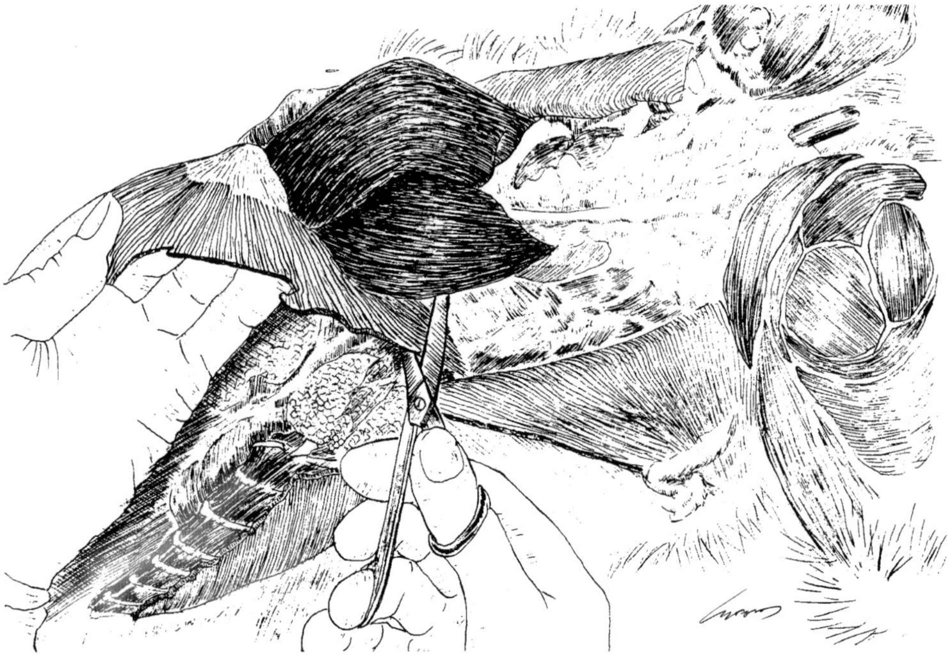

[그림 30] 간을 떼어내어 부검대에 둔다. 표면을 검사한 후, 표면에서 관찰되지 않는 작은 병소를 확인하기 위해 간 실질을 여러 군데 잘라 조사한다.

간의 검사

간 표면과 절단면을 검사하고, 크기, 형태, 색깔, 소엽, 간 변연부(sharp or rounded), 경도, 혈액량, 문맥 림프절 등 문맥의 정상 여부를 확인한다.

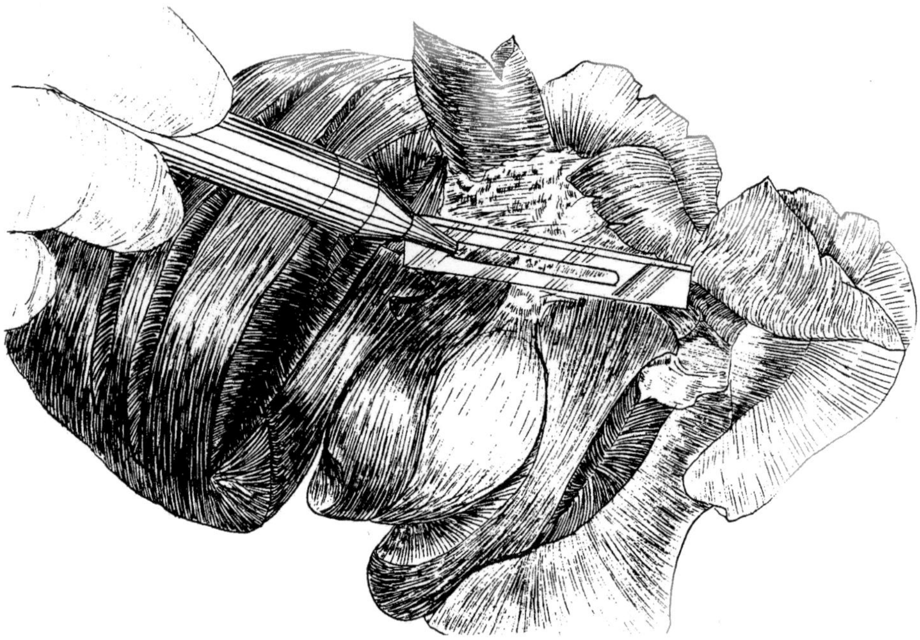

[그림 31] 병소가 없을 경우 육안적으로는 보이지 않는 병소를 조사하기 위해 좌우 대엽에서 시료를 채취하며, 담낭조직 일부도 함께 채취한다.

담낭의 검사

담낭의 끝부분을 핀셋으로 잡고 가위를 이용해 총담관쪽을 향해 잘라가면서 내용물과 점막을 검사한다. 점막표면이 평활한지 거친지 확인하고, 점막표면이 거칠거나 증식된 경우 비정상으로 간주하고 시료를 채취한다.

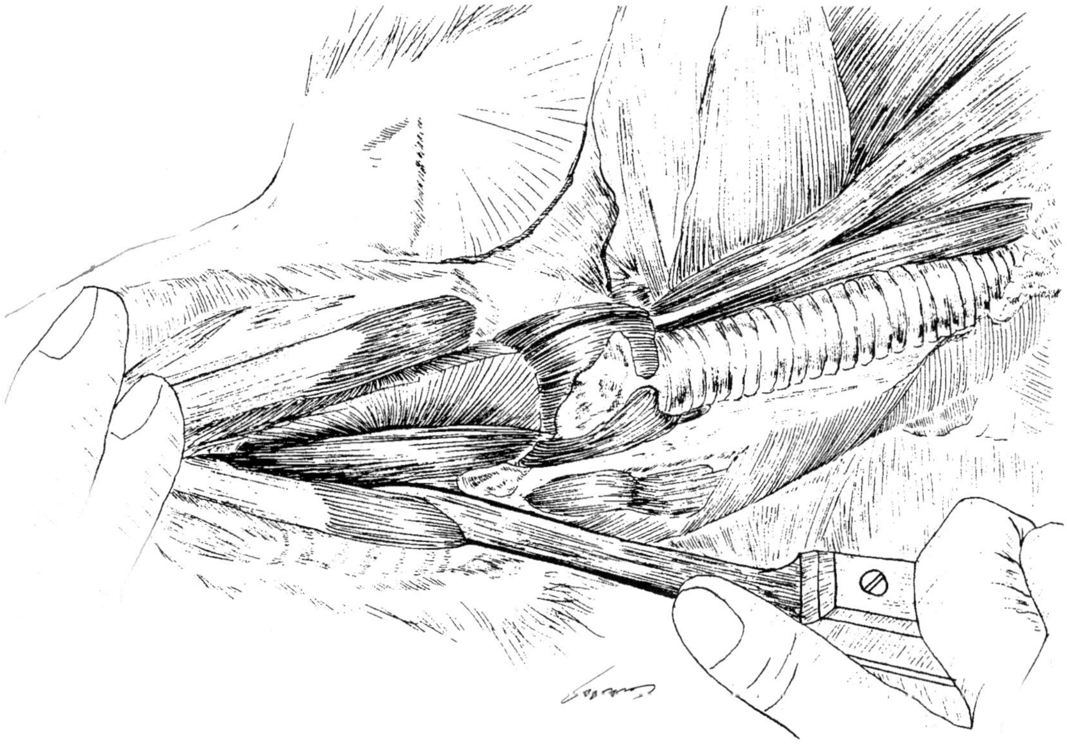

[그림 32] 설골과 혀 양쪽의 연부조직을 절개한다.

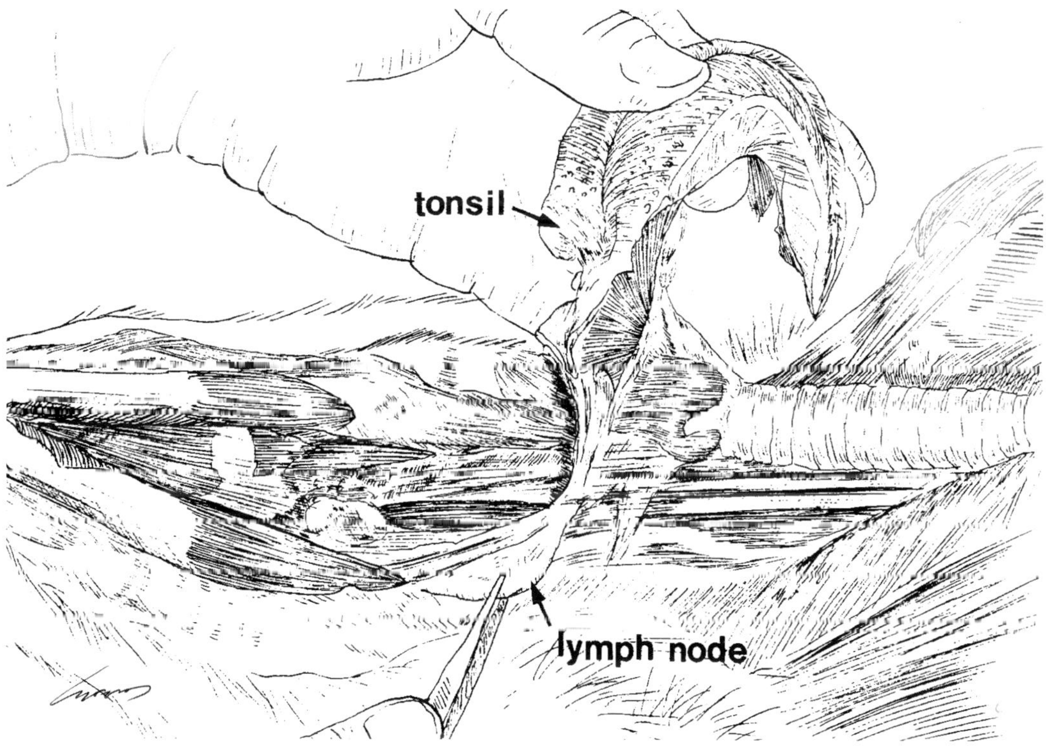

[그림 33] 혀를 부드럽게 들어올려 연부조직을 절개하고 혀, 인두, 식도, 후두, 기관, 폐, 심장 등을 함께 들어낸다.

상부호흡기 및 상부소화기의 분리

혀를 분리할 때 반드시 편도를 포함하여 절제하고 경부림프절을 검사한다. 검사할 때 타액선과 림프절을 잘 구분하고 림프절의 출혈이나 종대 여부 등을 검사한다.

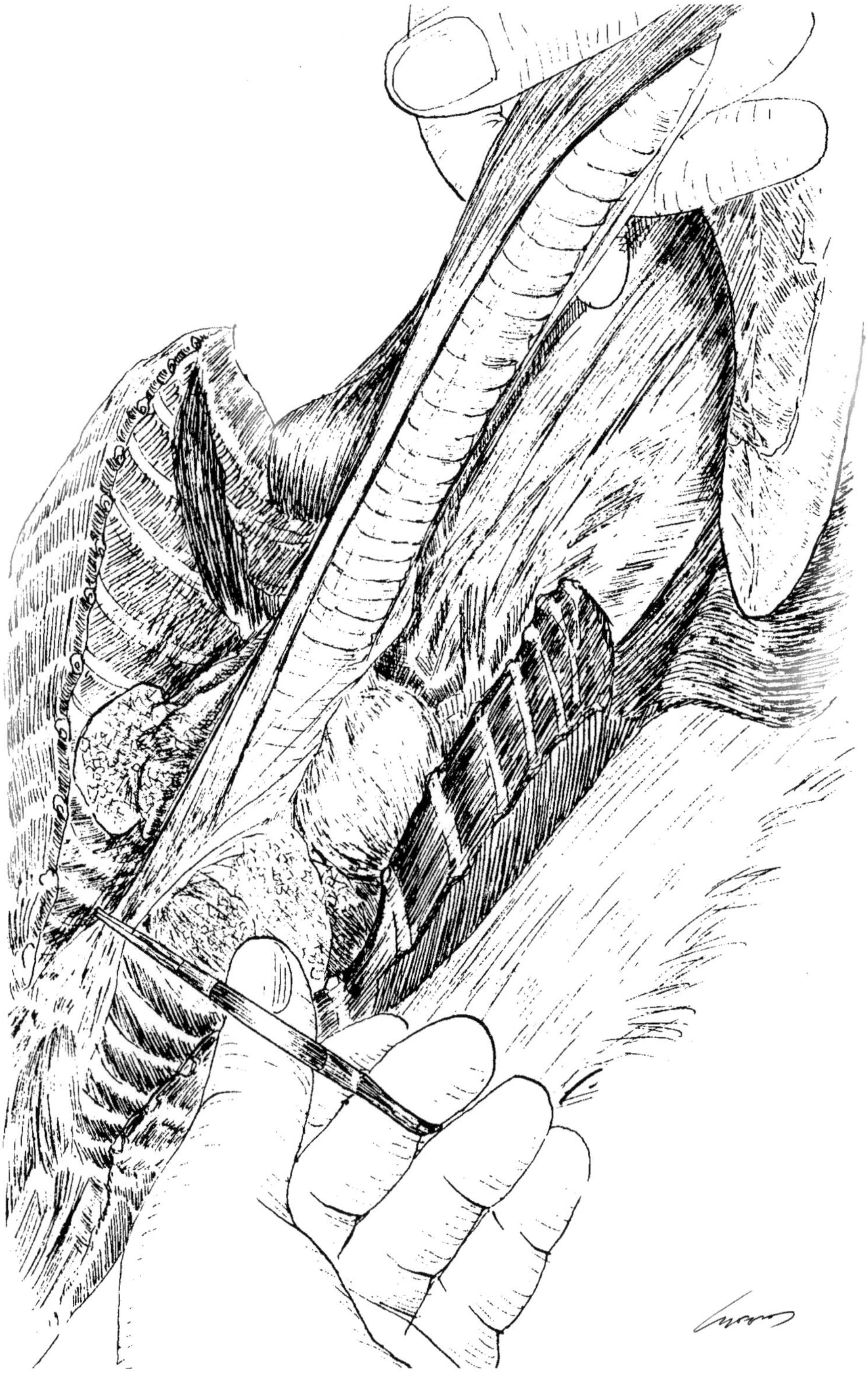

[그림 34] 그림 33 과정 중, 편도와 경부 임파절이 노출되면 떼어내서 절개하고 조사한다.

상부호흡기 및 상부소화기의 분리

혀를 분리할 때 반드시 편도를 포함하여 절제하고 경부림프절을 검사한다. 검사할 때 타액선과 림프절을 잘 구분하고 림프절의 출혈이나 종대 여부 등을 검사한다.

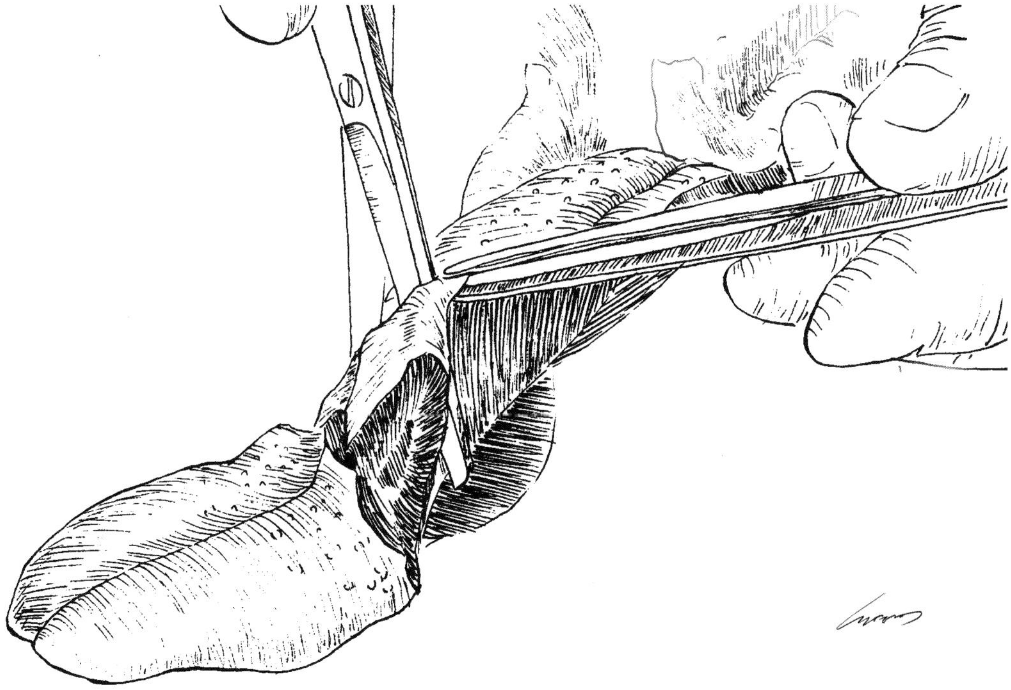

[그림 35] 혀는 외부표피를 잘 관찰하고 국소병소를 찾기 위해 가로로 몇 군데 자른다.

혀의 검사

혀 표면의 유두상 돌기와 미뢰의 정상여부 및 궤양 등의 유무를 관찰하기 위해 가위나 핀셋의 등쪽으로 표면을 부드럽게 닦은 후 검사한다. 또한 설골근내에 존재할 수 있는 병변의 검사를 위해 부위별고 절단하여 검사한다.

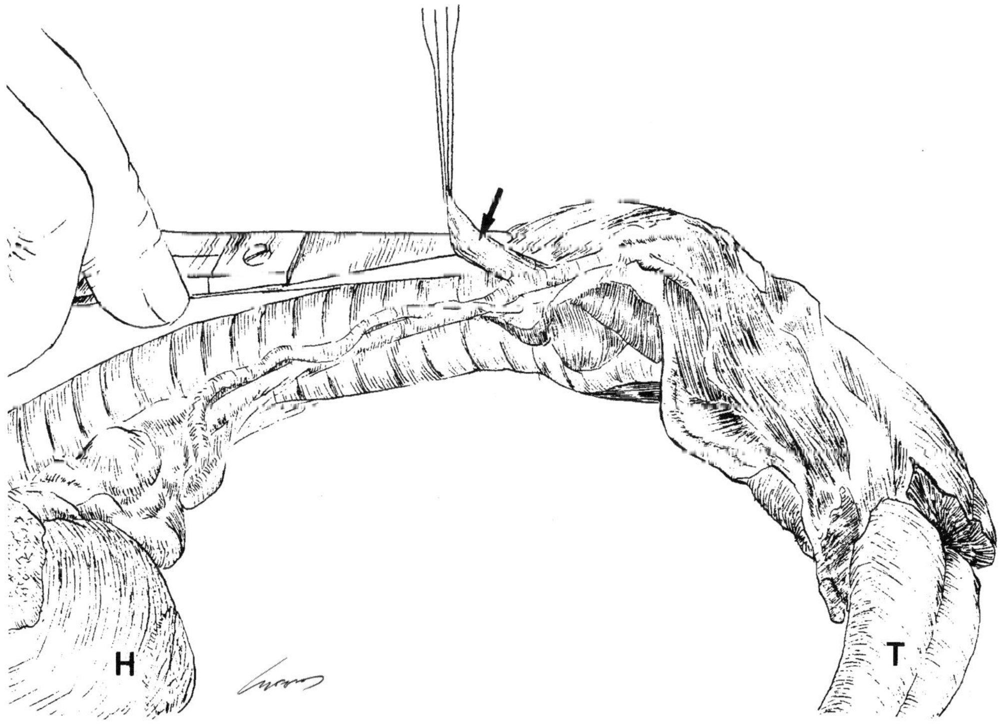

[그림 36] 갑상선(화살표)과 부갑상선을 찾아 검사하고 떼어내어 시료병에 넣어둔다. (심장; H, 혀; T)

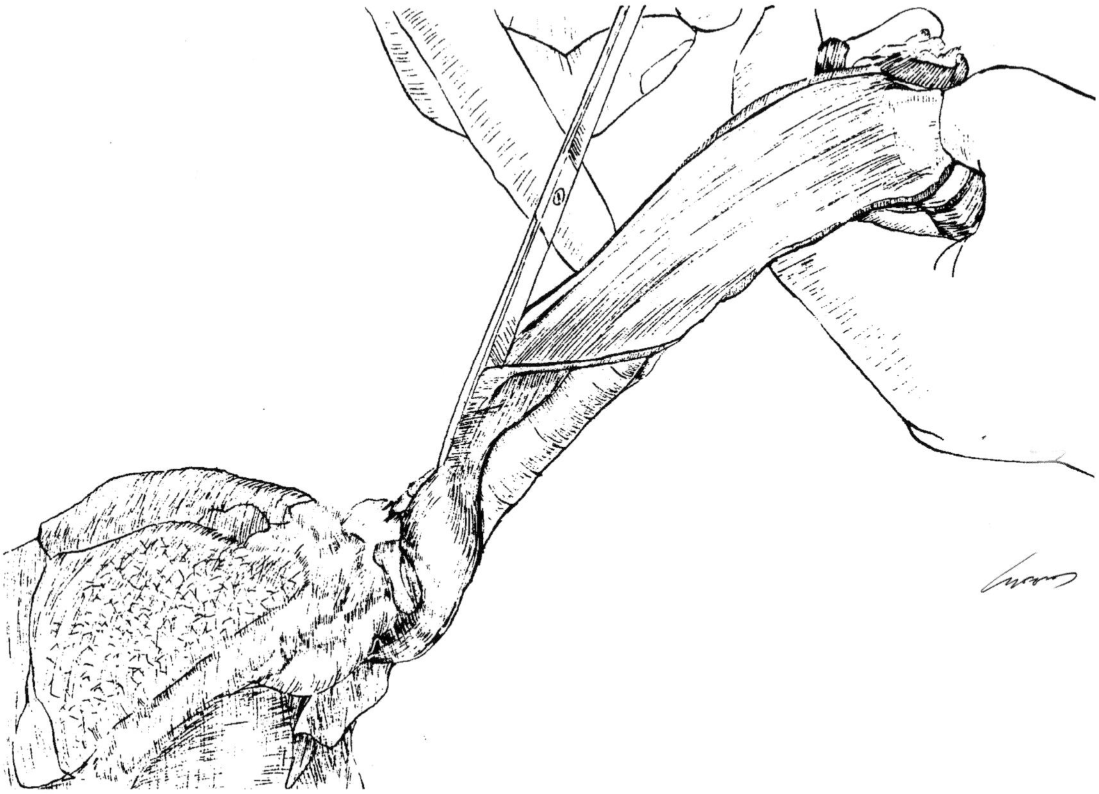

[그림 37] 식도벽을 세로로 잘라 점막 표면을 검사한다.

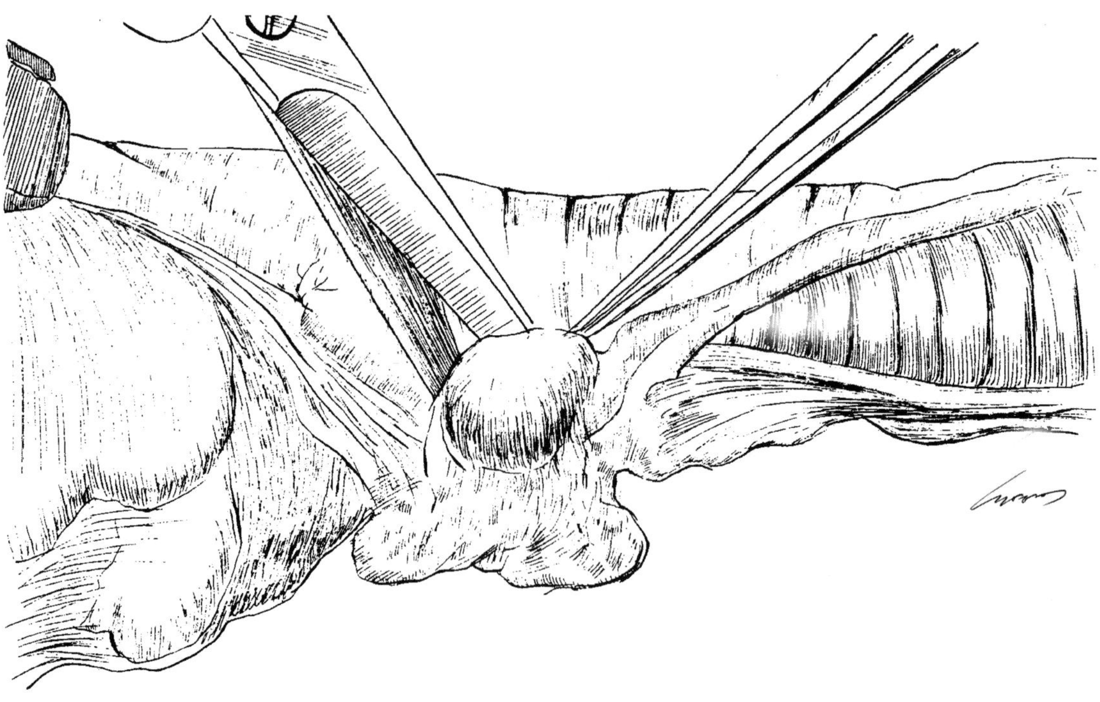

[그림 38] 갑상선을 외부적으로 검사하고 표면을 잘라 관찰한다. 기관 또한 세로로 자른 다음 점막면을 세심하게 검사한다.

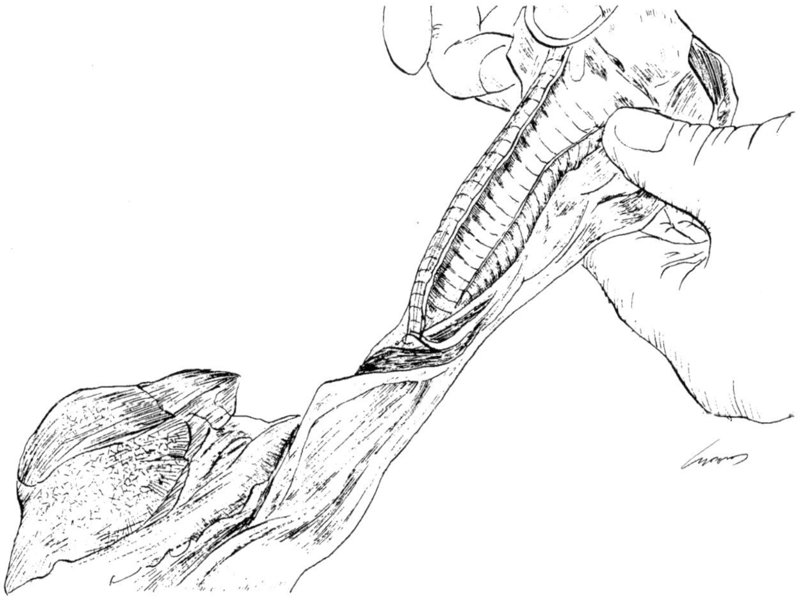

[그림 39] 기본 부검술식을 마치고 중반부에서 절개하지 않은 기관과 식도를 가로로 절개하여 검사하고 시료를 채취한다.

기관 점막의 검사

가위나 골절도로 후두를 절개하고 식도 전막을 피해 폐쪽을 향해 잘라 가면서 기관을 개방한다. 후두개, 후두, 기관벽(점막) 및 관강내 내용물을 검사한다.
기관 점막의 상피세포는 검사시 물리적 힘을 가하면 손상될 우려가 있으므로, 점막면에 손가락 등이 닿지 않은 부위를 채취한다.

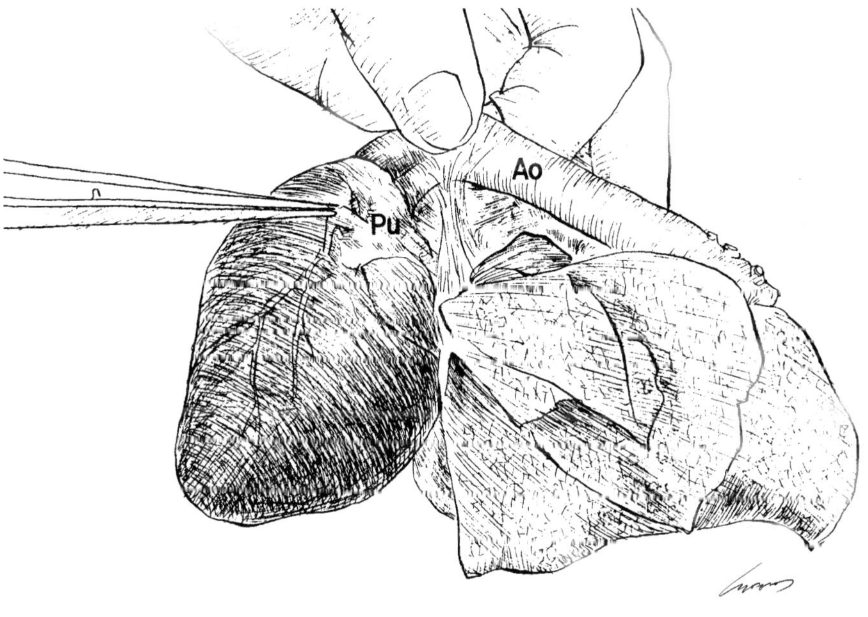

[그림 40] 심낭을 벗긴 후, 동맥관(ductus arterisus)을 확인하고 조사한다.(폐동맥; Pu, 대동맥; Ao)

심낭 검사

심낭은 정상적으로 부드럽고 밝으며 투명하다. 왼손의 엄지와 검지 또는 핀셋으로 심첨부위 심낭 끝부분을 잡고 가위로 작은 구멍을 만든 다음, 심기저부를 향해 절개하면서 심낭 내부의 액체나 구성물을 검사한다. 정상적으로 수 ml의 맑고 색깔이 없거나 약간 황색(yellowish)을 띠는 액체가 존재한다. 이때 심낭이 비후 또는 반투명(translucency)한지의 여부와 심외막(epicardium)과 유착이나 지방의 과다 축적 및 심낭수의 성상 등을 자세히 관찰한다.

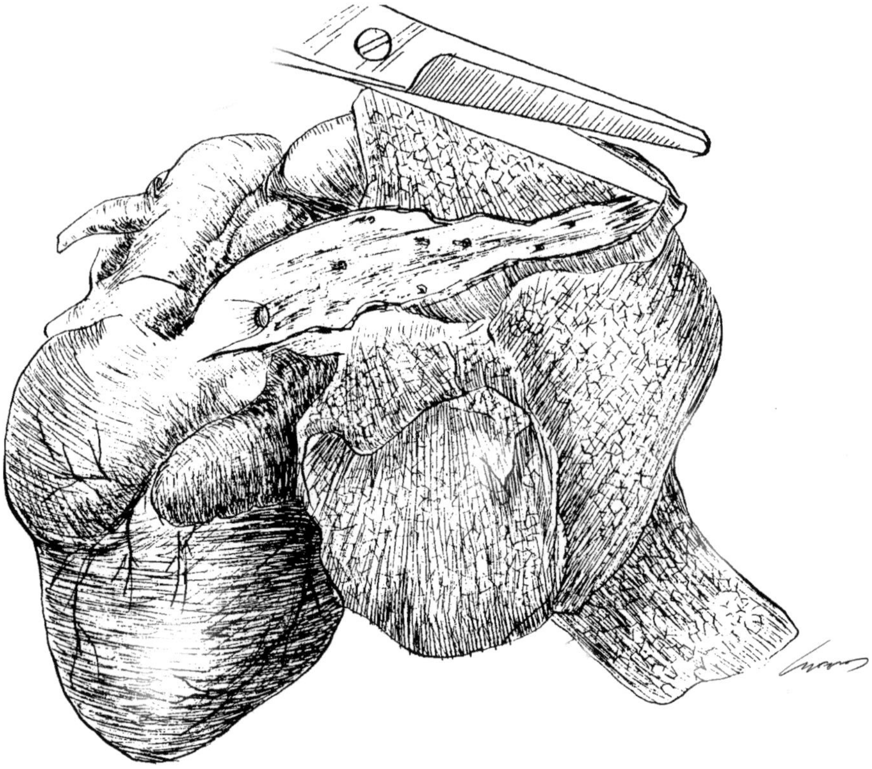

[그림 41] 폐동맥은 내피표면을 볼 수 있는 최대의 점까지 절개하여 개방하고 혈전증이나 기생충을 확인한다.

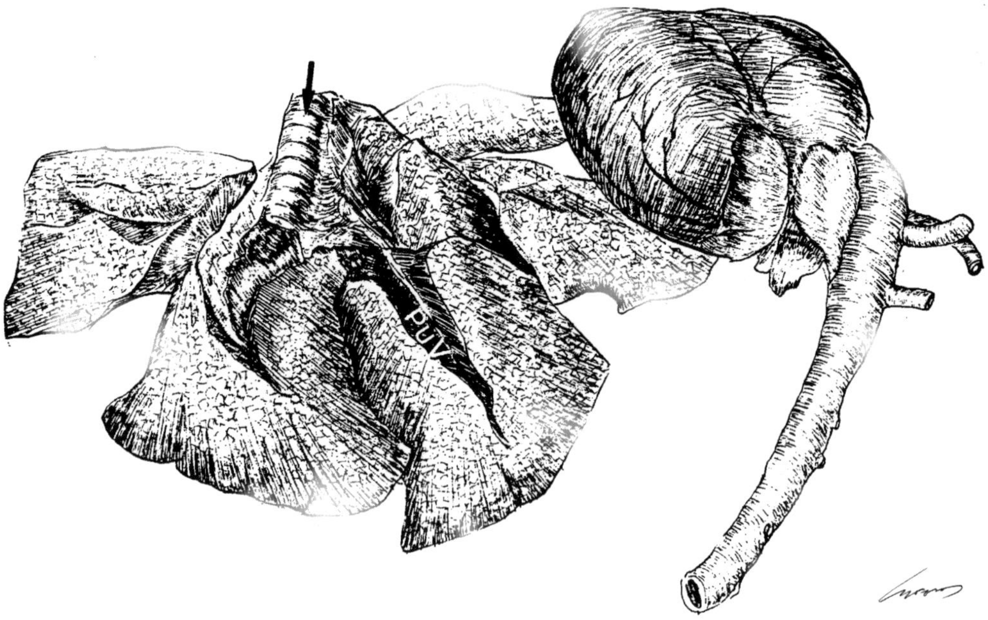

[그림 42] 폐로부터 심장을 떼어내고, 폐를 촉진하여 조사한다. 기관-기관지분지(화살표)를 폐혈관(PuV)이 개구되어 있는 반대쪽 극단까지 절개한다.

기관지 및 폐의 검사

가위로 기관지를 따라 폐를 잘라 가면서 점막 및 내용물의 성상 및 흉막 및 폐문 림프절 등도 같이 검사하고 시료를 채취한다. 경도를 알아보기 위해 폐 전체를 촉진하고 병변 부위나 경도가 느껴지는 부위는 부검도로 절개하여 절단면을 검사한다. 폐 복측 부위도 기관지를 따라 절개하면서 검사하고 비정상적 구조물이나 삼출물을 잘 관찰하기 위해 조직을 부드럽게 쓸면서 검사한다.

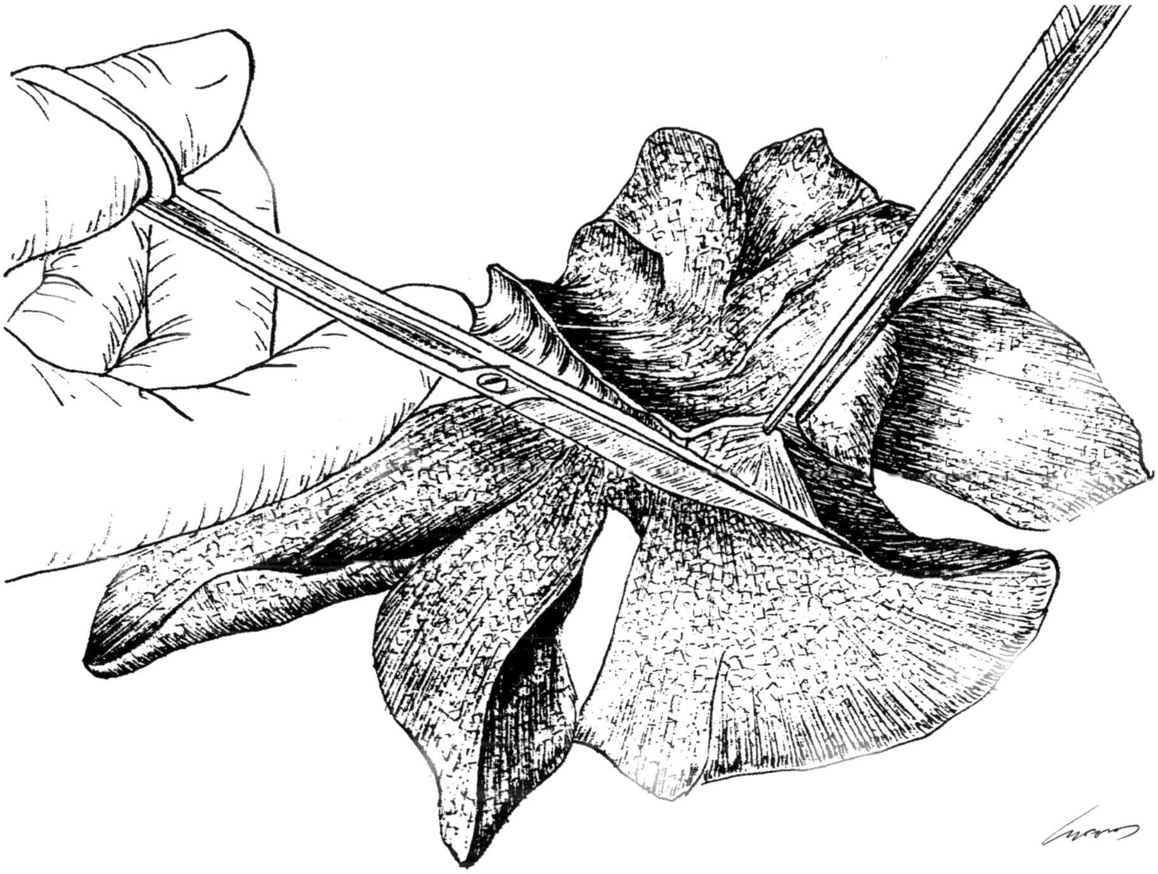

[그림 43] 육안적 병소가 없을 경우 폐는 부검을 한 후 왼쪽 배쪽끝엽과 오른쪽 등쪽횡격엽으로부터 부분 절단하여 병리 조직을 위한 시료채취를 한다.

폐 병변의 감별

1 무기폐(atelectasis) : 공기가 없는 부위로 정석색(bluish-red)을 띠며, 정상보다 얇고 더 단단하다. 표면은 정상보다 함몰되어 있고 절단면을 건조하다.

2 폐기종(alveolar emphysema) : 기종 부위는 정상보다 다소 융기되어 있고 황색(yellowish)을 띠며 더 부드럽나. 소엽간 조직에서 주로 가스가 보이는 간질성 기종(intersitial emphysema)의 경우도 있다.

3 부종(edema) : 폐는 정상보다 더 무겁고 대부분이 충혈되어 있다. 또한 절단면에서 부종성 액체 혹은 포말(froth)이 흘러나온다. 기관지 및 기관에서까지 포말이 관찰되기도 한다.

4 충혈(hypermia) : 폐는 다소 정석색(bluish-red)을 띠며, 정상보다 더 무겁고 고무처럼 약간 단단하다. 대량의 혈액이 절단면을 따라 흘러나오고, 보통 부종과 충혈이 함께 나타난다.

5 염증(inflammation) : 염증 부위는 단단하고 염증형태와 단계에 따라 회색(greyish)에서 적청색(reddish-blue)으로 보인다. 절단면에서 출혈성, 화농성, 섬유소성 삼출물의 형태를 나타낸다.

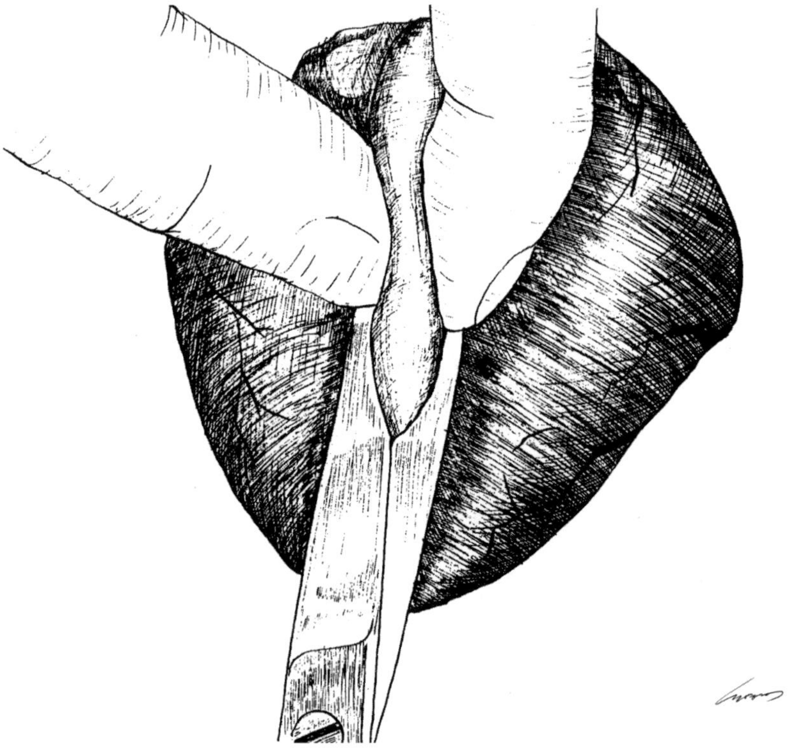

[그림 44] 오른쪽 심실은 심장끝에서 시작해서 심실사이중격을 따라 절개해 나간다.

심장의 검사

먼저 심장의 상대적인 크기, 형태 및 색깔, 경도 등을 검사한다. 심외막(epicardium)은 정상적으로 표면이 부드럽고 반짝거린다. 심외막의 출혈병소나 섬유소성 막의 부착여부, 얼룩지거나 탈색된 부위, 반흔부위 등을 검사한다. 또한 심장의 좌우대칭 불균형(disproportions), 심장의 확장(dilation) 및 비대(hypertrophy) 등을 검사한다.

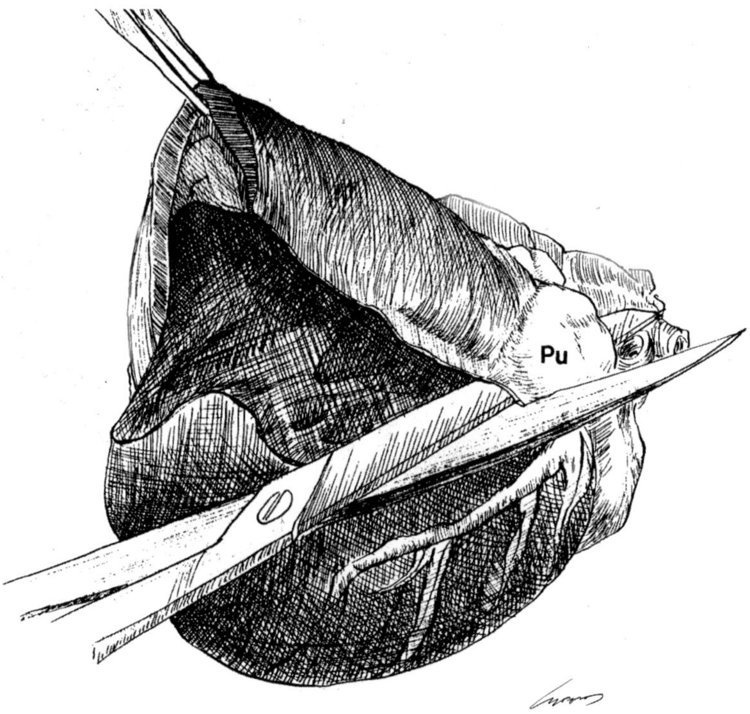

[그림 45] 폐동맥 판막을 통과해 폐동맥(Pu)까지 절개하여 개방시킨다.

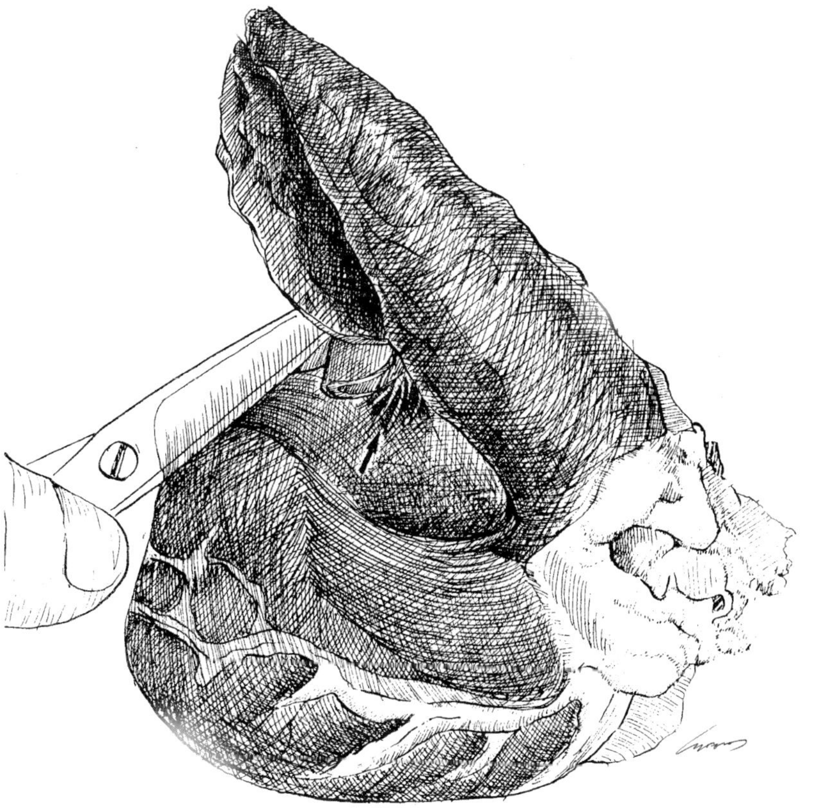

[그림 46] 오른쪽 방실판막의 심실부위를 노출시킨다. 심장으로부터 오른쪽 심실과 심방의 유리된 벽을 떼어낼 때 힘줄끈(화살표)을 자르기 전에 파열여부를 확인한다.

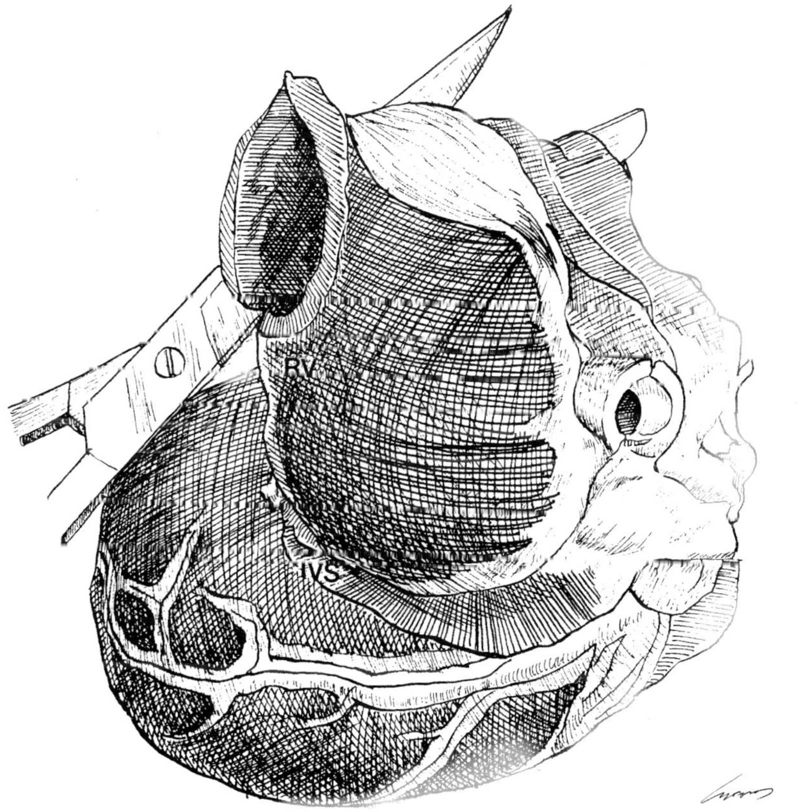

[그림 47] 심장끝에서 심실사이중격(IVS)을 따라 방실판막을 통과하고 오른쪽 심실벽(RV)의 절개를 계속한다.

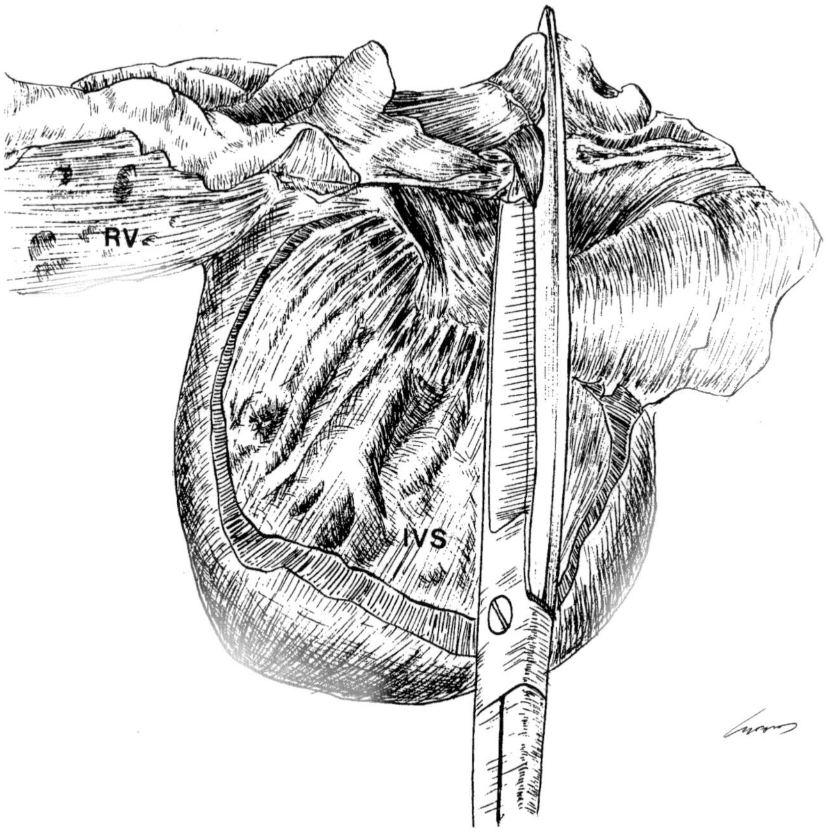

[그림 48] 오른쪽 심방과 오른쪽 심실을 심장에서 떼어낸다.

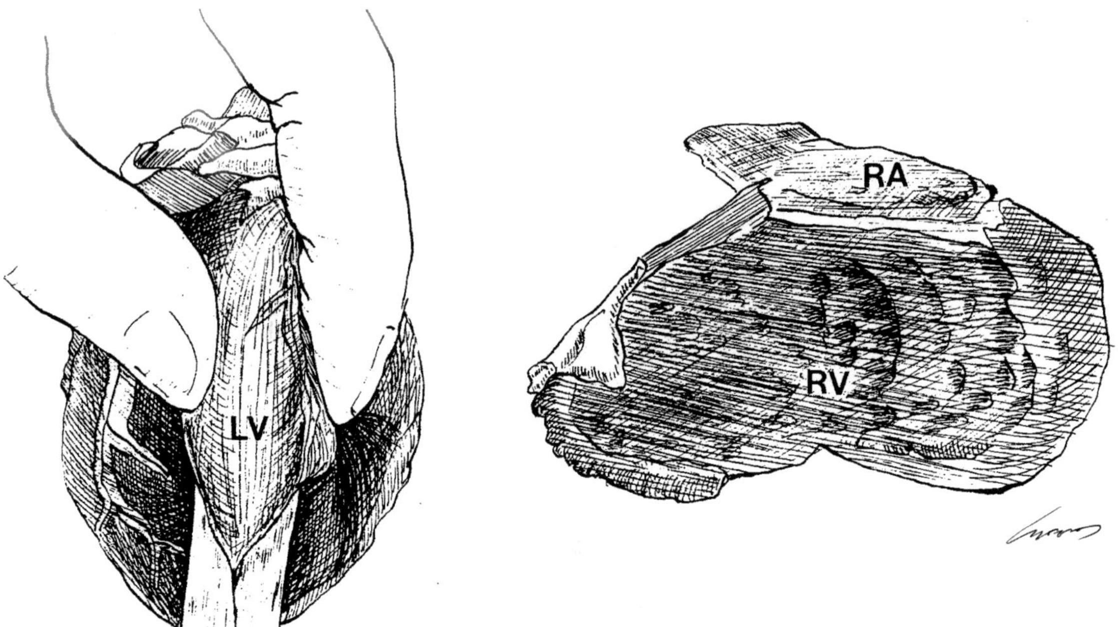

[그림 49] 오른쪽 심방(RA)과 오른쪽 심실(RV)의 속막과 방실판막을 검사한다. 오른쪽 심장을 한쪽에 제쳐두고 심장끝에서 시작해서 심실사이중격과 함께 그 결합부에 있는 왼쪽 심실(LV)을 계속 절개한다.

오른쪽 심방(RA)과 심실(RV)의 검사

절개된 부위의 심근(myocardium)과 심내막(endocardium)을 검사하고 가위를 오므려서 삼첨판막의 밑으로 가위끝을 넣어 삼첨판막의 탄력성과 파열의 유무 및 증식 등을 검사한다. 심장내에 혈액이 존재하는 경우 사후응괴와 사전혈전을 구분하여야 한다.

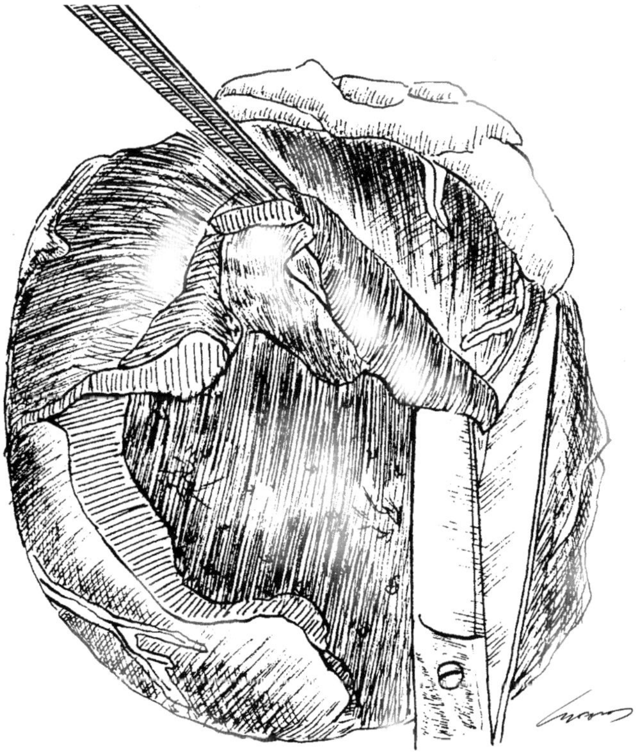

[그림 50] 계속해서 왼쪽 심실에서 왼쪽 심방까지 절개하고 이어서 힘줄끈이 노출될 때까지 힘줄끈의 절단을 피한다.

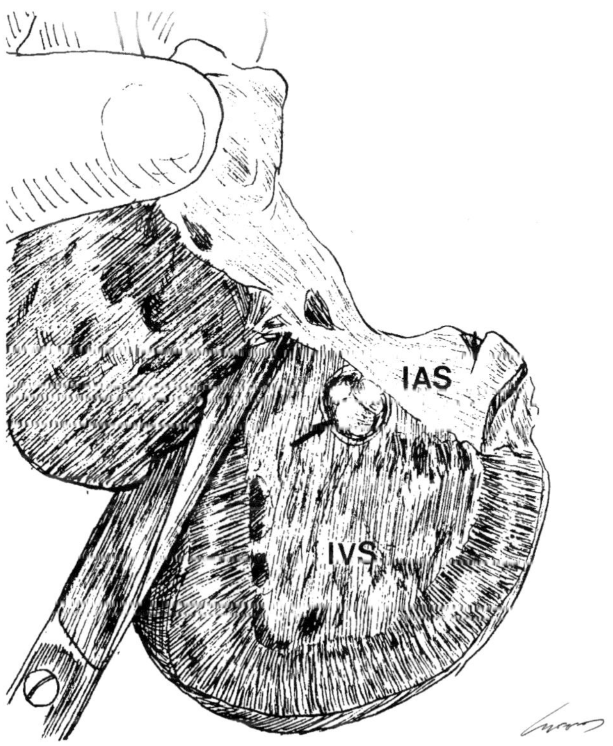

[그림 51] 심장 잔여부로부터 왼쪽 심장부위를 분리한다. 심실사이중격; IVS, 심방사이중격; IAS, 대동맥판(화살표)

왼쪽 심실과 심방 검사

절개된 부위의 심근(myocardium)과 심내막(endocardium)을 검사하고 가위를 오므려서 이첨판(bicuspid valves) 밑으로 끝을 넣어 탄력성과 파열의 유무 및 증식 등을 검사한다. 응혈괴가 존재하는 경우 사후응괴와 산전에 생긴 혈전을 구분한다.

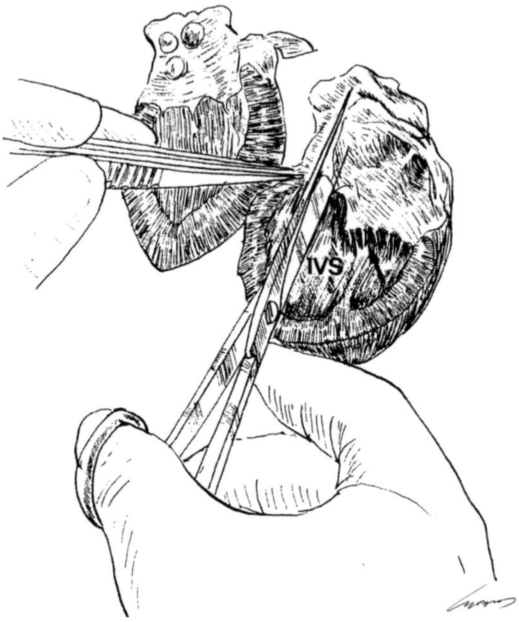

[그림 52] 무딘 가위날을 대동맥으로 밀어 넣고 잘라서 대동맥근육과 대동맥판을 개방한다. 대동맥구와 판의 내피면을 검사한다. 일반적 검사를 한 후 육안적 병소가 없을 때는 심실사이중격(IVS)과 유두근육을 포함하여 오른쪽 방실판막(화살표) 부위에서 시료를 채취해야 한다.

대동맥구 및 대동맥판막(반월판막)의 검사

선천성 이상이나 폐쇄 및 판막 형성부전 등을 조사하고 내피면을 검사하여 축적물이 없이 윤활한지 등을 검사한 후 쇄골하동맥을 비롯하여 대동맥궁까지 절개하면서 검사한다. 혈전이나 동맥류 및 전자(emboli) 등의 유무도 검사하고, 오른쪽 및 왼쪽 폐정맥 입구도 절개하여 검사한다.

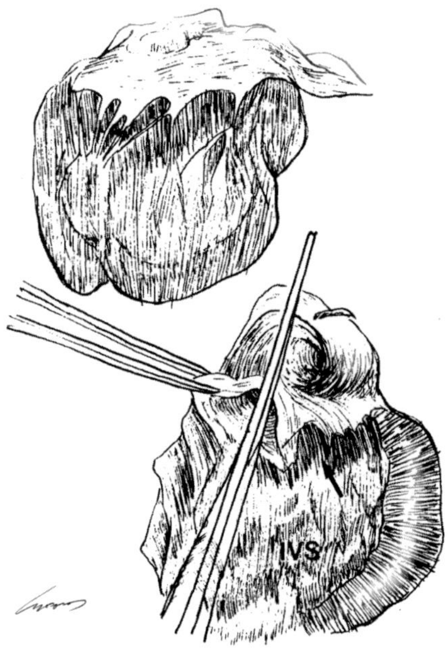

[그림 53] 무딘 가위날을 대동맥으로 밀어 넣고 잘라서 대동맥근육과 대동맥판을 개방한다. 대동맥구와 판의 내피면을 검사한다. 일반적 검사를 한 후 육안적 병소가 없을 때는 심실사이중격(IVS)과 유두근육을 포함하여 오른쪽 방실판막(화살표) 부위에서 시료를 채취해야 한다.

대동맥구 및 대동맥판막(반월판막)의 검사

선천성 이상이나 폐쇄 및 판막 형성부전 등을 조사하고 내피면을 검사하여 축적물이 없이 윤활한지 등을 검사한 후 쇄골하동맥을 비롯하여 대동맥궁까지 절개하면서 검사한다. 혈전이나 동맥류 및 전자(emboli) 등의 유무도 검사하고, 오른쪽 및 왼쪽 폐정맥 입구도 절개하여 검사한다.

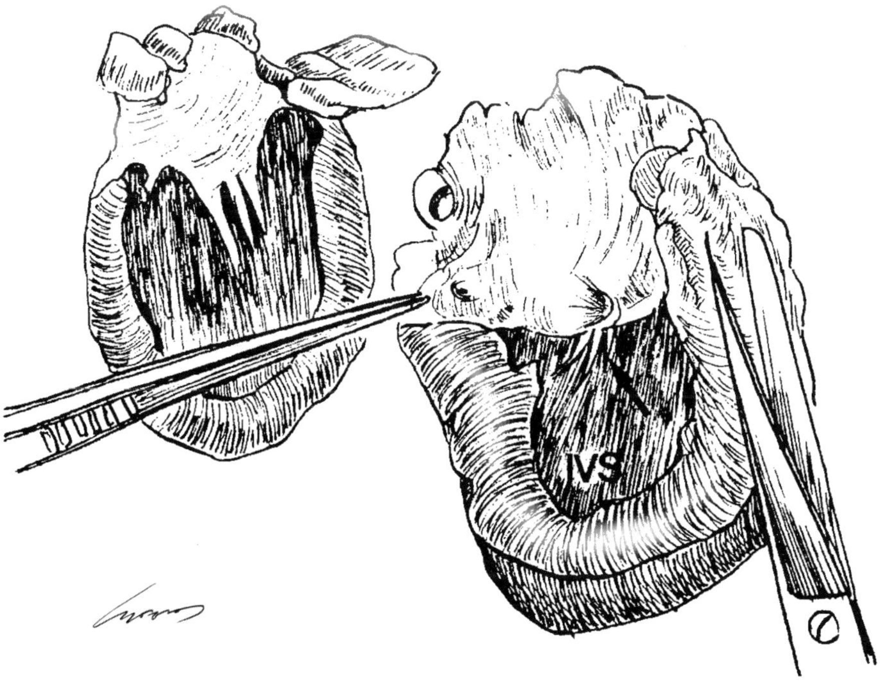

[그림 54] 무딘 가위날을 대동맥으로 밀어 넣고 잘라서 대동맥근육과 대동맥판을 개방한다. 대동맥구와 판의 내피면을 검사한다. 일반적 검사를 한 후 육안적 병소가 없을 때는 심실사이중격(IVS)과 유두근육을 포함하여 오른쪽 방실판막(화살표) 부위에서 시료를 채취해야 한다.

대동맥구 및 대동맥판막(반월판막)의 검사

선천성 이상이나 폐쇄 및 판막 형성부전 등을 조사하고 내피면을 검사하여 축적물이 없이 윤활한지 등을 검사한 후 쇄골하동맥을 비롯하여 대동맥궁까지 절개하면서 검사한다. 혈전이나 동맥류 및 전자(emboli) 등의 유무도 검사하고, 오른쪽 및 왼쪽 폐정맥 입구도 절개하여 검사한다.

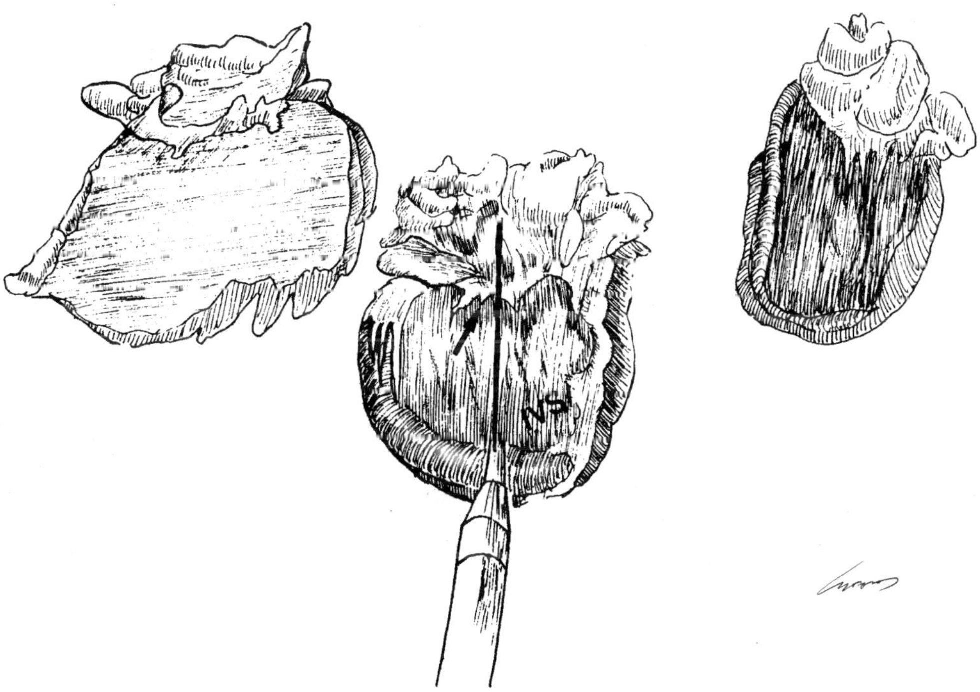

[그림 55] 무딘 가위날을 대동맥으로 밀어 넣고 잘라서 대동맥근육과 대동맥판을 개방한다. 대동맥구와 판의 내피면을 검사한다. 일반적 검사를 한 후 육안적 병소가 없을 때는 심실사이중격(IVS)과 유두근육을 포함하여 오른쪽 방실판막(화살표) 부위에서 시료를 채취해야 한다.

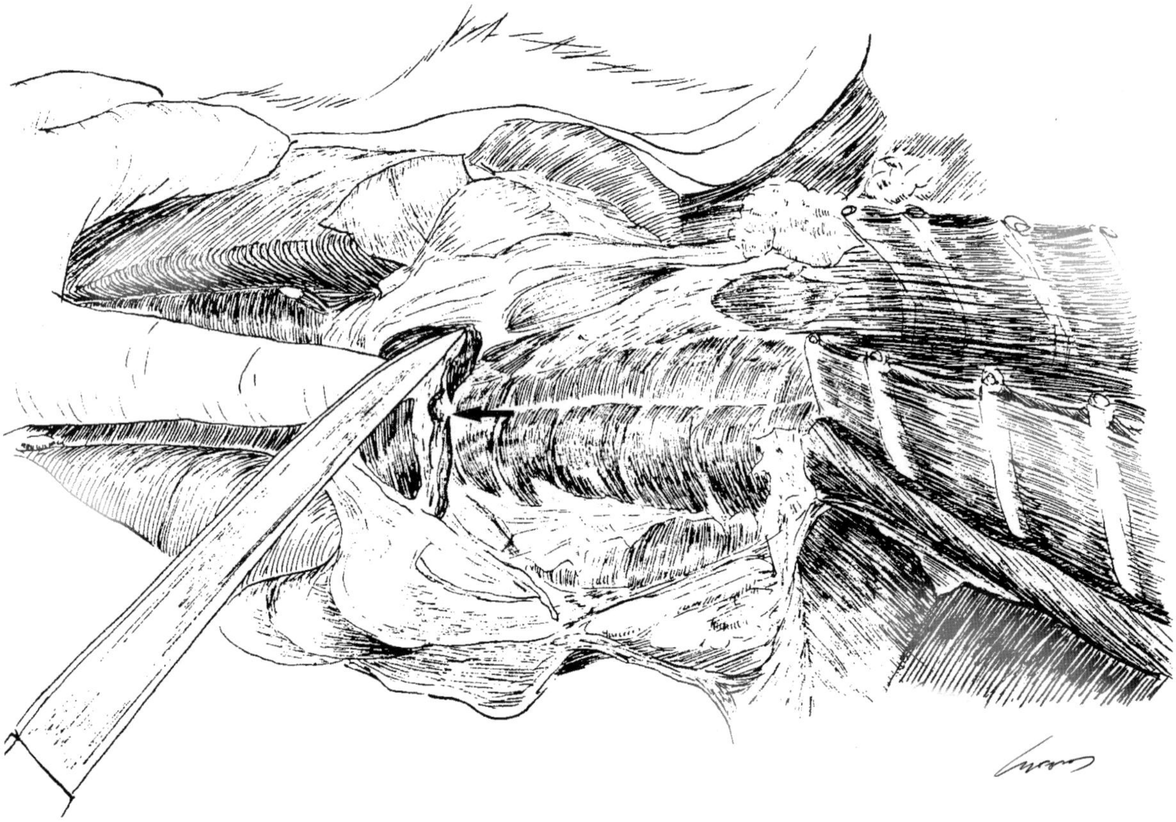

[그림 56] 환추-후두관절(화살표)의 배쪽에서 칼로 잘라 머리를 분리시킨다.

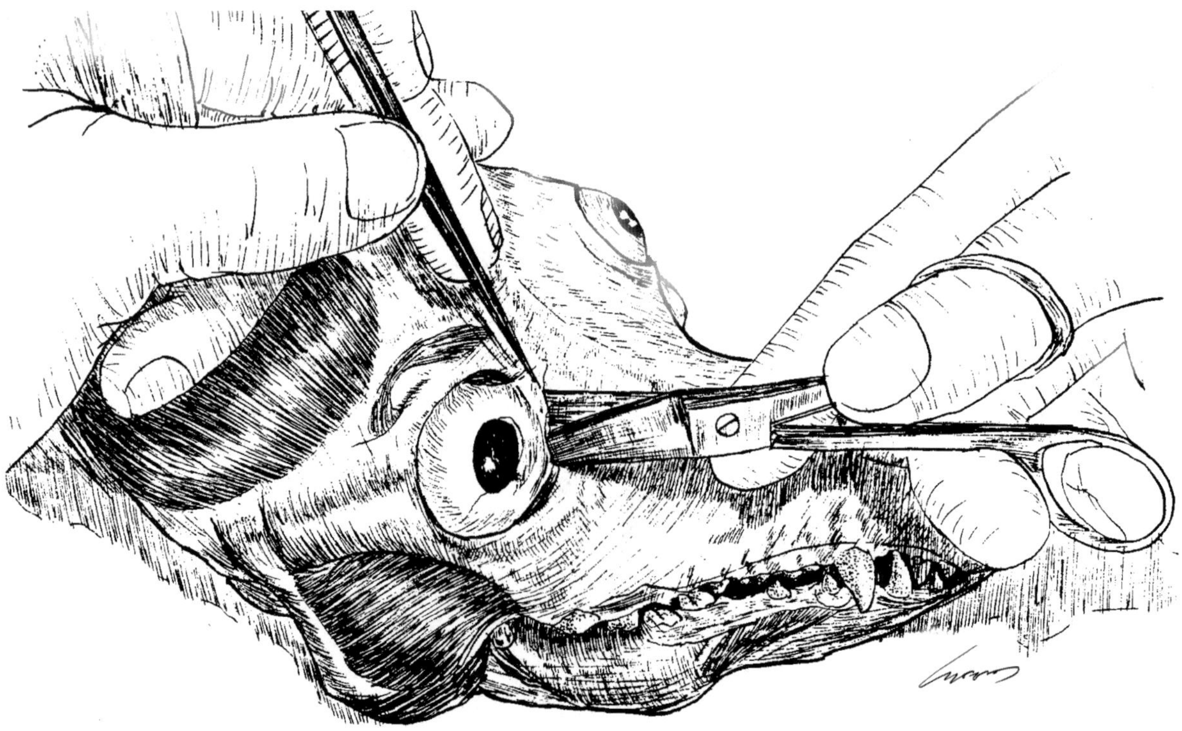

[그림 57] 눈꺼풀을 포함한 머리뼈를 덮는 피부를 박피해야 뇌와 안구제거가 용이하다. 안구를 제거하기 위해 셋째 눈꺼풀을 살짝 들어 가위로 질러 안구를 지탱하고 있는 주위조직을 절개한다.

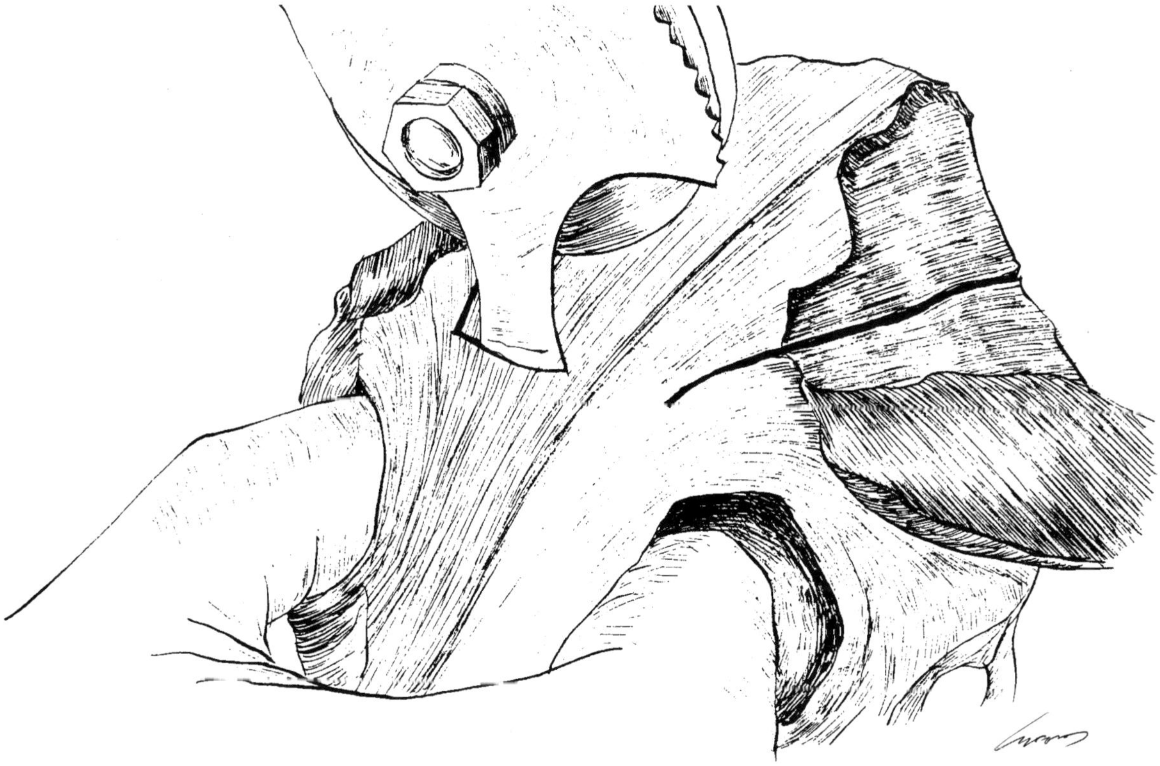

[그림 58] 척추골머리 오목으로부터 측두근육을 제거한다. 석고붕대용 톱으로 대후두공 바깥쪽에서 위쪽으로 대외반구 측연을 따라 안구를 연결하는 선까지 자른다. 전두골에서 안구까지 가로로 자른다.

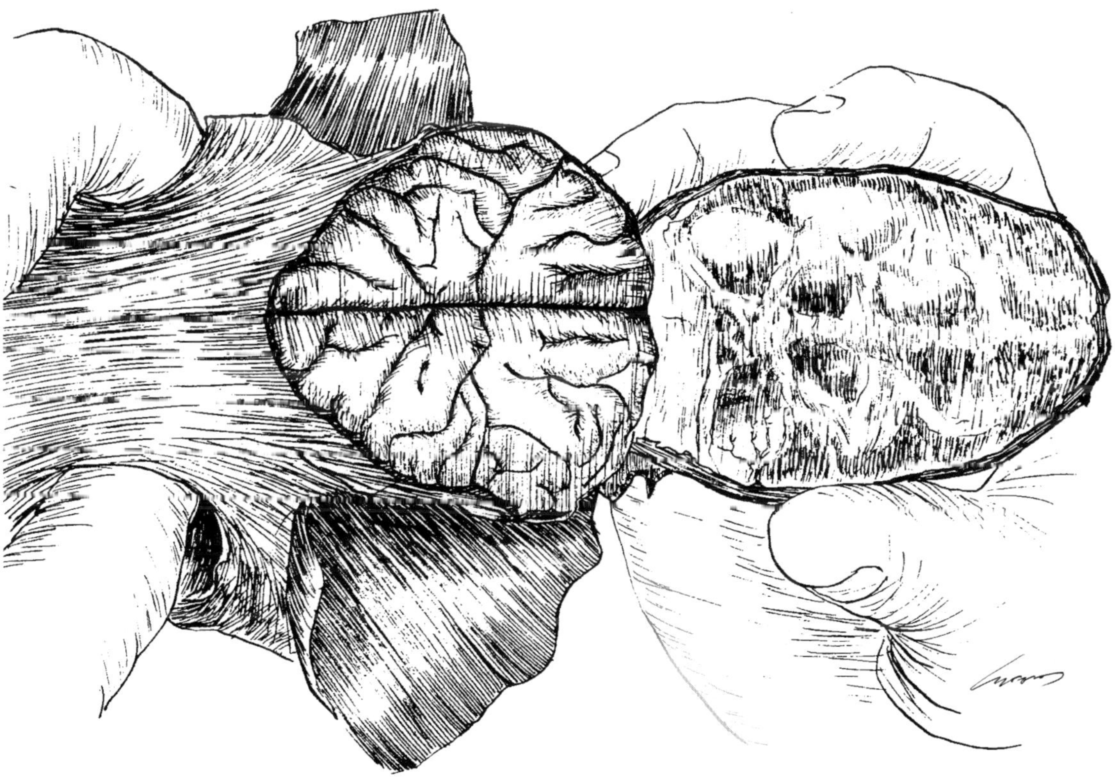

[그림 59] 머리뼈 절단부분을 들어 올리고 머리를 뒤집어보면 뇌의 무게에 의해 뇌실에서 뇌가 빠진다. 머리 신경근과 배쪽 경질막 부착부를 절개하고 뇌를 꺼낸다.

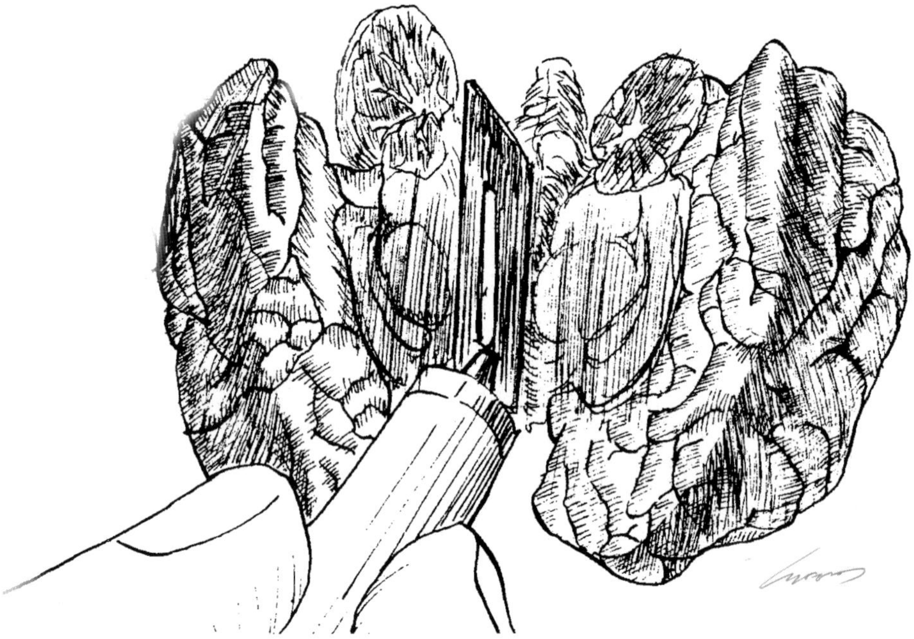

[그림 60] 뇌 조직 채취를 위해 뇌의 시상단면을 둘로 자른 다음 포르말린에 고정한다. 시료 채취가 필요 없을 경우, 표면에 노출되지 않은 작은 병소를 찾아내기 위해 0.5~1 cm 간격으로 여러 부위를 잘라서 관찰한다.

뇌의 검사

뇌의 대칭성, 뇌실의 크기, 국한성 병변, 출혈, 뇌막 및 경도 등을 검사한다. 또한 뇌하수체의 크기 및 종양, 농양 등의 유무도 확인한다. 신경계 조직은 사후변화가 곧바로 일어나기 때문에, 고정시기가 늦어지거나 시료 채취가 늦으면 병변을 구분하기가 어렵다. 따라서 임상 병력상에서 신경증상이 있었다면 다른 장기나 조직보다 신경계 조직을 먼저 채취하여 고정하는 것이 좋다. 신경계 조직의 고정이 잘 되도록 하기 위해서는 시료보다 고정액의 양이 충분히(약 20배 정도) 많아야 하며, 시료를 채취할 때는 최대한 얇고 편평하게 하여 현미경 검사시 발생할 수 있는 변형을 최소화하도록 한다.

광견병이 의심되는 개를 부검할 경우 뇌를 두개강내에 원래상태(in situ)로 놔두고 뇌조직을 채취하는 것이 가장 안전한 방법이다. 뇌 윗부분의 머리뼈만 제거한 후 외복측 방향에서 정중평면(median plane)으로부터 대뇌반구를 잘라 측뇌실을 개방하여 해마(hippocampus)를 노출시켜 시료를 채취한다. 광견병이 의심되는 대동물의 부검시에는 대후두공을 통해 조직을 채취할 수 있다.

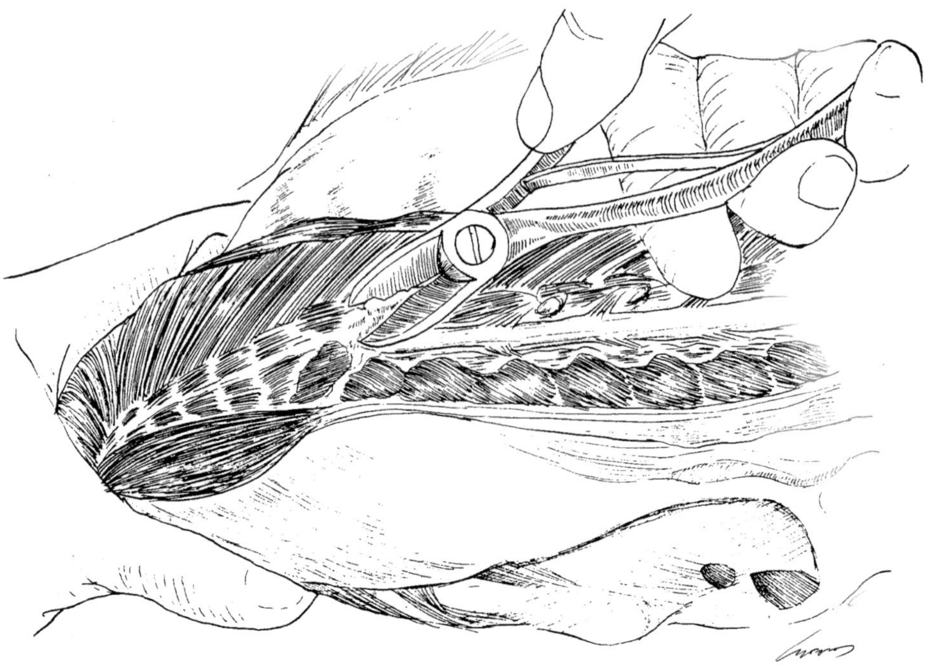

[그림 61] 척수와 척수강을 검사하기 위해서 허리뼈 등쪽부위, 등뼈 꼬리부위 및 엉덩이 사이뼈의 근육을 제거한다. 골절도(Bone cutter)나 톱으로 척추강 옆면의 척추궁을 잘라서 척추의 절반을 잘라낸다.

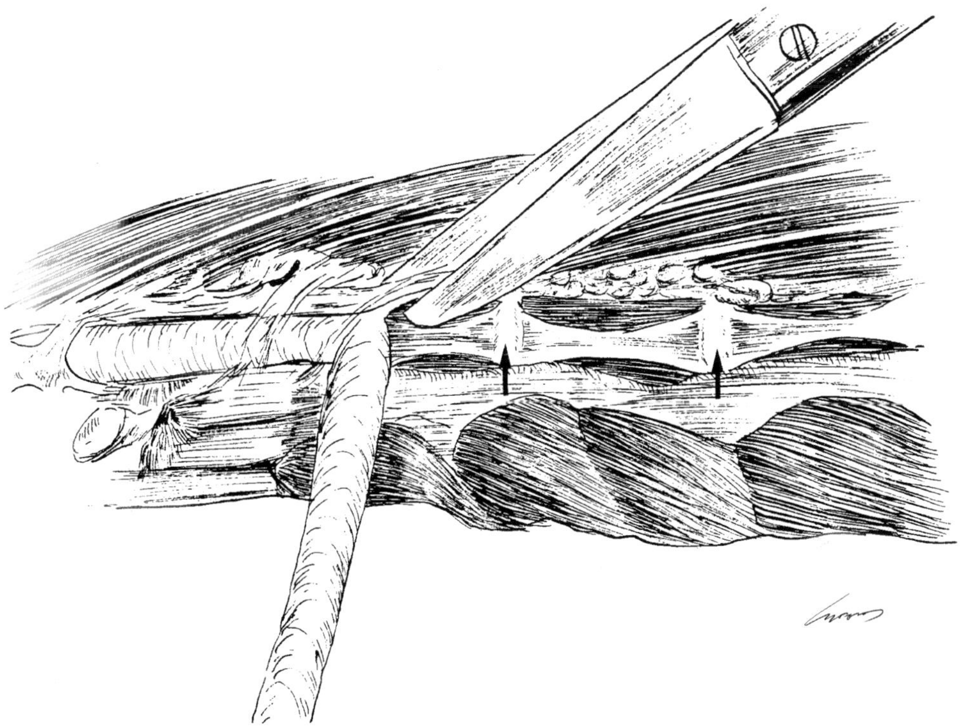

[그림 62] 엉덩이 사이뼈내 경질막을 잡고 살짝 들어올려서 척추신경근에서 경질막 부착부를 절개한 다음 요추부 척수를 떼어낸다. 척추사이판(화살표) 등쪽면의 검사는 척추를 제거한 다음에 한다. 일반적인 검사를 마친후 제1허리뼈의 척추 가로면에서 시료를 채취한다. 병력이나 임상소견에서 신경계 질환이 의심되면, 척추 전체를 떼어내어 포르말린에 고정한다. 척추를 제거한 후 경막은 신경망의 적절한 관류여부를 확인하기 위해 세로로 절개한다.

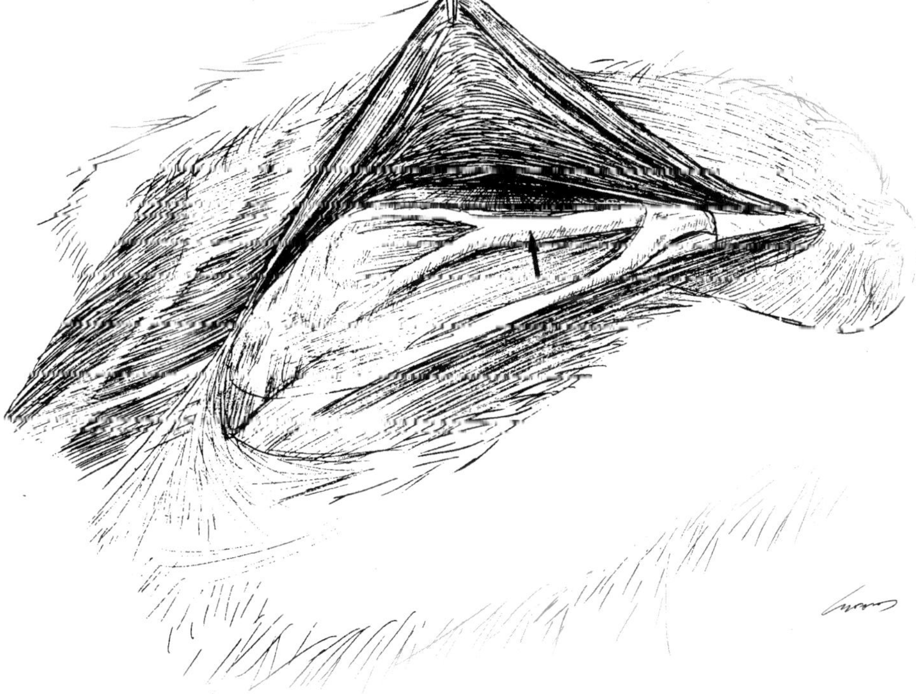

[그림 63] 부검을 마친 후 근위 대퇴부에 있는 좌골신경(화살표) 같은 말초신경들을 관찰하고 절개하여 고정액에 고정한다.

[그림 64] 부검을 마친 후 골격계와 골수검사를 위해 왼쪽 5번째 늑골과 늑연골 결합부에서 시료를 채취한다. 경우에 따라 근골격계에 대한 보다 세밀한 검사를 한다. 이 그림에서 늑연골 절단면이 보이는데 이는 흉강 검사시 흉골을 제거할 때 생긴 단면이다.

근골격계의 검사

뼈 : 비정상적인 뼈, 골수가 검사, 골피질, 골단판을 검사한다.
관절 : 관절활액(양, 색, 경도), 관절연골의 미란, 증식성 골병변 여부 및 척추사이 원반을 검사한다.
근육 : 근육의 색깔, 균질성, 상대적 크기(비대, 증식 등), 대칭성 등을 검사한다.

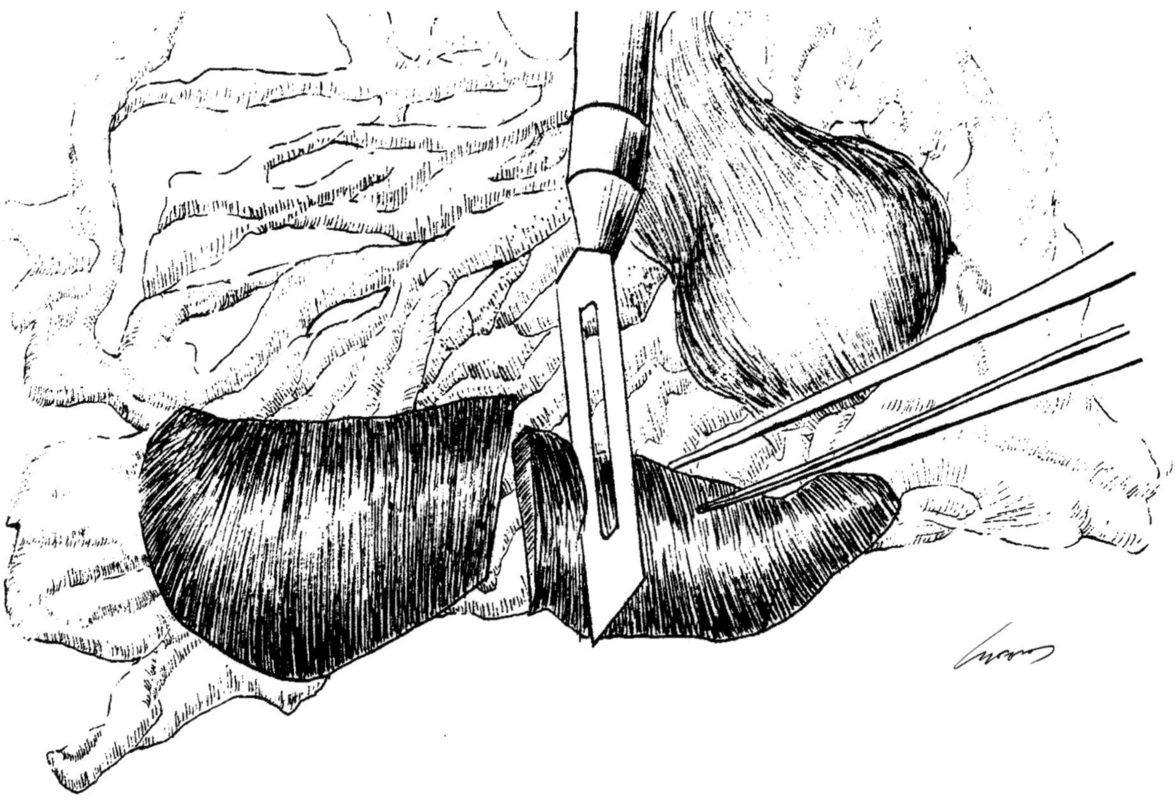

[그림 65] 마지막으로 검사할 부위는 비장, 췌장 및 장간막이 부착된 소화기이다. 비장을 검사하고 촉진하며 가로로 잘라본다.

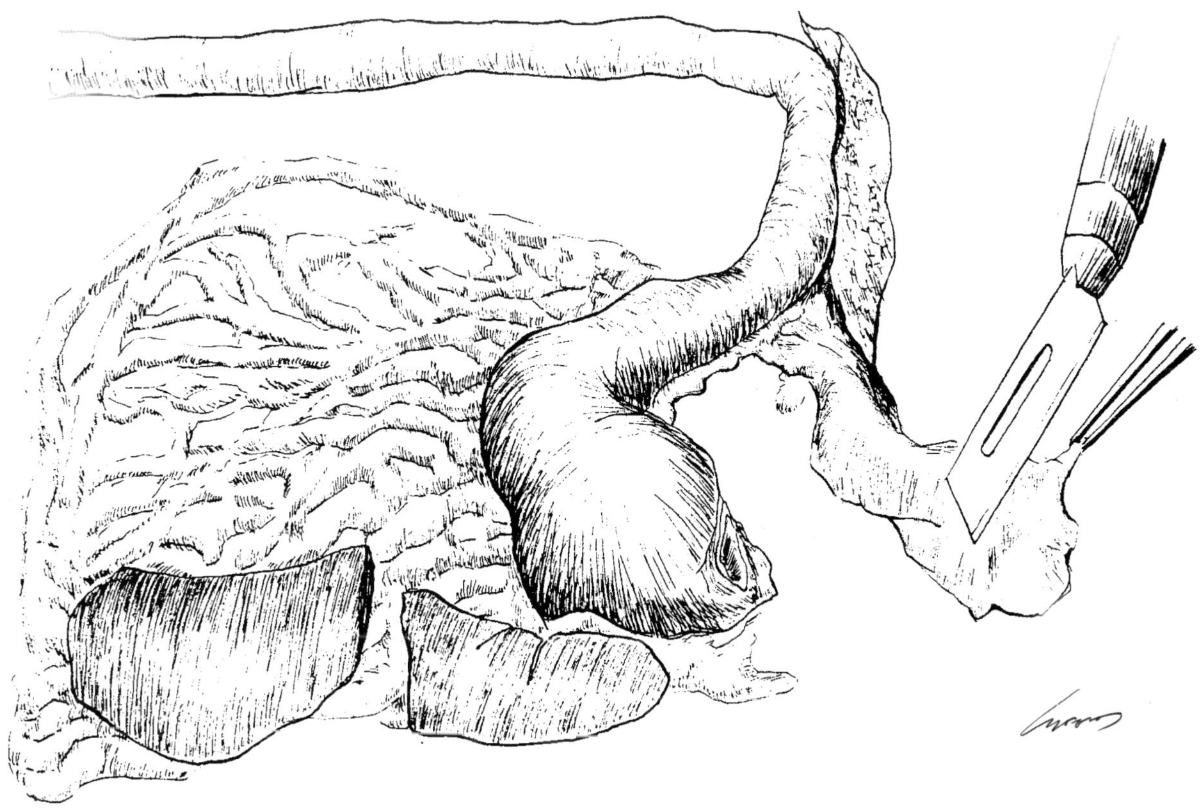

[그림 66] 췌장 표면과 절단면을 조심스럽게 검사한다.

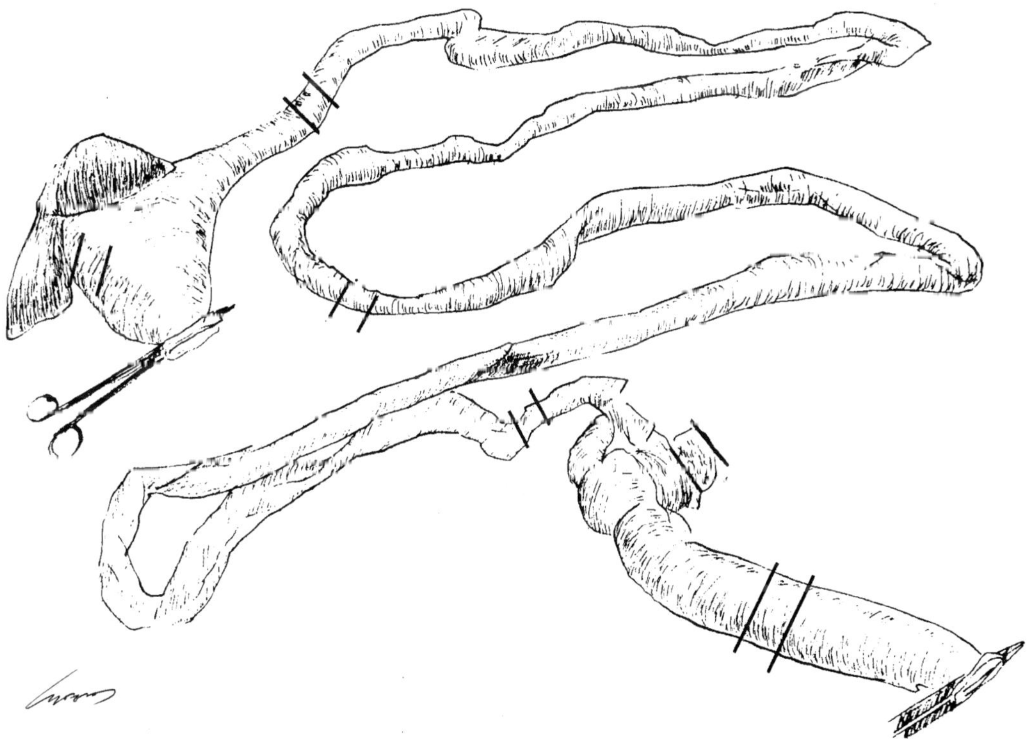

[그림 67] 장을 세로로 배열하기 위해 장간막을 제거한다. 부검후 췌장이 붙어 있는 십이지장부와 공장 중간부, 회장 말단부, 결장 중간부, 회맹결장 림프절을 잘라서 검사하고 시료를 채취한다.

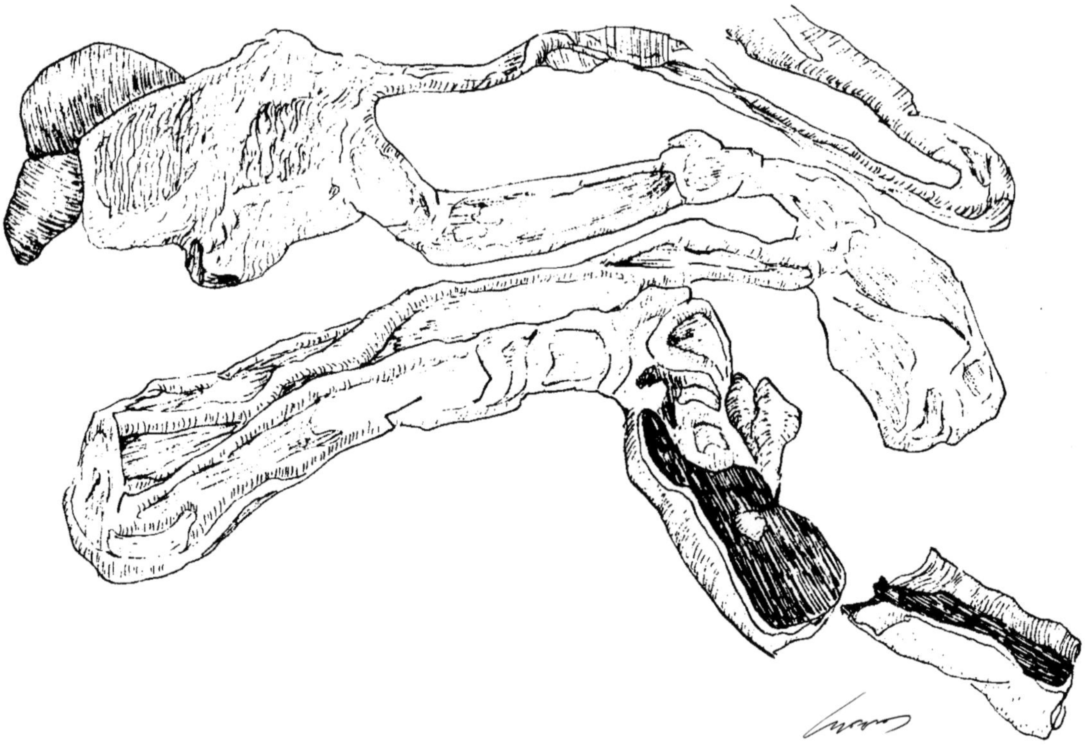

[그림 68] 위는 겸자로 잡아 놓은 분문부에서부터 위저부를 거쳐 유문부까지 절개하면서 궤양 및 출혈병소 등을 검사하고 병변과 정상부위(위점막이 상하지 않은 부위)를 시료로 채취한다.
장을 검사하기 위해 장간막을 제거하여 검사가 용이하도록 길게 세로로 배열하고 각 부위별로 절개해 나가면서 검사한다. 장 전체를 세로로 개방하여 점막면을 검사한다. 장을 검사할 때 장정막 및 장 내용물의 성상 등을 검사한다. 또한 장폐쇄나 기생충 감염 여부도 검사한다.

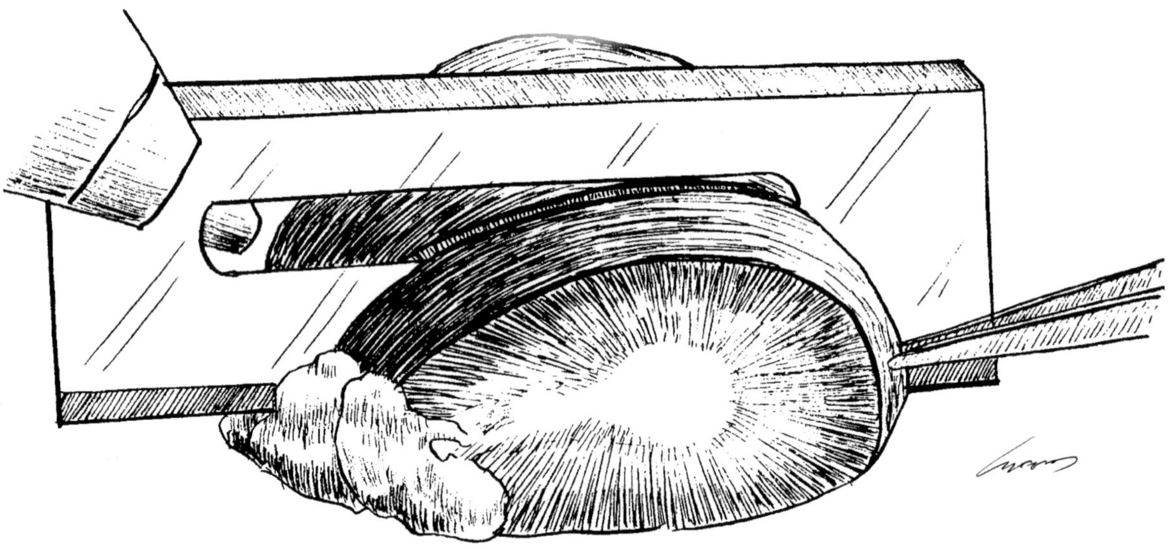

[그림 69] 올바른 시료 채취 요령은 그림과 같다. 포르말린이 잘 침투하기 위해 조직은 두께 0.5~1 cm, 직경 3 cm 미만으로 자른다. 핀셋으로 신장 피막을 벗길 때는 신장실질에 손상이 가지 않게 주의한다.

부검의뢰 및 보고서

동 물 이 름 :	의뢰인 :	전화 :	팩스 :
동물의 종류 :	품 종 :	나이 :	성별 :

[병 력] -- 폐사 시간 포함

[임상소견]

[임상병리검사치]

[임상진단요약]

결론 [형태학적 진단 및 병인학적 진단 그리고 질병명을 사용하면서]

- 폐사의 원인 :

- 폐사의 간접요인 :

- 종합 및 기타 소견 :

☐ 증례 중심 부검 날짜 :

☐ 법의학 부검

서명 날인

부검 대장(Necropsy Protocol)

발육 상태, 영양 상태, 색깔, 성별, 품종, 동물 종류, 연령 및 체장(cm), 온도, 강직, 시반, 전반적인 피부와 모발, 눈 : 색깔, 동공, 각막, 수정체, 공막, 귀 : 병변, 분비물, 코 : 비갑개, 구강 : 치아, 혀, 편도, 타액관 개구부, 경부 : 종창, 림프절 : 전반적 혹은 국소적 종창, 흉부 : 크기, 대칭성, 유선 : 크기, 유두, 응어리, 복부 : 형태, 반흔(위치, 양상), 생식기 : 병변(반흔, 분비물), 사지 : 비대칭성, 기형, 부종, 발톱/발굽, 피하지방 : 총량, 색조, 복강 : 체액, 표면부, 비정상적인 장간막과의 관련성, 좌측 흉강 : 체액, 표면부, 흉관, 우측 흉강, 종격

심장(HEART)
무게_____g, 심외막 : 표면부, 지방, 심방과 심실(크기, 내용물, 체액일 경우 응고시간), 선천적 이상, 심내막, 판막 : 용적 및 상태, 심근층 : 두께, 색깔, 경도, 병변, 관상부 혈관 : 직경, 내막, 벽층

폐(LUNG)
좌측은_____g, 우측은______g, 좌측폐 : 흉막, 폐문 혈관, 기관지, 림프절, 단면상(색깔, 습윤도, 기관지, 혈관의 소견, 전반적인 경도), 우측폐 : "제외하고는 좌측폐와 동일".

비장(SPLEEN)
무게______g, 표면, 경도, 비문혈관, 단면 : 색깔, 비주, 백수

위장관(GASTROINTESTINAL TRACT)
식도 : 확장, 위 : 점막(추벽의 비후 혹은 부종), 색깔, 소장 : 맹장, 결장

췌장(PANCREAS)
크기, 색깔, 경도, 분엽상, 췌도, 췌관

간장(LIVER)
무게_____g, 표면과 할단면 : 소엽의 구조, 색깔, 경도, 국소 병변

담낭(GALL BLADDER)
담즙의 양, 색깔, 경도 : 점막, 담낭벽의 두께, 간 외 담관 : 직경, 담관벽의 두께, 비정상

부신(ADRENALS)
크기, 경도, 단면 : 색깔, 부위별 넓이, 병변

신장(KIDNEY)
좌측______g, 우측_____g(좌측부터 측정하고 유사할 경우는 함께 기입한다), 표면과 단면 : 색깔, 피질의 두께, 선조, 사구체, 신우 : 크기, 구조, 궁상동맥, 요관 : 크기, 색깔, 두께, 병변

비뇨기계(UROGENITAL SYSTEMS)
방광 : 내용물(양, 색깔, 혼탁도), 점막, 방광벽과 요관 개구부, 요도. 전립선 : 크기, 동일성, 위치, 이상 부위의 외관 및 경도. 정낭선. 고환. 질. 자궁 및 자궁경. 난소 및 난관

맥관계(VASCULAR SYSTEM)
대동맥 : 직경, 탄력성, 내막, 신동맥 개구부, 기타 분지, 복강 정맥 : 문맥압 항진에 의한 문합 유무(추골동맥으로의 분지, 부대정맥) 변태혈관

림프계(LYMPHATIC ORGANS)
전신성 혹은 국소성 종창

경부 장기(NECK ORGANS)
갑상선 : 크기, 색깔, 경도, 결절성, 부갑상선. 흉선 :무게, 색깔, 경도. 후두. 경동맥 소체 및 경동맥동(보일까?)

근육과 골격계(MUSCLE AND SKELETAL SYSTEMS)
사체 일반 기록에 취급되지 않은 중요한 국소 및 전신 이상

골수(BONE MARROW)
색깔, 경도(성상, 세포상, 견고도, 섬유소상, 젤라틴양), 용량

뇌(BRAIN)
무게______g, 두개골. 뇌척수막 : 구조, 체액, 뇌회, 뇌구, 색깔. 경도. 대칭성. 혈관

부검 보고서

부검번호 :____________ 동물종류 :__________ 동물종 :__________ 성별 : F / M 연령 :________

보호자 성명 :__________ 주소 :________________________________ 전화/팩스 : ______________

폐사 일자 및 시간 :____ . ____ . ____ . ____ : ______ 안락사( ) :______________________

부검 일자 및 시간 :____ . ____ . ____ . ____ : ______ 부검자 :______________________________

❑ **임상 병력 :**

❑ **임상 소견 :**

❑ **실험실 검사 결과 :**

❑ **부검 소견 :**

❑ **진단 :**

부검대장

부검번호 -	동물종류	성별 ♂/♀	연령	종	축주 및 주소:

검사 완료	병변 없음	시료 채취	☞ 부검 순서에 따른 각 부위별 검사 소견을 기록하고 각 검사 단계별로 '✔' 표기 : 형태 및 수, 형태학적 또는 특징적인 변화와 병변의 크기 및 정도 등을 해당란에 기록한다.					
			외부검사	피부 및 전신 피모상태 :				
			체공검사	눈:	항문:	비공:		
				비뇨생식기:	귀:	유선:		
			전신상태:					
			외상의 유무 확인을 위한 등쪽 절개 검사:					
			횡와 및 양와자세로 한 후 사지를 반전시켜 고정	혈액 채취: Y/N (　　ml)				
			고관절:	액와 및 오금림프절:				
			유선 및 외부 생식공:					
			하악에서 골반까지 복부 정중선을 절개하여 박피 및 반전시키고 피하 검사:					
			하악림프절:	횡경막 천공:				
			복벽을 반전시켜 횡격막을 제거한 후 폐 허탈여부를 검사:					
			복강의 원래 상태(in situ) 소견:					
			흉골과 늑골 제거:					
			흉강의 원래 상태(in situ) 소견:					
			심낭 및 심낭액 소견:					
			비뇨기 및 담관의 개통성:					
			요관:					
			복대동맥 및 후대동맥의 혈전:					
			부신:					
			신장:					
			치골결합부를 절단하고 내부 생식기와 하부 비뇨기 제거:					
			내부생식기	수컷 부생식선:				
				난소 및 자궁:				
				질 및 외음부:				
			방광 및 요도:					
			간:					
			상부소화기계	편도 및 체표경부림프절:	혀, 인두, 식도:			
				갑상선 및 부갑상선:				
				흉선:	후두 및 기관:			
			동맥관 부위:	폐동맥 혈관의 혈전:				
			폐와 심장 분리:					
			기관지 및 폐:					
			심장:					
			안구:					
			뇌:					
			뇌하수체:					
			척추 및 척수:					
			좌골신경:					
			근육:					
			뼈:					
			비장:					
			췌장:					
			장간막 림프절:					
			위내용물 채취 및 위 소견:					
			십이지장, 공장, 회장:					
			맹장 및 직장:					
			독물검사시료 채취	혈액: ml	뇨: ml	간:	신장:	기타:	검사에 필요한 실험:
			미생물학적 검사 시료 채취:	검사에 필요한 실험:				
부검 결과의 종합			형태학적 진단:	병인학적 진단:				

부검자 : ____________________ 부검일 : ______/ ______/ ______

Clinic NO. ____________________
Clinician ____________________

NECROPSY RECORD

Necropsy No. ______________
Date: ________ Time: ________
By ______________________

Owner:	Address:		Phone:	Fax:
Species:	Breed:	Age:	Sex: ♂/♀ ____kg	Markings:

Necropsy Diagnosis:
Final Diagnosis:
Reported:

Physical Condition:			
Integument:			
Natural Openings	Eyes:	Ears:	
	Mouth:	Nostrils:	
	Anus:	Vulva:	Mammary:
Subcutis:			
Superficial Lymphatics:			
Musculature:			
Bones & Joints:			
Circulatory System	Heart:		
	Pericardium:		
	Blood Vessles:		
Respiratory System	Nasal Passages:	Larynx:	
	Trachea:	Bronchi:	
	Lungs:		
	Pleura:	Lymphatics:	
Digestive System	Oral Cavity:		
	Tonsils	Pharynx:	
	Esophagus:		
	Stomach:		
	Small Intestine:		
	Cecum:	Colon:	
	Mesentery:	Lymphatics:	
	Liver:		
	Gall Bladder:		
	Spleen:		
	Pancreas:	Peritonium:	
Urinary System	Kidneys:		
	Bladder:		
Gonital Organs:			
Nervous System:			
Eneocrine Glands:			
Photographs:			
Histopathology			

Laboratory Specimens	Microbiologic tests	Toxicologic tests	Parasitologic tests	Clinical Pathology	Other
Results					

Remarks:

역자 후기

존 킹(1927-2016) 교수를 만나다

"내 일생에 크게 울어본 적이 두 번 이나 있다. 내 나이 일곱살에 부모님의 이혼으로 고아원 시설에 수용된 첫 날 밤과, 나의 유일한 혈육 마흔 여덟 살짜리 아들이 심장마비로 죽었다고 연락 받았을 때다."

2009년 12월 초순, 미국 애틀란타 공항에서 존 킹 교수를 만나 1주일간 미국 남부를 함께 여행 후, Tifton에 있는 조지아 수의대 진단 연구소를 거쳐, Dr. Corrie Brown 조지아 수의대 교수 집에 들렀을 때 들려준 그분의 이야기다(사진①).

①

나 역시 무더운 여름날, 이 책 출판을 위한 원고를 읽고 다듬어가는 동안 마음속으로 여러 번 울었다. 퇴임 전 교단에 있을 때 이 책을 이렇게 철저히 공부해가며 동물의 부검에 대한 지식을 체계적으로 정리해서 학생들에게 가르쳐 줬더라면, 이처럼 심한 죄책감에 휩싸이진 않았을 것인데 하며…….

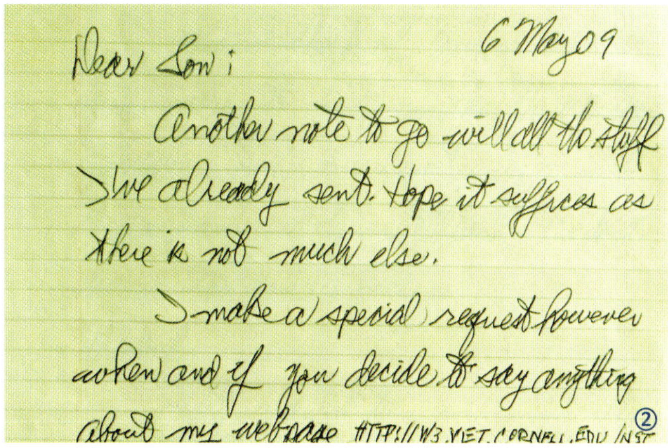

Dear Lou:	6 May 09

Another note to go with all the stuff I've already sent. Hope it suffices as there is not much else.

I make a special request however when and if you decide to say anything about my webpage HTTP://W3.VET.CORNELL.EDU INST

②

존 킹 교수의 해박한 부검 지식이 총망라된 이 책은 번역 내내 내게 큰 감동을 주었다. 아울러 내용의 철저한 이해를 돕기 위해 Marion E. Newson이 그린 256개의 삽화는 매우 유용하였다. 게다가, 존 킹 교수의 유명한 'Dr. John M. King's Necropsy Show & Tell' 코넬대 사이트에는 본인의 엄선된 컬러 사진 27,000매를 포함, 총 45,000매의 자료가 올라 있는데, 매일 2,000~4,000명의 관련자들이 방문해서 공부를 하고 있다. 존 킹 교수는 원래 Kodachrome 사진의 설명자료를 타이핑, 편집, 및 디자인해 준 Dr. L. Parrish, Dr. James Britt, John Leukovitz와 Susan Williams를 한국판 기록에 남겨 달라고 내게 친필로 편지를 보내면서 부탁하였다(사진②).

존 킹 교수는 신화에 버금갈 정도의 큰 족적을 국제 수의병리학계에 남겼기에, 이제 전설적인 존재로 칭송을 받고 있고, "부검대에서 50년 (1955-2005)"(Fifty Years at the Necropsy Table 1955-2005)이란 그의 다른 저서를 통해 추산해 보면 평생 약 12만건의 부검을 수행하였다. 그에게 부검이란 병리전문수의사의 엄중한 과업이자 평생 성스러운 직부였다. 부검실에 널려있는 사체와 해체된 장기들은 그의 도서관 장서였고 연극무대였다. 장화와 앞치마에 부검용 칼을 차고 있는 유명배우였으며, 엔터테이너였다(사진③).

③

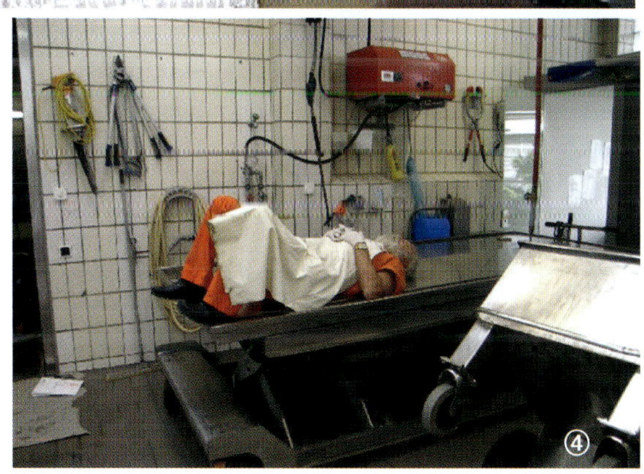

④

그는 생애 36번이나 안식년 등을 통해 세계 여러 나라로 해외 출장을 가서 부검과 강의를 통해 봉사했던 진정한 박애주의자였다. 2004년 6개월간 머물렀던 스위스 베른 대학 부검실 부검대 위에서 자고 있는 모습은 우리를 웃음 짓게 하며 즐거움을 준다(사진④). 가까운 이웃나라 대만에는 무려 3번이나 중장기로 출장을 가서 돼지 질병에 관한 소중한 컬러 아틀라스 책자를 두 권이나 남겼다. 우리나라에서는 2008년 4월 하순 내가 대한수의학회장이었을 때, John King 교수를 비롯 Davis & Thompson 수의학 재단 이사장인 Dr. Bruce Williams, Dr. Claus Buergelt 그리고 Dr. Corrie Brown 교수 등을 초청하여, 대한수의학회와 전남대와 경북대에서 특강을 한 바 있다. 벌써 10여년이 더 흐른 지금, 우리 수의병리학계를 통해 이런 국내

⑤

⑥

⑦

외적인 학술 교류가 더 활발하게 진행되기를 바라는 마음이 간절하다. 나는 존 킹 교수와 수차례 만났다. 장기간 여행도 같이 했지만, 2012년 시애틀 ACVP 학회 땐 호텔 35층 시니어룸 대형 침대에서 함께 잠도 잘 정도로 가족처럼 지냈다(사진⑤). 따라서, 여러 가지로 그에 대한 사적인 이야기들을 많이 들을 수 있었다.

"내가 말이야! 고등학교를 마치고 18살 되던 무렵, 1945년 초에 보류되었던 군입대를 했는데, 낙하산 부대를 지원했지. 독일로 건너가 훈련 중인데, 일본에 원자탄이 투하되면서 전쟁이 끝나버렸어. 나는 운 좋게 일본으로 진격하여 투하될 필요가 없어졌다네. 1946년, 다시 미국 노스캐롤라이나 공수여단 근무 중, 나의 배필이 된 델라웨어 출신 동갑네기 Marie Ryan을 만났어. 그녀는 USO 자원봉사요원이었는데, 어떤 파티에서 내가 먼저 말을 걸었지. "Dance please! ma'am" 19세의 젊은 나이들이었으니 몹시 이성에 호기심이 있는 나이 아니었겠는가! 그녀와 자주 만나 친해졌고, 그 다음 해 1947년 12월 중순에 결혼에 골인한거야(사진⑥). 당시 군 전역 시까지 48개월 간 월 50달러씩 결혼 후에는 105 달러씩 받아 저축된 GI bill이 내게 천금같은 재산이었네! 내 4년간 대학 학비가 되었지. 이걸 영어 표현으로 fantastic 이라고 하는 거야…. 나를 낳아준 아버지라는 사람은 한 번도 고아원에 찾아온 적이 없었어! 어머니는 내가 고야원에 들어간 후 2~3년간은 1년에 한 두번씩 캔디를 호주머니에 넣고 날 찾아오셨었지! 난 그 고아원 시설에서 여러 일을 많이 했지만(사진⑦), 나이가 먹어가면서 고아원에서 운영하는 농장의 병든 동물 진료차 왕진 나왔던 대학원생이 썼던 책을 읽게 되었지. Dr. Dinsmore의 "The Hoss Doctor"라는 책이었는데 이 책을 통해 수의학에 눈을 뜨게 된 거야."

그는 말년에 이르러 난청으로 고생했지만 (Youtube Channel에서 John King: O-STATE Stories 2008년 인터뷰 참조) 눈은 밝았다. 80대 후반, 나와 장기간 여행시 그가 손수 운전하며 여행했고 잠 잘 때는 안경 없이 탐정이나 전쟁 소설을 읽곤 하였다. 역시 해부병리 수의전문가가 되라고 조물주가 좋은 시력을 주신 듯 싶었다. 그는 평생 100편 정도의 논문이 있지만, 부검실에서 일하는 것을 더 좋아하였다. 취미로 항상 뭘 수집하거나 공작품 제작 등도 즐겨했다. 코넬대학교 수의대 도서관의 긴 복도 벽에 걸려있는 20여개 남짓의 옛 진료기구나 부검기구 진열장들이 좋은 예이다. 이들 부검기구 전시물들은 최근 워싱턴의 유명한 국립 자연사 박물관에도 전시된 적이 있었다. 플로리다주에 있는 동절기 집에 머물 때면 크고 작은 Oval box를 만들거나, 바이올린 연주와 여러 여행담 글쓰기를 좋아했다(사진⑧). 묘지 근처 야산에 있는 자기 개인용 공작실 창고를 내게 보여준 적이 있었는데, 그곳에는 수백가지 잡동사니와 기구들로 꽉 차있었다. 지금 그 공작실은 어떻게 되었는지 궁금하다. 재작년 2017년 서거 1주기 때 그 분 집에서 사모님 Marie 여사를 방문하여 다음과 같은 질문을 한 적이 있다. "John

⑧

이 평소 가장 아끼는 것이 무엇이었던가요?” 부인은 “여러 나라에서 받은 특강 기념 메달들과 수많은 감사장, 그리고 블랙박스라 칭했던 가방”이라고 답했다. 부검 시 소화기나 비뇨기계에서 채취한 이물질 보관 가방(suitcase)(사진⑨)이 무려 16kg이나 되었다. 그것들 중 큰 것으로는 소 hardware disease 예방용으로 먹인 자석이나 야구공 크기의 말의 대장내 생긴 결석(enterolith) 헤어볼, 다양한 뼈조각 등이 있었다.

⑨

존 킹 교수가 코넬대 수의대에 재직 시 매주 금요일 오후 4시 반이 되면 부검실에 많은 학부생을 비롯 대학원생들, 전문의 과정생들, 외부 개업의들 및 교수들이 모인다. 물론 그곳에는 자기 멘토였고 선배 교수인 Dr. Peter olafson 교수도 귀퉁이에 앉아 계신다. 지난 1주간 Klotz고정액에 저장했거나, 냉장실에 보관했던 good lesions를 가지고 존 킹 교수의 Show&Tell이 진행되었다. 때론 미동부 해안을 따라 6개 대학, 다음해에는 내륙의 6개 대학에 초청되어 ‘존 킹 코넬 로드쇼’를 진행하기도 하였다. 그는 평생 부검실에서 부검을 좋아하면서 사진 찍고 메모하는 것이 습관화되어 있었다. 노년에는 심박동기(pace maker) 신세를 지긴 했으나, 임종 시까지 치매도 없었고 운전도 즐기셨다. 타계하기 1년 반 전인 2014년 11월 중순에도 새벽 4시에 나를 이타카 공항까지 건강한 모습으로 픽업해 주었던 기억이 새롭다.

본 서적 ‘The Necropsy book’의 국제적인 평판을 익히 알고 있는 터라, 나는 한국어판 출간을 위해 존 킹 교수 코넬 홈페이지 사진자료를 활용한 번역 허락서를 그가 생존 시에 미리 준비했었다. 전남대에서 특강과 부검 실습을 하던 날-당시 그는 칼손잡이에 10cm 눈금을 표시하여 나에게 선물해 준 스위스제 부검 칼을 직접 쓰며 부검을 진행하였다- 자신이 구축한 웹사이트 사진을 활용하여 번역할 것을 허락한다는 문서에 흔쾌히 서명해 주었다. 내게 ‘HAVE KNIFE- WILL TRAVEL’이라는 그분의 해외 출장국 체험담을 엮은 저서 이름을 상단에 표기한 명함을 만들어 선물해 달라는 부탁이 있었기에 한국식으로 사진도 넣어 보내드린 적이 있다.

이어서 그분의 존 킹 교수의 간단한 이력을 정리하고 싶다.

1927년 1월 16일 보스톤 종합병원에서 태어나다. 7살에 부모의 이혼으로 두 누나들과 헤어져, 동물도 키우는 농장형 80명 소년 시설에서 다양한 일을 했다. 마음씨 좋은 Miss Grace라는 여인이 비용을 대줘, 말보로시까지 멀리 고등학교를 다녔다. 학교가기 전에 일찍 일어나 식사를 준비하고 동물들 급식도 챙겼다. 군입대하여 낙하산 부대를 지원하였고, 군 신분으로 Miss Marie Ryan을 만나 1947년 결혼하여, 1954년에 외아들 Jon이 태어났으나, 2002년 48세에 심장 질환으로 심급사하는 불행을 맞았다. 군인 봉급을 저축해서 대학에 진학, 오클라호마 수의학부에 1951년도 입학하여 55년에 졸업 후, 코넬대에서 병리학 전공 대학원 진학, 1963년 박사학위를 취득 하였다. 워싱턴대 2년, 카네기멜론 대학에서 6년을 거쳐 코넬대 수의대 병리학 부교수가 되었다. 1961년에 AVMA에 가입했고 ACVP는 1963년에 가입하였다. 이후 C.L. Davis 전 이사장 Dr. Thompson과 교류하며, C.L. Davis 재단 이사도 했으며 1997년 11월엔 C.L. Davis 재단 Harold W. Casey Teaching Award도 수상, 국제 수의병리학계의 기둥과 전설이 되었다.

존 킹 교수는 2016년 4월 14일 뉴욕주 이타카 팜로드 실버타운 336호에서 68년간 몹시도 금슬이 좋았던 사랑하는 아내 Marie여사 곁에서 영면하셨다. 부인의 전언으로는 죽기 전 단지 이틀간만 밤잠을 설치며 안절부절 했다고 한다. 90세의 일기로 장엄한 생을 마친 셈이다. 정중한 장례식(사진⑩)에 이어 화장되셨다. 미리 준비해둔 이타카 외곽 pleasant Grove 묘지에 집에 보관 중이던 아들 유골분과 함께 묻혀 있다. 정말 애석하게도 나는 당시 Facebook 을 꼼꼼히 체크하지 못한 탓으로, 별세 소식을 모르고 있다가 1주일

⑩

⑪

후에야 사모님 Marie 여사가 이메일로 슬픈 소식을 전해와 알게 되었다. 서거하시기 1년 반 전인 2014년 11월 중순, 나를 데리고 자기가 묻힐 장소를 답사하면서 장례식에 참석하라는 당부의 약속을 못 지켜 지금도 죄송스러운 맘 한량없다. 1주기 때는 사모님이랑 묘지에 가서 참배를 했다(사진⑪). 근처에 자기 선배 교수 Peter Olafson의 비석 앞에 나무 한 그루 심어 놓은 것을 자랑하며, 나중에 나도 그렇게 해줄 수 있느냐고 제안했었는데 그것이 내게 남은 숙제이기도 하다.

내가 병리학 공부를 위해 항상 즐겨찾는 C.L. Davis foundation 홈페이지에 최근 들어가보니 존 킹 교수와의 인터뷰와 blackbox 강의가 극적으로 발견되었다.

⑫

나는 이 재단의 이사(member)로서 15년 동안 인연을 맺어 왔고 수의병리학의 지식을 얻을 수 있는 다양한 최신 정보와 자료를 제공하고 있기 때문에 병리학 공부의 열쇠가 여기에 있다고 생각한다. CE Portal부분을 열면 최근에 업데이트한 존 킹 교수의 자료를 만날 수 있다. 'Legends of veterinary pathology'라는 주제로 Dr. Donald Meuten 교수가 3시간 15분 동안 인터뷰한 비디오를 볼 수 있다(사진⑫). 1996년 7월 16일, 킹 교수가 70세 되던 때에 촬영된 것으로 활기찬 대화이고 내용뿐만 아니라 화질도 매우 좋다. 이와 함께 'John King's Blackbox'라는 제목으로 부검 시 수집된 주요 이물질을 대상으로 1시간 남짓 강의한 동영상도 따로 볼 수 있다.

돌이켜 보면 킹 교수가 타계 전, 1년 반쯤인 2014년 11월 9일, 당시 킹 교수 부부가 거주했던 실버 주택단지 회의실에서 킹 교수 부부와 직접 그들의 삶을 내가 인터뷰했던 적이 있는데 귀국길에 인터뷰 영상을 담은 비디오카메라를 분실하여 매우 상심했었다. 그 아픔을 상쇄할 만한 자료가 C.L. Davis 재단 홈페이지에 올라와 있어 다행이 아닐 수 없다. 나의 인터뷰의 시작은 킹 교수가 전남대에 방문한 날 저녁 모임 자리에서 대화중 그가 갑자기 허리띠를 풀어 그 허리띠의 안쪽에 만든 작은 지퍼를 열어 100달러짜리를 끄집어내면서 해외여행용 비상금이라 하여 좌중을 압도하던 이야기로 시작했었으나 나의 부족한 영어로 한계가 있었다.

킹 교수의 레지던트 학생이었던 Dr. Meuten 교수는 몇 년 전 North Carolina대에서 은퇴했지만 젊은 여인과 재혼 후 더욱 왕성한 활동을 하고 있다. 2018년 워싱턴에서 열린 ACVP에서는 'Endocrine Pathology'에 대한 특강도 하였고 그가 편집자로써 'Tumors in Domestic Animals'의 혁신적인 개정판을 출간하여 전세계 수의학계의 큰 반향을 일으키고 있다. 2009년 11월 16~17일 양일간 ACVP 회장이었던 그와 함께 당시 ACVCP의 회장이었던 Dr. Anna Thrall과 Meuten의 절친 Dr. Paul Stromberg를 전남대에 초청하여 '임상가들을 위한 cytology'란 주제로 심포지엄을 개최했었는데 현장에서 국내 임상가들이 가져온 미확인

병리조직 슬라이드를 현미경을 통해 무대 스크린에 띄워 놓고 해당 분야의 전문가들이 서로 토론하면서 아주 명료하면서도 정확한 진단을 내리던 모습은 장관이었다. 그 당시 개최 장소였던 강당의 출입구 쪽에 두 개의 플래카드를 게시했는데 그 내용이 ***'What made come up here Korea!'***와 ***'You are a real philanthropist'***이었다. 심포지엄 후 Meuten 교수가 이들 플래카드를 달라고 하자 "이 세상에는 공짜란 없다"라고 했더니 1달러를 받으며 서로 크게 웃었다. 이 플래카드들은 그 해 12월 미국 Monterey CA, ACVP가 열린 강당벽에 붙여 있었으니….

한편, 오하이오 주립대에서 2013년 퇴임한 Paul Stromberg 교수는 퇴임 후에도 그의 박식한 지식과 경험을 바탕으로 지금도 세계 수의학계의 행사에 초청 강사로서 활동하고 있는데 ACVP에서 "명강사"로 두 번이나 수상을 받은 적 있다. 특히 그의 강의 자료는 누구나 활용할 수 있도록 C.L. Davis 재단 homepage에 공개하고 있다. 그와 Meuten 교수가 나에게 ACVP 학회 임원회의에 초청하여 '수의병리학 교수로서의 회한'이란 주제로 발표하도록 기회를 준 적이 있다. 또한 그는 앞서 언급한 'Tumors in Domestic Animals'의 개정판에서 2장(Trimming Tumors for Diagnosis and Prognosis)를 저술하였으며 최초로 실시되는 러시아 내 C.L. Davis 행사로 개, 고양이 질환 특강을 앞두고 있다.

이어서 내게 가장 큰 도움을 준 소중한 분, 내가 잊어버릴 수 없는 수의병리학자로는 Dr. Corrie Brown **교수를 꼽지 않을 수 없다. 미 조지아 대학 수의과대학의 병리학 교수로서 지금도 재직하고 있지만 자타가 인정하는 진정한 박애주의자로서 세계 어디고 자기를 부르면 기꺼이 달려가는 분이다. 치안이 극히 불안정한 아프가니스탄을 비롯 나이지리아, 케냐, 금년엔 파키스탄까지 찾아갔고 내년엔 에티오피아에서 4일간 특강을 앞두고 있다. 항상 위트와 유머가 넘치는 그녀의 강의는 학회 특강 시 늘 만원을 이루고 있다.** 그녀는 지금까지 한국에 두 번 왔었다. 광주 방문 시 일식집에 가서 산낙지를 경험하자고 하여 식당에 갔었는데 우리가 산낙지를 먹는 것을 보고 자신도 따라 시도하는 중 낙지다리 일부가 자기 뺨에 붙자 순간 포착 사진을 찍어 달라는 재치를 보인 기억이 새롭다. 분명 그 사진은 자기 강의할 때 긴요하게 활용하고 있을 것이다. 지난날 존 킹 교수와 함께 내게는 가장 소중한 그녀의 집에 들려 즐거운 시간을 보낸 사진을 가장 먼저 올려놓은 까닭이 여기에 있다.

독일 작가 프란츠 카프카는 외쳤다. "책은 우리 내면의 언 바다를 깨는 도끼가 되어야 한다" 고 했다. 카프카는 감성을 북돋우는 책을 도끼로 은유했을 것이다.

본 졸저가 그런 가치 있는 도끼의 실체가 되지 못하더라도 국내 수의병리학 수준을 한 단계 끌어 올리는 전환점이 되기를 소망하는 마음 간절하다. 이 책을 읽을 독자들이 어떤 분야를 배경으로 하던 원저자 존 킹의 일생과 뜻을 헤아려 각자 분야에서 괄목할 만한 성취를 이루기 바란다.

무등산록 우거에서

박 남 용

국문색인

ㅅ

ㅇ

영문색인

C

D

E

F

G

L

M

N

O

병변 소견의 기술 필수항목
Reportable Features of Most Lesions

위치(Location)
색깔(Color)
크기(Size)/무게(Weight)
형태(Shape)
경도(Consistency)
발병두수 혹은 발병률[Number(#) of Percent(%) Involved]
내용물(Content)
냄새(Odor)

정상이라고 오해할 수 있는 수많은 흔한 병변들이 있다

병변의 형태학적 기술과 판독 시 활용되는 중요 용어들
Morphological descriptions and interpretations of lesions may include the following

분포(Distribution)

장기(Organ(s)) – 편측성(unilateral) 혹은 양측성(bilateral)
국소성(focal) – 다발성(산재성)[multifocal(disseminated)]
국소확장성(locally extensive) – 광범위성(diffuse)

전신(Whole Body) – 국소성(localized)
전신성(generalized)

시간(Time)

심급성(peracute) – 급성(acute) – 아급성(subacute) – 만성(chronic) – 만성활동성(chronic active)

정도(Severity)

아주 경미한(minimal) – 경미한(slight) – 중등도의(moderate) – 심한(severe) – 아주 심한(marked)

원인(Cause)

세균성(bacterial) – 화학물질성(chemical) – 바이러스성(viral) – 창상성(traumatic) – 기생충성(verminous) – 원충성(protozoal) – 곰팡이성(mycotic) – 중독성(toxic) 등

형태(Type)

크루프성(croupous) – 출혈성(hemorrhagic) – 화농성(purulent) – 섬유소성(fibrinous) – 섬유화농성(fibrinopurulent) 등